Best 새 출제기준에 따른

압연기능사
필기&실기 총정리

최병도 저

Craftsman
Rolling

일진사

머리말

철강 산업은 자동차, 조선, 기계, 건설 산업을 비롯한 전 산업에 기초 소재를 공급하는 핵심 기반산업으로서 우리 생활에 없어서는 안 될 중요한 소재로 활용되고 있고, 국가 경제 발전을 이끌고 있는 대표적인 산업이다.

압연기술은 회전하는 롤러 사이에 금속재료를 통과시켜 재료의 두께를 감소시키고 압연 방향으로 길이를 늘리는 가공법으로, 산업에서 필요한 슬래브, 블룸, 빌렛 등과 같은 여러 가지 반제품을 생산하는 기술이다. 압연기술은 주조나 단조 등에 비하여 생산비가 적게 들고 치수와 재질이 균일한 제품을 얻을 수 있어 금속가공법 중 가장 많이 이용되는 가공법이다.

이 책은 압연기술을 중심으로 압연에 많은 관심을 가진 예비기술인이나 압연기능사 자격증을 취득하고자 하는 기술인들에게 많은 도움이 될 수 있도록 다음 사항에 역점을 두고 기술하였다.

첫째, 한국산업인력공단의 출제기준에 따라 과목별 단원별로 세분하여 주요한 전공기술 내용을 요약 기술하였고, 과년도 기출문제 위주로 단원 예상문제를 구성하였다.

둘째, 이론을 학습하고 이어서 연관성 있는 문제를 풀어 확인할 수 있도록 체계화하였으며, 과거 출제 문제의 완전 분석을 통한 문제 위주로 구성하였다.

셋째, 부록으로 기존에 출제되었던 이론과 실기문제들을 자세한 해설과 함께 수록하여 줌으로써 출제 경향을 파악함은 물론, 전체 내용을 복습할 수 있게 구성하였다.

이 책을 통하여 압연 분야에 종사하고자 하는 모든 이들이 목적한 바를 꼭 이루길 바라며, 혹시 미흡한 부분이나 잘못된 점이 있다면 여러분들의 기탄없는 충고를 바란다. 끝으로 이 책을 출판하기까지 도움을 주신 여러분과 도서출판 **일진사**에 진심으로 감사드린다.

저자 씀

압연기능사 출제기준(필기)

직무 분야	재료	중직무 분야	금속 · 재료	자격 종목	압연기능사

○ **직무내용**: 금속재료를 회전하는 압연기 롤(roll) 사이를 통과시켜 단면적 또는 두께를 감소시키는 가공법으로서 고객이 요구하는 치수, 형상, 표면 및 기계적 성질 등의 최상품질을 갖춘 제품을 생산하는 직무를 수행

필기검정방법	객관식	문제 수	60	시험시간	1시간

필기과목명	주요항목	세부항목	세세항목
금속재료일반 금속제도 압연기술 압연설비	1. 금속재료 총론	1. 금속의 특성과 상태도	1. 금속의 특성과 결정 구조 2. 금속의 변태와 상태도 및 기계적 성질
		2. 금속재료의 성질과 시험	1. 금속의 소성 변형과 가공 2. 금속재료의 일반적 성질 3. 금속재료의 시험과 검사
	2. 철과 강	1. 철강 재료	1. 순철과 탄소강 2. 열처리 종류 3. 합금강 4. 주철과 주강 5. 기타 재료
	3. 비철 금속재료와 특수 금속재료	1. 비철 금속재료	1. 구리와 그 합금 2. 알루미늄과 경금속 합금 3. 니켈, 코발트, 고용융점 금속과 그 합금 4. 아연, 납, 주석, 저용융점 금속과 그 합금 5. 귀금속, 희토류 금속과 그 밖의 금속
		2. 신소재 및 그 밖의 합금	1. 고강도 재료 2. 기능성 재료 3. 신에너지 재료
	4. 제도의 기본	1. 제도의 기초	1. 제도 용어 및 통칙 2. 도면의 크기, 종류, 양식 3. 척도, 문자, 선 및 기호 4. 제도용구
	5. 기초 제도	1. 투상법	1. 평면도법 2. 투상도법
		2. 도형의 표시방법	1. 투상도, 단면도의 표시방법 2. 도형의 생략(단면도 등)
		3. 치수기입 방법	1. 치수기입법 2. 여러 가지 요소 치수 기입
	6. 제도의 응용	1. 공차 및 도면해독	1. 도면의 결 도시방법 2. 치수공차와 끼워맞춤 3. 투상도면 해독
		2. 재료기호	1. 금속재료의 기호
		3. 기계요소 제도	1. 체결용 기계요소의 제도 2. 전동용 기계요소의 제도
	7. 압연기술	1. 압연 가공의 특징	1. 압연 가공의 정의 2. 압연에 의한 소성, 탄성 변형 3. 열간압연과 냉간압연의 장 · 단점

필기과목명	주요항목	세부항목	세세항목
		2. 압연 기초 및 원리	1. 압연 조건과 변형 저항 2. 재료의 통과 속도 3. 접촉각과 중립점 4. 압연 하중 계산 및 밀 상수 5. 압하율, 압하량 롤 갭 계산 6. 폭 압연 7. 형상 제어 압연
		3. 롤 및 공형 설계	1. 공형의 구성 2. 공형설계의 원칙 및 실제 3. 롤 재질별 특성 및 롤 크라운 4. 롤 형태별 종류 및 특성
		4. 압연유	1. 압연유의 종류 및 특성 2. 압연유의 관리 항목 3. 압연 조건별 압연유종 및 유량의 결정
	8. 소재 및 가열	1. 압연 소재 결함 및 대책	1. 압연용 소재의 결함의 종류, 발생원인 및 대책 2. 소재 결함이 제품에 미치는 영향
		2. 가열	1. 연소이론 2. 노의 작업방법 3. 노압 및 노 분위기 관리
	9. 압연 공정	1. 공정별 제조공정	1. 압연의 종류(판재, 후판, 형강, 강편, 선재 등) 2. 소재 검사 3. 가열 공정 4. 조압연 공정 5. 사상압연 공정 6. 냉각 공정 7. 산세 공정 8. 냉간압연 공정 9. 청정공정 10. 열처리 공정 11. 조질압연 공정 12. 정정 공정 13. 권취 공정
	10. 검사 및 품질 관리	1. 검사 작업	1. 압연제품별 결함의 종류 2. 공정별 주요 결함 3. 검사 방법 및 검사 기기
		2. 품질 관리	1. 치수(두께, 폭, 길이) 관리 및 부적합 방지 방법 2. 표면결함의 발생원인 및 대책 3. 소재 및 제품형상 관리
	11. 압연기의 종류 및 형식	1. 압연기의 종류 및 구조	1. 압연기의 종류 2. 압연기의 형식 구조 및 특징
		2. 압연본체 설비	1. 압하장치 2. 구동장치 3. 롤 및 베어링
		3. 압연 부대설비 및 구조	1. 스케일 제거장치 2. 압연기 입·출구 안내장치 3. 윤활 장치 및 윤활유의 종류 4. 냉각장치 5. 열처리 설비 6. 교정 설비 7. 전단 및 절단 설비 8. 권취 설비 9. 계측 설비 10. 용접(접합)기 종류
	12. 안전 및 환경관리	1. 안전관리	1. 산업 안전 이론 2. 공정별 위험 요소
		2. 환경관리	1. 산업 환경의 중요성 2. 환경 관련 관리 요소

차 례

제3장 제도의 응용

제3편 압연

제1장 압연기술

부록

금속재료 일반

제 1 장 금속재료 총론

1. 금속의 특성과 상태도

1-1 금속의 특성과 결정구조

(1) 금속

금속의 일반적인 특성은 다음과 같다.

① 상온에서 고체이며 결정구조를 갖는다(단, Hg 제외).

② 열과 전기의 양도체이다.

③ 비중이 크고 금속적 광택을 갖는다.

④ 전성 및 연성이 좋다.

⑤ 소성변형이 있어 가공하기 쉽다.

위의 성질을 구비한 것을 금속, 불완전하게 구비한 것을 준금속, 전혀 구비하지 않은 것을 비금속이라 한다.

(2) 합금

순금속이란 100%의 순도를 가지는 금속원소를 말하나 실제로는 존재하지 않는다. 따라서 순수한 단체금속을 제외한 모든 금속적 물질을 합금이라고 하며 합금의 제조방법은 금속과 금속, 금속과 비금속을 용융상태에서 융합하거나, 압축, 소결에 의해 또는 침탄처리와 같이 고체상태에서 확산을 이용하여 합금을 부분적으로 만드는 방법 등이 있다. 이와 같이 제조된 합금은 성분원소의 수에 따라 2원합금, 3원합금, 4원합금, 다원합금 등으로 분류한다.

단원 예상문제 ◉

1. 금속의 일반적 특성에 대한 설명으로 틀린 것은?

① 수은을 제외하고 상온에서 고체이며 결정체이다.

② 일반적으로 강도와 경도는 낮으나 비중은 크다.

③ 금속 특유의 광택을 갖는다.

④ 열과 전기의 양도체이다.

해설 금속은 강도와 경도가 높다.

2. 금속재료의 일반적인 설명으로 틀린 것은?

① 구리(Cu)보다 은(Ag)의 전기전도율이 크다.

② 합금이 순수한 금속보다 열전도율이 좋다.

③ 순수한 금속일수록 전기 전도율이 좋다.

④ 열전도율의 단위는 W/m·K이다.

해설 순금속이 합금보다 열전도율이 좋다.

3. 금속의 일반적인 특성을 설명한 것 중 틀린 것은?

① 전성 및 연성이 좋다.

② 전기 및 열의 양도체이다.

③ 금속 고유의 광택을 가진다.

④ 수은을 제외한 모든 금속은 상온에서 액체상태이다.

해설 수은을 제외한 모든 금속은 상온에서 고체상태이다.

4. 금속에 대한 성질을 설명한 것 중 틀린 것은?

① 모든 금속은 상온에서 고체상태로 존재한다.

② 텅스텐(W)의 용융점은 약 3410℃이다.

③ 이리듐(Ir)의 비중은 22.50이다.

④ 열 및 전기의 양도체이다.

해설 모든 금속은 상온에서 고체이며 결정체이다 (단, Hg 제외).

정답 1. ② 2. ② 3. ④ 4. ①

1-2 금속의 응고 및 결정구조

용융상태로부터 응고가 끝난 금속조직 자체를 1차 조직(primary structure), 열처리에 의해 새로운 결정조직으로 변화시킨 조직을 2차 조직(secondary structure)이라 한다.

(1) 금속의 응고

① 냉각곡선

금속을 용융상태로부터 냉각하여 온도와 시간의 관계를 나타낸 곡선을 냉각곡선(cooling curve)이라고 한다.

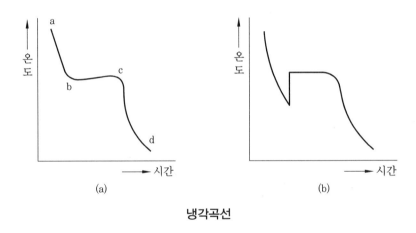

냉각곡선

② 자유도: 곡선 중에 수평선은 용융금속 중에 이미 고체금속을 만들고 상률적으로 2상이 공존하기 때문에 자유도 $F=C-P+1$에서 C는 성분수, P는 상수로 1성분계에서 2상이 공존할 경우는 불변계를 형성한다.

③ 과랭각 현상 및 접종

(가) 금속의 응고는 응고점 이하의 온도로 되어도 미처 응고하지 못한 과랭각(과랭, supercooling, undercooling) 현상이 나타난다.

(나) 금속의 결정은 결정핵이 생성되기 시작하면 급속히 성장하므로 과랭도가 너무 큰 금속의 경우는 융체에 진동을 주거나, 또는 핵의 종자가 되도록 작은 금속편을 첨가하여 결정핵의 생성을 촉진하는데 이를 접종(inoculation)이라고 한다.

단원 예상문제

1. 용융금속의 냉각곡선에서 응고가 시작되는 지점은?

① A

② B

③ C

④ D

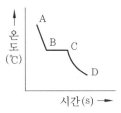

해설 AB: 용융상태, BC: 용융＋응고상태, CD: 응고상태

2. 합금이 용융되기 시작하는 시점부터 용융이 다 끝나는 지점까지의 온도 범위를 무엇이라 하는가?

① 피니싱 온도 범위

② 재결정 온도 범위

③ 변태온도 범위

④ 용융온도 범위

3. 다음 그림은 물의 상태도이다. 이때 T점의 자유도는 얼마인가?

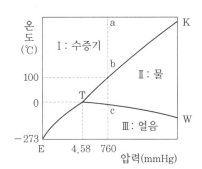

① 0

② 1

③ 2

④ 3

해설 물의 삼중점(T점)의 자유도는 0이다.

4. 물과 얼음의 평형 상태에서 자유도는 얼마인가?

① 0

② 1

③ 2

④ 3

해설 $F = C - P + 2 = 1 - 2 + 2 = 1$

5. 과랭에 대한 설명으로 옳은 것은?

① 실내온도에서 용융상태인 금속이다.

② 고온에서도 고체상태인 금속이다.

③ 금속이 응고점보다 낮은 온도에서 용해되는 것이다.

④ 응고점보다 낮은 온도에서 응고가 시작되는 현상이다.

정답 1. ② 2. ④ 3. ① 4. ② 5. ④

(2) 금속의 결정 형성과 조직

① 결정의 형성 과정

결정핵 생성 → 결정핵 성장 → 결정립계 형성 → 결정입자 구성

② 결정립(crystal grain)의 크기 : 용융금속의 단위체적당 생성된 결정핵의 수, 즉 핵발생 속도를 N, 결정성장 속도를 G라고 했을 때 결정립 크기 S와의 관계는

$$S = f\frac{G}{N}$$

로 나타난다. 즉 결정립의 크기는 성장속도 G에 비례하고 핵발생 속도 N에 반비례한다.

G와 N의 관계는 다음과 같다.

㈎ G가 N보다 빨리 증대할 때는 소수의 핵이 성장해서 응고가 끝나기 때문에 큰 결정립을 얻게 된다.

㈏ G보다 N의 증대가 현저할 때는 핵의 수가 많기 때문에 미세한 결정을 이룬다.

㈐ G와 N이 교차하는 경우 조대한 결정립과 미세한 결정립의 2가지 구역으로 나타난다.

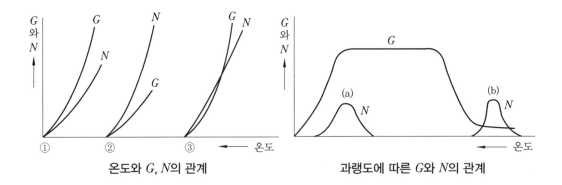

온도와 G, N의 관계　　　　　과랭도에 따른 G와 N의 관계

(3) 응고 후의 조직

① 수지상정 : 용융금속이 응고할 때 죽모양의 고액공존 영역에서 가운데 액체부분이 고체로 변하면서 나뭇가지 모양으로 성장하는 것을 수지상정(dendrite)이라 한다.

② 주상정 : 수지상정 표면에서 뻗어 나와 내부로 성장하는 경우는 결정이 기둥처럼 가늘고 길게 정렬되어 나타나는데 이를 주상정(columnar grain)이라 한다.

③ 등축정 : 수지상정이 액체 중에 흩어져 떠다니다 성장한 경우는 짧은 결정들이 각각 다른 방향을 향하고 있는데 이것을 등축정(equiaxed grain)이라고 한다.

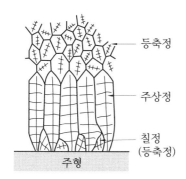

주상정과 등축정

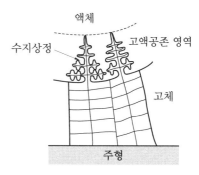

고액공존 영역과 수지상정

단원 예상문제

1. 금속의 응고과정 순서로 옳은 것은?

① 결정핵의 생성 → 결정의 성장 → 결정립계 형성
② 결정의 성장 → 결정립계 형성 → 결정핵의 생성
③ 결정립계 형성 → 결정의 성장 → 결정핵의 생성
④ 결정핵의 생성 → 결정립계 형성 → 결정의 성장

2. 용융금속이 응고할 때 작은 결정을 만드는 핵이 생기고 이 핵을 중심으로 금속이 나뭇가지 모양으로 발달하는 것을 무엇이라 하는가?

① 입상정   ② 수지상정   ③ 주상정   ④ 결정립

3. 용탕을 금속 주형에 주입 후 응고할 때, 주형의 면에서 중심방향으로 성장하는 나란하고 가느다란 기둥 모양의 결정을 무엇이라고 하는가?

① 단결정   ② 다결정   ③ 주상정   ④ 크리스털 결정

4. 용융금속을 주형에 주입할 때 응고하는 과정을 설명한 것으로 틀린 것은?

① 나뭇가지 모양으로 응고하는 것을 수지상정이라고 한다.
② 핵생성 속도가 핵성장 속도보다 빠르면 입자가 미세화된다.
③ 주형과 접한 부분이 빠른 속도로 응고하고 내부로 가면서 천천히 응고한다.
④ 주상결정입자 조직이 생성된 주물에서는 주상결정 입내 부분에 불순물이 집중하므로 메짐이 생긴다.

해설 주상결정 입내 부분에는 불순물이 집중하지 않으므로 메짐도 생기지 않는다.

(4) 금속의 결정구조

① 결정립: 금속재료의 파단면은 무수히 많은 입자로 구성되어 있는데 이 작은 입자를 결정립(crystal grain)이라 한다.

② 결정립계: 금속은 무수히 많은 결정립이 무질서한 상태로 집합되어 있는 다결정체이며, 이 결정립의 경계를 결정립계(grain boundary)라고 한다.

③ 결정격자: 결정립 내에는 원자가 규칙적으로 배열되어 있는데 이것을 결정격자(crystal lattice) 또는 공간격자(space lattice)라고 한다.

④ 단위포: 공간격자 중에서 소수의 원자를 택하여 그 중심을 연결해 간단한 기하학적 형태를 만들어 격자 내의 원자군을 대표할 수 있는데 이것을 단위격자(unit cell) 또는 단위포라고 부르며 축간의 각을 축각(axial angle)이라 한다.

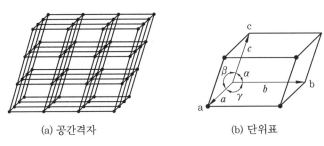

(a) 공간격자   (b) 단위포

공간격자와 단위포

(5) 금속의 결정계와 결정격자

① 결정계는 7정계로 나뉘고 다시 14결정격자형으로 세분되는데 이것을 브라베 격자(Bravais lattice)라 한다.

② 순금속 및 합금(금속간화합물 제외)은 비교적 간단한 단위 결정격자로 되어 있다.

③ 특수한 원소(In, Sn, Te, Ti, Bi)를 제외한 대부분이 체심입방격자(BCC: body centered cubic lattice), 면심입방격자(FCC: face centered cubic lattice), 조밀육방격자(HCP or CPH: close packed hexagonal lattice)로 이루어져 있다.

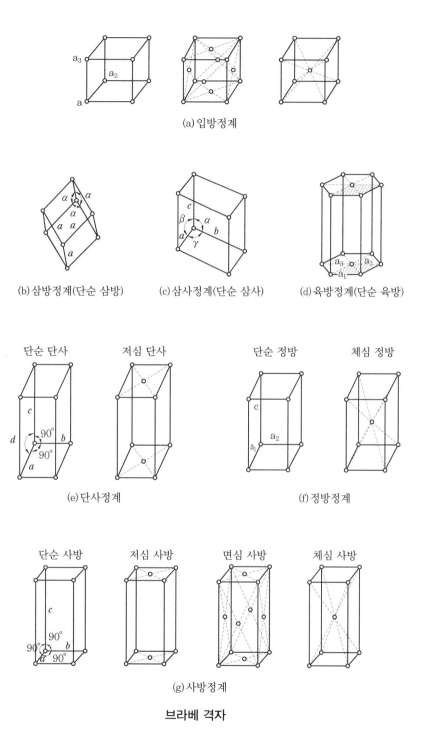

(a) 입방정계

(b) 삼방정계(단순 삼방) (c) 삼사정계(단순 삼사) (d) 육방정계(단순 육방)

단순 단사   저심 단사   단순 정방   체심 정방

(e) 단사정계   (f) 정방정계

단순 사방   저심 사방   면심 사방   체심 사방

(g) 사방정계

브라베 격자

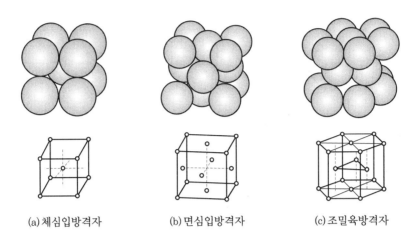

(a) 체심입방격자 (b) 면심입방격자 (c) 조밀육방격자

실용금속의 결정격자

주요 금속의 격자상수

면심입방격자(FCC)		체심입방격자(BCC)		조밀육방격자(HCP)		
금속	a	금속	a	금속	a	e
Ag	4.08	Ba	5.01	Be	2.27	3.59
Al	4.04	$\alpha - Cr$	2.88	Cd	2.97	5.61
Au	4.07	$\alpha - Fe$	2.86	$\alpha - Co$	2.51	4.10
Ca	5.56	K	5.32	$\alpha - Ce$	2.51	4.10
Cu	3.16	Li	3.50	$\beta - Cr$	2.72	4.42
$\gamma - Fe$	3.63	Mo	3.14	Mg	3.22	5.10
Ni	3.52	Na	4.28	Os	3.72	4.31
Pb	4.94	Nb	3.30	$\alpha - Tl$	3.47	5.52
Pt	3.92	Ta	3.30	Zn	2.66	4.96
Rh	3.82	W	3.16	$\alpha - Ti$	2.92	4.67
Th	5.07	V	3.03	Zr	3.22	5.20

㈎ 브래그의 법칙(Bragg's law): 결정에서 반사하는 X선의 강도가 최대로 되기 위한 조건을 주는 법칙으로 다음 식이 성립한다.

$$n\lambda = 2d\sin\theta$$

여기서, d: 결정면의 간격, θ: 입사각, n: 상수, λ: X선의 파장

X-선은 금속의 결정구조나 격자상수, 결정면, 결정면의 방향을 결정한다.

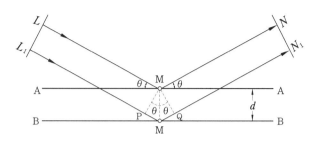

결정면에 의한 X선 회절

(나) 결정면 및 방향 표시법: 결정의 좌표축을 X, Y, Z로 하고 a, b, c의 3축을 각각 원자간 거리 배수만큼 끊었을 때 3축상에서 각각 몇 개의 원자 간격이 생기는가를 보면 $(X, Y, Z) = (2, 3, 1)$ 원자축 간격의 배수임을 알 수 있다. 그 역수$(1/2, 1/3, 1/1)$를 취하여 정수비로 고치면 $(3, 2, 6)$이 되어 결정면의 위치를 표시한다. 이것을 밀러지수(Miller's indices)라 하고 결정면 및 방향을 표시한다.

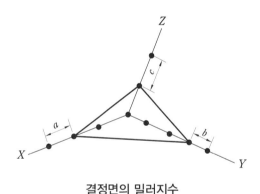

결정면의 밀러지수

단원 예상문제

1. 금속의 결정구조를 생각할 때 결정면과 방향을 규정하는 것과 관련이 가장 깊은 것은?

① 밀러지수   ② 탄성계수   ③ 가공지수   ④ 전이계수

2. 금속의 결정격자에 속하지 않는 기호는?

① FCC   ② LDN   ③ BCC   ④ CPH

3. 다음 중 면심입방격자(FCC) 금속에 해당되는 것은?

① Ta, Li, Mo

② Ba, Cr, Fe

③ Ag, Al, Pt

④ Be, Cd, Mg

4. 다음 그림은 면심입방격자이다. 단위격자에 속해 있는 원자의 수는 몇 개인가?

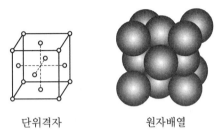

단위격자   원자배열

① 2   ② 3   ③ 4   ④ 5

해설 면심입방격자: 4개, 체심입방격자: 2개

5. 체심입방격자와 조밀육방격자의 배위수는 각각 얼마인가?

① 체심입방격자: 8, 조밀육방격자: 8

② 체심입방격자: 12, 조밀육방격자: 12

③ 체심입방격자: 8, 조밀육방격자: 12

④ 체심입방격자: 12, 조밀육방격자: 8

해설 결정구조에서 체심입방격자(BCC): 8, 조밀육방격자(HCP): 12이며, 최근접 원자수를 말한다.

정답 1. ①   2. ②   3. ③   4. ③   5. ③

1-3   금속의 변태와 상태도

(1) 금속 변태의 개요

물이 기체, 액체, 고체로 변하는 것처럼 금속 및 합금은 용융점에서 고체상태가 융체로 변하고 응고 후에도 온도에 따라 변하는데 이러한 변화를 변태(transformation)라고 한다.

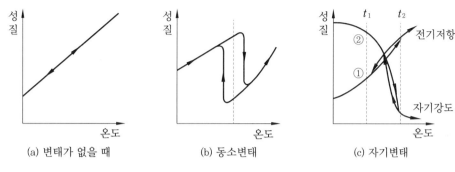

| (a) 변태가 없을 때 | (b) 동소변태 | (c) 자기변태 |

변태의 성질과 온도의 관계

① 동소변태

　㈎ 고체상태에서의 원자배열에 변화를 갖는다.

　㈏ 고체상태에서 서로 다른 공간격자 구조를 갖는다.

　㈐ 일정 온도에서 불연속적인 성질 변화를 일으킨다.

② 자기변태

　㈎ 넓은 온도구간에서 연속적으로 변한다.

　㈏ 원자와 격자의 배열은 그대로 유지하고 자성만을 변화시키는 변태이다.

　㈐ 순철은 768℃에서 급격히 자기의 강도가 감소되는 자기변태가 일어나는데 이
　　를 A_2변태라고 한다.

　㈑ Fe, Co, Ni은 자기변태에서 강자성체 금속이다.

　㈒ 안티몬(Sb)은 반자성체이다.

(2) 변태점 측정법

　① 열분석법(thermal analysis)

　② 시차열분석법(differential thermal analysis)

　③ 비열법(specific heat analysis)

　④ 전기저항법(electric resistance analysis)

　⑤ 열팽창법(thermal expansion analysis)

　⑥ 자기분석법(magnetic analysis)

　⑦ X선 분석법(x-ray analysis)

열전대의 대표적 종류와 사용온도

종류	조성		지름	사용온도(℃)	
	+	−	(mm)	연속	과열
백금 – 백금로듐	백금 87% 로듐 12%	순백금	0.5	1400	1600
	백금 90% 로듐 10%	순백금	0.5	1400	1600
크로멜 – 알루멜	니켈 90% 크로뮴 10%	니켈 94% 알루미늄 3% 실리콘 1% 망가니즈 2%	0.65	700	900
			1.0	750	950
			1.6	850	1050
			2.3	900	1100
			3.2	1000	1200
철 – 콘스탄탄	순철	구리 55% 니켈 45%	2.3	600	900
			3.2		
구리 – 콘스탄탄	순구리	구리 55% 니켈 45%	약 0.3~0.5	300	600

단원 예상문제 ⓒ

1. 자기변태에 대한 설명으로 옳은 것은?

① Fe의 자기변태점은 210℃이다.

② 결정격자가 변화하는 것이다.

③ 강자성을 잃고 상자성으로 변화하는 것이다.

④ 일정한 온도범위 안에서 급격히 비연속적인 변화가 일어난다.

2. Fe−C 평형상태도에서 α−철의 자기변태점은?

① A_1　　　　　② A_2　　　　　③ A_3　　　　　④ A_4

해설 순철의 자기변태점: A_2, 동소변태점: A_3, A_4

3. 다음 중 퀴리점(curie point)이란?

① 동소변태점　　　　　② 결정격자가 변하는 점

③ 자기변태가 일어나는 온도　　　　　④ 입방격자가 변하는 점

해설 퀴리점: 순철에서 자기변태가 일어나는 온도

4. 다음 중 순철의 자기변태 온도는 약 몇 ℃인가?

① 100　　　　② 768　　　　③ 910　　　　④ 1400

5. 다음 중 동소변태에 대한 설명으로 틀린 것은?

① 결정격자의 변화이다.

② 동소변태에는 A_3, A_4 변태가 있다.

③ 자기적 성질을 변화시키는 변태이다.

④ 일정한 온도에서 급격히 비연속적으로 일어난다.

해설 자기적 성질 변화을 변화시키는 것은 자기변태이다.

6. 순철에서 동소변태가 일어나는 온도는 약 몇 ℃인가?

① 210　　　　② 700　　　　③ 912　　　　④ 1600

해설 순철의 동소변태는 A_3(910℃), A_4(1401℃) 변태에서 결정구조가 변한다.

7. 고체 상태에서 하나의 원소가 온도에 따라 그 금속을 구성하고 있는 원자의 배열이 변하여 두 가지 이상의 결정구조를 가지는 것은?

① 전위　　　　② 동소체　　　　③ 고용체　　　　④ 재결정

8. 니켈-크로뮴 합금 중 사용한도가 1000℃까지 측정할 수 있는 합금은?

① 망가닌　　　　② 우드메탈　　　　③ 배빗메탈　　　　④ 크로멜-알루멜

정답 1. ③　2. ②　3. ③　4. ②　5. ③　6. ③　7. ②　8. ④

(3) 탄소강의 상태도

① 상태도상에서 상평형 관계를 설명해 주는 것이 상률(phase rule)이다.

② 자유도를 F, 성분수를 C, 상의 수를 P라 하면 비금속의 상률공식은 $F=C-P+2$이다.

　그러나 응축계인 금속은 자유도를 변화시킬 수 있는 인자가 온도, 압력, 농도 중 대기압하에서 변화되므로 압력의 인자를 무시하고 다음과 같이 나타낸다.

$$F=C-P+1$$

　2성분계 합금에서 3상이 공존하면 자유도 $F=0$으로 불변계가 형성되고 2상이 공존하면 1변계, 단일상이 존재하면 2변계가 형성된다.

$F=0$으로 불변계는 포정반응(peritectic reation), 공정반응(eutectic reaction), 공석반응(eutectoid reaction)을 한다.

(4) 전율가용 고용체형 상태도

성분 M, N의 2성분계 합금이 고용체를 형성할 때의 그림을 전율가용 고용체형 상태도라 한다.

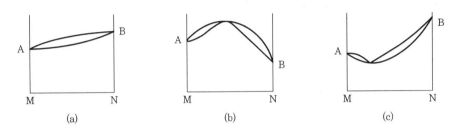

(a)   (b)   (c)

전율가용 고용체형 상태도의 3가지 형태

2성분계 합금의 상태도에서 각 구역에 존재하는 상의 양적인 관계는 다음 그림에서 표시한 것과 같이 천칭관계로 증명할 수 있다. k합금에 대한 t℃에서 정출한 고상의 양 M과 잔액량 L의 양적비가 $\dfrac{M}{L}=\dfrac{b}{a}$임을 증명하면 다음과 같다.

$(a+b)\cdot L$: t℃에서의 잔액 중의 N의 중량

$a\cdot(M+L)$: k조성합금 중의 N의 중량

따라서 $(a+b)\cdot L = a\cdot(M+L)$

$\therefore\ \dfrac{(a+b)}{a}=\dfrac{(M+L)}{L}$

$\therefore\ \dfrac{M}{L}=\left\{\dfrac{(a+b)}{a}\right\}-1$

$\therefore\ \dfrac{M}{L}=\dfrac{b}{a}$

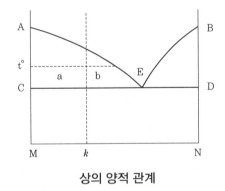

상의 양적 관계

점 A: 순철의 용융점 또는 응고점(1,539℃)

선 AB: δ–Fe의 액상선(초정선)은 탄소의 조성이 증가함에 따라 정출온도는 강하한다.

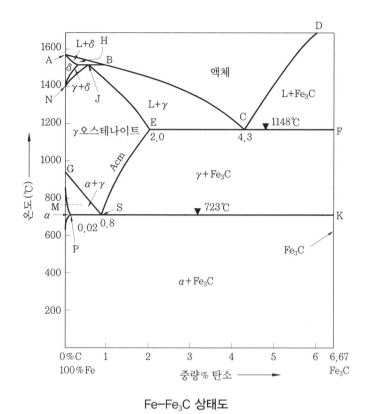

Fe-Fe₃C 상태도

Fe-C 상태도에서 나타난 조직의 명칭과 결정구조는 다음 표와 같다.

조직과 결정구조

기호	조직	결정구조 및 내용
α	알파 페라이트 (α-ferrite)	BCC (체심입방격자)
γ	오스테나이트 (austenite)	FCC (면심입방격자)
δ	델타 페라이트 (δ-ferrite)	BCC
Fe_3C	시멘타이트 (cementite) 또는 탄화물	금속간화합물
$\alpha + Fe_3C$	펄라이트 (pearlite)	α와 Fe_3C의 기계적 혼합
$\gamma + Fe_3C$	레데부라이트 (ledeburite)	γ와 Fe_3C의 기계적 혼합

공석변태인 A_1변태는 강에서만 나타나는 특유한 변태로 기계적 혼합물인 펄라이트의 생성과정을 보면, 즉 펄라이트의 생성에 따른 석출기구는 다음과 같다.

① γ-Fe(austenite) 입계에서 Fe_3C의 핵이 생성된다.

② Fe_3C의 주위에 α-Fe이 생성된다.

③ α-Fe이 생긴 입계에 Fe_3C이 생성된다.

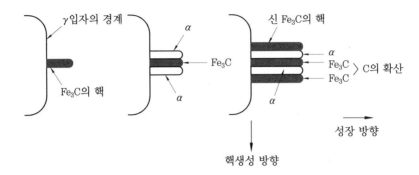

펄라이트의 생성 과정

0.2% 탄소강의 표준상태에서 페라이트와 펄라이트의 조직량을 계산하면 다음과 같다.

$$초석 \ 페라이트(\alpha\text{-}Fe) = \frac{0.86-0.2}{0.86-0.0218} \times 100 ≒ 79\% \ (공석선 \ 바로 \ 아래)$$

펄라이트(P)+페라이트(F)=100%이므로

$$P = 100 - 79 = 21\% \ (\alpha + Fe_3C)$$

또한 펄라이트 주위에 있는 페라이트와 시멘타이트의 양은

$$F_P = 21 \times \frac{6.68-0.86}{6.68-0.0218} = 18\% \ (펄라이트에 \ 함유된 \ \alpha\text{-}Fe)$$

$$C_P = 21 - 18 = 3\% \ (펄라이트에 \ 함유된 \ Fe_3C)$$

그러므로 페라이트가 차지하는 비율은 97%이고, 나머지 3%는 Fe_3C이다.

표준조직의 기계적 성질

성질 \ 조직	페라이트	펄라이트	Fe_3C
인장강도 (kgf/mm^2)	35	80	3.5 이하
연신율 $(\%)$	40	10	0
경도 (H_B)	80	200	600

아공석강은 표준상태에서 조직의 양을 알면 기계적 성질을 다음과 같이 개략적으로 산출할 수 있다.(F: 페라이트%, P: 펄라이트%, $F+P$=100%)

$$인장강도 \ (\sigma_B) = \frac{(35 \times F)+(80 \times P)}{100}$$

$$연신율 \ (\varepsilon) = \frac{(40 \times F)+(10 \times P)}{100}$$

$$경도(H_B) = \frac{(80 \times F)+(200 \times P)}{100}$$

단원 예상문제 ⊙

1. 금속간화합물을 바르게 설명한 것은?

① 일반적으로 복잡한 결정구조를 갖는다.

② 변형하기 쉽고 인성이 크다.

③ 용해 상태에서 존재하며 전기저항이 작고 비금속 성질이 약하다.

④ 원자량의 정수비로는 절대 결합되지 않는다.

해설 금속간화합물은 복잡한 결정구조와 경도가 높고 전기저항이 크며, 융점이 높고 간단한 정수비로 결합한다.

2. 금속간화합물에 관한 설명 중 옳지 않은 것은?

① 변형이 어렵다.

② 경도가 높고 취약하다.

③ 일반적으로 복잡한 결정구조를 갖는다.

④ 경도가 높고 전연성이 좋다.

해설 금속간화합물은 경도가 높고 취약하며 변형이 어렵고 전연성이 나쁘다.

3. 탄소가 가장 많이 함유되어 있는 조직은?

① 페라이트 　　② 펄라이트 　　③ 오스테나이트 　　④ 시멘타이트

4. 다음의 조직 중 경도가 가장 높은 것은?

① 시멘타이트 　　② 페라이트 　　③ 오스테나이트 　　④ 트루스타이트

해설 시멘타이트 > 트루스타이트 > 오스테나이트 > 페라이트

5. Fe-C 평형상태도에서 γ고용체가 최대로 함유할 수 있는 탄소의 양은 어느 정도인가?

① 0.02 % 　　② 0.86 % 　　③ 2.0 % 　　④ 4.3 %

해설 최대 탄소 함유량은 α 고용체가 0.02 %이고 γ 고용체는 2.0 %이다.

6. 탄소를 고용하고 있는 γ철, 즉 γ고용체(침입형)를 무엇이라 하는가?

① 오스테나이트 　　② 시멘타이트 　　③ 펄라이트 　　④ 페라이트

7. 담금질한 강은 뜨임 온도에 의해 조직이 변화하는데 250~400℃ 온도에서 뜨임하면 어떤 조직으로 변화하는가?

① α-마텐자이트 　　② 트루스타이트 　　③ 소르바이트 　　④ 펄라이트

8. 다음의 금속 상태도에서 합금 m을 냉각시킬 때 m2점에서 결정 A와의 양적 관계를 옳게 나타낸 것은?

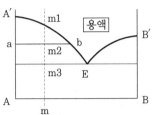

① 결정A : 용액 E = $\overline{\text{m1} \cdot \text{b}}$: $\overline{\text{m1} \cdot \text{A}'}$

② 결정A : 용액 E = $\overline{\text{m1} \cdot \text{A}'}$: $\overline{\text{m1} \cdot \text{b}}$

③ 결정A : 용액 E = $\overline{\text{m2} \cdot \text{a}}$: $\overline{\text{m2} \cdot \text{b}}$

④ 결정A : 용액 E = $\overline{\text{m2} \cdot \text{b}}$: $\overline{\text{m2} \cdot \text{a}}$

해설 결정 A와 용액 E 사이에서는 m을 기준으로 $\overline{\text{m2} \cdot \text{b}}$: $\overline{\text{m2} \cdot \text{a}}$의 양적 관계가 성립한다.

9. 탄소강의 표준조직에 대한 설명 중 옳지 않은 것은?

① 탄소강에 나타나는 조직의 비율은 탄소량에 의해 달라진다.

② 탄소강의 표준조직이란 강종에 따라 A_3점 또는 A_{cm}보다 30~50℃ 높은 온도로 강을 가열하여 오스테나이트 단일 상으로 한 후, 대기 중에서 냉각했을 때 나타나는 조직을 말한다.

③ 탄소강은 표준조직에 의해 탄소량을 추정할 수 없다.

④ 탄소강의 표준조직은 오스테나이트, 펄라이트, 페라이트 등이다.

해설 탄소강의 표준조직은 오스테나이트, 펄라이트, 페라이트이며 탄소량을 추정할 수 있다.

10. 초정(primary crystal)이란 무엇인가?

① 냉각시 제일 늦게 석출하는 고용체를 말한다.

② 공정반응에서 공정반응 전에 정출한 결정을 말한다.

③ 고체 상태에서 2가지 고용체가 동시에 석출하는 결정을 말한다.

④ 용객 상태에서 2가지 고용체가 동시에 정출하는 결정을 말한다.

해설 • 초정: 공정반응에서 공정반응 전에 정출한 결정
　　　• 석출: 고체 상태에서 2가지 고용체가 동시에 석출하는 결정

11. 다음 중 Fe-C 평형상태도에 대한 설명으로 옳은 것은?

① 공석점은 약 0.80%C를 함유한 점이다.

② 포정점은 약 4.3%C를 함유한 점이다.

③ 공정점의 온도는 약 723℃이다.

④ 순철의 자기변태 온도는 210℃이다.

해설 공석점: 0.80%C, 공정점: 4.3%C, 공정선 온도: 1130℃, 순철의 자기변태온도: 768℃

12. 다음 중 펄라이트의 생성기구에서 가장 처음 발생하는 것은?

① ξ-Fe　　　　② β-Fe　　　　③ Fe$_3$C 핵　　　　④ θ-Fe

해설 펄라이트가 결정경계에서 Fe$_3$C 핵이 먼저 생기고 그 다음 α-Fe이 생긴다.

13. Fe-C 평형상태도에서 [보기]와 같은 반응식은?

| 보기 |

$$\gamma(0.76\%\,C) \rightleftarrows \alpha(0.22\%\,C+Fe_3C\,(6.70\%\,C)$$

① 포정반응　　　② 편정반응　　　③ 공정반응　　　④ 공석반응

14. 용융액에서 두 개의 고체가 동시에 나오는 반응은?

① 포석반응　　　② 포정반응　　　③ 공석반응　　　④ 공정반응

해설 주철의 공정반응은 1153℃에서 L(용융체)$\rightleftarrows\gamma$-Fe+흑연으로 된다.

15. Fe-C 평형상태도에서 레데부라이트의 조직은?

① 페라이트　　　　　　　　② 페라이트+시멘타이트
③ 페라이트+오스테나이트　④ 오스테나이트+시멘타이트

16. 탄소 2.11%의 γ고용체와 탄소 6.68%의 시멘타이트와의 공정조직으로서 주철에서 나타나는 조직은?

① 펄라이트　　　　② 오스테나이트
③ α 고용체　　　④ 레데부라이트

해설 레데부라이트: γ와 Fe$_3$C의 기계적 혼합물로서 탄소 2.11%의 γ 고용체와 탄소 6.68%의 시멘타이트와의 공정조직

17. Fe-C 상태도에서 나타나는 여러 반응 중 반응온도가 높은 것부터 나열된 것은?

① 포정반응 > 공정반응 > 공석반응　② 포정반응 > 공석반응 > 공정반응
③ 공정반응 > 포정반응 > 공석반응　④ 공석반응 > 포정반응 > 공정반응

해설 포정반응(1401℃) > 공정반응(1139℃) > 공석반응(723℃)

정답 1. ①　2. ④　3. ④　4. ①　5. ③　6. ①　7. ②　8. ④　9. ③　10. ②　11. ①　12. ③　13. ④　14. ④　15. ④　16. ④　17. ①

2. 금속재료의 성질과 시험

2-1 금속의 소성변형과 가공

(1) 응력 – 변형 선도

금속재료의 강도를 알기 위한 인장시험에서 외력과 연신을 좌표축에 나타내면 다음 그림과 같은 응력–변형 선도가 얻어진다.

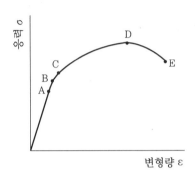

A: 비례한도
B: 탄성한도(훅의 법칙이 적용되는 한계)
C: 항복점(영구변형이 뚜렷하게 나타나기 시작하는 점)
D: 최대 하중점
E: 파단점

응력 – 변형 선도

(2) 인장응력과 변형

① 시험편의 단위 면적당 하중의 크기로 나타내고 연신율은 늘어난 길이에 대한 처음 길이의 백분율로 표시하며 변형(strain)이라 부른다.

② 응력은 외력에 대하여 물체 내부에 생긴 저항의 힘이다.

응력: $\sigma = \dfrac{P}{A_0}$, 변형량: $\dfrac{l - l_0}{l_0}$

시험편의 원단면적: A_0, 표점거리: l_0, 외력: P, 변형 후의 길이: l

단원 예상문제

1. 만능재료시험기의 인장시험을 할 경우 값을 구할 수 없는 금속의 기계적 성질은?

　① 인장강도　　　　② 항복강도　　　　③ 충격값　　　　④ 연신율

　해설　충격값은 충격시험기를 사용해 측정한다.

정답　1. ③

(3) 탄성변형(elastic deformation)

① 탄성률: 비례한도 내에서 응력–변형곡선은 직선으로 나타나 다음과 같은 관계가 성립된다.

$$\sigma = E\varepsilon, \ E = \frac{\sigma}{\varepsilon}$$

여기서 E는 탄성률(Young's modulus)이고, 일반적으로 온도가 상승하면 금속에 따라 탄성률은 감소한다.

② 푸아송비: 탄성구역에서는 세로방향으로 연신이 생기면 가로방향으로는 수축이 생기는 변형이 일어난다. 이때 각 방향 치수변화의 비는 그 재료의 고유한 값을 나타내는데 이를 푸아송비(Poisson's ratio)라고 한다.

여기서 ε은 세로방향의 변형량, ε'는 가로방향의 변형량이며 한쪽이 +이면 다른 한쪽은 -가 된다. 푸아송비는 금속이 보통 0.2~0.4이다.

(4) 소성변형

① 다결정을 소성변형하면 각 결정입자 내부에 슬립선이 발생한다.

② 금속재료의 결정입자가 미세할수록 재질이 굳고 단단하다는 점은 결정립계의 강도에 의한 것으로 총면적이 크기 때문이다.

(5) 소성가공에 의한 영향

① 가소성

㈎ 금속재료는 연성과 전성이 있으며 금속 자체의 가소성에 의해 형상을 변화할 수 있는 성질이 있다.

㈏ 외력의 크기가 탄성한도 이상이면 외력을 제거해도 재료는 원형으로 돌아오지 않고 영구변형이 잔류하게 된다. 이와 같이 응력이 잔류하는 변형을 소성변형이라 하고 소성변형하기 쉬운 성질을 가소성(plasticity)이라 한다.

② 냉간가공: 냉간가공(cold working)과 열간가공(hot working)은 금속의 재결정온도를 기준으로 구분한다.

㈎ 냉간가공은 재료에 큰 변형은 없으나 가공공정과 연료비가 적게 들고 제품의 표면이 미려하다.

㈏ 제품의 치수정도가 좋고 가공경화에 의한 강도가 상승하며, 가공공수가 적어 가공비가 적게 든다.

③ 가공도의 영향: 가공도가 증가함에 따라 결정입자의 응력이나 결정면의 슬립변형에

대한 저항력이 커지고 기계적 성질도 현저히 변화한다.

④ 가공경화: 가공도가 증가하면 강도, 항복점 및 경도가 증가하고 신율은 감소하는데, 이런 현상을 가공경화(work hardening)라 한다.

⑤ 바우싱거 효과: 동일 방향의 소성변형과 달리 하중을 받은 방향과 반대방향으로 하중을 가하면 탄성한도가 낮아지는데 이런 현상을 바우싱거 효과(Bauschinger effect)라고 한다.

⑥ 회복 재결정 및 결정립 성장

　㈎ 회복: 가공경화에 의해 발생된 내부응력의 원자배열 상태는 변하지 않고 감소하는 현상을 회복(recovery)이라 한다.

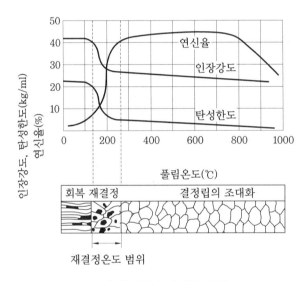

Cu의 재결정과 기계적 성질

　㈏ 재결정: 회복이 일어난 후 계속 가열하면 임의의 온도에서 인장강도, 탄성한도는 급격히 감소하고 연신율은 빠르게 상승하는 현상이 일어나는데 이 온도를 재결정 온도(recrystallization temperature)라고 한다.

금속의 재결정 온도

금속	재결정 온도	금속	재결정 온도
W	~1200	Pt	~450
Mo	~900	Cu	200~250
Ni	530~660	Au	~200
Fe	350~500	Zn	15~50

회복단계가 지나면 내부응력의 제거로 새로운 결정핵이 생성되어 핵이 점차 성장해 새로운 결정입자로 치환되는 현상이 일어나는데 이를 재결정(recrystallization)이라 한다.

[재결정 온도가 낮아지는 원인]

㉠ 순도가 높을수록

㉡ 가공도가 클수록

㉢ 가공 전의 결정입자가 미세할수록

㉣ 가공시간이 길수록 재결정온도는 낮아진다.

가공된 금속을 재가열할 때 성질 및 조직변화의 순서, 즉 재결정 순서는 다음과 같다.

내부응력 제거 → 연화 → 재결정 → 결정입자 성장

⑦ 열간가공

[열간가공의 장점]

㉠ 결정입자가 미세화된다.

㉡ 방향성이 있는 주조조직을 제거한다.

㉢ 합금원소의 확산으로 인한 재질을 균일화한다.

㉣ 강괴 내부의 미세균열 및 기공을 압착한다.

㉤ 연신율, 단면수축률, 충격치 등의 기계적 성질을 개선한다.

⑧ 금속별 가공 시작온도와 마무리온도

두랄루민: 450~350℃, 연강: 1200~900℃, 고탄소강: 900~725℃, 모넬메탈: 1150~1040℃, 아연: 150~110℃

단원 예상문제

1. 소성가공에 속하지 않는 가공법은?

① 단조　　② 인발　　③ 표면처리　　④ 압출

2. 그림과 같은 소성가공법은?

① 압연가공
② 단조가공
③ 인발가공
④ 전조가공

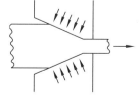

3. 응력–변형곡선에서 금속시험편에 외력을 가했다가 제거할 때 시험편이 원래 상태로 돌아가는 최대한계를 나타내는 것은?

① 항복점   ② 탄성한계   ③ 인장한도   ④ 최대 하중치

4. 소성변형이 일어난 재료에 외력이 더 가해지면 재료가 단단해지는 것을 무엇이라고 하는가?

① 침투강화   ② 가공경화   ③ 석출강화   ④ 고용강화

5. 재료의 강도를 이론적으로 취급할 때는 응력의 값으로서는 하중을 시편의 실제 단면적으로 나눈 값을 쓰지 않으면 안 된다. 이것을 무엇이라 부르는가?

① 진응력   ② 공칭응력   ③ 탄성력   ④ 하중력

6. 재료에 대한 푸아송비(poisson's ratio)의 식으로 옳은 것은?

① $\dfrac{\text{가로방향의 하중량}}{\text{세로방향의 하중량}}$ ② $\dfrac{\text{세로방향의 하중량}}{\text{가로방향의 하중량}}$

③ $\dfrac{\text{가로방향의 변형량}}{\text{세로방향의 변형량}}$ ④ $\dfrac{\text{세로방향의 변형량}}{\text{가로방향의 변형량}}$

해설 푸아송비: 탄성구역에서의 변형에서 세로방향으로 연신이 생기면 가로 방향에 수축이 생기는데 이때 길이의 증가율과 단면의 감소율의 비

7. 금속을 냉간가공하면 결정입자가 미세화되어 재료가 단단해지는 현상은?

① 가공경화   ② 전해경화   ③ 고용경화   ④ 탈탄경화

8. 금속을 냉간가공하였을 때 기계적 성질의 변화를 설명한 것 중 옳은 것은?

① 경도, 인장강도는 증가하나 연신율, 단면수축률은 감소한다.
② 경도, 인장강도는 감소하나 연신율, 단면수축률은 증가한다.
③ 경도, 인장강도, 연신율, 단면수축률은 감소한다.
④ 경도, 인장강도, 연신율, 단면수축률은 증가한다.

9. 금속의 소성에서 열간가공(hot working)과 냉간가공(cold working)을 구분하는 것은?

① 소성가공률   ② 응고온도   ③ 재결정 온도   ④ 회복온도

10. 재결정 온도가 가장 낮은 것은?

① Au   ② Sn   ③ Cu   ④ Ni

11. 텅스텐은 재결정에 의한 결정립 성장을 한다. 이를 방지하기 위해 처리하는 것을 무엇이라 하는가?

① 도핑(dopping)　② 아말감(amalgam)　③ 라이닝(lining)　④ 바이탈륨(Vitallium)

12. 가공으로 내부 변형을 일으킨 결정립이 그 형태대로 내부 변형을 해방하여 가는 과정은?

① 재결정　② 회복　③ 결정핵 성장　④ 시효완료

해설 전위의 재배열과 소멸에 의해 가공된 결정 내부의 변형에너지와 항복강도가 감소되는 현상을 결정의 회복(recovery)이라고 한다.

13. 시험편에 압입자국을 남기지 않거나 시험편이 큰 경우 재료를 파괴시키지 않고 경도를 측정하는 경도기는?

① 쇼어 경도기　② 로크웰 경도기　③ 브리넬 경도기　④ 비커스 경도기

해설 쇼어 경도기는 작아서 휴대하기 쉽고 피검재에 흠이 남지 않는다.

정답 1. ③　2. ③　3. ②　4. ②　5. ①　6. ③　7. ①　8. ①　9. ③　10. ②　11. ①　12. ②　13. ①

(6) 단결정의 탄성과 소성

① 슬립에 의한 변형: 슬립면은 원자밀도가 가장 조밀한 면 또는 그것에 가장 가까운 면이고, 슬립방향은 원자 간격이 가장 작은 방향이다. 그 이유는 가장 조밀한 면에서 가장 작은 방향으로 미끄러지는 것이 최소의 에너지가 소요되기 때문이다.

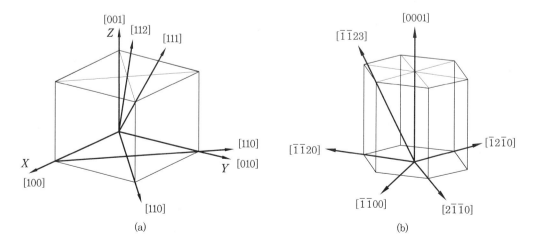

결정방향 표시

각종 금속의 슬립면과 슬립방향

결정구조	금속	순도	슬립면	슬립방향	임계전단응력
BCC	Fe	99.96(%)	{110}	⟨111⟩	$2800\,(\mathrm{g/mm^2})$
			{112}	⟨111⟩	
			{123}	⟨111⟩	
	Mo		{110}	⟨111⟩	5000
FCC	Ag	99.99	{111}	⟨110⟩	48
		99.97	{111}	⟨110⟩	73
		99.93	{111}	⟨110⟩	131
	Cu	99.999	{111}	⟨110⟩	65
		99.98	{111}	⟨110⟩	94
	Al	99.99	{111}	⟨110⟩	104
	Au	99.9	{111}	⟨110⟩	92
	Ni	99.8	{111}	⟨110⟩	580
HCP	Cd (c/a=1,886)	99.996	{0001}	⟨2110⟩	58
	Zn (c/a=1,856)	99.999	{0001}	⟨2110⟩	18
	Mg(c/a=1,623)	99.996	{0001}	⟨2110⟩	77
	Ti (c/a=1,587)	99.99	{0001}	⟨2110⟩	1400

② 쌍정에 의한 변형 : 쌍정(twin)이란 특정면을 경계로 하여 처음의 결정과 대칭적 관계에 있는 원자배열을 갖는 결정으로, 경계가 되는 면을 쌍정면(twinning plane)이라고 한다.

단원 예상문제

1. 금속의 슬립(slip)과 쌍정(twin)에 대한 설명으로 옳은 것은?

① 슬립은 원자밀도가 최소인 방향으로 일어난다.

② 슬립은 원자밀도가 가장 작은 격자면에서 잘 일어난다.

③ 쌍정은 결정의 변형부분과 변형되지 않은 부분이 대칭을 이루게 한다.

④ 쌍정에 의한 변형은 슬립에 의한 변형보다 매우 크다.

2. 금속의 소성변형에서 마치 거울에 나타나는 상이 거울을 중심으로 하여 대칭으로 나타나는 것과 같은 현상을 나타내는 변형은?

① 쌍정변형　　　② 전위변형　　　③ 벽계변형　　　④ 딤플변형

해설 쌍정이란 특정면을 경계로 하여 처음의 결정과 대칭적 관계에 있는 원자배열을 갖는 결정으로 경계가 되는 면으로 쌍정 변화

> **3.** 다음 중 슬립에 대한 설명으로 틀린 것은?
>   ① 원자밀도가 가장 큰 격자면에서 잘 일어난다.
>   ② 원자밀도가 최대인 방향으로 잘 일어난다.
>   ③ 슬립이 계속 진행하면 결정은 점점 단단해져서 변형이 쉬워진다.
>   ④ 다결정에서는 외력이 가해질 때 슬립방향이 서로 달라 간섭을 일으킨다.
>   해설 슬립이 계속 진행하면 결정은 점점 단단해져 변형이 어렵다.

정답 **1.** ③ **2.** ① **3.** ③

(7) 격자결함

① 격자결함의 종류
  ㈎ 점결함: 원자공공(vacancy), 격자간원자(interstitial atom), 치환형원자 (substitutional atom) 등
  ㈏ 선결함: 전위(dislocation) 등
  ㈐ 면결함: 적층결함(stacking fault), 결정립계(grain boundary) 등
  그 밖에 체적결함(volume defect), 주조결함(수축공 및 기공) 등이 있다.

② 전위: 금속결정에 외력을 가해 어떤 부분에 슬립을 발생시키면 연이어 슬립이 진행되어 최종적으로는 다른 끝부분에서 1원자간 거리의 이동이 일어난다. 1원자간 거리의 이동이 발생되기 전 중도과정을 생각해 보면 슬립면 위아래에 원자면이 중단된 곳이 생기는데 이를 전위라 하고, 칼날전위, 나사전위, 혼합전위가 있다.
  ㈎ 버거스 벡터(Burgers vector): 전위의 이동에 따르는 방향과 크기를 표시하는 격자변위
  ㈏ 코트렐 효과(Cottrell effect): 칼날전위가 용질원자의 분위기에 의해 안정 상태가 되어 움직이기 어려워지는데, 이와 같은 용질원자와 칼날전위의 상호작용을 코트렐 효과라 한다.

단원 예상문제

1. 다음의 금속 결함 중 체적결함에 해당되는 것은?
  ① 전위　　　② 수축공　　　③ 결정립계　　　④ 침입형 불순물 원자

정답 **1.** ②

2-2　금속재료의 일반적 성질

(1) 물리적 성질

색깔, 비중, 융점, 용융잠열, 비열, 전도도, 열팽창계수 등이 있다.

① 색(colour): 금속의 탈색 순서

Sn > Ni > Al > Mn > Fe > Cu > Zn > Pt > Ag > Au

② 비중(specific gravity)

㈎ 비중은 4℃의 순수한 물을 기준으로 몇 배 무거우냐, 가벼우냐 하는 수치로 표시된다.

㈏ 일반적으로 단조, 압연, 인발 등으로 가공된 금속은 주조상태보다 비중이 크며, 상온 가공한 금속을 가열한 후 급랭(急冷)시킨 것이 서랭(徐冷)시킨 것보다 비중이 작다.

㈐ 금속의 비중에 따른 분류는 물보다 가벼운 Li(0.53)부터 최대 Ir(22.5)까지 있으며, 편의상 비중 5 이하는 경금속, 그보다 무거운 것은 중금속이라 한다.

㈑ 경금속은 Al, Mg, Ti, Be 등이 있고, 중금속은 Fe, Ni, Cu, Cr, W, Pt 등이 있다.

③ 융점(용융점, 녹는점) 및 응고점: 금속 중에 융점(melting point)이 가장 높은 금속은 텅스텐(W, 3410℃)이고, 융점이 낮은 금속은 비스무트(Bi, 271.3℃)이다. 응고점(solidification point)은 용금이 응고하는 온도로, 순금속, 공정 및 금속간화합물의 응고점은 일정하지만 그 밖의 합금은 응고점에 폭이 있다.

④ 용융잠열(latent heat of melting): 알루미늄을 가열하여 용융점 660℃의 고체를 같은 온도의 액체로 변화시키기 위해서는 상당한 열을 가해야 하는데 이때 필요한 열량을 용융잠열이라 한다.

⑤ 비점(끓는점)과 비열

㈎ 물이 100℃에서 비등하여 수증기로 바뀌는 것과 같이 액체에서 기체로 변하는 온도를 비점(boiling point)이라 하고, 1gr의 물질을 1℃ 높이는 데 필요한 열량을 비열(specific heat)이라 한다.

㈏ 아연은 가열하여 419.5℃에 이르면 용융하고 더 가열하면 906℃에서 비등하여 기체로 바뀐다.

주요 금속의 물리적 성질

금속	원소기호	비중	융점(℃)	융해잠열 cal/g	선팽창계수 (20℃)×10⁻⁶	비열(20℃) kcal/g/deg	열전도율 (20℃) kcal/cm.s.deg	전기비저항 (20℃) μΩcm	비등점(℃)
은	Ag	10.49	960.8	25	19.68	0.0559	1.0	1.59	2,210
알루미늄	Al	2.699	660	94.5	23.6	0.215	0.53	2.65	2,450
금	Au	19.32	1,063	16.1	14.2	0.0312	0.71	2.35	2,970
비스무트	Bi	9.80	271.3	12.5	13.3	0.0294	0.02	106.8	1,560
카드뮴	Cd	8.65	320.9	13.2	29.8	0.055	0.22	6.83	765
코발트	Co	8.85	1,495±1	58.4	13.8	0.099	0.165	6.24	2,900
크로뮴	Cr	7.19	1,875	96	6.2	0.11	0.16	12.9	2,665
구리	Cu	8.96	1,083	50.6	16.5	0.092	0.941	1.67	2,595
철	Fe	7.87	1,538±3	65.5	11.76	0.11	0.18	9.71	3,000±150
게르마늄	Ge	5.323	937.4	106	5.75	0.073	0.14	46	2,830
마그네슘	Mg	1.74	650	88±2	27.1	0.245	0.367	4.45	1,170±10
망가니즈	Mn	7.43	1,245	63.7	22	0.115	−	185	2,150
몰리브덴	Mo	1.22	2,610	69.8	4.9	0.066	0.34	5.2	5,560
니켈	Ni	8.902	1,453	73.8	13.3	0.105	0.22	6.84	2,730
납	Pb	11.36	327.4	6.3	29.3	0.0309	0.083	20.64	1,725
백금	Pt	21.45	1,769	26.9	8.9	0.0314	0.165	10.6	4,530
안티몬	Sb	6.62	650.5	38.3	8.5~10.8	0.049	0.045	39.0	1,380
주석	Sn	7.298	231.9	14.5	23	0.054	0.15	11	1,170
티타늄	Ti	4.507	1,668±10	104	8.41	0.124	0.041	42	3,260
바나듐	V	6.1	1,900±25	−	8.3	0.119	0.074	24.8~26.0	3,400
텅스텐	W	19.3	3,410	44	4.6	0.033	0.397	5.6	5,930
아연	Zn	7.133	419.5	24.1	39.7	0.0915	0.27	5.92	906

단원 예상문제

1. 물과 같은 부피를 가진 물체의 무게와 물의 무게와의 비는?

① 비열　　　　　　② 비중　　　　　　③ 숨은열　　　　　④ 열전도율

해설 비중: 4℃의 순수한 물을 기준으로 물체의 무게와 물의 무게와의 비

2. 비중으로 중금속(heavy metal)을 옳게 구분한 것은?

① 비중이 약 2.0 이하인 금속　　　　② 비중이 약 2.0 이상인 금속

③ 비중이 약 4.5 이하인 금속　　　　④ 비중이 약 4.5 이상인 금속

3. 다음 중 비중이 가장 무거운 금속은?

① Mg　　　　　　② Al　　　　　　③ Cu　　　　　　④ W

해설 W(19.3), Cu(8.96), Al(2.7), Mg(1.74)

4. 다음 중 비중이 가장 작은 금속은?

① Mg　　　　　　② Cr　　　　　　③ Mn　　　　　　④ Pb

해설 Mg(1.74), Cr(7.19), Mn(7.43), Pb(11.36)

5. 다음 중 중금속에 해당되는 것은?

① Al　　　　　　② Mg　　　　　　③ Cu　　　　　　④ Be

해설 Al, Mg, Be은 경금속이고, Cu는 중금속이다.

6. 다음 중 가장 높은 용융점을 갖는 금속은?

① Cu　　　　　　② Ni　　　　　　③ Cr　　　　　　④ W

해설 Cu: 1053℃, Ni: 1453℃, Cr: 1875℃, W: 3410℃

정답 1. ②　2. ④　3. ④　4. ①　5. ③　6. ④

(2) 금속의 전도적 성질

① 금속의 비전도도(specific conductivity)

　㈎ 금속은 일반적으로 전기를 잘 전도하며 전기저항이 적다.

　㈏ 순금속은 합금에 비해 전기저항이 적어 전기전도도가 좋다.

　㈐ 금속은 Ag > Cu > Au > Al의 순서로 전기가 잘 통한다.

② 열전도도(열전도율, heat conductivity): 일반적으로 열의 이동은 고온에서 얻은 전자

의 에너지가 온도의 강하에 따라 저온 쪽으로 이동함으로써 이루어지며, 물체 내의 분자로부터 열에너지의 이동을 열전도라 한다.

순금속의 열전도율과 고유저항 및 도전율비

순금속	20℃에서의 열전도율 (cal/cm² · s · ℃)	고유저항 ρ (Ωmm²/m)	은을 100으로 했을 때의 도전율비(%)
은 (Ag)	1.0	0.0165	100
구리 (Cu)	0.94	0.0178	92.8
금 (Au)	0.71	0.023	71.8
알루미늄 (Al)	0.53	0.029	57
아연 (Zn)	0.27	0.063	26.2
니켈 (Ni)	0.22	0.1±0.01	16.7
철 (Fe)	0.18	0.1	16.5
백금 (Pt)	0.17	0.1	16.5
주석 (Sn)	0.16	0.1.2	13.8
납 (Pb)	0.083	0.208	7.94
수은 (Hg)	0.0201	0.958	1.74

단원 예상문제

1. 동일 조건에서 전기전도율이 가장 큰 것은?

① Fe　　　　② Cr　　　　③ Mo　　　　④ Pb

해설 전기전도율 순서: Mo>Fe>Cr>Pb

2. 전기전도도와 열전도도가 가장 우수한 금속으로 옳은 것은?

① Au　　　　② Pb　　　　③ Ag　　　　④ Pt

해설 Ag>Au>Pt>Pb

3. 바나듐의 기호로 옳은 것은?

① Mn　　　　② Ni　　　　③ Zn　　　　④ V

해설 Mn: 망가니즈, Ni: 니켈, Zn: 아연, V: 바나듐

4. 순철의 용융점(℃)은?

① 768　　　　② 1,013　　　　③ 1,538　　　　④ 1,780

5. 다음 중 경합금에 해당되지 않는 것은?

① Mg합금   ② Al합금   ③ Be합금   ④ W합금

해설 경합금: 비중 4.5 이하를 경금속이라 하며 Mg(1.74), Al(2.7), Be(1.84), W(19.3)이다.

정답 1. ③ 2. ③ 3. ④ 4. ③ 5. ④

(3) 금속의 화학적 성질

어느 물질이 산소와 화합하는 과정이 산화이며 산화물에서 산소를 빼앗기는 과정을 환원이라고 한다.

① 산화 및 환원

$$Zn + O \rightarrow ZnO \qquad 산화$$

$$ZnO + C \rightarrow Zn + CO \qquad 환원$$

② 부식: 금속이 주위의 분위기와 반응하여 다른 화합물로 변하거나 침식되는 현상을 말하며 공식 점식(pitting corrosion), 입계 부식, 탈아연(dezincification), 고온탈아연, 응력 부식, 침식 부식 등이 있다

단원 예상문제

1. 다음 중 강괴의 탈산제로 부적합한 것은?

① Al   ② Fe–Mn   ③ Cu–P   ④ Fe–Si

2. 금속의 산화에 관한 설명 중 틀린 것은?

① 금속의 산화는 이온화 경향이 큰 금속일수록 일어나기 쉽다.

② Al보다 이온화 계열이 상위에 있는 금속은 공기 중에서도 산화물을 만든다.

③ 금속의 산화는 온도가 높을수록, 산소가 금속 내부로 확산하는 속도가 늦을수록 빨리 진행한다.

④ 생성된 산화물의 피막이 치밀하면 금속 내부로 진행하는 산화는 어느 정도 저지된다.

해설 금속의 산화는 온도가 높을수록, 산소가 금속 내부로 확산하는 속도가 빠를수록 빨리 진행한다.

정답 1. ③ 2. ③

2-3 금속재료의 시험과 검사

(1) 현미경 조직 시험

① 시험편의 채취

㉮ 압연 또는 단조한 재료는 횡단면과 종단면을 조사한다.

㉯ 열처리한 재료는 표면부를 채취한다.

(2) 시료의 연마

시료 연마는 거친연마→미세연마→광택연마의 순서로 진행한다.

(3) 부식

연마가 끝난 시료는 검경면을 물로 잘 세척하고, 알코올 용액에 적시고 바싹 건조한다. 이렇게 부식 전의 준비가 끝나면, 현미경 조직 목적에 알맞은 부식액을 침적시켜 부식의 정도를 본다. 다음은 각 시료에 적합한 부식액 성분의 예이다.

① 탄소강: 질산 1~5%+알코올용액

② 동 및 동합금: 염화제이철 10g+염산 30cc+물 120cc

③ 알루미늄: 가성소다 10g+물 90cc

단원 예상문제

1. 현미경 조직검사를 할 때 관찰이 용이하도록 평활한 측정면을 만드는 작업이 아닌 것은?

① 거친연마 　　　② 미세연마 　　　③ 광택연마 　　　④ 마모연마

정답 1. ④

제2장 철과 강

1. 철강 재료

1-1 순철과 탄소강

철강은 순철, 강, 주철로 크게 구분하고, 다음 표와 같이 탄소 함유량에 따라 분류할
수 있다.

탄소에 의한 철강의 분류

종류	탄소 함유량	표준상태 Brinell경도	주용도
순철 및 암코철	0.01~0.02%	40~70	자동차외판, 기타 프레스 가공재 등
특별 극연강	0.08% 이하	70~90	전선, 가스관, 대강 등
극연강	0.08~0.12%	80~120	아연인판 및 선, 함석판, 리벳, 제정, 강관 등
연강	0.12~0.20%	100~130	일반구축용 보통강재, 기관판 등
반연강	0.20~0.03%	120~145	고력구축철재, 기관판, 못, 강관 등
반경강	0.30~0.40%	140~170	차축, 볼트, 스프링, 기타 기계재료
경강	0.40~0.50%	160~200	스프링, 가스펌프, 경가스 조 등
최경강	0.50~0.80%	180~235	외륜, 침, 스프링, 나사 등
고탄소강	0.80~1.60%	180~320	공구재료, 스프링, 게이지류 등
가단주철	2.0~2.5%	100~150	소형주철품 등
고급주철	2.8~3.2%	200~220	강력기계주물, 수도관 등
보통주철	3.2~3.5%	150~180	수도관, 기타 일반주물

(1) 금속조직학적 분류 방법

① 순철: 0.0218% C 이하(상온에서는 0.008%C 이하)

② 강(steel): 0.0218~2.11% C

  ㈎ 아공석강(hypo-eutectoid steel): 0.0218~0.7% C

  ㈏ 공석강(eutectoid steel): 0.77% C

  ㈐ 과공석강(hyper eutectoid steel): 0.77~2.11% C

③ 주철(cast iron): 2.11~6.68% C

  ㈎ 아공정주철(hypo eutectic cast iron): 2.11~4.3% C

  ㈏ 공정주철(eutectic cast iron): 4.3% C

  ㈐ 과공정주철(hyper eutectic cast iron): 4.3~6.68% C

단원 예상문제 ⓒ

1. 철강 내에 포함된 다음 원소 중 철강의 성질에 미치는 영향이 가장 큰 것은?

① Si   ② Mn   ③ C   ④ P

해설 탄소는 철강의 화학성분 중 기계적, 물리적, 화학적 성질에 크게 영향을 준다.

2. 아공석강의 탄소 함유량(%)으로 옳은 것은?

① 0.025~0.8   ② 0.8~2.0   ③ 2.0~4.3   ④ 4.3~6.67

해설 아공석강: 0.025~0.8%, 공석강: 0.8%, 과공석강: 0.8~2.0%

3. 공석강의 탄소 함유량(%)은 약 얼마인가?

① 0.15   ② 0.8   ③ 2.0   ④ 4.3

4. 다음 중 탄소 함유량이 가장 낮은 순철에 해당하는 것은?

① 연철   ② 전해철   ③ 해면철   ④ 카보닐철

해설 전해철: C 0.005~0.015%, 암코철: C 0.015%, 카보닐철: C 0.020%

5. 강과 주철을 구분하는 탄소의 함유량은 약 몇 %인가?

① 0.1   ② 0.5   ③ 1.0   ④ 2.0

정답 1. ③ 2. ① 3. ② 4. ② 5. ④

(2) 제철법

철광석은 보통 철을 40~60 % 이상의 철을 함유하는 것을 필요조건으로 한다. 다음 표는 주요 철광석의 종류와 그 성분을 나타낸다.

철광석의 종류와 주성분

광석명	주성분	Fe 성분(%)
적철광(赤鐵鑛, hematite)	Fe_2O_3	40~60
자철광(磁鐵鑛, magnetite)	Fe_3O_3	50~70
갈철광(褐鐵鑛, limonite)	$Fe_2O_3 \cdot 3H_2O$	30~40
능철광(菱鐵鑛, siderite)	Fe_2CO_3	30~40

철광석에 코크스와 용제인 석회석 또는 형석의 적당량을 코크스–광석–석회석의 순으로 용광로에 장입하여 용해하며, 용광로의 용량은 1일 생산량(ton/day)으로 나타낸다.

단원 예상문제

1. 다음의 철광석 중 자철광을 나타낸 화학식으로 옳은 것은?

① Fe_2O_3　　② Fe_3O_4　　③ Fe_2CO_3　　④ $Fe_2O_3 \cdot 3H_2O$

해설 적철광(Fe_2O_3), 자철광(Fe_3O_4), 갈철광($Fe_2O_3 \cdot 3H_2O$), 능철광(Fe_2CO_3)

정답 **1.** ②

(3) 제강법

① 전로 제강법: 전로 제강은 원료 용선 중에 공기를 불어넣어 함유된 불순물을 신속하게 산화 제거시키는 방법으로 이때 발생되는 산화열을 이용하여 외부로부터 열을 공급하지 않고 정련한다는 것이 특징이다.

전로 제강법은 노내에 사용하는 내화재료의 종류에 따라 산성법과 염기성법으로 분류한다.

㈎ 산성법(베세머법, Bessemer process): Si, Mn, C의 순으로 이루어지며 P, S 등의 제거가 어렵다.

㈏ 염기성법(토머스법, Thomas process): P, S 등의 제거가 쉽다.

② 평로 제강법: 축열식 반사로를 사용하여 선철을 용해 정련하는 방법으로 시멘스마틴법(Siemens-Martin process)이라고 한다.

③ 전기로 제강법: 전기로제강법은 일반연료 대신 전기에너지를 열원으로 하는 저항식, 유도식, 아크식전기로를 제강하는 방법이다.

(4) 강괴의 종류 및 특징

① 킬드강(killed steel): 정련된 용강을 레이들(ladle) 중에서 Fe-Mn, Fe-Si, Al 등으로 완전 탈산시킨 강으로 재질이 균일하고 기계적 성질 및 방향성이 좋아 합금강, 단조용강, 침탄강의 원재료로 사용된다. 킬드강은 보통 탄소함유량이 0.3% 이상이다.

② 세미킬드강(semi-killed steel): 킬드강과 림드강의 중간에 해당하며 Fe-Mn, Fe-Si으로 탈산시켜 탄소함유량이 0.15~0.3%로 일반구조용강, 강판, 원강의 재료로 사용된다.

③ 림드강(rimmed steel)

㉮ 탈산 및 기타 가스처리가 불충분한 상태의 강괴이다.

㉯ Fe-Mn으로 약간 탈산시킨 강괴로 불충분한 탈산으로 인한 용강이 비등작용이 일어나 응고 후 많은 기포가 발생되며 주형의 외벽으로 림(rim)을 형성하는 리밍액션 반응(rimming action)이 생긴다.

㉰ 보통 저탄소강(0.15%C 이하)의 구조용강재로 사용된다.

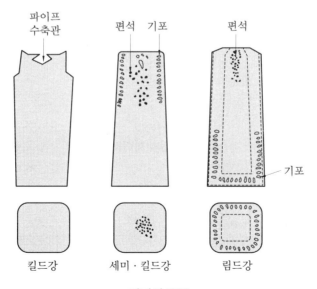

강괴의 종류

④ 캡드강(capped steel): 림드강을 변형시킨 강으로 용강을 주입한 후 뚜껑을 닫아 용강의 비등을 억제해 림 부분을 얇게 하고 내부 편석을 적게 한 강괴이다.

단원 예상문제

1. 강괴의 종류에 해당되지 않는 것은?

① 쾌석강 ② 캡드강 ③ 킬드강 ④ 림드강

해설 강괴: 킬드강, 림드강, 세미킬드강, 캡드강

2. 용강 중에 기포나 편석은 없으나 중앙 상부에 수축공이 생겨 불순물이 모이고, Fe-Si, Al분말 등의 강한 탈산제로 완전 탈산한 강은?

① 킬드강 ② 캡드강 ③ 림드강 ④ 세미킬드강

3. 림드강에 관한 설명 중 틀린 것은?

① Fe-Mn으로 가볍게 탈산시킨 상태로 주형에 주입한다.
② 주형에 접하는 부분은 빨리 냉각되므로 순도가 높다.
③ 표면에 헤어크랙과 응고된 상부에 수축공이 생기기 쉽다.
④ 응고가 진행되면서 용강 중에 남은 탄소와 산소의 반응에 의하여 일산화탄소가 많이 발생한다.

해설 림드강은 외벽에 많은 기포가 생기고 상부에 편석이 발생한다.

정답 1. ① 2. ① 3. ③

(5) 순철

① 순도와 불순물

공업용 순철의 화학조성

철 종류	C	Si	Mn	P	S	O	H
암코철	0.015	0.01	0.02	0.01	0.02	0.15	–
전해철	0.008	0.007	0.002	0.006	0.003	–	0.08
카보닐(carbonyl)	0.020	0.01	–	tr	0.004	–	–
고순도철	0.001	0.003	0.00	0.0005	0.0026	0.0004	–

② 순철의 변태: 순철은 1539℃에서 응고하여 상온까지 냉각하는 동안 A_4, A_3, A_2의

변태를 한다. 그 중 A_4, A_3는 동소변태이고 A_2는 자기변태이다.

    ㈎ A_4변태: $\gamma-Fe\,(FCC)$ $\underset{\rightleftharpoons}{\overset{1400℃}{}}$ $\delta-Fe\,(BCC)$

    ㈏ A_3변태: $\alpha-Fe\,(BCC)$ $\underset{\rightleftharpoons}{\overset{910℃}{}}$ $\gamma-Fe\,(FCC)$

    ㈐ A_2변태: $\alpha-Fe$ 강자성 $\underset{\rightleftharpoons}{\overset{768℃}{}}$ $\alpha-Fe$ 상자성

③ 순철의 조직과 성질: 순철의 표준조직은 상온에서 BCC인 다각형 입자를 나타내는 $\alpha-Fe$의 페라이트 조직이다.

④ 순철의 용도: 순철은 기계적 강도가 낮아 기계재료로 부적당하나 투자율이 높기 때문에 변압기, 발전기용의 박철판으로 사용되고, 카보닐철분은 소결시켜 압분 철심으로 고주파 공업에 널리 사용된다.

단원 예상문제 ©

1. 순철의 동소변태로만 나열된 것은?

  ① $\alpha-Fe$, $\gamma-Fe$, $\delta-Fe$ ② $\beta-Fe$, $\varepsilon-Fe$, $\zeta-Fe$

  ③ $\eta-Fe$, $\lambda-Fe$, $\rho-Fe$ ④ $\alpha-Fe$, $\lambda-Fe$, $\omega-Fe$

2. 순철을 상온에서부터 가열하여 온도를 올릴 때 결정구조의 변화로 옳은 것은?

  ① BCC→FCC→HCP   ② HCP→BCC→FCC

  ③ FCC→BCC→FCC   ④ BCC→FCC→BCC

정답 1. ①   2. ④

---

(6) 탄소강

① 탄소강의 성질

  ㈎ 탄소량이 증가하면 탄소강의 비중, 열팽창계수, 열전도도는 감소되는 반면, 비열, 전기저항, 항자력은 증가한다.

  ㈏ 인장강도, 경도, 항복점 등은 탄소량이 증가하면 함께 증가되는데, 특히 인장강도는 100%펄라이트 조직을 이루는 공석강에서 최대를 나타내고 연신율, 단면 수축률, 충격치 등은 탄소량과 함께 감소한다.

  ㈐ 인장강도는 200~300℃ 이내에서 상승하여 최대를 나타내며, 연신율과 단면

수축률은 온도가 상승함에 따라 감소하여 인장강도가 최대인 지점에서 최솟값을 나타내고 온도가 더 상승하면 다시 점차 증가한다.

㈜ 충격치는 200~300℃에서 가장 취약해지는데 이것을 청열취성(blue shortness) 또는 청열메짐이라고 한다.

㈐ 충격치는 재질에 따른 어떤 한계온도, 즉 천이온도(transition temperature)에 도달하면 급격히 감소되어 −70℃ 부근에서 0에 가까워지는데 이로 인해 취성이 생긴다. 이런 현상을 강의 저온취성이라 한다.

② 탄소강 중의 타원소의 영향

㈎ 망가니즈(Mn)의 영향: 망가니즈는 제강 시에 탈산, 탈황제로 첨가되며, 탄소강 중에 0.2~1.0%가 함유되어 일부는 강 중에 고용되고 나머지는 MnS, FeS로 결정립계에 혼재하며 그 영향은 다음과 같다.

㉠ 강의 담금질 효과를 증대시켜 경화능이 커진다.

㉡ 강의 연신율을 그다지 감소시키지 않고 강도, 경도, 인성을 증대시킨다.

㉢ 고온에서 결정립의 성장을 억제시킨다.

㉣ 주조성을 좋게 하고 황(S)의 해를 감소시킨다.

㉤ 강의 점성을 증가시켜 고온가공성은 향상되나 냉간가공성은 불리하다.

㈏ 규소(Si)의 영향: 선철과 탈산제로부터 잔류하여 보통 탄소강 중에 0.1~0.35%가 함유한다.

㉠ 인장강도, 탄성한계, 경도를 상승시킨다.

㉡ 연신율과 충격값을 감소시킨다.

㉢ 결정립을 조대화하고 가공성을 해친다.

㉣ 용접성을 저하시킨다.

㈐ 인(P)의 영향: 원료선에 포함된 불순물로서 일부는 페라이트에 고용되고 나머지는 Fe_3P로 석출되어 존재하며 강중에는 0.03% 이하가 함유되어야 한다. 그 영향은 다음과 같다.

㉠ 결정립을 조대화한다.

㉡ 강도와 경도를 증가시키고 연신율을 감소시킨다.

㉢ 실온에서 충격치를 저하시켜 상온취성(상온메짐, cold shortness)의 원인이 된다.

㉣ Fe_3P는 MnS, MnO 등과 집합해 대상 편석인 고스트 라인(ghost line)을 형성하여 강의 파괴원인이 된다.

㈐ 황(S)의 영향: 강 중의 황은 MnS로 잔류하며 망가니즈의 양이 충분치 못하면 FeS로 남는다.

  ㉠ S의 함량이 0.02% 이하라도 강도, 신율, 충격치를 감소시킨다.

  ㉡ FeS는 용융점(1139℃)이 낮아 열간가공 시에 균열을 발생시키는 적열취성의 원인이 된다.

  ㉢ 공구강에서는 0.03% 이하, 연강에서는 0.05% 이하로 제한한다.

  ㉣ 강 중의 S분포를 알기 위한 설퍼프린트법이 있다.

③ 탄소강의 용도: 보통 실용 탄소강은 탄소량이 0.05~1.7%C이며, 다음 예와 같이 필요에 따라 탄소량을 조절하여 성질을 바꾸어 사용한다.

- 가공성을 요구하는 경우: 0.05~0.3%C
- 가공성과 강인성을 동시에 요구하는 경우: 0.3~0.45%C
- 강인성과 내마모성을 동시에 요구하는 경우: 0.45~0.65%C
- 내마모성과 경도를 동시에 요구한 경우: 0.65~1.2%C

㈎ 구조용 탄소강

  ㉠ 건축, 교량, 선박, 철도, 차량과 같은 구조물에 쓰이는 판, 봉, 관, 형강 등의 용도가 다양하다. 구조용 탄소강은 0.05~0.6%C를 함유하며 SS35로 나타낸다.

  ㉡ 강판은 용도와 제조법에 따라 후판(6 mm 이상), 중판(3~6 mm), 박판(3 mm 이하)이 있다.

㈏ 선재용 탄소강: 연강선 0.06~0.25%C, 경강선 0.25~0.85%C, 피아노선재 0.55~0.95%C의 소르바이트 조직인 강인한 탄소강이며 이를 위해 보통 900℃로 가열한 후 400~500℃로 유지된 용융염욕 속에 담금질하는 패턴팅(patenting) 처리를 하여 사용한다.

㈐ 쾌삭강: 쾌삭강은 피절삭성이 양호하여 고속절삭에 적합한 강으로 일반 탄소강보다 P, S의 함유량을 많게 하거나 Pb, Se, Zr 등을 첨가하여 제조한다.

㈑ 스프링강: 스프링강은 급격한 진동을 완화하고 에너지를 축적하기 위해 사용되므로, 사용 도중 영구변형을 일으키지 않아야 하며 탄성한도가 높고 충격 및 피로에 대한 저항력이 커야 하므로 요구경도가 최저 H_B 340 이상이고 소르바이트(sorbite) 조직으로 이루어져야 한다.

㈒ 탄소공구강: 탄소공구강에는 줄, 톱, 다이스 등에 사용되며 내마모성이 커야 한다. 탄소공구강 및 일반 공구재료는 대략 다음 조건을 갖추어야 한다.

    ㉠ 상온 및 고온경도가 클 것
    ㉡ 내마모성이 클 것
    ㉢ 강인성 및 내충격성이 우수할 것
    ㉣ 가공 및 열처리성이 양호할 것
    ㉤ 가격이 저렴할 것

단원 예상문제

1. 강에 탄소량이 증가할수록 증가하는 것은?

  ① 경도　　　　　② 연신율　　　　　③ 충격값　　　　　④ 단면수축률

해설 탄소량 증가에 따라 경도는 증가하는 반면, 연신율, 충격값, 단면수축율은 감소된다.

2. 탄소강에서 나타나는 상온 메짐의 원인이 되는 주 원소는?

  ① 인　　　　　② 황　　　　　③ 망가니즈　　　　　④ 규소

해설 인은 Fe_3P의 화합물을 형성하여 실온에서 충격치를 저하시켜 상온메짐(상온취성)의 원인이 된다.

3. 5대 원소 중 상온취성의 원인이 되며 강도와 경도, 취성을 증가시키는 원소는?

  ① C　　　　　② P　　　　　③ S　　　　　④ Mn

4. 강에 탄소량이 증가할수록 증가하는 것은?

  ① 연신율　　　　　② 경도　　　　　③ 단면수축률　　　　　④ 충격값

해설 탄소량이 증가함에 따라 강도와 경도는 증가하고, 연신율은 감소한다.

5. 응고범위가 너무 넓거나 성분금속 상호간에 비중의 차가 클 때 주조시 생기는 현상은?

  ① 붕괴　　　　　② 기포수축　　　　　③ 편석　　　　　④ 결정핵 파괴

6. 탄소강 중에 포함된 구리(Cu)의 영향으로 틀린 것은?

  ① 내식성을 향상시킨다.
  ② Ar_1의 변태점을 증가시킨다.
  ③ 강재 압연시 균열의 원인이 된다.
  ④ 강도, 경도, 탄성한도를 증가시킨다.

해설 구리는 탄소강 Ar_1의 변태점을 감소시킨다.

7. 탄소강에 함유된 원소가 철강에 미치는 영향으로 옳은 것은?

① S: 저온메짐의 원인이 된다.

② Si: 연신율 및 충격값을 감소시킨다.

③ Cu: 부식에 대한 저항을 감소시킨다.

④ P: 적열메짐의 원인이 된다.

해설 S: 적열메짐, Cu: 부식에 대한 저항 증가, P: 상온메짐

8. 다음의 합금원소 중 함유량이 많아지면 내마멸성을 크게 증가시키고 적열메짐을 방지하는 것은?

① Ni   ② Mn   ③ Si   ④ Mo

9. 다음 중 철강을 분류할 때 "SM45C"는 어느 강인가?

① 순철   ② 아공석강   ③ 과공석강   ④ 공정주철

해설 순SM45C는 기계구조용 탄소강으로서 C 0.45%를 함유한 아공석강이다.

10. 건축용 철골, 볼트, 리벳 등에 사용되는 것으로 연신율이 약 22%이고, 탄소함량이 약 0.15%인 강재는?

① 경강   ② 연강   ③ 최경강   ④ 탄소공구강

해설 연강은 저탄소강으로서 연신율이 높아 건축용 철골, 볼트, 리벳 등에 사용되는 강이다.

11. 탄소가 0.50~0.70%이고 인장강도는 590~690 MPa이며, 축, 기어, 레일, 스프링 등에 사용되는 탄소강은?

① 톰백   ② 극연강   ③ 반연강   ④ 최경강

12. 스프링강의 기호는?

① STS   ② SPS   ③ SKH   ④ STD

해설 STS: 합금공구강, SPS: 스프링강, SKH: 고속도강, STD: 금형공구강

13. 탄성한도와 항복점이 높고, 충격이나 반복 응력에 대해 잘 견디어낼 수 있으며, 고탄소강을 목적에 맞게 담금질, 뜨임을 하거나 경강선, 피아노선 등을 냉간가공하여 탄성한도를 높인 강은?

① 스프링강   ② 베어링강   ③ 쾌삭강   ④ 영구자석강

정답 **1.** ① **2.** ① **3.** ② **4.** ② **5.** ③ **6.** ② **7.** ② **8.** ② **9.** ② **10.** ② **11.** ④ **12.** ② **13.** ①

1-2 합금강

(1) 특수강의 상태도

① 오스테나이트 구역 확대형: Ni, Mn 등

② 오스테나이트 구역 축소형: B, S, O, Zr, Ce 등

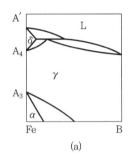 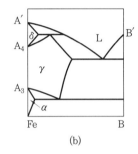 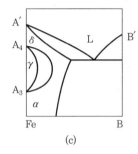

(a) (b) (c)

특수 원소첨가에 의한 상태도 변화

단원 예상문제

1. 특수강에서 다음 금속이 미치는 영향으로 틀린 것은?

① Si: 전자기적 성질을 개선한다.　② Cr: 내마멸성을 증가시킨다.

③ Mo: 뜨임메짐을 방지한다.　④ Ni: 탄화물을 만든다.

[해설] 니켈(Ni)은 탄화물 저해원소이다.

정답 1. ④

---

(2) 질량 효과

담금질성을 개선시키는 원소

B > Mn > Mo > P > Cr > Si > Ni > Cu

(3) 구조용 강

① 일반구조용 강 및 고장력강

　㉮ Ni강

　　㉠ 저Ni펄라이트강: 0.2 % C, 1.5~5 % Ni 강은 침탄강으로 사용하며 0.25~
　　0.35 % C, 1.5~3 % Ni강은 담금질하여 각종 기계부품으로 사용한다.

ⓒ 고Ni오스테나이트강: 25~35％ Ni강은 오스테나이트 조직이므로 강도와 탄성한계는 낮으나 압연성, 내식성 등이 좋고 충격치도 크므로 기관용 밸브, 스핀들, 보일러관 등에 쓰이고 비자석용강으로도 사용된다.

㈐ Cr강

ⓐ 경화층이 깊고 마텐자이트 조직을 안정화하며 자경성(self hardening)이 있어 공랭(空冷)으로 쉽게 마텐자이트 조직이 된다.

ⓑ Cr_4C_2, Cr_7C_3 등의 탄화물이 형성되어 내마모성이 크고 오스테나이트의 성장을 저지하여 조직이 미세하고 강인하며 내식성, 내열성도 높다.

ⓒ Ni, Mn, Mo, V 등을 첨가하여 구조용으로 사용하고 W, V, Co 등을 첨가하여 공구강으로도 사용한다.

㈑ Ni-Cr강

ⓐ Ni은 페라이트를 강화하고 Cr은 탄화물을 석출하여 조직을 치밀하게 한다. 즉 강인하고 점성이 크며 담금질성이 높다.

ⓑ 수지상 조직이 되기 쉽고 강괴가 냉각 중에 헤어크랙(hair crack)을 발생시키며 뜨임취성이 생기므로 800~880℃에서 기름 담금질하고 550~650℃에서 뜨임한 후 수랭(水冷) 또는 유랭(油冷)한다.

ⓒ 뜨임취성은 560℃ 부근에서 Cr의 탄화물이 석출되고 Mo, V 등을 첨가하면 감소된다.

㈒ Ni-Cr-Mo강

ⓐ Ni-Cr강에 1% 이하의 Mo을 첨가하면 기계적 성질 및 열처리 효과가 개선되고 질량효과를 감소시킨다.

ⓑ SNCM 1~26종으로 크랭크축, 터빈의 날개, 치차(toothed gear), 축, 강력볼트, 핀, 롤러용 베어링 등에 사용된다.

㈓ Cr-Mo강: Cr강에 0.15~0.35%의 Mo을 첨가한 펄라이트 조직의 강으로 뜨임취성이 없고 용접도 쉽다.

㈔ Mn강

ⓐ 듀콜(ducol)강은 펄라이트 조직으로서 Mn 1~2%이고 C 0.2~1% 범위이다. 인장강도가 45~88 kgf/mm² 이며 연신율은 13~34이고 건축, 토목, 교량재 등의 일반구조용으로 사용된다.

ⓑ 해드필드(hadfield)강은 오스테나이트 조직의 Mn강이다. Mn 10~14%, C 0.9~1.3%이므로 경도가 높아 내마모용 재료로 쓰인다. 이 강은 고온에서 취

성이 생기므로 1000~1100℃에서 수중 담금질하는 수인법으로 인성을 부여한다. 용도는 기어, 교차, 레일 등에 쓰이며 내마모성이 필요하고 전체가 취성이 없는 재료에 적합하다.

    (사) Cr-Mn-Si: 크로만실(chromansil)이라고도 하며 저렴한 구조용강으로 내력, 인장강도, 인성이 크고 굽힘, 프레스가공, 나사, 리벳작업 등이 쉽다.

② 표면경화용 강

  (가) 침탄용 강

    [침탄용 강의 구비조건]

      ㉠ 0.25% 이하의 탄소강이어야 한다.

      ㉡ 장시간 가열해도 결정립이 성장하지 않아야 한다.

      ㉢ 경화층은 내마모성, 강인성을 가지고 경도가 높아야 한다.

      ㉣ 기공, 흠집, 석출물 등이 경화층에 없어야 한다.

      ㉤ 담금질 응력이 적고 200℃ 이하의 저온에서 뜨임해야 한다.

  (나) 질화용 강: Al, Cr, Mo, Ti, V 중 2종 이상의 성분을 함유한 재질이 사용되며 Si 0.2~0.3%, Mn 0.4~0.7%가 표준이다.

(4) 공구용 강

① 합금공구강

  (가) 탄소공구강의 단점을 보강하기 위해 Cr, W, Mn, Ni, V 등을 첨가하여 경도, 절삭성, 단조, 주조성 등을 개선한 강으로 C 0.45% 이상이므로 담금질 효과가 완전하다.

  (나) Cr은 담금질 효과를 증대하고 W은 경도와 고온경도를 상승시키므로 내마모성이 증가한다. Ni은 인성을 부여하며 합금공구강으로는 W-Cr강이 널리 사용된다.

② 고속도강

  (가) 고속도강은 절삭공구강의 일종으로서 500~600℃까지 가열해도 뜨임효과에 의해 연화되지 않고 고온에서도 경도의 감소가 적은 것이 특징이다.

  (나) 18%W-4%Cr-1%V-0.8~0.9%로 조성된 18-4-1형 고속도 공구강과 6%W-5%Mo-4%Cr-2%V-0.8~0.9%C의 6-5-4-2형이 널리 사용된다.

  (다) 열처리는 1250℃에서 담금질하고 550~600℃에서 뜨임처리하여 2차 경화시킨다.

③ 다이스강(die steel)

  ㈎ 냉간가공용 다이스강: Cr강, W-Cr강, W-Cr강, W-Cr-Mn강, Ni-Cr-Mo강

  ㈏ 열간가공용 다이스강: 저W-Cr-V강, 중W-Cr-V강, 고W-Cr-V강, Cr-Mo-V강

④ 주조경질합금: 40~55%Co-15~33%Cr-10~20%W-2~5%C, Fe<5% 이하의 주조 합금이다. 고온저항이 크고 내마모성이 우수하여 각종 절삭공구 및 내마모, 내식, 내열용 부품재료로 사용되며 스텔라이트(stellite)라고도 한다.

⑤ 게이지용 강

  ㈎ 내마모성이 크고 HRC 55 이상의 경도를 가질 것

  ㈏ 담금질에 의한 변형 및 균열이 적을 것

  ㈐ 장시간 경과해도 치수의 변화가 적고 선팽창계수는 강과 비슷하며 내식성이 우수할 것

단원 예상문제

1. 공구용 재료로서 구비해야 할 조건이 아닌 것은?

  ① 강인성이 커야 한다.

  ② 내마멸성이 작아야 한다.

  ③ 열처리와 공작이 용이해야 한다.

  ④ 상온과 고온에서의 경도가 높아야 한다.

  해설 공구용 재료는 내마멸성이 커야 한다.

2. 고속도강의 성분으로 옳은 것은?

  ① Cr-Mn-Sn-Zn   ② Ni-Cr-Mo-Mn

  ③ C-W-Cr-V   ④ W-Cr-Ag-Mg

3. 고속도강의 대표 강종인 SKH2 텅스텐계 고속도강의 기본조성으로 옳은 것은?

  ① 18%Cu-4%Cr-1%Sn   ② 18%W-4%Cr-1%V

  ③ 18%Cr-4%Al-1%W   ④ 18%W-4%Al-1%Pb

4. 공작기계용 절삭공구재료로서 가장 많이 사용되는 것은?

  ① 연강   ② 회주철   ③ 저탄소강   ④ 고속도강

  해설 고속도강: W-Cr-V강으로 절삭공구용 재료로 사용

5. 구조용 합금강과 공구용 합금강을 나눌 때 기어, 축 등에 사용되는 구조용 합금강 재료에 해당되지 않는 것은?

① 침탄강   ② 강인강   ③ 질화강   ④ 고속도강

해설 고속도강은 절삭용 공구 재료로 사용된다.

6. 주조상태 그대로 연삭하여 사용하며, 단조가 불가능한 주조경질합금공구 재료는?

① 스텔라이트   ② 고속도강   ③ 퍼멀로이   ④ 플라티나이트

7. 스텔라이트(stellite)에 대한 설명으로 틀린 것은?

① 열처리를 실시하여야만 충분한 경도를 갖는다.

② 주조한 상태 그대로를 연삭하여 사용하는 비철합금이다.

③ 주요 성분은 40~55% Co, 25~33% Cr, 10~20% W, 2~5% C, 5% Fe이다.

④ 600℃ 이상에서는 고속도강보다 단단하며, 단조가 불가능하고, 충격에 의해 쉽게 파손된다.

해설 스텔라이트는 주조경질합금으로 비열처리에도 경도가 높은 금속이다.

8. 게이지용 공구강이 갖추어야 할 조건에 대한 설명으로 틀린 것은?

① HRC 40 이하의 경도를 가져야 한다.

② 팽창계수가 보통강보다 작아야 한다.

③ 시간이 지남에 따라 치수변화가 없어야 한다.

④ 담금질에 의한 균열이나 변형이 없어야 한다.

해설 HRC 40 이상의 경도를 가져야 한다.

9. 게이지용강이 갖추어야 할 성질을 설명한 것 중 옳은 것은?

① 팽창계수가 보통 강보다 커야 한다.

② HRC 45 이하의 경도를 가져야 한다.

③ 시간이 지남에 따라 치수 변화가 커야 한다.

④ 담금질에 의하여 변형이나 담금질 균열이 없어야 한다.

해설 게이지용강은 팽창계수가 작고 경도가 크며, 치수변화가 없고 담금질에 의한 변형이나 담금질 균열이 없어야 한다.

정답 1. ② 2. ③ 3. ② 4. ④ 5. ④ 6. ① 7. ① 8. ① 9. ④

(5) 특수 용도강

① 스테인리스강(stainless steel)

　㈎ 페라이트계 스테인리스강

　　㉠ Cr 12~17% 이하가 함유된 페라이트 조직이다.

　　㉡ 표면이 잘 연마된 것은 공기나 물에 부식되지 않는다.

　　㉢ 유기산과 질산에 침식되지 않으나 염산, 황산 등에는 침식된다.

　　㉣ 오스테나이트계에 비하여 내산성이 낮다.

　　㉤ 담금질한 상태는 내산성이 좋으나 풀림한 상태 또는 표면이 거친 것은 쉽게 부식된다.

　㈏ 마텐자이트계 스테인리스강

　　㉠ Cr 12~18%, C 0.15~0.3%가 첨가된 마텐자이트 조직의 강으로서 13% Cr강이 대표적이다.

　　㉡ 950~1020℃에서 담금질하여 마텐자이트 조직으로 만들고 인성이 필요할 때는 550~650℃에서 뜨임하여 소르바이트 조직을 얻는다.

　㈐ 오스테나이트계 스테인리스강

　　㉠ Cr 18%, Ni 8%의 18-8스테인리스강이 대표적이며 내식성이 높고 비자성이다.

　　㉡ 내식성과 내충격성, 기계가공성이 우수하고 선팽창계수가 보통강의 1.5배이며, 열 및 전기전도도는 1/4 정도이다.

　　㉢ 단점은 염산, 염소가스, 황산 등에 약하고 결정립계 부식이 쉽게 발생한다는 것이다.

　　[입계부식의 방지법]

　　• 고온으로 가열한 후 Cr탄화물을 오스테나이트 조직 중에 용체화하여 급랭시킨다.

　　• 탄소량을 감소시켜 Cr_4C탄화물의 발생을 막는다.

　　• Ti, V, Nb 등을 첨가해 Cr_4C 대신 TiC, V_4C_3, NbC 등의 탄화물을 발생시켜 Cr의 탄화물을 감소시킨다.

　㈑ 석출경화형 스테인리스강: 석출경화형 스테인리스강의 종류에는 17-4PH, 17-7H, V2B, PH15-7Mo, 17-10P, PH55, 마레이징강(maraging steel) 등이 있다.

② 내열강

[내열강의 구비조건]

㉠ 고온에서 O_2, H_2, N_2, SO_2 등에 침식되지 않고 탈탄, 질화되어도 변질되지 않도록 화학적으로 안정되어야 한다.

㉡ 고온에서 기계적 성질이 우수하고 조직이 안정되어 온도 급변에도 내구성을 유지해야 한다.

㉢ 반복 응력에 대한 피로강도가 크며 냉간, 열간가공 및 용접, 단조 등이 쉬워야 한다.

서멧(cermet)은 내열성이 있는 안정한 화합물과 금속의 조합에 의해서 고온도의 화학적 부식에 견디며 비중이 작으므로 고속회전하는 기계부품으로 사용할 때 원심력을 감소시킨다. 인코넬(inconel), 인콜로이(Incoloy), 레프렉토리(refractory), 디스칼로이(discaloy) 우디멧(udimet), 하스텔로이(hastelloy) 등이 있다.

③ 불변강

㈎ 인바(invar): Ni 35~36%, C 0.1~0.3%, Mn 0.4%와 Fe의 합금으로 열팽창계수가 0.9×10^{-6}(20℃에서)이며 내식성도 크다. 바이메탈(bimetal), 시계진자, 줄자, 계측기의 부품 등에 사용된다.

㈏ 슈퍼인바(superinvar): Ni 30.5~32.5%, Co 4~6%와 Fe합금으로 열팽창계수는 0.1×10^{-6}(20℃에서)이다.

㈐ 엘린바(elinvar): Fe 52%, Ni 36%, Cr 12% 또는 Ni 10~16%, Cr 10~11%, Co 26~58%와 Fe의 합금이며 열팽창계수가 8×10^{-6}, 온도계수 1.2×10^{-6} 정도로 고급시계, 정밀저울 등의 스프링 및 정밀기계부품에 사용한다.

㈑ 코엘린바(co-elinvar): Cr 10~11%, Co 26~58%, Ni 10~16%와 Fe의 합금이며 온도변화에 대한 탄성률의 변화가 극히 적고 공기 중이나 수중에서 부식되지 않는다. 스프링, 태엽, 기상관측용 기구의 부품에 사용된다.

㈒ 플라티나이트(platinite): Ni 40~50%와 Fe의 합금으로 열팽창계수가 $5 \sim 9 \times 10^{-6}$이며 전구의 도입선으로 사용된다.

④ 베어링강(bearing steel)

㈎ 베어링강은 높은 탄성한도와 피로한도가 요구되며 내마모, 내압성이 우수해야 한다.

㈏ STB로 나타내며 0.9~1.6% Cr강이 주로 사용된다.

⑤ 자석강

㉮ W 3~6%, C 0.5~0.7%강 및 Co 3~36%에 W, Ni, Cr 등이 함유된 강이 자석
강으로 사용되고 있다.

㉯ 소결제품인 알리코자석(Ni 10~20%, Al 7~10%, Co 20~40%, Cu 3~5%, Ti
1%와 Fe합금)은 MK강이라고 한다.

㉰ 바이칼로이(Fe 38%, Co 52%, V 10%합금) 및 쿠니페와 ESD자석강 등도 있다.

㉱ 초투자율합금으로는 퍼멀로이(Permalloy : Ni 78.5%와 Fe합금), 슈퍼말로이
(supermalloy)가 있다.

㉲ 전기철심판 재료로는 규소강판이 있으며 발전기, 변압기의 철심 등에 사용한다.

단원 예상문제

1. 18-8스테인리스강에 해당되지 않는 것은?

① Cr 18%-Ni 8%이다. 　　　　② 내식성이 우수하다.

③ 상자성체이다. 　　　　　　　④ 오스테나이트계이다.

해설 18-8스테인리스강은 비자성체이다.

2. 오스테나이트계 스테인리스강에 대한 설명으로 틀린 것은?

① 대표적인 합금에 18%Cr-8%Ni강이 있다.

② 1100℃에서 급랭하여 용체화 처리를 하면 오스테나이트 조직이 된다.

③ Ti, V, Nb 등을 첨가하면 입계부식이 방지된다.

④ 1000℃로 가열한 후 서랭하면 $Cr_{23}C_6$ 등의 탄화물이 결정립계에 석출하여 입계부식을
방지한다.

해설 1000℃로 가열한 후 서랭하면 $Cr_{23}C_6$ 등의 탄화물이 결정립계에 석출하여 입계부식을
일으킨다.

3. 오스테나이트계 스테인리스강에 첨가되는 주성분으로 옳은 것은?

① Pb-Mg 　　　② Cu-Al 　　　③ Cr-Ni 　　　④ P-Sn

해설 오스테나이트계 스테인리스강 : Cr(18%)-Ni(8%)

4. 고온에서 사용하는 내열강 재료의 구비조건에 대한 설명으로 틀린 것은?

① 기계적 성질이 우수해야 한다. 　　② 조직이 안정되어 있어야 한다.

③ 열팽창에 대한 변형이 커야 한다. 　④ 화학적으로 안정되어 있어야 한다.

해설 열팽창에 대한 변형이 작아야 한다.

5. 티타늄탄화물(TiC)과 Ni의 예와 같이 세라믹과 금속을 결합하고 액상소결하여 만들어 절삭공구로 사용하는 고경도 재료는?

① 서멧　　　　　② 두랄루민　　　　　③ 고속도강　　　　　④ 인바

해설 서멧(cermet)은 내열성이 있는 안정한 화합물과 금속의 조합에 의해서 고온도의 화학적 부식에 견디며 비중이 작으므로 고속회전하는 기계부품으로 사용할 때 원심력을 감소시킨다. 인코넬, 인콜로이, 레프렉토리, 디스칼로이 우디멧, 하스텔로이 등이 있다.

6. 1~5μm 정도의 비금속 입자가 금속이나 합금의 기지 중에 분산되어 있는 입자강화 금속복합재료에 속하는 것은?

① 서멧　　　　　② SAP　　　　　③ FRM　　　　　④ TD Ni

해설 서멧 : 비금속 입자인 세라믹과 금속결합재료

7. 다음 중 불변강의 종류가 아닌 것은?

① 플라티나이트　② 인바　　　　　③ 엘린바　　　　　④ 아공석강

해설 불변강에는 플라티나이트, 인바, 엘린바, 코엘린바 등이 있다.

8. Ni-Fe계 합금인 인바(invar)는 길이 측정용 표준자, 바이메탈, VTR헤드의 고정대 등에 사용되는데 이는 재료의 어떤 특성 때문에 사용하는가?

① 자성　　　　　② 비중　　　　　③ 전기저항　　　　　④ 열팽창계수

9. Ni-Fe계 합금인 엘린바(elinvar)는 고급시계, 지진계, 압력계, 스프링저울, 다이얼게이지 등에 사용되는데 재료의 어떤 특성 때문에 사용하는가?

① 자성　　　　　② 비중　　　　　③ 비열　　　　　④ 탄성률

해설 엘린바는 불변강으로 탄성률이 높은 재료이다.

10. 열팽창계수가 상온 부근에서 매우 작아 길이 변화가 거의 없어 측정용 표준자, 바이메탈 재료 등에 사용되는 Ni-Fe합금은?

① 인바　　　　　② 인코넬　　　　　③ 두랄루민　　　　　④ 콜슨합금

11. 재료의 조성이 니켈 36%, 크로뮴 12%, 나머지는 철(Fe)로서 온도가 변해도 탄성률이 거의 변하지 않는 것은?

① 라우탈　　　　　② 엘린바　　　　　③ 진정강　　　　　④ 퍼멀로이

12. 36% Ni, 약 12% Cr이 함유된 Fe합금으로 온도의 변화에 따른 탄성률 변화가 거의 없어 지진계의 부품, 고급시계 재료로 사용되는 합금은?

① 인바(invar)   ② 코엘린바(co-elinvar)

③ 엘린바(elinvar)   ④ 슈퍼인바(superinvar)

해설 Ni-Fe계 합금인 엘린바는 고급시계, 지진계, 압력계, 스프링저울, 다이얼게이지 등에 사용되는 합금이다.

13. 변압기, 발전기, 전동기 등의 철심용으로 사용되는 재료는 무엇인가?

① Fe-Si   ② P-Mn   ③ Cu-N   ④ Cr-S

해설 전기철심 재료로는 규소강판이 있으며 발전기, 변압기의 철심 등에 사용한다.

14. 전자석이나 자극의 철심에 사용되는 순철이나 자심은 교류가 자기장에만 사용되는 예가 많으므로 이력손실, 항자력 등이 적고 동시에 맴돌이 전류 손실이 적어야 한다. 이때 사용되는 강은?

① Si 강   ② Mn 강   ③ Ni 강   ④ Pb 강

15. 다음 중 고투자율의 자성합금은?

① 화이트 메탈(white metal)   ② 바이탈륨(Vitallium)

③ 하스텔로이(Hastelloy)   ④ 퍼멀로이(Permalloy)

16. 다음 중 경질 자성재료에 해당되는 것은?

① Si강판   ② Nd 자석   ③ 센더스트   ④ 고속도강

17. 다음의 자성재료 중 연질자성 재료에 해당되는 것은?

① 알니코   ② 네오디뮴   ③ 센더스트   ④ 페라이트

해설 센더스트(sendust)는 Al 5%, Si 10%, Fe 85%로 조성된 고투자율합금이다.

18. 반자성체에 해당하는 금속은?

① 철(Fe)   ② 니켈(Ni)   ③ 안티몬(Sb)   ④ 코발트(Co)

해설 강자성체: 철(Fe), 니켈(Ni), 코발트(Co)

정답 1. ③   2. ④   3. ③   4. ③   5. ①   6. ①   7. ④   8. ④   9. ④   10. ①   11. ②   12. ③   13. ①
14. ①   15. ④   16. ②   17. ③   18. ③

1-3 주철과 주강

(1) 주철의 개요

① 실용주철의 일반적인 성분은 철 중에 C 2.5~4.5%, Si 0.5~3.0%, Mn 0.5 ~1.5%, P 0.05~1.0%, S 0.05~0.15%가 함유되어 있다.

② 주철의 파면상은 회주철, 백주철 및 반주철이 있다.

③ 백주철은 경도 및 내마모성이 크므로 압연기의 롤러, 철도차륜, 브레이크, 파쇄기의 조 등에 사용된다.

④ 회주철은 흑연의 형상에 따라서 편상흑연, 공정상흑연 및 구상흑연주철 등으로 분류되며, 흑연 분포에 따라 ASTM에서는 A, B, C, D, E형으로 구분한다.

(2) 주철의 조직

① 주철은 C 2.11~6.68%의 범위를 갖는다.

② 공정반응은 1153℃에서 L(용융체)$\rightleftarrows \gamma$-Fe+흑연으로 된다.

③ 탄소량에 따라 아공정주철(C 2.11~4.3%), 공정주철(C 4.3%), 과공정주철(C 4.3~6.68%)로 나눈다.

④ 마울러 조직도(maurer's structural diagram)는 주철 중의 탄소와 규소의 함량에 따른 조직분포를 나타낸 것이다.

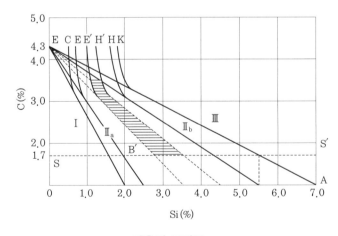

마울러 조직도

그림에서 Ⅰ구역은 펄라이트+Fe₃C조직의 백주철로서 경도가 높은 주철이며, Ⅱ구역은 펄라이트+흑연조직의 강력한 회주철이다. Ⅲ구역은 페라이트+흑연조직의 연질 회주철이다. 한편 Ⅱ$_a$구역은 Ⅰ의 조직에 흑연이 첨가된 것으로서 경질의 반주철이고 Ⅱ$_b$구역은 Ⅱ의 조직에 페라이트가 나타난 것으로서 보통 회주철이라 한다.

단원 예상문제

1. 주강과 주철을 비교 설명한 것 중 틀린 것은?

① 주강은 주철에 비해 용접이 쉽다.　② 주강은 주철에 비해 용융점이 높다.

③ 주강은 주철에 비해 탄소량이 적다.　④ 주강은 주철에 비해 수축량이 적다.

해설 주강은 주철에 비해 수축량이 크다.

2. 주철의 조직을 C와 Si의 함유량과 조직의 관계로 나타낸 것은?

① 하드필드강(hadfield steel)

② 마우러 조직도(maurer's structural diagram)

③ 불스 아이(Bull's eye)

④ 미하나이트 주철(meehanite metal)

정답 1. ④　2. ②

---

(3) 주철의 성질

① 주철의 물리적 성질: 비중 7.0~7.3, 용융점 1145~1350℃이다.

② 주철의 기계적 성질

　㈎ 주철의 인장강도는 C와 Si의 함량, 냉각속도, 용해조건, 용탕처리 등에 의존하며 흑연의 형상, 분포상태 등에 따라 좌우된다.

　㈏ 탄소포화도(Sc)=C%/4.23－0.312Si%－0.275P%이다.

　㈐ 회주철의 인장강도는 10~25 kgf/mm^{2}이고, 구상흑연주철의 인장강도는 50~70 kgf/mm^{2}이다.

③ 주철의 화학성분의 영향

　㈎ C의 영향

　　㉠ C 3% 이하의 주철은 초정 오스테나이트(proeutectic austenite) 양이 많으므로 수지상정조직 중에 흑연이 분포된 ASTM의 E형 흑연이 되기 쉽다.

　　㉡ 주철 중의 탄소는 흑연과 Fe$_3$C로 생성되고 기지조직 중에 흑연을 함유한 회

주철이며 Fe_3C를 함유한 주철이 백주철이 된다.

(나) Si의 영향

㉠ 강력한 흑연화 촉진원소이다.

㉡ 흑연이 많은 주철은 응고 시 체적이 팽창하므로, 흑연화 촉진원소인 Si가 첨가된 주철은 응고수축이 적어진다.

(다) Mn의 영향

㉠ 보통주철 중에 0.4~1% 정도가 함유되며 흑연화를 방해하여 백주철화를 촉진하는 원소이다.

㉡ S와 결합하여 MnS화합물을 생성하므로 S의 해를 감소시킨다.

㉢ 펄라이트 조직을 미세화하고 페라이트의 석출을 억제한다.

(라) P의 영향

㉠ 페라이트 조직 중에 고용되나 대부분은 스테다이트(steadite, $Fe-Fe_3C-Fe_3P$의 3원공정물)로 존재한다.

㉡ 백주철화의 촉진원소로서 1% 이상 포함되면 레데부라이트 중에 조대한 침상, 판상의 시멘타이트를 생성한다.

㉢ 융점을 낮추어 주철의 유동성을 향상시키므로 미술용 주물에 이용되나 시멘타이트의 생성이 많아지기 때문에 재질이 경해진다.

(마) S의 영향 : 주철 중에 Mn이 소량일 때는 S는 Fe과 화합하여 FeS가 되고 오스테나이트의 정출을 방해하므로 백주철화를 촉진한다.

④ 주철의 가열에 의한 변화 : 주철은 고온으로 가열했다가 냉각하는 과정을 반복하면 부피가 더욱 팽창하게 되는데 이러한 현상을 주철의 성장이라 한다.

주철이 성장하는 원인은 다음과 같다.

(가) 펄라이트 조직 중의 Fe_3C 분해에 따른 흑연화

(나) 페라이트 조직 중의 Si의 산화

(다) A_1변태의 반복과정에서 체적변화로 발생하는 미세한 균열

(라) 흡수된 가스의 팽창에 따른 부피증가 등

이러한 주철의 성장을 방지하는 방법으로는

(가) 흑연의 미세화로 조직을 치밀하게 한다.

(나) C 및 Si 양을 줄이고 안정화원소인 Ni 등을 첨가한다.

(다) 탄화물 안정화원소인 Cr, Mn, Mo, V 등을 첨가하여 펄라이트 중의 Fe_3C 분해를 막는다.

㈑ 편상흑연을 구상흑연화한다.

⑤ 주철의 종류 및 특성

　㈎ 보통주철(common grade cast iron)

　　㉠ 화학성분은 C 3.2~3.8%, Si 1.4~2.5%, Mn 0.4~1%, P 0.3~1.5%, S 0.06~1.3%이다.

　　㉡ 주조가 쉽고 값이 저렴하다.

　㈏ 구상흑연주철(GCD)

　　㉠ 보통주철에 Mg, Ca, Ce 등을 첨가하여 편상흑연을 구상화한 주철이다.

　　㉡ 불스아이(Bull's eye) 조직이라고도 한다.

　　㉢ 조직에 따라 시멘타이트형, 펄라이트형, 페라이트형으로 분류된다.

　㈐ 가단주철(BMC)

　　㉠ 흑심가단주철(BMC): 백주철을 장시간 풀림처리하여 시멘타이트를 분해시켜 흑연을 입상으로 만든 주철로서 2단계에 걸친 열처리를 하게 된다.

　　　- 제1단계 흑연화: Fe_3C의 직접분해

　　　- 제2단계 흑연화: 펄라이트 조직 중의 공석 Fe_3C의 분해로 뜨임탄소와 페라이트 조직

　　㉡ 펄라이트가단주철(PMC): 입상 및 층상의 펄라이트 조직의 주철로서 인장강도, 항복점, 내마모성을 향상시킨 주철로서 2단계에 걸친 열처리를 하게 된다.

　　㉢ 백심가단주철(WMC): 백주철을 철광석, 밀 스케일(mill scale)의 산화철과 함께 풀림처리로에서 950~1000℃의 온도로 탈탄시킨 주철이다.

　㈑ 칠드주철(chilled cast-iron)

　　㉠ 주조시 주형에 냉금을 삽입하여 주물 표면을 급랭시켜 백선화하고 경도를 증가시킨 주철이다.

　　㉡ 주철 표면은 시멘타이트 조직이고 내부는 페라이트 조직이다.

　㈒ 고급주철(high grade cast iron)

　　㉠ 기지조직은 펄라이트이고 흑연을 미세화하여 인장강도가 $30\,kgf/mm^2$ 이상인 주철이다.

　　㉡ 고급주철의 제조 방법은 란쯔법(Lanz process), 엠멜법(Emmel process), 미하나이트주철(meehanite cast iron), 코르살리법(Corsalli process) 등이 있다.

　　㉢ 미하나이트주철은 Ca-Si나 Fe-Si 등의 접종제로 접종처리하여 응고와 함

께 흑연화시킨 강인한 펄라이트 주철이다.

⑷ 합금주철(alloy cast iron)

  ㉠ Cu: 0.25~2.5% 첨가로 경도가 증가하고 내마모성과 내식성이 향상된다.
  0.4~0.5% 정도 첨가되면 산성에 대한 내식성이 우수해진다.

  ㉡ Cr: 0.2~1.5% 첨가로 흑연화를 방지하고 탄화물을 안정시키며 펄라이트 조
  직을 미세화하여 경도가 증가하고 내열성과 내식성을 향상시킨다.

  ㉢ Ni: 흑연화를 촉진하며 0.1~1.0% 첨가로 조직이 Si 1/2~1/3 정도의 흑연화
  능력이 있다.

  ㉣ Mo: 흑연화를 다소 방해하고 0.25~1.25% 첨가로 두꺼운 주물의 조직을 균
  일화하며 흑연을 미세화하여 강도, 경도, 내마모성을 증가시킨다.

  ㉤ Ti: 강한 탈산제로서 흑연화를 촉진하나 다량 함유하면 역효과가 일어날 수
  있다.

  ㉥ V: 강력한 흑연화 억제제이며 0.1~0.5% 첨가로 조직을 치밀하고 균일화한
  다.

⑸ 알루미늄주철(aluminium cast iron): Al을 3~4% 정도 첨가하면 흑연화 경향
  이 가장 크고 그 이상이 되면 흑연화가 저해되어 경하고 취약해진다. 고온가열
  시는 Al_2O_3 피막이 주물표면에 형성되어 산화저항이 크고 가열, 냉각에 의한 성
  장도 감소하므로 내열주물로 사용이 가능하다.

⑹ 크로뮴주철(chrome cast iron)

  ㉠ 저크로뮴주철: 2% 이하의 Cr 첨가로 회주철의 기계적 성질, 내열, 내식 및
  내마모성을 향상시킨다. 회주철에서 크로뮴은 기지조직에 고용하여 페라이트
  의 석출을 막고 펄라이트를 미세화한다.

  ㉡ 고크로뮴주철: 고크로뮴 함유 주철은 우수한 내산성, 내식성, 내열성을 가진
  다. Cr 12~17% 첨가된 것은 내마모용 주철, Cr 20~28% 첨가된 것은 내마모
  및 내식용 주철로 사용한다. Cr 30~35% 첨가된 주철은 내열, 내식용으로 사
  용된다.

  ㉢ 몰리브덴주철: Mo은 백선화를 크게 조장하지 않으며 오스테나이트의 변태
  속도를 늦추어 기지조직을 개선한다. Mo의 함량이 많으면 주방상태에서도 베
  이나이트(bainite) 조직이 나타나고 침상주철을 얻을 수 있다.

(4) 주강

주조방법에 의해 용강을 주형에 주입하여 만든 강 제품을 주강품(steel castings) 또는 강주물이라 한다.

① 주강의 특징

㉮ 주철에 비하여 용융점이 1600℃ 전후의 고온이며 수축률이 커서 주조하기에 어려움이 있다.

㉯ 주철에 비하여 기계적 성질이 좋고 용접에 의한 보수가 가능하다.

㉰ 주강은 주조상태로는 조직이 거칠고 메짐성이 있으므로, 주조 후에는 풀림을 실시하여 조직을 미세화하고 주조응력을 제거해야 한다.

② 주강의 종류

㉮ 탄소 주강

㉠ 탄소 함량에 따라 0.2%C 이하를 저탄소 주강, 0.2~0.5%C를 중탄소 주강, 0.5%C 이상을 고탄소 주강으로 구분한다.

㉡ 탄소 주강에서 SC410, SC450 및 SC480은 철도차량, 조선, 기계 및 광산 주조용재로 사용되고, SC360은 전동기 프레임 등의 전동기 부품으로 사용된다.

㉢ 탄소 주강은 보통 주조 후 풀림 또는 뜨임처리하여 사용한다.

㉯ 합금 주강

㉠ Ni 주강: 주강의 강인성을 높일 목적으로 1.0~5.0%Ni을 첨가한 것으로 톱니바퀴, 차축, 철도용 및 선박용 설비 등에 사용된다.

㉡ Cr 주강: 보통 주강에 3% 이하의 Cr을 첨가하면 강도와 내마멸성이 증가되므로 분쇄기계, 석유화학 공업용 기계 부품에 사용되며, Cr을 12~14% 함유한 주강품은 화학용 기계 등에 이용된다.

㉢ Ni-Cr 주강: 1.0~4.0%Ni, 0.5~1.5%Cr을 함유하는 저합금 주강인데, 강도가 크고 인성이 양호할 뿐만 아니라 피로 한도와 충격값이 크므로 자동차, 항공기 부품, 톱니바퀴, 롤 등에 사용되며, 담금질한 것은 내마멸성이 크다.

㉣ Mn 주강: Mn 0.9~1.2% 함유한 펄라이트계인 저망간 주강은 열처리하여 제지용 롤 등에 이용되며, 특히 0.9~1.2%C, 11~14%Mn을 함유하는 하드필드강은 고망간 주강으로, 주조 상태로는 오스테나이트입계에 탄화물이 석출하여 취약하지만 1000~1100℃에서 담금질하면 균일한 오스테나이트 조직이 되어 강인하게 된다. 레일의 조인트, 광산 및 토목용 기계 부품 등에 사용된다.

단원 예상문제 ⓒ

1. 다음 철강 재료에서 인성이 가장 낮은 것은?

① 회주철   ② 탄소공구강

③ 합금공구강   ④ 고속도공구강

해설 회주철은 인성보다 취성이 높은 금속이다.

2. 주철의 기계적 성질에 대한 설명 중 틀린 것은?

① 경도는 C+Si의 함유량이 많을수록 높아진다.

② 주철의 압축강도는 인장강도의 3~4배 정도이다.

③ 고 C, 고 Si의 크고 거친 흑연편을 함유하는 주철은 충격값이 작다.

④ 주철은 자체의 흑연이 윤활제 역할을 하며, 내마멸성이 우수하다.

해설 경도는 C+Si의 함유량이 많을수록 낮아진다.

3. 주철에서 Si가 첨가될 때 Si의 증가에 따른 상태도 변화로 옳은 것은?

① 공정온도가 내려간다.

② 공석온도가 내려간다.

③ 공정점은 고탄소 측으로 이동한다.

④ 오스테나이트에 대한 탄소 용해도가 감소한다.

4. 황이 적은 선철을 용해하여 주입 전에 Mg, Ce, Ca 등을 첨가하여 제조한 주철은?

① 구상흑연주철   ② 칠드주철

③ 흑심가단주철   ④ 미하나이트 주철

5. 구상흑연 주철품의 기호표시에 해당하는 것은?

① WMC 490   ② BMC 340

③ GCD 450   ④ PMC 490

해설 백심가단주철(WMC), 흑심가단주철(BMC), 펄라이트가단주철(PMC), 구상흑연주철(GCD)

6. 황(S)이 적은 선철을 용해하여 구상흑연주철을 제조할 때 많이 사용되는 흑연구상화제는?

① Zn   ② Mg   ③ Pb   ④ Mn

해설 Mg은 구상흑연주철 제조 시 황을 제거하는 목적으로 사용된다.

7. 구상흑연주철의 조직상 분류가 틀린 것은?

① 페라이트형

② 마텐자이트형

③ 펄라이트형

④ 시멘타이트형

8. 다음 중 주철에서 칠드 층을 얇게 하는 원소는?

① Co   ② Sn

③ Mn   ④ S

해설 Co는 흑연화 촉진원소이다.

9. 표면은 단단하고 내부는 회주철로 강인한 성질을 가지며 압연용 롤, 철도차량, 분쇄기 롤 등에 사용되는 주철은?

① 칠드주철

② 흑심가단주철

③ 백심가단주철

④ 구상흑연주철

해설 칠드주철은 내마모성이 요구되는 주철로서 외부는 백선화, 내부는 회주철로된 강인한 주철이다.

10. 주철용탕에 최초로 칼슘-실리케이트를 접종하여 만든 강인한 회주철은?

① 칠드주철

② 백심가단주철

③ 구상흑연주철

④ 미하나이트주철

해설 미하나이트주철 : Ca-Si나 Fe-Si 등의 접종제로 접종처리하여 응고와 함께 흑연화시킨 강인한 펄라이트 주철이다.

11. 내마멸용으로 사용되는 에시큘러 주철의 기지(바탕) 조직은?

① 베이나이트   ② 소르바이트

③ 마텐자이트   ④ 오스테나이트

정답 1. ① 2. ① 3. ④ 4. ① 5. ③ 6. ② 7. ② 8. ① 9. ① 10. ④ 11. ①

1-4 열처리의 종류

① 불림(normalizing): 소재를 일정온도에서 가열 후 공랭시켜 표준화하는 조작

② 풀림(annealing): 재질을 연하고 균일하게 열처리하는 조작

③ 담금질(quenching): 급랭시켜 재질을 경화하는 조작

④ 뜨임(tempering): 담금질된 것에 인성을 부여하는 조작

⑤ 심랭처리(subzero cooling): 담금질한 강을 실온 이하로 냉각하여 잔류 오스테나이트를 마텐자이트(martensite)로 변화시키는 조작

⑥ 진공 열처리(vacuum heat treatment): 산화를 방지하기 위하여 진공 상태의 불활성가스(He, Ar 등)에 의해 열처리하는 방법

단원 예상문제

1. 담금질(quenching)하여 경화된 강에 적당한 인성을 부여하기 위한 열처리는?

① 뜨임   ② 풀림

③ 노멀라이징   ④ 심랭처리

2. 열처리로에 사용하는 분위기 가스 중 불활성가스로만 짝지어진 것은?

① NH_3, CO   ② He, Ar

③ O_2, CH_4 ④ N_2, CO_2

3. [보기]는 강의 심랭처리에 대한 설명이다. (A), (B)에 들어갈 용어로 옳은 것은?

> | 보기 |
> 심랭처리란 담금질한 강을 실온 이하로 냉각하여 (A)를 (B)로 변화시키는 조작이다.

① (A): 잔류 오스테나이트, (B): 마텐자이트

② (A): 마텐자이트, (B): 베이나이트

③ (A): 마텐자이트, (B): 소르바이트

④ (A): 오스테나이트, (B): 펄라이트

해설 심랭처리는 경화된 강 중의 잔류 오스테나이트를 마텐자이트화하는 것으로서 공구강의 경도 증가 및 성능 향상을 기할 수 있다.

정답 1. ①   2. ②   3. ①

제**3**장 비철 금속재료와 특수 금속재료

1. 비철 금속재료

1-1 구리와 그 합금

(1) 구리(Cu)의 종류

① 동광석으로는 황동광($CuFeS_2$), 휘동광(Cu_2S), 적동광(Cu_2O) 등이 있으며, 품위는 Cu10~15% 이상이 드물고 보통 2~4%의 것을 선광하여 품위를 20% 이상으로 하여 제련한다.

② 전기동(electrolytic coper): 전기분해하여 음극에서 얻어지는 동으로 순도는 높으나 취약하여 가공이 곤란하다.

③ 정련동(electrolytic tough pitch copper): 강인동, 무산화동이라고 하며 용융정제하여 O를 0.02~0.04% 정도 남긴 것으로 순도 99.292%이며, 용해할 때 노내 분위기를 산화성으로 만들어 용융구리 중의 산소농도를 증가시켜 수소함유량을 저하시킨 후 생목을 용동 중에 투입하는 폴링(poling)을 하여 탈산시킨 동이다. 전도성, 내식성, 전연성, 강도 등이 우수하여 판, 봉, 선 등의 전기공업용으로 널리 사용된다.

④ 탈산동(deoxidized copper): 용해 시에 흡수된 산소를 인으로 탈산하여 산소를 0.01% 이하로 제거한 것이며, 고온에서 수소취성이 없고 산소를 흡수하지 않으며 용접성이 좋아 가스관, 열교환관, 중유버너용관 등으로 사용된다.

⑤ 무산소동(OFHC: oxygen-free high conductivity copper): 산소나 P, Zn, Si, K 등의 탈산제를 품지 않고 전기동을 진공 중 또는 무산화 분위기에서 정련 주조한 것으로 산소함유량은 0.001~0.002% 정도이다. 성질은 정련동과 탈산동의 장점을 지녔으며, 특히 전기전도도가 좋고 가공성이 우수하며 유리에 대한 봉착성 및 전연성이 좋아 진공관용 또는 기타 전자기기용으로 널리 사용된다.

1. 진공 또는 CO의 환원성 분위기에서 용해 주조하여 만들며 O_2나 탈산제를 품지 않은 구리는?

① 전기 구리　　　　② 전해인상 구리　　　③ 탈산 구리　　　　④ 무산소 구리

2. 구리를 용해할 때 흡수된 산소를 인으로 탈산시켜 산소를 0.01% 이하로 남기고 인을 0.12%로 조절한 구리는?

① 전기 구리　　　　② 탈산 구리　　　　③ 무산소 구리　　　④ 전해인상 구리

정답 1. ④　2. ②

(2) 구리의 성질

① 전기 및 열의 전도성이 우수하다.

② 전연성이 좋아 가공이 용이하다.

③ 화학적 저항력이 커서 부식되지 않는다.

④ 아름다운 광택으로 귀금속적 성질이 우수하다.

⑤ Zn, Sn, Ni, Ag 등과 용이하게 합금을 만든다.

구리의 기계적 성질

구분	성질	구분	성질
인장강도	$22 \sim 25 \, \text{kgf/mm}^2$	피로한도	$8.5 \, \text{kgf/mm}^2$
연신율	$49 \sim 60 \, \%$	탄성계수	$12,200 \, \text{kgf/mm}^2$
단면수축률	$93 \sim 70 \, \%$	브리넬 경도	$35 \sim 40$
아이조드 충격값	$5.8 \, \text{kg-m}$	푸아송비	0.33 ± 0.01

(3) 구리합금의 종류

① 황동(brass): 놋쇠라고도 하며 Cu+Zn의 합금이다.

　㈎ 황동의 상태도와 조직

　　㉠ 2원계상태도는 황동형, 청동형, 공정형으로 분류하며 황동형에는 Zn의 함유
량에 따라 $\alpha, \beta, \gamma, \delta, \varepsilon, \zeta$의 6상이 있으나 실용되는 것은 α 및 $\alpha+\beta$의 2상이다.

　　㉡ α상은 Cu에 Zn이 고용된 상태로서 그 결정형은 FCC이며 전연성이 좋다. β
상은 BCC의 결정을 갖는다.

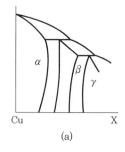 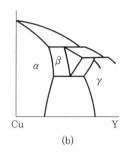 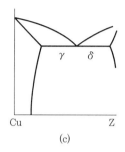

(a) 황동형 Cu-Zn, Cu-Ti, Cu-Cd
(b) 청동형 Cu-Sn, Cu-Si, Cu-Al, Cu-Be, Cu-In
(c) 공정형 Cu-Ag, Cu-P

구리계의 2원합금 상태도

㈏ 황동의 성질

  ㉠ 6:4황동은 고온가공에 적합하나 7:3황동은 고온가공에 부적합하다.

  ㉡ 황동의 경년변화: 황동의 가공재를 상온에서 방치하거나 저온풀림 경화시킨 스프링재가 사용 도중 시간이 경과함에 따라 경고 등 여러 가지 성질이 악화되는 현상을 말한다.

  ㉢ 탈아연 부식: 불순한 물 또는 부식성 물질이 녹아 있는 수용액의 작용에 의해 황동의 표면 또는 깊은 곳까지 탈아연되는 현상을 말한다.

  ㉣ 자연 균열(season cracking): 응력부식균열에 의한 잔류응력으로 나타나는 현상이며 자연균열을 일으키기 쉬운 분위기는 암모니아, 산소, 탄산가스, 습기, 수은 및 그 화합물이 촉진제이고 방지책은 도료 및 Zn도금, 180~260℃에서 응력제거풀림 등으로 잔류응력을 제거하는 방법이 있다.

  ㉤ 고온탈아연: 고온에서 탈아연되는 현상이며 표면이 깨끗할수록 심하다. 방지책은 황동 표면에 산화물 피막을 형성하는 방법이 있다.

㈐ 황동의 종류 및 용도

  ㉠ 5~20%Zn황동(tombac): Zn을 소량 첨가한 것은 금색에 가까워 금박대용으로 사용하며 화폐, 메달 등에 사용되는 5%Zn황동(gilding metal), 디프드로잉용의 단동, 대표적인 10%Zn황동(commercial brass), 15%Zn황동(red brass), 20%Zn황동(low brass) 등이 있다.

  ㉡ 25~35%Zn황동: 가공용 황동의 대표적이며 자동차용 방열기부품, 탄피, 장식품으로 사용되는 7:3황동(cartridge brass), 35%Zn황동(yellow brass) 등이 있다.

ⓒ 35~45%Zn황동: 6:4황동(muntz metal)으로 $\alpha+\beta$황동이며 고온가공이 용이하며 복수기용판, 열간단조품, 볼트너트, 대포탄피 등에 사용된다.

ⓔ 특수 황동: 황동에 다른 원소를 첨가하여 기계적 성질을 개선한 황동으로 Sn, Al, Fe, Mn, Ni, Pb 등을 첨가하여 합금원소 1량이 Zn의 x량에 해당할 때 이 x를 그 합금원소의 아연당량이라고 한다.

따라서 각종 합금원소를 첨가할 때 겉보기 Zn함유량 B를 구하는 식은 다음과 같다.

$$B' = \frac{B+t \cdot q}{A+B+t \cdot q} \times 100$$

여기서, A: 구리(%), B: 아연(%), t: 아연당량, q: 첨가원소(%)

ⓜ 실용 특수황동으로는 7:3황동에 1% Sn을 첨가한 애드미럴티 황동(admiralty brass)과 6:4황동에 0.75%Sn을 첨가한 네이벌 황동(naval brass)이 있다. 네이벌 황동은 용접봉 선박기계부품으로 사용된다. 이외에 쾌삭황동인 함연황동(leaded brass), 알브락(albrac)이라고 하는 알루미늄황동, 규소황동 등이 있으며, 고강도 황동으로는 6:4황동에 8%Mn을 첨가한 망가니즈청동, 1~2%Fe을 첨가한 델타메탈(delta metal) 등이 있다.

ⓗ 기타 그 밖에 전기저항체, 밸브, 콕(cock), 광학기계 부품 등에 사용되는 7:3황동에 10~20%Ni을 첨가한 양백 및 양은(nickel silver 또는 german silver)을 Ag 대용으로 쓰고 있다.

② 청동: Cu-Sn 합금을 말하며 주석청동이라 한다. 주석청동은 장신구, 무기, 불상, 종 등의 금속제품으로 오래 전부터 실용되어 왔으며 황동보다 내식성과 내마모성이 좋아 함유량이 10% 이내의 것은 각종 기계주물용, 미술공예품으로 사용한다.

㉮ 청동의 상태도와 조직

㉠ Cu에 Sn을 첨가하면 용융점이 급속히 내려간다.

㉡ α고용체의 Sn 최대 고용한도는 약 15.8%이며 주조상태에서는 수지상조직으로서 구리의 붉은색 또는 황적색을 띠고 전연성이 풍부하다.

㉢ β고용체는 BCC격자를 이루며 고온에서 존재하는데 이것을 담금질하여 상온에 나타나게 한 것은 붉은색을 띤 노랑색이며, 강도는 α보다 크고 전연성은 떨어진다.

㉣ γ고용체는 고온에서의 강도가 β보다 훨씬 큰 조직이다. 그리고 δ 및 ε은 청색의 화합물로 $Cu_{31}Sn_8$ 및 Cu_3Sn이며 취약한 조직으로 평형상태도에서 β고용체

는 586℃에서 $\beta \rightleftarrows \alpha + \gamma$의 공석변태를 일으키고 γ고용체는 다시 520℃에서 β
와 같은 γ도 $\alpha + \delta$의 공석변태를 일으킨다.

⑷ 청동의 종류 및 용도

　㉠ 포금(gun metal): 애드미럴티포금(admiralty gun metal)이라고도 하며
　8~12% Sn에 1~2%의 Zn을 넣어 내해수성이 좋고 수압, 증기압에도 잘 견디
　므로 선박용 재료로 널리 사용된다.

　㉡ 미술용 청동으로 동상이나 실내장식 또는 건축물 등에 많이 사용되며 유동성
　을 좋게 하고 정밀주물을 제작하기 위하여 Zn을 비교적 많이 첨가하고, 절삭
　성 향상을 위하여 Pb를 첨가한다.

⑸ 특수 청동(special bronze)

　㉠ 인청동(phosphor bronze): 청동의 용해주조 시에 탈산제로 사용하는 P의
　첨가량이 많아 합금 중에 0.05~0.5% 정도 남게 하면 용탕의 유동성이 좋아
　지고 합금의 경도, 강도가 증가하며 내마모성, 탄성이 개선되는데 이를 인청
　동이라 한다. 스프링용 인청동은 보통 7~9%Sn, 0.03~0.05%P를 함유한 청
　동이다.

　㉡ 연청동(lead bronze): 주석청동 중에 Pb를 3.0~26% 첨가한 것이며, 그 조
　직 중에 Pb가 거의 고용되지 않고 입계에 점재하여 윤활성이 좋아지므로 베어
　링, 패킹재료 등에 널리 사용된다.

　㉢ 알루미늄청동(aluminium bronze): Cu-12%Al합금으로 황동, 청동에 비해
　강도, 경도, 인성, 내마모성, 내피로성 등의 기계적 성질 및 내열, 내식성이
　좋아 선박, 항공기, 자동차 등의 부품용으로 사용된다. 이 합금은 주조성, 가
　공성, 용접성이 떨어지고 융합손실이 크다. Cu-Al상태도에서 6.3% Al 이내
　에서는 α고용체를 만드나 그 이상이 되면 565℃에서 $\beta \rightarrow \alpha + \delta$의 공석변태를
　하여 서랭취성을 일으킨다.

　㉣ 규소청동(silicon bronze): Cu에 탈탄을 목적으로 Si를 첨가한 청동으로
　4.7%Si까지 상온에서 Cu 중에 고용되어 인장강도를 증가시키고 내식성, 내열
　성을 좋게 한다.

　㉤ 기타 특수청동: 콜슨(Corson) 합금(Cu-Ni-Si), 양백(Cu-Ni-Zn) 등이 있다.
　베릴륨청동(beryllium bronze): Cu에 2~3% Be을 첨가한 시효경화성 합금
　이며 Cu합금 중의 최고 강도를 지니고 피로한도, 내열성, 내식성이 우수하여
　베어링, 고급 스프링 재료로 이용된다.

1. 구리 및 구리합금에 대한 설명으로 옳은 것은?

① 구리는 자성체이다.

② 금속 중에 Fe 다음으로 열전도율이 높다.

③ 황동은 주로 구리와 주석으로 된 합금이다.

④ 구리는 이산화탄소가 포함되어 있는 공기 중에서 녹청색 녹이 발생한다.

해설 구리는 비자성체이고 열전도율이 은(Ag) 다음으로 높으며, 황동은 구리와 아연의 합금이다.

2. 다음 비철금속 중 구리가 포함되어 있는 합금이 아닌 것은?

① 황동   ② 톰백   ③ 청동   ④ 하이드로날륨

해설 하이드로날륨(hydronalium)은 내식성 Al합금이다.

3. 황동의 합금 조성으로 옳은 것은?

① Cu+Ni   ② Cu+Sn   ③ Cu+Zn   ④ Cu+Al

해설 황동: Cu+Zn, 청동: Cu+Sn

4. 네이벌 황동(naval brass)이란?

① 6:4황동에 주석을 0.75% 정도 넣은 것

② 7:3황동에 주석을 2.85% 정도 넣은 것

③ 7:3황동에 납을 3.55% 정도 넣은 것

④ 6:4황동에 철을 4.95% 정도 넣은 것

해설 네이벌 황동: 6:4황동에 주석을 첨가하여 내식성을 개선한 황동

5. 황동에 납(Pb)을 첨가하여 절삭성을 좋게 한 황동으로 스크루(screw), 시계용 기어 등의 정밀가공에 사용되는 합금은?

① 레드 브라스(red brass)   ② 문쯔메탈(muntz metal)

③ 틴 브라스(tin brass)   ④ 실루민(silumin)

6. 황동에서 탈아연부식이란 무엇인가?

① 황동제품이 공기 중에 부식되는 현상

② 황동 중에 탄소가 용해되는 현상

③ 황동이 수용액 중에서 아연이 용해하는 현상

④ 황동 중의 구리가 염분에 녹는 현상

7. 다음 중 황동 합금에 해당되는 것은?

① 질화강   ② 톰백
③ 스텔라이트   ④ 화이트메탈

해설 톰백(tombac): 아연 8~20%를 함유한 황동

8. 다음 중 청동과 황동 및 합금에 대한 설명으로 틀린 것은?

① 청동은 구리와 주석의 합금이다.
② 황동은 구리와 아연의 합금이다.
③ 톰백은 구리에 5~20%의 아연을 함유한 것으로 강도는 높으나 전연성이 없다.
④ 포금은 구리에 8~12% 주석을 함유한 것으로 포신의 재료 등에 사용된다.

해설 톰백은 구리에 5~20%의 아연을 함유한 것으로 전연성이 크다.

9. 7:3황동에 Sn을 1% 첨가한 합금으로 전연성이 좋아 관 또는 판으로 제작하여 증발기, 열교환기 등에 사용되는 합금은?

① 애드미럴티 황동(admiralty brass)   ② 네이벌 황동(naval brass)
③ 톰백(tombac)   ④ 망가니즈황동(manganese brass)

10. 주석을 함유한 황동의 일반적인 성질 및 합금에 관한 설명으로 옳은 것은?

① 황동에 주석을 첨가하면 탈아연부식이 촉진된다.
② 고용한도 이상의 Sn 첨가시 나타나는 Cu_4Sn상은 고연성을 나타내게 한다.
③ 7-3황동에 1% 주석을 첨가한 것이 애드미럴티(admiralty) 황동이다.
④ 6-4황동에 1% 주석을 첨가한 것이 플라티나이트(platinite) 황동이다.

11. 문쯔메탈(muntz metal)이라 하며 탈아연부식이 발생하기 쉬운 동합금은?

① 6-4황동   ② 주석청동
③ 네이벌 황동   ④ 애드미럴티 황동

12. 양은(양백)의 설명 중 맞지 않는 것은?

① Cu-Zn-Ni계의 황동이다.
② 탄성재료에 사용된다.
③ 내식성이 불량하다.
④ 일반전기저항체로 이용된다.

해설 양은(양백)은 Cu-Zn-Ni계의 황동으로 내식성이 우수하다.

13. 10~20%Ni, 15~30%Zn에 구리와 70%의 합금으로 탄성재료나 화학기계용 재료로 사용되는 것은?

① 양백　　　　　② 청동　　　　　③ 인바　　　　　④ 모넬메탈

14. 청동의 합금원소는?

① Cu-Zn　　　　② Cu-Sn　　　　③ Cu-Be　　　　④ Cu-Pb

해설 Cu-Zn: 황동, Cu-Sn: 청동, Cu-Be: 베릴륨 청동, Cu-Pb: 연청동

15. 청동합금에서 탄성, 내마모성, 내식성을 향상시키고 유동성을 좋게 하는 원소는?

① P　　　　　　② Ni　　　　　　③ Zn　　　　　　④ Mn

16. 다음 중 Sn을 함유하지 않은 청동은?

① 납청동　　　　② 인청동　　　　③ 니켈 청동　　　④ 알루미늄 청동

해설 알루미늄 청동: Cu-12%Al 합금으로 황동, 청동에 비해 강도, 경도, 인성, 내마모성, 내피로성 등의 기계적 성질 및 내열, 내식성이 좋아 선박, 항공기, 자동차 등의 부품용으로 사용된다.

정답 1. ④　2. ④　3. ③　4. ①　5. ①　6. ③　7. ②　8. ③　9. ①　10. ③　11. ①　12. ③　13. ①
14. ②　15. ①　16. ④

1-2　경금속과 그 합금

(1) 알루미늄(Al)과 그 합금

① 알루미늄은 가볍고 전연성이 우수한 전기 및 열의 양도체이며 내식성이 좋은 금속이다.

② 알루미늄의 광석은 보크사이트(bauxite)이다.

③ 알루미늄은 선, 박, 관의 형태로 자동차, 항공기, 가정용기, 화학공업용 용기 등에 이용되고, 분말로는 산화방지도료, 화약제조 등에 이용된다.

(2) 알루미늄 합금의 개요

① Al합금은 Al-Cu계, Al-Si계, Al-Cu-Mg계 등이 있으며 이것은 주조용과 가공용으로 분류된다. 가공용 Al합금에는 내식, 고력, 내열용이 있다.

알루미늄 합금의 분류

주조용	가공용		
Al – Cu계	내식용	고강도용	내열용
Al – Cu – Si계 Al – Si계 Al – Si – Mg계 Al – Mg계 Al – Cu – Ni계	Al – Mn계 Al – Mn – Mg계 Al – Mg계 Al – Mg – Si계	Al – Cu계 Al – Cu – Mg계 Al – Zn – Mg계	Al – Cu – Ni계 Al – Ni – Si계

② Al합금의 대부분은 시효경화성이 있으며 용체화처리와 뜨임에 의해 경화한다.

③ 과포화고용체 α'를 오랜 시간 방치하면 $\alpha' \rightarrow \alpha + CuAl_2(\theta)$와 같이 석출하여 경화의 원인이 된다.

④ 과포화고용체를 상온 또는 고온에 유지함으로써 시간이 경과함에 따라 합금의 성질이 변하는 것을 시효라 한다. 자연시효와 100~200℃에서 하는 인공시효가 있다.

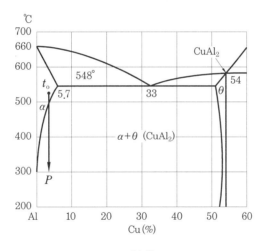

Al–Cu상태도

(3) 주조용 알루미늄합금

① Al-Cu계 합금: 이 합금은 담금질 시효에 의해 강도가 증가하고 내열성과 연신율, 절삭성은 좋으나 고온취성이 크고 수축에 의한 균열 등의 결점이 있다.

② Al-Cu-Si계 합금: 라우탈(lautal)이라 하며 3~8% Cu, 3~8% Si의 조성이고, Si로 주조성을 개선하고 Cu로 피삭성을 좋게 한 합금이다. 주조조직은 고용체의 초정(α+Si)을 2원공정 및 3원공정(α+θ+Si)이 포위한 상태이며 Fe는 침상의 $FeAl_3$상이 된다.

③ Al − Si계 합금 : 이 합금은 단순히 공정형으로 공정점 부근의 성분을 실루민 (silumin), 알팍스(alpax)라고 부른다. 이 합금의 주조조직에 나타나는 Si는 육각판 상의 거친 결정이므로 실용되지 않는다. 따라서 금속나트륨, 불화알칼리, 가성소다, 알칼리염류 등을 접종시켜 조직을 미세화하고 강도를 개선하는데 이러한 처리를 개량 처리라 한다.

④ 내열용 Al합금 : 이 합금은 자동차, 항공기, 내연기관의 피스톤, 실린더 등으로 사용하며, 실용합금으로는 피스톤으로 많이 사용되는 Y합금(Al−4% Cu−2% Ni− 1.5% Mg), 로엑스(Lo−Ex)합금(Al−12~14% Si−1% Mg−2~2.5% Ni), 코비탈륨 (cobitalium)합금 등이 있다. Y합금은 3원화합물인 $Al_5Cu_2Mg_2$에 의해 석출경화되며 510~530℃에서 온수냉각 후 약 4일간 상온시효한다. 인공시효 처리할 경우에는 100~150℃에서 실시한다.

⑤ 다이캐스팅용 Al합금 : 알코아(alcoa), 라우탈(lautal), 실루민(silumin), Y합금 등이 있으며, 다이캐스팅용 합금으로써 특히 요구되는 성질은 다음과 같다.

㈎ 유동성이 좋을 것

㈏ 열간취성이 적을 것

㈐ 응고수축에 대한 용탕 보급성이 좋을 것

㈑ 금형에 대한 점착성이 좋지 않을 것

단원 예상문제

1. 알루미늄에 대한 설명으로 옳은 것은?

① 알루미늄의 비중은 약 5.2이다.

② 알루미늄은 면심입방격자를 갖는다.

③ 알루미늄의 열간가공온도는 약 670℃이다.

④ 알루미늄은 대기 중에서는 내식성이 나쁘다.

해설 Al은 비중 2.7에 내식성이 우수하며 면심입방격자이다.

2. 라우탈(latal) 합금의 특징을 설명한 것 중 틀린 것은?

① 시효경화성이 있는 합금이다.

② 규소를 첨가하여 주조성을 개선한 합금이다.

③ 주조 균열이 크므로 사형 주물에 적합하다.

④ 구리를 첨가하여 절삭성을 좋게 한 합금이다.

해설 주조 균열이 크므로 두꺼운 주물에 적합하다.

3. Al에 Si가 고용될 수 있는 한계는 공정온도인 577℃에서 약 1.65%이고 기계적 성질 및 유동성이 우수하여 얇고 복잡한 모래형 주물에 많이 사용되는 알루미늄 합금은?

① 마그날륨　　　② 모넬메탈　　　③ 실루민　　　④ 델타메탈

해설 실루민: Al-Si계 합금으로 금속나트륨, 불화알칼리, 가성소다, 알칼리염류 등을 접종시켜 조직을 미세화하고 강도를 개선한 합금

4. 주물용 Al-Si합금 용탕에 0.01% 정도의 금속 나트륨을 넣고 주형에 용탕을 주입함으로써 조직을 미세화하고 공정점을 이동시키는 처리는?

① 용체화처리　　　② 개량처리　　　③ 접종처리　　　④ 구상화처리

5. 실용합금으로 Al에 Si가 약 10~13% 함유된 합금의 명칭으로 옳은 것은?

① 실루민　　　② 알니코　　　③ 아우탈　　　④ 오일라이트

6. Al-Si계 합금으로 공정형을 나타내며 이 합금에 금속나트륨 등을 첨가하여 개량처리한 합금은?

① 실루민　　　② Y합금　　　③ 로엑스　　　④ 두랄루민

7. Al-Si계 합금에 관한 설명으로 틀린 것은?

① Si 함유량이 증가할수록 열팽창계수가 낮아진다.
② 실용합금으로는 10~13%의 Si가 함유된 실루민이 있다.
③ 용융점이 높고 유동성이 좋지 않아 복잡한 모래형 주물에는 이용되지 않는다.
④ 개량처리를 하게 되면 용탕과 모래 수분과의 반응으로 수소를 흡수하여 기포가 발생된다.

해설 Al-Si계 합금은 주조용 합금으로 용융점이 낮고 유동성이 좋아 개량처리하여 모래형 주물에 이용된다.

8. Al-Si계 주조용 합금은 공정점에서 조대한 육각판상 조직이 나타난다. 이 조직의 개량화를 위해 첨가하는 것이 아닌 것은?

① 금속납　　　② 금속나트륨　　　③ 수산화나트륨　　　④ 알칼리염류

9. 다음 중 Y합금의 조성으로 옳은 것은?

① Al-Cu-Mg-Mn　　　② Al-Cu-Ni-W
③ Al-Cu-Mg-Ni　　　④ Al-Cu-Mg-Si

10. 4% Cu, 2% Ni 및 1.5% Mg이 첨가된 알루미늄 합금으로 내연기관용 피스톤이나 실린더 헤드 등에 사용되는 재료는?

① Y합금   ② 라우탈   ③ 알클레드   ④ 하이드로날륨

11. Al-Cu계 합금에 Ni와 Mg를 첨가하여 열전도율, 고온에서의 기계적 성질이 우수하여 내연기관용, 공랭 실린더 헤드 등에 쓰이는 합금은?

① Y합금   ② 라우탈   ③ 알드레이   ④ 하이드로날륨

해설 Y합금은 Al-Cu-Mg-Ni합금으로 내열성이 우수하다.

12. Y합금의 일종으로 Ti과 Cu를 0.2% 정도씩 첨가한 합금으로 피스톤에 사용되는 합금의 명칭은?

① 라우탈   ② 코비탈륨   ③ 두랄루민   ④ 하이드로날륨

정답 1. ②   2. ③   3. ③   4. ②   5. ①   6. ①   7. ③   8. ①   9. ③   10. ①   11. ①   12. ②

(4) 가공용 알루미늄 합금

1000계열 : 99.9% 이상의 Al

2000계열 : Al-Cu계 합금

3000계열 : Al-Mn계 합금

4000계열 : Al-Si계 합금

5000계열 : Al-Mg계 합금

6000계열 : Al-Mg-Si계 합금

7000계열 : Al-Zn계 합금

8000계열 : 기타

9000계열 : 예비

① 내식성 Al합금 : Al에 첨가원소를 넣어 내식성을 해치지 않고 강도를 개선하는 원소는 Mn, Mg, Si 등이고 Cr은 응력부식을 방지하는 효과가 있다. 내식성 Al합금으로는 알코아(Al-1.2% Mn), 하이드로날륨(Al-6~10% Mg), 알드레이(aldrey) 등이 있다.

② 고강도 Al합금 : 이 합금은 두랄루민을 시초로 발달한 시효경화성 Al합금의 대표적인 것으로 Al-Cu-Mg계와 Al-Zn-Mg계로 분류된다. 그 밖에 단조용으로는 Al-Cu계, 내열용으로는 Al-Cu-Ni-Mg계가 있다.

㈎ 두랄루민: Al-4%Cu-0.5%Mn합금으로 500~510℃에서 용체화처리 후 상온
 시효하여 기계적 성질을 개선시킨 합금이다. 이 합금은 비중이 약 2.79이므로
 비강도가 연강의 약 3배나 된다.

㈏ 초두랄루민(SD: super duralumin): 2024합금으로 Al-4.5%Cu-1.5%Mg-
 0.6%Mn의 조성을 가지며 항공기재료로 사용된다.

㈐ 초초두랄루민(ESD: extra super duralumin): Al-1.5~2.5%Cu-7~9%Zn-
 1.2~1.8%Mg-0.3~0.5%Mn-0.1~0.4%Cr의 조성을 가지며 알코아 75S 등
 이 여기에 속하고 인장강도 54 kgf/mm^2 이상의 두랄루민을 말한다.

고강도 알루미늄합금의 성분과 기계적 성질

합금명	표준성분(%)						열처리온도(℃)		
	Cu	Mn	Mg	Zn	Cr	Al	풀림	담금질	뜨임
17S(두랄루민)	4.0	0.5	0.5	–	–	나머지	415	505	
24S(초두랄루민)	4.5	0.6	1.5	–	–	나머지	415	495	190(8~10시간)
75S(초초두랄루민)	1.5	0.2	2.5	5.6	0.3	나머지	415	495	120(22~26시간)

단원 예상문제

1. 다음 중 내식성 알루미늄 합금이 아닌 것은?

① 하스텔로이(Hastelloy) ② 하이드로날륨(hydronalium)
③ 알클래드(alclad) ④ 알드레이(aldrey)

해설 하스텔로이는 내열합금이다.

2. Al에 1~1.5%의 Mn을 합금한 내식성 알루미늄합금으로 가공성, 용접성이 우수하여
저장탱크, 기름탱크 등에 사용되는 것은?

① 알민 ② 알드레이 ③ 알클래드 ④ 하이드로날륨

3. 다음 중 두랄루민과 관련이 없는 것은?

① 용체화처리를 한다 . ② 상온시효처리를 한다.
③ 알루미늄 합금이다. ④ 단조경화 합금이다.

해설 두랄루민: Al-4%Cu-0.5%Mn합금으로 500~510℃에서 용체화처리 후 상온시효하여
 기계적 성질을 개선시킨 합금이다.

4. 다음 중 초초두랄루민(ESD)의 조성으로 옳은 것은?

① Al-Si계

② Al-Mn계

③ Al-Cu-Si계

④ Al-Zn-Mg계

해설 초초두랄루민(ESD: extra super duralumin): Al-1.5~2.5%Cu-7~9%Zn-1.2~1.8%Mg-0.3~0.5% Mn-0.1~0.4%Cr의 조성을 가지며 알코아 75S 등이 여기에 속하고 인장강도 $54\,\text{kgf/mm}^2$ 이상의 두랄루민을 말한다.

5. 고강도 Al 합금인 초초두랄루민의 합금에 대한 설명으로 틀린 것은?

① Al합금 중에서 최저의 강도를 갖는다.

② 초초두랄루민을 ESD 합금이라 한다.

③ 자연 균열을 일으키는 경향이 있어 Cr 또는 Mn을 첨가하여 억제시킨다.

④ 성분 조성은 Al-1.5~2.5%, Cu-7~9%, Zn-1.2~1.8%, Mg-0.3~0.5%, Mn-0.1~0.4%, Cr이다.

해설 초초두랄루민은 고강도 Al합금이다.

6. Al-Mg계 합금에 대한 설명 중 틀린 것은?

① Al-Mg계 합금은 내식성 및 강도가 우수하다.

② Al-Mg계 합금은 평행상태도에서는 450℃에서 공정을 만든다.

③ Al-Mg계 합금에 Si를 0.3% 이상 첨가하여 연성을 향상시킨다.

④ Al에 Mg 4~10% 이내가 함유된 강을 하이드로날륨이라 한다.

해설 Al-Mg계 합금에 Si를 0.3% 이상 첨가하면 연성을 해친다.

정답 1. ① 2. ① 3. ④ 4. ④ 5. ① 6. ③

(5) 마그네슘과 그 합금

Mg은 비중 1.74로 실용금속 중에서 가장 가볍고 비강도가 Al합금보다 우수하므로 항공기, 자동차부품, 전기기기, 선박, 광학기계, 인쇄제판 등에 이용되며 구상흑연주철의 첨가제로도 사용된다. 주조용 Mg합금으로는 Mg-Al계합금 다우메탈(dow metal), 내연기관의 피스톤 등으로 사용되는 Mg-Al-Zn합금 일렉트론 Mg희토류계 합금, 미시메탈(misch metal) Mg-Th계 합금, Mg-Zr계 합금 등이 있으며 결정립이 미세하고 크리프저항이 큰 합금이다.

1. 마그네슘 및 마그네슘합금의 성질에 대한 설명으로 옳은 것은?

① Mg의 열전도율은 Cu와 Al보다 높다.

② Mg의 전기전도율은 Cu와 Al보다 높다.

③ Mg합금보다 Al합금의 비강도가 우수하다.

④ Mg은 알칼리에 잘 견디나, 산이나 염수에서는 침식된다.

해설 Mg의 열전도율과 전기전도율은 Cu와 Al보다 낮고 비강도는 우수하다.

2. 다음 마그네슘에 대한 설명 중 틀린 것은?

① 고온에서 발화되기 쉽고, 분말은 폭발하기 쉽다.

② 해수에 대한 내식성이 풍부하다.

③ 비중이 1.74, 용융점이 650℃인 조밀육방격자이다.

④ 경합금 재료로 좋으며 마그네슘 합금은 절삭성이 좋다.

해설 마그네슘은 해수에 대한 내식성이 나쁘다.

3. 다음 비철합금 중 비중이 가장 가벼운 것은?

① 아연(Zn) 합금   ② 니켈(Ni) 합금

③ 알루미늄(Al) 합금   ④ 마그네슘(Mg) 합금

해설 비중은 Zn이 7.13, Ni 8.9, Al 2.7, Mg 1.74 이다.

4. 다음 중 Mg에 대한 설명으로 옳은 것은?

① 알칼리에는 침식된다.

② 산이나 염수에는 잘 견딘다.

③ 구리보다 강도는 낮으나 절삭성이 좋다.

④ 열전도율과 전기전도율이 구리보다 높다.

5. 비중이 약 1.74, 용융점이 약 650℃이며, 비강도가 커서 휴대용 기기나 항공우주용 재료로 사용되는 것은?

① Mg   ② Al   ③ Zn   ④ Sb

해설 Mg : 1.74(660℃), Al : 2.7(660℃), Zn : 7.1(419℃), Sb : 6.62(650.5℃)

6. 다음 중 Mg합금에 해당하는 것은?

① 실루민   ② 문쯔메탈   ③ 일렉트론   ④ 배빗메탈

해설 Mg합금에는 일렉트론(Mg-Zn)과 다우메탈(Mg-Al)이 있다.

7. 마그네슘의 성질을 설명한 것 중 틀린 것은?

① 용융점은 약 650℃ 정도이다.

② Cu, Al보다 열전도율은 낮으나 절삭성은 좋다.

③ 알칼리에는 부식되나 산이나 염류에는 침식되지 않는다.

④ 실용금속 중 가장 가벼운 금속으로 비중이 약 1.74이다.

해설 마그네슘은 알칼리에 견디나 산이나 염류에는 침식된다.

정답 1.④ 2.② 3.④ 4.③ 5.① 6.③ 7.③

1-3 니켈과 그 합금

(1) 니켈(Ni)

① Ni은 FCC의 금속으로 353℃에서 자기변태를 하며, Ni의 지금은 대부분 전해니켈이나 구상의 몬드(mond)니켈이 사용된다.

② 니켈은 백색의 인성이 풍부한 금속이며 열간 및 냉간가공이 용이하다.

③ 화학적 성질은 대기 중에서 거의 부식되지 않으며 아황산가스(SO_2)를 품는 공기에서는 심하게 부식된다.

(2) 니켈합금

① Ni–Cu합금: 큐프로 니켈(cupro nickel, 백동)은 10~30% Ni합금, 콘스탄탄(constantan)은 40~50% Ni합금, 어드벤스(advance)는 44% Ni합금, 모넬메탈(monel metal)은 60~70% Ni합금이 있다.

② Ni–Fe합금: 인바, 슈퍼인바, 엘린바, 플라티나이트 등이 있다.

단원 예상문제

1. 동전 제조에 많이 사용되는 금속으로 탈색효과가 우수하며, 비중이 약 8.9인 금속은?

① 니켈(Ni)

② 아연(Zn)

③ 망가니즈(Mn)

④ 백금(Pt)

2. 다음 중 Ni-Fe계 합금이 아닌 것은?

① 인바(invar)　　　　　　　② 니칼로이(nickalloy)

③ 플라티나이트(platinite)　　④ 콘스탄탄(constantan)

[해설] 콘스탄탄은 Ni-Cu합금이다.

3. 55~60 % Cu를 함유한 Ni합금으로 열전쌍용 선의 재료로 쓰이는 것은?

① 모넬메탈　　② 콘스탄탄　　③ 퍼민바　　④ 인코넬

[정답] 1. ①　2. ④　3. ②

1-4 티타늄(Ti)합금

(1) 물리적 성질

① 비중: 4.54

② 융점: 1668℃

(2) Ti합금의 종류

α형, $\alpha+\beta$형, β형

(3) Ti의 피로강도

인장강도 값의 50 % 이상으로 크다. 알루미늄에서는 30 %, 강력 알루미늄에서는 50 %이다.

단원 예상문제

1. Ti금속의 특징을 설명한 것 중 옳은 것은?

① Ti 및 그 합금은 비강도가 낮다.

② 용점이 높고, 열전도율이 낮다.

③ 상온에서 체심입방격자의 구조를 갖는다.

④ Ti은 화학적으로 반응성이 없어 내식성이 나쁘다.

[해설] Ti금속은 비강도 및 융점이 높고 열전도율이 낮으며, 상온에서 조밀육방격자 구조이고, 내식성이 높은 금속이다.

2. 비료 공장의 합성탑, 각종 밸브와 그 배관 등에 이용되는 재료로 비강도가 높고 열전
도율이 낮으며 용융점이 약 1670℃인 금속은?

① Ti   ② Sn   ③ Pb   ④ Co

정답 1. ②   2. ①

1-5 베어링용 합금

베어링 합금(bearing metal)은 Pb 또는 Sn을 주성분으로 하는 화이트메탈(white metal), Cu-Pb합금, 주석청동, Al합금, 주철, 소결합금 등 여러 가지가 있으며 축의 회전속도, 무게, 사용장소 등에 따라 구비조건은 다음과 같다.

① 하중에 견딜 정도의 경도와 내압력을 가질 것
② 충분한 점성과 인성을 있을 것
③ 주조성, 절삭성이 좋고 열전도율이 클 것
④ 마찰계수가 적고 저항력이 클 것
⑤ 내소착성이 크고 내식성이 좋으며 가격이 저렴할 것

(1) 화이트메탈

① 주석계 화이트메탈: 배빗메탈(babbit metal)이라고도 하며 Sn-Sb-Cu계 합금으로 Sb, Cu%가 높을수록 경도, 인장강도, 항압력이 증가한다. 이 합금의 불순물로는 Fe, Zn, Al, Bi, As 등이 있으며 중 또는 고하중 고속회전용 베어링으로 이용된다.

② Pb계 화이트메탈: Pb-Sb-Sn계 합금으로 Sb 15%, Sn 15%의 조성으로 되어 있다. Sb가 많은 경우 β상에 의한 취성이 나타나고, Sn%가 낮으면 As를 1% 이상 첨가해 고온에서 기계적 성질을 향상시켜 100~150℃ 정도로 오래 가열함으로써 연화를 억제할 수 있다.

(2) 구리계 베어링합금

베어링에 사용되는 구리합금으로는 70% Cu-30% Pb합금인 켈밋(kelmet)이 대표적이며, 포금, 인청동, 연청동, Al청동 등도 있다. 켈밋 베어링합금은 내소착성 시에

좋고 화이트메탈보다 내하중성이 크므로 고속, 고하중용 베어링으로 적합하여 자동차, 항공기 등의 주 베어링으로 이용된다.

(3) 카드뮴계, 아연계 합금

Cd은 고가이므로 많이 사용되지 않으나, 이 합금은 Cd에 Ni, Ag, Cu 등을 첨가하여 경화시킨 것이며 피로강도가 화이트메탈보다 우수하다.

(4) 함유 베어링(oilless bearing)

① 소결함유 베어링: 일명 오일라이트(oilite)라고도 한다. 구리계 합금과 Fe계 합금이 있으며, Cu-Sn-C합금이 가장 많이 사용된다. 이 합금은 $5\sim100\mu$의 구리분말, 주석분말, 흑연분말을 혼합하고 윤활제를 첨가해 가압성형한 후 환원기류 중에서 400℃로 예비소결한 다음 800℃로 소결하여 제조한다.

② 주철함유 베어링: 주철 주조품은 가열과 냉각을 반복하면 치수의 증가와 함께 내부에 미세한 균열이 많이 발생하여 다공질로 바뀌고 또한 조직은 흑연상이 크게 발달해 기지가 전체적으로 페라이트화됨으로써 주철을 함유시키면 베어링의 특성이 좋아지고 내열성을 가지게 되어 고속, 고하중용 대형베어링으로 사용된다.

단원 예상문제 ⓒ

1. 베어링용 합금의 구비조건에 대한 설명 중 틀린 것은?

① 마찰계수가 적고 내식성이 좋을 것
② 충분한 취성을 가지며, 소착성이 클 것
③ 하중에 견디는 내압력의 저항력이 좋을 것
④ 주조성 및 절삭성이 우수하고 열전도율이 클 것

해설 취성이 적고 소착성이 작아야 한다.

2. 다음 중 베어링용 합금이 갖추어야 할 조건 중 틀린 것은?

① 마찰계수가 크고 저항력이 작을 것
② 충분한 점성과 인성이 있을 것
③ 내식성 및 내소착성이 좋을 것
④ 하중에 견딜 수 있는 경도와 내압력을 가질 것

해설 마찰계수가 작고 저항력이 높아야 한다.

3. Sn-Sb-Cu의 합금으로 주석계 화이트메탈이라고 하는 것은?

① 인코넬　　　　② 콘스탄탄　　　　③ 배빗메탈　　　　④ 알클래드

4. Pb계 청동 합금으로 주로 항공기, 자동차용의 고속베어링으로 많이 사용되는 것은?

① 켈밋　　　　② 톰백　　　　③ Y합금　　　　④ 스테인리스

해설 켈밋은 베어링에 사용되는 구리합금으로 70% Cu-30% Pb합금이다.

5. 다음 중 베어링용 합금이 아닌 것은?

① 켈밋　　　　② 배빗메탈　　　　③ 문쯔메탈　　　　④ 화이트메탈

6. 함석판은 얇은 강판에 무엇을 도금한 것인가?

① 니켈　　　　② 크로뮴　　　　③ 아연　　　　④ 주석

해설 함석판은 아연(Zn) 도금강판, 양철판은 주석(Sn) 도금강판이라고도 한다.

7. 분말상의 구리에 약 10% 주석분말과 2%의 흑연분말을 혼합하고 윤활제 또는 휘발성 물질을 첨가한 다음 가압성형하고 제조하여 자동차, 시계, 방적기계 등의 급유가 어려운 부분에 사용하는 합금은?

① 자마크　　　　② 히스텔로이　　　　③ 화이트 메탈　　　　④ 오일리스베어링

해설 오일리스베어링(oilless bearing): 분말상의 구리에 약 10% 주석분말과 2%의 흑연분말을 혼합한 무급유 베어링 합금

정답 1. ②　2. ①　3. ③　4. ①　5. ③　6. ③　7. ④

1-6　고용융점 및 저용융점 금속과 그 합금

(1) 고용융점 금속과 귀금속

① 금(Au): Au은 전연성이 매우 커서 10^{-6} cm 두께의 박판으로 가공할 수 있으며 왕수 이외에는 침식, 산화되지 않는 귀금속이다. Au의 재결정 온도는 가공도에 따라 40~100℃이며 순금의 경도는 HB 18, 인장강도 12 kgf/mm^2, 연신율 68~73%이다.

② 백금(Pt): Pt은 회백색의 금속이며 내식성, 내열성, 고온저항이 우수하고 용융점은 1774℃이다. 열전대로 사용되는 Pt-10~13% Rd이 있다.

③ 이리듐(Ir), 팔라듐(Pd), 오스뮴(Os): Ir과 Pd은 FCC, Os은 HCP 금속이며 비중은 각각 22.4, 12.0, 22.5이고 용융점은 2454℃, 1554℃, 2700℃이다. 모두 백색금속이며 순금속으로는 별로 사용되지 않는다.

④ 코발트(Co), 텅스텐(W), 몰리브덴(Mo): Co는 은백색 금속으로 비중 8.9, 용융점 1495℃이며 내열합금, 영구자석, 촉매 등에 쓰인다.

W은 회백색의 FCC 금속이며 비중 19.3, 용융점 3410℃이고 상온에서 안정하나 고온에서는 O_2 또는 H_2O와 접하면 산화되고 분말탄소, Co_2, Co 등과 탄화물을 형성한다.

Mo은 은백색 BCC 금속이며 비중 10.2, 용융점 2625℃이고 공기 중이나 알칼리용액에 침식하지 않고 염산, 질산에는 침식된다.

단원 예상문제

1. 금(Au)의 일반적인 성질에 대한 설명 중 옳은 것은?

① 금은 내식성이 매우 나쁘다.
② 금의 순도는 캐럿(K)으로 표시한다.
③ 금은 강도, 경도, 내마멸성이 높다.
④ 금은 조밀육방격자에 해당하는 금속이다.

해설 금은 내식성이 우수하고 순도는 캐럿(K)으로 표시하며, 강도 및 경도가 낮고 면심입방격자이다.

2. 금속을 자석에 접근시킬 때 자석과 동일한 극이 생겨서 반발하는 성질을 갖는 금속은?

① 철(Fe) ② 금(Au) ③ 니켈(Ni) ④ 코발트(Co)

해설 반자성체: Au, 강자성체: Fe, Ni, Co

3. Au의 순도를 나타내는 단위는?

① K(carat) ② P(pound) ③ %(percent) ④ μm(micron)

4. 귀금속에 속하는 금의 순도는 주로 캐럿(carat, K)으로 나타낸다. 18K에 함유된 순금의 순도(%)는 얼마인가?

① 25 ② 65 ③ 75 ④ 85

해설 $\dfrac{18}{24} \times 100 = 75(\%)$

5. 다음 중 산과 작용하였을 때 수소가스가 발생하기 가장 어려운 금속은?

① Ca   ② Nb   ③ Al   ④ Au

해설 Au은 왕수 이외에는 침식, 산화되지 않는 귀금속이다.

정답 1. ②   2. ②   3. ①   4. ③   5. ④

(2) 저용융점 금속과 그 합금

① 아연(Zn)과 그 합금: Zn은 청백색의 HCP 금속이며 비중 7.1, 용융점 419℃이고 Fe이 0.008% 이상 존재하면 경질의 FeZn 7상으로 인하여 인성이 나빠진다.

② 주석(Sn)과 그 합금: Sn은 은백색의 연한 금속으로 용융점은 231℃이고 주석도금 등에 사용된다.

③ 납(Pb)과 그 합금: Pb은 비중 11.3, 용융점 327℃로 유연한 금속이며 방사선 투과도가 낮은 금속이다. 이것은 땜납, 수도관 활자합금, 베어링합금, 건축용으로 사용되며 상온에서 재결정되어 크리프가 용이하다. 크리프저항을 높이려면 Ca, Sb, As 등을 첨가하면 효과적이다.

실용합금으로는 케이블 피복용인 Pb-As합금, 땜납용인 50Pb-50Sn합금, 활자합금용인 Pb-7%Sb-15%Sn합금, 기타 Pb-Ca, Pb-Sb합금 등이 있다.

④ 저용융점 합금(fusible alloy): 이 합금은 용융점이 낮고 쉽게 용해되는 것을 말하는데, 보통 용융점이 Sn(231℃) 미만인 합금을 총칭한다.

단원 예상문제

1. 비중 7.3, 용융점 232℃이고, 13℃에서 동소변태하는 금속으로 전연성이 우수하며, 의약품, 식품 등의 포장용 튜브, 식기, 장식기 등에 사용되는 것은?

① Al   ② Ag   ③ Ti   ④ Sn

해설 주석(Sn)은 저용점금속으로 식품 등의 포장용 튜브로 사용된다.

2. 독성이 없어 의약품, 식품 등의 포장형 튜브 제조에 많이 사용되는 금속으로 탈색효과가 우수하며, 비중이 약 7.3인 금속은?

① 주석(Sn)   ② 아연(Zn)

③ 망가니즈(Mn)   ④ 백금(Pt)

3. 저용융점 합금의 용융 온도는 약 몇 ℃ 이하인가?

① 250 이하   ② 450 이하   ③ 550 이하   ④ 650 이하

정답 1. ④   2. ①   3. ①

1-7 분말합금의 종류와 특성

(1) 분말합금의 개요

분말합금은 분말야금(powder metallurgy)이라고도 하며, 금속분말을 가압 성형하여 굳히고 가열하여 소결함으로써 제품으로 가공하는 방법이다.

최종 제품은 틀을 이용하여 성형하기 때문에 가공공정이 생략되어 기계가공에 비하여 높은 생산성과 비용 절감이 된다. 융점이 높아 주조하기 어려운 합금강이나 고속도강 등에 적용되고 있다.

(2) 분말합금의 종류

① 초경합금

   ㉮ 초경합금의 개요

      ㉠ 초경합금은 일반적으로 원소주기율표 제4, 5, 6족 금속의 탄화물을 Fe, Ni, Co 등의 철족결합금속으로서 접합, 소결한 복합합금이다.

      ㉡ 초경합금은 절삭용 공구나 금형 다이의 재료로 쓰이며, 독일의 비디아(Widia), 미국의 카볼로이(Carboly), 일본의 당갈로이(tangaloy) 등이 대표적인 제품이다.

      ㉢ 초경합금 제조는 WC분말에 TiC, TaC 및 Co분말 등을 첨가 혼합하여 소결한다.

      ㉣ WC-Co계 합금 외에 WC-TiC-Co계 및 WC-TiC-TaC-Co계 합금이 절삭공구류 제조에 많이 쓰이고 있다.

   ㉯ 초경합금의 특성

      ㉠ 경도가 높다(H_RC 80 정도).

      ㉡ 고온 경도 및 강도가 양호하여 고온에서 변형이 적다.

      ㉢ 사용목적, 용도에 따라 재질의 종류 및 형상이 다양하다.

② 소결기계 부품용 재료

    ㉮ 소결기계 재료는 기어, 캠 등의 기계구조 부품, 베어링 부품, 마찰 부품 등에 이용된다.

    ㉯ 철-탄소계, 철-구리계, 철-구리-탄소계의 분말합금이 주체이고 다음이 청동계 분말야금이다.

③ 소결전기 및 자기 재료

    ㉮ 소결금속 자석(alnico): Al과 Fe, Ni 또는 Co 등의 모재 합금 분말에 Fe, Ni, Co 분말을 배합, 성형 및 소결하여 만든 자석이다.

    ㉯ 산화물 자석(ferrite): Co-Fe계 분말합금 자석으로서 Fe, Ni, Co, Cu, Mn, Zn, Cd 등으로 형성된 $MoFe_2O_3$를 가지는 산화물 소결자성체이다.

    ㉰ 소결자심: 모터, 단전기, 자기스위치, 변압기 등에 사용되는 고투자율 재료로서 Fe-Si계, Fe-Al계 및 Fe-Ni계의 소결금속자심과 페라이트계의 산화물 자심이 있다.

(3) 분말합금의 특성

① 합금 방법: 애터마이즈법(atomization process), 급랭응고법(rapidly solidified), 기계적 합금(mechanical)법 등이 있다.

② 분말합금의 적용 범위: 산화물 입자 분산강화합금, 금속간 화합물, 비정질(amorphous)합금까지 적용범위가 확대되고 있다.

③ 성형법: 금속분말 사출성형(MIM: Metal Injection Moulding process), 열간 정수압 프레스(HIP: Hot Isostatic Press) 등의 새로운 방법이 있는데 자동차 부품에서 가전제품에 이르기까지 여러 분야에 응용하고 있다.

2. 신소재 및 그 밖의 합금

2-1   고강도 재료

(1) 구조용 복합재료

① 섬유강화금속(FRM: Fiber Reinforced Metal): 보론, SiC, C(PAN), C(피치), 알루미나

② 입자분산강화금속(PSM: Particle dispersed Strenth Metal)
　㈎ 금속 중에 0.01~0.1μm 정도의 미립자를 수 % 정도 분산시켜 입자 자체가 아니고 모체의 변형 저항을 높여서 고온에서의 탄성률, 강도 및 크리프 특성을 개선시키기 위해 개발된 재료이다.
　㈏ 제조방법 : 기계적 혼합법, 표면산화법, 공침법, 내부산화법, 용융체 포화법 등이 있다.

단원 예상문제

1. 기지 금속 중에 0.01~0.1μm 정도의 산화물 등 미세한 입자를 균일하게 분포시킨 재료로 고온에서 크리프 특성이 우수한 고온 내열재료는?

① 서멧 재료　　② FRM 재료　　③ 클래드 재료　　④ TD Ni 재료

해설 TD Ni 재료: 입자분산강화금속(PSM)의 복합재료에서 고온에서의 크리프 성질을 개선시키기 위한 금속복합재료

2. 금속 중에 0.01~0.1μm 정도의 산화물 등 미세한 입자를 균일하게 분포시킨 금속복합재료는 고온에서 재료의 어떤 성질을 향상시킨 것인가?

① 내식성　　② 크리프　　③ 피로강도　　④ 전기전도도

3. 분산강화금속 복합재료에 대한 설명으로 틀린 것은?

① 고온에서 크리프 특성이 우수하다.
② 실용 재료로는 SAP, TD Ni이 대표적이다.
③ 제조방법은 일반적으로 단접법이 사용된다.
④ 기지 금속 중에 0.01~0.1μm 정도의 미세한 입자를 분산시켜 만든 재료이다.

해설 제조방법은 기계적 혼합법, 표면산화법 등이 있다.

4. 전위 동의 결함이 없는 재료를 만들기 위하여 휘스커(whisker) 섬유에 Al, Ti, Mg 등의 연성과 인성이 높은 금속을 합금 중에 균일하게 배열시킨 재료는 무엇인가?

① 클래드 재료　　　　② 입자강화금속 복합재료
③ 분산강화금속 복합재료　　④ 섬유강화금속 복합재료

해설 섬유강화금속: FRM(Fiber Reinforced Metals), MMC(Metal Matrix Composite)로 최고 사용온도 377~527℃, 비강성, 비강도가 큰 것을 목적으로 하여 Al, Mg, Ti 등의 경금속을 기지로 한 저용융점계 섬유강화금속과 927℃ 이상의 고온에서 강도나 크리프 특성을 개선시키기 위해 Fe, Ni합금을 기지로 한 고용융점계 섬유강화초합금(FRS)이 있다.

정답 1.④ 2.② 3.③ 4.④

2-2 기능성 재료

(1) 초소성 재료

① 초소성: 금속 등이 어떤 응력이 작용하고 있는 상태에서 유리질처럼 수백% 이상 늘어나는 성질을 말한다.

② 초소성 가공법

㉮ Blow성형법(가스성형)

㉠ 15~300psi의 가스압력으로 어느 형상에 양각 또는 음각하거나 금형이 필요 없이 자유 성형하는 방법으로 주로 판상의 알루미늄계 및 티타늄계 초소성 재료에 이용된다.

㉡ 성형에너지의 소모가 적고 공구의 사용이 저렴하여 복잡한 형태의 용기 등을 단순공정으로 제조할 수 있다.

㉯ Gatorizing단조법

㉠ 껌을 오목한 형상의 틀에 집어넣어 양각하는 것에서 나온 방법으로 Ni계 초소성 합금을 터빈디스크로 만들기 위해 개발된 방법이다.

㉡ 내크리프성이 우수한 고강도 초내열합금으로 된 터빈디스크를 기존 제품보다 더 우수하게 제조할 수 있다.

㉰ SPF/DB(Super Plastic Forming/Diffusion Bonding)

㉠ 초소형 성형법과 확산접합이 합쳐진 신기술로 가스압력을 이용해 성형한다.

㉡ 초소성 온도에서 용접이 쉽기 때문에 초소성 재료에만 사용이 가능하다.

㉢ 주로 Ti계 합금으로 항공기 구조재 등을 제조한다.

(2) 형상기억합금

① 힘을 가해서 변형을 시켜도 본래의 형상을 기억하고 있어 조금만 가열해도 곧 본래의 형상으로 복원하는 합금이다.

② 형상기억합금은 고온 측(모상)과 저온 측(마텐자이트상)에서 결정의 배열이 현저하게 다르기 때문에 저온 측에서 형태 변형을 가해도 일정한 온도(역변태 온도) 이상으로 가열하면 본래의 형태(모상)로 돌아오는 현상이다.

③ 니켈-티탄합금, 동-아연합금 등이 있다.

(3) 비정질합금

① 비정질합금의 특성

㉮ 비정질합금은 고강도와 인성을 겸비한 기계적 특성이 우수하다.

㉯ 높은 내식성 및 전기저항성과 고투자율성, 초전도성이 있으며 브레이징 접합성
도 우수하다.

② 비정질합금의 특징

㉮ 경도와 강도가 일반 금속재료보다 훨씬 높아서 Fe기 합금은 $400kg/mm^2$이다.

㉯ 구성 금속원자의 배열이 장거리의 규칙성이 없는 불규칙적 구조이다.

③ 비정질합금의 제조방법

㉮ 기체 상태에서 직접 고체 상태로 초급랭시키는 방법이다.

㉯ 화학적으로 기체 상태를 고체 상태로 침적시키는 방법이다.

㉰ 레이저를 이용한 급랭방법이다.

(4) 방진합금, 제진합금

① 제진합금으로 Mg-Zr, Mn-Cu 등이 있다.

② 제진기구는 형상기억효과와 같다.

③ 제진재료는 진동을 제거하기 위하여 사용한다.

(5) 반도체 재료

① 게르마늄(Ge)

② 실리콘(Si)

(6) 초전도 재료

일정온도에서 전기저항이 완전히 제로가 되는 현상이다.

(7) 초미립자 소재

① 초미립자: 100nm의 콜로이드 입자 크기이다.

② 제조법: 분무법, 분쇄법, 전해법, 환원법, 화합물의 가수분해법 등이 있다.

③ 특징

㉮ 표면적이 대단히 크다.

㉯ 표면장력이 크다.

㈐ 철계 합금에서는 자성이 강하고 융점이 낮다.
㈑ 크로뮴계에서는 빛을 잘 흡수한다.

단원 예상문제 ◉

1. 기체 급랭법의 일종으로 금속을 기체 상태로 한 후에 급랭하는 방법으로 제조되는 합금으로서 대표적인 방법은 진공증착법이나 스퍼터링법 등이 있다. 이러한 방법으로 제조되는 합금은?

　① 제진합금　　　　② 초전도합금　　　　③ 비정질합금　　　　④ 형상기억합금

　해설 비정질합금의 제조방법은 기체 상태에서 직접 고체 상태로 초급랭시키는 방법과 화학적으로 기체 상태를 고체 상태로 침적시키는 방법 및 레이저를 이용한 급랭방법 등이 있다.

2. 제진재료에 대한 설명으로 틀린 것은?

　① 제진합금으로는 Mg–Zr, Mn–Cu 등이 있다.
　② 제진합금에서 제진기구는 마텐자이트 변태와 같다.
　③ 제진재료는 진동을 제거하기 위하여 사용되는 재료이다.
　④ 제진합금이란 큰 의미에서 두드려도 소리가 나지 않는 합금이다.

　해설 제진합금에서 제진기구는 형상기억합금과 같다.

3. 다음 중 반도체 제조용으로 사용되는 금속으로 옳은 것은?

　① W, Co　　　　② B, Mn　　　　③ Fe, P　　　　④ Si, Ge

4. 다음 중 전기저항이 0(zero)에 가까워 에너지 손실이 거의 없기 때문에 자기부상열차, 핵자기공명 단층영상장치 등에 응용할 수 있는 것은?

　① 제진합금　　　　② 초전도 재료　　　　③ 비정질합금　　　　④ 형상기억합금

5. 태양열 이용 장치의 적외선 흡수재료, 로켓 연료 연소효율 향상에 초미립자 소재를 이용한다. 이 재료에 관한 설명 중 옳은 것은?

　① 초미립자 제조는 크게 체질법과 고상법이 있다.
　② 체질법을 이용하면 청정 초미립자 제조가 가능하다.
　③ 고상법은 균일한 초미립자 분체를 대량 생산하는 방법으로 우수하다.
　④ 초미립자의 크기는 100nm의 콜로이드 입자 크기와 같은 정도의 분체라 할 수 있다.

정답 1. ③　2. ②　3. ④　4. ②　5. ④

2-3   신에너지 재료

(1) 수소저장용 합금

① 수소저장용 합금은 수소가스와 반응하여 금속수소화물이 되고 저장된 수소는 필요에 따라 금속수소화물에서 방출시켜 이용하고 수소가 방출되면 금속수소화물은 원래의 수소저장용 합금으로 되돌아가는 성질을 말한다.

② Fe–Ni계, Ni–La계 등 상온 부근에서 작동되는 재료를 연구한다.

(2) 전극재료

[전극재료가 구비해야 할 조건]

① 전도성이 좋을 것

② SiO_2와 밀착성이 우수할 것

③ 산화 분위기에서 내식성이 클 것

④ 금속규화물의 용융점이 웨이퍼 처리 온도보다 높을 것

|압|연|기|능|사|　　2편

금속제도

제1장 제도의 기본

제2장 기초 제도

제3장 제도의 응용

제 1 장

제도의 기본

1. 제도의 기초

1-1 제도의 표준 규격

① 도면을 작성하는 데 적용되는 규약을 제도 규격이라 한다.

② 우리나라에서는 1961년 공업표준화법이 제정, 공포된 후 한국산업규격(KS)이 제정되기 시작하였다.

③ 법률 제4528호에 의거(1993.6.6)하여 한국공업규격을 "한국산업규격"으로 명칭을 개칭하였다.

④ 도면을 작성할 때 총괄적으로 적용되는 제도 통칙이 1966년에 KS A0005로 제정되었고 기계제도는 KS B0001로 1967년에 제정되었다.

각국의 표준 규격

규격 기호	규격 명칭	마 크
KS	한국산업표준(Korean Industrial Standards)	🆗
BS	영국표준(British Standards)	♡
DIN	독일공업표준(Deutsche Industrie Normen)	DIN
ANSI	미국국가표준(American National Standards Institute)	ANSI
NF	프랑스표준(Norme Francaise)	NF
JIS	일본공업표준(Japanese Industrial Standards)	JIS
GB	중국국가표준(Guojia Biaozhun)	GB

국제 표준 규격

규격 기호	규격 명칭	마 크
ISO	국제표준화기구(International Organization for Standardization)	ISO
IEC	국제전기표준회의(International Electrotechnical Commission)	IEC
ITU	국제전기통신연합(International Telecommunication Union)	ITU

KS 부문별 분류 기호

분류 기호	부 문	분류 기호	부 문	분류 기호	부 문
KS A	기본	KS H	식품	KS Q	품질 경영
KS B	기계	KS I	환경	KS R	수송 기계
KS C	전기 전자	KS J	생물	KS S	서비스
KS D	금속	KS K	섬유	KS T	물류
KS E	광산	KS L	요업	KS V	조선
KS F	건설	KS M	화학	KS W	항공 우주
KS G	일용품	KS P	의료	KS X	정보

단원 예상문제

1. KS의 부문별 분류 기호 중 틀리게 연결한 것은?

① KS A-전자   ② KS B-기계   ③ KS C-전기   ④ KS D-금속

해설 KS A-기본

2. 다음 중 한국산업표준의 영문 약자로 옳은 것은?

① JIS   ② KS   ③ ANSI   ④ BS

해설 JIS: 일본, KS: 한국, ANSI: 미국, BS: 영국

3. 다음 중 국제표준화기구를 나타내는 약호로 옳은 것은?

① JIS   ② ISO   ③ ASA   ④ DIN

해설 JIS: 일본, ISO: 국제표준화기구, DIN: 독일

4. KS의 부문별 기호 중 기본 부문에 해당되는 기호는?

① KS A   ② KS B   ③ KS C   ④ KS D

해설 KS A-기본, KS B-기계, KS C-전기, KS D-금속

5. KS 부문별 분류 기호 중 전기 부문은?

① KS A   ② KS B

③ KS C   ④ KS D

해설 KS A-기본, KS B-기계, KS C-전기, KS D-금속

6. KS의 부문별 기호 중 기계기본, 기계요소 공구 및 공작기계 등을 규정하고 있는 영역은?

① KS A   ② KS B

③ KS C   ④ KS D

해설 KS A-기본, KS B-기계, KS C-전기, KS D-금속

정답 1. ① 2. ② 3. ② 4. ① 5. ③ 6. ②

1-2 도면의 척도

(1) 척도의 종류

① 현척(full scale, full size): 도형을 실물과 같은 크기로 그리는 경우에 사용하며, 도형을 쉽게 그릴 수 있어 가장 보편적으로 사용된다.

② 축척(contraction scale, reduction scale): 도형을 실물보다 작게 그리는 경우에 사용하며, 치수 기입은 실물의 실제 치수를 기입한다.

③ 배척(enlarged scale, enlargement scale): 도형을 실물보다 크게 그리는 경우에 사용하며, 치수 기입은 축척과 마찬가지로 실물의 실체 치수를 기입한다.

축척 · 현척 및 배척의 값(KS A ISO 5455)

척도의 종류	권장 척도 값		
배척	50 : 1 5 : 1	20 : 1 2 : 1	10 : 1
현척	1 : 1		
축척	1 : 2 1 : 20 1 : 200 1 : 2000	1 : 5 1 : 50 1 : 500 1 : 5000	1 : 10 1 : 100 1 : 1000 1 : 10000

(2) 척도의 표시 방법

① 척도는 다음과 같이 A : B로 표시하며 현척의 경우에는 A와 B를 모두 1, 축척은 A를 1, 배척은 B를 1로 하여 나타낸다.

② 특별한 경우로서 도면에서의 크기가 실물의 크기와 비례하지 않을 때에는 '비례척이 아님' 또는 'NS(None Scale)'라고 적절한 곳에 기입하거나 치수에 밑줄을 긋는다(예 15).

A : B
— 물체의 실제 크기
— 도면에서의 크기

단원 예상문제

1. 척도에 대한 설명 중 옳은 것은?

① 축척은 실물보다 확대해서 그린다.

② 배척은 실물보다 축소해서 그린다.

③ 현척은 실물과 같은 크기로 1:1로 표현한다.

④ 척도의 표시방법 A:B에서 A는 물체의 실제 크기이다.

2. 도면의 척도에 대한 설명 중 틀린 것은?

① 척도는 도면의 표제란에 기입한다.

② 척도는 현척, 축척, 배척의 3종류가 있다.

③ 척도는 도형 크기와 실물 크기의 비율이다.

④ 도형이 치수에 비례하지 않을 때는 척도를 기입하지 않고, 별도의 표시도 하지 않는다.

해설 도형이 치수에 비례하지 않을 때는 "NS"라고 기입한다.

3. 제도에 사용되는 척도의 종류 중 현척에 해당하는 것은?

① 1 : 1   ② 1 : 2   ③ 2 : 1   ④ 1 : 10

해설 현척(1 : 1), 축척(1 : 2), 배척(2 : 1)

4. 척도 1:2인 도면에서 길이가 50 mm인 직선의 실제 길이(mm)는?

① 25   ② 50   ③ 100   ④ 150

해설 $50 \times 2 = 100$

5. 척도가 1:2인 도면에서 실제 치수 20 mm인 선은 도면상에 몇 mm로 긋는가?

① 5   ② 10   ③ 20   ④ 40

6. 다음 중 도면에서 비례척이 아님을 나타내는 기호는?

① TS   ② NS   ③ ST   ④ SN

정답   1. ③   2. ④   3. ①   4. ③   5. ②   6. ②

1-3   도면의 문자

① 제도에 사용되는 문자는 한자 · 한글 · 숫자 · 로마자이다.

② 글자체는 고딕체로 하여 수직 또는 15° 경사로 쓰는 것을 원칙으로 한다.

③ 문자 크기는 문자의 높이로 나타낸다.

④ 문자의 선 굵기는 한자의 경우 문자 크기의 1/12.5로, 한글/숫자/로마자는 1/9로 한다.

⑤ 문장은 왼편에서부터 가로쓰기를 원칙으로 한다.

단원 예상문제

1. 제도 도면에 사용되는 문자의 호칭 크기는 무엇으로 나타내는가?

① 문자의 폭   ② 문자의 굵기

③ 문자의 높이   ④ 문자의 경사도

정답   1. ③

1-4   도면의 종류

(1) 용도에 따른 분류

① 계획도 ② 제작도 ③ 주문도 ④ 견적도 ⑤ 승인도 ⑥ 설명도 등

(2) 내용에 따른 분류

① 부품도 ② 조립도 ③ 기초도 ④ 배치도 ⑤ 배근도 ⑥ 스케치도 등

(3) 표면 형식에 따른 분류

① 외관도 ② 전개도 ③ 곡면선도 ④ 선도 ⑤ 입체도 등

단원 예상문제 ⓒ

1. 물품을 구성하는 각 부품에 대하여 상세하게 나타내는 도면으로 이 도면에 의해 부품이 실제 제작되는 도면은?

① 상세도 ② 부품도 ③ 공정도 ④ 스케치도

2. 물품을 그리거나 도안할 때 필요한 사항을 제도기구 없이 프리핸드(free hand)로 그린 도면은?

① 전개도 ② 외형도 ③ 스케치도 ④ 곡면선도

3. 그림의 조합도와 이에 대한 설명이 옳은 것으로만 나열된 것은?

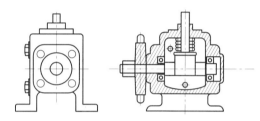

ㄱ 기계나 구조물의 전체적인 조립상태를 알 수 있다.
ㄴ 제품의 구조, 원리, 기능, 취급방법 등의 설명이 목적이다.
ㄷ 그림과 같이 조립도를 보면 구조를 알 수 있다.
ㄹ 물품을 구성하는 각 부품에 대하여 가장 상세하게 나타낸 도면이다.
ㅁ 조립도에는 주로 조립에 필요한 치수만을 기입한다.

① ㄴ, ㄷ, ㄹ ② ㄱ, ㄴ, ㄹ
③ ㄱ, ㄴ, ㄷ ④ ㄱ, ㄷ, ㅁ

4. 기계 제작에 필요한 예산을 산출하고 주문품의 내용을 설명할 때 이용되는 도면은?

① 견적도 ② 설명도 ③ 제작도 ④ 계획도

5. 얇은 판으로 된 입체 표면을 한 평면 위에 펼쳐서 그린 것은?

① 입체도 ② 전개도 ③ 사투상도 ④ 정투상도

정답 1. ② 2. ③ 3. ④ 4. ① 5. ②

1-5 도면의 크기

도면의 크기가 일정하지 않으면 도면의 정리, 관리, 보관 등이 불편하기 때문에 도면은 반드시 일정한 규격으로 만들어야 한다. 원도에는 필요로 하는 명료함 및 자세함을 지킬 수 있는 최소 크기의 용지를 사용하는 것이 좋다.

A열(KS M ISO 216)의 권장 크기는 제도 영역뿐만 아니라 재단한 것과 재단하지 않은 것을 포함한 모든 용지에 대해 다음 표에 따른다.

재단한 용지와 재단하지 않은 용지의 크기 및 제도 영역 크기(KS B ISO 5457) (단위: mm)

크기	그림	재단한 용지(T)		제도 공간		재단하지 않은 용지(U)	
		a_1 ^{a}	b_1 ^{a}	a_2 ±0.5	b_2 ±0.5	a_3 ±2	b_3 ±2
A0	(a)	841	1189	821	1159	880	1230
A1	(a)	594	841	574	811	625	880
A2	(a)	420	594	400	564	450	625
A3	(a)	297	420	277	390	330	450
A4	(a)와 (b)	210	297	180	277	240	330

㈜ A0 크기보다 클 경우에는 KS M ISO 216 참조　　^{a} 공차는 KS M ISO 216 참조

도면용으로 사용하는 제도용지는 A열 사이즈(A0~A4)를 사용하고 신문, 교과서, 미술 용지 등은 B열 사이즈(B0~B4)를 사용한다.

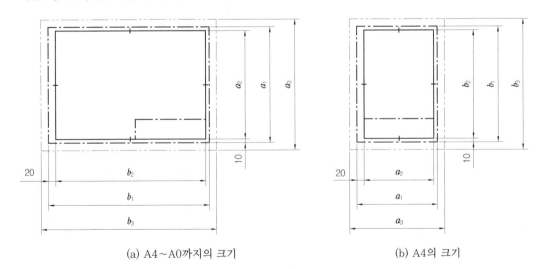

(a) A4~A0까지의 크기　　　　　　(b) A4의 크기

도면의 크기에 따른 윤곽 치수

A열 용지의 크기는 짧은 변(a)과 긴 변(b)의 길이의 비가 $1 : \sqrt{2}$ 이며, A0~A4 용지는 긴 쪽을 좌우 방향으로, A4 용지는 짧은 쪽을 좌우 방향으로 놓고 사용한다.

도면 크기의 확장은 피해야 한다. 만약 그렇지 않다면 A열(예 A3) 용지의 짧은 변의 치수와 이것보다 더 큰 A열(예 A1) 용지의 긴 변의 치수 조합에 의해 확장한다. 예를 들면 호칭 A3.1과 같이 표시되는 새로운 크기로 만들어진다. 이러한 크기의 확장은 다음 그림과 같다.

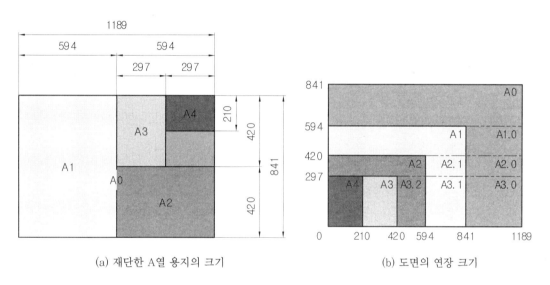

<table>
<tr><td>(a) 재단한 A열 용지의 크기</td><td>(b) 도면의 연장 크기</td></tr>
</table>

재단한 A열 제도용지의 크기와 도면의 연장 크기

---

1. 도면의 크기에 대한 설명으로 틀린 것은?

① 제도용지의 세로와 가로의 비는 1:2이다.

② 제도용지의 크기는 A열 용지 사용이 원칙이다.

③ 도면의 크기는 사용하는 제도용지의 크기로 나타낸다.

④ 큰 도면을 접을 때는 앞면에 표제란이 보이도록 A4의 크기로 접는다.

해설 제도용지의 세로와 가로의 비는 $1 : \sqrt{2}$ 이다.

2. 제도용지 A3는 A4 용지의 몇 배 크기가 되는가?

① $\frac{1}{2}$ 배   ② $\sqrt{2}$ 배   ③ 2배   ④ 4배

해설 A3(297×420), A4(210×297)

3. 제도용지에 대한 설명으로 틀린 것은?

① A0 제도용지의 넓이는 약 1m²이다.

② B0 제도용지의 넓이는 약 105m²이다.

③ A0 제도용지의 크기는 594×841이다.

④ 제도용지의 세로와 가로의 비는 1:$\sqrt{2}$ 이다.

[해설] A0(841×1189)

4. 제도용지 중 A3의 크기는 얼마인가?

① 210×297　　② 297×420　　③ 420×594　　④ 594×841

5. 다음 중 도면의 크기와 양식에 대한 설명으로 틀린 것은?

① A2 도면의 크기는 420×594mm이다.

② 도면에 그려야 할 사항으로 윤곽선, 중심마크, 표제란 등이 있다.

③ 큰 도면을 접을 때는 A0 크기로 접는 것을 원칙으로 한다.

④ 표제란은 도면의 오른쪽 아래에 그린다.

[해설] 큰 도면을 접을 때는 A4 크기로 접는 것을 원칙으로 한다.

[정답] 1. ①　2. ③　3. ③　4. ②　5. ③

1-6 도면의 양식

도면을 그리기 위해 무엇을, 왜, 언제, 누가, 어떻게 그렸는지 등을 표시하고, 도면 관리에 필요한 것들을 표시하기 위하여 도면 양식을 마련해야 한다. 도면에 그려야 할 양식으로는 중심 마크, 윤곽선, 표제란, 구역 표시, 재단 마크 등이 있다.

(1) 중심 마크

도면을 다시 만들거나 마이크로필름을 만들 때 도면의 위치를 잘 잡기 위하여 4개의 중심 마크를 표시한다. 이 마크는 1mm의 대칭 공차를 가지고 재단된 용지의 두 대칭축의 끝에 표시하며 형식은 자유롭게 선택할 수 있다. 중심 마크는 구역 표시의 경계에서 시작해서 도면의 윤곽선을 지나 10mm까지 0.7mm의 굵기의 실선으로 그린다. A0보다 더 큰 크기에서는 마이크로필름으로 만들 영역의 가운데에 중심 마크를 추가로 표시한다.

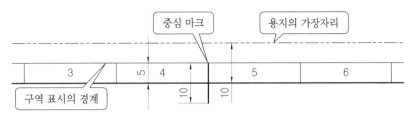

중심 마크

(2) 윤곽선

재단된 용지의 제도 영역을 4개의 변으로 둘러싸는 윤곽은 여러 가지 크기가 있다. 왼쪽의 윤곽은 20 mm의 폭을 가지며, 이것은 철할 때 여백으로 사용하기도 한다. 다른 윤곽은 10 mm의 폭을 가진다. 제도 영역을 나타내는 윤곽은 0.7mm 굵기의 실선으로 그린다.

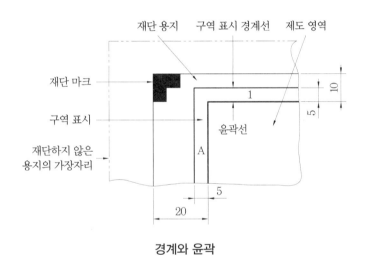

경계와 윤곽

(3) 표제란

표제란의 크기와 양식은 KS A ISO 7200에 규정되어 있다. A0부터 A4까지의 용지에서 표제란의 위치는 제도 영역의 오른쪽 아래 구석에 마련한다. 수평으로 놓여진 용지들은 이런 양식을 허용하며, A4 크기에서 용지는 수평 또는 수직으로 놓은 것이 허용된다. 도면을 읽는 방향은 표제란을 읽는 방향과 같다.

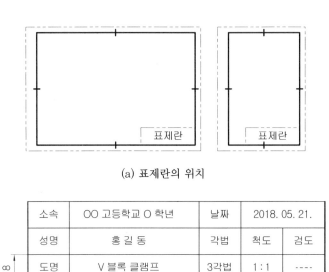

(a) 표제란의 위치

소속	OO 고등학교 O 학년	날짜	2018. 05. 21.	
성명	홍 길 동	각법	척도	검도
도명	V 블록 클램프	3각법	1 : 1	----

(b) 표제란의 크기

표제란

(4) 구역 표시

도면에서 상세, 추가, 수정 등의 위치를 알기 쉽도록 용지를 여러 구역으로 나눈다. 각 구역은 용지의 위쪽에서 아래쪽으로 대문자(I와 O는 사용 금지)로 표시하고, 왼쪽에서 오른쪽으로 숫자로 표시한다. A4 크기의 용지에서는 단지 위쪽과 오른쪽에만 표시하며, 문자와 숫자 크기는 3.5mm이다. 도면 한 구역의 길이는 재단된 용지 대칭축(중심 마크)에서 시작해서 50mm이다. 이 구역의 개수는 용지의 크기에 따라 다르다. 구역의 분할로 인한 차이는 구석 부분의 구역에 추가되며, 문자와 숫자는 구역 표시 경계 안에 표시한다. 그리고 KS B ISO 3098-0에 따라서 수직으로 쓴다. 이 구역 표시의 선은 0.35mm 굵기의 실선으로 그린다.

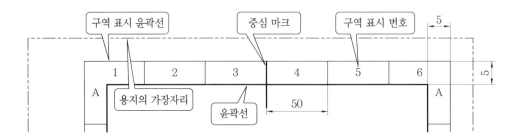

도면의 구역 표시

도면의 크기에 따른 구역의 개수

구 분	A0	A1	A2	A3	A4
긴 변	24	16	12	8	6
짧은 변	16	12	8	6	4

(5) 재단 마크

수동이나 자동으로 용지를 잘라내는 데 편리하도록 재단된 용지의 4변의 경계에 재단 마크를 표시한다. 이 마크는 10 mm×5 mm의 두 직사각형이 합쳐진 형태로 표시한다.

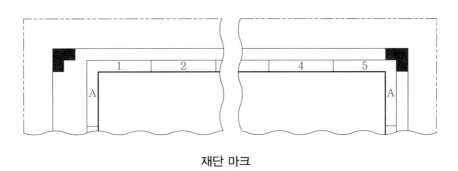

재단 마크

1-7 제도용구

(1) 제도기

디바이더(divider), 컴퍼스, 먹줄펜 등

(2) 제도용 필기구

연필, 제도용 펜 등

(3) 제도용 자

T자, 삼각자, 스케일(scale), 분도기, 운형자, 자유곡선자, 형판 등

단원 예상문제

1. 제도용구 중 디바이더의 용도가 아닌 것은?

① 치수를 옮길 때 사용

② 원호를 그릴 때 사용

③ 선을 같은 길이로 나눌 때 사용

④ 도면을 축소하거나 확대한 치수로 복사할 때 사용

해설 원호를 그릴 때는 컴퍼스를 사용한다.

2. 투명이나 반투명 플라스틱의 얇은 판에 여러 가지 크기의 원, 타원 등의 기본도형, 문자, 숫자 등을 뚫어놓아 원하는 모양으로 정확하게 그릴 수 있는 것은?

① 형판　　　　② 축척자　　　　③ 삼각자　　　　④ 디바이더

3. 45°×45°×90°와 30°×60°×90°의 모양으로 된 2개의 삼각자를 이용하여 나타낼 수 없는 각도는?

① 15°　　　　② 50°　　　　③ 75°　　　　④ 105°

정답 **1.** ②　**2.** ①　**3.** ②

1-8　선의 종류와 용도

선은 같은 굵기의 선이라도 모양이 다르거나 같은 모양의 선이라도 굵기가 다르면 용도가 달라지기 때문에 모양과 굵기에 따른 선의 용도를 파악하는 것이 중요하다.

(1) 모양에 따른 선의 종류

① 실선 ——————— : 연속적으로 그어진 선

② 파선 ------- : 일정한 길이로 반복되게 그어진 선

③ 1점 쇄선 ·—·—·—· : 길고 짧은 길이로 반복되게 그어진 선

④ 2점 쇄선 ··—··—··— : 긴 길이, 짧은 길이 두 개로 반복되게 그어진 선

(2) 굵기에 따른 선의 종류

KS A ISO 128-24에서 선 굵기의 기준은 0.13 mm, 0.18 mm, 0.25 mm,

0.35mm, 0.5mm, 0.7mm, 1.0mm, 1.4mm 및 2.0mm로 하며, 가는 선, 굵은 선 및 아주 굵은 선의 굵기 비율은 1 : 2 : 4로 한다.

   ① 가는 선: 굵기가 0.18~0.5mm인 선

   ② 굵은 선: 굵기가 0.35~1mm인 선

   ③ 아주 굵은 선: 굵기가 0.7~2mm인 선

(3) 용도에 따른 선의 종류

선의 종류에 의한 용도(KS B 0001)

용도에 의한 명칭	선의 종류		선의 용도
외형선	굵은 실선	───	대상물의 보이는 부분의 모양을 표시하는 데 쓰인다.
치수선	가는 실선	───	치수를 기입하기 위하여 쓰인다.
치수 보조선			치수를 기입하기 위하여 도형으로부터 끌어내는 데 쓰인다.
지시선			기술·기호 등을 표시하기 위하여 끌어내는 데 쓰인다.
회전 단면선			도형 내에 그 부분의 끊은 곳을 90° 회전하여 표시하는 데 쓰인다.
중심선			도형의 중심선을 간략하게 표시하는 데 쓰인다.
수준면선			수면, 유면 등의 위치를 표시하는 데 쓰인다.
숨은선	가는 파선 또는 굵은 파선	-----	대상물의 보이지 않는 부분의 모양을 표시하는 데 쓰인다.
중심선	가는 1점 쇄선	-·-·-	① 도형의 중심을 표시하는 데 쓰인다. ② 중심이 이동한 중심 궤적을 표시하는 데 쓰인다.
기준선			특히 위치 결정의 근거가 된다는 것을 명시할 때 쓰인다.
피치선			되풀이하는 도형의 피치를 취하는 기준을 표시하는 데 쓰인다.

용도에 의한 명칭	선의 종류		선의 용도
특수 지정선	굵은 1점 쇄선	▬ ▬ ▬ ▬	특수한 가공을 하는 부분 등 특별한 요구사항을 적용할 수 있는 범위를 표시하는 데 사용한다.
가상선	가는 2점 쇄선	─ ─ ─ ─	① 인접 부분을 참고로 표시하는 데 사용한다. ② 공구, 지그 등의 위치를 참고로 나타내는 데 사용한다. ③ 가동 부분을 이동 중의 특정한 위치 또는 이동한계의 위치로 표시하는 데 사용한다. ④ 가공 전 또는 가공 후의 모양을 표시하는 데 사용한다. ⑤ 되풀이하는 것을 나타내는 데 사용한다. ⑥ 도시된 단면의 앞쪽에 있는 부분을 표시하는 데 사용한다.
무게 중심선			단면의 무게 중심을 연결한 선을 표시하는 데 사용한다.
파단선	가는 자유 실선, 지그재그 가는 실선	〜〜〜	대상물의 일부를 파단한 경계 또는 일부를 떼어 낸 경계를 표시하는 데 사용한다.
절단선	가는 1점 쇄선으로 끝부분 및 방향이 변하는 부분은 굵게 한 것		단면도를 그리는 경우, 그 절단 위치를 대응하는 그림에 표시하는 데 사용한다.
해칭	가는 실선으로 규칙적으로 줄을 늘어놓은 것		도형의 한정된 특정 부분을 다른 부분과 구별하는 데 사용한다. 예를 들면 단면도의 절단된 부분을 나타낸다.
특수한 용도의 선	가는 실선	──	① 외형선 및 숨은선의 연장을 표시하는 데 사용한다. ② 평면이란 것을 나타내는 데 사용한다. ③ 위치를 명시하는 데 사용한다.
	아주 굵은 실선	▬▬	얇은 부분의 단선 도시를 명시하는 데 사용한다.

단원 예상문제

1. 도면에서 치수선이 잘못된 것은?

   ① 반지름(R) 20의 치수선

   ② 반지름(R) 15의 치수선

   ③ 원호($\frown$)37의 치수선

   ④ 원호($\frown$)24의 치수선

   해설 원호 24의 현을 나타내는 치수선

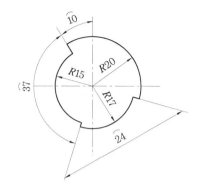

2. 다음 중 치수 기입의 기본 원칙에 대한 설명으로 틀린 것은?

   ① 치수는 계산할 필요가 없도록 기입해야 한다.

   ② 치수는 될 수 있는 한 주투상도에 기입해야 한다.

   ③ 구멍의 치수 기입에서 관통 구멍이 원형으로 표시된 투상도에는 그 깊이를 기입한다.

   ④ 도면에 길이의 크기와 자세 및 위치를 명확하게 표시해야 한다.

   해설 치수는 될 수 있는 한 정면도에 기입해야 한다.

3. 제도에 사용하는 다음 선의 종류 중 굵기가 가장 큰 것은?

   ① 치수보조선   ② 피치선   ③ 파단선   ④ 외형선

4. 대상물의 일부를 파단한 경계 또는 일부를 떼어낸 경계를 표시할 때의 선의 종류는?

   ① 가는 실선   ② 굵은 실선   ③ 가는 파선   ④ 굵은 1점쇄선

5. 수면이나 유면 등의 위치를 나타내는 수준면선의 종류는?

   ① 파선   ② 가는 실선   ③ 굵은 실선   ④ 1점 쇄선

6. 다음 중 가는 실선을 사용하는 선이 아닌 것은?

   ① 지시선   ② 치수선   ③ 치수보조선   ④ 외형선

   해설 외형선은 굵은 실선으로 나타낸다.

7. 물체의 보이지 않는 곳의 형상을 나타낼 때 사용하는 선은?

   ① 실선   ② 파선   ③ 1점 쇄선   ④ 2점 쇄선

8. 다음 중 가는 실선으로 사용되는 선의 용도가 아닌 것은?

① 치수를 기입하기 위하여 사용하는 선

② 치수를 기입하기 위하여 도형에서 인출하는 선

③ 지식, 기호 등을 나타내기 위하여 사용하는 선

④ 형상의 부분 생략, 부분 단면의 경계를 나타내는 선

해설 파단선 : 형상의 부분 생략, 부분 단면의 경계를 나타내는 선

9. 도형이 단면임을 표시하기 위하여 가는 실선으로 외형선 또는 중심선에 경사지게 일정 간격으로 긋는 선은?

① 특수선　　　　② 해칭　　　　③ 절단선　　　　④ 파단선

해설 해칭은 도형의 단면을 표시할 때 사선으로 긋는 선이다.

10. 침탄, 질화 등 특수 가공할 부분을 표시할 때 나타내는 선으로 옳은 것은?

① 가는 파선　　② 가는 1점 쇄선　　③ 가는 2점 쇄선　　④ 굵은 1점 쇄선

11. 반복 도형의 피치 기준을 잡는 데 사용된 선은?

① 굵은 실선　　② 가는 실선　　③ 1점 쇄선　　④ 가는 2점 쇄선

12. 다음 중 가공 부분을 이용하는 특정위치 또는 이동한계의 위치를 나타낼 때 쓰이는 선은 어느 것인가?

① 파선　　　　② 가는 실선　　③ 굵은 실선　　④ 2점 쇄선

13. 도면에서 가상선으로 사용되는 선의 명칭은?

① 파선　　　　② 가는 실선　　③ 1점 쇄선　　④ 2점 쇄선

14. 제도에서 가상선을 사용하는 경우가 아닌 것은?

① 인접 부분을 참고로 표시하는 경우

② 가공 부분을 이동 중의 특정한 위치로 표시하는 경우

③ 물체가 단면 형상임을 표시하는 경우

④ 공구, 지그 등의 위치를 참고로 나타내는 경우

해설 물체의 단면 형상임을 표시하는 경우에는 파단선을 사용한다.

정답 1. ④　2. ②　3. ④　4. ①　5. ②　6. ④　7. ②　8. ④　9. ②　10. ④　11. ③　12. ④　13. ④

14. ③

제2장 기초 제도

1. 투상법

1-1 정투상법

정투상(orthographic projection)은 모든 물체의 형태를 정확히 표현하는 방법을 말한다.

① 제1각법은 대상물을 투상면의 앞쪽에 놓고 투상하게 된다(눈→물체→투상면).

② 제3각법은 대상물을 투상면의 뒤쪽에 놓고 투상하게 된다(눈→투상면→물체).

(1) 투상도의 명칭

① 정면도(front view): 물체 앞에서 바라본 모양을 도면에 나타낸 것으로 물체의 가장 대표적인 면, 즉 기본이 되는 면을 정면도라 한다.

② 평면도(top view): 물체 위에서 내려다본 모양을 도면에 표현한 그림으로, 상면도라고도 한다.

③ 우측면도(right side view): 물체 우측에서 바라본 모양을 도면에 나타낸 그림이며 정면도, 평면도와 함께 많이 사용한다.

④ 좌측면도(left side view): 물체 좌측에서 바라본 모양을 도면에 나타낸 그림이다.

⑤ 저면도(bottom view): 물체 아래쪽에서 바라본 모양을 도면에 나타낸 그림으로 하면도라고도 한다.

⑥ 배면도(rear view): 물체 뒤쪽에서 바라본 모양을 도면에 나타낸 그림이며 사용하는 경우가 극히 드물다.

(2) 제1각법과 제3각법

① 제1각법

㈎ 물품을 제1각 내에 두고 투상하는 방식으로서 투상면의 앞쪽에 물품을 둔다.

㈏ 각 그림은 정면도를 중심으로 하여 아래쪽에 평면도, 왼쪽에 우측면도를 배열한다.

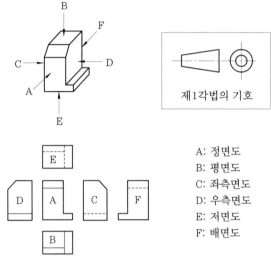

A: 정면도
B: 평면도
C: 좌측면도
D: 우측면도
E: 저면도
F: 배면도

제1각법

② 제3각법

㈎ 물품을 제3각 내에 두고 투상하는 방법으로서 뒤쪽에 물품을 둔다.

㈏ 우측에 우측면도를 배열하는데, 이때 투상면은 유리와 같은 투상체라 생각한다.

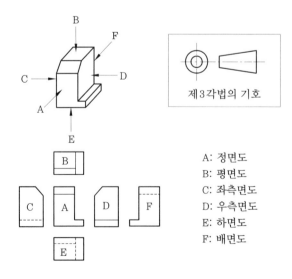

A: 정면도
B: 평면도
C: 좌측면도
D: 우측면도
E: 하면도
F: 배면도

제3각법

단원 예상문제 ⊙

1. 정투상법에서 눈→투상면→물체의 순으로 투상될 경우의 투상법은?

① 제1각법　　　　② 제2각법　　　　③ 제3각법　　　　④ 제4각법

2. 대상물의 좌표면이 투상면에 평행인 직각 투상법은 어느 것인가?

① 정투상법　　　　② 사투상법　　　　③ 등각 투상법　　　　④ 부등각 투상법

3. 물체의 여러 면을 동시에 투상하여 입체적으로 도시하는 투상법이 아닌 것은?

① 등각투상도법　　② 사투상도법　　③ 정투상도법　　④ 투시도법

해설 정투상도법은 물체 화면을 투상면에 평행하게 놓았을 때의 투상법이다.

4. 제3각법에 따라 투상도의 배치를 설명한 것 중 옳은 것은?

① 정면도, 평면도, 우측면도 또는 좌측면도의 3면도로 나타낼 때가 많다.

② 간단한 물체는 평면도와 측면도의 2면도로만 나타낸다.

③ 평면도는 물체의 특징이 가장 잘 나타나는 면을 선정한다.

④ 물체의 오른쪽과 왼쪽이 같은 때도 우측면도, 좌측면도 모두 그린다.

5. 그림은 3각법의 도면배치를 나타낸 것이다. ㉠, ㉡, ㉢에 해당하는 도면의 명칭이 옳게 짝지어진 것은?

① ㉠-정면도, ㉡-우측면도, ㉢- 평면도
② ㉠-정면도, ㉡-평면도, ㉢- 우측면도
③ ㉠-평면도, ㉡-정면도, ㉢- 우측면도
④ ㉠-평면도, ㉡-우측면도, ㉢- 정면도

6. 그림과 같은 물체를 제3각법으로 옳게 그려진 것은?

   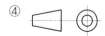

7. 그림과 같은 물체를 제3각법으로 그릴 때 물체를 명확하게 나타낼 수 있는 최소 도면 개수는?

① 1개
② 2개
③ 3개
④ 4개

8. 정투상법에서 물체의 모양과 기능을 가장 뚜렷하게 나타내는 면을 어떤 투상도로 선택하는가?

① 평면도　　② 정면도　　③ 측면도　　④ 배면도

9. 제3각법에서 평면도는 어느 곳에 위치하는가?

① 정면도의 위
② 좌측면도의 위
③ 우측면도의 위
④ 정면도의 아래

10. 투상도 중에서 화살표 방향에서 본 정면도는?

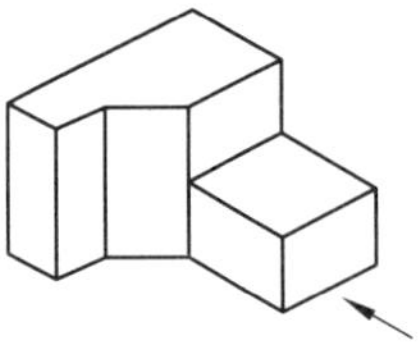

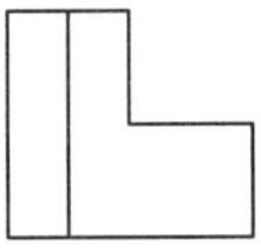

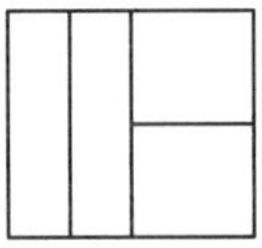

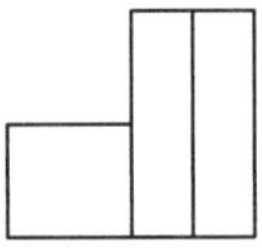

11. 다음과 같은 제품을 3각법으로 투상한 것 중 옳은 것은? (단, 화살표 방향을 정면도로 한다.)

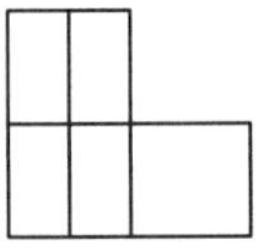

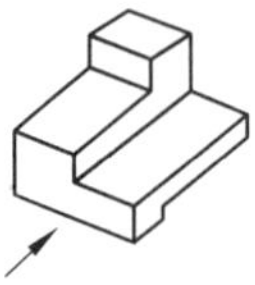

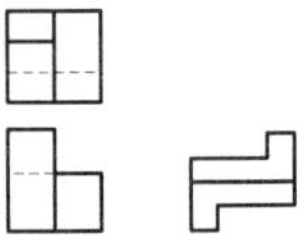

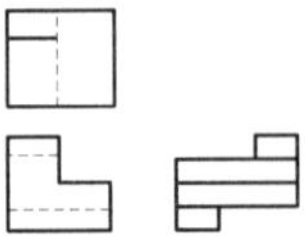

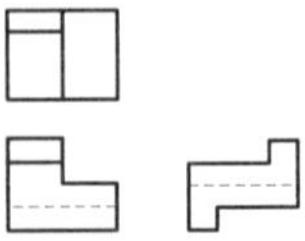

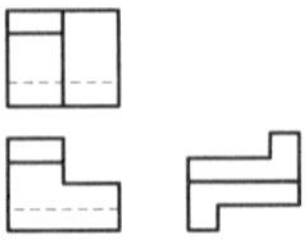

12. 다음 물체를 3각법으로 옳게 표현한 것은?

① ② ③ ④

13. 아래와 같은 투상도(정면도 및 우측면도)에 대하여 평면도를 옳게 나타낸 것은?

① ② ③ ④

14. 화살표 방향이 정면도라면 평면도는?

① ② ③ ④

15. 제3각법에서 물체의 윗면을 나타내는 도면은?
① 평면도　　　　② 정면도　　　　③ 측면도　　　　④ 단면도

16. 상면도라 하며, 물체의 위에서 내려다본 모양을 나타내는 도면의 명칭은?
① 배면도　　　　② 정면도　　　　③ 평면도　　　　④ 우측면도

17. 다음 투상도 중 물체의 높이를 알 수 없는 것은?
① 정면도　　　　② 평면도　　　　③ 우측면도　　　　④ 좌측면도

18. 다음 물체를 제3각법으로 올바르게 투상한 것은?

정면

① ② ③ ④

19. 투상도 중에서 화살표 방향에서 본 투상도가 정면도이면 평면도로 적합한 것은?

① ② ③ ④

20. 다음 중 물체 뒤쪽 면을 수평으로 바라본 상태에서 그린 그림은?

① 배면도   ② 저면도   ③ 평면도   ④ 흑면도

21. 다음 물체를 3각법으로 표현할 우측면도로 옳은 것은?

① ② ③ ④

22. 다음 그림에서와 같이 눈→투상면→물체에 대한 투상법으로 옳은 것은?

① 제1각법
② 제2각법
③ 제3각법
④ 제4각법

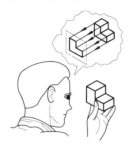

해설 제1각법: 눈→물체→투상면
제3각법: 눈→투상면→물체

정답 1.③ 2.① 3.③ 4.① 5.③ 6.③ 7.② 8.② 9.① 10.① 11.④ 12.④ 13.①
14.② 15.③ 16.③ 17.② 18.① 19.② 20.① 21.④ 22.③

1-2 축측 투상법

(1) 등각 투상도(isometric drawing)

① 등각 투상도란 정면, 평면, 측면을 하나의 투상면에 보이게 표현한 투상도이다.
② 밑면의 모서리선은 수평선과 좌우 각각 30°를 이루고, 세 축이 120°의 등각이 되도록 입체도로 투상한 것이다.

(2) 이등각 투상도

3좌표축이 이루는 각 중에서 두 개의 각이 같고 한 각이 다른 경우를 이등각 투상도라고 한다.

(3) 부등각 투상도

세 개의 각이 모두 다른 경우를 부등각 투상도라 한다.

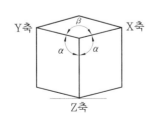

이등각 투상도

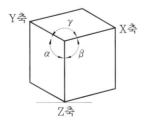

부등각 투상도

단원 예상문제

1. 정면, 평면, 측면을 하나의 투상도에서 동시에 볼 수 있도록 그린 것으로, 직육면체 투상도의 경우 직각으로 만나는 3개의 모서리가 각각 120°를 이루는 투상법은?

① 등각 투상도법　　　　　　　　② 사투상도법
③ 부등각 투상도법　　　　　　　④ 정투상도법

2. 다음 그림과 같은 투상도는?

① 사투상도
② 투시 투상도
③ 등각 투상도
④ 부등각 투상도

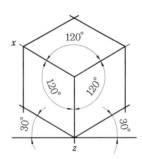

해설 등각 투상도: 각이 서로 120°를 이루는 3개의 축을 기본으로 하여 이들 기본 축에 물체의 높이, 너비, 안쪽 길이를 옮겨서 나타내는 방법

정답 1. ①　2. ③

1-3 사투상법

① 사투상은 투상선이 투상면을 사선으로 지나는 평행 투상이다.
② 사투상도는 정투상도에서 정면도의 크기와 모양을 그대로 사용한다.
③ 사투상법은 평면도와 우측면도의 길이를 실제 길이와 동일 또는 축소시켜 정면도, 평면도, 우측면도를 동시에 입체적으로 나타내어 물체의 모양을 알기 쉽게 표현하는 방법이다.

단원 예상문제

1. 물체를 투상면에 대해 한쪽으로 경사지게 투상하여 입체적으로 나타내는 것으로, 물체를 입체적으로 나타내기 위해 수평선에 대하여 30°, 45°, 60° 경사각을 주어 삼각자를 편리하게 사용하게 한 것은?

① 투시도　　　　　　　　　　　② 사투상도
③ 등각 투상도　　　　　　　　　④ 부등각 투상도

2. 그림과 같이 도시되는 투상도는?

① 투시투상도
② 등각투상도
③ 축측투상도
④ 사투상도

해설 사투상도: 기준선 위에 물체의 정면을 실물과 같은 모양으로 그리고 나서, 각 꼭짓점에서 기준선과 45°를 이루는 경사선을 긋고, 이 선 위에 물체의 안쪽 길이를 실제 길이의 1/2 비율로 그려서 나타내는 투상법

정답 1. ② 2. ④

2. 도형의 표시방법

2-1 투상도의 표시방법

(1) 보조 투상도(auxiliary view)

물체의 경사면의 형을 표시해야 할 때 그 경사면과 대응하는 위치에 필요 부분만 그린 도면이다.

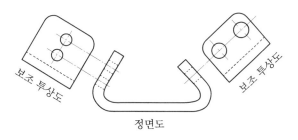

보조 투상도

단원 예상문제

1. 물체의 경사면을 실제의 모양으로 나타내고자 할 경우 그 경사면의 맞은편 위치에 물체가 보이는 부분의 전체 또는 일부분을 그려 나타내는 것은?

① 보조 투상도   ② 회전 투상도   ③ 부분 투상도   ④ 국부 투상도

2. 도면에서 중심선을 꺾어서 연결 도시한 투상도는?

① 보조 투상도   ② 국부 투상도

③ 부분 투상도   ④ 회전 투상도

해설 보조 투상도: 물체의 경사면을 실제의 모양으로 나타낼 때 일부분을 그린 투상도

정답 1. ①   2. ①

(2) 부분 투상도(partial view)

투상도의 일부를 나타낸 그림이다.

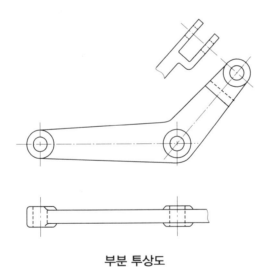

부분 투상도

(3) 회전 투상도(rotation view)

투상면이 어느 정도의 각도를 가지고 있어 실제 모양이 나타나지 않을 때, 원통형체를 가진 부품 중에서 중심으로부터 일정 각도방향으로 암(arm), 보강핀(rib) 및 손잡이(lug)가 나와 있는 부품의 투상도를 그릴 때, 그것들을 회전시켜 일직선으로 정렬하여 그린다.

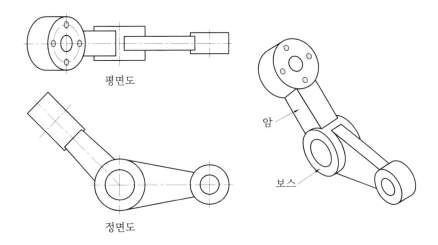

평면도

정면도

암

보스

회전 투상도

(4) 전개 투상도

얇은 판을 가공하여 만든 제품 또는 단조품인 경우 필요에 따라 전개도로 나타낸다. 이때는 가공된 실물을 정면도에 그리고 평면도에도 그것을 전개한 그림, 즉 가공 전의 형태를 나타낸다. 또 전개도에는 전개했을 때의 치수를 기입하여야 한다.

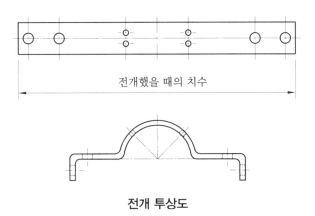

전개했을 때의 치수

전개 투상도

(5) 복각 투상도

한 투상도에 물체의 앞면과 뒷면에 대한 두 가지 투상(1각법, 3각법)을 적용하여 그린 그림이다.

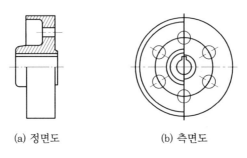

(a) 정면도   (b) 측면도

복각 투상도

2-2   단면법(sectioning)

단면이란 물체의 형상 또는 그 내부구조를 더 명확히 나타내기 위하여 주어진 물체의 가상적인 절단면을 말한다.

(1) 단면도의 종류

① 온 단면도(full sectional view, full section): 대상물을 하나의 평면으로 절단하여 단면전체를 그린 것으로 전단면도라고도 한다.

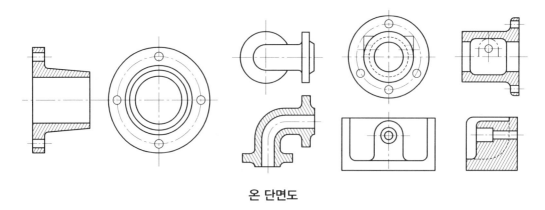

온 단면도

② 한쪽 단면도(half sectional view): 대칭형의 대상물을 대칭 중심선을 경계로 하여 외형도(outside view)의 절반과 전 단면도의 절반을 조합하여 그린 단면도이다.

③ 부분 단면도(partial sectional view): 도형의 대부분을 외형도로 하고 필요로 하는
요소의 일부분을 단면도로 나타낸 그림이다.

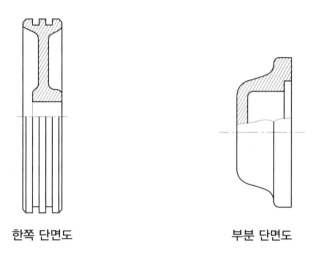

한쪽 단면도   부분 단면도

④ 회전 단면도(revolved section): 핸들이나 바퀴 등의 암(arm) 및 림(rim), 리브
(rib), 훅(hook), 축, 구조물의 부재 등의 절단면을 $90°$ 회전하여 그린 단면도이다.

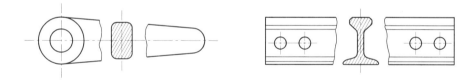

회전 단면도

⑤ 절단 평면(cutting plane): 절단 평면이란 단면을 구성하고자 물체의 절단과정을
표시하기 위해 주어지는 중개물이다.

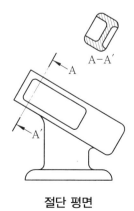

절단 평면

136 제2편 금속제도

(2) 단면도의 표시방법

가상의 절단면을 정투상법으로 나타낸 투상도를 단면도라고 한다.

① 단면 부분 및 그 앞쪽에서 보이는 부분은 모두 외형선으로 그린다.

② 단면 부분에는 가는 실선으로 빗금을 긋는 해칭, 또는 단면 주위를 색연필로 엷게 칠하는 스머징(smudging)으로 표시한다.

단원 예상문제

1. 다음 그림과 같은 단면도는?

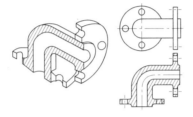

① 전 단면도　　② 한쪽 단면도　　③ 부분 단면도　　④ 회전 단면도

해설 전 단면도: 절단면이 부품 전체를 절단하며 지나가는 단면도

2. 다음 그림과 같은 물체의 온 단면도는?

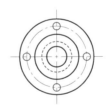

① 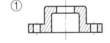　② 　③ 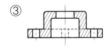　④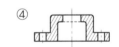

3. 제작물의 일부분을 절단하여 단면 모양이나 크기를 나타내는 단면도는?

① 온 단면도　　② 한쪽 단면도　　③ 회전 단면도　　④ 부분 단면도

해설 온 단면도: 절단면이 부품 전체를 절단하며 지나가는 단면도

　한쪽 단면도: 상하 또는 좌우 대칭인 부품의 중심축을 기준으로 1/4만 가상적으로 제거한 후에 그린 단면도

　회전 단면도: 절단면을 가상적으로 회전시켜 그린 단면도

　부분 단면도: 제작물의 일부만을 절단하여 그린 단면도

4. 다음의 단면도 중 위, 아래 또는 왼쪽과 오른쪽이 대칭인 물체의 단면을 나타낼 때 사용되는 단면도는?

① 한쪽 단면도　　② 부분 단면도　　③ 전 단면도　　④ 회전 도시 단면도

5. 다음 그림과 같은 단면도의 종류는?

① 온 단면도
② 부분 단면도
③ 계단 단면도
④ 회전 단면도

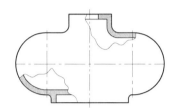

해설 부분 단면도: 제작물의 일부만을 절단하여 그린 단면도

6. 다음 그림과 같이 표시되는 단면도는?

① 온 단면도
② 한쪽 단면도
③ 부분 단면도
④ 회전 단면도

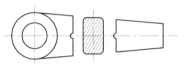

7. 다음 그림과 같이 물체의 형상을 쉽게 이해하기 위해 도시한 단면도는?

① 반단면도
② 부분 단면도
③ 계단 단면도
④ 회전 단면도

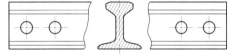

해설 회전 단면도: 절단면을 가상적으로 회전시켜 그린 단면도

8. 다음 그림과 같은 단면도의 종류로 옳은 것은?

① 전 단면도
② 부분 단면도
③ 계단 단면도
④ 회전 단면도

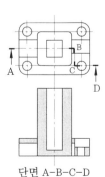

단면 A-B-C-D

해설 일직선상에 있지 않을 때 투상면과 평행한 2개 또는 3개의 평면으로 물체를 계단모양으로 절단하는 방법이다.

9. 다음 그림과 같은 단면도를 무엇이라 하는가?

① 반 단면도
② 회전 단면도
③ 계단 단면도
④ 온 단면도

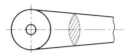

10. 다음 도면에서 Ⓐ로 표시된 해칭의 의미로 옳은 것은?

① 특수 가공부분이다.
② 회전 단면도이다.
③ 키를 장착할 홈이다.
④ 열처리 가공 부분이다.

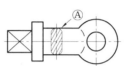

11. 다음 중 회전단면을 주로 이용하는 부품은?

① 볼트   ② 파이프   ③ 훅   ④ 중공축

해설 회전단면: 핸들이나 바퀴 등의 암 및 림, 리브, 훅, 축, 구재물의 부재 등의 절단면을 그릴 때 이용한다.

12. 다음 도면에서와 같이 절단 평면과 원뿔의 밑면이 이루는 각이 원뿔의 모선과 밑면이 이루는 각보다 작은 경우 단면은?

① 원
② 타원
③ 원뿔
④ 포물선

13. 다음 여러 가지 도형에서 생략할 수 없는 것은?

① 대칭 도형의 중심선의 한쪽
② 좌우가 유사한 물체의 한쪽
③ 길이가 긴 축의 중간 부분
④ 길이가 긴 테이퍼 축의 중간 부분

해설 좌우가 유사한 물체의 한쪽은 생략할 수 없다.

정답 1. ① 2. ① 3. ④ 4. ① 5. ② 6. ④ 7. ④ 8. ③ 9. ② 10. ② 11. ③ 12. ② 13. ②

3. 치수기입 방법

3-1 **치수의 표시방법**

치수 보조 기호

구 분	기 호	사용법	예 시
지름	ϕ	지름 치수 앞에 붙인다.	$\phi60$
반지름	R	반지름 치수 앞에 붙인다.	$R60$
구의 지름	$S\phi$	구의 지름 치수 앞에 붙인다.	$S\phi60$
구의 반지름	SR	구의 반지름 치수 앞에 붙인다.	$SR60$
정사각형의 변	□	정사각형 한 변의 치수 앞에 붙인다.	□60
판의 두께	t	판 두께 치수 앞에 붙인다.	$t=60$
45°의 모따기	C	45°의 모따기 치수 앞에 붙인다.	$C4$
원호의 길이	⌢	원호의 길이 치수 앞에 붙인다.	⌢80
이론적으로 정확한 치수	□	치수 문자를 사각형으로 둘러싼다.	80
참고 치수	( )	치수 문자를 괄호 기호로 둘러싼다.	(30)
척도와 다름	–	척도와 다름(비례척이 아님)	50

① 길이의 수치는 원칙적으로 mm 단위로 기입하고 단위기호는 붙이지 않는다.

② 각도의 수치는 일반적으로 도(°)의 단위로 기입하고, 필요한 경우에는 분(′) 및 초(″)를 병용할 수 있다.

③ 수치의 소수점은 아래쪽 점으로 하고 숫자 사이를 적당히 띄어 그 중간에 약간 크게 찍는다.

단원 예상문제

1. 치수를 기입할 때 주의사항 중 틀린 것은?

　① 치수 숫자는 선에 겹쳐서 기입한다.

　② 치수를 공정별로 나누어서 기입할 수도 있다.

　③ 치수 숫자는 치수선과 교차되는 장소에 기입하지 말아야 한다.

　④ 가공할 때 기준으로 할 곳이 있는 경우는 그곳을 기준으로 기입한다.

　해설 치수 숫자는 선에 겹쳐서 기입하면 안 된다.

2. 도면의 치수 기입법 설명으로 옳은 것은?

① 치수는 가급적 평면도에 많이 기입한다.

② 치수는 중복되더라도 이해하기 쉽게 여러 번 기입한다.

③ 치수는 측면도에 많이 기입한다.

④ 치수는 가급적 정면도에 기입하되 투상도와 투상도 사이에 기입한다.

3. 도면에 치수를 기입할 때 유의해야 할 사항으로 옳은 것은?

① 치수는 계산을 하도록 기입해야 한다.

② 치수의 기입은 되도록 중복하여 기입해야 한다.

③ 치수는 가능한 한 보조 투상도에 기입해야 한다.

④ 관련되는 치수는 가능한 한 곳에 모아서 기입하여야 한다.

4. 제도에서 치수 기입법에 관한 설명으로 틀린 것은?

① 치수는 가급적 정면도에 기입한다.

② 치수는 계산할 필요가 없도록 기입해야 한다.

③ 치수는 정면도, 평면도, 측면도에 골고루 기입한다.

④ 2개의 투상도에 관계되는 치수는 가급적 투상도 사이에 기입한다.

해설 치수는 가급적 정면도에 기입하고, 투상도 사이에 기입한다.

5. 도면에서 단위 기호를 생략하고 치수 숫자만 기입할 수 있는 단위는?

① inch   ② m

③ cm   ④ mm

6. 도면의 치수기입에서 "□20"이 갖는 의미로 옳은 것은?

① 정사각형이 20개이다.   ② 단면 지름이 20mm이다.

③ 정사각형의 넓이가 20mm^{2}이다. ④ 한 변의 길이가 20mm인 정사각형이다.

7. 다음 치수기입 방법의 설명으로 틀린 것은?

① 도면에서 완성치수를 기입한다.

② 단위는 mm이며 도면 치수에는 기입하지 않는다.

③ 지름 기호 R은 치수 수치 뒤에 붙인다.

④ □10은 한 변이 10mm인 정사각형을 의미한다.

해설 지름 기호 R은 치수 수치 앞에 붙인다.

8. 치수기입의 요소가 아닌 것은?

① 숫자와 문자　　　② 부품표와 척도　　　③ 지시선과 인출선　　④ 치수 보조기호

9. 치수 숫자와 같이 사용된 기호 t 가 뜻하는 것은?

① 두께　　　　　　② 반지름　　　　　　③ 지름　　　　　　　④ 모따기

해설 두께: t, 반지름: R, 지름: ϕ, 모따기: C

10. 치수 기입 시 치수 숫자와 같이 사용하는 기호의 설명으로 잘못된 것은?

① ϕ: 지름　　　　　　　　　　　② R: 반지름

③ C: 구의 지름　　　　　　　　　④ t: 두께

해설 C: $45°$ 모따기

11. 다음 중 "C"와 "SR"에 해당되는 치수 보조 기호의 설명으로 옳은 것은?

① C는 원호이며, SR은 구의 지름이다.

② C는 45도 모따기이며, SR은 구의 반지름이다.

③ C는 판의 두께이며, SR은 구의 반지름이다.

④ C는 구의 반지름이며, SR은 구의 반지름이다.

12. 다음 중 모따기를 나타내는 기호는?

① R　　　　　　　② C　　　　　　　③ □　　　　　　　④ SR

해설 R 반지름, C: 모따기, □: 정사각형의 변, SR: 구의 반지름

13. 다음 기호 중 치수 보조 기호가 아닌 것은?

① C　　　　　　　② R　　　　　　　③ t　　　　　　　④ △

해설 R: 반지름, C: 모따기, t: 두께

14. 반지름이 10mm인 원을 표시하는 올바른 방법은?

① $t10$　　　　　　② $10SR$　　　　　③ $\phi10$　　　　　④ $R10$

해설 두께: t, 지름: ϕ, 반지름: R

15. 도면치수 기입에서 반지름을 나타내는 치수 보조 기호는?

① R　　　　　　　② t　　　　　　　③ ϕ　　　　　　④ SR

해설 R: 반지름, t: 두께, ϕ: 지름, SR: 구의 반지름

16. 제도에서 치수 숫자와 같이 사용하는 기호가 아닌 것은?

① ⊥   ② R ③ □   ④ Y

17. 그림에서 치수 20, 26에 치수 보조 기호가 옳은 것은?

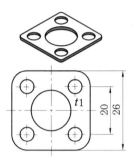

① S ② □   ③ t ④ ( )

18. 다음 그림에서 A부분이 지시하는 표시로 옳은 것은?

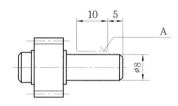

① 평면의 표시법   ② 특정 모양 부분의 표시
③ 특수 가공 부분의 표시   ④ 가공 전과 후의 모양 표시

19. 다음은 구멍을 치수기입한 예이다. 치수기입된 11-ø4에서 11이 의미하는 것은?

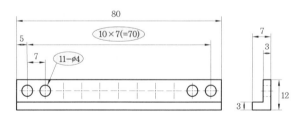

① 구멍의 지름   ② 구멍의 깊이   ③ 구멍의 수   ④ 구멍의 피치

해설 11-ø4는 지름(ø)이 4mm, 구멍이 11개임을 의미한다.

정답 1. ①   2. ④   3. ④   4. ③   5. ④   6. ④   7. ③   8. ②   9. ①   10. ③   11. ②   12. ②   13. ④
14. ④   15. ①   16. ④   17. ②   18. ③   19. ③

3-2 치수기입 방법의 일반 형식

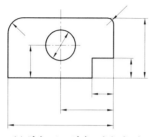

(a) 치수 보조선을 사용한 예

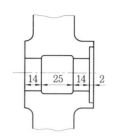

(b) 치수 보조선을 사용하지 않은 예

치수선과 치수 보조선

(a) 변의 길이 치수선

(b) 현의 길이 치수선

(c) 호의 길이 치수선

(d) 각도 치수선

치수선 긋기

3-3 스케치

대상물을 보면서 형상을 프리핸드로 그리는 일뿐만 아니라, 기계나 기계부품을 간단히 그려 각 부분의 치수, 재질, 가공법 등을 기입한 그림을 스케치(sketch)라고 한다.

단원 예상문제

1. 현과 호에 대한 설명 중 옳은 것은?

① 호의 길이를 표시한 치수선은 호에 평행인 직선으로 표시한다.

② 현의 길이를 표시하는 치수선은 그 현과 동심인 원호로 표시한다.

③ 원호로 구성되는 곡선의 치수는 원호의 반지름과 그 중심 또는 원호와의 점선 위치를 기입할 필요가 없다.

④ 원호와 현을 구별해야 할 때는 호의 치수 숫자 위에 ∩표시를 한다.

해설 호는 치수 숫자 위에 ∩표시를 하고, 현은 숫자만 기입한다.

2. 다음 도면에 대한 설명 중 틀린 것은?

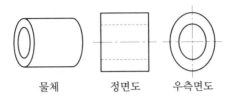

물체   정면도   우측면도

① 원통의 투상은 치수 보조기호를 사용하여 치수기입하면 정면도만으로도 투상이 가능하다.

② 속이 빈 원통이므로 단면을 하여 투상하면 구멍을 자세히 나타내면서 숨은선을 줄일 수 있다.

③ 좌, 우측이 같은 모양이라도 좌, 우측 면도를 모두 그려야 한다.

④ 치수기입 시 치수 보조 기호를 생략하면 우측면도를 꼭 그려야 한다.

해설 좌, 우측의 모양이 같으면 좌, 우측면도는 하나만 그린다.

3. 다음 그림에서 나타난 치수는 무엇을 나타낸 것인가?

① 현
② 호
③ 곡선
④ 반지름

해설 호는 치수 위에 ⌢ 표시를 한다.

4. 다음 도면을 이용하여 공작물을 완성할 수 없는 이유는?

① 치수 20과 25 사이의 5의 치수가 없기 때문에

② 공작물의 두께 치수가 없기 때문에

③ 공작물 하단의 경사진 각도 치수가 없기 때문에

④ 공작물의 외형 크기 치수가 없기 때문에

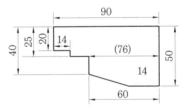

5. 다음 중 치수 기입방법에 대한 설명으로 틀린 것은?

① 외형선, 중심선, 기준선 및 이들의 연장선을 치수선으로 사용한다.

② 지시선은 치수와 함께 개별 주석을 기입하기 위하여 사용한다.

③ 각도를 기입하는 치수선은 각도를 구성하는 두 면 또는 연장선 사이에 원호를 긋는다.

④ 길이, 높이 치수의 표시는 주로 정면도에 집중하며, 부분적인 특징에 따라 평면도나 측면도에 표시할 수 있다.

해설 외형선, 중심선, 기준선 및 이들의 연장선을 치수선으로 사용할 수 없다.

6. 다음 중 치수 보조선과 치수선의 작도 방법이 틀린 것은?

①

②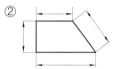

③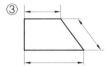

④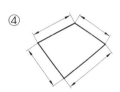

7. 치수 기입을 위한 치수선과 치수보조선 위치가 가장 적합한 것은?

①

②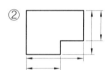

③

④

8. 한 도면에서 두 종류 이상의 선이 같은 장소에 겹치게 되는 경우에 선의 우선순위로 옳은 것은?

① 절단선→숨은선→외형선→중심선→무게중심선

② 무게중심선→숨은선→절단선→중심선→외형선

③ 외형선→숨은선→절단선→중심선→무게중심선

④ 중심선→외형선→숨은선→절단선→무게중심선

정답 1. ④ 2. ③ 3. ② 4. ③ 5. ① 6. ③ 7. ① 8. ③

제3장 제도의 응용

1. 공차 및 도면해독

1-1 도면의 결 도시방법

(1) 표면 거칠기(surface roughness)

① 중심선 평균 거칠기(R_a) : 거칠기 곡선에서 측정길이를 L로 잡고, 이 부분의 중심선을 X축, 세로방향을 Y축으로 하여 거칠기 곡선을 $y=f(x)$로 표시하였을 때, 다음 식으로 구한 값을 미크론(μ) 단위로 나타낸다.

$$R_a = \frac{1}{L} \int_0^L |f(x)|\, dx$$

② 최대 높이(R_{max}) : 기준 길이를 잡고, 이 중에서 가장 높은 곳과 낮은 곳의 높이를 μ 단위로 나타낸 것이다.

③ 10점 평균 거칠기(R_z) : 기준 길이를 잡고, 이 중 가장 높은 곳에서부터 5번째 봉우리까지의 평균값과 가장 깊은 곳에서부터 5번째 골까지의 평균값과의 차이를 μ단위로 나타낸 것이다.

$$R_z = \frac{(R_1 + R_3 + R_5 + R_7 + R_9) - (R_2 + R_4 + R_6 + R_8 + R_{10})}{5}$$

단원 예상문제

1. 도면의 표면 거칠기 표시에서 6.3S가 뜻하는 것은?

① 최대높이 거칠기 6.3μm　　② 중심선 평균 거칠기 6.3μm
③ 10점 평균 거칠기 6.3μm　　④ 최소높이 거칠기 6.3μm

2. 대상물의 표면으로부터 임의로 채취한 각 부분에서의 표면 거칠기를 나타내는 기호가 아닌 것은?

① S_{tp}
② S_m
③ R_y
④ R_a

3. 표면 거칠기의 값을 나타낼 때 10점 평균 거칠기를 나타내는 기호로 옳은 것은?

① R_a
② R_s
③ R_z
④ R_{max}

해설 R_a: 중심선 평균 거칠기, R_z: 10점 평균 거칠기, R_{max}: 최대높이

4. KS B ISO 4287 한국산업표준에서 정한 거칠기 프로파일에서 산출한 파라미터를 나타내는 기호는?

① R-파라미터
② P-파라미터
③ W-파라미터
④ Y-파라미터

정답 **1.** ① **2.** ① **3.** ③ **4.** ①

(2) 면의 지시기호

이 기호는 표면의 결, 즉 기계부품이나 구조물과 같은 표면에서의 표면 거칠기, 제거가공의 필요 여부, 줄무늬 방향, 가공방법 등을 나타낼 때 사용한다.

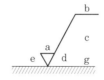

a: 중심선 평균 거칠기의 값   e: 다듬질 여유
b: 가공 방법   f: 중심선 평균 거칠기 이외의 표면 거칠기 값
c: 컷오프(cut-off) 값   g: 표면 파상도[KS B 0610(표면 파상도)에 따른다.]
c′: 기준 길이   ※ a 또는 f 이외는 필요에 따라 기입한다.
d: 줄무늬 방향의 기호

면의 지시 기호

가공 방법의 기호

가공 방법	약호		가공 방법	약호	
	I	II		I	II
선반 가공	L	선삭	호닝 가공	GH	호닝
드릴 가공	D	드릴링	버프 다듬질	SPBF	버핑
밀링 가공	M	밀링	줄 다듬질	FF	줄다듬질
리머 가공	FR	리밍	스크레이퍼 다듬질	FS	스크레이핑
연삭 가공	G	연삭	주조	C	주조

줄무늬 방향의 기호

그림 기호	의미	그림
=	기호가 사용되는 투상면에 평행	커터의 줄무늬 방향
⊥	기호가 사용되는 투상면에 수직	커터의 줄무늬 방향
×	기호가 사용되는 투상면에 대해 2개의 경사면에 수직	커터의 줄무늬 방향
M	여러 방향	
C	기호가 적용되는 표면의 중심에 대해 대략 동심원 모양	
R	기호가 적용되는 표면의 중심에 대해 대략 반지름 방향	

면의 지시기호의 사용 보기

기호	의미
▽ (아래 빗금)	제거 가공을 필요로 하는 면
▽ (원)	제거 가공을 허용하지 않는 면
25▽	제거 가공의 필요 여부를 문제 삼지 않으며 R_a가 최대 25μm인 면
6.3 / 1.6 ▽	R_a가 상한값 6.3μm에서 하한값 1.6μm까지인 제거 가공을 하는 면
25 M ▽ $\lambda_c\,0.8$	$\lambda_c\,0.8$mm에서 R_a가 최대 25μm인 밀링가공을 하는 면
▽ R_{max} $=25S$	R_{max}가 최대 25μm인 제거 가공을 하는 면
▽ $R_z=100$ $L=2.5$	기준길이 $L=2.5$mm에서 R_z가 최대 100μm인 제거가공을 하는 면

단원 예상문제

1. 다음 중 "보링" 가공방법의 기호로 옳은 것은?

① B   ② D   ③ M   ④ L

[해설] B: 보링(boring), D: 드릴(drill), M: 밀링(milling), L: 선반(lathe)

2. 가공방법의 기호 중 연삭가공의 표시는?

① G   ② L   ③ C   ④ D

[해설] G: 연삭, L: 선반, C: 주조, D: 드릴

3. 다음 가공방법의 기호와 그 의미의 연결이 틀린 것은?

① C−주조   ② L−선삭

③ G−연삭   ④ FF−소성가공

[해설] FF: 줄다듬질

4. 다음 그림 중에서 FL이 의미하는 것은?

① 밀링가공을 나타낸다.

② 래핑가공을 나타낸다.

③ 가공으로 생긴 선이 거의 동심원임을 나타낸다.

④ 가공으로 생긴 선이 2방향으로 교차하는 것을 나타낸다.

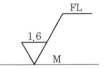

해설 FL: 래핑가공, M: 밀링가공

5. 금속의 가공 공정의 기호 중 스크레이핑 다듬질에 해당하는 약호는?

① FB ② FF ③ FL ④ FS

해설 FB: 버프 다듬질, FF: 줄다듬질, FL: 래핑 다듬질, FS: 스크레이핑 다듬질

6. 표면의 결 표시 방법 중 줄무늬 방향기호 "M"이 의미하는 것은?

$$M$$

① 가공에 의한 것의 줄무늬가 여러 방향으로 교차 또는 무방향

② 가공에 의한 것의 줄무늬가 기호를 기입한 면의 중심에 대하여 거의 동심원 모양

③ 가공에 의한 것의 줄무늬가 기호를 기입한 면의 중심에 대하여 거의 방사 모양

④ 가공에 의한 것의 줄무늬 방향이 기호를 기입한 그림의 투영면에 평행

7. 다음 도면에서 3-10 DRILL 깊이 12는 무엇을 의미하는가?

① 반지름이 3mm인 구멍이 10개이며, 깊이는 12mm이다.

② 반지름이 10mm인 구멍이 3개이며, 깊이는 12zmm이다.

③ 지름이 3mm인 구멍이 12개이며, 깊이는 10mm이다.

④ 지름이 10mm인 구멍이 3개이며, 깊이는 12mm이다.

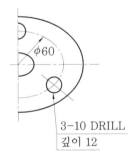

3-10 DRILL
깊이 12

8. 가공면의 줄무늬 방향 표시기호 중 기호를 기입한 면의 중심에 대하여 대략 동심원인 경우 기입하는 기호는?

① X ② M ③ R ④ C

해설 X: 가공으로 생긴 선이 다방면으로 교차, M: 무방향, R: 가공으로 생긴 선이 거의 방사선, C: 가공으로 생긴 선이 거의 동심원

(3) 다듬질 기호

표면의 결을 지시하는 경우 면의 지시기호 대신에 사용할 수 있는 기호이지만 최근에는 거의 사용되지 않는다. 다듬질 기호는 삼각기호(▽)와 파형기호(∼)로 나뉘어 삼각기호는 제거가공을 하는 면에, 파형기호는 제거가공을 하지 않는 면에 사용한다.

다듬질 기호에 대한 표면거칠기 값

다듬질 기호	표면거칠기의 표준 수열		
	R_a	R_{max}	R_Z
▽▽▽▽	0.2a	0.8S	0.8Z
▽▽▽	1.6a	6.3S	6.3Z
▽▽	6.3a	25S	25Z
▽	25a	100S	100Z
∼	특별히 규정하지 않는다.		

단원 예상문제

1. 표면의 결 지시 방법에서 대상면에 제거가공을 하지 않는 경우 표시하는 기호는?

① 　　② 　　③ 　　④

정답 1. ①

1-2 치수공차와 끼워맞춤

(1) 치수공차

① 치수공차의 표시

(개) 허용한계 치수: 최대치수와 최소치수의 양쪽 한계를 나타내는 치수

(내) 최대 허용치수: 실치수에 대하여 허용할 수 있는 최대치수

최소 허용치수: 실치수에 대하여 허용할 수 있는 최소치수

(대) 기준치수: 다듬질의 기준이 되는 치수

(래) 치수공차: 최대 허용치수와 최소 허용치수의 차

   (마) 위 치수 허용차: 최대 허용치수에서 기준치수를 뺀 것

      아래 치수 허용차: 최소 허용치수에서 기준치수를 뺀 것

   (바) 치수공차: 위 치수 허용차에서 아래치수 허용차를 뺀 것

보기

$$\phi 40^{+0.025}_{0} \qquad\qquad \phi 40^{-0.025}_{-0.050}$$

최대 허용치수	A = 40.025 mm	a = 39.975 mm
최소 허용치수	B = 40.000 mm	b = 39.950 mm
치수공차	T = A − B = 0.025 mm	t = a − b = 0.025 mm
기준치수	C = 40.000 mm	c = 40.000 mm
위 치수 허용차	E = A − C = 0.025 mm	e = a − c = 0.025 mm
아래 치수 허용차	D = B − C = 0	d = b − c = 0.050 mm

② 도면에 치수공차 기입

   (가) 기준치수 다음에 상하의 치수 허용차를 기입한다.

   (나) 기준치수보다 허용한계 치수가 클 때에는 치수 허용차의 수치에 (+) 부호를, 작을 경우에는 (−) 부호를 기입한다.

(2) 끼워맞춤

구멍에 축을 삽입할 때, 구멍과 축의 미세한 치수 차이에 의해 헐거워지기도 하고 단단해지기도 하는데, 이렇게 끼워지는 관계를 끼워맞춤(fit)이라고 하며, 헐거운 끼워맞춤, 중간 끼워맞춤, 억지 끼워맞춤의 3종류가 있다.

① 헐거운 끼워맞춤(clearance fit): 구멍의 최소 허용치수가 축의 최대 허용치수보다 클 때의 맞춤이며, 항상 틈새가 생긴다.

② 중간 끼워맞춤(transition fit): 구멍의 허용치수가 축의 허용치수보다 크고, 동시에 축의 허용치수가 구멍의 허용치수보다 큰 경우의 끼워맞춤으로서 실치수에 따라 틈새 또는 죔새가 생긴다.

③ 억지 끼워맞춤(interference fit): 축의 최소 허용치수가 구멍의 최대 허용치수보다 큰 경우의 끼워맞춤으로서 항상 죔새가 생긴다.

(3) 구멍, 축의 표시

구멍의 종류를 나타내는 기호는 로마자 대문자, 축의 종류를 나타내는 기호는 로마자 소문자로 표기한다.

> **보기**
>
> ■ 구멍의 표시
> ϕ35H7: 구멍 35 mm의 7등급
> ■ 축의 표시
> ϕ35e8: 축 35 mm의 8등급

(4) IT 기본 공차

IT 01~18까지 20등급으로 나눈다. IT 01~4는 주로 게이지류, IT 5~10은 끼워맞춤 부분, IT 11~18은 끼워맞춤 이외의 일반 공차에 적용된다.

(5) 기하공차

기계 혹은 제품에 있는 다수의 부품을 정확한 형상으로 가공할 수 없는 경우, 어느 정도까지의 오차를 허용할 수 있는가, 그 지표를 제공하는 것이 기하공차(geometric tolerance)이다. 기하공차는 이론적으로 정확한 기준, 즉 데이텀 없이 단독으로 형체 공차가 정해지는 단독형체와 데이텀을 바탕으로 하여 정해지는 관련형체로 나뉜다.

기하공차의 종류 및 기호

적용하는 형체	공차의 종류		기호
단독형체	모양공차	진직도 공차	——
		평면도 공차	▱
		진원도 공차	○
단독형체 또는 관련형체		원통도 공차	⌭
		선의 윤곽도 공차	⌒
		면의 윤곽도 공차	⌓

관련형체	자세 공차	평면도 공차	//
		직각도 공차	⊥
		경사도 공차	∠
	위치 공차	위치도 공차	⊕
		동축도 공차 또는 동심도 공차	◎
		대칭도 공차	≡
	흔들림 공차	원주 흔들림 공차	↗
		온 흔들림 공차	↗↗

단원 예상문제 Ⓖ

1. 끼워맞춤에 관한 설명으로 옳은 것은?

① 최대 죔새는 구멍의 최대 허용치수에서 축의 최소 허용치수를 뺀 치수이다.
② 최소 죔새는 구멍의 최소 허용치수에서 축의 최대 허용치수를 뺀 치수이다.
③ 구멍의 최소 치수가 축의 최대 치수보다 작은 경우 헐거운 끼워맞춤이 된다.
④ 구멍과 축의 끼워맞춤에서 틈새가 없이 죔새만 있으면 억지 끼워맞춤이 된다.

2. 치수공차를 구하는 식으로 옳은 것은?

① 최대 허용치수－기준치수
② 허용한계 치수－기준치수
③ 최소 허용치수－기준치수
④ 최대 허용치수－최소 허용치수

3. 최대 허용치수와 최소 허용치수의 차는?

① 위치수 허용차
② 아래치수 허용차
③ 치수공차
④ 기준치수

4. 다음 중 위치수 허용차를 옳게 나타낸 것은?

① 치수－기준치수
② 최소 허용치수－기준치수
③ 최대 허용치수－최소 허용치수
④ 최대 허용치수－기준치수

해설 위치수 허용차: 최대 허용치수 － 기준치수
아래치수 허용차: 최소 허용치수 － 기준치수

5. 치수공차를 개선하는 식으로 옳은 것은?

① 기준치수－실제치수
② 실제치수－치수허용차
③ 허용한계 치수－실제치수
④ 최대 허용치수－최소 허용치수

해설 치수공차: 최대 허용치수와 최소 허용치수의 차

6. 구멍의 치수가 $\phi 50^{+0.24}_{-0.13}$일 때의 치수공차로 옳은 것은?

① 0.11   ② 0.24   ③ 0.37   ④ 0.87

해설 $50.024-(-50.013)=50.037$

7. 도면에 기입된 구멍의 치수 제 50H7에서 알 수 없는 것은?

① 끼워맞춤의 종류   ② 기준치수   ③ 구멍의 종류   ④ IT공차등급

8. 가공제품을 끼워맞춤 조립할 때 구멍 최소치수가 축의 최대치수보다 큰 경우로 항상 틈새가 생기는 끼워맞춤은?

① 헐거운 끼워맞춤
② 억지 끼워맞춤
③ 중간 끼워맞춤
④ 복합 끼워맞춤

9. 구멍치수 $\phi 45^{+0.025}_{0}$, 축 치수 $\phi 45^{+0.009}_{-0.025}$인 경우 어떤 끼워맞춤인가?

① 헐거운 끼워맞춤
② 억지 끼워맞춤
③ 중간 끼워맞춤
④ 보통 끼워맞춤

해설 중간 끼워맞춤: 구멍의 허용치수가 축의 허용치수보다 크고, 동시에 축의 허용치수가 구멍의 허용치수보다 큰 경우의 끼워맞춤

10. 구멍의 치수가 $\phi 45^{+0.025}_{0}$이고, 축의 치수가 $\phi 45^{-0.009}_{-0.025}$인 경우 어떤 끼워맞춤인가?

① 헐거운 끼워맞춤
② 억지 끼워맞춤
③ 중간 끼워맞춤
④ 보통 끼워맞춤

해설 헐거운 끼워맞춤: 구멍의 최소 허용치수가 축의 최대 허용치수보다 클 때의 맞춤

11. 치수가 $\phi 15^{+0.008}_{0}$인 구멍과 $\phi 15^{+0.006}_{+0.001}$인 축을 끼워 맞출 때는 어떤 끼워맞춤이 되는가?

① 헐거운 끼워맞춤
② 중간 끼워맞춤
③ 억지 끼워맞춤
④ 축 기준 끼워맞춤

해설 중간 끼워맞춤: 구멍의 허용치수가 축의 허용치수보다 큰 동시에 축의 허용치수가 구멍의 허용치수보다 큰 경우의 끼워맞춤

12. 구멍의 최대 허용치수 50.025 mm, 최소 허용치수 50.000 mm, 축의 최대 허용치수 50.000 mm, 최소 허용치수 49.950 mm일 때 최대틈새(mm)는?

① 0.025　　　　　② 0.050　　　　　③ 0.075　　　　　④ 0.015

해설　최대틈새 = 구멍의 최대 허용치수 − 축의 최소 허용치수
　　　　　= 50.025 − 49.950 = 0.075

13. 구멍 $\phi 42^{+0.009}_{0}$, 축 $42^{-0.009}_{-0.025}$일 때 최대죔새는?

① 0.009　　　　　② 0.018　　　　　③ 0.025　　　　　④ 0.034

해설　최대죔새 = 축의 최대 허용치수 − 구멍의 최소 허용치수
　　　　　= 0.009 − 0 = 0.009

14. 구멍 $\phi 55^{+0.030}_{0}$, 축 $55^{+0.039}_{+0.020}$일 때 최대틈새는?

① 0.010　　　　　② 0.020　　　　　③ 0.030　　　　　④ 0.039

해설　최대틈새 = 구멍의 최대 허용치수 − 축의 최소 허용치수
　　　　　= 0.030 − 0.020 = 0.010

정답　1. ④　2. ④　3. ③　4. ④　5. ④　6. ③　7. ①　8. ①　9. ③　10. ①　11. ②　12. ③　13. ①
14. ①

2. 재료기호

2-1　재료기호의 구성

(1) 제1부분의 기호

재질을 표시하는 기호(제1부분의 기호)

기호	재질	비고	기호	재질	비고
Al	알루미늄	Aluminium	F	철	Ferrum
AlBr	알루미늄 청동	Aluminium bronze	MS	연강	Mild steel
Br	청동	Bronze	NiCu	니켈 구리 합금	Nickel-copper alloy
Bs	황동	Brass	PB	인청동	Phosphor bronze

Cu	구리 또는 구리합금	Copper	S	강	Steel
HBs	고강도 황동	High strength brass	SM	기계구조용강	Machine structure steel
HMn	고망가니즈	High manganese	WM	화이트 메탈	White metal

(2) 제2부분의 기호

규격명 또는 제품명을 표시하는 기호(제2부분의 기호)

기호	제품명 또는 규격명	기호	제품명 또는 규격명
B	봉 (bar)	MC	가단 주철품 (malleable iron casting)
BC	청동 주물	NC	니켈 크로뮴강 (nickel chromium)
BsC	황동 주물	NCM	니켈 크로뮴 몰리브덴강 (nickel chromium molybdenum)
C	주조품 (casting)	P	판 (plate)
CD	구상 흑연 주철	FS	일반구조용관
CP	냉간 압연 강판	PW	피아노선 (piano wire)
Cr	크로뮴강 (chromium)	S	일반 구조용 압연재
CS	냉간압연강재	SW	강선 (steel wire)
DC	다이 캐스팅 (die casting)	T	관 (tube)
F	단조품 (forging)	TB	고탄소 크로뮴 베어링강
G	고압가스 용기	TC	탄소 공구강
HP	열간 압연 연강판	TKM	기계 구조용 탄소 강관
HR	열간 압연	THG	고압가스 용기용 이음매 없는 강관
HS	열간 압연 강대	W	선 (wire)
K	공구강	WR	선재 (wire rod)
KH	고속도 공구강	WS	용접 구조용 압연강

(3) 제3부분의 기호

재료의 종류를 표시하는 기호(제3부분의 기호)

기호	의미	보기	기호	의미	보기
1	1종	SHP 1	5A	5종 A	SPS 5A
2	2종	SHP 2	3A	최저 인장강도 또는 항복점	WMC 34
A	A종	SWS 41 A			SG 26
B	B종	SWS 41 B	C	탄소 함유량(0.10~0.15%)	SM 12C

보기

① SF34(탄소강 단강품)

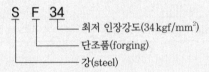

S F 34
└── 최저 인장강도(34 kgf/mm^2)
└── 단조품(forging)
└── 강(steel)

② PW 1(피아노선 1종)

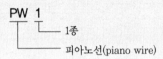

PW 1
└── 1종
└── 피아노선(piano wire)

③ SM20C(기계구조용 탄소강)

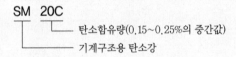

SM 20C
└── 탄소함유량(0.15~0.25%의 중간값)
└── 기계구조용 탄소강

④ BSBMAD□(기계용 황동 각봉)

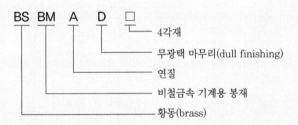

BS BM A D □
└── 4각재
└── 무광택 마무리(dull finishing)
└── 연질
└── 비철금속 기계용 봉재
└── 황동(brass)

단원 예상문제

1. 한국산업표준에서 규정한 탄소공구강의 기호로 옳은 것은?

① SCM   ② STC   ③ SKH   ④ SPS

해설 SCM: 크로뮴-몰리브덴강, STC 탄소공구강, SKH: 고속도공구강, SPS: 스프링강

2. SM20C에서 20C는 무엇을 나타내는가?

① 최고 인장강도   ② 최저 인장강도   ③ 탄소 함유량   ④ 최고 항복점

해설 SM: 기계구조용 탄소강, 20C: 탄소 함유량

3. 기계재료의 표시 중 SC360이 의미하는 것은?

① 탄소용 단강품   ② 탄소용 주강품

③ 탄소용 압연품   ④ 탄소용 압출품

해설 SC: 탄소용 주강품

4. [보기]의 재료기호의 표기에서 밑줄 친 부분이 의미하는 것은?

┌─ | 보기 |
│   KS D 3752 <u>SM45C</u>
└─

① 탄소 함유량을 의미한다.   ② 제조방법에 대한 수치 표시이다.

③ 최저 인장강도가 $45\,kgf/mm^2$이다.   ④ 열처리 강도 $45\,kgf/mm^2$를 표시한다.

해설 SM: 기계구조용 탄소강, 45C: 탄소 함유량

5. 재료기호 "SS400"(구기호 SS41)의 400이 뜻하는 것은?

① 최고 인장강도   ② 최저 인장강도   ③ 탄소 함유량   ④ 두께치수

해설 SS400: 일반구조용 압연강재로서 최저 인장강도 $400\,MPa$

6. 다음 [보기]와 같이 표시된 금속재료의 기호 중 330이 의미하는 것은?

┌─ | 보기 |
│   KS D 3503 SS330
└─

① 최저 인장강도   ② KS 분류기호

③ 제품의 형상별 종류   ④ 재질을 나타내는 기호

해설 SS330: 일반구조용 압연강재로서 최저 인장강도가 $330\,N/mm^2$이다.

7. 다음 재료 기호 중 고속도 공구강은?

① SCP   ② SKH   ③ SWS   ④ SM

해설 SKH: 고속도 공구강, SWS: 강선, SM: 기계구조용강

8. 자동차용 디젤엔진 중 피스톤의 설계도면 부품표란에 재질 기호가 AC8B라고 적혀 있다면, 어떠한 재질로 제작하여야 하는가?

① 황동합금 주물   ② 청동합금 주물

③ 탄소강 합금 주강   ④ 알루미늄합금 주물

해설 AC8B는 알루미늄합금 주물로서 A는 알루미늄, C는 주조를 표시한다.

9. GC 200이 의미하는 것으로 옳은 것은?

　① 탄소가 0.2%인 주강품

　② 인장강도 200 N/mm^2 이상인 회주철품

　③ 인장강도 200 N/mm^2 이상인 단조품

　④ 탄소가 0.2%인 주철을 그라인딩 가공한 제품

　해설 GC 200은 인장강도 200 N/mm^2 이상인 회주철품을 나타낸다.

정답 1. ② 2. ③ 3. ② 4. ① 5. ② 6. ① 7. ② 8. ④ 9. ②

3. 기계요소 제도

3-1 체결용 기계요소

(1) 나사(screw)

　① 수나사의 바깥지름과 암나사의 안지름은 굵은 실선으로 그린다.

　② 수나사와 암나사의 골지름은 가는 실선으로 그린다.

　③ 완전 나사부와 불완전 나사부의 경계는 굵은 실선으로 그리고, 불완전 나사부는 축선과 30°를 이루게 가는 실선으로 그린다.

　④ 암나사의 드릴 구멍 끝부분은 굵은 실선으로 120°가 되게 긋는다.

　⑤ 보이지 않는 나사부의 조립부를 그릴 때는 수나사를 위주로 그린다.

　⑥ 수나사와 암나사의 조립부를 그릴 때는 수나사를 위주로 그린다.

　⑦ 나사 부분의 단면에 해칭을 할 경우에는 산봉우리 끝까지 한다.

　⑧ 볼트, 너트, 스터드 볼트(stud bolt), 작은나사, 멈춤나사, 나사못은 원칙적으로 약도로 표시한다.

나사 종류를 표시하는 기호 및 나사 호칭에 대한 표시 방법의 보기

구분		나사 종류		나사 종류를 표시하는 기호	나사 호칭에 대한 표시 방법의 보기
일반용	ISO 규격에 있는 것	미터 보통 나사		M	M 8
		미터 가는 나사			M 8×1
		미니추어 나사		S	S 0.5
		유니파이 보통나사		UNC	3/8–16 UNC
		유니파이 가는나사		UNF	No. 8–36 UNF
		미터 사다리꼴 나사		Tr	Tr 10×2
		관용 테이퍼 나사	테이퍼 수나사	R	R 3/4
			테이퍼 암나사	Rc	Rc 3/4
			평행 암나사[1]	Rp	Rp 3/4
	ISO 규격에 없는 것	관용 평행나사		G	G 1/2
		30° 사다리꼴 나사		TM	TM 18
		29° 사다리꼴 나사		TW	TW 20
		관용 테이퍼 나사	테이퍼 나사	PT	PT 7
			평행 암나사[2]	PS	PS 7
		관용 평행나사		PF	PF 7

주 [1] 이 평행 암나사 Rp는 테이퍼 수나사 R에 대해서만 사용한다.

　　[2] 이 평행 암나사 PS는 테이퍼 수나사 PT에 대해서만 사용한다.

(2) 볼트 · 너트

볼트와 너트는 기계의 부품과 부품을 결합하고 분해하기가 쉽기 때문에 결합용 기계요소로 널리 사용되고 있으며, 그 종류는 모양과 용도에 따라 다양하다.

일반 볼트와 너트의 각부 명칭은 그림과 같다.

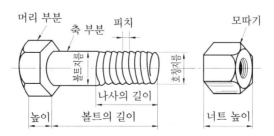

볼트와 너트의 각부 명칭

① 나사 및 너트: 나사머리, 드라이버용 구멍 또는 너트의 모양을 반드시 나타내야 하는 경우에는 다음 표에 나타내는 간략 도시의 보기를 사용한다.

나사 및 너트의 간략 도시의 보기

명칭	간략 도시	명칭	간략 도시
6각 볼트		십자 구멍붙이 접시머리 스크루	
4각 볼트		홈붙이 멈춤 나사	
6각 구멍붙이 볼트		홈붙이 나사 못 및 드릴링 나사	
홈붙이 납작머리 스크루		나비 볼트	
십자 구멍붙이 납작머리 스크루		6각 너트	
홈붙이 둥근 접시머리 스크루		홈붙이 6각 너트	
십자 구멍붙이 둥근 접시머리 스크루		4각 너트	
홈붙이 접시머리 스크루		나비 너트	

② 작은지름나사의 도시 및 치수 지시

㈎ 지름(도면상의)이 6mm 이하이거나 규칙적으로 배열된 같은 모양 및 치수의 구멍 또는 나사인 경우에는 도시 및 치수 지시를 간략히 하여도 좋다.

㈏ 표시는 일반 도시 및 치수 기입을 하며, 필요한 특징을 모두 기입한다.

㈐ 표시는 다음 그림과 같이 화살표가 구멍의 중심선을 가리키는 인출선 위에 나타낸다.

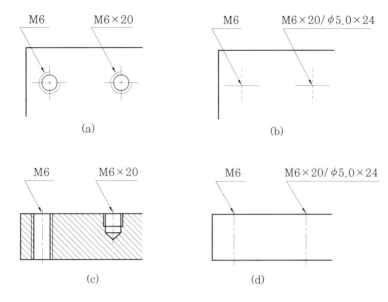

작은 지름의 나사 표시

(3) 키, 핀, 코터

① 키(key): 핸들, 벨트 풀리나 기어 등의 회전체를 축과 고정하여 회전력을 전달할 때 쓰이는 기계요소이다.

② 핀(pin): 기계의 부품을 고정하거나 부품의 위치를 결정하는 용도로 사용되며, 접촉면의 미끄럼 방지나 나사의 풀림 방지용으로도 많이 사용되고 있다.

③ 코터(cotter): 평평한 쐐기 모양의 강편이며, 축 방향에 하중이 작용하는 축과 여기에 끼워지는 소켓을 체결하는데 쓰인다.

3-2 전동용 기계요소

(1) 스퍼 기어의 제도

① 나사의 경우와 같이 치형은 생략하여 표시하는 간략법을 쓴다.

② 이끝원은 굵은 실선으로, 피치원은 가는 1점 쇄선으로, 이뿌리원은 가는 실선 또는 굵은 실선으로 그리거나 완전히 생략하기도 한다.

(2) 헬리컬 기어의 제도

① 스퍼 기어의 피치면에 이끝을 나선형으로 만든 원통 기어를 말한다.

② 측면도는 스퍼 기어와 같으나 정면도에서는 반드시 이의 비틀림 방향을 가는 실선을 이용하여 도시하여야 한다.

③ 이 평행 사선은 나사각에 관계없이 30° 방향으로 그려도 좋으며, 서로 평행하게 3줄을 긋는다.

(3) 베벨 기어의 제도

① 정면도에서 이끝선과 이뿌리선은 굵은 실선으로 도시한다.

② 피치선은 가는 1점 쇄선으로 도시한다.

③ 이끝과 이뿌리를 나타내는 원추선은 꼭지점에 오기 전에 끝마무리한다.

④ 측면도의 이끝원은 외단부와 내단부를 모두 굵은 실선, 피치원은 외단부만 가는 1점 쇄선으로 도시하고, 이뿌리원은 양쪽 끝을 모두 생략한다.

단원 예상문제 ⓒ

1. 나사의 도시에 대한 설명으로 옳은 것은?

① 수나사와 암나사의 골지름은 굵은 실선으로 그린다.

② 불완전 나사부의 끝 밑선은 45°파선으로 그린다.

③ 수나사의 바깥지름과 암나사의 안지름은 굵은 실선으로 그린다.

④ 완전 나사부와 불완전 나사부의 경계선은 가는 실선으로 그린다.

해설 ① 수나사와 암나사의 골지름은 가는 실선으로 그린다.

② 불완전 나사부의 끝은 축선을 기준으로 30°가 되게 그린다.

④ 완전 나사부와 불완전 나사부의 경계선은 굵은 실선으로 그린다.

2. 나사의 간략도시에서 수나사 및 암나사의 산은 어떤 선으로 나타내는가? (단, 나사산이 눈에 보이는 경우임)

① 가는 파선   ② 가는 실선

③ 중간 굵기의 실선   ④ 굵은 실선

해설 수나사 및 암나사의 산은 굵은 실선, 수나사 및 암나사의 골은 가는 실선으로 나타낸다.

3. 나사의 제도에서 수나사의 골지름은 어떤 선으로 도시하는가?

① 굵은 실선   ② 가는 실선

③ 가는 1점 쇄선   ④ 가는 2점 쇄선

4. 그림과 같은 육각볼트를 제작도용 약도로 그릴 때의 설명 중 옳은 것은?

① 볼트 머리의 모든 외형선은 직선으로 그린다.

② 골지름을 나타내는 선은 가는 실선으로 그린다.

③ 가려서 보이지 않는 나사부는 가는 실선으로 그린다.

④ 완전 나사부와 불완전 나사부의 경계선은 가는 실선으로 그린다.

해설 골지름은 가는 실선, 보이지 않는 나사부는 파선, 완전 나사부와 불완전 나사부의 경계 선은 굵은 실선으로 그린다.

5. 미터 보통나사를 나타내는 기호는?

① M　　　　　　　② G　　　　　　　③ Tr　　　　　　　④ UNC

해설 M: 미터나사, Tr: 미터 사다리꼴 나사, UNC: 유니파이 보통나사

6. 유니파이 가는나사의 호칭 기호는?

① M　　　　　　　② PT　　　　　　　③ UNF　　　　　　④ PF

해설 M: 미터 보통 나사, PT: 관용 테이퍼 나사, UNF: 유니파이 가는나사, PF: 관용 평행나사

7. 다음 중 유니파이 보통나사를 표시하는 기호로 옳은 것은?

① TM　　　　　　　② TW　　　　　　　③ UNC　　　　　　④ UNF

해설 TM: 30°사다리꼴나사, TW: 29°사다리꼴나사, UNC: 유니파이 보통나사, UNF: 유니 파이 가는나사

8. 도면에서 "No.8-36UNF"로 표시되었다면 이 나사의 종류로 옳은 것은?

① 톱니나사　　　　　　　　　　　② 유니파이 가는나사

③ 사다리꼴 나사　　　　　　　　　④ 관용평형 나사

9. 리드가 12 mm인 3줄 나사의 피치는 몇 mm인가?

① 3　　　　　　　② 4　　　　　　　③ 5　　　　　　　④ 6

해설 피치 $= \dfrac{l}{n} = \dfrac{12}{3} = 4$

10. 볼트를 고정하는 방법에 따라 분류할 때, 물체의 한쪽에 암나사를 깎은 다음 나사박기를 하여 죄며, 너트를 사용하지 않는 볼트는?

① 관통 볼트　　　　② 기초 볼트　　　　③ 탭 볼트　　　　④ 스터드 볼트

해설 탭 볼트: 너트를 사용하지 않는 볼트

11. 나사의 호칭 M20×2에서 2가 뜻하는 것은?

① 피치　　　　② 줄의 수　　　　③ 등급　　　　④ 산의 수

해설 M20: 미터나사, 2: 피치

12. 2N M50×2-6h 이라는 나사의 표시 방법에 대한 설명으로 옳은 것은?

① 왼나사이다.　　　　　　　　　　② 2줄 나사이다.
③ 유니파이 보통 나사이다.　　　　④ 피치는 1인치당 산의 개수로 표시한다.

해설 2N M50×2-6h는 호칭지름이 50 mm이고 피치가 2 mm인 미터 가는나사이며 2줄 나사로 등급 6을 표시한다.

13. 기어의 잇수가 50개, 피치원의 지름이 200mm일 때 모듈은 몇 mm인가?

① 3　　　　② 4　　　　③ 5　　　　④ 6

해설 $m = \dfrac{D}{Z} = \dfrac{200}{50} = 4$

14. 축에 풀리, 기어 등의 회전체를 고정시켜 축과 회전체가 미끄러지지 않고 회전을 정확하게 전달하는 데 사용하는 기계요소는?

① 키　　　　② 핀　　　　③ 벨트　　　　④ 볼트

15. 어떤 기어의 피치원 지름이 100 mm이고 잇수가 20개일 때 모듈은?

① 2.5　　　　② 5　　　　③ 50　　　　④ 100

해설 $m = \dfrac{D}{Z} = \dfrac{100}{20} = 5$

16. 기어의 피치원의 지름이 150mm이고, 잇수가 50개일 때 모듈의 값(mm)은?

① 1　　　　② 3　　　　③ 4　　　　④ 6

해설 $m = \dfrac{D}{Z} = \dfrac{150}{50} = 3$

17. 스퍼기어의 잇수가 32이고 피치원의 지름이 64일 때 이 기어의 모듈값은 얼마인가?

① 0.5　　　　② 1　　　　③ 2　　　　④ 4

해설 $m = \dfrac{D}{Z} = \dfrac{64}{32} = 2$

18. 동력전달 기계요소 중 회전운동을 직선운동으로 바꾸거나, 직선운동을 회전운동으로 바꿀 때 사용하는 것은?

① V벨트
② 원뿔기
③ 스플라인
④ 랙과 피니언

19. 다음 도형에서 테이퍼 값을 구하는 식으로 옳은 것은?

① $\dfrac{b}{a}$

② $\dfrac{a}{b}$

③ $\dfrac{a+b}{L}$

④ $\dfrac{a-b}{L}$

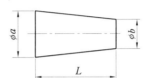

해설 테이퍼 $= \dfrac{a-b}{L}$

20. 아래와 같은 도형의 테이퍼 값은 얼마인가?

① $\dfrac{1}{5}$

② $\dfrac{1}{10}$

③ $\dfrac{2}{5}$

④ $\dfrac{2}{10}$

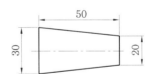

해설 $\dfrac{30-20}{50} = \dfrac{10}{50} = \dfrac{1}{5}$

|압|연|기|능|사| 3편

압연

제 1 장 압연기술

1. 압연가공의 특징

1-1 압연가공의 정의

(1) 압연(rolling)

① 소성변형이 비교적 잘 되는 금속재료를 회전하는 한 쌍의 롤 사이로 통과시켜 여러 가지 단면의 소재로 만드는 가공법을 압연이라 한다.

② 금속재료는 압연에 의하여 그 단면적 혹은 두께를 줄이거나 길이를 늘여서 필요한 형상과 두께의 제품을 얻을 수 있다.

(2) 압연의 특징

① 압연은 주조나 단조 등에 비하여 생산비가 적게 든다.

② 치수와 재질이 균일한 제품을 얻을 수 있다.

③ 금속가공법 중 가장 많이 이용되는 가공법이다.

1-2 소성가공에 의한 영향

① 금속재료는 연성과 전성이 있으며 금속 자체의 가소성에 의하여 형상을 변화할 수 있는 성질이 있다.

② 외력의 크기가 탄성한도 이상이 되면 외력을 제거하여도 재료는 원형으로 복귀하지 않고 영구변형이 잔류하게 된다. 이와 같이 응력이 잔류하는 변형을 가소성이라 한다.

③ 소성가공법: 단조, 압연, 인발, 프레스 가공 등

1. 다음 중 소성가공 방법이 아닌 것은?

① 단조　　　　　　② 압연　　　　　　③ 주조　　　　　　④ 프레스 가공

해설 소성가공 방법에는 단조, 압연, 인발, 프레스 가공 등이 있다.

정답 1. ③

1-3　　탄성변형과 소성변형

(1) 탄성변형

① 변형된 후에 외력을 제거하면 원래의 형상으로 되돌아가는 변형이다.

② 비례한도 내에서는 응력-변형곡선은 직선이고 다음과 같은 관계가 성립한다.

$$\sigma = E\varepsilon$$
$$E = \frac{\sigma}{\varepsilon}$$

　　여기서, E는 탄성률(elastic modulus)이며, 일반적으로 온도가 상승하면 금속에 따라
　　탄성률은 감소한다.

③ 푸아송비(poisson's ratio)는 탄성구역에서의 변형은 세로방향에 연신이 생기면
가로방향에는 수축이 생긴다.

$$v = \frac{-\varepsilon'}{\varepsilon}$$

④ 전단적인 외력이 가해져서 α만큼 변형되었다고 하면 그 α에 대한 응력을 전단응
력(shear stress), 이때의 변형량을 전단변형량이라 부르고 일반적으로 전자를 τ,
후자를 r로 표시하며 전단변형량은 다음과 같다.

$$\gamma = \frac{a}{h} = \tan\theta$$

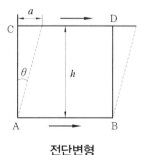

전단변형

그리고 탄성변형 구역에서는 다음과 같은 관계가 성립한다.

$$\tau = Gr \quad \text{여기서, } G: \text{강성률}$$

탄성률, 강성률, 푸아송비 사이에는 다음과 같은 관계가 성립한다.

$$G = \frac{E}{2(1+v)}$$

(2) 소성변형

변형된 후에 외력을 제거하여도 전부 또는 일부의 변형이 남는 것이다.

(3) 응력−변형선도

① 인장시험의 초기단계에서는 시험편에 변형이 생기거나 하중을 제거하면 그 변형은 전부 없어지는 단계로서 탄성변형의 구역이다.

② 어느 한계까지의 하중을 가하면 생성된 변형은 하중을 제거한 후에도 일정한 변형이 남게 된다.

③ 하중을 더욱 증가하면 시험편에는 매우 큰 변형이 생기게 되는데 하중을 제거하면 완전히 소성변형하는 구역이다.

단원 예상문제

1. 탄성한계 이상으로 시편을 변형시켰을 때에는 하중을 제거하더라도 변형의 일부는 회복하나 잔류변형이 남게 되는 변형은?

① 소성변형   ② 탄성변형   ③ 압연변형   ④ 공칭변형

해설 소성변형: 탄성한계 이상으로 변형되면 하중 제거 후에 변형의 일부는 회복하나 잔류변형이 남게 되는 변형이다.

2. 소성가공에 대한 설명으로 옳은 것은?

① 재료를 고체 상태에서 서로 덧붙여서 소요형상을 만드는 방법이다.

② 재료를 고체 상태에서 재료의 피삭성을 이용하여 소요형상을 만드는 방법이다.

③ 재료를 용융시켜 소요형상으로 응고시켜 만드는 방법이다.

④ 힘을 제거하여도 원형으로 완전히 복귀되지 않은 성질을 이용하여 재료를 가공하는 방법이다.

해설 소성변형을 이용한다.

3. 다음 그림에서 물체 ABCD에 전단면적인 힘이 물체 ABCD에 가해서 a만큼 변형하였다고 하면 이 경우의 응력을 전단응력(shear stress)이라 할 때 전단변형량은 어떻게 나타내는가?

① $\gamma = \dfrac{h}{a} = \cos\theta$

② $\gamma = \dfrac{a}{h} = \sin\theta$

③ $\gamma = \dfrac{h}{a} = \tan\theta$

④ $\gamma = \dfrac{a}{h} = \tan\theta$

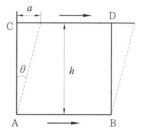

해설 전단변형량 : $\gamma = \dfrac{a}{h} = \tan\theta$

정답 **1.** ① **2.** ④ **3.** ④

1-4 열간압연과 냉간압연의 특징

(1) 열간압연

① 열간압연의 정의

㈎ 압연온도가 가공재료의 재결정온도 이상일 때를 열간압연이라 한다.

㈏ 열간압연이란 가공경화를 일으키지 않는 온도 범위에서의 소성가공이다.

② 열간압연의 특징

㈎ 치수가 큰 재료를 압연할 때 많이 이용한다.

㈏ 필요한 치수의 재료를 손쉽게 가공한다.

㈐ 가공저항이 비교적 적으므로 주조조직도 개선된다.

㈑ 기계적 성질이 향상된다.

㈒ 가공에 소요되는 동력이 적게 드는 장점이 있다.

③ 열간압연의 제조공정

소재가열 → 조압연 → 사상압연 → 냉각 → 권취

④ 열간압연 소재

㈎ 열연 코일 소재로 대부분 0.4%C 이하의 아공석강을 사용한다.

㈏ 용도: 자동차, 건설, 조선, 파이프, 산업기계 등

⑤ 열간압연 제품의 용도

[제품의 형태]

㈎ 핫 코일: 두께 1.2~22mm, 폭 400~2,540mm

㈏ HR 스켈프: 폭 200mm 이하

㈐ HR시트: HR 코일 후 절단하여 사용한다.

㈑ P/O시트

㈒ checkered 시트

(2) 냉간압연

① 정의: 압연온도가 가공재료의 재결정온도 이하일 때를 냉간압연이라 한다.

② 특징

㈎ 재료의 두께나 단면이 작아서 가공이 곤란하다.

㈏ 치수가 정확하고 표면이 깨끗하다.

㈐ 강하고 단단한 제품을 얻기가 용이하다.

단원 예상문제

1. 금속의 판재를 압연할 때 열간압연과 냉간압연을 구분하는 것은?

① 변태온도　　　　② 용융온도　　　　③ 연소온도　　　　④ 재결정온도

해설 재결정온도를 기준으로 열간압연과 냉간압연을 구분할 수 있다.

2. 금속의 재결정온도에 대한 설명으로 틀린 것은?

① 재결정온도는 금속의 종류와 가공 정도에 따라 다르다.

② 재결정온도보다 높은 온도에서 압연하는 것을 열간압연이라 한다.

③ 재결정온도보다 높은 온도에서 압연하면 강도가 강해진다.

④ 재결정온도보다 낮은 온도에서 압연하면 결정입자가 미세해진다.

해설 재결정온도보다 높은 온도에서 압연하면 강도가 약해진다.

3. 열간압연 공정을 순서대로 옳게 배열된 것은?

① 소재가열 → 사상압연 → 조압연 → 권취 → 냉각

② 소재가열 → 조압연 → 사상압연 → 냉각 → 권취

③ 소재가열 → 냉각 → 조압연 → 권취 → 사상압연

④ 소재가열 → 사상압연 → 권취 → 냉각 → 조압연

4. 냉간압연 제품과 비교하였을 때 열간압연 제품의 특징으로 옳은 것은?

① 두께가 얇은 박판 압연에 용이하다.

② 경도 및 강도가 냉간 제품에 비해 높다.

③ 치수가 냉간 제품에 비해 비교적 정확하다.

④ 적은 힘으로도 큰 변형을 할 수 있다.

해설 열간압연은 두꺼운 강판압연 용이, 경도 및 강도 감소, 치수 부정확, 변형 에너지 감소

5. 냉간압연에 비해 열간압연의 장점이 아닌 것은?

① 가공이 용이하다.

② 제품의 표면이 미려하다.

③ 소재 내부의 수축공 등이 압착된다.

④ 동일한 압하율일 때 압연동력이 적게 소요된다.

해설 제품의 표면이 조대하다.

6. 일반적인 냉간 가공의 설명으로 옳은 것은?

① 가공 금속의 재결정온도 이상에서 가공하는 것

② 가공 금속의 재결정온도 이하에서 가공하는 것

③ 상온에서 가공하는 것

④ 20℃ 이하에서 가공하는 것

7. 냉간압연의 목적과 관련이 가장 적은 것은?

① 판 두께 정도(精度)가 높다.

② 열연제품에 비해 동력이 적게 든다.

③ 열연제품보다 더욱 얇은 강판을 제조할 수 있다.

④ 스케일 부착이 없으며 표면 결함이 적고 미려하다.

해설 열연제품에 비해 동력이 많이 든다.

8. 냉간압연 시 재결정온도 이하에서 압연하는 목적이 아닌 것은?

① 압연동력이 감소된다.

② 균일한 성질을 얻고 결정립을 미세화시킨다.

③ 가공경화로 인하여 강도, 경도를 증가시킨다.

④ 가공면이 아름답고 정밀한 모양으로 완성한다.

해설 냉간압연 목적: 결정립을 미세화, 강도, 경도 증가, 정밀가공

9. 냉간압연에 대한 설명으로 틀린 것은?

① 치수가 정확하고 표면이 깨끗하다.

② 압연작업의 마무리 작업에 많이 사용된다.

③ 재료의 두께가 얇은 판을 얻을 수 있다.

④ 열간압연판에서는 이방성이 있으나 냉간압연판은 이방성이 없다.

해설 냉간압연판은 이방성이 있다.

10. 열간압연에 비해 냉간압연의 장점이 아닌 것은?

① 표면이 깨끗하다.

② 치수가 정밀하다.

③ 소요 동력이 적다.

④ 얇은 판을 얻을 수 있다.

해설 냉간압연은 소요 동력이 크다.

11. 냉간가공을 설명한 것 중 옳은 것은?

① 가공과정 중에 가공경화를 받는다.

② 가공과정 중에 연화현상을 일으킨다.

③ 탄소강에서 800℃ 이상에서의 가공이다.

④ 재결정온도보다 높은 영역에서의 가공이다.

해설 재결정온도보다 낮은 온도에서 가공하며, 가공과정 중에 가공경화현상을 일으킨다.

12. 냉간압연된 재료의 성질 변화를 설명한 것 중 옳은 것은?

① 냉간 가공도가 커지면 항자력이 감소한다.

② 냉간 가공도가 커지면 전기 투자율이 증가한다.

③ 냉간 가공도가 커지면 가공 경화는 증가한다.

④ 냉간 가공도가 커지면 전기 전도율이 증가한다.

13. 다음 중 냉간압연의 목적으로 틀린 것은?

① 표면을 미려하게 하고 조직을 조대하게 하기 위한 작업이다.

② 열간압연으로 만들 수 없는 박판까지 압연한다.

③ 두께를 일정하게 하여 두께 정도가 좋은 제품을 생산한다.

④ 형상이 양호한 제품을 생산한다.

해설 냉간압연은 표면을 미려하게 하고, 조직을 미세화시킨다.

14. 열간압연과 비교한 냉간압연의 장점으로 틀린 것은?

① 압연된 제품의 표면이 미려하다.

② 제품의 치수를 정확하게 할 수 있다.

③ 작은 힘으로도 압연이 가능하다.

④ 결정입자의 미세화가 일어나 기계적 성질이 우수하다.

해설 압연력이 커야 한다.

정답 1. ④ 2. ③ 3. ② 4. ④ 5. ② 6. ② 7. ② 8. ① 9. ④ 10. ③ 11. ① 12. ③ 13. ①
14. ③

1-5 압연제품

(1) 분괴압연에 의한 분류

① 블룸: 단면적이 $16,900mm^2$ 이상의 사각이고 길이가 1~6m

② 빌렛: 블룸보다 치수가 작은 소강편, 단면적이 $16,900mm^2$ 미만

③ 슬래브: 단면이 직사각형의 판용 강편, 두께가 45mm 이상, 폭은 두께의 2배 이상

④ 후판: 6mm 이상, 중판 3~6mm, 박판 3mm 이하

(2) 제품의 종류에 따른 분류

① 재료의 크기, 제품의 형상에 따른 분류

② 종류에 따른 분류: 분괴압연, 중후판압연, 박판압연, 형강압연, 봉재압연, 관재압연

단원 예상문제 ⓒ

1. 압연가공으로 생산되지 않는 제품은?

① 형재　　　　② 관재　　　　③ 봉재　　　　④ 잉곳

해설 잉곳은 주조에 의해 생산된다.

2. 다음 압연용 소재 중 두께가 약 20mm 이하인 판재가 아닌 것은?

① 시트(sheet)　　② 블룸(bloom)　　③ 스트립(strip)　　④ 플레이트(plate)

해설 블룸(bloom): 사각형의 형상으로 두께가 두꺼운 강재

정답 1. ④ 2. ②

2. 철강의 성질

강의 물리적 성질

① 탄소강: α+시멘타이트(Fe_3C) 혼합물
② 탄소강의 비중, 팽창계수, 열전도도는 탄소량의 증가에 따라 감소한다.
③ 비열, 전기저항은 탄소량의 증가에 따라 증가한다.

원소 성분에 의한 기계적 성질 및 온도의 영향

(1) C

① 탄소가 증가함에 따라 강의 경도와 강도가 증가한다.
② 1% C를 넘으면 유리 Fe_3C가 석출하여 강도가 저하된다.
③ 연신율과 충격값은 탄소량이 많을수록 감소한다.

(2) Si

① 탈산제
② Si 0.1~0.35% 함유
③ 철 중에 고용하여 강도, 경도, 탄성한도를 높이고, 연신율과 충격값을 감소시킨다.
④ 결정립을 크게 하고 단접성은 감소시킨다.

(3) Mn

① 탄소강에 0.2~0.35% 함유
② 탈산제
③ 황과 결합해서 MnS로 탈황작용을 한다.
④ 강도를 증가시키고, 고온가공성은 향상된다.

(4) P

① 인과 Fe가 결합하여 Fe_3P를 형성한다.
② 결정립을 조대화한다.
③ 연신율을 감소시킨다.

④ 상온에서 충격값을 저하시켜서 상온취성의 원인이 된다.

⑤ P는 편석 원인으로 Fe_3P로서 결정입계에 편석이 된다.

⑥ 고스트 라인이 나타나 강재 파괴의 원인이 된다.

⑦ 강중에 0.03% 이하가 함유되어야 한다.

(5) S

① FeS가 되어 강도, 충격값, 연신율을 감소시킨다.

② 고온가공에서 고온취성의 원인이 된다.

③ 강중에 0.05% 이하 함유

(6) 온도의 영향

① 탄소강의 탄성계수, 탄성한도, 항복점 등은 온도상승에 따라 감소한다.

② 200~300℃에서 청열 취성 현상이 나타난다.

2-3 압연에 의한 조직변화

(1) 압연에 의한 결정립의 변화

① 모든 금속재료는 고체 상태에서 일정한 원자 배열을 가지는 결정체이다.

② 금속재료의 조직은 결정립이 모여서 다결정 조직이 된다.

③ 결정들은 서로 다른 방향을 향하고 있는 결정립 사이의 경계를 결정립계라 한다.

④ 금속재료를 압연하면 결정격자의 일부가 결정면에 따라 이동해서 슬립을 일으킨다.

⑤ 슬립은 원자가 가장 밀집된 격자면에서 우선적으로 일어나는데 이 면을 슬립면
  이라 한다.

⑥ 소성변형에서 핵이 발생하여 일그러진 결정과 치환되며 본래의 재료와 같은 변
  형능을 갖게 되는 성질을 조대화라 한다.

(2) 압연에 의한 조직의 변화

① 열간가공

  ㈎ 회복 → 재결정 → 결정립 성장

  ㈏ 마무리 온도가 낮을수록 결정립은 미세화된다.

② 냉간가공

  ㈎ 재결정온도 이하에서 냉간가공한 재료는 섬유조직으로 남는다.

㈏ 조직은 압연방향으로 길게 늘어난 조직으로 가공도가 클수록 더욱 심하게 된다.

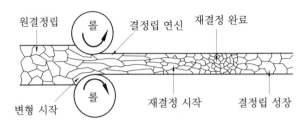

열간압연에 의한 결정립자의 변화

③ 섬유 조직이 재료에 미치는 영향

㈎ 기계적 성질에 방향성이 나타난다.

㈏ 냉간압연된 재료는 이방성을 나타낸다.

㈐ 강도, 항복점, 경도가 증가하고, 연신율과 인성이 감소한다.

㈑ 냉간가공도가 클수록 전기적 성질. 전도율. 투자율이 감소하고 항자력이 증가한다.

㈒ 냉간가공도가 커질수록 가공경화는 증가한다.

단원 예상문제 ⓒ

1. 소성변형에서 핵이 발생하여 일그러진 결정과 치환되며 본래의 재료와 같은 변형능을 갖게 되는 것은?

① 조대화　　　　　② 재결정　　　　　③ 담금질　　　　　④ 쌍정

해설 재결정: 냉간가공에서 생긴 내부응력이 감소하고 가공 전의 본래의 핵으로 치환되는 현상

2. 냉간압연 후 600~700℃로 가열하여 일정시간을 유지하면 압연 시 발생된 내부응력을 제거하여 가공성을 향상시키는 풀림과정의 순서로 옳은 것은?

① 회복 → 재결정 → 결정립 성장　　　　② 회복 → 결정립 성장 → 재결정
③ 결정립 성장 → 회복 → 재결정　　　　④ 결정립 성장 → 재결정 → 회복

3. 냉간압연을 실시하면 압연재 조직은 어떻게 되는가?

① 섬유조직　　　　② 수지상조직　　　　③ 주상조직　　　　④ 담금질 조직

해설 압연재 조직: 섬유조직

4. 압연에 의한 조직 변화에 대한 설명이 틀린 것은?

   ① 냉간가공으로 나타난 섬유조직은 압연방향으로 길게 늘어난다.

   ② 열간가공은 마무리 온도가 높을수록 결정립이 미세하게 된다.

   ③ 슬립은 원자가 가장 밀집되어 있는 격자면에서 먼저 일어난다.

   ④ 열간가공으로 결정립이 연신된 후에 재결정이 시작된다.

   해설 열간가공은 마무리 온도가 높을수록 결정립이 조대하게 된다.

5. 금속재료가 고온에서 가공성이 좋아지는 것은 어느 성질 때문인가?

   ① 연신이 증가하기 때문에   ② 취성이 증가하기 때문에

   ③ 경도가 증가하기 때문에   ④ 항복응력이 증가하기 때문에

6. 가공에 의한 가공경화에 대한 설명으로 옳은 것은?

   ① 경도값 감소   ② 강도값 감소   ③ 연신율 감소   ④ 항복점 감소

   해설 가공경화의 영향: 연신율 감소, 경도값 증가, 강도값 증가, 항복점 증가

7. 냉간압연된 조직은 결정립이 압연방향으로 길게 늘어난 섬유조직이 된다. 이때의 기계적 성질 중 감소하는 것은?

   ① 연신율   ② 강도   ③ 항복점   ④ 경도

   해설 강도, 경도, 항복점은 증가하나 연신율은 감소한다.

정답 1. ① 2. ① 3. ① 4. ② 5. ① 6. ③ 7. ①

3. 압연 기초 및 원리

3-1   압연의 기초

(1) 압연재와 롤의 접촉관계

   ① 접촉부: 1쌍의 롤 사이에서 압연재료가 변형될 때에 접촉부에 압연재가 들어감과 동시에 단면이 감소하기 시작한다.

   ② 롤 측면: 롤의 양측 M과 M1을 통하는 평면

③ 압연력: 압연과정에서 롤측에 수직으로 발생하는 힘

④ 압연력(P)의 크기: 롤과 압연재의 접촉면과 변형저항에 의하여 결정된다.

⑤ 접촉면적: 롤과 압연재와의 접촉면, 접촉호는 접촉길이

⑥ 롤 간극: 롤 측면에서 롤 표면 사이의 거리

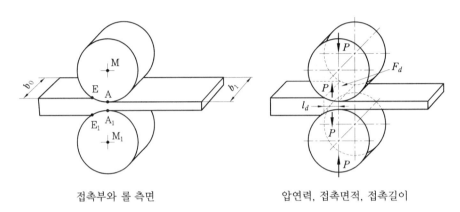

접촉부와 롤 측면　　　　　　압연력, 접촉면적, 접촉길이

압연소재에 작용하는 힘과 소재의 물림

(2) 압연 용어

① 압연 방향: 롤 측면에 대하여 수직으로 들어가고 나가는 방향

② 롤 스프링: 압연재가 롤 사이로 들어가면 압연기의 구조 부분의 틈 때문에 롤 간극의 증가가 생기는 것

③ 압연기의 크기: 롤의 지름과 롤의 길이로 압연기의 크기를 결정한다.

④ 패스(pass): 압연재가 롤 사이를 통과하는 것

⑤ 물림: 롤에 압연재가 들어가는 것

(3) 압연변형

① 감면비: $\dfrac{F_1}{F_0} = \alpha$

② 감면율: $\dfrac{\text{압연 전 단면적} - \text{압연 후 단면적}}{\text{압연 전 단면적}} \times 100 = \dfrac{F_0 - F_1}{F_0} \times 100 = \varepsilon f$

③ 압하량: $h_0 - h_1 = \Delta h_1$

④ 압하율: $\dfrac{h_0 - h_1}{h_0} \times 100 = \varepsilon h$

⑤ 압하비: $\dfrac{h_1}{h_0} = \gamma$

⑥ 연신비: $\dfrac{l_1}{l_0} = \lambda$

⑦ 증폭량: $b_1 - b_0 = \Delta b$

⑧ 증폭비: $\dfrac{b_1}{b_0} = \beta$

단원 예상문제

1. 다음 압연에 관계되는 용어들의 설명으로 틀린 것은?

① 압연재가 물려 들어가는 것을 물림이라 한다.

② 압연 스케줄에 설정된 롤 간격에 따라 결정되는 것을 압하량이라 한다.

③ 압연과정에 있어서 롤 축에 수직으로 발생하는 힘을 압연력이라 한다.

④ 압연재가 롤 사이로 물려 들어가면 압연기의 각 구조 부분이 느슨해져 롤 간격이 조금 늘어난다. 이러한 현상을 롤 간격이라 한다.

해설 롤 스프링 현상: 압연재가 롤 사이로 들어가면 압연기의 구조 부분의 틈 때문에 롤 간극의 증가가 생기는 것

2. 두께 10mm의 동판을 압하율 25%로 압연하였을 때 동판의 두께는 몇 mm인가?

① 5.5　　　　② 6.5　　　　③ 7.5　　　　④ 8.5

해설 압하율 $= \dfrac{h_0 - h_1}{h_0} \times 100 = \dfrac{10-x}{10} \times 100 =$ 압연 전 두께 × 압하율 $= 10 \times 0.25 = 2.5$
압하량 $= 10 - 2.5 = 7.5$mm

3. 압연 롤러 통과 전의 소재 두께가 450mm, 통과 후의 소재 두께가 400mm일 때 압하율은 약 몇 %인가?

① 11.1%　　　　　　② 16.3%

③ 21.1%　　　　　　④ 26.5%

해설 압하율 $= \dfrac{\text{압연 전 두께} - \text{압연 후 두께}}{\text{압연 전 두께}} \times 100 = \dfrac{450-400}{450} \times 100 = 11.1\%$

4. 두께 170mm, 폭 330mm의 소재를 압하율 23%로 압연하였을 때 폭이 1.5% 넓혀 (spread)졌다면 압연 후 제품의 두께 및 폭의 크기는 얼마인가?

① 두께: 131mm, 폭: 335mm　　② 두께: 142mm, 폭: 325mm

③ 두께: 156mm, 폭: 316mm　　④ 두께: 172mm, 폭: 306mm

해설 두께 H_0인 소재를 H_1의 두께로 압연하였을 때
압하율(%) $= \dfrac{H_0 - H_1}{H_0} \times 100 = \dfrac{170 - H_1}{170} \times 100 = 23\%$
나중 두께 $H_1 = 131$mm
나중 폭 $= 330 + (330 \times 0.015) = 335$mm

5. 조질압연의 연신율을 구하는 공식으로 옳은 것은?

① $\dfrac{\text{조질압연 전의 길이}-\text{조질압연 후의 길이}}{\text{조질압연 전의 길이}}\times 100$

② $\dfrac{\text{조질압연 후의 길이}-\text{조질압연 전의 길이}}{\text{조질압연 전의 길이}}\times 100$

③ $\dfrac{\text{조질압연 전의 길이}-\text{조질압연 후의 길이}}{\text{조질압연 후의 길}}\times 100$

④ $\dfrac{\text{조질압연 후의 길이}-\text{조질압연 전의 길이}}{\text{조질압연 후의 길이}}\times 100$

6. 높이 45mm, 폭 100mm, 길이 2mm인 소재를 압연하여 높이 25mm, 폭 110mm가 되었을 때의 길이(mm)는?

① 2.57　　　　② 3.27　　　　③ 3.54　　　　④ 4.27

해설 압연 전 후 체적이 같으므로

$$\text{압연 후 길이}=\frac{45\times100\times2}{25\times110}=3.27\text{mm}$$

7. 지름 950mm의 롤을 사용하여 폭 1,650mm, 두께 50mm의 연강 후판을 두께 35mm로 압연한 후의 폭은 몇 mm인가?

① 1630.5　　　　　　　　　② 1645.5

③ 1654.5　　　　　　　　　④ 1664.5

해설 압연 후 폭=압연 전 폭+(전 두께-후 두께)×폭터짐계수

$$=1650+(50-35)\times0.3=1650+4.5=1654.5\text{mm}$$

8. 지름이 700mm인 롤을 사용하여 70mm의 정사각형 강재를 45mm로 압연하는 경우의 압하율(%)은?

① 15.5　　　　　　　　　② 28.0

③ 35.7　　　　　　　　　④ 64.3

해설 $\text{압하율}=\dfrac{\text{압연 전 두께}-\text{압연 후 두께}}{\text{압연 전 두께}}\times100=\dfrac{70-45}{70}=35.7\%$

9. 두께 20mm의 강판을 두께 10mm의 강판으로 압연하였을 때 압하율(%)은 얼마인가?

① 10　　　　　　　　　② 20

③ 40　　　　　　　　　④ 50

해설 $\text{압하율}=\dfrac{\text{압연 전 두께}-\text{압연 후 두께}}{\text{압연 전 두께}}\times100=\dfrac{20-10}{20}=50\%$

10. 판재의 압연가공에서 20mm 두께의 소재를 압하율 25%로 압연하려고 한다. 압연 후의 두께는 몇 mm인가?

① 10 ② 12 ③ 15 ④ 18

해설 압하율(%) = $\dfrac{\text{압연 전 두께} - \text{압연 후 두께}}{\text{압연 전 두께}} \times 100$

$25 = \dfrac{20-x}{20} \times 100$

$x = 15\text{mm}$

11. 두께 200mm 압연소재를 160mm로 압연을 하였다. 압하율(%)은?

① 20 ② 40 ③ 60 ④ 80

해설 압하율 = $\dfrac{\text{압연 전 두께} - \text{압연 후 두께}}{\text{압연 전 두께}} \times 100 = \dfrac{200-160}{200} \times 100 = 20\%$

12. 압연기의 롤 속도가 500m/min, 선진율이 5%, 압하율이 35%일 때 소재의 롤 출측 속도(m/min)로 옳은 것은?

① 425 ② 525 ③ 575 ④ 675

해설 선진율(%) = $\dfrac{\text{출측속도} - \text{롤의 속도}}{\text{롤의 속도}} \times 100$

$5 = \dfrac{x-500}{500} \times 100$

출측속도 = 525m/min

13. 압연재의 압축 속도가 3.8m/s, 작업롤의 주속도가 4.5m/s, 압연재의 출측속도가 5.0m/s일 때 선진율(%)은 약 얼마인가?

① 11.1 ② 12.5 ③ 15.5 ④ 20.1

해설 선진율(%) = $\dfrac{V_3 - V_R}{V_R} \times 100 = \dfrac{5-4.5}{4.5} \times 100 = 11.1\%$

14. 롤의 속도가 100rpm, 소재의 입측속도가 35rpm, 소재의 출측속도가 105rpm일 때 이 압연기의 선진율은 얼마(%)인가?

① 5 ② 10 ③ 15 ④ 20

해설 선진율(%) = $\dfrac{\text{출측속도} - \text{롤의 속도}}{\text{롤의 속도}} \times 100 = \dfrac{105-100}{100} \times 100 = 5\%$

15. 압연재의 입측속도가 3.0m/s, 작업롤의 주속도가 4.0m/s, 압연재의 출측속도가 4.5m/s일 때 선진율(%)은?

① 12.5 ② 25.0 ③ 33.3 ④ 50.0

해설 선진율 = $\dfrac{\text{출측속도} - \text{롤 주속도}}{\text{롤 주속도}} \times 100 = \dfrac{4.5-4.0}{4.0} \times 100 = 12.5\%$

16. 압연재의 입측속도가 3m/s, 롤의 주속도가 3.2m/s, 압연재의 출측속도가 3.5m/s
일 때 선진율은 몇 %인가?

① 약 6.3 　　　　② 약 8.6 　　　　③ 약 9.4 　　　　④ 약 14.3

해설 선진율$=\dfrac{출측속도-롤\ 주속도}{롤\ 주속도}\times100=\dfrac{3.5-3.2}{3.2}\times100=9.4$

17. 압연기 입측속도는 2.7m/s, 출측속도는 3.3m/s, 롤의 주속도가 3.0m/s라면 선진율
(%)은?

① 5 　　　　② 10 　　　　③ 20 　　　　④ 30

해설 선진율$=\dfrac{출측속도-롤\ 주속도}{롤\ 주속도}\times100=\dfrac{3.3-3.0}{3.0}\times100=10\%$

18. 압연기의 롤의 속도가 2m/s, 출측 강재 속도가 3m/s인 경우 선진율은 약 몇 %인
가?

① 0.5 　　　　② 33 　　　　③ 45 　　　　④ 50

해설 선진율$(\%)=\dfrac{V_3-V_R}{V_R}\times100=\dfrac{3-2}{2}\times100=50\%$

19. 롤의 지름이 340m, 회전수 150rpm일 때 압연되는 재료의 출측속도는 3.67m/s이
었다면 선진율(%)은?

① 37 　　　　② 40 　　　　③ 54 　　　　④ 70

해설 선진율$(\%)=\dfrac{출측속도-롤의\ 속도}{롤의\ 속도}\times100=\dfrac{3.67-2.67}{2.67}\times100≒37$

여기서, 롤의 속도$(m/s)=\dfrac{rpm-2\pi\times롤의\ 반지름(m)}{60}$

$=\dfrac{150rpm-2\pi\times0.17m}{60}=2.67m/s$

20. 압연재가 롤을 통과하기 전 폭이 3,000mm, 높이 20mm이고, 통과 후 폭이
3500mm, 높이 15mm라면 감면율은 약 몇 %인가?

① 12.5 　　　　② 16.5 　　　　③ 18.6 　　　　④ 20.7

해설 감면율$(\%)=\left(1-\dfrac{압연\ 후\ 단면}{압연\ 전\ 단면}\right)\times100=\left(1-\dfrac{3500\times15}{3000\times20}\right)\times100=12.5$

21. 두께 3.2mm의 소재를 0.7mm로 냉간 압연할 때 압하량(mm)은?

① 2.0 　　　　② 2.3 　　　　③ 2.5 　　　　④ 2.7

해설 압하량: $H-h=3.2-0.7=2.5$

3-2   압연조건과 변형저항

1 압연조건

(1) 압연작용의 전제 조건

① 편평한 롤 사이에서 가장 간단한 압연의 경우에 대해서 생각한다.

② 압연 전후의 재료의 속도는 같은 크기이다.

③ 압연재에는 접촉부 이외에서는 외력은 작용하지 않는다.

④ 접촉부 안에서의 재료의 가속은 무시한다.

⑤ 압연방향에 대한 재료의 가로방향의 흐름, 다시 말해서 증폭량은 무시한다.

(2) 압연재가 롤에 물린다는 조건

① 압연방향으로 정(+)의 힘 작용은 $\tan\alpha_1$이 μ_g보다 적을 때 발생한다.

② 압연재가 물리면 접촉부에서 접촉 길이의 거의 중앙에 압하력 N이 작용한다.

$$\tan\alpha_2 = \tan\frac{\alpha_1}{2} \qquad \text{여기서, } \alpha_2\text{: 마찰각}$$

(3) 압하율을 크게 하는 방법

① 롤의 지름을 크게 한다.

② 소재의 온도를 높게 한다.

③ 롤에 홈을 파거나 돌출부를 만든다.

④ 소재를 뒤에서 밀어준다.

⑤ 롤에 회전속도를 늦춘다.

(4) 압하율

열연에서 $30 \sim 40\%$, 냉연은 30%, 황동은 $10 \sim 20\%$

(5) 압하율을 크게 하면

① 통과 회수가 줄어든다.

② 소비동력과 롤의 마멸이 적어진다.

③ 경제적이다.

④ 압하율이 너무 크면 롤이 파괴될 염려가 있다.

(6) 연신량(l_1-l_0)을 크게 하려면

① 롤의 지름을 적게 한다.

② 압하량을 크게 한다.

③ 소재의 온도를 높게 한다.

(7) 증폭량(B_1-B_0)을 크게 하려면

① 롤의 속도(주속도)를 늦게 한다.

② 소재의 온도를 낮게 한다.

③ 롤의 지름을 크게 한다.

④ 압하량을 크게 한다.

⑤ 재료의 두께를 크게 한다.

(8) 압연재의 압입조건

① $P\sin\theta$는 재료를 뒤로 잡아당기는 힘이고, $\mu P\cos\theta$는 재료를 앞으로 보내는 힘이다.

② 재료가 통과되려면, $\mu P\cos\theta \geq P\sin\theta$

∴ $\mu \geq \theta$이어야 한다.　　　　여기서, μ: 마찰각

③ $\mu > \tan\alpha$에서 롤과 소재의 마찰계수는 압입각의 tan값보다 크지 않으면 안 된다.

이때 마찰각을 ϕ라 하면 $\mu > \tan$에서 $\tan\alpha = \phi - \alpha < \phi$

④ $\alpha < \phi$에서 압입각은 마찰각 이하가 되지 않으면 안 된다.

압입각 계산법은 $\dfrac{\Delta h}{2} = \dfrac{(h_0+h_1)}{2}$

∴ $\tan\alpha = \dfrac{\sqrt{R\Delta h}}{R\Delta h/2}$

따라서 재료의 치입은 마찰이 클수록 용이하다.

압입각은 열연에서 칠드롤의 경우 14~20°, 샌드롤은 22~30°이다.

(9) 압연동력(N, kg/m/s) $= \dfrac{2\pi NM}{60\eta}$　　여기서, N: RPM, M: 압연 토크

(10) 압입에 영향을 주는 요소

① 롤의 지름이 크면 압입이 용이하다.

② 소재의 두께가 작으면 압입이 용이하다.

③ 롤의 조잡성이 조잡하면 마찰계수가 커 압입이 용이하다.

④ 압연속도가 늦으면 압입이 용이하다.

⑤ 압하율이 작으면 압입이 용이하다.

⑥ 스케일이 많으면 미끄러져 마찰계수가 작아지므로 치입성이 저하한다.

(11) 선진과 후진

① 압연재의 진입속도와 진출속도는 롤의 주속도와는 다르다.

㈎ 공형 형상이 다르더라도 압연재의 체적은 패스 전이나 패스 후가 동일하다면, 패스 후에 단면이 작게 되면 속도는 달라진다.

㈏ 중립점(neutral area): 압연재의 속도가 롤의 주속도와 일치하는 점

㉠ 원주속도 $=\dfrac{2 \cdot D \cdot N}{60}$ [mm/s]

여기서, D: 롤의 지름(mm), N: 롤의 회전수(rpm)

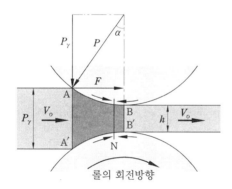

P	: 롤이 누르는 힘
P_γ	: 소재가 롤 면으로부터 받는 힘
V_o	: 소재의 롤 입구 속도
V_f	: 소재의 롤 출구 속도
F	: 압연력
μP	: 마찰력
μ	: 마찰 계수
α	: 롤 접촉각

중립점의 위치

㉡ 전진 현상이 발생할 때 전진 슬립이 생기고 후진 현상이 발생할 때에는 후방 슬립이 생긴다.

㉢ 중립점에서는 전혀 슬립이 없고 롤의 주속도와 재료의 통과 속도가 동일하다.

㉣ 중립점을 중심으로 입구 및 출구에서는 최대치로 점점 커진다.

㉤ 롤의 주속도는 어디에서든지 일정하나, 압연재의 통과 속도는 차차 빨라진다.

㈐ 후진 현상: 압연재가 압입 시 입구에서는 주속도보다 늦다.

㈑ 선진 현상: 압연재가 출구에서는 빠르다.

㈒ 전진율(선진율) $=\dfrac{진출속도(출구속도)-롤의 주속도)}{주속도} \times 100$

㈓ 전진율은 연속압연기에서 플라잉 시어(flying shear) 설계에 중요하고, 전진 현상은 롤 마모의 원인이 된다.

단원 예상문제

1. 압연작용에 대한 설명 중 틀린 것은?

① 접촉각이 크게 되면 압하량은 작아진다.

② 최대 접촉각은 압연재와 롤 사이의 마찰계수에 따라 결정된다.

③ 마찰계수가 크다는 것은 1회 압하량도 크게 할 수 있다.

④ 열간압연 반제품 제조 시 마찰계수를 크게 하기 위하여 롤 가공 방향으로 홈을 파주는 경우도 있다.

해설 접촉각이 크게 되면 압하량은 커진다.

2. 재료의 압연에서 압연재의 치입 조건은?

① 마찰계수 ≥ 접촉각

② 마찰계수 ≤ 접촉각

③ 마찰계수 < 접촉각

④ 치입 전 소재 두께보다 압연 후 소재 두께가 작을수록 용이하다.

3. 압연 시 소재에 힘을 가하면 압연이 가능한 조건을 접촉각(α)과 마찰계수(μ)의 관계식으로 옳은 것은?

① $\tan\alpha \le \mu$ ② $\tan\alpha = \mu$ ③ $\tan\alpha > \mu$ ④ $\tan\alpha \ge \mu$

4. 재료의 압연에서 마찰계수를 μ, 접촉각을 θ라 할 때 압연재가 재료를 통과할 조건은?

① $\mu \ge \tan\theta$ ② $\mu \le \tan\theta$ ③ $\mu \ge \cos\theta$ ④ $\mu \le \cos\theta$

해설 압연재가 재료를 통과할 조건: $\mu \ge \tan\theta$

5. 재료가 롤에 쉽게 물려 들어가기 위한 조건 중 틀린 것은?

① 롤 지름을 크게 한다.   ② 압하량을 작게 한다.

③ 접촉각이 작아야 한다.   ④ 마찰계수가 가능한 한 0이어야 한다.

해설 마찰계수가 가능한 한 0(zero) 이상이어야 한다.

6. 압연기에서 롤과 재료 사이의 접촉각을 A, 마찰각을 B로 할 때, 재료가 압연기에서 물려들어갈 조건은?

① A > 2B   ② A > B   ③ A < B   ④ A = B

해설 압연의 치입 조건: 접촉각(A) < 마찰각(B)

7. 접촉각(α)와 마찰계수(μ)에 따른 압연에 대한 설명으로 옳은 것은?

① 마찰계수 μ를 0(zero)으로 하면 접촉각 α가 커진다.

② tan α가 마찰계수 μ보다 크면 압연이 잘 된다.

③ 롤 지름을 크게 하면 접촉각 α가 커진다.

④ 압하량을 작게 하면 접촉각 α가 작아진다.

8. 압연속도와 마찰계수와의 관계는?

① 속도와 마찰계수는 상관없다.　　　② 속도가 크면 마찰계수는 증가한다.

③ 속도가 크면 마찰계수는 감소한다.　　④ 속도에 관계없이 마찰계수는 일정하다.

해설 압연속도가 크면 마찰계수는 감소한다.

9. 압연 롤을 회전시키는데 모멘트가 50kg·m, 롤을 90rpm으로 회전시킬 때 압연효율을 45%로 하면, 압연기에 필요한 마력(HP)은?

① 약 7　　　　② 약 10　　　　③ 약 14　　　　④ 약 18

해설 $\mathrm{HP} = \dfrac{\pi n M}{30 \times 75 \times \eta} = \dfrac{3.14 \times 90 \times 50}{30 \times 75 \times 0.45} \fallingdotseq 14$

10. 압연 롤을 회전시키는 압연 모멘트 45kg·m, 롤의 회전수 50rpm으로 회전시킬 때 압연효율을 50%로 하면 필요한 압연 마력은?

① 약 3마력　　　② 약 5마력　　　③ 약 6마력　　　④ 약 8마력

해설 압연마력 $\mathrm{HP} = \dfrac{0.136 \times T \times 2\pi N}{60 \times E} = \dfrac{0.136 \times 441 \times 2 \times 3.14 \times 50}{60 \times 50} = 6.28$

T: 롤 회전 모멘트(N·m)=45kg·m=45×9.81N·m=441N·m

N: 롤의 분당 회전수(rpm)=50

E: 압연효율(%)=50

π는 3.14로 계산해도 된다. 따라서 6.3이므로 약 6마력

11. 매분 50회전하는 롤을 회전시키는데 필요한 모멘트가 20kg·m, 압하율이 30%일 때 압연기의 필요한 마력(HP)은 약 얼마인가?

① 0.47　　　　② 4.7　　　　③ 0.94　　　　④ 9.4

해설 압연마력 $\mathrm{HP} = \dfrac{0.136 \times T \times 2\pi N}{60 \times E} = \dfrac{0.136 \times 196 \times 2 \times 3.14 \times 50}{60 \times 30} = 4.65$

T: 롤 회전 모멘트(N·m)=20×9.81N·m=196N·m

N: 롤의 분당 회전수(rpm)=50

E: 압연효율(%)=30

12. 압연 롤을 40rpm으로 회전시키는데 필요한 모멘트가 20kg·m일 때 압연기에 필요한 마력(HP)은? (단, 압연 효율은 45%이다.)

① 약 5.0　　　② 약 4.5　　　③ 약 2.5　　　④ 약 1.5

해설 마력(HP)$=\dfrac{0.136\times T\times 2\pi N}{60\times E}=\dfrac{0.136\times196\times2\times3.14\times40}{60\times45}=2.48$

T: 롤 회전 모멘트(N·m)$=20$kgf·m$=20\times9.81$N·m$=196$N·m

N: 롤의 분당 회전수(rpm)$=40$

E: 압연효율(%)$=45$

13. 압연 롤은 회전시키는 모멘트 75kg·m, 롤의 회전수 45rpm으로 회전시킬 때 압연 효율은 50%로 하였을 때 필요한 압연 마력은 약 몇 마력인가?

① 1　　　② 3　　　③ 6　　　④ 9

해설 75kg·m$\times\dfrac{\pi}{30}\times75\times0.5=9.42$

14. 압연소재가 롤에 치입하기 좋게 하기 위한 방법으로 틀린 것은?

① 압하량을 적게 한다.　　　② 치입각을 작게 한다.
③ 롤의 지름을 크게 한다.　　　④ 재료와 롤의 마찰력을 작게 한다.

해설 재료와 롤의 마찰력을 크게 한다.

15. 압연재료의 물림을 좋게 하는 조건으로 틀린 것은?

① 접촉각이 작을수록　　　② 롤 지름이 클수록
③ 롤의 주속도가 늦을수록　　　④ 롤과 재료간의 마찰이 적을수록

해설 롤과 재료간의 마찰이 클수록 물림이 좋다.

16. 압연가공 시 롤의 속도와 스트립의 속도가 일치되는 지점은?

① 선진점　　　② 후진점　　　③ 중립점　　　④ 접촉점

17. 압연 접촉부의 단면에서 전진하는 재료의 흐름과 후진하는 재료의 흐름으로 나누어지는 점은?

① elastic point　　　② yield stress point
③ no slip point　　　④ propotion point

정답 1.① 2.① 3.② 4.① 5.④ 6.③ 7.④ 8.③ 9.③ 10.③ 11.② 12.③ 13.④
14.④ 15.④ 16.③ 17.③

2 재료의 변형저항

① 재료는 압축공구와 재료 사이의 마찰력에 의하여 균등한 흐름이 방해된다.

② 표면마찰은 흐름 저항을 일으키고 동시에 압축면에 직접 접촉하지 않은 재료의 내부층에는 불균일한 응력 분포가 생겨 재료의 일부에 불균일한 흐름이 생긴다. 즉, 표면마찰의 작용이 클수록 재료는 불균등하게 변형된다.

③ 재료의 변형저항은 다음과 같다.

$$K_W = K_f + K_r + K_i$$

여기서, K_W: 변형저항(kg/mm^2)

K_f: 변형강도(kg/mm^2)

K_r: 작용면에서의 외부마찰손실(kg/mm^2)

K_i: 내부마찰손실(kg/mm^2)

(1) 열간압연에서의 변형저항

① 온도의 영향: 변형저항은 일반적으로 온도 상승에 따라 감소한다.

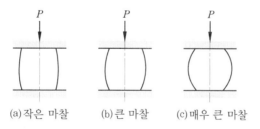

(a)작은 마찰   (b)큰 마찰   (c)매우 큰 마찰

압축시험에서 압축면의 마찰이 시험편의 모양에 미치는 영향

② 변형속도의 영향: 마찰의 크기는 변형속도에 따라 달라 접촉부 안에서는 압연 속도가 다르게 되므로 각 부분의 마찰 크기가 달라지고, 동시에 압연속도가 변하면 전체 마찰의 크기도 변한다.

③ 접촉부 크기의 영향

㈎ 원통형 시험편의 종단면에 압축이 가해질 때, 압축면에서의 마찰은 단위 면적당 $\mu \cdot K_f(\mu$: 푸아송비, K_f: 변형강도$)$가 된다.

㈏ 흐름 저항은 시험편 높이(h)의 각 부분에 균등하게 작용한다고 가정할 때, 시험편의 높이가 작으면 작을수록 이 가정은 정확한 것이 된다. 즉,

$$K_r = \mu \cdot K_f \frac{r}{h}$$

여기서, 마찰은 상하의 압축면에 작용하므로 다음과
같이 된다.

$$K_r = 2 \cdot \mu \cdot K_f \cdot \frac{r}{h}$$

여기서, K_r: 흐름 저항(kg/mm^2)

시험편의 높이가 매우 작아지면 흐름 저항은 매우
커지는 것을 알 수 있다.

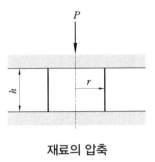

재료의 압축

(2) 냉간압연에서의 변형저항

① 재결정온도 이하인 냉간압연에서의 변형저항은 압연재의 가공경화 변형효율 및
롤의 편평화(재료와의 접촉면에서 롤의 곡률 반지름이 커지는 것)에 따라 달라
진다.

② 변형저항을 계산하기 위해서는 평균값(K_{fm})이 필요하며, 다음과 같은 관계가 성립
한다.

$$K_w = \frac{K_{fm}}{\eta_{for\ m}}$$

여기서, $\eta_{for\ m}$: 변형효율

$$\eta_{for\ m} = \frac{K_{fm}}{K_w}$$

여기서, K_{fm}: 변형강도, K_w: 변형저항

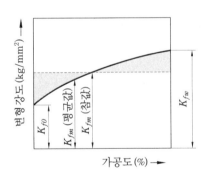

냉간가공에서 가공도와 변형강도와의 관계

③ 변형강도는 냉간가공에 의하여 크기가 달라지는데, 냉간가공이 진행할수록 크게
된다.

④ 압연재가 롤에서 나올 때보다도 들어갈 때가 작다.

3-3 재료의 통과 속도 및 접촉각

(1) 재료의 통과 속도

① 롤에 들어가기 전의 압연재의 단면은 나올 때보다도 크지만 압연재는 비압축체이므로 들어갈 때의 압연재의 부피와 나올 때의 부피는 같다.

② 압연재는 계속하여 롤 사이로 들어가므로 접촉부의 어느 단면에서도 같은 양의 압연재가 흘러야 한다.

③ 일정한 속도로 어느 단면을 통과하는 시간당 재료의 부피는 식으로 산출된다.

$$L = F \cdot V \cdot 10^{-8}$$

여기서, L: 시간당 재료의 부피(m^2/s), F: 단면적(mm^2), V: 압연재의 속도(m/s)

L은 일정하므로 F가 변화하면 V도 변화한다.

④ 압연재는 롤면에 비하여 높은 운동을 일으키는 후진 부분과 빠른 운동을 일으키는 선진 부분이 있다.

⑤ 중립점: 접촉부의 단면에서 후진으로부터 선진으로 변하는 곳이 생기는 곳이다.

⑥ 중립점에서는 압연재가 롤의 주속과 같이 통과하게 된다.

⑦ 롤에 대한 상대운동은 롤 축방향에만 가능하며, 중립점의 전후에서도 일어날 수 있는 운동은 폭의 증가를 가져온다.

⑧ 중립점의 위치는 선진이나 후진 폭의 증가의 크기를 결정한다.

⑨ 중립점에서의 압연재료 폭이 롤에서 나올 때의 폭과 같다고 가정할 때, 선진은 식으로 산출된다.

$$K = \frac{dA(1-\cos\beta) + h_2\cos\beta}{h_2} - 1 = \frac{V_A}{V_u} - 1$$

여기서, dA: 작업롤 지름(mm), h_2: 압연 후의 높이(mm)

β: 중립점의 마찰각, V_A: 출구 속도(m/s), V_u: 롤의 주속(m/s)

(2) 접촉각

접촉각이란 압연재가 롤 사이에 들어가서 E−M−M1 또는 E1−M1−M으로 형성되는 각도를 말한다.

$$\cos\alpha_1 = \frac{\gamma - \frac{\Delta h}{2}}{\gamma} = 1 - \frac{\Delta d}{d}$$

여기서, Δh: 압하량(mm), $d=2\gamma$: 롤 지름(mm)

단원 예상문제 🔎

1. 압연재료가 롤에 접촉하고 있는 부분 중 중립점이 갖는 특징이 아닌 것은?

① 접촉 부분의 중간점이다.

② 재료의 슬립이 없는 점이다.

③ 압연력이 최대로 작용하는 점이다.

④ 압연재의 속도와 롤의 주속이 같은 점이다.

2. 입구측의 속도를 V_0, 중립점의 속도를 V_1, 출구측의 속도를 V_2라 하였다면 이들의 관계 중 옳은 것은?

① $V_0 > V_1 > V_2$ ② $V_0 < V_2 < V_1$ ③ $V_0 = V_1 = V_2$ ④ $V_0 < V_1 < V_2$

해설 입구측의 속도(V_0) < 중립점의 속도(V_1) < 출구측의 속도(V_2)

3. 압연 가공 시 중립점에 관한 설명으로 틀린 것은?

① 접촉길이 상에서 압연력이 최대로 작용하는 점이다.

② 롤의 주속과 재료의 통과속도가 같은 점이다.

③ 재료의 이동속도가 출구와 같은 점이다.

④ 롤과 재료표면에서 미끄럼이 없는 점이다.

해설 재료의 이동속도가 출구와 다르다.

4. 다음 중 중립점에 대한 설명으로 옳은 것은?

① 롤의 원주속도가 압연재의 진행속도보다 빠르다.

② 롤의 원주속도가 압연재의 진행속도보다 느리다.

③ 롤의 원주속도가 압연재의 진행속도와 같다.

④ 압연재의 입구쪽 속도보다 츨구쪽 속도가 빠르다.

5. 판을 압연할 때 압연재가 롤과 접촉하는 입구측의 속도를 V_E, 롤에서 나오는 출구측의 속도를 V_A, 그리고 중립점의 속도를 V_C라 할 때 각각의 속도 관계를 옳게 나타낸 것은?

① $V_E < V_C < V_A$ ② $V_A < V_E < V_C$ ③ $V_E < V_A < V_C$ ④ $V_E = V_A = V_C$

6. 압연기에서 재료의 통과 속도가 증가할 때 미치는 영향으로 옳은 것은?

① 마찰계수가 증가한다.   ② 재료의 온도가 증가한다.

③ 재료의 유동응력이 감소한다.   ④ 공구와 재료계면에서의 윤활성이 감소한다.

해설 재료의 통과 속도가 증가하면 재료의 온도가 증가한다.

7. 접촉각과 압하량의 관계를 바르게 나타낸 것은? (단, Δh는 압하량, r은 롤의 반지름, α는 접촉각이다.)

① $\cos\alpha = \dfrac{r - \dfrac{2}{\Delta h}}{r}$ 　　　② $\cos\alpha = \dfrac{r - \dfrac{\Delta h}{2}}{r}$

③ $\sin\alpha = \dfrac{r - \dfrac{\Delta h}{2}}{r}$ 　　　④ $\sin\alpha = \dfrac{r - \dfrac{2}{\Delta h}}{r}$

8. 압연 시 접촉각을 α_1이라 할 때 접촉각과 롤 지름(d) 및 압하량(Δh)과의 관계로 옳은 것은?

① $\cos\alpha_1 = 1 - \dfrac{\Delta h}{d}$ 　　　② $\cos\alpha_1 = \dfrac{\Delta h}{d} - 1$

③ $\sin\alpha_1 = 1 - \dfrac{\Delta h}{d}$ 　　　④ $\sin\alpha_1 = \dfrac{\Delta h}{d} - 1$

정답 1. ① 2. ④ 3. ③ 4. ③ 5. ① 6. ② 7. ② 8. ①

3-4 **압연력의 계산 및 밀**

(1) 압연력의 계산

① 압연 과정에서 소성 변형을 일으키기 위해서 필요한 힘 P는 적어도 변형강도와 접촉면적의 곱과 같은 정도의 크기이어야 한다.

$$P = K_f \cdot F_w$$

　　여기서, P: 압축력(kg), K_f: 변형강도(kg/mm^2), F_W: 접촉면적(mm)

② 열간 공형 압연에서 압연력을 계산하는 식

$$P = a_1 \cdot F_{wm} \cdot F_d$$

　　여기서, a_1: V/d의 함수로서 속도계수(V: 압연속도, d: 작업지름)
　　　　　　a_2: 공형형상계수(a_2=1.1~1.5 개방공형, a_2=1.2~2.0 폐쇄공형)
　　　　　　K_{wm}: 평형 압연 때의 변형저항(kg/mm^2)
　　　　　　F_w: 평형 압연의 경우로 환산한 접촉투영면적(mm^2)

(2) 밀(mill spring) 정수

① 정의: 최초의 롤 갭과 실제 압연재의 사상 두께차로 정의된다.

② 밀 정수 = $h - s$

　　여기서, s: 소재 치입 전의 롤 간격, h: 압연한 재료의 사상 두께

3-5 압연 토크의 계산

① 롤은 보통 전동기에 의해서 작동되므로 압하력을 롤에 대한 토크로 변환시키는 것이 편리하다.

② 토크는 압연하중×암의 길이로 나타낸다.

③ 힘은 마찰을 고려한 압연력에 상당하고, 그 힘은 변형을 일으키기 위하여 접촉하고 있는 길이 전체에 작용하고 있다.

④ 접촉호에서는 마찰 상태가 다르므로 힘은 서로 다른 값을 가진다.

실제로 활용되고 있는 값은 다음과 같다.

㈎ 강괴, 대강편, 반제품의 열간압연 $a=0.5\sim0.6\,l_d$

㈏ 폐쇄 공형에서의 열간압연 $a=0.5\sim0.7\,l_d$

㈐ 판의 냉간압연 $a=0.4\sim0.5\,l_d$

따라서, 1개의 롤의 회전 토크는 다음과 같이 된다.

$$M=P\cdot a\cdot10^{-3}$$

여기서, M: 1개의 롤의 회전 토크(kg·m), P: 압연력(kg), a: 모멘트 암의 길이(mm)

2개의 롤에서는

$$M_w=2\cdot P\cdot a\cdot10^{-3}$$

3-6 압연에 필요한 동력 계산

① 일반적으로 동력은 시간당의 일량으로 정의되며, 동력 N의 값은 다음 식에 의해 구한다.

$$N=\frac{A}{t}$$

여기서, N: 동력(kg·m/s), A: 일량(kg·m), t: 시간(s)

② 필요한 일량은 압연 작업에서의 회전 토크에 의하여 주어진다. 즉, 시간의 소요는 회전수에 의하여 결정된다.

$$N=M_w\cdot n$$

여기서, n: 롤 회전수(rpm)

압연의 생산성

- 압연의 생산성은 압연 속도에 의해 결정된다.
- 열간압연에서의 변형저항이 작은 재료일수록 압연하기가 쉽고, 또 압연 후의 두께와 압연 전의 두께의 비가 작을수록 압연하기가 쉽다.

(1) 열간압연 속도

① 열간압연 속도는 압연재의 압연 온도에서의 변형저항, 압연의 정도, 압연기의 형식, 전동기의 회전속도, 롤의 감속비 등으로부터 압연재가 파손되지 않는 안전속도 범위 내에서 결정된다.

② 극연강을 열간 스트립 압연기(strip mill)로써 연속 압연하는 경우의 압연 속도의 예를 들면 조압연에서 1~2m/s, 완성압연에서 2~4m/s 정도이다.

(2) 냉간압연 속도

① 냉간압연 속도는 재료의 종류, 롤 형식 및 종류에 따라 결정된다.

② 열간압연한 스트립 등은 산세, 수세 후에 냉간압연에서 치수를 조절하는 일이 많다.

③ 극연강의 연속 냉간압연 속도는 1~7m/s이다.

④ 고온에서의 압연은 변형저항이 작은 재료일수록 압연하기 쉽다.

⑤ 압연 후의 두께와 압연 전의 두께의 비가 작을수록 압연하기 쉽다.

단원 예상문제 ◉

1. **압연방법 및 압연속도에 대한 설명으로 틀린 것은?**

① 고온에서의 압연은 변형저항이 작은 재료일수록 압연하기 쉽다.
② 압연 후의 두께와 압연 전의 두께의 비가 클수록 압연하기 쉽다.
③ 열간압연 속도는 롤의 감속비 및 압연기의 형식에 따라 다르게 나타난다.
④ 열간압연한 스트립은 산세, 수세 후에 냉간압연에서 치수를 조절하는 경우가 일반적으로 많다.

해설 두께의 비가 클수록 압연하기 어렵다.

정답 **1.** ②

4. 공형 설계

4-1 공형의 구성 및 구성 요건

(1) 공형의 구성

- 공형(grooves, caliber): 1쌍의 롤 사이에 가공된 홈 공간

① 개방 공형

㈎ 1쌍의 롤에 똑같은 공형이 반씩 패어있고 중심선과 롤선이 일치되며, 롤과 롤의 경계에는 공형 간극이 있다.

㈏ 공형 간극선이 롤축과 평행이 아닌 경우로서 각도 α가 60°보다 작을 때에도 개방공형이라 한다.

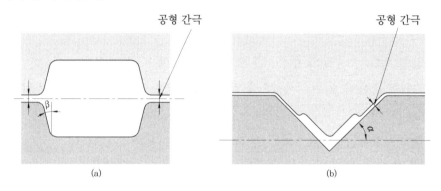

개방 공형

② 폐쇄 공형

㈎ α의 각도가 60° 이상일 때를 폐쇄공형이라 한다.

㈏ 재료의 모서리 성형이 잘 되므로 형강의 성형 압연에서는 거의 이 형식의 공형이 사용되고 있다.

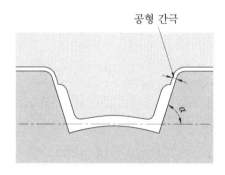

폐쇄 공형

(2) 공형의 구성 요건

① 제품의 치수, 형상이 정확하고 표면상태가 좋을 것
② 롤에 국부 마멸을 일으키지 않고 롤 수명이 길 것
③ 압연할 때 재료의 흐름이 균일하고 작업이 쉬울 것
④ 능률과 실수율이 높을 것
⑤ 정해진 롤 강도, 압연 토크 및 롤 스페이스를 만족시킬 것

단원 예상문제

1. 공형에 대한 설명 중 틀린 것은?

① 개방공형은 압연할 때 재료가 공형 간극으로 흘러 나가는 결점이 있다.
② 폐쇄공형에서는 재료의 모서리 성형이 쉬워 형강의 압연에 사용한다.
③ 개방공형은 성형 압연 전의 조압연 단계에서 사용된다.
④ 폐쇄공형은 1쌍의 롤에 똑같은 공형이 반씩 패어 있다.

2. 공형 롤에서 재료의 모서리 성형이 잘 되므로 형강의 성형압연에서 주로 채용되고 있는 롤은?

① 폐쇄공형 롤　　　　　　　　　② 원통 롤
③ 평 롤　　　　　　　　　　　　④ 개방공형 롤

해설 폐쇄공형 롤: 재료의 모서리 성형이 잘 되어 형강의 성형압연에 주로 사용한다.

3. 공형압연 설계에서 개방공형과 폐쇄공형을 구분하는 그림상 α의 각도는 얼마인가?

① 30°　　　　　② 45°　　　　　③ 60°　　　　　④ 90°

4. 공형압연 설계 시 고려할 사항이 아닌 것은?

① 열전달률　　　② 압연 토크　　　③ 압연하중　　　④ 유효 롤 반지름

해설 압연토크, 압연하중, 유효 롤 반지름, 능률과 실수율, 압연동력 등을 고려해야 한다.

5. 공형압연 설계에서 공형의 구성 요건이 아닌 것은?

① 능률과 실수율이 낮을 것

② 롤에 국부마멸을 일으키지 않고 롤 수명이 길 것

③ 압연할 때 재료의 흐름이 균일하고 작업이 쉬울 것

④ 정해진 롤 강도, 압연 토크 및 롤 스페이스를 만족시킬 것

해설 능률과 실수율이 높을 것

6. 공형의 구성 요건에 관한 설명 중 옳은 것은?

① 능률은 높아야 하나 실수율이 낮을 것

② 치수 및 형상이 정확해야 하나 표면상태는 나쁠 것

③ 압연 시 재료의 흐름이 불균일해야 마멸 작업이 쉽다.

④ 정해진 롤 강도, 압연 코크 및 롤 스페이스를 만족시킬 것

정답 1. ④ 2. ① 3. ③ 4. ① 5. ① 6. ④

4-2 공형 설계의 원칙

① 데드 홀(dead hole)

㈎ 공형 두께보다 얇은 재료부를 넣고 높이 방향으로 압하를 주어 두께 방향으로 폭 증가를 일으키도록 한다.

㈏ 한쪽의 롤에서만 파진 오목한 공형부이다.

② 리브 홀(rib hole)

㈎ 공형 두께보다 두꺼운 재료부를 넣어서 두께 방향으로 압하를 주어 높이 방향으로 폭 증가를 일으키도록 한다.

㈏ 양 롤 사이에 파진 공형을 리브 홀이라 한다.

③ 언더 필링(under filling) : 데드 홀부에 어긋났을 때 발생한다.

④ 오버 필링(over filling) : 리브 홀부에 발생한다.

⑤ 공형 각부의 감면율을 가급적 균등하게 유지한다.

㈎ 재료 두께가 얇아질수록 엄격하게 유지한다.

㈏ 어긋나면 가로 방향의 만곡, 상하방향의 휨이 발생한다.

㈐ 부등변 부등 두께 ㄱ형강 등의 비대칭 단면을 압연할 때 좌우불균형의 압하

⑥ 플랜지의 높이를 내고 싶을 때에는 초기 공형에서 예리한 홈을 넣는다.

　㈎ T형강의 압연 혹은 폭이 넓은 공형에서는 복수 개의 홈을 넣는다.

　㈏ 둔한 홈을 넣으면 플랜지 높이가 낮아지기 쉽다.

⑦ 시트 파일, T형강 등의 압연에서 데드 홀 압연이 반복되어 필요한 제품 플랜지 높이를 얻기 어려울 때에는 미리 데드 홀의 반대쪽에 카운터 플랜지를 작게 해서 재료를 데드 홀에 밀어 넣는다.

⑧ 제품의 모서리 부분을 거칠지 않은 형상으로 마무리하려면 서로 전후하는 공형의 공형 간극이 계속해서 같은 곳에 오지 않도록 한다.

⑨ 될수록 간접 압하를 피하고 직접 압하를 이용하도록 설계한다.

　㈎ 간접 압하: 롤축과 평행 방향의 압하

　　㉠ 강관압연에 적합하다.

　　㉡ 큰 간접 압하를 가하면 재료가 슬립에 의하여 마찰로 일그러진 표면 홈 발생과 롤면 마모가 생긴다.

　　㉢ 재료가 롤에 물리는 순간과 롤로부터 빠져 나오는 순간에 양 롤에 큰 수평방향의 스러스트(thrust) 힘이 작용하여 롤 및 스러스트 베어링의 손상과 제품의 치수의 정확도에 나쁜 영향을 준다.

　㈏ 직접 압하: 롤축과 직각 방향의 압하(U형, I형)

　㈐ 강관압연: 100% 직접 압하

⑩ 비대칭 단면의 압연에서는 재료가 롤에 물리고 있는 동안은 스러스트가 작용한다.

　㈎ 대칭 단면에서도 공형이 깊을수록 롤 세팅의 불완전성이나 스러스트의 영향을 받는다.

　㈏ 롤 몸체부에 플랜지를 설정하여 상·하부 롤을 물리게 해서 스러스트를 받는다.

⑪ 공형 형상을 단순하고 직선적으로 하는 이유

　㈎ 폭 증가의 계산을 쉽게 하고 롤 조정, 롤 선삭 등의 작업관리를 단순화할 수 있다.

　㈏ 롤의 국부 마멸에 의한 고장을 피하기 위해서이다.

단원 예상문제

1. 공형 롤에서 한쪽의 롤에만 파진 오목한 공형부는?

① 리브 홀(rib hole)

② 핀 홀(pin hole)

③ 데드 홀(dead hole)

④ 블로 홀(blow hole)

2. 공형의 홈에 재료가 꽉 차지 않았을 때의 상태로 데드 홀부에 나타나는 것은?

① 언더 필링(under filling)

② 오버 필링(over filling)

③ 로 필링(low filling)

④ 어퍼 필링(upper filling)

3. T형강 압연에서 돌출부 높이를 얻기가 어려울 때는 공형설계를 어떻게 해야 하는가?

① 미리 돌출부의 반대쪽에 카운터 플랜지를 설정한다.

② 돌출부와 연결된 부분의 살을 두껍게 한다.

③ 수직롤과 수평롤의 배치를 알맞게 한다.

④ 공형 간격을 상하 교대로 취한다.

해설 미리 데드 홀의 반대쪽에 카운터 플랜지를 작게 해서 재료를 데드 홀에 밀어 넣는다.

4. 공형압연을 최적으로 실시하기 위한 공형 설계 시 고려해야 할 사항으로 옳은 것은?

① 공형 각 부의 감면율을 가급적 불균등하게 한다.

② 공형 형상은 되도록 복잡하고, 유선형으로 하는 편이 좋다.

③ 가능한 한 직접 압하를 피하고 간접 압하를 이용하도록 설계한다.

④ 제품의 모서리 부분을 거칠지 않은 형상으로 마무리하려면 서로 전후하는 공형 간극
이 계속해서 같은 곳에 오지 않도록 한다.

해설 감면율을 균등하게, 공형 형상은 단순화 및 직선화하도록 한다.

5. 공형 설계의 원칙을 설명한 것 중 틀린 것은?

① 공형 각부의 감면율을 균등하게 한다.

② 직접 압하를 피하고 간접 압하를 이용하게 하도록 설계한다.

③ 공형 형상은 되도록 단순화하고 직선으로 한다.

④ 플랜지의 높이를 내고 싶을 때에는 초기 공형에서 예리한 홈을 넣는다.

해설 간접 압하를 피하고 직접 압하를 이용하도록 설계한다.

6. 선재 압연에 따른 공형 설계의 목적이 아닌 것은?

　① 간접 압하율 증대　　　　　　② 표면 결함의 발생 방지

　③ 롤의 국부적 마모 방지　　　　④ 정확한 치수의 제품 생산

　해설 직접 압하율이 증대된다.

7. 공형압연기로 만들 수 있는 제품이 아닌 것은?

　① 앵글　　　　　② H형강　　　　　③ I형강　　　　　④ 스파이럴 강관

　해설 스파이럴 강관은 용접 강관이고, 형강인 앵글, H형강, I형강은 공형압연기로 제조한다.

정답 1. ③　2. ①　3. ①　4. ④　5. ②　6. ①　7. ④

4-3　공형 설계의 실제

(1) 플랫(flat) 방식

① 강관의 압연과 비슷한 형식이다.

② 성형이 단순하고 작업의 변동이 적으며, 고능률, 높은 실수율을 기대할 수 있다.

③ 휨 변형을 방지하려면 만곡부 압하를 강화해서 재료의 부족을 보충한다. ㄱ형강, 밸브관, T형강 등에 적용한다.

(2) 버터플라이(butterfly) 방식

① U형강 압연 시 버터플라이 방식을 사용하는 이유

　㉮ 스트레이트 방식보다 재료 플랜지부에 의하여 직접 압하를 가하기가 용이하다.

　㉯ 상하부 롤의 세팅에 변화가 생겨도 두께가 일정하다.

② U형강 외에도 시트(sheet) 파일에 사용한다.

(3) 스트레이트(straight) 방식

① 공형의 측벽이 곧기 때문에 롤에 의한 마찰이 발생한다.

② 초기 공형일 때

　㉮ 3단 압연기: 상하 통과가 가능하다.

　㉯ 2단 압연기: 복수 회 통과가 가능하다.

③ 롤 스페이스의 절약 효과가 커서 I형강에 널리 사용한다.

(4) 다이애거널(diagonal) 방식

① 스트레이트 방식의 결점을 개선하기 위해서 공형을 경사시켜 직접 압하를 가하기 쉽게 한 방식이다.

② 재료를 공형에 정확히 유도하기 위한 회전 가이드를 장치하여 효과를 발휘한다.

③ I형강보다 레일의 압연에 적합하다.

(5) 다곡법

① 롤의 모체 길이가 부족할 때, 전동기 능력이 부족할 때, 폭이 좁은 소재를 사용할 때 이용하는 방식이다.

② 전 감면율은 작아지고, 최고의 작업조건은 얻을 수 없으나 특수한 경우에 사용한다.

(6) 무압하 변형 공형

① 시트 파일의 클립부를 휨 성형하려면 압하는 주지 않고 변형만을 주는 공형을 사용한다.

② 패스 9, 10이 공형에 해당한다.

(7) 연신공형

강괴 또는 강편의 단면을 조형에 필요한 치수까지 축소시키는 공형이다.

단원 예상문제

1. 공형압연 설계에서 스트레이트 방식의 결점을 개선하기 위해 공형을 경사시켜 직접 압하를 가하기 쉽게 한 것으로 재료를 공형에 정확히 유도하기 위한 회전가이드를 장치함으로써 좋은 효과가 있으며 I형강보다 오히려 레일의 압연에서 볼 수 있는 공형 방식은?

① 다곡법   ② 버터플라이 방식

③ 다이애거널 방식   ④ 무압하 변형 공형 방식

2. 공형의 종류 중 강괴 또는 강편의 단면을 조형에 필요한 치수까지 축소시키는 공형은?

① 연신공형   ② 조형공형

③ 사상공형   ④ 리더 공형

3. 다음 중 공형 설계의 방식이 아닌 것은?

① 플랫(flat) 방식
② 스트라이크(strike) 방식
③ 버터플라이(butterfly) 방식
④ 다이애거널(diagonal) 방식

해설 공형 설계 방식: 플랫(flat) 방식, 버터플라이(butterfly) 방식, 다이애거널(diagonal) 방식

4. 스트레이트 방식의 결점을 개선하기 위해서 공형을 경사시켜서 직접 압하를 가하기 쉽게 한 것은?

① 플랫 방식
② 버터플라이 방식
③ 다이애거널 방식
④ 무압하 변형 공형

해설 다이애거널 방식: 공형을 경사시켜서 직접 압하를 가하기 쉽게 한 방식

5. 공형 설계의 실제에서 롤의 모체 길이가 부족하고, 전동기 능력이 부족할 때, 폭이 좁은 소재 등에 이용되는 공형 방식은?

① 플랫 방식
② 버터플라이 방식
③ 다곡법
④ 스트레이트 방식

해설 다곡법: 롤의 모체 길이가 부족하고, 전동기 능력이 부족할 때, 폭이 좁은 소재 등에 이용되는 공형 방식이다.

6. 롤 공형의 설계조건으로 틀린 것은?

① 압연에 의한 재료의 흐름이 균일할 것
② 공형 깊이는 롤 표면 경화층을 초과할 것
③ 제품의 치수와 형상이 정확하고 표면이 미려할 것
④ 제품의 회수율이 높을 것

해설 공형 깊이는 롤 표면 경화층을 초과하지 않아야 한다.

7. 공형의 형상 설계 시 유의하여야 할 사항이 아닌 것은?

① 압연속도와 온도를 고려한다.
② 구멍 수를 많게 하는 것이 좋다.
③ 최후에는 타원형으로부터 원형으로 되게 한다.
④ 패스마다 소재를 90°씩 돌려서 압연되게 한다.

해설 구멍 수를 적게 하고, 단순화한다.

4-4 롤 재질별 특성 및 롤 크라운

(1) 롤 재질별 특성

① 압연 롤의 재질: 주철, 주강, 단강

② 작업롤의 내표면 균열성을 개선하기 위해 첨가하는 원소: Mo, Cr, Co

③ 열간압연 롤의 재질에 따른 종류

　㈎ Hi-Cr 롤: 열피로 강도가 높고 내식성 및 부식성이 우수하다.

　㈏ HSS 롤(고속도강계의 주강 롤): 내마모성이 가장 뛰어나고 내거침성이 우수하다.

　㈐ 애드마이트(admaite) 롤: 탄소 함유량이 주강 롤과 주철 롤 사이의 롤이다.

　㈑ Ni Grain 롤: 탄화물 양이 많아 경도가 높고 표면이 미려한 롤이다.

④ 주강 롤의 종류

　㈎ 애드마이트 롤: 탄소 함유량이 주강 롤과 주철 롤 사이의 롤이다.

　㈏ 구상흑열 롤: 애드마이트 롤에 소량의 흑연을 석출시킨 것으로서 특히 열균열 방지 작용이 있다.

　㈐ 특수 주강 롤: Cr-Mo재질 롤과 Ni-Cr-Mo 재질 롤이 있다.

　㈑ 복합 주강 롤: 동부는 고합금강으로서 내열, 내균열, 내마모성이 있으며, 중심부는 저합금강으로서 강인성이 있다.

(2) 롤 크라운(roll crown)

① 정의: 롤 중앙부의 지름과 양단부의 차이

② 웨지 크라운의 원인

　㈎ 롤 평행도 불량

　㈏ 슬래브의 편열

　㈐ 통판 중의 판이 한쪽으로 치우침

③ 초기 크라운(initial crown): 압연기의 롤을 연마할 때 스트립의 프로파일을 고려하여 롤에 부여하는 크라운으로 압하력에 비례하는 변형량을 보상하기 위해 부여한다.

④ 열적 크라운(thermal crown): 롤의 냉각 시 열팽창계수가 큰 재료인 경우 크라운을 얻기 위해 냉각 조건을 조절하여 부여하는 크라운이다.

4-5 롤 형태별 종류 및 특성

(1) 열간판재압연 롤의 형상

(2) 냉간압연 롤의 형상

(3) 하부 롤 지름이 상부 롤 지름보다 크게 되면 압연재가 위로 솟구치는 현상이 발생

속도의 차이로 지름이 작은 쪽으로 향하게 된다.

5. 압연유

5-1 압연유의 특성

① 롤과 압연재의 접촉면 사이의 마찰을 감소시킨다.
② 낮은 압하력과 압연 동력으로 압연할 수 있게 하는 역할을 한다.
③ 제품의 표면을 매끄럽게 하는 역할을 한다.
④ 마찰열과 변형열을 제거한다.

단원 예상문제

1. 냉간압연작업을 할 때 냉간압연유의 역할을 설명한 것 중 틀린 것은?

① 압연재의 표면성상을 향상시킨다.
② 부하가 증가되어 롤의 마모를 감소시킨다.
③ 고속화를 가능하게 하여 압연능률을 향상시킨다.
④ 압하량을 크게 하여 압연재를 효과적으로 얇게 한다.

해설 부하 감소로 롤 마모를 감소시킨다.

2. 압연유를 사용하여 압연하는 목적으로 틀린 것은?

① 소재의 형상을 개선한다.

② 압연동력을 증대시킨다.

③ 압연윤활로 압하력을 감소시킨다.

④ 롤과 소재 간의 마찰열을 냉각시킨다.

해설 압연유의 사용으로 압연동력이 감소한다.

3. 윤활유의 목적을 설명한 것으로 틀린 것은?

① 접촉부의 마찰 감소 및 냉각효과　　② 방청 및 방진 역할

③ 접촉면의 발열 촉진　　　　　　　　④ 밀봉 및 응력 분산

해설 접촉면의 발열을 저지한다.

4. 윤활의 주된 역할과 가장 거리가 먼 것은?

① 응력의 집중작용　　　　　　　　　② 마모 감소 작용

③ 냉각작용　　　　　　　　　　　　　④ 밀봉작용

해설 응력의 분산작용과 관련 있다.

5. 윤활유 사용 목적으로 틀린 것은?

① 접촉하는 과열 부분 냉각

② 기계 윤활 부분에 녹 발생 방지

③ 하중이 큰 회전체 응력 집중

④ 두 물체 사이의 마찰 경감

해설 하중이 큰 회전체의 응력분산작용을 한다.

정답 1. ②　2. ②　3. ③　4. ①　5. ③

5-2 **윤활유의 작용**

① 감마작용

마찰 상태	마찰계수(μ)
고체마찰	0.25~0.40
경체마찰	0.08~0.14
액체마찰	0.01~0.05

② 냉각작용

③ 밀봉작용: 실린더 라이너와 링 사이에 유막을 형성하여 감마작용을 하는 동시에 밀봉작용을 한다.

④ 방수작용

⑤ 청정작용

⑥ 응력분산작용

⑦ 방청작용, 방진작용

단원 예상문제 ⓒ

1. 마찰저항을 작게 하는 작용으로서 윤활의 최대 목적이 되는 작용은?

① 냉각작용   ② 감마작용   ③ 밀봉작용   ④ 방청작용

해설 윤활의 최대 목적은 마찰저항을 작게 하는 감마작용(減摩作用)을 한다.

2. 압연 설비에서 윤활의 목적이 아닌 것은?

① 방청작용   ② 발열작용   ③ 감마작용   ④ 세정작용

해설 윤활의 목적: 방청작용, 감마작용, 세정작용, 냉각작용

정답 1. ②   2. ②

5-3 압연 윤활유가 갖추어야 할 성질

① 윤활 성능이 양호할 것(마찰계수가 적을 것)

② 유성 및 유막 강도가 클 것

③ 압연재의 완성면에 나쁜 영향을 주지 않을 것

④ 압연재의 탈지성이 양호할 것

⑤ 풀림한 후 기름 찌꺼기가 없고 깨끗해야 할 것

⑥ 기름의 안정성 및 에멀션화성이 양호할 것

⑦ 압연재 표면에 균일하게 부착할 것

⑧ 경제적이어야 할 것

⑨ 압연재나 롤에 녹이 슬지 않을 것

⑩ 독성 및 위생적 해가 없을 것

단원 예상문제

1. 압연유 선정 시 요구되는 성질이 아닌 것은?

① 고온, 고압하에서 윤활 효과가 클 것   ② 스트립 면의 사상이 미려할 것

③ 기름 유화성이 좋을 것   ④ 산가가 높을 것

해설 산가는 낮아야 한다.

2. 압연유를 사용하여 압연하는 목적으로 옳지 않은 것은?

① 소재의 형상을 개선한다.   ② 압연동력을 증대시킨다.

③ 압연 윤활로 압하력을 감소시킨다.   ④ 롤과 소재간의 마찰열을 냉각시킨다.

해설 압연동력을 감소시킨다.

3. 압연유의 구비조건 중 틀린 것은?

① 냉각성이 클 것   ② 세정성이 우수할 것

③ 마찰계수가 작을 것   ④ 유막강도가 작을 것

해설 유막강도가 커야 한다.

4. 윤활제의 구비조건으로 틀린 것은?

① 제거가 용이할 것

② 독성이 없어야 할 것

③ 화재위험이 없어야 할 것

④ 열처리 혹은 용접 후 공정에서 잔존물이 존재할 것

해설 열처리 혹은 용접 후 공정에서 잔존물이 존재하지 않아야 한다.

5. 압연 윤활유가 갖추어야 할 성질 중 옳은 것은?

① 마찰계수가 클 것   ② 독성 및 위생적 해가 있을 것

③ 유성 및 유막의 강도가 클 것   ④ 기름의 안정성 및 에멀션화성이 나쁠 것

해설 마찰계수가 적고, 독성 및 유해성이 적고, 유성 및 유막의 강도가 크고, 기름의 안정성 및 에멀션화성이 좋을 것

6. 냉간압연의 압연유가 구비해야 할 조건이 틀린 것은?

① 유막강도가 클 것   ② 윤활성이 좋을 것

③ 마찰계수가 클 것   ④ 탈지성이 좋을 것

해설 마찰계수가 작아야 한다.

7. 냉간압연작업을 할 때 냉간압연유의 역할을 설명한 것으로 틀린 것은?

① 압연재의 표면성상을 향상시킨다.
② 부하가 증가되어 롤의 마모를 가속시킨다.
③ 고속화를 가능하게 하여 압연능률을 향상시킨다.
④ 압하량을 크게 하여 압연재를 효과적으로 얇게 한다.

해설 냉간압연유의 역할: 표면성상 향상, 롤 마모 감소, 압연능률 향상, 압연효과

8. 냉간압연에서 압연유 사용 효과가 아닌 것은?

① 흡착효과 　　② 냉각효과 　　③ 윤활효과 　　④ 압하효과

9. 압연유가 갖추어야 할 필수 조건이 아닌 것은?

① 방청성 　　② 노화성 　　③ 냉각성 　　④ 윤활성

정답 1. ④ 2. ② 3. ④ 4. ④ 5. ③ 6. ③ 7. ② 8. ④ 9. ②

5-4　롤 및 강판에 압연유의 에멀션 특성

① 점도가 높으면 부착유량이 증가한다.
② 사용수 중 Cl^- 이온은 유화를 불안정하게 한다.
③ 토출압이 증가할수록 플레이트 아웃성은 개선된다.
④ 농도에 따라 부착유량이 변화한다.

단원 예상문제

1. 압연 시 롤 및 강판에 압연유의 균일한 플레이트 아웃(전개 부착)을 위한 에멀션 특성으로 틀린 것은?

① 농도에 관계없이 부착유량은 증대한다.
② 점도가 높으면 부착유량이 증가한다.
③ 사용수 중 Cl^- 이온은 유화를 불안정하게 한다.
④ 토출압이 증가할수록 플레이트 아웃성은 개선된다.

해설 농도에 따라 부착유량은 다르다.

정답 1. ①

5-5 압연유의 급유 방식 및 관리 항목

(1) 압연유의 급유 방식

① 직접 방식의 특징

㉮ 압연유를 원액상태 또는 물이나 그 밖의 첨가제를 혼합한 상태로 직접 급유하는 방식이다.

㉯ 윤활 성능이 좋은 압연유 사용이 가능하다.

㉰ 언제나 새로운 압연유를 공급하여 압연상태가 좋고 관리가 쉽다.

㉱ 냉각효과가 좋고 값이 싼 물을 사용한다.

㉲ 큰 용량의 폐유처리 설비가 필요하고 처리 비용이 많다.

㉳ 박판의 고속압연에 이용한다.

② 순환 방식의 특징

㉮ 직접 방식보다 압연유의 값이 1/3 이하로 저렴하다.

㉯ 폐유처리 설비가 작고 처리 비용이 저렴하다.

㉰ 윤활성능이 우수한 압연유 사용이 어렵다.

㉱ 황화액의 온도를 40~50℃에서 사용해야 하므로 냉각효과가 저하된다.

㉲ 순환으로 황화액에 철분이나 그 밖의 이물질이 혼합되어 압연유의 성능이 저하된다.

(2) 압연유의 관리 항목

① 윤활유의 열화방지책

㉮ 기름의 혼합 사용은 피한다.

㉯ 기계를 충분히 세척한 후 사용한다.

㉰ 순환계통을 청정하게 유지한다.

② 윤활유의 직접적 열화판정법

㉮ 소량의 기름을 맑은 물로 씻고 수분을 제거하여 리트머스 종이의 색깔 변화를 관찰한다.

㉯ 투명한 2장의 유리판에 기름을 끼어 투시하여 수분의 존재를 확인한다.

㉰ 냄새를 맡아서 강한 냄새에 의해 불순물의 함유량을 판단한다.

단원 예상문제

1. 압연유 급유 방식 중 직접 방식에 관한 설명이 아닌 것은?

① 냉각효율이 높으며, 물을 사용할 수 있다.

② 적은 용량을 사용하므로 폐유 처리 설비가 작다.

③ 윤활 성능이 좋은 압연유를 사용할 수 있다.

④ 압연상태가 좋고 압연유 관리가 쉽다.

[해설] 많은 용량을 사용하므로 폐유 처리 설비가 크다.

2. 압연유 급유 방식에서 순환방식의 특징이 아닌 것은?

① 폐유처리 설비는 작은 용량의 것이 가능하므로 비용이 적게 든다.

② 냉각효과 면에서 그 효율이 높고, 값이 저렴한 물을 사용할 수 있다.

③ 급유된 압연유를 계속하여 순환, 사용하게 되므로 직접 방식에 비하여 압연유의 비용이 적게 든다.

④ 순환하여 사용하기 때문에 황화액에 철분, 그 밖의 이물질이 혼합되어 압연유의 성능을 저하시키므로 압연유 관리가 어렵다.

[해설] 직접 급유 방식일 때 냉각효과 면에서 그 효율이 높고, 값이 저렴한 물을 사용할 수 있다.

3. 강제 순환 급유 방법은 어느 급유법을 쓰는 것이 가장 좋은가?

① 중력 급유에 의한 방법　　　　　② 패드 급유에 의한 방법

③ 펌프 급유에 의한 방법　　　　　④ 원심 급유에 의한 방법

4. 점도가 비교적 낮은 기름을 사용할 수 있고 동력의 소비가 적은 이점이 있는 급유법은?

① 중력 순환 급유법　　　　　　　② 패드 급유법

③ 체인 급유법　　　　　　　　　④ 유륜식 급유법

[해설] 중력 순환 급유법 : 낮은 점도와 동력 소비가 적다는 이점이 있다.

5. 대규모의 장치산업인 제철소 등에서는 강제 윤활 방식을 사용하는 경우가 많은데 강제 윤활 방식이 아닌 것은?

① 순환 급유식　　　　　　　　　② 분무 급유식

③ 집중 윤활식　　　　　　　　　④ 패드 급유식

[해설] ① 순환 급유식 : 오일이 펌프를 통해 강제 순환 급유 ② 분무 급유식 : 분무기를 통해 마찰면에 강제 급유 ③ 집중 윤활식 : 윤활개소에 강제 집중 급유 ④ 패드 급유식 : 마찰면에 패드 급유

정답 1. ②　2. ②　3. ③　4. ①　5. ④

5-6 압연 조건별 압연 유종

(1) 유지(fat and oil)

게이지용 압연유로 지방산과 글리세린이 주성분이다.

(2) 그리스(greese): 고체 혹은 반고체 급유

① 고하중을 받는 부분에 사용한다.
② 액체 급유가 곤란한 부분에 사용한다.
③ 밀봉이 요구될 때 사용한다.
④ 롤러 베어링 윤활에 적합하고 강제 순환 급유법 및 충진 급유법으로 윤활한다.

(3) 냉동기유

점도와 응고점이 낮고 고열에 변질되지 않으며 암모니아의 친화력이 약한 조건을 만족시켜야 한다.

(4) 플러싱

① 윤활유 순환계통이 오염, 노화하여 새로운 윤활유로 교환하는 경우에 사용한다.
② 세척제 또는 세척유를 사용하여 슬러지 또는 외부에서 침입한 이물질을 깨끗이 세척한다.
③ 윤활유 순환에 도움을 준다.

(5) 지방계 윤활유

① 점도지수가 비교적 높다.
② 석유계 윤활유에 비해 온도변화가 적다.
③ 공기에 접촉하면 슬러지가 생성된다.

단원 예상문제

1. 지방산과 글리세린이 주성분인 게이지용의 압연유로 널리 사용되는 것은?

① 올레핀유　　　② 광유　　　③ 그리스유　　　④ 유지

2. 윤활제 중 유지(fat and oil)의 주성분은?

① 지방산과 글리세린   ② 파라핀과 나프탈렌

③ 올레핀과 나트륨   ④ 붕산과 탄화수소

3. 지방계 윤활유의 특징으로 옳은 것은?

① 점도지수가 비교적 높다.

② 석유계에 비하여 온도변화가 크다.

③ 저부하, 소마모면의 윤활에 적당하다.

④ 공기에 접촉하면 산화하지 않기 때문에 슬러지가 생성되지 않는다.

정답 1. ④   2. ①   3. ①

6. 가열

6-1 연소 이론

(1) 연료

① 연료의 종류

㉮ 연료: 고체, 액체, 기체

㉯ 압연공장에서 주로 사용되는 연료: 액체와 기체 연료

㉰ 열간가공을 위한 가열이나 열처리에 사용되는 연료: 유류, 고로가스, 코크스로 가스, 천연가스

② 연료유

㉮ 중유: A, B, C

㉯ 가열용 중유: B, C 중유

㉰ 저장, 운반, 연소 조절이 쉽고 고온을 얻기 쉽다.

㉱ 발열량 10,000kcal/kg 정도로서 탄화수소가 주성분이다.

③ 가스

㉮ 고로가스

㉠ 제철용 고로에서 나온 청정가스이다.

ⓒ 연소 주성분은 CO이며, 발열량은 800kcal/Nm^3 정도이다.

㈏ 코크스로 가스

㉠ 코크스에서 나온 석탄가스이다.

ⓒ 수소, 메탄, CO가 연소 성분이고, 발열량은 4,500kcal/Nm^{3}이다.

㈐ 천연가스

㉠ 탄화수소가 주성분이다.

ⓒ 발열량은 9,000~10,000kcal/Nm^3 정도이다.

㈑ 기체 연료의 특징

㉠ 연소효율이 높다.

ⓒ 고온을 얻을 수 있다.

ⓒ 연소의 조절이 용이하다.

㉣ 점화, 소화가 용이하다.

(2) 연소

① 연료의 연소: C나 H 등의 구성 원소와 산소와의 급격한 화학반응이다.

② 반응 생성물: CO_2, H_2O는 넓은 온도 범위에서 매우 안정적인 기체분자 운동으로 연료 물질의 표면으로부터 속히 날아가서 새로운 반응면에 계속하여 노출되기 때문에 산화 반응이 속히 진행하므로 반응열이 집중적으로 나타난다.

③ 연료가 연소를 시작하기 위해서 다음 조건이 필요하다.

㈎ 산소를 공급할 것

㈏ 착화온도 이상으로 가열할 것

④ 연료: 고체 탄소(C), 가스상 탄화수소(C_mH_n), 수소(H_2), 일산화탄소(CO)로 분류하며, 이러한 것을 연소연료라 한다.

⑤ 연소 반응

고체 탄소: $C + O_2 = CO_2$, $C + CO_2 = 2CO$

$$C + \frac{1}{2}O_2 = CO, \quad C + H_2O = CO + H_2$$

$$C + 2H_2O = CO_2 + 2H_2O$$

탄화수소: $C_mH_n + C + C_m'H_n' + C_m''H_n'' + \cdots H_2(열분해)$

$$C_mH_n + \left(m + \frac{n}{4}\right)O_2 = mCO_2 + \left(\frac{n}{2}\right)H_2O(연소)$$

CO, H_2: $2CO + O_2 = 2CO_2$, $CO + H_2O = CO + H_2$, $2H_2 + O_2 = 2H_2O$

단원 예상문제 ⓒ

1. 액체연료의 장점이 아닌 것은?

① 계량과 기록이 쉽다.

② 연소가 용이하고 제어가 쉽다.

③ 연소 효율 및 전열 효율이 높다.

④ 연소온도가 높아 국부 가열을 일으킨다.

해설 연소온도가 낮아 전체 가열을 일으킨다.

2. 노에 사용하는 기체연료의 특징 중 틀린 것은?

① 연소효율이 높다.   ② 고온을 얻을 수 없다.

③ 연소의 조절이 용이하다.   ④ 점화, 소화가 용이하다.

해설 고온을 얻을 수 있다.

3. 저급 탄화수소가 주성분이며 발열량이 9000~10,000kcal/Nm^3 정도인 연료가스는?

① 고로가스   ② 천연가스

③ 코크스로 가스   ④ 석유 정제 정유가스

4. 연소의 조건으로 충분하지 못한 것은?

① 가연물질이 존재   ② 충분한 산소 공급

③ 충분한 수분 공급   ④ 착화점 이상 가열

해설 연소 조건: 가연물질이 존재한다, 충분한 산소 공급, 착화점 이상의 가열이 이루어진다.

5. 연소의 필요 조건이 아닌 것은?

① 가연물이 존재할 것

② 점화원을 공급할 것

③ 산소를 충분히 공급할 것

④ 가연성 가스는 연소 범위 이상으로 존재할 것

해설 가연물이 존재할 것, 점화원을 공급할 것, 충분한 양의 산소가 공급될 것

6. 연소가 일어나기 위한 조건이 아닌 것은?

① CO_2의 농도가 높을 것   ② 착화점 이상일 것

③ 산소가 풍부할 것   ④ 가연물질이 많을 것

해설 연소가 일어나려면 산소가 필요하고, CO_2의 농도는 낮아야 한다.

7. 연료의 연소와 관련되는 내용으로 옳은 것은?

① 화염연소란 증발연소, 분해연소, 표면연소를 말한다.

② 발화점은 점화원이 되었을 때 연소가 시작되는 최저 온도이다.

③ 연소에 의해 생성되는 오염물질은 CO, SO_x, NO_x 등이다.

④ 인화점은 연소가 시작되며 연소열에 의해 연소가 계속되는 점이다.

해설 발화점은 불꽃을 붙이지 않았을 때 스스로 연소를 할 수 있는 최소의 온도이고, 인화점은 불꽃을 붙였을 때 연소를 하는 최소의 온도이다.

정답 **1.** ④ **2.** ② **3.** ② **4.** ③ **5.** ④ **6.** ① **7.** ③

6-2 노의 작업 방법

1 가열로의 종류

(1) 균열로

조괴장 옆에 설치되어 있어 주형에서 빼낸 적열상태의 강괴를 균열로에 넣음으로써 열효율을 높이고, 강괴 내 외부의 온도를 균일하게 유지하여 압연하는 노이다.

(2) 가열로

주형에서 빼어낸 일단 냉각된 강 또는 빌렛을 열간압연하기 위해서 가열하는 노이다.

① 단식(batch type): 가열재가 일단 노내에 장입되면 가열이 완료될 때까지 재료는 이동하지 않는 노이다.

㈎ 비연속식으로 가동되며 소량생산에 적합하다.

㈏ 연속으로 처리할 수 없는 특수재질이나 매우 두껍고 큰 치수의 가열에 사용된다.

② 연속식(continuous type): 균일한 강편을 연속적으로 장입 및 배출하면서 가열하는 노이다.

㈎ 푸셔식(pusher type)

㉠ 노내의 강편(슬랩, 빌렛)을 푸셔에 의해 장입구에 밀어 넣어 장입하고 출구로 배출하는 노이다.

㉡ 가열 재료의 두께, 푸셔 능력에 따라 노 길이가 제한된다.

(ⱖ) 워킹 빔식(working beam type)

㉠ 노상이 가동부와 고정부로 분류된다.

㉡ 이동 노상이 유압, 전동에 의하여 '상승 → 전진 → 하강 → 후퇴'의 과정으로 이동한다.

㉢ 구형 운동기구를 이용하여 재료 사이에 임의의 간격을 두고 반송시킬 수 있는 연속로이다.

㉣ 여러 가지 치수의 재료를 가열한다.

㉤ 재질이 다른 것도 구분하여 가열한다.

(ⱗ) 회전로상식(rotary type)

㉠ 노상을 회전하면서 가열하는 노이다.

㉡ 회전로상은 원형 또는 환상 형태이다.

(ⱘ) 롤식(roll type)

㉠ 노상인 롤이 회전함으로써 롤 위의 강편이 가열, 배출하는 노이다.

㉡ 노상인 롤은 가열시키지 않는 노이며, 1000℃ 이하의 경우에 이용한다.

㉢ 공랭 또는 수랭식으로 롤은 체인 또는 베벨 기어에 의해 구동된다.

2 가열 방법

① 가열 속도가 너무 빠르면 재료 내 외부의 온도차로 응력이 생겨서 발생하는 균열을 클링킹(clinking)이라 한다.

② 산화 분위기에서 가열을 하게 되면 제품에 따라 탈탄 현상이 생기므로 유의한다.

3 가열로 작업

(1) 노내 분위기

[스케일 발생의 영향]

① 노내 분위기

② 연료 중 S성분의 함유량

③ 강편의 성분

④ 재로시간

⑤ 재료의 두께 등

(2) 가열로의 관리

① 온도, 압력, 유량, 배기가스 등의 정확하고 효율적인 측정과 자동제어 관리

② 작업의 표준화, 작업원의 교육

③ 가열로 작업의 현황과 관리

단원 예상문제 ⓖ

1. 다음 중 연속식 가열로가 아닌 것은?

① 배치식   ② 푸셔식   ③ 워킹빔식   ④ 회전로상식

해설 배치식: 풀림상자식

2. 다음 중 클링킹(clinking)의 발생 원인은?

① 가공경화한 재료의 연화현상 때문에

② 재료 내 외부의 온도차에 의한 응력 때문에

③ 가열속도가 너무 늦어 산화되기 때문에

④ 가열온도가 낮아 탈탄이 촉진되기 때문에

3. 가열 속도가 너무 빠를 경우 재료 내·외부의 온도차로 인한 응력변화에 의한 균열의 명칭은?

① 클링킹(clinking)   ② 에지 크랙(edge crack)

③ 스키드 마크(skid mark)   ④ 코일 브레이크(coil break)

정답 1. ①   2. ②   3. ①

6-3   노내 분위기 관리

(1) 공기비

① 이론 공기량: 연료를 완전 연소시키기 위해 필요한 공기의 양(공기비 1.0 기준)

② 적정 공기비: 1.05~1.10

③ 공기비 관리 시 고려할 사항: 연소 상태, 연료 원단위, 스케일 생성량, 스케일 박리성

(2) 공기비 변동 시의 영향

공기비가 작을 때(1.0 이하)	공기비가 클 때(1.0 이상)
① 불완전연소에 의한 손실열 증가	① 연소온도 저하
② 불완전연소에 의한 미연 발생	② 피가열물의 전열성능 저하
③ 가스폭발 사고 위험	③ 연소가스 증가에 의한 폐손실열 증가
④ 연도 2차 연소에 의한 레그레이터 고온 부식 → 수명 단축	④ 저온 부식 발생
⑤ 소재 스케일 박리성 불량	⑤ 원소가스 중의 O_2의 생성촉진에 의한 전열판 부식
⑥ 로 폭 방향으로 O_2차가 커짐	⑥ 스케일 생성량 증가
⑦ 미소연소에 의한 연료 소비량 증가	⑦ 탈탄 증가

단원 예상문제

1. 다음 중 공연비에 대한 설명으로 옳은 것은?

① 고정탄소와 휘발분과의 비이다.
② 연료를 연소시키는 데에 사용하는 공기와 연료의 비이다.
③ 이론 공기량을 1.0으로 할 때의 실적 공기량의 비율이다.
④ 폐가스의 조성(성분)에 의거 가스 $1Nm^3$을 완전연소시키는 데에 필요한 공기량이다.

해설 공연비: 연료를 연소시키는 데에 사용하는 공기와 연료의 비이다.

2. 노내 분위기 관리 중 공기비가 클 때(1.0 이상)의 설명으로 틀린 것은?

① 저온 부식이 발생한다.
② 연소 온도가 증가한다.
③ 연소가스 증가에 의한 폐손실열이 증가한다.
④ 연소가스 중의 O_2의 생성 촉진에 의한 전열면이 부식된다.

해설 연소 온도가 저하한다.

정답 1. ② 2. ②

6-4 분위기 가스 조정 작업

(1) 분위기 가스

[분위기 가스의 종류]

① DX 가스

㉮ 풀림용 보호 분위기 가스로 각종의 연료(COG, LDG 등)를 불완전 연소시켜 필요량의 수분을 제거하여 얻어진다.

㉯ DX 가스의 성분이 $\frac{CO_2}{CO}>0.6\%$이면 산화변색이 발생하고 $\frac{CO_2}{CO}>0.5\%$이면 Carbon Edge 발생된다. 그리고 $\frac{H_2O}{CO}=0.55\pm0.05$이고, $\frac{H_2O}{H_2}$는 0.1% 이하이다.

② NX 가스

㉮ DX 가스와 같이 연료가스를 불완전 연소시켜 CO_2, H_2O를 제거하여 얻어지는 가스로서 DX 가스에 비하면 장치 및 조작이 아주 복잡하지만 성능이 안정적이다.

㉯ 보통 HNX 가스의 일부 공정을 생략하여 얻어진다.

③ HNX 가스

㉮ HNX 가스는 NX 가스를 일부 개량한 것이고, 제조법은 NX 가스의 제조방법과 유사하지만 H_2를 추가 형성시킨 점이 다르다.

㉯ 산소 성분을 함유치 않아 폭발에 대하여 안전하고 석도금용 원판 풀림에 널리 사용되며 내식성이 뛰어나다.

④ AX 가스

㉮ 무수 암모니아를 고온에서 분해하여 제조한다.

㉯ 높은 수소 성분 때문에 폭발성이 있으며 취급상 충분한 주의를 요한다.

⑤ HN 가스

㉮ 일관 제철소의 경우 산소공장의 부산물인 질소를 이용하여 HN 가스를 제조하여 풀림로 분위기 가스로 사용한다.

㉯ HN 가스는 산소공장에서 만들어진 질소에 적당한 수소 가스를 혼합 조정한 가스이다.

(2) 노내 분위기 가스

① 구성: 노내 분위기 가스는 스트립(strip)의 산화를 방지하기 위하여 환원성이 요구되기 때문에 H_2 8%에서 최대용량 600Nm²/H를 갖춘 1대의 HN 가스 혼합 탱

크가 설치되어 있다.

HN 가스의 구성은 다음과 같다

   ㉮ H_2: 3~8%

   ㉯ dew point: −40℃ 이하

   ㉰ O_2: 10ppm 이하

   ㉱ N_2: 나머지

② 유량

   ㉮ 연속 풀림로의 노내는 공기의 침입을 방지하기 위해 정압(10~15mmH₂O)으로 유지한다.

   ㉯ 노의 입·출구 가스가 유출되고 있으므로 이것에 상당하는 유지가 필요하다.

   ㉰ 세정 건조된 스트립 표면에는 미량의 수분에 의해 가열할 때 증발하여 노내의 수증기량이 증가한다.

   ㉱ 이것이 그대로 축적되면 산화성의 분위기로 되므로 노내의 dew point가 상승하지 않도록 분위기 가스를 퍼지(purge)할 필요가 있다.

   ㉲ 연속 풀림로에서는 약 $600Nm^2/H$의 HN 가스를 흐르게 하고 있어 이것에 의한 노내압 10mmHq 이상, 노점은 −20℃ 이하로 유지한다.

③ 노내 분위기 가스의 반응

   ㉮ 탈탄: 고온 분위기 가스 중에는 강중의 탄소와 반응해서 탈탄되고 CO 가스가 발생한다.

$$FeC + H_2O \rightleftarrows Fe + CO + H_2$$

   ㉯ 산화: 공기가 노내에 들어가 공기 중의 산소에 의해 스트립 산화한다.

단원 예상문제 ◐

1. 냉간압연 후 풀림로의 분위기 가스로에 사용되는 가스의 명칭이 아닌 것은?

   ① DX 가스   ② PX 가스

   ③ AX 가스   ④ HNX 가스

   해설 DX 가스: COG, AX 가스: 암모니아, HNX 가스: N_2와 H_2

정답 1. ②

제2장 압연기

1. 압연기의 종류

1-1 제품의 종류에 따른 분류

(1) 분괴 압연기

① 고능력을 목적으로 하는 고속화, 대형화 및 자동화가 진행되고 있다.

② 슬래브 압연기에는 유니버설 방식이 채용되고 있다.

(2) 후판압연기

① 2단 압연기, 3단 압연기, 4단 압연기가 있다.

② 자동판 두께 제어장치(AGC), 롤 베어링 장치의 설치가 일반적이다.

(3) 열간 대강 압연기

① 강판의 수요 증가에 따른 생산 능력 향상과 슬래브(slab)의 대형화 추세에 따라 완성 압연기의 스탠드 수는 7기가 보편화되었다.

② 최신 연속 기술로 인한 박물의 품질 확보 및 생산성 향상이 가능해지게 되었다.

③ 열간압연 설비: 조압연기, 후판압연기, 권취기

(4) 냉간 대강 압연기

① 다품종 소량 압연형의 가역식 압연기에서 양산형의 3~5 스탠드의 시트 압연기를 사용한다.

② 5~6 스탠드의 메인 압연기로 구분한다.

③ 석도판의 재료에 2~3 스탠드의 2차 냉간압연기가 이용된다.

(5) 형강 압연기

① 형강압연은 공형을 가진 1쌍의 롤 사이로 소재를 치입시켜 단면을 축소하고 길이를 증대하여 희망하는 단면형상의 제품을 제조하는 방법이다.

② 공형에는 개방공형과 폐쇄공형이 있다.

단원 예상문제

1. 다음 중 열간압연 설비가 아닌 것은?

① 권취기
② 조압연기
③ 후판압연기
④ 주석박판 압연기

해설 열간압연 설비: 권취기, 조압연기, 후판압연기

정답 1. ④

1-2 롤의 배치 방식에 따른 분류

롤의 배치	특징	주 용도
2단식	가장 오래된 형식으로 풀오버 압연기, 가역식	분괴 압연기, 열간 조압연기, 조질 압연기
3단식	• 상하부 롤이 같은 방향, 중간 롤이 반대 방향으로 회전한다. • 재료는 기계적 승강 테이블 또는 경사 테이블을 사용하여 아래쪽에서 위쪽의 패스로 옮긴다.	라우드식 3단 압연기(중간 롤이 작은 지름)
4단식	• 현재 가장 많이 사용한다. • 넓은 폭의 대강 압연에 적합하다.	후판압연기, 열간 완성압연기, 냉간압연기, 조질 압연기, 스테켈식 냉간압연기

 5단식	• 큰 지름의 받침롤 상하부 2개, 작은 지름의 작업롤 1개, 중간 지름의 롤 상하부 2개로 구성된다. • 넓은 폭에서 특히 폭 방향만 두께가 균일하다. • 작은 지름롤의 이용 효과 이외에 롤 샤프트에 의한 크라운 교정이 유효하다.	테라 압연기(냉간압연기)라고도 한다.
 6단식	단단한 재료를 얇게 압연하기 위하여 작업롤을 다시 작은 지름으로 하고 폭 방향의 롤의 휨을 방지하여 판 두께를 균일화한다.	클러스터 압연기(클러스터 밀, 냉간압연기)
 다단식	• 규소 강판, 스테인리스 강판의 압연기로 많이 사용된다. • 압하력은 매우 크며, 생산되는 압연판은 정확한 평행이다.	센지미어 압연기(냉간압연기)
 유성 압연기	상하부 받침롤의 주변에 각 20~26개의 작은 작업롤을 유성상으로 배치하여 단단한 합금재료의 열간 스트립 압연을 한다. 1 패스로 큰 압하가 얻어져 작업롤의 표면 거침이 경미하다.	센지미어식 유성 압연기(받침롤 구동), 프래저식 유성 압연기(받침롤 고정, 아이들 슬라이브부 중간롤이 조입된 게이지가 구동된다), 단축식 유성 압연기(센지미어식의 상부롤 아이들 큰 지름롤 또는 오목면 고정판으로 한 것)
유니버설 압연기	모가 난 단면재를 압연할 때 증폭에 의해 양 끝부분은 고르지 못하므로 2단 혹은 3단 압연기의 출구 또는 앞뒤에 한 쌍의 수직롤을 설치하여 재료의 측면에 압축력을 가하여 압연한다.	I형 빔 등의 압연이 가능하다.
스테켈 압연기	• 롤을 직접 움직이지 않고 코일링 장치의 회전에 의한 인장력으로 4단 롤을 회전시켜 압연한다. • 한 방향의 압연이 끝나면 코일의 회전 방향을 바꾸어 재료를 왕복시키면서 압연한다. • 지름이 매우 작은 롤을 사용한다.	인장력의 조절로 연한 얇은 판을 고속으로 치수가 정확하게 압연

1. 4단 가역식 압연기를 가장 많이 사용하는 압연은 ?

① 분괴압연   ② 후판압연   ③ 형강압연   ④ 크라운 교정 압연

해설 6mm 이상의 후판을 4단 가역식 압연기에서 생산한다.

2. 다음 중 대량생산에 적합하여 열연 사상압연에 많이 사용되는 압연기는?

① 테라 압연기   ② 클러스터 압연기   ③ 라우드식 압연기   ④ 4단 연속 압연기

3. 얇은 판재의 냉간압연용으로 사용되는 클러스터 압연기(cluster mill)에 속하는 것은?

① 3단 압연기   ② 4단 압연기   ③ 5단 압연기   ④ 6단 압연기

해설 6단 압연기 : 냉간압연용으로 사용되는 클러스터 압연기(cluster mill)

4. 1패스로서 큰 압하율을 얻는 것으로 상하부 받침 롤러의 주변에 20~26개의 작은 작업롤을 배치한 압연기는?

① 분괴 압연기   ② 유성 압연기   ③ 2단식 압연기   ④ 열간 조압연기

5. 지름이 큰 상하의 지지롤 주위에 다수의 소경 작업롤을 롤러 베어링과 같이 배치하여 이 작업롤의 자전과 공전에 의하여 압연하는 압연기의 종류는?

① 센지미어 압연기   ② 유성 압연기

③ 유니버설 압연기   ④ 론(rohn) 압연기

해설 유성 압연기 : 상하부 받침롤러의 주변에 20~26개의 작은 작업롤을 배치하여 이 작업롤의 자전과 공전에 의하여 압연하는 압연기

6. 냉간압연기 중 1pass당 압하율이 가장 큰 것은?

① 스테켈 압연기   ② 클러스터 압연기

③ 센지미어 압연기   ④ 유성 압연기

7. 공형압연에 이용하는 유니버설(만능) 압연기의 특징이 아닌 것은?

① 자동화가 쉽다.

② 롤의 마멸로 인한 손실이 적다.

③ H형강, I형강, 레일 등을 제외한 압연에서 우수하게 압연할 수 있다.

④ 롤 간격의 조정만으로 다양한 제품을 만들 수 있다.

해설 H형강, I형강, 레일 등의 제조에 이용한다.

8. 유니버설(universal) 압연기의 형태로 옳은 것은?

① 두 쌍의 수평롤이 결합한 형태이다.

② 두 쌍의 수직롤이 결합한 형태이다.

③ 연속식 수평롤의 두 쌍이 결합한 형태이다.

④ 한 쌍의 수평롤과 한 쌍의 수직롤이 결합한 형태이다.

9. 수평롤과 수직롤로 조합되어 1회의 공정으로 상·하 압연과 동시에 측면압연도 할 수 있는 압연기로 I형강, H형강 등의 압연에 이용되는 압연기는?

① 2단 압연기　　　　　　　　　　② 스테켈식 압연기

③ 플레네터리 압연기　　　　　　　④ 유니버설 압연기

해설 유니버설 압연기: 한 쌍의 수평롤과 한 쌍의 수직롤이 결합한 형태로 I형강, H형강 등의 압연에 이용된다.

10. 하우징이 한 개의 강괴라고도 할 수 있을 만큼 견고하며, 이 속에 다단 롤이 수용되어 규소 강판, 스테인리스 강판압연기로 많이 사용된다. 압하력은 매우 크며, 압연판의 두께 치수가 정확한 압연기는?

① 탠덤 압연기　　② 스테켈식 압연기　　③ 클러스터 압연기　　④ 센지미어 압연기

해설 센지미어 압연기는 다단 롤로 구성하여 주로 스테인리스 강판을 제조하며 치수가 정확한 강판을 제조한다.

11. 센지미어 압연기의 롤 배치 형태로 옳은 것은?

① 2단식　　　　　② 3단식　　　　　③ 4단식　　　　　④ 다단식

정답 1. ②　2. ④　3. ④　4. ②　5. ②　6. ④　7. ③　8. ④　9. ④　10. ④　11. ④

2. 압연기의 본체 설비

2-1 압연기 본체의 구조

① 본체: 기초 위에 압연기의 주체가 되는 롤 하우징을 고정시키고, 여기에 조립한 롤을 지지하여 재료의 변형저항에 대하여 견딜 수 있는 구조이다.

② 하우징: 압연재의 재질, 치수, 온도, 압하율 등을 고려하여 압하 하중을 결정하여 설계한다.

③ 하우징 윈도우: 베어링을 매개로 하여 롤을 지지하고, 압연재의 치수, 정밀도, 형상에 직접 영향을 끼치기 때문에 정확히 가공한다.

④ 프로젝트 윈도우형: 롤 균형, 형상 제어에 사용하는 실린더 블록을 초크에서 분리하여 하우징에 직접 고정시키는 냉간압연기에 이용, 롤 교체가 간단하고 보수가 용이하다.

단원 예상문제

1. 압연설비 중의 주요 명칭 분류에 해당되지 않는 것은?

① 롤 베어링   ② 롤 압하장치   ③ 롤 교환장치   ④ 롤 구동장치

해설 압연설비: 롤 베어링, 롤 압하장치, 롤 구동장치

정답 1. ③

2-2 압하장치

• 압하설비: 소정의 판 두께를 얻기 위하여 압연 압력을 롤에 미치게 하는 장치를 압하(조정)설비라고 한다.

• 수동, 전동, 유압 세 가지 방식이 있다.

(1) 수동방식

① 소형 압연기에서 수동으로 압하 스크루를 상하로 이동시켜 압하하는 장치로서 각 패스마다 압하 조작을 자주 하지 않는 압연기에 사용한다.

② 형강 압연기 등에 사용되어 왔으나 압연기의 고속화 등에 따라 사용이 점점 줄어들고 있다.

(2) 전동방식

① 전동기로부터 감속 기구를 구동 압하 스크루로 조작하여 압하를 하는 장치이다.

② 스크루 너트의 재질은 고장력 망간-청동, 니켈-인-청동, 인-청동, 알루미늄-청동 등이 사용된다.

③ 압하 스크루의 속도는 압하량, 압하속도, 판 두께 정도에 따라 차이가 있다.

(3) 유압방식

① 관성이 작고 효율이 좋으며, 적응성이 우수하다.

② 유압방식은 정유량 제어식, 정롤 간극 제어식이 있다.

③ 유압방식의 특징

㈎ 압하의 적응성이 좋다.

㈏ 압연 목적에 따라 스프링 정수를 바꿀 수 있다.

㈐ 압연사고에 의한 과대 부하의 방지가 가능하다.

2-3 압연기의 구동장치

- 압연기의 구동설비: 동력을 발생하는 모터, 플라이휠 및 모터의 회전수를 감속시키는 감속기, 감속된 동력을 롤에 분배시키는 피니언 스탠드로 구성, 롤에 동력을 전달하는 스핀들 및 커플링으로 연결
- 운전상태에 따른 분류: 정속식, 가변속식

(1) 모터

① 교류 모터

㈎ 보통 모터

㈏ 극수 모터

㉠ 600rpm 또는 300rpm의 두 가지 회전수

㉡ 슬립저항을 이용한 속도변환 모터

② 직류 모터

㈎ 속도를 자유롭게 조절할 수 있는 이점이 있다.

㈏ 모터의 회전수$(N) = \dfrac{120 \times 주파수}{P(극수)}$

㈐ 주파수는 60사이클을 사용한다.

(2) 스핀들

① 각 전동기로부터 피니언 또는 피니언과 롤을 연결하여 동력을 전달하는 장치이다.

② 재질은 주강재 또는 단강재이다.

③ 스핀들은 형식상 유니버설 스핀들, 연결 스핀들, 기어 스핀들의 세 종류로 분류
   한다.

㈎ 유니버설 스핀들

㉠ 분괴, 후판, 박판 압연기 등에 많이 사용된다.

㉡ 분괴 압연기에서는 경사각이 7~8°이다.

㉢ 고속 대강 압연기에서는 경사각이 1°이다.

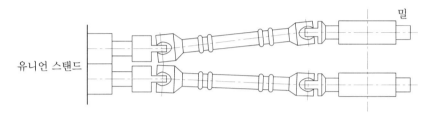

유니버설 스핀들

㈏ 연결(wobbler): 롤축 간 거리의 변동이 적고 경사각은 1~2° 이내 사용한다.

㈐ 기어 스핀들

㉠ 연결 부분이 밀폐되어 내부에 윤활유를 유지할 수 있으므로 고속 압연기에
   사용한다.

㉡ 경사각은 2° 이하 사용

㉢ 스핀들이 대형이거나 긴 경우에는 캐리어로 주간을 유지한다.

㉣ 고 토크의 전달이 불가능하다.

㉤ 경사각이 클 때 토크가 격감한다.

㉥ 일반 냉간압연기 등에서 사용한다.

(3) 피니언

① 동력을 각 롤에 분배하는 기구는 2단 또는 4단 압연기에서는 2개의 기어, 3단 압
   연기에서는 3개의 헬리컬 기어로 구성되어 있다.

② 롤의 구동은 일반적으로 2단 및 4단 압연기에서는 하부 롤을, 3단 압연기에서는
   중간 또는 하부 롤을 구동시킨다.

③ 지금은 상하부의 롤을 개별적으로 구동하는 스윙 드라이브 방식이 널리 이용된다.

④ 피니언의 재질: 주강 또는 단조강

⑤ 피니언 하우징: 소재로부터 발생되는 스케일 및 그 외의 불순물을 보호한다.

⑥ 강제윤활방식으로 오일을 밀봉 저장하며, 피니언은 6%의 동력을 흡수한다.

(4) 감속기

① 전동기의 동력은 감속기를 거쳐 피니언에 전달한다.

② 감속비는 분괴 압연기에서 보통 $\frac{1}{12}$ 정도이다.

③ 열간 대강 완성 압연기에서는 $\frac{1}{5} \sim \frac{1}{1}$의 범위이다.

④ 냉간 대강 압연기에서는 $\frac{1}{1.7} \sim \frac{1}{2}$의 범위이다.

(5) 구동 전동기와 구동기구

① 구동 전동기

㈎ 압연기의 원동력은 일반적으로 직류 전동기가 이용된다.

㈏ 속도 조정이 필요하지 않은 경우에는 3상 교류 전동기가 사용된다.

㈐ 연속 배열되는 1개의 전동기에 의해서 가동이 가능하다.

㈑ 연속 배열에서 단독 구동의 경우에는 동일 규격의 전동기가 사용된다.

㈒ 직류 전동기의 가격은 출력에 따라 결정되지 않고 전동기의 회전 모멘트에 따라 결정된다.

② 구동기구

㈎ 전동기의 회전력은 커플링이나 스핀들에 직접 또는 전동기 뒤에 직결되어 있는 기어를 통하여 전달된다.

㈏ 전동기에서 전달된 회전력은 2개의 상하부 롤의 스핀들로 분배되어 롤을 같이 회전한다.

㈐ 직류 전동기 1대마다 상하부 롤을 분할하여 직접 구동하는 기구가 많이 이용된다.

단원 예상문제

1. 압연기기의 구동장치에서 동력전달장치 구성 배열이 옳게 나열된 것은?

① 모터 → 감속기 → 피니언 → 스핀들　　② 모터 → 피니언 → 감속기 → 스핀들

③ 모터 → 스핀들 → 감속기 → 피니언　　④ 모터 → 감속기 → 스핀들 → 피니언

2. 압연기의 구동 설비에 해당되지 않는 것은?

① 하우징　　　　② 스핀들　　　　③ 감속기　　　　④ 피니언

해설 하우징은 압연구조에 해당한다.

3. 압연기의 구동장치가 아닌 것은?

① 스핀들 ② 피니언 ③ 감속기 ④ 스크루 다운

4. 전동기로부터 피니언 또는 피니언과 롤을 연결하여 동력을 전달하는 것은?

① body ② neck ③ spindle ④ repeater

5. 대형 열연압연기의 동력을 전달하는 스핀들의 형식과 거리가 먼 것은?

① 기어 형식 ② 슬리브 형식 ③ 플랜지 형식 ④ 유니버설 형식

6. 스핀들의 형식 중 기어 형식의 특징을 설명한 것으로 틀린 것은?

① 고 토크의 전달이 가능하다. ② 일반 냉간압연기 등에 사용된다.
③ 경사각이 클 때 토크가 격감한다. ④ 밀폐형 윤활로 고속회전이 가능하다.

해설 플렉시블 압연기에서는 고 토크의 전달이 가능하나 기어 방식은 고 토크의 전달이 불가능하다.

7. 압연기 압하장치 중 피니언의 역할은?

① 모터에서 발생한 동력을 감속기에 전달한다.
② 모터에서 발생한 동력의 회전수를 줄여 준다.
③ 전동기의 동력을 각 롤에 분배함과 동시에 적당한 회전 방향을 준다.
④ 전동기의 동력을 축척하여 회전력이 감소할 때 보충하여 준다.

해설 전동기의 동력을 각 롤에 분배함과 동시에 적당한 회전 방향을 제시한다.

8. 전동기 동력을 상하 롤에 각각 분배하여 주는 장치는?

① 피니언 ② 가이드 ③ 스핀들 ④ 틸팅 테이블

9. 피니언에 사용되는 기어로 톱니를 원통에 새겨 놓은 것으로 원통 주위의 톱니가 나선형인 기어는?

① 스퍼 기어 ② 헬리컬 기어 ③ 베벨 기어 ④ 웜 기어

10. 압연기 피니언의 기어 윤활방법으로 많이 사용되는 것은?

① 침적 급유 ② 강제순환 급유 ③ 오일형 급유 ④ 그리스 급유

해설 강제순환 급유방식으로 압연기 피니언의 기어 윤활방법으로 많이 사용된다.

정답 1. ② 2. ① 3. ④ 4. ③ 5. ③ 6. ① 7. ③ 8. ① 9. ② 10. ②

2-4 압연 롤

롤은 압연재료의 재질, 치수, 온도, 변형 저항값, 압연공정, 윤활조건 등에 따른 종류가 있다.

(1) 압연 롤의 구성 요소

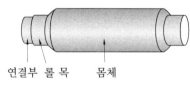

롤의 명칭

① 몸체(barrel): 압연을 하는 부분이며, 생산 제품에 따라 공형을 가공하여 사용하기도 하므로 압연제품의 종류와 크기 등을 고려하여 그 치수를 결정한다.

② 롤 목(roll neck): 바렐(barrel)을 지탱하여 압연하중을 받는 부분으로 원통 또는 구배가 있는 것도 있으며, 베어링에 의해 저널부가 지지한다.

③ 연결부(wobbler): 구동력을 전달하는 부분으로 형상에 따라 커플링 및 스핀들의 형상을 결정한다.

(2) 롤의 치수

① 강판용 롤은 원통형이지만 분괴, 선재, 형강 롤은 여러 가지의 공형을 가지고 있다.
② 판 두께가 큰 소재는 물림을 고려하여 지름이 큰 롤이 필요하다.
③ 롤 몸체의 지름을 D, 롤 몸체의 길이를 L, 롤 목지름을 d, 롤 목의 길이를 l이라 한다.

(가) 2단 롤

압연기의 종류	L/D	d/D	l/D
분괴, 형강, 선재	2~2.8 중하중 2.8~3.2 경하중	0.55	1.2~0.92
연속 롤	2.2~2.7 얇은 홈 1.7~2.2 깊은 홈	0.65~0.57	1.2
중후판	2.0~3.8	0.67	1.0~0.83

(나) 4단 롤

압연기	DS/D(DS: 보강롤 지름)	L/D
중후판	1.45~1.58	3.3~4.2
열간 대강 압연기	1.92~2.20	2.0~3.6
냉간 대강 압연기	2.8~3.2	0.67

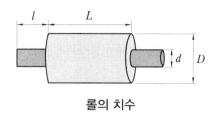

롤의 치수

(3) 롤의 크기

① 롤의 크기는 압연기의 종류, 재료 크기에 따라 다르다.

② 지름 20cm의 조강 롤부의 지름 12cm의 분괴 롤까지 있다.

③ 판 두께가 큰 재료일수록 큰 롤을 사용한다.

④ 상하 롤의 지름이 다를 경우 지름이 큰 롤 표면의 원주속도가 느리므로 압연재는 지름이 작은 쪽으로 휘어진다.

⑤ 하부 롤의 지름을 상부 롤의 지름보다 10mm 이하 작게 설정한다.

⑥ 소재의 치입각이 일정 각도 θ 이하로 되어야 하므로 1회에 최대로 압하할 수 있는 최대 압하량 Δh는 $\Delta h = D(1-\cos\theta)$이므로 지름($D$)이 큰 롤을 사용하면 신속히 두께를 축소할 수 있다.

⑦ 롤의 지름이 커지면 발생응력은 줄어들지만 소요 동력은 증가한다.

⑧ 롤의 지름과 롤 바렐(barrel) 길이의 비율은 강도 면에서 결정되지만 바렐의 길이는 보통 지름의 2~3배이다. 만약 이 이상 길어지면 휘거나 부러질 염려가 있다.

⑨ 상하 롤의 지름이 다를 경우 지름이 큰 롤 표면의 원주 속도가 커지므로 이와 접하는 압연재가 더 많이 연신되어 지름이 작은 롤 방향으로 휘어진다.

⑩ 하부 롤이 상부 롤보다 클 경우 압연재가 위쪽으로 구부러지고 이와 반대일 때는 압연재가 아래쪽으로 구부러진다.

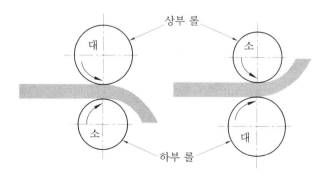

롤의 크기

단원 예상문제

1. 압연 롤의 구성 요소가 아닌 것은?

① 목   ② 몸체

③ 연결부   ④ 커플링

2. 다음 중 롤 형태의 주요 3부분이 아닌 것은?

① wobbler   ② roll body

③ roll neck   ④ spindle coupling

해설 spindle coupling은 압연구동장치이다.

3. 롤의 몸통길이 L은 지름 d에 대하여 어느 정도로 하는가?

① $L = d$ ② $L = (0.1 \sim 0.5)d$

③ $L = (2 \sim 3)d$ ④ $L = (5 \sim 6)d$

4. 롤의 회전수가 같은 한 쌍의 작업롤에서 상부 롤의 지름이 하부 롤의 지름보다 클 때 소재의 머리 부분에서 일어나는 현상은?

① 변화없다.   ② 압연재가 하향한다.

③ 압연재가 상향한다.   ④ 캠버(camber)가 발생한다.

해설 상부 롤의 지름이 하부 롤의 지름보다 클 때 압연재가 하향한다.

5. 선재 공정에서 상부 롤의 지름이 하부 롤의 지름보다 큰 경우 그 이유는 무엇인가?

① 압연소재가 상향되는 것을 방지하기 위하여

② 압연소재가 하향되는 것을 방지하기 위하여

③ 소재의 두께 정도를 향상시키기 위하여

④ 롤의 원 단위를 감소시키기 위하여

6. 냉간압연 작업롤에서 상부 롤이 하부 롤보다 클 때 압연 후 스트립의 방향은 어떻게 변하는가?

① 스트립은 상향한다.

② 스트립은 하향한다.

③ 스트립은 플랫(flat)한다.

④ 스트립에 캠버(camber)가 발생한다.

해설 상부 롤이 하부 롤보다 클 때 압연 후 스트립은 하향한다.

7. 상하 롤의 회전수가 같을 때 상부와 하부의 롤 지름 차이에 따른 소재의 변화를 설명한 것 중 옳은 것은?

① 상부 롤의 지름이 하부 롤의 지름보다 크면 소재는 하부 방향으로 휨이 발생한다.
② 상부 롤의 지름이 하부 롤의 지름보다 크면 소재는 상부 방향으로 휨이 발생한다.
③ 상부 롤의 지름이 하부 롤의 지름보다 크면 소재는 우측 방향으로 휨이 발생한다.
④ 상부 롤의 지름이 하부 롤의 지름보다 크면 소재는 좌측 방향으로 휨이 발생한다.

해설 상부 롤이 하부 롤보다 크면 소재는 하부 방향으로 휜다.

8. 선재 공정에서 상부 롤의 지름이 하부 롤의 지름보다 큰 경우 그 이유는 무엇인가?

① 압연 소재가 상향되는 것을 방지하기 위하여
② 압연 소재가 하향되는 것을 방지하기 위하여
③ 소재의 두께 정도를 향상시키기 위하여
④ 롤의 원 단위를 감소시키기 위하여

9. 냉간압연기 롤 몸체의 지름을 작게 하는 이유로 가장 옳은 것은?

① 재료의 열변형 때문
② 받침롤 접촉을 고려하기 때문
③ 대형화에 따라 물림각도가 크기 때문
④ 변형저항이 크고 롤 편평화가 심하기 때문

정답 **1.** ④ **2.** ④ **3.** ③ **4.** ② **5.** ① **6.** ② **7.** ① **8.** ① **9.** ④

(4) 롤의 특성

롤은 강력한 압연 작업에 견디기 위하여 강도, 내압성, 내마멸성, 내충격성, 표면의 균열에 대한 저항성, 경화 심도 등이 우수해야 한다.

① 작업롤

㉮ 내표면 균열성: 제품의 품질에 직접 관계가 있는 내표면 균열성을 개선하기 위해서 내마멸성의 개선에 효과가 있는 Cr, Mo 등의 첨가를 증가시키거나 Co, Si 의 첨가가 효과적이다.

㉯ 내사고성: 압연 중의 풀림이나 슬립에 따른 소착 사고에 의하여 롤 표면이 손상되거나 균열 또는 스폴링이 발생하지만 이 요인으로서는 물림에 의한 템퍼링 작용을 받기 때문에 생기는 체적변화(수축)에 의한 인장응력의 발생과 담금질할 때의 잔류 응력 및 열충격의 세 가지를 들 수 있다.

(다) 경화심도: 경화심도에 영향을 주는 Cr의 고용량 3% 정도까지 경도가 Hs 90 이상의 표면층 25~30mm에 이른다.

  ㉠ 고심도형(Hs 90~93): 내균열성을 중요시하는 고속, 고하중의 냉연 롤

  ㉡ 중심도형(Hs 96~100): 내마멸성이 필요한 조질 롤

② 중간 롤(intermediate roll)

  (가) 전동 피로강도, 내마모성, 내표면 거칠기성이 우수할 것

  (나) 스트립 edge chip 등 이물에 의한 롤 표면을 손상치 않을 것

③ 받침롤(보강롤, back up roll)

  (가) 요구 성질: 절손, 균열 손실에 대하여 충분한 강도 유지와 내균열성, 내마멸성이 풍부한 롤을 선택한다. 슬리브 롤의 경우 전단 부하에 대하여 충분한 강성이 필요하다.

  (나) 사용 재질: Cr-Mo계, Ni-Cr-Mo계, 단조 롤 등을 선택한다.

④ 슬리브 조립식 롤

  (가) 두꺼운 경화층을 얻을 수 있어 경제적이며, 일체 롤의 경우에는 지름이 작아지면 동부를 선삭한 다음 여기에 슬리브를 끼워 이용하는 것이 보통이다.

  (나) 롤 모체와 슬리브 사이의 슬립 발생에 의한 압연재의 판 두께 변동의 원인이 되기 때문에 다음과 같은 방법을 취한다.

  ㉠ 끼우는 면에 특수한 접착제를 바른다.

  ㉡ 슬리브와 롤 몸체 단부를 나사 링으로 고정한다.

  ㉢ 요철부에 크라운을 두어 편심 발생 시에 복원성을 크게 한다.

(5) 롤의 종류

• 롤의 재질은 크게 나누어 주철 롤, 주강 롤, 단조 롤 등이 있다.

• 제품별 생산공장에 사용되는 롤은 adamite, Hi-Cr, HSS(high speed steel), composite 롤 등 공장별 생산 설비에 맞는 롤을 선택하여 사용한다.

① 분괴용 롤

  (가) 제품 표면보다 압하 능률에 중점을 둔다.

  (나) 고하중, 열충격에 견딜 수 있어야 한다.

  (다) 내열, 내균열성이 우수한 구상흑연주철 롤이 널리 사용된다.

② 후판용 롤

  (가) 2단 조압연기 롤은 분괴 롤과 유사한 특성을 요구한다.

㈏ 4단 작업롤: 내마멸, 내열, 내균열성이 우수한 고합금 Ni-Grain 롤을 주로 사용한다.

③ 열간 대강 압연기용 롤

　㈎ 압연기의 대형화, 고속화에 따라 내마멸, 내표면 균열, 내열충격성 요구

　㈏ 작업롤: 표층은 내마멸성 풍부한 조직, 내부는 강인한 재질

　㈐ 받침롤: 특수주강, 단강 재질 롤

④ 냉간 대강 압연기용 롤

　㈎ 단강롤에는 단강 담금질

　㈏ 반강롤에는 주강이나 단강 일체 또는 슬리브 롤

　㈐ 조질 압연기의 받침롤에는 합금주철 롤을 사용한다.

⑤ 형강용 롤

　㈎ 대부분 공형이 있는 롤로서 표면층뿐만 아니라 내부까지 높은 경도를 가지고 있으며, 공형 내면에는 내마멸성을 요구한다.

　㈏ 모서리에 응력 집중부가 있고, 동부절단, 플랜지 절손 등에 견딜 수 있도록 충분한 강인성이 있는 롤이 필요하다.

　㈐ 합금 그레인 롤이나 구상흑연주철 롤도 매우 깊은 공형이 있는 롤에는 부적당하다.

　㈑ 표면경도는 약간 낮으나 깊고 높은 경도의 층을 가지는 에드마이트 롤이 적합하다.

　㈒ 대형, 초대형강의 압연에 사용한다.

단원 예상문제

1. 압연기의 작업롤(work roll)이 구비하여야 할 특성 중 틀린 것은?

① 내마모성이 우수하여야 한다.

② 경화 깊이가 깊어야 한다.

③ 표면 이물부착이 용이하여야 한다.

④ 표면거칠기 저하가 적어야 한다.

해설 표면 이물질 부착이 안 되도록 한다.

2. 작업롤의 내표면 균열성을 개선하기 위해 첨가하는 합금원소가 아닌 것은?

① Pb   ② Cr   ③ Mo   ④ Co

해설 내마멸성의 개선에 효과가 있는 원소: Cr, Mo, Co

3. 압연 롤에 요구되는 성질이 아닌 것은?

① 내사고성   ② 연성   ③ 내마모성   ④ 경화심도

해설 압연 롤의 요구 조건: 내사고성, 내마모성, 경화심도

4. 다음 중 작업롤이 갖추어야 할 특성에 해당되지 않는 것은?

① 취성   ② 내마멸성   ③ 내충격성   ④ 내표면 균열성

해설 작업롤 구비 조건: 내마멸성, 내충격성, 내표면 균열성

5. 6단 압연기용 중간 롤에 사용되는 롤 성질에 대한 설명으로 틀린 것은?

① 내마모성이 우수해야 한다.
② 전동피로 강도가 우수해야 한다.
③ 배럴부 표면에 소성 유동을 발생시켜야 한다.
④ 작업롤의 표면을 손상시키지 않아야 한다.

해설 배럴부 표면에 소성 유동을 발생시켜서는 안 된다.

6. 강재 열간압연기의 롤 재질로 적합하지 않은 것은?

① 주철롤   ② 칠드롤   ③ 주강롤   ④ 알루미늄 롤

해설 알루미늄 롤은 연해서 롤의 재질로 사용하지 않는다.

정답 1. ③ 2. ① 3. ② 4. ① 5. ③ 6. ④

2-5 롤 베어링

(1) 작업롤과 베어링

① 압연기의 롤 목(roll neck)용 베어링은 스케일, 고하중, 정확한 다듬질 정도, 고열 등의 조건 하에서 작동하기 때문에 보수의 용이성 등을 구비할 필요가 있다.

② 메탈계 베어링보다 열간압연기에는 거의 합성수지 베어링을 사용한다.

③ 합성수지 베어링은 마찰계수가 적고 마멸량도 적으며, 취급이 간편하고 물로 윤활할 수 있어 경제성이 있다.

④ 고속압연기는 롤 베어링이 적합하다.

⑤ 냉간압연기용으로는 테이퍼 롤러 베어링을 사용한다.

 ㉮ 평베어링(plain bearing)에 비하여 치수 정밀도가 높고 마찰계수가 적으며, 고속회전에도 견딜 수 있는 특징을 가진다.

 ㉯ 값이 비싸고 충격에 약하며 취급이 복잡한 단점이 있다.

(2) 받침롤 베어링

① 다단압연기의 받침롤의 베어링에는 대부분 유막 베어링을 사용한다.

② 최근에는 원통 롤러 베어링이 냉간 조질 압연기에 사용된다.

③ 유막 베어링에는 롤의 목 부분이 저널로 되어 있는 스트레이트 목 베어링과 슬리브가 목에 끼어져 저널을 이루고 있는 테이퍼 목 베어링도 있다.

④ 받침롤 베어링에는 유막 베어링, 합성수지 베어링, 원통형 베어링 등 다수가 있다.

 ㉮ 유막 베어링의 특징

  ㉠ 지름을 크게 할 수 있다.

  ㉡ 부하 용량이 회전 상승과 함께 감소하지 않고 항상 일정하다.

  ㉢ 마멸 손실이 적고, 롤러 베어링과 거의 같다.

  ㉣ 마멸 및 재료의 피로가 거의 없기 때문에 베어링 수명이 길다.

  ㉤ 롤의 분해, 조립은 간단하지만 정밀도를 요한다.

 ㉯ 원통 롤러 베어링의 특징 : 비철 압연기에 오래 전부터 사용하였다.

  ㉠ 판 두께 정밀도가 높아지고 오프(off) 게이지가 감소한다.

  ㉡ 기동 토크가 적어서 좋다.

  ㉢ 오일 미스트 윤활로서 충분하므로 유막 베어링과 같은 대규모의 윤활장치가 필요 없다.

  ㉣ 기름이 샐 염려가 적다.

(3) 베어링 상자(roll chock)

베어링을 지지하는 장치로서 베어링 상자라고도 하며 슬리브(sleeve), 베어링(bearing), 오일 실(oil seal), 링 케리어(ring carrier), 이너 링(inner ring), 어저스팅 너트(adjusting nut), 스플릿 링(split ring) 나사 및 키(key) 등 각종 부속품과 조립되어 롤에 장착하여 압연을 할 수 있는 롤 조립이 완성된다.

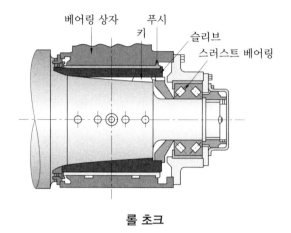

롤 초크

① 롤러 베어링 상자는 하우징 윈도우에 조립되어 있고, 롤을 지지함과 동시에 압하력을 전달한다.

② 재료는 하우징과 같은 주강재가 보통이며, 작업롤러 베어링 상자가 들어가는 면과 하우징 내면의 미끄럼부에는 라이너가 있고, 마찰에 대하여 정밀한 조정을 충분히 할 수 있도록 되어 있다.

③ 작업롤은 각각 대응하는 롤 초크 내에 유압 플런저를 설치하여 롤 밸런스로 사용한다.

④ 받침롤 베어링: 유막 베어링, 합성수지 베어링, 원통형 베어링 등 다수가 있다.

3. 압연 부대 설비 및 구조

3-1 공형 설비

(1) 롤러 테이블

구동되는 롤러를 비치한 통로로서 그 위로 압연재가 반송되는 장치이다. 롤러 테이블은 작업용과 반송용으로 분류된다.

① 작업용 롤러 테이블

㉮ 압연기의 바로 앞뒤 부분에 설치한다.

㉯ 압연 작업을 할 때 압연재를 롤에 보내고 패스 후에는 압연재를 받아내는 일을 한다.

② 반송용 롤러 테이블

  ㈎ 압연재를 가열로에서 압연기로 반송한다.

  ㈏ 압연기에서 절단기 또는 다음 압연기로 반송할 때 사용한다.

(2) 리프팅 테이블과 틸팅 테이블

① 3단식 압연기에서는 압연재를 하부 롤과 중간 롤의 사이로 패스한 후 다음 패스를 위하여 압연재를 들어올려 중간 롤과 상부 롤의 사이로 넣을 때 리프팅 테이블(lifting table)과 틸팅 테이블(tilting table)을 이용한다.

② 리프팅 테이블은 테이블이 평행으로 올라가지만 틸팅 테이블은 어느 고정점을 기준으로 회전하여 필요한 위치로 올리는 역할을 한다.

(3) 회전 및 반송

① 압연재를 압축할 위치가 되도록 회전시키고, 다음에 그 압연재를 압연 방향에 대하여 옆에 있는 다음의 공형으로 이송하는 역할을 한다.

② 이상의 두 조작은 필요에 따라 별개로 하든지 동시에 조작한다.

(4) 강괴 압연기

① 가열로에 압연재를 연속적으로 밀어 넣는 설비이다.

② 압연재인 강괴, 블룸 및 빌렛은 기중기를 이용하여 가열로의 장입부 쪽에서 압연재를 가열로 속으로 장입한다.

③ 강괴 장입기는 크랭크 또는 래크 피니언으로서 전동, 유압 또는 수압으로 구동한다.

④ 가열로를 비우든지 또는 반 정도만 장입하기 위하여 장입봉은 될 수 있는 대로 길게 하는 것이 좋다.

(5) 추출장치

① 가열된 강편을 가열로에서 밖으로 추출하는 장치를 강편 추출장치라고 한다.

② 빌렛과 같이 단면이 작고 길이가 긴 압연재는 롤러 테이블 또는 구동 롤러로 반송하여 가열로의 옆에서 장입되고 가열로 내의 이동은 강편 장입기에 의하여 이송한다.

(6) 강괴 전도기

① 균열로 안에 장입한 강괴를 균열하기 위하여 스트리퍼 크레인으로 균열로에서 수직으로 인출하여 분괴 압연기의 어프로치 테이블로 이동시키는 장치이다.

② 어프로치 테이블 위에 강괴를 놓기 위하여 강괴를 수직 방향에서 수평 방향으로 전도시킬 때 사용하는 장치를 강괴 전도기라고 한다.

(7) 기중기

① 압연 공장에는 압연기 및 설비의 배치와 특성에 따라서 여러 가지 기중기가 있다.
② 집는식 기중기, 저장소용 또는 적재용 기중기, 마그넷식 기중기 등이 있다.

(8) 냉각상

① 냉각상은 열상이라고도 한다.
② 압연기에서 온 압연재를 전 횡단면에 걸쳐 일정한 냉각 속도로 동시에 냉각하는 역할을 한다.
③ 압연재는 압연 속도와 냉각 속도를 위한 수송 속도간의 균형을 만들기 위해 압연 라인에 경사로 전송한다.
④ 냉각상의 여러 가지는 각 압연기의 특성에 따라 결정한다.

(9) 코일 반송 설비

① 벨트 컨베이어, 체인 컨베이어, 워킹 빔 및 훅 컨베이어 등이 사용된다.
② 훅 컨베이어는 훅을 와이어에 단단히 묶어 그 훅이 레일 위를 이동하도록 되어 있는 장치이다.
③ 그 위에 적열 상태에 있는 선재 코일이 도출 장치에 의하여 냉각된다.
④ 내강 코일은 수직, 수평 어느 쪽으로도 반송될 수 있다.

단원 예상문제

1. 압연 부대설비 중 3단식 압연기에서 하부 롤과 중간 롤의 사이로 패스(pass)한 후, 다음 패스를 위하여 압연재를 들어올려 중간 롤과 상부 롤 사이로 밀어넣는 역할을 하는 것은?

① 작업용 롤러 테이블　　　　　② 반송용 롤러 테이블
③ 리프팅 테이블　　　　　　　④ 강괴 장입기

정답 1. ③

3-2 압연 입·출구 안내장치

(1) 출입구 가이드

① 압연기의 가이드 중에는 입구 가이드(entry guide)와 받침장치로 구성한다.

② 압연재를 압연기로 안내하게 되는데 특히 출구 쪽으로 정확히 안내하는 역할을 한다.

③ 형강이나 작은 봉강, 선재용의 압연기에서는 특히 이들 가이드를 사용한다.

④ 압연재가 롤에 물릴 때 넘어지는 것을 방지하기 위해서는 정확히 조정할 수 있는 사이드 가이드(side guide)를 통하여 안내한다.

⑤ 정향장치의 내면은 압연재의 형상에 정확히 맞추어져 있다.

⑥ 출구쪽의 가이드는 간단한 양쪽의 정향장치와 그 사이에 있는 받침장치로 구성된다.

(2) 비틀림 가이드

① 수평 스탠드로 압연할 때 압연재에 일정한 압축을 가하기 위해서 압연재는 스탠드와 스탠드 사이를 회전해야 한다.

② 회전을 비틀림이라 하며, 일반적으로 90° 비튼 것이다.

(3) 리피터

① 작은 봉강, 선재용 압연기에서는 여러 패스를 거치는 동안에 압연재는 매우 길게 된다.

② 압연기를 나온 압연재료는 활 모양의 리피터에 의하여 다음 스탠드의 공형으로 유도되면서 동시에 2 내지 수대의 압연기로 보내지면서 압연이 완성된다.

단원 예상문제

1. 봉강, 선재용 압연기에서 여러 패스를 거치며 압연재가 길어져 활처럼 휘는 모양으로 다음 공정으로 유도되는 역할을 하는 장치는?

① 리피터　　② 입구 가이드　　③ 사이드 가이드　　④ 스윙 드라이브

정답 1. ①

3-3 윤활장치 및 압연설비의 윤활

(1) 윤활장치

① 유막 베어링 급유방식

㈎ 롤 축부의 치수 제약과 고속, 고하중에 견디기 위하여 받침롤 베어링에 유막 베어링을 사용한다.

㈏ 순환 급유계 힘으로 열간 및 냉간 대강 압연기와 같이 압연유 스케일 등이 혼입하기 쉬운 것은 서로 교환해서 2탱크 방식을 사용한다.

㈐ 저질 압연기 등과 같이 수분 혼입이 적은 것은 1탱크 방식을 사용한다.

㈑ 유막 베어링의 결점: 축 속도가 1.5m/s 이하의 저속이 되면 유막형성이 나빠 저속 압연할 때 또는 패스 밀의 정 역 운전을 교체할 때 지장을 초래한다.

② 오일 미스트(oil mist) 급유장치

㈎ 급유 개소에 기름을 분무 상태로 뿜어 윤활에 필요한 최소한의 유막 형성 및 유지 장치 역할을 한다.

㈏ 오일 미스트 장치의 구조: 오일 미스트 발생장치, 미스트 배관, 노즐 등으로 구성된다.

③ 그리스 급유 장치

㈎ 마찰면이 저속운동을 하고 고하중일 때 이용한다.

㈏ 액체급유가 이용되지 않을 때 이용한다.

㈐ 먼지 등에 대한 밀봉이 요구될 때 이용한다.

㈑ 급유계통: 플런저 펌프와 유압교체 밸브이다.

㈒ 가장 적합한 그리스 급유법은 충진 급유법이다.

(2) 압연설비의 윤활

윤활 개소와 윤활유

기계 명칭	윤활 개소	윤활법	윤활유
롤링 밀	롤 목 베어링(슬라이딩 베어링)	그리스(충전)	열연: 핫 목 그리스
			냉연: 콜드 목 그리스
	롤 목 베어링(롤링 베어링)	그리스	3호 컵 그리스 3호 극압 그리스

			450 디젤 엔진유
	피니언 기어	순환식	B700 디젤 엔진유 2종, 4~5호 기어유 2종, 6~7호 기어유
		유욕, 스플래시	2종, 4~5호 기어유
	피니언. 목 베어링	강제적하	450 디젤 엔진유
로드 밀	롤 목 베어링	롤링 밀에 준한다.	450 디젤 엔진유
		강제적하	
	피니언, 피니언 목 베어링	순환식	450 디젤 엔진유 B700 2종, 4~5호 기어유 2종, 6~7호 기어유
		유욕, 스플래시	2종, 4~5호 기어유

㈜ 롤 베어링, 하우징, 압하장치, 피니언 스탠드와 감속기, 테이블 급유, 그 밖의 보조 설비 급유

단원 예상문제

1. 급유 개소에 기름을 분무상태로 품어 윤활에 필요한 최소한의 유막형성을 유지할 수 있는 윤활장치는?

　① 등유 급유장치　　　　　　　② 그리스 급유장치
　③ 오일 미스트 급유장치　　　　④ 유막 베어링 급유장치

2. 다음 중 그리스를 급유하는 경우로서 틀린 것은?

　① 마찰면이 고속운동을 하는 부분
　② 고하중을 받는 부분
　③ 액체 급유가 곤란한 부분
　④ 밀봉이 요구될 때

　해설 그리스 급유는 저하중 및 고하중을 받는 부분, 액체 급유가 곤란한 부분, 먼지 등의 밀봉이 요구될 때 사용한다.

3. 압연기의 롤 베어링에 그리스 윤활을 하려고 할 때 가장 좋은 급유방법은?

　① 손 급유법　　　　　　　　　② 충진 급유법
　③ 패드 급유법　　　　　　　　④ 나사 급유법

　해설 충진 급유법: 그리스 주입에 적합하다.

4. 다음 윤활제 중 반고체 윤활제에 해당되는 것은?

① 흑연   ② 지방유

③ 그리스   ④ 경유

정답 1. ③   2. ①   3. ②   4. ③

3-4 롤의 냉각장치

① 고온 재료를 압연하는 경우 롤에 열균열을 방지하기 위해 냉각설비를 설치한다.

② 냉각수 살포에 의한 스케일 등의 롤에 대한 부착이나 흠 및 마멸을 방지한다.

③ 압연 중에 발생하는 열변형 방지 및 제품의 평탄도를 향상시킨다.

④ 트랙 스프레이(track spray): 권취 완료 시점에 권취 소재 바깥지름을 급랭시키고 권취기 내에서 가열된 코일을 냉각하기 위한 냉각장치이다.

⑤ 압연기를 통과한 제품을 냉각 상에서 이송하기 위한 설비 형식: 슬립 방식, 체인 방식, 워킹 방식

단원 예상문제

1. 권취 완료 시점에 권취 소재 바깥지름을 급랭시키고 권취기 내에서 가열된 코일을 냉각하기 위한 냉각장치는?

① 트랙 스프레이(track spray)

② 사이드 스프레이(side spray)

③ 버티컬 스프레이(vertical spray)

④ 유닛 스프레이(unit spray)

2. 압연기를 통과한 제품을 냉각 상에서 이송하기 위한 설비 형식이 아닌 것은?

① 슬립 방식   ② 체인 방식

③ 워킹 방식   ④ 스킨 방식

정답 1. ①   2. ④

 3-5 **열처리 설비**

■ 균열로

(1) 균열로의 형식

① 연소방법에 따른 분류: 상부 연소식과 하부 연소식이 있다.

② 균열로의 공통적인 조건

㈎ 연소실을 여유 있게 하여 강괴의 국부 가열을 할 수 있을 것

㈏ 가열 조작 및 노내 분위기 제어가 용이할 것

㈐ 전체적인 건설비가 저렴할 것

(2) 균열로 작업

① 강괴 수송과 조로 계획: 트럭 타임

② 가열작업

㈎ 급속 가열법: 보통강

㉠ 제1단계: 설정온도를 추출온도보다 20~40℃ 높게 설정한다.

㉡ 제2단계: 노내 설정온도를 추출온도까지 일정한 구배로 하강시킨다.

㈏ 프로그램 가열법

㉠ 고탄소강, 합금강 등의 열균열 감수성이 예민한 재료에 사용한다.

㉡ 가열곡선을 설정하고 그에 따라서 연료를 제어한다.

(3) 노상 보호

① 균열로에는 강괴의 스케일이나 조괴 작업에서 사용했던 압탕 보온재 등이 노내에 떨어져 남아 있는 일이 많다.

② 노상의 벽면이 노출되어 강괴의 안정성이 나쁘다.

③ 노상 벽돌의 화학적 또는 기계적 파손을 방지하기 위하여 노상에 보호재를 깔아준다.

④ 보호재의 입도 5~20mm의 주나이트 광석($2MgO-SiO_2$) 또는 2~3mm의 코크스 입자 300~400mm의 두께로 깔아준다.

⑤ 주나이트 광석을 사용할 때는 30~40일 간격으로 깔아준다.

② 열처리로의 형식

(1) 단식

① 가열재를 넣고 완료될 때까지 가열하는 방식이다.

② 연속적으로 할 수 없는 특수재질이나 매우 두꺼운 재료를 사용한다.

③ 재료의 치수, 가열 곡선을 광범위하게 사용한다.

④ 연속식 가열로에 비해 융통성이 높은 이점이 있으나 노상 효율이 낮다.

(2) 연속식

① 푸셔식 가열로: 슬래브를 푸셔에 의해 장입측에 밀어넣어 가열하는 노이며, 노내의 강편은 푸셔에 의하여 장 입구에서 출구로 배출하는 방식이다.

② 워킹 빔식 가열로: 노상이 가동부와 고정부로 분류한다.

㉮ 이동 노상이 유압, 전동에 의해 상승 → 전진 → 하강 → 후퇴의 과정

㉯ 트랜스버스(transverse) 실린더의 역할: 운동 빔(beam)의 수평 왕복운동으로 작동한다.

㉰ 익스트랙터(extractor): 슬래브 추출에 사용한다.

③ 노상 효율을 좋게 하고 균일한 가열을 하기 위해 노즐의 수를 많게 하는 경향이 있다.

④ 비교적 치수가 고른 재료를 가열하는데 적합한 노이며, 강의 가열에 이용한다.

(3) 회전로상식 가열로

① 가열 재료를 회전로상 위에 장입하여 노상을 회전시키면서 가열하는 방식이다.

② 회전로상은 원형 또는 환상의 구조로 2~30m 길이이다.

(4) 롤식 가열로

① 노상인 롤이 회전하면서 롤 위에 강편이 가열, 배출하는 형식이다.

② 노상인 롤은 냉각시키지 않는 것이 보통이며, 1100℃ 이하의 경우에 이용한다.

③ 열처리로 설비

(1) 스키드(skid)

① 노내에서 슬래브를 지지하는 것이다.

② 서포트 지지대로 지지되고 있으며 수랭 처리를 한다.

③ 내화물: 세라믹 파이버, 캐스터블의 2중 구조

④ 스키드가 닿는 부분에서 온도가 저하되어 암적색의 스키드 마크가 발생한다.

⑤ 스키드 마크의 발생을 억제하기 위해 세라믹 보텀(bottom) 사용 및 높이를 상향 조정한다.

(2) 축열식 버너

① 축열식 버너의 구조

㉮ 축열식 연소 시스템은 다음 그림처럼 A, B 버너 2대가 1쌍으로 구성되어 있으며 버너 A가 연소 시 연소가스는 버너 B 축열기에 열을 저장시키고, 200℃ 이하의 낮은 온도로 배출된다.

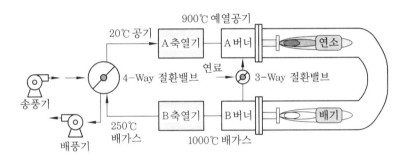

축열식 버너의 구조

㉯ 외부의 찬 공기를 축열재가 있는 축열기를 통과시켜 고온의 연소용 공기를 만든 후, 예열공기와 COG를 혼합, 연소시켜 레이들을 가열하고 배가스는 다시 다른 쪽의 축열재에서 배열을 회수하는 방식으로 일정한 주기에 의해서 양쪽 버너를 교체 사용하는 방식으로 열효율이 높다.

② 축열식 버너의 특징

㉮ 에너지 절감

㉯ 연소의 안전성

㉰ 온도분포 균일화 및 전열효율 증대

㉱ 환경공해물질 저감

㉲ 설비의 소형화

③ 축열식 버너 연료 시스템 적용 시 고려사항

㉮ 축열식 버너 연소 시스템의 특성 상 연소-소화-연소가 반복되므로 노압 증감이 발생한다.

㉯ 배기가스의 약 20%를 용해로에서 직접 배출한다.

㈐ 배기가스에는 용해된 알루미늄과 dust가 포함되어 있으므로 축열재가 오염이 될 수가 있으며 심할 경우 배기가스 배출이 원활하지 못하다.

㈑ 축열재는 주기적으로 청소를 해주어야 한다.

단원 예상문제 ◉

1. 노상이 가동부와 고정부로 나뉘어 있고, 이동 노상이 유압 전동에 의하여 재료 사이에 임의의 간격을 두고 반송시킬 수 있는 연속 가열로는?

① 푸셔식 가열로　　　　　　　　② 워킹 빔식 가열로
③ 회전로상식 가열로　　　　　　　④ 롤식 가열로

2. 워킹 빔식 가열로에서 유압, 전동에 의해 움직이는 과정으로 옳은 것은?

① 상승 → 전진 → 하강 → 후퇴　　② 상승 → 후퇴 → 하강 → 전진
③ 하강 → 전진 → 상승 → 후퇴　　④ 하강 → 상승 → 후퇴 → 전진

3. 워킹 빔식 가열로에서 트랜스버스(transverse) 실린더의 역할로 옳은 것은?

① 스키드를 지지해준다.
② 운동 빔(beam)의 수평 왕복운동을 작동시킨다.
③ 운동 빔(beam)의 수직 상하운동을 작동시킨다.
④ 운동 빔(beam)의 냉각수를 작동시킨다.

해설 트랜스버스(transverse) 실린더: 운동 빔(beam)의 수평운동을 작동시키는 역할을 한다.

정답 1. ②　2. ①　3. ②

3-6　교정 설비

(1) 교정 프레스

① 압연재에 굴곡을 가하면 소성변형을 일으켜 교정한다.

② 크랭크 프레스를 사용하는 교정 프레스는 수평으로 조절할 수 있어 2개의 하부 앤빌과 크랭크 구동에 의해 작동하는 상부 앤빌로 구성된다.

(2) 형강용 롤러 교정기

① 강성이 높은 프레임에 교정 롤러가 2열로 배치된다.

② 1열의 롤러는 상부에, 다른 1열의 롤러는 하부에 설치한다.

(3) 판용 롤러 교정기

① 경사 롤러 교정기

㉮ 원형 단면을 가지는 압연 제품의 교정에는 주로 경사 롤러 교정기가 사용된다.

㉯ 피교정계는 회전되면서 휨 또는 압축력이 가해져 똑같이 교정한다.

② 연신 교정기: 압연재를 교정할 때에는 탄성 한계 이상으로 연신하여 교정한다.

3-7 전단 및 절단 설비

(1) 전단기

① 전단기는 재료를 냉각상의 길이로 절단하거나 판의 가장자리 절단 및 슬릿 절단을 하든지 압연재를 운반 가능한 길이로 절단하기 위하여 압연공장 내에 설치한다.

② 열간전단기와 냉간전단기로 구분한다.

③ 용도에 따라 강괴용, 강편용, 작은 봉용, 판용 절단기 등으로 구분한다.

④ 전단기의 날에는 평행날, 경사날, 원형날이 있다.

(2) 절단 설비

① 톱(saw)은 직각의 절단면이 요구될 때 열간·냉간 압연재의 절단에 이용한다.

② 재료의 칩으로 인한 손실, 절단능력이 낮은 점

3-8 권취 설비

(1) 권취기(coiler)

① 최종 사상압연기를 통과한 스트립을 코일 모양으로 감는 설비이다.

② 리미나 플로(liminar flow) 설비의 냉각능력을 고려하여 최종 사상 스탠드에서 150~160m 정도 위치에 설치한다.

(2) 권취기에 필요한 특성

① 반복되는 충격력에 견디는 고강도 유지

② 설비 보전이 용이한 기구일 것

③ 고장발생 확률이 낮은 기구일 것

(3) 선재용 권취기

① 에덴본(edenborn)식 권취기: φ12 이하의 선재를 고속 압연할 때 사용한다.

② 가렛(garet)식 권취기: φ40까지의 선재를 권취하는 데 적합하다.

③ 스크랩 권취기: 선재 압연공장에서 스크랩 권취기 사용, 불량품이 발생한 스크랩
을 코일로 권취하기 위하여 사용한다.

(4) 대강용 권취기

① 대강 권취기

㈎ 열간이나 냉간에서 대강의 권취기는 맨드릴의 조합이다.

㈏ 맨드릴은 장력을 걸어 권취할 수 있어 대강의 유도가 잘 된다.

㈐ 가장자리의 손상이 감소되고 간격이 없이 코일에 걸린다.

㈑ 권취가 끝난 후에는 권취 드럼이 축소되며, 대강을 분리하는 장치에 의해 권취
드럼에서 분리한다.

② 열간 대강용 권취기: 권취에서 최초와 최후에 대강을 유도할 수 있는 가동 압착 롤
이 장비되어 있다.

③ 냉간 대강용 권취기

㈎ 엔들리스(endles) 벨트는 압착 롤러의 역할을 한다.

㈏ 대강을 적당한 힘으로 드럼에 말아 붙이는 역할을 한다.

㈐ 권취 드럼은 세그먼트(segment)로 구성된다.

㈑ 권취 후 드럼의 지름은 처음부터 넓혀져 있는 세그먼트의 축소에 의하여 작게
되며, 코일은 분리장치에 의해 처리한다.

㈒ 권취 드럼의 간격에 압연재를 넣어 클램프를 하는 방식은 두꺼운 대강의 가역
식 압연기에 사용한다.

제3장 분괴압연

1. 분괴압연 공정

1-1 개요 및 분괴압연의 목적

(1) 개요

① 분괴압연: 잉곳에서 강편을 만드는 압연이다.

② 생산비의 절감과 대량생산을 위해 큰 잉곳을 1회의 가열로서 가능한 최소 단면까지 연하게 다음 공정의 능률을 올리는 압연이다.

(2) 분괴압연의 목적

① 조괴 작업을 간소화하고 제강공장의 조업 및 작업능률을 향상시킨다.

② 주조된 강괴를 완성품 압연 공장이 바라는 치수, 형상의 강편으로 압연하여 생산능률과 품질향상에 기여한다.

③ 분괴압연에 의하여 강괴를 단련하고, 내부의 기포, 파이프 및 수지상 조직 등을 압착, 파괴하여 건전한 재질의 제품을 생산한다.

④ 강괴의 결함부를 절단 또는 제거하여 균일한 품질과 양호한 압연소재를 생산한다.

(3) 강편의 종류

① 후판: 슬래브, 시트 바

② 조강용: 블룸, 빌렛은 형강, 선재 등

1-2 분괴 압연기의 형식과 구조

(1) 분괴 압연기의 형식

① 블루밍 밀(blooming mill): 잉곳에서 주로 조강용 대형 강판(bloom), 조형강편
(beam, blanking)

② 슬래빙 밀(slabing mill): 강판용의 슬래브를 주로 압연한다.

③ 빌렛 밀(billet mill): 빌렛과 시트 바 등을 압연한다.

(2) 분괴 압연기의 구조

① 2중 가역 분괴 압연기

㉮ 지름이 거의 같은 1쌍의 롤이 있으며 자재이음으로 1쌍의 피니언에 연결되고,
아래 롤은 정위치에서 이동하지 않고 위 롤이 승강함으로써 위 아래 롤의 간격
을 조정한다.

㉯ 롤의 회전은 가역식이며, 회전수를 증감할 수 있다.

㉰ 원동기는 직류 가변 전압제어 방식이므로 설비비가 비싸다.

② 2중 분괴 압연기

㉮ 상, 중, 하 3개의 롤로서 역전하지 않고 왕복 압연이 가능하다.

㉯ 가운데 롤이 고정되고 상하 롤을 약간 조정할 수 있는 조정형과 상 롤에 승강
장치가 있고, 중 롤은 평형장치에 의해 재료가 통과할 때마다 상부 또는 하부 롤
에 접촉하는 조정형의 2가지가 있다.

㉰ 압축률이 작으며 소규모의 분괴공장에서 사용한다.

③ 유니버설 분괴 압연기

㉮ 2개의 수평 롤과 2개의 수직 롤로 구성되어 있다.

㉯ 수평 롤로 강괴의 두께를 압축하고 수직 롤로 폭을 압축한다.

㉰ 큰 편형 강편을 다량 제조하는 데 적합하다.

④ 연속식 빌렛 압연기

㉮ 분괴 압연기 뒤에 6대 정도의 2단 압연기를 직렬로 배치한다.

㉯ 빌렛, 시트 바 등을 다량 생산한다.

1-3 분괴 압연기의 부속 설비

(1) 롤

① 롤의 양부는 압연 능률, 제품의 품질, 생산량, 생산비 등
② 분괴 롤의 재질: 주강, 특수강, 단강

(2) 롤 베어링

베어링은 가혹한 부하를 받고 소비량에 밀접한 관계가 있으며, 합성수지 롤 베어링, 유막 베어링 등을 사용한다.

(3) 롤 압하장치

압하나사는 지름 250~450mm, 피치 40~50mm의 사다리꼴 나사로 되어 있고, 롤 스탠드 속에 있는 청동계 암나사가 회전하면서 롤을 승강한다. 압하나사의 상부에는 웜 휠을 갖춰 웜을 사이에 두고 전동기로 구동한다.

(4) 피니언 및 스핀들

① 피니언은 더블 헬리컬식의 16~20개의 잇수를 가진 1쌍의 기어이다.
② 아래 피니언을 원동기로 구동하여 동력을 각 롤에 전달한다.
③ 피니언은 롤의 양정을 고려해서 롤의 지름보다 약간 크게 한다.
④ 스핀들은 피니언과 롤을 연결하며 양 끝에 자재 이음을 지닌다.

(5) 롤러 테이블

잉곳 및 블룸을 수송하기 위해 전동기로 구동하는 일종의 컨베이어이다.

(6) 머니퓰레이터(manipulator)

① 압연할 때마다 잉곳을 롤러 테이블 위에서 소요의 위치로 이동시키고 또 필요에 따라 잉곳을 90° 전도하는 작업이다.
② 위치 이동은 랙 및 피니언에 의한다.
③ 전도는 크랭크로 훅을 올리는 운동에 의해 행하는데 보통 전동기로 구동되며 간혹 수압을 사용한다.

(7) 잉곳 버기(ingot buggy)

균열로에서 나온 잉곳을 체어(chair)에 받아서 레일 위를 주행하여 압연기 전방의 롤러 테이블에 공급한다.

1. 후판압연에서 재료를 90° 회전시킬 때 사용되는 설비로 테이블에 의해 압연재가 어느 정도 회전되면 잡아서 90°가 되게 하고 압연기의 중심부에서 압연되도록 유도하는 장치는?

① 가이드   ② 머니퓰레이터   ③ 하우징   ④ 전후방 테이블

정답 1. ②

1-4 분괴압연의 제조 공정

(1) 제조 공정과 배치

① 분괴 공정: 제선, 제강, 분괴, 압연의 선강 일관 공정의 중간에 위치한다.

② 제조 공정: 강괴의 균열, 분괴압연, 절단, 강편 정정으로 분류한다.

③ 형강용 분괴: 블룸, 빌렛 등

④ 강편용 분괴: 슬래브

(2) 분괴 공정의 기능

① 가열로: 강괴를 압연에 적합한 균일한 온도로 최단시간에 최소의 연료로 가열한다.

② 분괴압연: 강괴를 최소 패스 회수, 최단시간에 압연하여 정해진 치수 및 정밀도의 강편으로 압연한다.

③ 열간 스카핑(scarfing): 열연 강편의 표면을 지정한 깊이만큼 일정하게 스카프하여 표면 흠을 제거한다.

④ 강편 압연: 분괴압연된 블룸을 재가열하지 않고 계속해서 압연하여 빌렛, 원형강, 시트 바 등의 소형 강편으로 압연한다.

⑤ 절단: 압연된 강편의 끝부분에 생긴 귀 및 내외부의 결함을 절단, 제거하고 지정 길이의 강편을 낭비하지 않고 채취한다.

⑥ 강괴 강편의 칭량: 무게를 칭량하여 생산고 계산, 회수율의 관리 자료로 사용한다.

⑦ 마킹: 강편마다 번호, 품종 등을 표기하여 다른 재료의 혼합을 방지하고 공정관리의 재료로 사용한다.

⑧ 냉각: 강편의 수송과 손질 등을 처리 가능한 저온까지 허용된 냉각 속도로 능률적으로 냉각한다.

⑨ 강편 손질: 강편을 검사하여 표면 흠, 단면 잔류 파이프 형상, 치수 등의 기준에

서 벗어난 것은 불합격으로 하고, 구제가 가능한 것은 일부 절삭하여 스카프, 연삭 등의 손질을 하여 일정한 품질의 강편으로 제작한다.

(3) 분괴 공장의 배치

① 배치 계획 시에 유의할 점: 분괴 공장의 배치는 각 공장의 특성에 따라 독자적인 형태로 배치, 그 공장의 생산량, 대지, 제강 공장이나 압연 공장과의 관계 및 장래의 확정계획 등을 고려하여 배치한다.

㈎ 제강 공장에서의 강괴 반출이 능률적으로 될 수 있어야 한다.

㈏ 균열로에서 압연, 절단, 정정 등의 공정이 능률적으로 이루어질 수 있어야 한다.

㈐ 제품, 반제품 등을 다음 공정으로 운반하는데 쉬워야 한다.

㈑ 작업의 단순화, 안전화의 배려와 작업 인원이 적게 들도록 한다.

㈒ 건설비가 절감되고 설비 및 안전관리를 쉽게 할 수 있도록 한다.

㈓ 장래의 능력 보강 및 설비 확장 등을 고려한다.

② 균열로와 압연 라인의 배치: 균열로와 압연 라인의 배치는 강괴를 균열로에 장입하거나 추출하는데 영향을 끼치며, 이것은 또 압연기의 가동률에도 영향을 끼친다.

③ 제강 공장과 분괴 공장의 배치: 제강 공장의 배치에는 트럭 타임을 좌우하게 되므로 매우 중요하다.

④ 분괴 공장과 제품 압연 공장의 배치: 분괴 압연과 제품 압연은 그 작업이 서로 밀접한 관계에 있기 때문에 서로 가까이 배치하는 것이 보통이다.

2. 분괴용 소재와 가열 공정

2-1 분괴용 소재(강괴)

(1) 형상에 의한 강괴의 종류

① 횡단면에 의한 분류: 각형, 구형, 평형, 원형, 국화형 및 조형 등

② 종단면에 의한 분류

㈎ 하광 상부 개방형: 림드강, 세미킬드강

㈏ 하광 압탕형: 킬드강용이고 보통 압탕 보온재로서 발열제, 단열제를 사용한다.

(다) 캡트(capped)형: 강괴 위에 뚜껑을 덮은 것으로 캡트 강괴용이다.

(라) 상광 압탕형: 편석의 개선을 위한 것으로서 합금강, 킬드강용에 많이 사용되나 조괴 및 분괴 작업에 불리하다.

(2) 주입법에 의한 분류

레이들에서 주형에 직접 용강을 주입하는 상주법과 일단 주입관을 경유하여 주형 저부로부터 주입하는 하주법이 있다.

(3) 탈산 형식에 의한 분류

강괴는 탈산 형식에 의하여 림드강, 킬드강, 세미킬드강, 캡트강으로 분류한다.

2-2 균열로 조업

(1) 가열 작업

① 가열 방법: 보통 가열법, 급속 가열법 및 프로그램 가열법

② 급속 가열법

(가) 연료의 최대 유입 시간을 연장하여 급속히 가열하는 방법이다.

(나) 급속 가열법은 가열법의 설정온도보다 $20 \sim 50\,^{\circ}\!C$가 높은 승열온도를 설정한다.

(다) 어느 시간 후 또는 연료가 어느 유량까지 감소된 다음, 설정온도를 보통 가열법의 균열온도까지 낮추어 균열하는 방법이다.

(2) 연소

① 이론 공기량

(가) 액체의 경우: $A_0 = 8.89C + 26.7\left(H - \dfrac{O}{8}\right) + 3.32S[Nm^3/kg]$

(나) 기체의 경우

$$A_0 = \frac{1}{0.21}(0.5H_2 + 0.5CO_2 - 2CH_4 + 3C_2H_2 + 2.5C_2H_2 + 7.5C_6H_6 - O_2)[Nm^3/Nm^3]$$

여기서, A_0: 연료 단위량당 이론 공기량(Nm^3)

C, H, O, S: 각 연료 중의 C, H, O, S의 중량 비율

H_2, CO_2, CH_4, C_2H_4, C_2H_2, C_6H_6, O_2: 각 연료 중의 수소, 이산화탄소, 메탄, 에틸렌, 아세틸렌, 벤젠, 산소의 용적 비율

② 필요한 공기량

$A=\mu A_0$ 여기서, μ: 공기율 또는 공기과잉 계수로서 1.05~1.25의 범위, A: 공기 연소비

균열로에서 공기율이 낮으면 연도나 예열장치 안에 애프터 버닝(after burning)이 일어나고 높으면 강괴의 스케일이 두껍게 되든지 열손실이 증가한다.

(3) 노압

① 노압이 노의 열효율에 결정적인 영향을 준다.

② 노압에 따른 영향

노압이 높은 경우	노압이 낮은 경우
• 슬래브 장입구, 추출구, 노내 점검구에서의 방염에 의한 열손실 증가 • 방염에 의한 노내 주변 철구조물 손상 • 버너 연소상태 약화 • 개구부 방염에 의한 작업자 위험도 증가 등의 문제 발생 • 노를 상하게 하거나 강괴의 상부만이 가열	• 외부 찬 공기 침투로 노의 온도 저하로 열손실 증대 • 침입공기가 많아 열손실 증가 • 소재 산화에 의한 스케일 생성량 증가 • 버너 근처 강괴의 과열 발생

(4) 노압 적정 관리

① 노압 검출관, 노압 관리의 이상 유무를 확인한다.

② 계측기의 정도 관리를 철저히 한다.

③ 댐퍼 작동상태 확인을 철저히 한다.

④ 적정 노압 설정 관리를 철저히 한다.

(5) 냉각수 관리

① 냉각수: 가열로에서 스키드(skid)의 냉각에 사용한다.

② 과랭각: 물 소비 증가, 열손실 증가, 연료원 단위 상승, 전력원 단위 상승

③ 냉각수량 부족

㉮ 유속이 늦어 수온이 올라가 물때가 부착한다.

㉯ 배관이 막히기 쉬워 냉각 효과가 떨어진다.

㉰ 스키드의 변형과 균열의 원인이 된다.

④ 입측과 출측의 온도차: 5~20℃, 최고온도 60℃ 유지

(6) 온도 변화

① 슬래브의 두께 방향 온도 변화

발생 상황	방지책
• 슬래브 두께로 인해 중심부와 표면부의 온도차 발생 • 조압연 단계에서 급속한 온도 저하 발생 • 사상압연 전에 온도 저하로 압연에 영향이 있다.	• 슬래브 두께에 따른 균열시간 확보 • 균열시간이 짧으면 가열 온도를 높게 설정

② 슬래브 폭 방향 온도 변화

발생 상황	방지책
• 워킹 빔식 노에서 크게 발생한다. • 장입 슬래브 간에 간격을 두기 때문이다.	• 슬래브 간격의 축소 • 재로시간 연장에 의한 균열화 유지

③ 슬래브 길이 방향 온도 변화

발생 상황	방지책
• 사상압연 시 가속 열연을 하지 않을 때 슬래브 끝 꼬리부의 온도 저하 • 판두께 변동, 사상온도 저하의 문제 발생	• 꼬리 부위의 가열온도를 높게 설정하는 경사 가열 실시

④ 슬래브 간 온도차 발생 상황

  ㈎ 슬래브 두께 변화에 의한 온도차

  ㈏ 노 간 차에 의한 온도차

  ㈐ 강종에 의한 온도차

⑤ 스키드 마크(skid mark) 온도 변화

  ㈎ 푸셔(pusher)식 노가 워킹 빔(walking beam)식 노보다 스키드 마크가 크다.

  ㈏ 조압 시 스키드 마크가 발생하는 원인과 대책

발생 상황	방지책
• 재로시간이 좋을 때 • 슬래브 두께가 두꺼울 때 • 추출온도가 낮을 때	• 재로시간 연장 • 승열 패턴 균열시간 변형 • 워킹 빔 로 : 이동 빔에서 상하 운동의 아이들링(idling) 실시

단원 예상문제

1. 일산화탄소(CO) 10Nm^{3}을 완전 연소시키는데 필요한 이론 산소량(Nm^3)은 얼마인가?

① 5.0 ② 5.7 ③ 22.8 ④ 27.2

해설 $CO+\frac{1}{2}O_2=CO_2$반응이 일어나므로 O_2는 CO가스량의 $\frac{1}{2}$이 필요하므로 이론 산소량은 5.0Nm^{3}이다.

2. 노내의 공기비가 클 때 나타나는 특징이 아닌 것은?

① 연소가스 증가에 의한 폐열손실이 증가한다.
② 스케일 생성량의 증가 및 탈탄이 증가한다.
③ 미소연소에 의한 연료소비량이 증가한다.
④ 연소온도가 저하하여 열효율이 저하한다.

해설 공기비가 작을 때 미소연소에 의한 연료소비량이 증가한다.

3. 가열로의 노압이 높을 때에 대한 설명으로 옳은 것은?

① 버너의 연소 상태가 좋아진다.
② 방염에 의한 노체 주변의 철구조물이 손상된다.
③ 개구부에서 방염에 의한 작업자의 위험도가 감소한다.
④ 슬래브 장입구, 추출구에서는 방염에 의한 결손실이 감소한다.

4. 균열로 조업 시 노압이 낮을 때의 현상으로 옳은 것은?

① 장입소재(강괴)의 상부만이 가열된다.
② 스케일의 생성 억제 및 균일하게 가열된다.
③ 화염이 뚜껑 및 내화물 사이로 흘러나와 노를 상하게 한다.
④ 침입 공기 증가로 연료 효율을 저하 및 스케일의 성장과 버너 근처 강괴의 과열현상이 일어난다.

5. 압연가공에서 판 두께 정도에 영향을 주는 요인 중 영향이 가장 적은 것은?

① 압연속도의 변동 ② 압연온도의 변동
③ 스키드 마크 등의 편열 ④ 사상압연에서의 텐션(tension)의 변동

해설 스키드 마크는 연속식 가열로에서 소재가 노내를 이동할 때 접히는 부분이 가열 불충분으로 암적색을 띠는 것이다.

정답 1. ① 2. ③ 3. ② 4. ④ 5. ③

3. 분괴 작업

3-1 **분괴압연**

(1) 패스 스케줄의 작성

① 패스 스케줄(pass schedule)의 구성

㈎ 균열된 강괴 표면에 있는 1차 스케일의 박리 및 표층부 주조 조직의 단련을 목적으로 한 초기 공정

㈏ 내부 조직의 단련과 성형을 하는 단련 공정

㈐ 소요 치수, 형상으로 성형하기 위한 완성 공정

② 구체적인 패스 스케줄

㈎ 최초 압하량과 패스 회수 단련 공정에 있어서의 최대 부하량, 최대 압하량과 접촉각, 폭물림, 롤 스프링 등을 결정하는 것이 필요하다.

㈏ 보통 초기 패스는 4회, 접촉각은 평 패스의 경우 $23°$ 이하, 공형 패스에 대해서는 측면의 마찰을 고려하여 $28°$ 이하로 한다.

㈐ 실용적인 롤 스프링: 압연 후의 재료 두께와 롤 간극의 차로 구한다.

㈑ 최대 부하량: 변형 능력이 큰 보통 탄소강의 경우 전동기의 허용 토크 한도까지이다.

(2) 품질에 미치는 분괴압연의 영향

① 마텐자이트계 스테인리스강: $1,100 \sim 1,200℃$에서 압연 개시하고 $825℃$ 부근에서 일어나는 변태를 고려해서 $950℃$ 이상에서 압연 종료한다.

② 페라이트계 및 오스테나이트계 스테인리스강: 압연온도 $1,250℃$ 이하

(3) 연신 공형에 있어서의 표면 흠의 변화

① −형 흠의 경우: $\dfrac{W}{D}$의 값이 작게 되면 $K_1 \doteqdot 1$, $K_2 \doteqdot 0$으로 된다.

② V형 흠의 경우: $\dfrac{W}{D} < 2$에서는 $K_1 \doteqdot 1$로 되고 양쪽의 베어링에서 흠이 충전되지만, $\dfrac{W}{D} > 2$에서는 밑쪽에서의 충전이 증가하여 $K_1 < 1$로 되고 흠은 얕아진다.

③ U형 흠의 경우: 밑쪽에서의 충전이 지배적이고 흠은 현저하게 얕아진다.

3-2 절단과 정정 작업

(1) 강편의 절단 작업

① 대절단기: 분괴압연된 강편의 양끝 불량 부분을 절단하고, 강편 본체의 분할에 사용한다.

② 소절단기: 빌렛의 분할용으로 사용하며, 구조는 대절단기와 비슷하다.

③ 주간 절단기: 주로 연속 강편 압연기의 뒤쪽에 연결하여 설치하며, 소단면 빌렛의 분할용으로 사용한다. 공기식과 전동식이 있으나 신설되는 것은 거의 전동식이다.

④ 열간 기계톱: 주로 원형강편의 절단용으로 사용한다.

(2) 정정 작업

① 열간 스카핑 머신(scarfing machine)

㈎ 아세틸렌가스, 프로판가스 또는 CO가스를 보조연료로 하고 산소가스를 강편 표면에 고속으로 뿜어 표층부를 산화, 제거하는 장치이다.

㈏ 대절단기의 앞부분에 설치한 슬래브, 블룸, 조형 강편의 손질작업에 이용한다.

㈐ 특징

㉠ 균일한 스카프(scarf)가 가능하며, 평탄한 손질면을 얻을 수 있다.

㉡ 손질 깊이의 조정이 용이하다.

㉢ 작업 속도가 빠르고 압연 능률을 떨어뜨리지 않는다.

㉣ 산소 소비량이 적다.

㈑ Fe, O_2 사이의 발열반응에 의해 발생한 고열로, 철분도 용융되어 산소 탱크로 비산되는 것을 알 수 있다.

㈒ 스카프(scarf) 깊이에 관계되는 것: 산소압을 올리면 스카프가 불안정하게 되고 스카프면의 요철이 심하게 되므로 실제 작업에서는 압력 범위를 일정하게 한정해야 한다.

㈓ 작업 기준: 탄소 성분마다 테이블 속도를 정해 스카프 여유를 제어한다.

단원 예상문제 ⓒ

1. 열간 스카핑에 대한 설명 중 옳은 것은?

    ① 손질 깊이의 조정이 용이하지 않다.

    ② 산소 소비량이 냉간 스카핑에 비해 적다.

    ③ 작업속도가 느리고 압연능률을 떨어뜨린다.

    ④ 균일한 스카핑은 가능하나 평탄한 손질면을 얻을 수가 없다.

    해설 균일한 스카핑이 가능하다, 손질 깊이의 조절이 용이하다, 냉간 스카핑에 비해 산소 소비량이 적다, 평탄한 손질면을 얻을 수 있다.

정답 1. ②

3-3   분괴 회수율

(1) 분괴 회수율의 분류

작업 공정의 관계에서 압연 회수율, 정정 회수율로 구분, 관리한다.

    ① 압연 회수율: 압연강편과 강괴의 비(압연강편/강괴)로 정정

    ② 정정 회수율: 사용 가능한 합격강편과 압연강편의 비(합격강편/압연강편)

(2) 압연 회수율

    ① 강종에 따라 크게 달라지며, 강괴와 강편의 형상, 치수, 무게에 따라 변동된다.

    ② 회수율을 좌우하는 요소: 스케일 손실은 균열로의 연소 분위기의 영향보다도 재로 시간의 영향이 더 크다.

    ③ 압탕부의 절단량: 7~12%

3-4   강편 검사

(1) 자분 탐상법: 습식법과 건식법

    ① 자분방식: 연속법과 잔류법

    ② 연속법: 빌렛의 길이 방향에 직류 전류를 통해 간단한 광 자분액을 산포하여 결함부분에 누설된 자속에 따라 흡착된 자분을 자외선으로 조사하여 관측하는 방법이다.

제4장 강판압연

1. 중 후판압연

1-1 두께에 따른 분류

① 중 후판: 3~6mm 이하
② 후판: 6mm 이상
③ 극 후판: 150mm 이상

1-2 중 후판의 압연 공정

① 제강 → 가열 → 롤 간극 조정에 의한 왕복 압연 → 열간교정 → 소정의 치수로 절단 → 완성 → 최종검사
② 4단식 압연기가 사용되며, 후판은 코일상으로 제조한다.

단원 예상문제

1. 중 후판압연의 제조 공정 순서가 옳게 나열된 것은?

① 가열 → 압연 → 열간교정 → 냉각 → 절단 → 정정
② 압연 → 가열 → 열간교정 → 정정 → 절단 → 냉각
③ 정정 → 압연 → 절단 → 냉각 → 열간교정 → 가열
④ 열간교정 → 정정 → 가열 → 냉각 → 절단 → 압연

정답 1. ①

1-3 중 후판 소재

(1) 킬드강(killed steel)

① 정련된 용강을 레이들 중에서 Fe-Mn, Fe-Si, Al 등으로 완전 탈산시킨 강괴이다.

② 재질이 균일하고 기계적 성질 및 방향성이 좋아 합금강, 단조용강, 침탄강의 원재료로 사용한다.

③ 킬드강은 보통 탄소함유량이 0.3% 이상이다.

(2) 세미킬드강(semi-killed steel)

① 킬드강과 림드강의 중간 정도의 것으로 Fe-Mn, Fe-Si으로 탈산시킨 강괴이다.

② C함유량이 0.15~0.3% 정도로 일반구조용강, 강판, 원강의 재료로 사용한다.

(3) 림드강(rimmed steel)

① 탈산 및 기타 가스 처리가 불충분한 상태이다.

② Fe-Mn으로 약간 탈산시킨 강괴로 불충분한 탈산으로 인한 용강이 비등작용이 일어나 응고 후 많은 기포가 발생되며 주형의 외벽으로 림(rim)을 형성하는 리밍 액션(rimming action) 반응이다.

③ 보통 저탄소강(0.15%C 이하)의 구조용 강재로 사용한다.

(4) 캡트강(capped steel)

① 림드강을 변형시킨 강이다.

② 용강을 주입 후 뚜껑을 씌워 용강의 비등을 억제시켜 림부분을 얇게 하므로 내부의 편석을 적게 한 강괴이다.

1-4 가열 작업

(1) 가열 작업에서 주의할 점

① 강종에 따라 적절한 온도로 균일하게 가열한다.

② 압연하기 쉬운 순서로 소재를 연속 배출한다.

③ 압연 작업의 피치에 맞추어서 소재를 연속 배출한다.

④ 압연 과정에서 박리하기 쉬운 스케일을 만든다.

⑤ 가열 작업 중에 소재에 결함을 만들지 않는다.

⑥ 연료의 소모율을 될 수 있는대로 낮춘다.

⑦ 노체 손상이나 노황의 불안정을 일으키지 않도록 작업에 유의하여 각 장소, 각 기구의 점검을 한다.

(2) 소재의 배출 순서와 속도(피치)

① 소재의 배출 순서

  ㈎ 압연에서 압연 소재는 롤 스케줄의 조건을 만족시킬 수 있도록 소재의 가열 순서를 결정한다.

  ㈏ 가열 순서는 컴퓨터로 결정

② 소재의 배출 속도

  ㈎ 가열 능력에 맞게 압연 배출 속도를 조절한다.

  ㈏ 가열로 선택 시 압연 능력에 맞는 가열로를 선택한다.

(3) 소재의 균열

① 스키드 마크(skid mark)

  ㈎ 소재는 가열로의 스키드 위에서 가열되는데 스키드에 접한 부분은 직접 가열 분위기에 접하지 못하기 때문에 가열로에서 배출되면 암적색을 띠게 될 때 스키드 마크라고 한다.

  ㈏ 압연할 때 변형저항 때문에 판 두께에 편차가 발생한다.

② 핫 스키드(hot skid)

  ㈎ 소재가 냉각수 파이프와 단열재로 차단된다.

  ㈏ 종래의 수랭 스키드에 비하여 균열이 용이하며, 스키드 마크도 경감한다.

③ 스케일 생성

  ㈎ 소재를 가열로 안에서 가열하면 외층부가 외기와 접해서 스케일이 형성된다.

  ㈏ 산화물은 고압수에 의한 스케일 제거

  ㈐ 압연기의 사고로 가열로의 보열 상태로 되었을 경우나 가열온도가 너무 높으면 박리가 어려운 스케일이 발생한다.

1-5 중 후판압연작업

(1) 중 후판압연기

① 중 후판압연작업: 3단식 압연기와 4단식 압연기를 이용한다.

② 3단식 압연기: 상하부 롤을 일정방향으로 구동하고, 중간 롤은 패스마다 상하로 이동하여 소재를 상부 롤과 중간 롤, 중간 롤과 하부 롤의 사이에서 압연한다.

③ 4단 압연기: 후판 공장에서 대부분 사용하는 압연기로서 상하 2개의 가역식 전동기로 스핀들을 통하여 직접 작업롤을 구동하는 방식으로 정도가 좋은 제품을 고능률로 압연한다.

(2) 압연작업

① 중 후판압연의 주된 작업

㈎ 가열로에서 생성된 1차 스케일 또는 압연 중에서 생기는 2차 스케일을 제거하는 스케일 제거

㈏ 소재의 폭을 압연 폭에 맞는 치수까지 연신하는 폭내기 압연

㈐ 최종적인 제품의 두께를 내고 형상을 갖추는 완성 압연

㈑ 압연 온도를 조정하여 재질 개선을 하는 조정 압연

㈒ 제품의 폭 방향과 길이 방향의 재질적 방향성을 개선시키는 크로스 압연

② 스케일 제거 작업

㈎ 가열로에서 생성된 스케일 제거를 목적으로 하는 것: 고압수 해머 이용

㈏ 압연 중에 생성된 2차 스케일 제거를 목적으로 하는 것

③ 폭내기 압연

㈎ 압연재를 축방향 또는 축과 직각 방향으로 압연하거나 경사로 압연이 가능하다.

㈏ 중 후판은 일정한 규격판의 생산량이 적고 주문에 의해 여러 치수의 것이 생산되므로 압연 폭을 자유로이 변화시키면서 생산이 이루어진다.

④ 완성압연

㈎ 완성압연의 목적: 두께의 편차가 없고, 평탄도가 좋은 강판을 압연하는 것이다.

㈏ 압연재의 판 두께 편차의 원인

㉠ 롤을 연삭 가공할 때 만든 롤 커브와 롤 길이에 따른 롤 지름의 변화

㉡ 압연할 때 발생하는 롤의 비틀림 등에 의해 발생한다.

⑤ 컨트롤드 롤링(controlled rolling)

  ㈎ 압연 중에 소재 온도를 조정하여 최종 패스의 온도를 낮게 하면 제품의 조직이 미세화하여 강도의 상승과 인성을 개선하기 위하여 압연한다.

  ㈏ 널리 사용한다.

⑥ 크로스 롤링(cross rolling)

  ㈎ 중 후판 소재의 길이 방향과 소재의 강괴축이 직각이 되는 압연작업이다.

  ㈏ 작업 방법: 압연기 전후의 테이블로 소재를 90° 회전시켜 압연한다.

  ㈐ 제품의 폭 방향과 길이 방향의 재질적인 방향성을 경감할 목적으로 한다.

(3) 롤 교체 작업을 하는 이유

① 작업롤의 마멸

② 롤 표면의 거침

③ 쇳가루나 산화물 등이 끼인 흠집

④ 귀갑상의 열균열

⑤ 롤 목의 저널부가 마멸되었을 때

(4) 압연 롤에 일어나는 현상

① 롤 크라운(roll crown)

  ㈎ 정의: 압연하중에 의한 롤의 휨을 보상하기 위해 중 후판용 롤은 보통 그 중앙부가 양단부보다 굵게 되어 있는 현상

  ㈏ 롤 크라운량: 롤 중앙부의 지름과 양단부의 차

  ㈐ 4단 압연기 롤 크라운량: 0.1~0.5mm

  ㈑ 롤 크라운량 결정 시 고려사항: 롤의 마멸, 비틀림 및 열팽창 등

  ㈒ 초기 크라운(initial crown): 압연기용 롤을 연마할 때 스트립의 프로파일을 고려하여 롤에 부여하는 크라운

② 롤 벤딩

  ㈎ 작업롤 벤딩: 작업롤 벤딩 사이의 유압 실린더의 힘에 의해 작업롤을 휘게 하는 방식이다.

  ㈏ 받침롤 벤딩: 롤의 강성을 대부분 유지하고 있는 받침롤을 휘게 하는 방식으로 크라운 조정에 큰 효과가 있다.

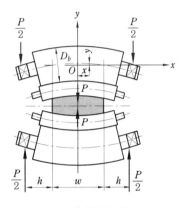

(a) WRB에 의한 롤의 휨

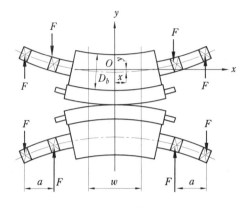

(b) BURR에 의한 롤의 휨

롤의 휨

단원 예상문제

1. 롤 크라운(roll crown)이 필요한 이유로 옳은 것은?

① 롤의 스풀링을 방지하기 위해   ② 압연하중에 의한 롤의 휨을 보상하기 위해

③ 롤의 냉각을 촉진시키기 위해   ④ 소재를 롤에 잘 물리도록 하기 위해

2. 롤 크라운이 필요한 이유로 가장 적합한 것은?

① 롤의 냉각을 촉진시키기 위해

② 롤의 스풀링을 방지하기 위해

③ 소재를 롤에 잘 물리도록 하기 위해

④ 압연하중에 의한 롤의 변형과 사용 중 마모, 열팽창을 보상하기 위해

3. 압연 롤 크라운에 영향을 주는 인자가 아닌 것은?

① 기계적 크라운   ② 롤의 냉각제어

③ 롤 굽힘 조정   ④ 장력 조정

4. 압연기용 롤을 연마할 때 스트립의 프로파일을 고려하여 롤에 부여하는 크라운(crown)은?

① Initial Crown   ② Thermal Crown

③ Tandom Crown   ④ Bell Crown

정답   1. ②   2. ④   3. ④   4. ①

1-6 교정과 냉각

(1) 교정

① 강판의 교정은 탄성 변형이 일어나는 저온 영역이 아닌 1,000℃의 열간온도에서 교정한다.

② 응력의 크기에 의해 1패스 또는 수 패스를 거쳐서 교정을 한다.

(2) 교정 효과

① 교정 롤이 작고 롤 간격이 좁으며, 온도가 높을수록 양호하다.

② 교정이 끝난 후판은 표면검사, 치수 조정, 기호를 써서 150~250℃까지 냉각한다.

(3) 냉각

① 냉각상은 강판을 마름질하여 절단, 표시, 각인 등의 정정 작업을 할 수 있는 온도까지 냉각하는 역할이다.

② 압연과 정정 작업 속도의 차를 흡수하는 완충 역할을 한다.

1-7 절단과 도장

(1) 절단

① 기계 절단

㈎ 블록 시어(block shear): 블록 절단

㈏ 트리밍 시어(trimming shear): 양측단을 절단

㈐ 엔드 시어(end shear): 정치수로 절단

② 가스 절단

가스 절단 시 프로판, 아세틸렌, 부탄 등의 가스가 활용된다.

③ 파우더 절단

작동가스에 아르곤, 질소, 수소 등이 활용된다.

(2) 도장

① 산화 부식 방지, 제품 완성 후의 탈청, 도장을 쉽게 하기 위해서

② 스케일을 제거한 다음 1차 방청처리를 하여 출고한다.

1-8 열처리 공정

- 중 후판의 열처리: 노멀라이징, 담금질, 템퍼링, 풀림
- 조직의 균질화, 미세화, 강인성 향상 등을 목적으로 주로 불림작업을 한다.

(1) 노멀라이징

① 내부응력 제거, 결정립 미세화
② 강판의 연신율, 단면수축률, 충격값 등 인성 개량

(2) 담금질

① 오스테나이트계 스테인리스강 등의 탄화물을 오스테나이트 중에 완전 고용한 조직을 상온에서 얻기 위한 고용화 처리이다.
② 마텐자이트 조직

(3) 템퍼링

① 내부응력 제거
② 강재의 강도를 감소시키고 인성을 얻는 목적이다.

(4) 풀림

① 내부응력 제거
② 냉간가공한 재료의 연화

단원 예상문제

1. 냉간압연 후 풀림의 주목적은?
① 경도를 증가시키기 위해서
② 가공하기에 필요한 온도로 올리기 위해서
③ 냉간압연 후의 표면을 미려하게 하기 위해서
④ 냉간압연에서 발생한 응력변형을 제거하기 위해서
해설 풀림의 주목적: 응력변형 제거

정답 1. ④

2. 열연 박판 압연

열연 박판의 개요 및 제조 공정

(1) 개요

① 박판: 두께 3mm 미만의 강판

② 열간압연과 냉간압연으로 구분한다.

③ 열연 박판: 대부분 박판은 소재를 연속 열간 스트립 압연기에 의해 길이가 길고 폭이 넓은 광폭 대강(hot coil)을 만든 후 소정의 규격으로 절단하여 사용한다.

(2) 열연 박판의 제조 공정

① 슬래브는 열연 스트립의 제조 순서에 따라 연속 가열로에 장입한다.

② 가열로에서 소정의 온도로 가열된 슬래브는 VSB(vertical scale breaker)와 조 압연기를 통과하여 노내에서 발생한 1차 스케일을 제거한다.

③ 폭을 조정하여 두께 20~40mm의 바를 제조한다.

④ 크롭 시어(crop shear), 완성 압연기를 통과하여 두께, 형상 및 완성 온도를 제어 조정하여 소정의 제품을 완성한다.

단원 예상문제

1. 열간 박판 완성압연 후 코일로 감기 전의 폭이 넓은 긴 대강의 명칭은?
　① 슬래브(slab)　　② 스켈프(skelp)　　③ 스트립(strip)　　④ 빌렛(billet)

정답 1. ③

소재와 가열 작업

(1) 소재

① 열연 박판용 소재: 탄소함유량 0.3% 이하의 저탄소강이다.

② 열연 박판용 강괴의 종류: 림드강, 세미킬드강, 실리콘 킬드강, 탄소량 0.1% 이하의 킬드강

(2) 가열 작업

① 압연용 소재인 슬래브를 능률적이고 경제적인 방법으로 알맞은 온도로 가열하여 연속으로 압연기에 보낸다.

② 가열 작업에서 슬래브는 푸셔에 의해 노내에 장입한다.

③ 연료는 중유나 가스를 사용한다.

④ 공기는 400~450℃로 예열하여 버너로 보낸다.

⑤ 배출되는 슬래브 표면의 온도는 1,250~1,300℃ 정도이다.

(3) 가열온도 관리

[온도계의 종류]

① 열전쌍 온도계: 두 종류의 금속선 양단을 접합하고 양 접합점에 온도차를 부여하여 전위차를 측정하는 온도계

② 광고온계: 필라멘트의 밝기를 이용한 비접촉식 온도계

③ 침지식 온도계: 접촉식 온도계

④ 레이저식 온도계: 레이저를 이용한 비접촉식 고온계

단원 예상문제

1. 열간압연 가열로 내의 온도를 측정하는 데 사용되는 온도계로서 두 종류의 금속선 양단을 접합하고 양 접합점에 온도차를 부여하여 전위차를 측정하는 온도계는?

① 광고온계   ② 열전쌍 온도계

③ 베크만 온도계   ④ 저항 온도계

해설 열전쌍 온도계는 열기전력에 의해 온도를 측정한다.

정답 1. ②

2-3 열연 작업

• 5~6대의 조압연기, 6~7대의 완성압연기, 2~3대의 권취기로 구성한다.

• 반연속식 열간 스트립 압연기: 전연속식 열간 스트립 압연기의 설비 중 조압연기를 1대의 가역식 조압연기로 줄여 사용하는 것이다.

• 예전에는 박판 압연에 2단 풀오버식 압연기를 주로 사용하였다.

- 최근에는 열간 탠덤식 스트립 밀(hot strip tandem mill)을 사용한다.
- 스카핑(surface scarfing): 박판 제품의 표면을 아름답게 하기 위해서 조괴 혹은 분괴압연에서 생긴 표면 흠집을 열간압연에 앞서 산소−아세틸렌 불꽃으로 제거하는 작업이다.

(1) 조압연과 산화물의 제거

① 가열로에서 배출된 슬래브는 산화물을 제거한 다음, 수 대의 조압연기에 의하여 소정의 두께(25~40mm)로 압연한다.

② 조압연기의 설치 대수는 5~6대가 보통이다.

③ 조압연기의 앞쪽의 2~3대는 압연재가 쉽게 물려들어가기 위하여 지름이 큰 작업롤(1000~1400mm)을 사용한 2단식 압연기를 사용한다.

④ 뒷부분의 압연기는 물려들어가는 각보다도 압연 압력이 커야 하므로 4단식을 사용한다.

⑤ 압연의 고속화에 따라 테이블 사이의 거리를 좁히기 위한 방법으로서 최종 압연기는 2대를 접근 배치한다. − 이 경우 구동 전동기를 직류 전동기로 하여 속도제어를 하며, 또한 스탠드 사이에는 루퍼(looper)를 설치한다.

⑥ 스케일 제거 방법은 100~150kg/cm^{2}의 고압수를 살수한다. − 수압이 높을수록 제거 효과는 증가되나 시설비가 많이 들고 유지가 어렵다.

(2) 완성압연

① 조압연이 완료된 압연재는 완성 압연기로 이동한다.

② 완성압연기의 입구에는 크롭 시어(crop shear)가 설치되어 압연재의 전 후단을 100mm 정도 절단한다.

③ 스탠드 사이에는 사이드 가이드(side guide)와 스트리퍼(stripper)가 설치되어 압연재를 안내하는 역할을 한다.

④ 루퍼(looper): 각 스탠드 사이의 압연재 장력을 제거하기 위하여 루퍼를 설치한다.

단원 예상문제

1. 열연 박판의 제조 설비가 아닌 것은?

① 권취기   ② 조압연기   ③ 연속 가열로   ④ 전해 청정기

해설 전해 청정기: 냉간압연 후 스트립의 표면에 묻어있는 유지 및 오염물질을 제거하는 표면 청정작업

2. 열연 공장의 권취기 입구에서 스트립을 가운데로 유도하여 권취 중 양단이 들어가고 나옴을 적게 하여 권취 모양이 좋은 코일을 만들기 위한 설비는?

① 맨드릴(mandrel)   ② 핀치 롤(pinch roll)
③ 사이드 가이드(side guide)   ④ 핫 런 테이블(hot run table)

해설 사이드 가이드(side guide): 권취기 입구에서 스트립의 양단이 들락날락하는 것을 적게 하기 위한 설비

3. 조압연기의 사이드 가이드의 주 역할은?

① 소재의 스트립을 압연기에 유도   ② 소재의 폭 결정
③ 소재의 회전   ④ 소재의 장력 유지

4. 열연 공장의 연속압연기 각 스탠드 사이에서 압연재 장력을 제어하기 위한 설비는?

① 피니언(pinion)   ② 루퍼(looper)
③ 스핀들(spindle)   ④ 스트리퍼(stripper)

해설 피니언: 동력을 각 롤에 분해하는 장치, 루퍼: 스탠드 사이에서 압연재의 장력을 제어하는 설비, 스트리퍼: 압연재가 롤에 감겨 붙지 않게 하는 설비, 스핀들: 전동기로부터 피니언 또는 롤을 연결하여 동력을 전달한다.

5. 사상압연기의 스탠드와 스탠드 사이에 설치되어 있지 않는 것은?

① 냉각수 스프레이   ② 루퍼   ③ 에저   ④ 사이드 가이드

해설 스탠드 설비: 냉각수 스프레이, 루퍼, 사이드 가이드, 와이퍼, 롤 냉각장치

6. 산세 공정에서 압연기 간의 장력을 제거하기 위해 사용하는 장치가 아닌 것은?

① 리피터(repeater)   ② 가이드(guide)
③ 업 루퍼(up looper)   ④ 사이드 루퍼(side looper)

해설 가이드: 재료를 정확한 위치로 패스해 압입시키거나 또는 빼어낼 때 장입 역할을 하는 안내 장치

정답 1. ④   2. ③   3. ①   4. ②   5. ③   6. ②

2-4 품질에 미치는 열연 작업의 영향

(1) 압연온도가 조직 및 기계적 성질에 미치는 영향

① 연강의 열연 작업 후의 조직은 열간 박판 압연에 있어서 가열온도, 조압연온도, 완성온도, 완성압연온도, 권취온도 등의 온도 관리는 품질 및 압연 작업에 매우 주요한 요소이다.

② 조직은 최종압연온도와 권취온도와의 관계이다.

(2) 압연온도가 표면 및 치수에 미치는 영향

① 1차 스케일 제거: 가열로에서 생긴 두꺼운 스케일을 제거한다.

② 2차 스케일 제거: 완성 압연기에 보내기 직전에 디스케일링 살수에 의하여 제거한다.

③ 압연과정에서 1, 2차 스케일을 제거하지 않고 압연하면 남은 스케일이 재료 표면에 남아 스케일 흠이 발생한다.

④ 압연 도중 완성압연온도가 높으면 롤의 표면 거칠기 촉진 및 스케일이 발생하여 재료 표면에 거칠음이 발생한다.

⑤ 관리: 가열온도 설정, 온도 관리, 스탠드 사이에서의 냉각수 조정 등

⑥ 스키드 마크(skid mark): 압연온도는 치수 정도에 큰 영향을 끼치는데 가열 중에 스키드 마크가 발생하여 두께의 변동에 큰 영향을 발생한다.

⑦ 완성 압연기에 이르기 전에 소요시간 때문에 슬래브의 뒤 끝부분 온도가 앞 끝부분보다 낮아지거나 가열로 간의 온도차에 의한 판 두께 변동 등이 발생한다.

2-5 열간압연 품질

1 제품의 기계적 성질

(1) 압연온도와 제품의 기계적 성질과의 관계

① 강의 화학성분, 사상압연온도(최종 사상압연기 출측온도)에 의해 결정된다.

② 사상압연온도는 Ar_3 변태점 직상에서 압연이 가장 적당하다.

　㈎ 비교적 미세하고 균일한 정립 조직의 결정립을 얻을 수 있다.

　㈏ 기계적 성질 중에서 연신율이 큰 재질을 얻을 수 있다.

　㈐ 가공성이 엄격한 제품의 압연 시 사상온도에 주의한다.

③ 권취온도는 인장강도, 항복강도를 결정하는 요인이다.

(2) 탄소강 압연의 경우

① 사상출구온도와 권취온도 등이 결정의 상변화와 관계가 깊다.

② 사상온도는 제품의 결정입도에 아주 큰 영향을 미친다.

③ 양호한 야금학적 성질(결정입도)을 얻기 위해 A_3변태점 이상에서 사상압연 완료, A_1변태점 이하에서 권취한다.

② 두께 정도와 제어방법

(1) 두께 정도

① 두께 변동에 영향을 주는 요인

  ㈎ 압연기 설비

  ㈏ 재질의 변동

  ㈐ 압연온도의 변동

  ㈑ 압연속도의 변동

  ㈒ 스탠드간 텐션의 변동

  ㈓ 야금학적인 원인에 의한 변형저항의 변동

  ㈔ 롤 지름의 변동(압연 중 롤의 열팽창)

② 압연온도의 변동과 두께 변동

  ㈎ 코일 길이의 방향 온도와 변동 요인과 두께 변동

  ㈏ 압연온도와 사상판 두께(2.3mm)의 변동 요인과 두께 변동(AGC 사용하지 않음)

  ㈐ 코일 전후 끝은 방열이 크기 때문에 온도강화와 압연장력이 걸리지 않아 판두께가 두꺼워진다.

③ 두께 정도 향상 방법

  ㈎ 서멀 런 다운(thermal run down)에 대해 가속 압연의 채용

  ㈏ 장력변동에 대해서 루퍼(looper)일정 장력 시스템 채용

  ㈐ 전체 두께 변동 요인에 대해서 자동 두께 제어장치(AGC) 채용

④ 두께 정도 관리

  ㈎ 두께 정도의 표현

    ㉠ 호칭 두께에 대하여 상하한 허용차를 함께 표현한다.

    ㉡ 표현 예: 4.5mm±0.45mm의 경우

→ 코일의 가장 큰 에지(edge) 이외의 곳(일반적으로 에지보다 25mm)을 측정하여 4.05mm에서 4.95mm 사이에 들어가는 것

㈏ 두께 차이에 따른 길이 방향 두께 변동

㉠ 두께가 얇은 경우는 길이방향 두께 변동은 적다.

㉡ 두께가 두꺼운 경우 스키드 마크 등의 변동 효과가 크게 나타나 변동이 크게 된다.

❸ 폭 정도와 제어방법

(1) 폭 정도에 영향을 주는 요인

① 슬래브 폭의 변동

② 조압연에서의 에지 세트에 의한 바(bar) 폭의 변동

③ 사상압연에서의 텐션의 변동

④ 스키드 마크 등의 편열

(2) 폭 정도 향상 방법

① VSB나 에지의 압하량을 크게 하고 판 폭 목표차에 대한 오차를 적게 유지한다.

② 사상압연기의 스탠드 간 텐션을 일정하게 유지한다. 루퍼 높이의 토크 및 밀(mill) 모터의 속도제어에 의한 스탠드 간 텐션을 일정하게 유지하는 장치인 루퍼 컨트롤 시스템을 채용한다.

③ 코일 전후 끝에서는 텐션이 걸리지 않기 때문에 에지 세트를 바의 전후 판단 변동

④ 코일 톱부에 대해서는 압하 및 스피드의 초기 설정을 정확히 유지한다.

단원 예상문제

1. 열연 공장에서 저탄소강을 압연하는데 있어 가장 낮은 온도를 나타내는 것은?

① 권취온도

② 조압연온도

③ 사상압연온도

④ 슬래브 가열온도

해설 낮은 온도에서 권취

2. 압연제품의 두께 변동에 영향을 주는 요인과 가장 거리가 먼 것은?

① 압연속도의 변동   ② 압연온도의 변동

③ 에저롤의 과대 마모   ④ 압연 중 롤의 열팽창

정답 **1.** ①   **2.** ③

2-6   크라운과 제어방법

(1) 크라운 양

① 압연제품의 폭 방향으로 두께의 변동값

② 폭 방향 중앙부와 양두께의 두께 차

③ 크라운 양 $= C - \left\{ \dfrac{(a+b)}{2} \right\}$

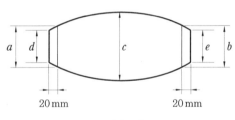

크라운 양

④ 열간 제품으로는 전부 크라운이 없는 상태가 이상적이다.

⑤ 냉연재료로서는 통상 0.04~0.09mm가 적당하다.

(2) 크라운의 종류와 변화

① 크라운의 종류

명칭	단면 형상(profile)	발생 원인
1. body crown (양 에지를 제어한 부분)	폭	• 롤 휨 • 재료 폭, 압연반력에 의해 변동

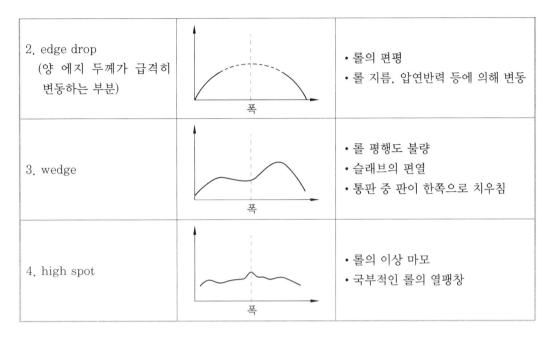

2. edge drop (양 에지 두께가 급격히 변동하는 부분)		• 롤의 편평 • 롤 지름, 압연반력 등에 의해 변동
3. wedge		• 롤 평행도 불량 • 슬래브의 편열 • 통판 중 판이 한쪽으로 치우침
4. high spot		• 롤의 이상 마모 • 국부적인 롤의 열팽창

② 스케줄 내에서의 크라운 변화

㈎ 롤 교체 직후는 롤의 열팽창이 극히 적음 → 판의 크라운이 큼

㈏ 압연본수 증가에 따라 롤 열팽창이 증가, 롤 마모 진행 → 크라운이 서서히 감소

㈐ 롤 교체 전 롤 마모량과 열팽창이 밸런스를 이용 → 크라운이 일정

㈑ 롤 이상 마모가 발생한 경우 → 이상 크라운 발생(high spot)

단원 예상문제 ⓒ

1. 열연코일 제조 공정에서 롤 크라운에 의한 제품 두께 변동 중 보디 크라운(body crown)의 발생 원인은?

① 롤의 휨　　　② 슬래브의 편열　　　③ 롤의 이상 마모　　　④ 롤의 평행도 불량

2. 열연작업 시 나타나는 크라운 결함 중 롤의 평행도 불량, 슬래브의 편열, 통판 중 판이 한쪽으로 치우치는 경우에 생기는 크라운에 해당되는 것은 ?

① wedge　　　② edge drop　　　③ high spot　　　④ body crown

해설 wedge: 롤의 평행도 불량, 슬래브의 편열, 치우침, edge drop: 롤의 편평, 롤 지름, 압연반력 등에 의해 변동, high spot: 롤의 이상 마모, 국부적 롤의 열팽창, body crown: 롤의 휨, 재료 폭, 압연반력에 의해 변동

정답 **1.** ①　**2.** ①

2-7   **조질압연과 절단 작업**

1 조질압연

　열간 압연한 핫 코일을 상온까지 냉각시킨 다음 0.1~4.0% 정도의 가벼운 냉간압연을 함으로써 열연 박판의 각종 성질을 향상시키기 위한 작업이다.

(1) 형상 교정

　① 열간 조질 압연 작업의 목적

　　㈎ 열연 스트립의 형상을 교정한다.

　　㈏ 열연 후 얇은 스트립의 형상은 에지 웨이브(edge wave) 경향을 보이는 것이 많고, 센터 웨이브(center wave)나 특이한 형상을 조질 압연기로 형상을 교정한다.

　　㈐ 에지 웨이브(edge wave)나 센터 웨이브(center wave)에 영향을 주는 것은 압연기의 롤 현상 때문이다.

　　㈑ 코일의 톱 엔드(top end)에서는 에지 웨이브 경향이 있어 이를 방지하기 위하여 신속하게 처리한다.

　　㈒ 보톰 엔드(bottom end)에서는 중간이 늘어나는 경향을 방지하기 위하여 최종까지 규정된 압하력을 유지한다.

(2) 기계적 성질의 개선

　① 주름 모양의 결함 발생: 열간 압연한 코일상의 스트립을 그대로 풀어 쓰든지 프레스 가공하면 주름 모양의 표면 결함이 발생한다.

　② 주름 모양의 결함 제거: 조질압연 시에 0.5~1.5%의 연신율을 가하여 제거한다.

(3) 표면 모양의 개선

　① 스트립의 표면 거칠기는 완성 압연기기의 롤 상황에 의해서 변화하지만 보통 10 μ 전후이다.

　② 표면 개선: 형상 검출기, 표면 검사기 등을 이용한다.

2 절단 작업

(1) **시어 라인(shear line)**: 열연 스트립을 절단하는 설비로서 열연 후 핫 코일을 풀면서 연속적으로 폭과 길이를 잘라서 강판을 제조한다.

(2) 시어 라인에서 제조하는 강판: 두께 1.2~12.7mm, 폭 600~1,900mm

(3) 언코일러(uncoiler): 코일을 풀어주는 장치

(4) 사이드 리머(side reamer): 스트립의 양쪽 면을 절단하는 장치

(5) 레벨러(leveler): 강판을 평탄하게 교정하는 장치

① 언코일러 레벨러(uncoiler leveler)

㈎ 코일의 감는 성질과 폭 방향의 변형을 제거한다.

㈏ 각 위의 롤은 독립하여 압하 세트할 수 있게 설치한다.

㈐ 롤의 지름이 크며(지름 200~500mm) 백업 롤은 없다.

② 시어 레벨러(shear leveller)

㈎ 왕복 동작 크랭크형 플라잉 시어 전면에 설치한다.

㈏ 시어에 스트립이 원활하게 진입하거나 또는 스트립 속도 동조를 취하기 위하여 사용하는 것으로서 롤 수는 10개 정도이다.

㈐ 지름은 90~180mm로 백업 롤은 없다.

③ 텐션 레벨러(tension leveller): 가공 워크 롤(work roll)에 판재가 충분히 굽힘을 받으며 연신되도록 충분한 길이방향 인장력을 작용하여 판재에 발생된 이파(耳波: edge wave)와 중파(中波: 중심부 신장, 센터 버클) 등의 부분별 길이 차이를 용이하게 교정하는 장치이다.

[레벨러의 평탄도 교정 목적]

㉠ 롤러 레벨러를 이용하는 강판의 교정은 다수의 롤로서 반복 굽힘을 잔류 곡율의 균일화 및 강판의 잔류응력을 감소하는 목적으로 실시한다.

㉡ 코일에서 되감긴 스트립은 코일 냉각 중에 열적인 불균일 및 코일 바깥지름과 안지름의 차이에 의한 가공도의 불균일, 핫 스트립 압연 시 폭방향 가공도의 불균일로 평탄 형상 및 내부응력 분포가 균일하게 되어 있지 않다.

㉢ 레벨러 전후에서 소멸시키는 소성 굽힘을 주어서 그 후에 점차로 감소되도록 반복 굽힘을 부여하며 강판을 평탄하게 하여 내부응력 분포를 균일하게 감소시킨다.

④ 롤러 레벨러(roller leveller): 반복적인 굽힘 변형에 의하여 주로 판재의 굽힘(반곡) 현상을 교정한다.

⑤ 레벨러의 스케일 브레이킹 효과

㈎ 스케일 브레이크의 작용은 황산 산세척에서 지철/스케일 경계면이나 스케일 층 안에 산이 침투되기 쉽도록 하기 위하여 스케일 층 안에 균열을 만드는 것이다.

㈏ 통상 산화막의 저인성을 이용하여 반복 굽힘이나 가벼운 냉간압연이 가장 많이 이용된다.

(6) 절단되는 코일은 열연상태의 것과 스킨 패스(skin pass)를 한 것 등의 두 종류가 있다.

(7) 박판은 스킨 패스를 한 다음 절단하게 되므로 열간 절단에는 별도의 설비가 요구된다.

단원 예상문제

1. 산세 공정에서의 텐션 레벨러(tension leveller)의 역할과 기능이 아닌 것은?

① 산세 탱크의 입측에 위치하여 후방 장력을 부여한다.
② 냉연 소재인 열연 강판의 표면에 형성된 스케일을 파쇄시킨다.
③ 냉연 소재인 열연 강판의 형상을 일정량의 연신율을 부여하여 교정한다.
④ 상하 롤을 이용하여 스트립의 표면 스케일에 균열을 주어 염산의 침투성을 좋게 한다.

해설 텐션 레벨러는 압연 강판의 스케일을 제거하고 연신율을 통한 교정과 염산의 침투성을 좋게 하는 역할을 한다.

2. 산세라인의 스케일 브레이커의 공정 중 그림과 같은 스케일 브레이킹법은?

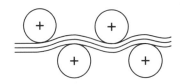

① 레벨링법   ② 롤링법   ③ 엑케이법   ④ 프레슈어법

해설 스케일 브레이커: 레벨링법을 통해 강편의 표면에 생긴 스케일을 제거하는 기구

3. 형상 교정 설비 중 다수의 소경 롤을 이용하여 반복해서 굽힘으로써 재료의 표피부를 소성 변형시켜 판 전체의 내부응력을 저하 및 세분화시켜 평탄하게 하는 설비는?

① 롤러 레벨러(roller leveller)
② 텐션 레벨러(tension leveller)
③ 시어 레벨러(shear leveller)
④ 스트레치 레벨러(strecher leveller)

해설 롤러 레벨러(roller leveller): 다수의 소경 롤을 이용하여 반복해서 굽힘으로써 재료의 표피부를 평탄하게 하는 교정 설비

4. 냉간압연에서 0.25mm 이하의 박판을 제조할 경우 판에서 발생하는 찌그러짐을 방지하는 대책으로 옳은 것은?

① 단면감소율을 크게 한다.
② 롤이 캠버를 갖도록 한다.
③ 압연 공정 중간에 재가열한다.
④ 스탠드 사이에 롤러 레벌러를 설치한다.

정답 1. ① 2. ① 3. ① 4. ④

3. 냉연 박판 압연

3-1 산세(스케일 제거)

① 산세작업: 냉연용 소재인 핫 코일은 그 표면에 산화피막이 형성된다.
② 냉연 박판은 열연된 스트립을 사용하며, 열간압연 과정에서 생긴 스케일층은 냉연 박판의 표면과 품질 및 롤 표면에 나쁜 영향을 주므로 냉연기에 보내기 전에 반드시 제거한다.
③ 다음 공정에서의 작업 능률을 향상시키기 위하여 핫 코일을 용접하여 코일의 대형화를 기한다.
④ 방청 및 냉간 압연할 때의 보조 윤활의 목적으로 산세 후의 스트립에 프리코트 오일을 도포한다.
⑤ 스트립을 규정 폭으로 절단한다.

1 스케일 조성

- 스케일은 표면 하층으로부터 산화제일철(FeO), 마그네타이트(magnetite, Fe_3O_4), 헤마타이트(hematite, Fe_2O_3)의 3층으로 구성된다.
- 상층일수록 산화도가 높은 스케일로서 경도가 높고 연성이 적다.

(1) 고온 스케일

① 575℃ 이상에서 발생한다.

② 대기와 접촉한 외층에는 Fe_2O_3와 Fe_3O_4가 생성된다.

③ 가장 안쪽에 지철과 접촉한다.

(2) 저온 스케일

① 575℃ 이하에서 발생한다.

② FeO가 없거나 매우 적은 형태이다.

③ 지철과 접촉하고 있는 FeO가 없거나 적으면 스케일 박리성이 나쁘다.

④ FeO가 많으면 많을수록 박리성이 좋아진다.

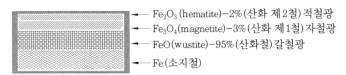

Fe_2O_3 (hematite)−2%(산화 제2철) 적철광
Fe_3O_4(magnetite)−3%(산화 제1철) 자철광
FeO(wustite)−95%(산화철) 갈철광
Fe(소지철)

대기와 접한 외층은 가장 산화도가 높은 Fe_2O_3의 엷은 박막이고 내측은 비교적 두꺼운 magnetite(자철광), 즉 Fe_3O_4의 층이 존재하고 가장 내측에는 FeO층이 형성

(a) 통상 고온 575℃ 이상에서 생성된 스케일(산화철)

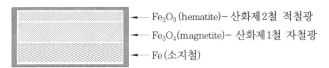

Fe_2O_3 (hematite)− 산화제2철 적철광
Fe_3O_4(magnetite)− 산화제1철 자철광
Fe(소지철)

(b) 통상 저온(575℃ 이하)이 생성된 스케일(산화철)

스트립 표면의 스케일층

2 산세(스케일 제거) 라인의 목적

① 스트립 표면의 산화막 제거

㉮ 기계적 방법: 숏블라스트, 와이어 브러시 이용

㉯ 화학적 방법: 황산, 염산

㉰ 대단위 냉연공장: 염산 사용

② 사이드 트리밍을 한다.

③ 코일의 대형화, 연속화(프레시 풋 전기 저항용접)

④ 코일의 불량부 제거(side trimming)

⑤ 산세한 코일에 오일링을 한다.

단원 예상문제 ◉

1. 냉간압연 소재인 열연 강판 표면에 생성되는 고온 스케일의 종류가 아닌 것은?

① wustite(FeO)   ② martensite(Fe_3C)

③ hematite(Fe_2O_3)   ④ magnetite(Fe_3O_4)

해설 martensite(Fe_3C): 열처리 조직

2. 일반적으로 철강 표면에 생성되어 있는 스케일이 대기와 접한 표면으로부터 스케일 생성 순서가 옳은 것은?

① Fe_2O_3 → Fe_3O_4 → Fe → FeO

② Fe_3O_4 → Fe_2O_3 → Fe → FeO

③ Fe_3O_4 → Fe_2O_3 → FeO → Fe

④ Fe_2O_3 → Fe_3O_4 → FeO → Fe

3. 냉간압연 소재인 열연 강판의 표면에 형성되어 있는 스케일의 종류가 아닌 것은?

① Fe_4O_5 ② Fe_3O_4 ③ Fe_2O_3 ④ FeO

해설 스케일: Fe_2O_3, Fe_3O_4, FeO

4. 열연판의 스케일 중 염산과 가장 잘 반응하여 전체 스케일 중 95% 정도인 것은?

① Fe_2O_3 ② Fe_3O_4 ③ FeO   ④ Fe_2O_4

5. 열간압연 후 냉간압연할 때 처음에 산세(pickling) 작업을 하는 이유로 옳은 것은?

① 재료의 연화

② 냉간압연 속도의 증가

③ 산화피막의 제거

④ 주상정 조직의 파괴

해설 산세(pickling) 작업: 산화피막 제거

6. 다음 중 산세의 목적이 아닌 것은?

① 판 표면의 스케일층을 제거하기 위하여

② 코일 간 용접함으로써 연속적인 작업을 실시하기 위하여

③ 스트립 측면 불량부의 트리밍을 실시하기 위하여

④ 산세를 마친 코일에 도장을 실시하기 위하여

해설 산세를 마친 코일에 오일링을 한다.

7. 냉간압연 공정에서 산세 공정의 목적이 아닌 것은?

① 냉연 강판의 소재인 열연 강판의 표면에 생성된 스케일을 제거한다.

② 냉간압연기의 생산성 향상을 위하여 냉연 강판을 연속화하기 위하여 용접을 실시한다.

③ 냉연 강판의 소재인 열연 강판의 표면에 생성된 스케일을 제거하지 않고 열연 강판의 두께를 균일하게 한다.

④ 필요 시 사이드 트리밍(side trimming)을 실시하여 고객 주문폭으로 스트립의 폭을 절단하여 준다.

[해설] 열연 강판의 표면에 생성된 스케일을 제거한다.

8. 산세 공정의 작업 내용이 아닌 것은?

① 스트립 표면의 스케일을 제거한다.

② 압연유를 제거한다.

③ 규정된 폭에 맞추어 사이드 트리밍 한다.

④ 소형 코일을 용접하여 대형 코일로 만든다.

[해설] 탈지작업에서 압연유를 제거한다.

9. 작은 입자의 강철이나 그리드를 분사하여 스케일을 기계적으로 제거하는 작업은?

① 황산처리   ② 염산처리

③ 와이어 브러시   ④ 숏블라스트

10. 산세 라인에서 하는 작업 중 틀린 것은?

① 템퍼링   ② 스케일 제거

③ 코일의 접속 용접   ④ 스트립의 양 끝 부분 절단

[해설] 템퍼링은 열처리 작업이다.

11. 산세 작업에서 후 공정의 작업성 향상을 위한 예비처리 작업에 해당되지 않는 것은?

① 권취 형상을 개선한다.

② 방청 및 압연 시 보조윤활을 위한 도유를 실시한다.

③ 작업능률 및 품질향상을 위해 연마작업을 실시한다.

④ 톱귀 등 에지(edge)부 결함 발생 방지를 위한 사이드 트리밍을 실시한다.

[해설] 예비처리작업 : 권취 형상 개선, 압연 시 보조윤활을 위한 도유, 톱귀 등 에지(edge)부 결함 발생 방지를 위한 사이드 트리밍

정답 1. ②   2. ④   3. ①   4. ③   5. ③   6. ④   7. ③   8. ②   9. ④   10. ①   11. ③

❸ 스케일 제거 방법

- 기계적인 방법: 숏블라스트, 와이어 브러시 등
- 화학적인 방법: 황산 또는 염산 사용, 대단위 냉연공장에서는 염산을 주로 사용한다.

(1) 숏블라스트 작업

① 소규모 스케일 제거 작업은 숏블라스트를 이용한다.

② 작은 입자의 강철 쇼트를 원심력으로 사출시켜 스케일을 기계적으로 제거하는 방법이다.

③ 설비가 간단하여 큰 장소가 필요 없고 산액, 가열, 폐산설비가 불필요하다.

(2) 화학 용액에 의한 스케일 제거 방법

① 스케일의 틈을 통해서 침투한 산액과 FeO가 분해된 Fe와 Fe_3O_4의 사이에 국부 전지가 구성되어 스케일 중의 Fe가 용해됨으로써 스케일 전체가 제거된다.

② 570℃ 이상에서 발생한 스케일은 전류작용이 왕성하고, 570℃ 이하에서 발생한 스케일은 전류작용이 미약하므로 장시간이 소요되고 소지 금속을 거칠게 한다.

③ 황산은 스케일을 박리하므로 제거하고, 염산은 스케일을 용해하여 제거한다.

④ 염산 사용이 황산에 비하여 산세 품질과 능률, 효율성에서 우수하여 스케일 제거 능력도 2배가 되므로 고속 산세에 적합하며, 염산 사용률이 90% 이상이 된다.

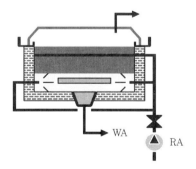

$Fe_2O_3 + 6HCl \rightarrow 2FeCl_3 + 3H_2O$ ·············· $Fe_2O_3(\alpha-hematite)$의 용해
$Fe_3O_4 + 8HCl \rightarrow FeCl_3 + 2FeCl_3 + 4H_2C$ ········ $Fe_3O_4(magnetite)$의 용해
$FeO + 2HCl \rightarrow FeCl_2 + H_2O$ ····················· FeO(wustite)의 용해
$Fe + 2HCl \rightarrow FeCl_2 + H_2$ ····························· 염산에 의한 Fe의 용해와 수소 발생

스케일과 염산의 반응식

⑦ 산의 종류 및 조건의 영향: 산의 농도, 온도, 유동 상태, 불순물의 함량 및 종류에 따라 부식률 및 스케일 제거 속도가 변화한다.

㉯ 산세에 미치는 산 농도의 영향: 산세에 필요한 적정 농도를 보면 황산 10~15%, 염산 8% 이상, 특히 동일 농도에서 강중의 탄소 농도에 따라서 그 차이가 크다.

㉰ 산세에 미치는 철분 농도의 영향

  ㉠ 산세 중 철의 용해에 의해 철분의 농도는 상승하여 산세 속도에 영향을 초래한다.

  ㉡ 염산의 경우 철분량이 증가할수록 부식 속도는 빨라지나 15% 정도에서 급격히 저하한다.

  ㉢ 황산은 농도가 증가할수록 부식 속도는 떨어지며 철분의 농도가 8~10% 정도이면 사용상 경제성을 상실한다.

㉱ 산세 온도의 영향

  ㉠ 산세 작업조건에 가장 큰 영향인자는 온도이다.

  ㉡ 염산의 경우 비교적 온도의 영향이 적다.

  ㉢ 황산의 경우 온도를 급격히 높인다.

㉲ 황산 산세의 경우

  ㉠ 3층의 산화철 중 상층부의 Fe_2O_3, Fe_3O_4에 대한 반응은 매우 느리고 FeO와의 반응에 의해 산세가 진행되므로, 산세액에 넣기 전에 기계적으로 표면의 Fe_2O_3 또는 Fe_3O_4층에 균열을 만들어 주어 그 틈새로 황산이 침투되도록 해야 한다.

  ㉡ 침투된 황산과 FeO 및 Fe가 반응하여 황산철을 형성함과 동시에 수소가스가 발생한다.

$$FeO + H_2SO_4 \rightarrow FeSO_4 + H_2O$$

$$Fe + H_2SO_4 \rightarrow FeSO_4 + H_2$$

㉳ 염산 산세의 경우

  ㉠ 황산 산세와는 달리 스케일층과의 반응이 매우 빠르고 표면층으로부터 점차 용해되어 FeO층에 달하나 철과의 반응은 반대로 느린 것이 특징이다.

$$Fe_2O_3 + 4HCl \rightarrow 2FeCl_2 + 2H_2O + \frac{1}{2}O_2$$

$$Fe_3O_4 + 6HCl \rightarrow 3FeCl_2 + 3H_2O + \frac{1}{2}O_2$$

$$FeO + 2HCl \rightarrow FeCl_2 + H_2O$$

$$Fe + 2HCl \rightarrow FeCl_2 + H_2$$

4 산세 시의 문제점

① 소지금속(Fe)이 용해한다.

② 스케일 제거 후 소지금속은 지속적으로 부식 용해한다.

③ 피팅(점식, 공식)이나 글루빙(청식)이 발생한다.

④ 용액 중 철분 농도를 상승시켜 산 용액의 수명을 단축한다.

⑤ 작업 환경, 작업 능률이 저하된다.

⑥ 흠이 발생하여 환경 악화 및 작업 능률을 저하한다.

⑦ 부풀음(brister)의 발생: 수소는 일부 원자상으로 강중에 침투하며, 탄소(C), 황(S), 인(P) 등의 비금속 개재물과 반응하여 기포가 되고 표면의 금속체를 밀어붙여 부풀음을 만든다.

⑧ 수소 취화

㉮ 원자상으로 침투한 수소가 분자상의 수소 가스화

㉯ 철강 중에 불순물 함량이 많을수록 현저하다.

㉰ 산 농도의 영향은 없으며 온도에 의하여 증가한다.

⑨ 과산세(SMAT)의 발생

㉮ 금속의 불용해 성분과 재 석출물이 표면상에 부착하여 암흑색의 피막(SMAT)을 형성한다.

㉯ SMAT는 탄소 함량이 많을수록 심해지고 황산은 염산보다 발생하기 쉽다.

㉰ 도금 등 각종 표면 처리에 악영향을 주며 밀착 불량, 찌꺼기(dross)의 생성, 도금 불량의 원인이 된다.

㉱ 인히비터(inhibitor)를 사용하여 부식 억제, 산세 억제, 방청 등을 목적으로 첨가한다.

5 산세압연 구성 장치

(1) 코일 준비기(coil preparation)

① 냉간압연하기 위해 소재인 열연 코일을 투입하기 위해 준비 및 대기하는 장치이다.

② 워킹 빔 컨베이어, 측정기, 벤딩 머신, 오프라인 전단 무게 측정으로 구성된다.

(2) 페이 오프 릴(pey off real)

냉간압연 소재인 열연 코일을 걸어서 풀어주는 장치이다.

(3) 피치 롤(pich roll) 및 플레트너(plattener)

굴곡이 심한 코일 상부의 하부를 편평하게 펴주어 통판이 잘 되도록 하는 보조장치이다.

(4) 더블 컷 시어(double cut shear)

열연 코일의 선단부의 미단부를 절단하는 장치이다.

(5) 용접기(welder)

① 복합 타입 플래시 용접(combination type flash welder)은 선행 코일의 선단부를 플래시 용접에 의해 맞대기 용접하는 장치이다.
② 플래시 버트 용접(flash butt welder)으로서 자동 프로그램으로 용접이 진행되도록 구성되어 있다.
③ 심 용접(seam welder)은 전극에 회전을 주어 용접하는 장치이다.

(6) 엔트리 루퍼(entry looper)

① 엔트리 루퍼 산 탱크 전단부에 위치하여 입측에서 스트립 용접작업 시 엔트리 부분(entry section)이 정지 시에도 진행 부분이 정지하지 않고 작업을 수행할 수 있도록 판을 저장하여 용접시간을 보상해주는 장치이다.
② 엔트리 루퍼는 스트립을 저장하기 위한 루퍼 카(looper car)와 이를 구동시켜주는 와이어 드럼(wire drum) 및 스트립의 지지를 위한 와이어 서포트 롤(wire support roll)을 설치한다.

(7) 루핑 피트(looping pit)

① 스트립이 산세조에서 정지하지 않고 연속 산세되도록 1~3개분의 코일을 저장한다.
② 스트립에 일정한 느슨함을 주어 사이드 트리머와 그 전후 설비와의 속도 밸런스를 조정한다.
③ 가감속도의 급격한 장력변동에 의한 흠의 발생을 방지한다.
④ 전단 길이의 난조를 방지하기 위한 중간 완충기 역할을 한다.

(8) 텐션 스트레처 레벨러(tension stretcher leveller unit)

① 산세 전 스트립의 스케일을 기계적으로 제거한 판의 형상을 교정하는 장치이다.

② 이 장치를 통과하면 탈 스케일 효과를 얻을 수 있는 것이 가능하고 형상 교정으로 우수하기 때문에 스트립의 통판성(평탄도; flatness)을 개선한다.

③ 정비가 용이하고 폐수관리가 필요 없는 드라이 타입을 주로 사용한다.

(9) 산 및 수세 탱크(pickling and rinse tank)

① 산 탱크는 섈로 튜뷸런스(shallow tubulance) 타입을 채용하고 있으며 탱크 내에는 약 85~90℃ 온도로 가열되어진 염산이 저장되어 통과되는 스트립에 분사하여 스트립 표면의 스케일을 제거하는 장치이다.

② 수세 탱크 통과 시 표면에 묻어 있는 산액을 열간 수세 스프레이(hot rinse spray)로 제거한다.

③ 산세 탱크가 여러 개의 직렬로 배열되었을 때 황산 또는 염산농도는 제1산세 탱크로부터 차례로 농도가 짙어진다.

(10) 열연 강판 표면에 생성된 스케일을 제거하는 산세 설비 운용 방법

① 산세 탱크의 산용액의 농도 및 온도를 기준범위 내에 관리한다.

② 산세 탱크의 스트립통과 속도를 기준 범위 내에 관리한다.

(11) 출측 루퍼(exit looper)

① 출측 루퍼는 #1, #2 두 개로 구성된다.

② #1 출측 루퍼는 엔트리 루퍼와 동일하게 산 탱크부의 하부에 설치되어 있으며, #2 루퍼와 함께 노처(notcher) 절단, 트리머 폭 변환 등으로 작업을 가능하게 하기 위한 장치이다.

(12) 사이드 트리머(side trimmer)

① 연속적으로 통과되는 스트립의 양 사이드를 연속적으로 절단하는 장치이다.

② 풀 컷(pull cut) 방식의 오버행 타입 하우징(overhang type housing) 선회식이다.

③ 하우징 선회는 유압 실린더로 이루어지고 속도 조절 기능 모터 및 위치 검출기를 사용함으로써 고정밀도로 자동으로 폭의 조절이 가능하다.

④ 사이드 프리밍 후 나온 스트립은 에지의 스크랩 처리가 용이하도록 120~250mm로 절단해주는 스크랩 초퍼(scrap chopper)가 사이드 트리머 후단에 설치된다.

⑤ 스트립 절단 단면은 전단면과 파단면이 있으며, 전단면이 너무 커지면 냉간 압연 시에 에지부의 균열이 발생하기 때문에 전단면과 파단면이 1 : 2인 경우가 가장 이상적이다.

⑥ 갭 랩(gap lap) 부정확으로 버(burr)가 발생 시 톱귀(saw edge)의 원인이 된다.

⑦ 판 두께가 커지면 나이프 상하부의 오버랩 양을 줄여야 한다.

⑧ 판 두께가 커지면 나이프 상하부의 클리어런스를 늘려야 한다.

(13) 압연기

① 스트립 두께를 요구하는 두께로 압연하는 장치로 6단 롤, 2단 롤의 형태로 구성된다.

② 6단 롤의 경우 작업롤, 중간롤, 받침롤로 구성되어 있는 압연기로서 압연재 판재 쪽에 대응하여 중간롤을 폭 방향으로 이동시킴으로써 형상이 양호한 스트립을 얻는다.

③ 압연기 전후에는 검출기가 있어 스트립의 형상을 검출한다.

(14) 두께 측정 장치

① X-ray: 스트립의 두께를 연속적으로 측정하는 장치이다.

② 텐션 미터 롤(tension meter roll): 롤의 베어링 하부에 로드셀(loard cell)을 설치하여 각 압연기 사이의 스트립 텐션을 검출하여 보상하는 장치이다.

③ 프로파일 미터(profile meter): 산세의 산 탱크 출측에 설치되어 열연코일의 두께 형상을 측정하는 장치이다.

④ 샤프 미터(shap meter): 열연되어 나오는 스트립의 형상을 검출 및 평탄도를 보상하는 장치이다.

(15) 드럼 시어(drum shear)

압연 중 압연기가 정지하지 않고 스트립을 절단하는 드럼 타입의 시어이다.

(16) 텐션 릴(tension reel)

① #5 스탠드 압연기에서 압연 후의 스트립을 소정의 코일로 권취한 것으로 드럼 시어에서 분할된 스트립을 압연기 정지 없이 연속적으로 권취가 가능하게 두 개의 드럼으로 구성한다.

② 이 두 개의 드럼은 공전에 의해 필요한 위치에 설치가 가능한 구조이다.

(17) 벨트 래퍼(belt wrapper)

텐션 릴로 스트립을 권취할 때 충분한 장력이 걸릴 때까지 드럼에 스트립을 초기에 감싸주는 보조장치이다.

(18) 스티어링 롤(stearing roll)

스트립 사행을 방지하기 위해 설치한다.

단원 예상문제

1. 산세처리 공정 중 스케일의 균일한 용해와 과산세를 방지하기 위해 첨가하는 재료는?

① 인히비터   ② 디스케일러   ③ 산화수   ④ 어큐뮬레이터

2. 냉연 강판의 결함 중 과산세(over pickling)의 발생 원인이 아닌 것은?

① 산세 사이드 트리머 나이프 교환 시 폭 조정으로 라인이 정지하였을 때

② 입출측 기계고장으로 라인이 정지하였을 때

③ 산 탱크의 온도가 급격히 저하했을 때

④ 산의 농도가 높았을 때

해설 과산세의 발생 원인: 산 탱크의 온도가 급격히 높아졌을 때

3. 산세 작업 시 산세 강판의 과산세 방지를 위해 산액에 첨가하는 약품은?

① 염산(HCl)   ② 계면활성제   ③ 부식억제제   ④ 황산(H_2SO_4)

해설 과산세 방지를 위해 산액에 첨가하는 약품: 부식억제제(inhibiter)

4. 냉간압연 산세공정에서 선행 강판과 후행 강판을 접합 연결하는 설비인 용접기의 종류가 아닌 것은?

① 버트 용접(butt welder)   ② 심 용접(seam welder)

③ 레이저 용접(lazer welder)   ④ 점 용접(spot welder)

해설 점 용접(spot welder): 저항 용접으로 국부적인 점 용접 설비

5. 스트립이 산세조에서 정지하지 않고 연속 산세되도록 1~3개분의 코일을 저장하는 설비는?

① 플래시 트리머(flash trimmer)   ② 스티처(stitcher)

③ 루핑 피트(looping pit)   ④ 언코일러(uncoiler)

6. 산세 탱크(pickling tank)는 3~5조가 직렬로 배치되어 있다. 산세 탱크 내의 황산 또는 염산 농도에 대한 설명으로 옳은 것은?

① 탱크 전체의 농도를 일정하게 유지한다.
② 제1산세 탱크로부터 차례로 농도가 짙어진다.
③ 제1산세 탱크로부터 차례로 농도가 묽어진다.
④ 제1산세 탱크로부터 2, 3, 4탱크를 교대로 농도를 짙게 또는 묽게 한다.

7. 냉간압연 공정에서의 열연 강판 표면에 생성된 스케일을 제거하는 산세설비 운용방법 중 산세성과 관계가 없는 것은?

① 산세 탱크의 산용액의 농도를 기준 범위 내에 관리한다.
② 산세 탱크의 산용액의 온도를 기준 범위 내에 관리한다.
③ 산세 탱크의 스트립통과 속도를 기준 범위 내에 관리한다.
④ 산세 탱크의 산 가스(fume)의 농도를 일정하게 관리한다.

해설 산세 탱크의 산 가스(fume)의 농도를 기준 범위 내에서 관리한다.

8. 사이드 트리밍(side trimming)에 대한 설명 중 틀린 것은?

① 전단면과 파단면이 1:2인 경우가 가장 이상적이다.
② 판 두께가 커지면 나이프 상하부의 오버랩 양을 줄여야 한다.
③ 판 두께가 커지면 나이프 상하부의 클리어런스를 줄여야 한다.
④ 전단면이 너무 커지면 냉간압연 시에 에지 균열이 발생하기 쉽다.

해설 사이드 트리밍(side trimming)에서 판 두께가 커지면 나이프 상하부의 클리어런스를 늘려야 한다.

9. 냉간압연하기 전에 실시하는 산세 공정의 장치에 대한 설명 중 옳은 것은?

① 언코일러(uncoiler)는 열연 코일을 접속하는 장치이다.
② 스티처(sticher)는 열연 코일의 끝부분을 잘라내는 장치이다.
③ 플래시 트리머(flash trimmer)는 용접할 때 생긴 두터운 비드를 깎아 다른 부분과 같게 하는 장치이다.
④ 업 컷 시어(up-cut shear)는 열연 코일을 풀어주는 장치이다.

10. 스트립 사행을 방지하기 위하여 설치되는 장치명은?

① 스티어링 롤(stearing roll)　　　　② 텐션 릴(tension reel)
③ 브라이들 롤(bridle roll)　　　　　④ 패스라인 롤(pass line roll)

11. 권취공정 중 벨트 래퍼(belt wrapper)의 역할은?

① 코일을 되감는다.

② 코일의 평탄도를 향상시킨다.

③ 판의 통관 시 선단부를 끌어당긴다.

④ 권취기에서 처음 코일을 감을 때 코일이 빠지지 않도록 감싸주는 역할을 한다.

정답 **1.** ① **2.** ③ **3.** ③ **4.** ④ **5.** ③ **6.** ② **7.** ④ **8.** ③ **9.** ③ **10.** ① **11.** ④

3-2 냉간압연

(1) 냉간압연의 제조 공정

① 산세된 두께 1~6mm의 핫 코일은 냉연기에서 여러 패스로 압연하여 냉간압연을 통하여 변형 능력이 없어질 때까지 압연한다.

② 냉연된 코일은 재결정을 위한 풀림작업을 하여 다시 압연 또는 조질압연한다.

③ 공정 순서: 핫(hot) 코일 → 산세 → 냉간압연 → 표면청정 → 풀림 → 조질압연 → 전단 리코일

(2) 냉간압연 작업

① 기계식 냉간압연기의 압연 작업

㈎ 가역식 냉간압연기(reversing cold mill)는 전면에 코일 컨베이어, 코일 오프닝 장치, 시드, 릴, 통판 테이블, 압연기 본체, 전후면의 텐션 릴, 벨트 루퍼, 코일 불출용 코일 카 및 후면 코일 컨베이어 및 각각의 설비에 대한 구동장치, 각종 윤활유 및 작동유를 보급하는 오일 셀러가 있다.

㈏ 가역식 압연기의 압연 작업은 같은 롤 커브로 조압연에서 완성압연기까지 하게 되므로 압하의 배분에 특별한 배려가 있어야 한다.

㈐ 가역식 압연기에서 판을 롤에 보낼 때에는 롤의 간극을 높여서 보내어 후면 릴에 감은 다음, 소정의 압하력을 주어 압연을 개시한다.

㈑ 코일의 끝에서도 같은 방법으로 롤을 올려서 판을 뽑는다.

(3) 탠덤 압연기와 압연작업

① 탠덤압연: 산세 공정에서 스케일 등이 제거된 스트립을 압연하는 공정이다.

② 가역식 압연기와 큰 차이는 없으나 다른 점은 압연기 본체가 2~6대로 관형으로 배열된다.

③ 일반적으로 가역식 압연기보다 작업속도가 높아 생산성이 우수하여 한 종류의 제품을 대량생산하는 데 적합하다.

④ 탠덤 압연기에 의한 압연작업은 우선 언 코일러에서 풀리는 스트립을 저속하에서 롤의 간극을 소정의 값으로 고정한 스탠드에 차례로 물리게 하여 릴까지 이송한다.

⑤ 풀린 스트립은 릴에 감기게 되고 소정의 장력이 확보된다.

⑥ 텐션 릴(tension reel)에 의한 장력 제어는 통판 중의 코일 끊김, 각종 웨이브(wave) 등의 결함을 고려한다.

(4) 센지미어 압연기의 압연작업

① 스테인리스강이나 고합금강과 같이 변형저항이 높은 재료에 적합하다.

② 비철금속 등에서 두께 정밀도가 극히 높은 박판압연에 적합하다.

③ 작업롤의 상하에 각 2본의 제1중간 롤, 그 외측부에 상하 각 3본의 제2중간 롤, 이들 중 외측부에 4본의 구동롤로 구성된다.

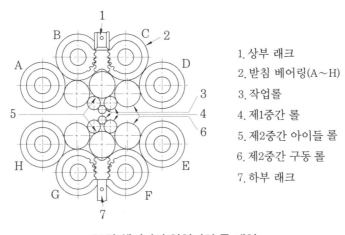

1. 상부 래크
2. 받침 베어링(A~H)
3. 작업롤
4. 제1중간 롤
5. 제2중간 아이들 롤
6. 제2중간 구동 롤
7. 하부 래크

20단 센지미어 압연기의 롤 배열

④ 외측에 8본의 베어링 집합체가 있으며, 1본의 축에는 여러 개의 베어링으로 조합한다.

⑤ 각 베어링 사이에는 편심인 링이 라이닝되고 있어 이 편심링이 회전함에 따라 압하, 롤 위치 등을 정확하게 조정할 수 있게 되어 있다.

⑥ 폭 방향과 같이 방향의 두께 정밀도도 매우 우수한 제품을 생산한다.

⑦ 매우 얇은 박판압연에 적합하다.

⑧ 압연작업에서는 롤지름이 작기 때문에 롤의 열용량이 적어 열에 민감하므로 많은 양의 냉각제가 필요하다.

(5) 더블 가역식 압연기의 압연작업

① 더블 가역식 압연기: 주석 도금강판 소재의 조질압연 대신에 $20 \sim 50\%$의 냉간압연을 하여 약 $\frac{2}{3}$로 얇게 함과 동시에 소정의 강도를 가지는 버블 리듀싱 주석 도금 강판이라 불리는 극히 얇은 박판을 압연하는 데 사용한다.

② 더블 가역식 압연기는 4단 2스탠드 탠덤 또는 4단 3스탠드 탠덤 압연기가 있다.

③ 제조 방법: 틴 퍼스트(tin first)법과 틴 라스트(tin last)법이 있다.

④ 틴 퍼스트법

㈎ 주석도금 강판 제조공정을 거쳐 전기 주석 도금강 코일을 냉간압연하여 제품을 완성한다.

㈏ 주석 도금이 된 표면은 다시 강한 냉간압연을 받게 되므로 표면 광택, 접합성, 도장성 및 내식성 등의 표면특성이 나빠진다.

⑤ 틴 라스트법: 주석 도금 강판을 제조할 때의 조질압연 대신에 냉간압연을 한 다음, 보통 주석도금 강판의 제조공정에 따라 완성하는 방법이다.

(6) 리버스 밀(reverse mill)

탠덤 밀에 비해 저속으로 생산량은 떨어지나 융통성이 있어 다품종 특수재에 적합하다.

단원 예상문제 ◉

1. 냉연 박판의 제조공정 순서로 옳은 것은?2

① 핫(hot) 코일 → 냉간압연 → 풀림 → 표면청정 → 산세 → 조질압연 → 전단 리코일

② 핫(hot) 코일 → 산세 → 냉간압연 → 표면청정 → 풀림 → 조질압연 → 전단 리코일

③ 냉간압연 → 산세 → 핫(hot) 코일 → 표면청정 → 풀림 → 전단 리코일 → 조질압연

④ 냉간압연 → 산세 → 표면청정 → 핫(hot) 코일 → 풀림 → 조질압연 → 전단 리코일

2. 냉연 박판의 제조공정 중 마지막 단계는?

① 전단 리코일　　② 풀림　　③ 표면청정　　④ 조질압연

해설 압연의 마무리 단계로 다시 코일링하는 작업이다.

3. 가역식 냉간 압연기의 부속 명칭이 아닌 것은?

　① 코일 컨베이어　　② 커버 캐리지　　③ 통판 테이블　　④ 벨트 루퍼

4. 냉간압연 설비 중 출측 권취설비에 사용되지 않는 것은?

　① 텐션 릴(tension reel)　　　　　② 벨트 래퍼(belt wrapper)
　③ 캐러셀 릴(carrousel reel)　　　④ 페이 오프 릴(pay off reel)

　해설 페이 오프 릴(pay off reel): 코일러를 입측에서 풀어주는 릴이다.

5. 가역식과 비교한 연속식(tandem mill) 압연기의 특징으로 옳은 것은?

　① 로트가 적은 것에 유리하다.
　② 각 패스당 가감속이 필요하다.
　③ 제조 사이즈가 다양한 경우에 유리하다.
　④ 일반적으로 고속이고 스탠드 수가 많다.

　해설 로트가 많은 것에 유리, 가감속이 필요 없고, 제조 사이즈 제한

6. 냉간압연기의 종류 중 리버스 밀(reverse mill)의 특징을 설명한 것 중 옳은 것은?

　① 스탠드의 수가 3개 이상이다.　　② 탠덤 밀에 비해 저속의 경우 사용한다.
　③ 소형 로트의 경우 사용한다.　　④ 스트립의 진행방향은 가역식이다.

　해설 리버스 밀(reversing mill)의 특징은 탠덤 밀에 비해 저속의 경우 사용되며 다품종 특수재에 적합하다.

정답 1. ②　2. ①　3. ②　4. ④　5. ④　6. ②

3-3　표면청정

① 냉연된 스트립에 부착되어 있는 압연유는 풀림 공정의 고온 분위기 중에서 분해하여 탄화물로 되어 잔류하기 때문에 제품의 외관이나 도금불량의 원인이 되므로 제거한다.
② 분진 및 표면 잔류 철분을 제거한다.
③ 냉간압연된 코일은 일부의 용융 아연 도금 라인을 제외하고는 알칼리성 세정액을 사용하거나 브러싱 또는 전기분해로 제거한 후 풀림공정으로 이동한다.
④ 화학적 세정방법: 알칼리 세정, 계면활성화 세정, 용제 세정
⑤ 청정작업 순서: 알칼리액 침적 → 스프레이 → 브러싱 → 전해세정 → 수세 → 건조

(1) 탈지법의 종류

① 브러싱 청정: 알칼리 세제에 의해 분리된 기름을 기계적으로 분리하기 위한 작업이다.

② 전기분해를 응용한 발생기 산소와 수소를 사용하는 전기 청정을 현장에서 병행한다.

③ 탠덤 냉간압연기의 세정제: 압연유 대신에 세제를 사용한다.

④ 센지미어식 아연도금 라인: 기름을 연소시켜 탈지한다.

(2) 전기 청정법

스트립 표면에 묻어있는 기름에는 냉간압연할 때에 생긴 작은 철분이나 그 밖의 불순물이 포함되어 있다.

① 기름을 스트립면으로부터 분리하는 과정이다.

② 기름을 분산, 예열산화 또는 가용화하여 보호하는 과정이다.

③ 기름을 스트립으로부터 완전히 이탈시키는 과정이다.

④ 스프레이 또는 브러시로 기름을 제거하는 방법이다.

⑤ 전기분해할 때 발생되는 발생기 산소, 수소에 의한 기계적 힘을 이용하여 스트립면으로부터 기름을 완전히 제거하는 방법이다.

⑥ 전기 청정법: 직류 발전기를 사용해서 스트립을 1개의 전극으로 하여 전기분해를 하는 방법이다.

(3) 전해청정

① 냉간 압연 후 스트립의 표면에 묻어있는 유지, 압연유, 기계유, 철분 등 오염물질을 물리적, 화학적 방법으로 제거하는 청정작업이다.

② 전해청정 원리: 액 중에 전극이 설치되고 코일을 극으로 해서 전기분해가 이루어지며 이때에 발생하는 수소 및 산소 가스의 교반작용이 알칼리 세척을 보조한다.

㈎ 세정액 중의 2개의 전극에 전압을 걸면 양이온은 음극으로, 음이온은 양극으로 전류가 흐른다.

㈏ 전기분해에 의해 물리 H^+로 OH^-로 전리된다.

㈐ 음극에서는 수소가 발생하고, 양극에서는 산소가 발생한다.

㈑ 전극의 먼지나 기체의 부착으로 인한 저항방지 목적으로 주기적으로 극성을 바꿔준다.

③ 청정이 불완전하면 풀림 후 템퍼컬러, 흑색무늬, 반점 등의 결함이 생기는 원인이 된다.

④ 세정액: 수산화나트륨(NaOH), 수산화칼륨(KOH), 올소규산나트륨($2Na_2SiO_2$)

⑤ 코일 표면의 유지분 제거

  ㈎ 알칼리에 의한 감화반응

  ㈏ 계면활성제에 의한 유화

  ㈐ 분산작용에 의해 제거

(4) 청정 설비

① 라인 구성

  ㈎ 입측 설비

    ㉠ 페이 오프 릴(pay off reel)

    ㉡ 시어(shear): 코일 end 불량부 절단

    ㉢ 웰더(welder): 연속 작업을 하기 위한 용접

  ㈏ 세정 설비

    ㉠ alkali dunk tank(ADtank)

      • 화학탈지를 위한 스트립 침적 탱크

      • 알칼리염과 미량 첨가된 계면 활성제가 비누화(검화)작용과 무화작용을 일으켜 표면의 유지 제거

      • 화학적 탈지작업

    ㉡ electric cleaning tank(EC tank)

      • 판을 전기전도도가 높은 세정액에서 전극 사이로 통과시켜 물을 전기분해하여 판의 표면에 수소와 산소를 발생시켜 판의 요철부의 유막을 제거한다.

      • 전해 탈지작업

    ㉢ brush scrubber(rinse tank)

      • 브러시 롤로 판에 잔류하는 비누, 오물, 유지류를 제거한다.

      • 기계적 탈지작업

  ㈐ 출측 설비

    ㉠ 텐션 브리들 롤

    ㉡ 시어

    ㉢ 텐션 릴: 스트립 권취

(5) 청정용액 관리

① 용액온도: 60~80℃
② 온도가 높을 경우 세정성이 향상된다.
　㈎ 액체 부착물의 점도 저하
　㈏ 전기전도도 증가
　㈐ 점화반응의 촉진
　㈑ 이물질 재부착 방지
③ 전해 청정라인 알칼리 탱크 농도가 규정 농도보다 높을 경우 조치 사항
　㈎ 증기밸브를 연다.
　㈏ 정수급수를 한다.
　㈐ 농도를 점검한다.
④ 계면활성제 첨가: 표면장력 향상

(6) 전해 청정설비의 세정성을 향상시키기 위한 작업방법

① 세정 농도와 계면 활성제를 적당량 증가시킨다.
② 전류밀도를 증가시킨다.
③ 브러시 롤을 사용한다.

(7) 기타 장치

① 롤 연마기: 롤의 피로층을 제거하기 위해 표면 연마를 하는 장치이다.
② 오일 셀러(oil celler): 압연기에 필요한 압연 후 유압유를 공급하는 장치이다.

(8) 압연유 공급장치의 사용 효과

① 냉각효과: 마찰열 제거, 품질 향상, 롤 사고 방지
② 윤활효과: 롤 표면에 유막 형성, 마찰계수 감소, 형상불량 방지, 판 파단 방지
③ 방청효과: 압연된 스트립 표면의 산화 방지
④ 세척효과: 압연작업 중 표면이나 압연기에 오염된 스케일 등 이물질 제거
⑤ 흡착효과: 스트립 및 롤의 계면에 흡착하여 마찰계수 감소 작용

(9) 산 재생 장치

① 목적: 산세에서 발생한 폐산을 재생하는 장치

② 산 재생 방법

㈎ 고압 분무 배소법

㈏ 유동 배소법

㈐ 슈미트(chemimite)법

③ 산 재생 반응

㈎ 산세: $FeO + 2HCl = FeCl_2 + H_2O$

㈏ 산 재생: $2FeCl_2 + 2H_2O + \frac{1}{2}O_2 = Fe_2O_3 + 4HCl$

④ SRS(silica removal system): 산화철 중의 불순물을 공침시켜 제거한 정제공정이다.

단원 예상문제

1. 전해 청정라인 알칼리 탱크 농도가 규정 농도보다 높을 경우 조치 사항이 아닌 것은?

① 증기밸브를 연다.　　　　　　　② 정수 급수를 한다.

③ 농도를 점검한다.　　　　　　　④ 적정 가동 후 연속 가동을 한다.

해설 새로운 용액으로 교체 후 가동한다.

2. 냉연강판의 전해청정 시 세정액으로 사용되지 않는 것은?

① 탄산나트륨　　　　　　　　　　② 인산나트륨

③ 수산화나트륨　　　　　　　　　④ 올소규산나트륨

3. 냉간압연 후 표면에 부착된 오염물을 제거하기 위하여 전해청정을 실시할 때 사용하는 세정제가 아닌 것은?

① 가성소다　　　　　　　　　　　② 탄산소다

③ 규산소다　　　　　　　　　　　④ 인산소다

4. 청정 라인의 세정제로 부적합한 것은?

① 가성소다　　② 규산소다　　③ 염산　　④ 인산소다

5. 압연작업에서 수산화나트륨이나 탄산나트륨 등 세정액의 세정 메커니즘은?

① 흡착　　　　　　　　　　　　　② 풀림

③ 이온교환　　　　　　　　　　　④ 계면활성

해설 계면활성제: 수산화나트륨, 탄산나트륨

6. 전해청정의 원리를 설명한 것으로 틀린 것은?

① 세정액 중의 2개의 전극에 전압을 걸면 양이온은 음극으로, 음이온은 양극으로 전류가 흐른다.

② 전기분해에 의해 물리 H^+로 OH^-로 전리된다.

③ 음극에서의 산소 발생량은 양극에서의 수소 발생량의 3배가 된다.

④ 전극의 먼지나 기체의 부착으로 인한 저항방지 목적으로 주기적으로 극성을 바꿔준다.

해설 음극에서는 수소가 발생하고 양극에서는 산소가 발생한다.

7. 조질 압연 설비를 입측 설비, 압연기 본체, 출측 설비로 나눌 때 압연기 본체에 해당하는 것은?

① 텐션 롤   ② 스탠드   ③ 페이 오프 릴   ④ 코일 컨베이어

해설 압연기 본체: 스탠드, 구동장치, 압하장치

8. 풀림의 설비를 크게 입측, 중앙, 출측 설비로 나눌 때 입측 설비에 해당되는 것은?

① 루프 카   ② 벨트 래퍼

③ 페이 오프 릴   ④ 알칼리 스프레이 클리너

9. 압연기 입측 설비의 구성 요소가 아닌 것은?

① 루퍼(looper)   ② 웰더(welder)

③ 텐션 릴(tension reel)   ④ 페이 오프 릴(pay off reel)

해설 텐션 릴(tension reel): 출측에서 코일을 감아주는 장치

10. 산세 설비를 입측, 중앙, 출측 설비로 나눌 때 중앙 설비에 해당되는 것은?

① 페어 오프 릴   ② 사이드 트리머   ③ 플래시 용접기   ④ 산세척 탱크

11. 전해청정 설비의 세정성을 향상시키기 위한 작업방법이 아닌 것은?

① 세정 농도와 계면활성제를 적당량 증가시킨다.

② 인히비터를 첨가한다.

③ 전류밀도를 증가시킨다.

④ 브러시 롤을 사용한다.

해설 인히비터는 부식억제제이다.

정답 1. ④ 2. ① 3. ② 4. ③ 5. ④ 6. ③ 7. ② 8. ③ 9. ③ 10. ④ 11. ②

3-4 냉연 스트립의 풀림과 조질 작업

(1) 풀림

① 냉간가공을 받은 스트립은 매우 단단하여 휨, 깊은 드로잉 등의 가공 시에 가공성이 너무 나쁘게 되므로 높은 인장강도를 필요로 하는 경우를 제외하고는 기계적 성질을 개선하고 가공성을 부여하기 위해 풀림 처리한다.

② 풀림은 강과 반응하지 않는 보호 분위기 가스 중에서 실시한다.

③ 결정립은 가공도가 큰 쪽이, 온도가 높은 쪽이 크다.

④ 결정립 속도는 온도가 높은 쪽이 크고, 풀림시간이 길수록 조대화된다.

(2) 조질압연

① 스킨 패스(skin pass)라고 불리는 조질압연은 풀림을 끝마친 코일의 기계적 성질을 개선하고 동시에 형상을 수정하는 압연 작업이다.

② 풀림한 그대로의 스트립을 프레스 가공하게 되면 가공도가 비교적 적은 부분의 표면에 스트레처 스트레인이라 하는 변형이 생기는 것을 방지한다.

③ 풀림한 판의 항복점에서의 변형이 원인이 된다.

④ 항복점의 변형: 항복점을 넘은 시점에서 그 이상의 외력을 가하지 않아도 변형이 진행되는 현상이다.

⑤ 항복점 변형 방지법: 1~2%의 냉간가공을 가하는 조질압연을 한다.

⑥ 스텝 웨지(step wedge): 냉간압연기에서 패스라인을 조정하기 위한 장치이다.

⑦ 조질압연의 목적

  ㈎ 조질압연은 풀림한 스트립을 압하율 0.6~3%의 압연에 의해 항복점, 연신율의 제거, 표면 거칠기 조정 및 형상 교정을 하고, 가공할 때의 스트레처 스트레인을 방지한다.

  ㈏ 재료의 인장강도를 높이고 항복점을 낮게 하여 소성변형 범위를 넓히며, 가공성을 증가시킴과 동시에 강도를 부여한다.

  ㈐ 형상을 바르게 교정한다.

  ㈑ 최종 사용목적에 적합하고 적정한 표면 거칠기로 완성한다.

  ㈒ 보통 1스탠드 압연기를 사용하나, 평탄도가 중요시되는 주석 도금강판 소재의 경우에는 2스탠드 압연기를 사용한다.

  ㈓ 특별한 경질의 주석 도금강판인 경우 조질압연 대신에 2~3스탠드의 2단 냉연

기(double cold reducing mill)에 의해 압연율 30~40%로 압연한다.

⑧ 압하율의 조정

㈎ 경도, 인장강도는 압하율의 증가에 따라서 상승하고 반대로 연신율은 저하한다.

㈏ 항복점은 특징적으로 압하율 1% 부근에 극소점이 있고, 그 전후에서는 높다.

㈐ 항복점의 변형은 압하율 1% 정도에서 소멸되므로 보통 최적 압하율로서 1~2%를 얻고 있다.

㈑ 프레스 가공할 때 가공도가 큰 소재일수록 조질 압하율을 적게 한다.

㈒ 압하율의 증가에 따라 연성이 저하되기 때문이다.

⑨ 형상 및 표면 조정

㈎ 조질압연에서의 형상 교정은 재료에 따라 압하율을 일정하게 해야 한다.

㈏ 압연재의 형상은 원판 형상, 압연유의 종류, 롤 커브, 압연력, 롤 표면의 모양 및 치수 등에 따라 좌우된다.

㈐ 강판의 표면 거칠기: 소재를 프레스 가공할 때의 윤활성, 도장성 및 도장 후의 외관 등에 크게 영향을 주는 요인이 된다.

㈑ 표면 거칠기는 냉연 롤의 거칠기 및 조질압연 롤의 거칠기 등에 따라 조정한다.

⑩ 압연윤활제

㈎ 조질압연 효과를 좌우하는 중요한 요인이다.

㈏ 마찰계수가 크고 코일과 롤의 미끄럼을 방지할 수 있어야 한다.

㈐ 점도가 적어야 한다.

㈑ 화학적으로 안정되어야 한다.

㈒ 세정력이 뛰어나야 한다.

㈓ 주석 도금강판 소재의 경우에는 무윤활로 압연한다.

⑪ 압연 윤활제의 사용 목적

㈎ 변형열 및 마찰열을 감소

㈏ 롤과 코일의 눌어붙는 현상 방지

㈐ 압하력, 압연 동력의 소비 감소

⑫ 제품의 평탄도 교정

㈎ 제품의 평탄도 발생 원인

㉠ 압연 중에 80% 이상 결정되고, 20%는 정정작업을 통해 교정한다.

㉡ 압연 시 폭 방향의 압하율 차에 의해 발생한다.

ⓒ 압연을 하는 롤이 압연 중에 변형이 발생한다.

ⓔ 하우징에도 변형이 발생되어 판 두께에 영향을 준다.

ⓜ 롤의 휨은 폭 방향의 폭의 양쪽 끝부분, 즉 에지부가 폭의 중심부보다 더 많이 눌려져 양끝이 파도처럼 출렁된 형태이다.

(나) 제품의 평탄도에 영향을 미치는 요인

ⓖ 롤의 초기 롤 크라운과 롤의 표면 마모

ⓛ 롤의 편마모

ⓒ 압연기의 압하력 편차

ⓔ 압연기 입·출측의 장력과 통판 소재의 사이즈와 재질, 형상, 온도의 영향

⑬ 평탄도의 형태

(가) 중파: 뜨거운 열에 의해 롤의 중심부가 열팽창하여 압연 소재의 폭 방향 중심부가 눌려져 에지부에 비해 더 많이 늘어나고 연신이 되어 중심부가 파도치듯이 출렁이는 형상이다.

ⓖ 중파일 경우 크라운비의 값은 (+)값을 가지므로 출측의 두께를 작게 해서 크라운비를 (−)값으로 만들어야 한다.

ⓛ 출측 두께를 작게 하기 위해서 롤의 간격을 줄여 압하량을 크게 한다. 압하량을 크게 할 경우, 압연하중이 증가하고 증가된 압연하중에 의해 롤의 벤딩(휨) 현상이 발생하여 출측 크라운이 커지게 되어 크라운비는 작아지게 된다.

ⓒ 조업 중 중파가 발생할 경우: 롤의 간격을 줄여서 출측 소재의 두께를 작게 하고 압연하중을 크게 해서 출측 크라운을 크게 할 수 있다.

ⓔ 압연하중이 지나치게 큰 경우: 해당 압연기의 롤의 간격을 줄여서 출측 소재의 두께를 작게 할 수 없으므로 해당 압연기의 상류에 있는 압연기의 롤의 간격을 크게 해서 입측 소재의 두께를 크게 하고 크라운값을 작게 해서 크라운비를 줄일 수 있다.

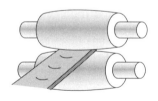

중파

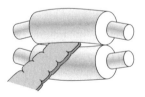

양파

(나) 양파: 압연하중이 클 경우 롤의 벤딩현상이 발생하여 압연 소재의 중심부보다 폭 방향 에지부를 더 누르게 되어 중심부보다 에지부에 파도치듯이 출렁이는 형상이다.

　㉠ 크라운비의 값은 (−)값을 가지므로 출측의 두께를 크게 해서 크라운비를 (+)값으로 만든다.

　㉡ 출측 두께를 크게 하기 위해서 롤의 간격을 크게 해서 압하량을 작게 한다.

　㉢ 압하량을 작게 할 경우: 압연하중이 감소하고 감소된 압연하중에 의해 롤의 벤딩(휨)현상이 감소하여 출측 크라운이 작게 되어 크라운비는 커지게 된다.

　㉣ 조업 중 양파가 발생할 경우: 롤의 간격을 크게 해서 출측 소재의 두께를 크게 하고 압연하중을 작게 해서 출측 크라운을 작게 할 수 있다.

(다) 편파: 압연 중 폭 방향으로 온도차가 일정하지 않거나 한쪽 끝단부의 두께가 지나치게 크거나 작을 경우에 발생한다.

　㉠ 압연기 설비 이상으로 롤의 평형이 맞지 않아 한쪽 끝단부의 롤의 간격이 비정상으로 작을 경우에 발생한다.

　㉡ 한쪽 부분만 더 압연이 될 경우 캠버라는 현상이 발생하여 소재가 직진압연을 하지 않고 한쪽으로 쏠리는 현상이 발생한다.

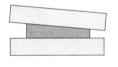

롤의 평행도 불량

편파

⑭ 압연 중 평탄도 교정: 에지 드롭(edge drop) 제어방법

　(가) 에지 드롭(edge drop): 소재의 폭 방향 끝단의 두께가 급격하게 감소하는 현상이다.

　(나) 에지 드롭 저감 방법

　　㉠ 롤 소경화

　　㉡ 롤 경도 향상

　　㉢ 롤 압연하중 감소

　　㉣ 테이퍼 롤 시프트(taper roll shift) 사용

　　㉤ ORG 제어기술

단원 예상문제

1. 냉연 스트립의 풀림 목적이 아닌 것은?

① 압연유를 제거하기 위함이다.　　　　② 기계적 성질을 개선하기 위함이다.

③ 가공경화 현상을 얻기 위함이다.　　　④ 가공성을 좋게 하기 위함이다.

해설 가공경화 현상 제거가 목적이다.

2. 풀림 공정에서 재결정에 의해 새로운 결정조직으로 변한 강판을 재압하하여 냉간가공으로 재질을 개선하고 형상을 교정하는 것은?

① temper color　　② power curve　　③ deep drawing　　④ skin pass

3. 완전한 제품을 개선하기 위한 압연 공정은?

① 냉간압연　　　　② 열간압연　　　　③ 조질압연　　　　④ 분괴압연

4. 냉간압연기에서 패스라인을 조정하기 위한 장치는?

① 지지롤 밸런스(backup roll balance)　　② 압하 실린더(pushup cylinder)

③ 스텝 웨지(step wedge)　　　　　　　　④ 작업롤 굽힘(roll bending)

5. 다음 중 조질압연에 대한 설명으로 틀린 것은?

① 스트립의 형상을 교정하여 평활하게 한다.

② 스트레처 스트레인을 방지하기 위하여 실시한다.

③ 보통의 조질압연율은 20~30%의 높은 압하율로 작업된다.

④ 표면을 깨끗하게 하기 위하여 Dull이나 Bright사상을 실시한다.

해설 보통의 조질압연율은 1~2%의 적은 압하율로 작업된다.

6. 조질압연의 목적을 설명한 것 중 틀린 것은?

① 형상을 바르게 교정한다.

② 재료의 인장강도를 높이고 항복점을 낮게 하여 소성변형 범위를 넓힌다.

③ 재료의 항복점 변형을 없애고 가공할 때의 스트레처 스트레인을 생성한다.

④ 최종 사용목적에 적합하고 적정한 표면 거칠기로 완성한다.

해설 가공할 때의 스트레처 스트레인을 방지한다.

7. 정정 라인의 기능 중 경미한 냉간압연에 의해 평탄도 표면 및 기계적 성질을 개선하는 설비는?

① 산세 라인　　　② 시어 라인　　　③ 슬리터 라인　　　④ 스킨 패스 라인

8. 스킨 패스 밀(skin pass mill)의 기능과 거리가 먼 것은?

① 평탄도의 교정　　　　　　　② 기계적 성질의 개선

③ 표면 성상의 개선　　　　　　④ 표면 스케일 제거

해설 다듬질 압연기(스킨 패스 밀)를 통과시켜 평탄도 교정, 기계적 성질 개선, 표면 성상 개선 역할을 한다.

9. 냉간판압연에서 조질압연(skin pass)의 목적이 아닌 것은?

① 형상 교정　　　　　　　　　② 폭의 감소

③ 표면상태의 개선　　　　　　④ 스트레처 스트레인 방지

해설 조질압연(skin pass)의 목적: 형상 교정, 평탄도 개선, 조도 개선, 스트레처 스트레인 방지

10. 조질압연을 하는 주요 목적에 해당되지 않는 것은?

① 형상의 교정　　　　　　　　② 내부의 기공 방지

③ 표면의 조도 조정　　　　　　④ 스트레처 스트레인 방지

11. 조질압연의 목적 및 압연방법에 대한 설명 중 틀린 것은?

① 스트립의 형상을 교정한다.

② 재료의 기계적 성질을 개선한다.

③ 스트립의 표면을 양호하게 하여 적당한 조도를 부여한다.

④ 15~30% 이상의 압하를 주어 항복점 연신을 제거한다.

해설 조질압연의 두께가 거의 변하지 않게 1% 정도 결함 및 형상불량을 없애고 표면을 깨끗이 하는 공정이다.

12. 다음 중 조질 압연에 대한 설명으로 틀린 것은?

① 형상의 교정　　　　　　　　② 기계적 성질의 개선

③ 표면 거칠기의 개선　　　　　④ 화학적 성질의 개선

해설 조질압연: 형상의 교정, 기계적 성질의 개선, 표면 거칠기의 개선

13. 냉연 조질압연에 대한 설명으로 틀린 것은?

① 풀림작업 후 판의 두께 및 폭을 개선한다.

② 표면을 미려하게 한다.

③ 스트립의 형상을 교정하여 평활하게 한다.

④ 항복점 연신을 제거한다.

해설 표면 미려, 스트립의 형상을 교정, 항복점 연신을 제거, 스트레처 스트레인 발생 방지, 기계적 성질 향상

14. 압하 설정과 롤 크라운의 부적절로 인해 압연판(strip)의 가장자리가 가운데보다 많이 늘어나 굴곡진 형태로 나타난 결함은?

① 캠버　　　　② 중파　　　　③ 양파　　　　④ 루즈

3-5　절단 및 슬릿 작업

(1) 절단 작업

① 냉연 작업에서 절단 공정의 중요한 목적

　㈎ 코일을 소정의 길이로 절단하는 것

　㈏ 절단한 재료의 형상교정, 검사, 선별 후에 방청유를 칠하여 일정한 곳에 쌓는 일

② 소정의 길이로 절단하는 방식

　㈎ 연속 절단법: 스트립을 정지시키지 않고 절단하는 방법이 생산성에 효과적이다.

(2) 슬릿 작업

① 슬릿(slit) 작업의 목적

　㈎ 스트립을 소정의 폭으로 자르는 것 외에 형상교정, 검사, 선별, 방청유를 칠하면서 소정의 코일로 귀를 맞추어 감는 작업

　㈏ 코일을 분할하거나 접하기도 한다.

　㈐ 리와인딩(rewinding) 또는 리코일링(recoiling): 슬릿 작업에서 양쪽 가장자리의 귀만 따내고 다시 감는 작업이다.

　㈑ 귀따기와 슬릿 작업은 사이드 리버 또는 슬릿으로 하는데 원형날 절단기이다.

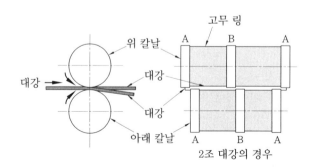

원형날 절단기

1. 냉간박판의 폭이 좁은 제품을 세로로 분할하는 절단기는?

① 트리밍 시어　　　　② 플라잉 시어　　　　③ 슬리터　　　　④ 크롭 시어

2. 냉연 박판을 폭이 좁은 여러 대상(띠)의 세로로 분할하는 설비는?

① 소　　　　　　　　② 슬리터　　　　　　③ 플라잉 시어　　　④ 트리밍 시어

해설 슬리터: 평행한 커터를 가진 직선 전단기

3. 스트립의 종방향 분할을 행하고, 폭이 좁은 코일을 생산하는 설비는?

① 조질 라인　　　　② 전단 라인　　　　③ 슬리팅 라인　　　④ 리코일링 라인

해설 슬리팅 라인: 스트립의 종방향 분할을 행하고, 폭이 좁은 코일을 생산, 후단부 불량 부분 제거, 치수 및 형상, 표면검사하는 설비이다.

4. 강판의 절단을 위한 구성설비가 아닌 것은?

① 슬리터(slitter)　　　　　　　　② 벨트 래퍼(belt wrapper)

③ 시트 전단기(sheet shear)　　　④ 사이드 트리머(side trimmer)

해설 벨트 래퍼(belt wrapper): 스트립을 권취할 때 충분한 인장을 주어 drum에 스트립을 초기에 감싸주는 장치이다.

정답 1. ③　2. ②　3. ③　4. ②

3-6 냉연용 소재

(1) 냉연용 소재의 종류

① 림드강, 킬드강, 세미킬드강, 캡드강, 연속 주조강 등

② 성분적 분류: 고합금 스테인리스강, 내열강 등

(2) 냉연용 소재의 품질

① 냉연용 소재의 핫 코일의 품질로서 주요한 사항

　(개) 코일의 재질이 처음부터 끝까지 균질일 것

　(내) 치수의 형상이 정확할 것: 코일의 처음과 끝의 두께 차가 클 경우에는 냉연할 때 게이지 다운(gauge down) 또는 형상불량이 발생할 우려가 있다.

　(대) 표면에 제거하기 쉬운 스케일을 가질 것

(3) 권취 작업

① 완성 스탠드를 나온 스트립은 턴아웃 테이블(turn out table)을 통하여 권취기에 감는다.

② 스트립의 끝이 코일에 안내되어 핀치 롤 사이에 물리게 되어 핀치 롤의 지름 차이와 그 압력에 의해 아래쪽으로 굽히면서 맨드릴과 루퍼 사이에 감겨지고 루퍼 롤의 회전에 따라 스트립은 맨드릴의 주위에 감긴다.

③ 맨드릴에 직결된 전동기는 전류 제어로 스트립에 장력을 주면서 코일을 감아 준다.

④ 스트립의 끝이 완성 압연기를 벗어나게 될 때에는 핀치 롤 전동기의 역기전력으로 권취 장력을 유지한다.

⑤ 코일의 권취 과정이 끝나면 맨드릴을 축소시켜 코일 카(coil car)로 코일을 빼내어 컨베이어 또는 크레인에 의해 다음 공정으로 반송된다.

⑥ 스트립의 권취 형상을 좋게 하기 위하여 스트립의 머리 부분이 통과할 때 사상압연기의 라스트 스탠드(last stand)보다 일정 비율 빠르게 하는 것을 리드(lead)율(빠르게), 래그(lag)율(느리게)을 설정한다.

단원 예상문제

1. 냉연용 소재의 품질구비 조건과 거리가 가장 먼 것은?
① 코일의 재질이 균질할 것
② 치수와 형상이 정확할 것
③ 표면에 고착상의 스케일을 가질 것
④ 표면에 박리성이 좋은 스케일을 가질 것
[해설] 표면에 고착상의 스케일이 없을 것

2. 권취기 전면에 설치된 핀치 롤에 대한 설명으로 틀린 것은?
① 텔레스코프를 방지하여 권취 형상을 좋게 한다.
② 권취기와의 장력을 유지하여 단단하게 권취되게 한다.
③ 스트립 탑이 감기가 쉽게 선단을 구부려 준다.
④ 사상압연기에서 발생된 불량한 평탄도를 개선해 준다.

3. 연판(strip)을 권취하는 설비 중 스트립 선단을 아래로 구부려 잘 감기도록 안내하며 일정 장력을 유지시켜 주는 것은?

① 맨드릴

② 핀치 롤

③ 유닛 롤

④ 사이드 가이드 롤

해설 ① 맨드릴: 권취된 코일 인출

② 핀치 롤: 스트립을 잘 감기도록 유도

③ 유닛 롤: 스트립 선단을 맨드릴 원주에 유도

④ 사이드 가이드 롤: 스트립의 최선단부를 코일러에 유도

4. 코일러는 사상압연으로부터 보내진 판을 감기 위한 장치이다. 코일러 설비와 가장 관계가 없는 것은?

① 사이드 가이드(side guide)

② 핀치 롤(pinch roll)

③ 맨드릴(mandrel)

④ 와이퍼(wiper)

해설 와이퍼는 스탠드 설비이다.

5. 사상압연 라스트 스탠드(last stand)와 권취기의 맨드릴 간에 있는 설비, 즉 ROT, 핀치 롤, 맨드릴 등은 스트립의 권취 형상을 좋게 하기 위하여 스트립의 머리 부분이 통과할 때 사상압연기의 last stand보다 일정 비율 빠르게 하는 것은?

① lead율

② lag율

③ loss율

④ tight율

정답 1. ③ 2. ④ 3. ② 4. ④ 5. ①

제5장 봉강·형강압연

1. 봉강압연

1-1 봉강 형상 및 치수

① 단면형상이 원형, 타원형, 사각, 평강, 육각 등
② 원형봉의 길이 방향에 리브가 있는 철근 콘크리트용 이형 원형강
③ 지름 또는 대변 길이가 10~100mm 정도이다.
④ 바 인 코일(bar in coil): 10~300mm 정도의 코일 모양의 봉재이다.

1-2 봉강압연 방식 및 압연 설비

(1) 봉강압연 방식

① 타원과 각의 방식
② 마름모꼴과 각의 방식
③ 박스(box) 방식

(2) 봉강의 압연 설비

• 봉강, 선재의 압연 공장: 대형, 중형, 소형으로 분류한다.
• 압연기의 배열 방식: 단기 배열식, 일축식, 다축식, 크로스 컨트리식, 반연속식, 연속식 등으로 분류한다.
• 밀 스탠드(mill stand)식 형식: 2단식, 복2단식, 3단식, 유니버설식 등이 있다.

① 대형 및 중형 압연 설비
　㈎ 최근에는 2단 역전식 분괴압연기나 유니버설 압연기를 설치하여 단면이 큰 형강(H형강)을 제조한다.

(나) 중형: 연속압연인 경우 스탠드 간의 장력 조정이 힘들며, 설비비가 많이 드는 문제점이 있다.

② 소형 압연 공장

(가) 반연속식이나 연속식을 사용하여 스탠드 간의 조절이 용이하다.

(나) 밀 스탠드를 배열하는데 공장이 크지 않아도 건설비가 적게 드는 이점이 있다.

③ 선재압연 설비

(가) 다축식 배열로 리피터를 사용하는 가렛(garret)식 압연기를 사용한다.

(나) 연속식으로 파텐팅 장치를 설치한다.

④ 롤 공형

(가) 오벌 스퀘어(oval square)법

㉠ 중형, 소형의 봉강용에 일반적으로 사용하는 방법으로 압하율을 크게 할 수 있다.

㉡ 강재와 롤면의 접촉은 압하 방향으로만 이루어진다.

㉢ 스케일의 탈락이 용이하다.

㉣ 타원(oval)의 양측에서 주름이 발생하기 쉬운 결점이 있다.

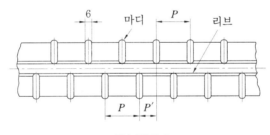

이형 원형강

1. 단면 감소율을 크게 할 수 있으며, 주로 소형 환봉압연에 적합하고 타원형의 형상을 다음의 공형에 물려 들어갈 때 소재를 90°회전시키는 공형의 형식은?

① box 공형　　　　　　　　② diamond 공형

③ oval-square 공형　　　　　④ horizontal 공형

해설 봉형강 압연에 많이 쓰이는 oval-square 공형(타원형과 마름모형)은 타원형에서 소재를 90°회전시키며 눌러 점점 원형으로 만드는 공형의 형식이다.

정답 1. ③

1-3 봉강의 압연 방법

(1) 다이아몬드 스퀘어(diamond square)법

① 중형 봉강용으로 사용되는 방법이다.
② 강재의 4면이 항상 롤에 접촉하여 완성 제품의 표면이 미려하다.
③ 증폭량은 비교적 적고 오벌 스퀘어법 다음으로 압하를 크게 할 수 있다.
④ 스케일의 탈락은 다소 떨어지므로 제1스탠드에 재료를 물려주기 전에 충분한 스케일을 제거하는 것이 바람직하다.

(2) 플랫 에지(flat edge)

① 주로 대형 봉강압연에 이용한다.
② 강재와 롤면의 접촉은 압하 방향의 2단뿐이므로 다른 2면의 스케일은 용이하게 탈락한다.
③ 압하량은 오벌 스퀘어법이나 다이아몬드 스퀘어법보다 적다.
④ 단점은 공형의 측면에서 공형과 강재의 마찰이 생겨 제품 표면이 거칠어지는 것이다.

(3) 오벌 라운드(oval round)법

① 비교적 고급의 중형, 소형 환봉과 선재의 중간 및 완성압연에 사용한다.
② 주름에 의한 흠집이 적고 표면이 깨끗한 제품을 얻을 수 있다.

1-4 압연 작업

(1) 스케일 제거

① 양호한 표면을 갖기 위해서는 가열로에서 생성된 1차 스케일 및 압연 도중 생성된 2차 스케일을 제거해야 한다.
② 1차 스케일은 조압연기의 No. 1 스탠드에서 제거한다.
③ 2차 스케일은 압연 도중 필요에 따라 제거한다.
④ 스케일 제거는 고압수를 노 중에서 재료 표면에 분사시키는 방법을 사용한다.
⑤ 고압수 대신에 증기를 사용하여 재료의 냉각을 방지하는 방법이다.

(2) 가열 온도

① 가열 온도가 높으면 가공도가 좋고 소요동력도 적게 든다.

② 가열 온도가 너무 높으면 결정립 조대화, 버닝, 스케일 루스의 증대, 탈탄이 발생한다.

③ 가열 온도가 낮으면 재질 불량, 소요동력의 증대, 압하력의 증대, 가공 균열, 형상불량이 발생한다.

④ 열간가공 온도 범위: 950~1250℃

(3) 재로시간

① 재로시간: 재료를 가열로에 장입해서 추출할 때까지의 시간이다.

② 재로시간이 길어질 경우 가열 온도를 내려서 고온에 의한 나쁜 영향을 최소한으로 줄일 수 있다.

(4) 롤 압하 조정

연속식 압연기의 경우 표준화 스케줄에 따라 롤 간격을 설정한다.

(5) 크롭(crop) 절단

① 많은 공형을 통과한 재료는 첫머리 부분이 변형되어 국부적인 냉각이 된다.

② 변형된 부분은 롤 물림을 불량하게 하고 가이드 장치에 막힘의 원인이 된다.

③ 막힘 방지를 위해 7~10회 정도 공형을 통과한 재료를 첫머리 부분을 잘라내어 정형하는 것을 크롭 컷(crop cut)이라 한다.

④ 플라잉 시어(flying shear)에 의해 자동적으로 절단한다.

(6) 장력 조정

① 무장력 제어방법에는 루프(loop)형식과 전류에 의한 제어방식이 있다.

② 단면이 작은 재료는 루프식을 많이 사용한다.

(7) 정정

① 봉강의 정정설비: 냉각설비, 절단설비, 교정설비, 검사설비, 묶음 설비

② 선재의 정정설비: 냉각설비, 권취설비, 운송설비, 검사설비, 묶음 설비

③ 권취설비: 포링 릴(pouring reel)과 라잉 릴(lying reel)

㈎ 포링 릴(pouring reel): 제품을 회전시켜 감는 틀에 적재하는 설비이다.

㈏ 라잉 릴(lying reel): 제품 자체가 회전하는 것이 아니고 권취속도의 제한이 없으므로 고능률의 선재압연에 적합하다.

단원 예상문제

1. 가열온도가 너무 낮거나 충분히 균열되어 있지 않을 때 압연 중에 나타나는 것과 관계 없는 것은?

① 모터의 과부하

② 압연하중의 증가

③ 제품의 형상 불량

④ 급격한 스케일 생산량 증가

해설 스케일은 저온보다 고온에서 발생한다.

2. 연속으로 나오는 냉연 소재를 일정한 길이로 전단하는 설비는?

① 플라잉 시어

② 크롭 시어

③ 슬리터 시어

④ 사이드 트리밍 시어

해설 플라잉 시어: 연속으로 나오는 냉연 소재를 일정한 길이로 전단, 크롭 시어: 변형된 압연 첫머리 부분 전단, 슬리터 시어: 스트립을 압연방향으로 분할하여 폭이 좁은 코일로 전단, 사이드 트리밍 시어: 스트랩 양쪽을 규정된 폭으로 연속 전단

3. 크롭 시어의 역할을 설명한 것 중 틀린 것은?

① 중량이 큰 슬래브의 단중 분할하는 목적으로 절단한다.

② 압연재의 중간 부위를 절단하여 후물재의 작업성을 개선한다.

③ 경질재 선후단부의 저온부를 절단하여 롤 마크 발생을 방지한다.

④ 조압연기에서 이송되어온 재료 선단부를 커팅하여 사상압연기 및 다운 코일러의 치입성을 좋게 한다.

해설 크롭 시어의 역할: 중량이 큰 슬래브의 단중 분할, 슬래브의 선단을 절단하여 사상압연기의 통관성 양호, 슬래브 flash tail부를 절단하여 박판의 작업성 개선, 경질재 선후단부의 저온부를 절단하여 롤 마크 발생 방지

정답 1. ④ 2. ① 3. ②

2. 형강압연

2-1 개요

① 형강의 제조공정: 가열 → 압연 → 절단 → 냉각 → 교정
② 단면의 모양: 봉강, 형강, 선재, 대강
③ 치수에 따른 분류: 대형 형강, 중형 형강, 소형 형강

2-2 소재의 압연 공정

(1) 형강용 소재

① 대형용 소재
　㈎ 대형 형강의 소재: 세미킬드강
　㈏ 저온 용강, 용접 주조용 내후강, 고장력강, 레일 등: 킬드강
　㈐ 블룸, 슬래브, 조형 강편의 특징
　　㉠ 블룸: 한 변의 길이가 130mm 이상의 정사각형, 폭이 두께의 1~2배인 직사각형의 단면
　　㉡ 슬래브: 폭이 두께의 2배 이상의 단면, ㄷ형강, 부등변 부등 두께의 ㄱ형강, 시트 파일
　　㉢ 조형 강편: 단면이 큰 H형강, I형강 및 시트 파일
② 중소형용 소재
　㈎ 일반 구조용강 및 용접 구조용강 사용
　㈏ 철탑재 등에 Nb, V 등의 미량 원소를 첨가한 고장력강 사용
　㈐ 제조방법에 의한 분류
　　㉠ 직압 강괴: 주형에 조괴된 강괴를 조압연기를 통하여 브레이크 다운(break down)하든지 큰 단면으로 하면 조압연 시간이 많이 필요하게 되고 압연능률이 저하하므로 필요한 최소한의 단면으로 하고 있다.
　　㉡ 분괴 강괴
　　　• 강괴의 결함을 제거하기 위하여 큰 단면의 강괴를 분괴압연한다.
　　　• 강괴의 수지상 결정을 파괴하여 조직이 치밀화된다.

- 응고 시의 내부에 발생한 수축공을 압착한다.
    ⓒ 분괴 강편: 분괴압연한 강편을 소정의 길이로 절단하여 흠을 제거한 후 소재로 사용한다.
    ⓔ 연속 주조 강편: 편석이 적고 결정입자도 미세화되며, 수축공도 압착한다.

(2) 형강의 압연 공정

- 대규모 공장: 강괴를 가열로에 직접 장입하거나 연속 주조 공정에 의해 생산한다.
- 대형 공장의 공정 순서: 가열 → 압연 → 절단 → 교정 → 검사

① 강괴를 소재로 할 경우
    ㈎ 분괴 압연기와 형상 압연기를 연속적으로 배치하여 분괴압연이 끝난 열강편을 다시 가열하지 않고 완제품이 될 때까지 압연하는 직접 압연법이 있다.
    ㈏ 직접 압연법: 제강 → 조괴(강괴) → 균열로 → 분괴압연 → 형강압연
    ㈐ 가열에 의한 재료 손실이 없고 재가열 공정에 필요한 작업비가 절감되어 경제적이다.
    ㈑ 강괴에 발생된 표면 결함을 제거하기 위해 분괴 압연기와 제품 압연기 사이에서 열간 스카프를 해야 하는 결점이 있다.

② 소강괴를 소재로 할 경우
    ㈎ 소강괴: 한 변이 150~300mm의 정사각형 또는 직사각형, 길이는 1,500~2,000mm이다.
    ㈏ 대형 형강 중에서 비교적 작은 치수의 제조용으로 적합하다.
    ㈐ 압연 순서: 제강 → 조괴(소강괴) → 강괴 냉각, 손질 → 가열 → 형강압연
    ㈑ 소강괴는 냉각 후 냉간 스카프에 의한 표면 손질을 하여 가열로에 이송한다.

③ 분괴 강편을 소재로 할 경우
    ㈎ 재가열 압연법: 제강 → 조괴(강괴) → 균열로 → 분괴압연(강편) → 강편 냉각, 손질 → 가열 → 형강압연
    ㈏ 분괴 강편의 특징
        ㉠ 분괴압연의 패스 스케줄을 변경하여 치수의 단면을 얻을 수 있는 이점이 있다.
        ㉡ 치수의 융통성이 좋기 때문에 대형 형강에 광범위하게 적용한다.
        ㉢ 강편의 중간 검사를 할 수 있어 충분한 손질이 가능하다.

④ 연속 주조 강편을 소재로 할 경우

   ㈎ 순서: 제강 → 연속 주조(강편) → 강편 냉각 → 가열 → 형강압연

   ㈏ 표면과 내부에 편석이 없으며, 강편 단면 형상, 치수 등이 우수하여 품질과 경제적인 면에서 유리하다.

   ㈐ 주형에 따른 강편 치수에 제약을 받아 소재 치수에 융통성이 결여된다.

2-3   가열 작업

(1) 대형용 소재의 가열 작업

① 푸셔식 가열로가 많이 사용되며, 최근에는 워킹 빔식 가열로를 사용한다.

② 열효율, 연료 절감책의 기술적 개선을 위하여

   ㈎ 장입과 추출 관계에서의 노체의 실(seal) 강화

   ㈏ 열교환기의 개선

   ㈐ 노체 내화물의 개선

   ㈑ 가열 곡선의 변경과 보온 시의 조작 기준 개선

   ㈒ 가동률의 향상

③ 예열공기의 최고 온도: 550℃

④ 가열 온도: 보통강 1,130~1,330℃, 특수강 1,050~1,250℃

(2) 중형용 소재의 가열 작업

① 중소형용 가열로의 열원: 중유, 코크스가스와 고로가스의 혼합가스

② 연소용 2차 공기는 보통 배기에 의하여 200~500℃로 예열한다.

③ 공기는 이론 공기량의 약 1.2배를 공급한다.

④ 노내 분위기는 산화성이다.

⑤ 장입구나 배출구 등으로 냉기가 침입하면

   ㈎ 노내 온도 저하, 과산화, 스케일 생성량이 증가한다.

   ㈏ 방지책: 균열대 노상면을 약간 높게 하여 노압을 유지하거나 연도 댐퍼를 자동 조정한다.

⑥ 중소형 가열로의 재료 1톤당 소비 열량(원 단위)는 40~50만kcal이다.

2-4 형강압연 작업

(1) 대형 형강의 압연

① 대형 형강의 압연기: 2단식, 3단식 및 유니버설 압연기를 사용한다.

② 유니버설 압연기(universal mill)

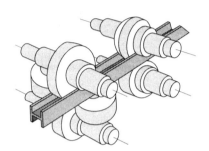

㈎ 1개의 스탠드에 수평 롤과 입형 롤이 동일면
에 조립한다.

㈏ 수평 롤은 전동기에 의해서 구동한다.

㈐ 입형 롤은 통과하는 압연재와의 마찰력에
의하여 구동한다.

㈑ 플랜지에 구배가 없는 H형강, I형강, 레일
의 압연 등에 사용한다.

㈒ 수평 롤은 웨이브와 플랜지의 두께를 가공
한다.

유니버설 압연 방식

㈓ 입형 롤은 플랜지의 두께만을 가공한다.

㈔ 플랜지의 단부만을 압연하는 에징 압연기(edging mill)와 병용한다.

③ 대형 형강 압연

㈎ 대형 압연은 압연기를 7~20회 이상 통과시켜 제품으로 완성시키는 작업이다.

㈏ 등면 ㄱ형강, 부등변 ㄱ형강, 부등변 부등 두께 ㄱ형강, I형강, ㄷ형강 등은 병
열식 압연기 배열의 공장에서 제조한다.

㈐ H형강은 직렬식 배열의 직렬식 배열 또는 연속식 배열의 공장에서도 제조한다.

㈑ 시트 파일과 레일은 직렬, 병렬 모두 다 활용한다.

㈒ 가열로부터 배출되는 소재는 압연기 전 후면에 설치된 틸팅 이송 테이블에 이
송되고, 각 공형을 차례로 통과하여 제품으로 완성한다.

㈓ 직렬 배열로 된 유니버설 압연기로 H형강을 압연할 때: 가역식 2단 압연기인
브레이크 다운 압연기에서 몇 패스를 거쳐 조압연 및 중간압연에 알맞은 유니버
설 스탠드, 에징 스탠드로 구성되는 조유니버설 압연기군으로 이송한다.

(2) 중소형 형강의 압연

① 2단식과 3단식 압연기를 사용한다.

② 소형 형강: 연속화

③ 중형 형강: 크로스 컨트리식 또는 병렬식 배열

④ 연속압연일 때 각 스탠드 간의 루프(loop) 텐션(tension) 조정 등이 주된 압연 작업이다.

단원 예상문제

1. 강편 사상압연기의 전면에 설치되어 소재를 45° 회전시켜 주는 설비는?

① 그립 틸터(grip tilter)　　　　② 핀치 롤(pinch roll)

③ 트위스트 가이드(twist guide)　④ 스크루 다운(screw down)

해설 그립 틸터(grip tilter): 소재를 45° 회전시켜 주는 설비

정답 **1.** ①

2-5 교정과 절단 작업

(1) 냉각 작업

① 대형 형강의 냉각 작업

㉮ 보통 열간 절단기로 절단한 다음 냉각상에 보내어 약 710℃ 이하로 냉각한다.

㉯ 서랭의 목적: 수소의 확산과 냉각 응력의 완화에 의해서 수소에 의한 결함을 방지한다.

② 중소형 형강의 냉각 작업

㉮ 자연 냉각

㉯ 냉각 능력 보충: 훈풍, 살수 등

㉰ 보통 구조용 강: 200~300℃에서 살수 냉각

(2) 교정 작업

① 형강은 압연, 냉각 후에 좌우 또는 상하 방향으로 휨이 발생한다.

② 롤 교정기를 이용한다.

(3) 절단

① 열간 절단 방식과 냉간 절단 방식

② 소형 형강: 6m, 중형 형강: 9~12m

제6장 그 밖의 압연

1. 강관 압연

1-1 강관 제조법의 종류

(1) 압연 강관의 제조법

① 단면이 원형이거나 각(사각 또는 다각형)의 강편 또는 강괴의 소재에 천공기를 사용하여 제작하는 방법이다.
② 연신과 압연에 의해 소정의 치수로 강관을 제조한다.
③ 냉간압연 또는 냉간 드로잉으로 제조한다.

(2) 용접 강관의 제조법

스트립이나 강판을 소재로 하여 연속적으로 또는 강판 1매씩을 여러 가지 방법으로 원통형을 성형하고 그 접합부를 용접 또는 단접하여 만드는 이음매가 있는 강관 제조이다.

1-2 압연 강관의 제조

(1) 소재관의 제조

① 롤 천공법: 만네스만 천공기(barrel type), 스티펠(stifel) 천공기, 원뿔형 천공기
② 프레스 천공법: 사각 또는 다각형의 강괴 또는 강편을 원통인 외형에 넣고 원형인 맨드릴로 때려 뽑아 소재에 구멍을 뚫어 소재관을 제조하는 방법이다.

(2) 모재관의 제조

① 2단 플러그 압연: 비교적 두꺼운 소재판은 2단 압연기에 의하여 플러그를 밀어넣으면서 압연하는 방법이다.

② 필거 압연법

㈎ 천공된 소재관을 다시 압연하기 위한 일반적인 압연 방법이다.

㈏ 속이 빈 소재관에 완성할 강관의 안지름과 동일한 맨드릴을 삽입하여 롤에 밀어넣는 방식이다.

㈐ 지름 50~750mm, 길이 30m까지의 강관을 제조한다.

(3) 완성 강관 제조법

① 지름이 750mm 정도의 것까지, 쬠 압연기는 최대 280mm까지 가능하다.

② 280mm까지의 완성압연은 3방 롤을 사용하고 있으며, 지름이 큰 강관은 2방 롤 시스템을 사용한다.

③ 인발법의 종류

플러그식 인발법	중공식 인발법	맨드릴식 인발법
플러그와 다이스는 고정, 강관은 다이스 전극으로 인발	맨드릴과 같은 다이스를 통한 인발	맨드릴은 플러그의 역할, 소재, 장소 절감, 인장력 작음, 큰 감면율

㈎ 플러그식 인발법

㉠ 강관은 다이스와 플러그 사이의 다이스 간극을 통하여 인발한다.

㉡ 공구와 윤활유를 정확하게 선택해야 한다.

㈏ 중공식 인발법

㉠ 맨드릴 없이 다이스만으로 재료를 인발하는 방법이다.

㉡ 정확한 두께와 안지름을 기대하기는 어렵다.

㈐ 맨드릴식 인발법: 매우 단단하고 연마된 맨드릴에 이동되는 강관이 패스되면서 맨드릴과 함께 다이스 간극 사이를 통하면서 인발한다.

1-3 연속 강관 압연법

① 천공기에서 천공된 중공 소재를 그 속에 긴 맨드릴을 끼운 채로 압연기에서 연속 압연하는 방법이다.
② 압연기는 9개의 스탠드로 되어 있으며, 단독 구동의 2단식 압연기이다.
③ 압연기와 연마 롤을 겸한 것으로 인접한 압연기의 롤축은 서로 90°의 각을 이루고 있다.

1-4 용접 강관의 제조

① 먼저 대강(skelp)을 원통 모양으로 만든 후 양끝을 용접하는 것이다.
② 전기 저항 용접법, 잠호 용접법(submerged arc), 나선 용접법(spiral arc), 유도 전기 용접법, 가스 용접법 등이 있다.

단원 예상문제

1. 대구경관을 생산할 때 쓰이며, 강대를 나선형으로 감으면서 아크 용접하는 방법으로 바깥지름 치수를 마음대로 선택할 수 있는 강관 제조법은?

① 단접법에 의한 강관 제조
② 롤 벤더(roll bender) 강관 제조
③ 스파이럴(spiral) 강관 제조
④ 전기 저항 용접법에 의한 강관 제조

해설 스파이럴(spiral) 강관: 나선형으로 감으면서 아크 용접하는 방법으로 치수 제한없이 강관 제조

정답 1. ③

1-5 강관의 교정 작업

① 프레스식 교정기
② 롤식 교정기
③ 경사 롤식 교정기
④ 로터리 하우징식 경사 롤식 교정기

2. 타이어 압연

2-1 타이어의 제조

① 용강으로 강괴를 만들고 이것을 타이어의 길이에 상당하는 강편으로 절단한다.
② 가열로에서 1150℃ 내외로 가열하여 프레스로 단조하고 압연하여 제조한다.
　㈎ 단조: 균열된 재료는 머니퓰레이터로 꺼내어 단조한다.
　㈏ 압연: 개방형 압연기, 폐쇄형 압연기로 압연한다.

2-2 찻바퀴의 제조

단조 및 압연에 의해 제조한다.

제 7 장 공정별 제조 공정

1. 조압연

1-1 조압연의 개요 및 배열 종류

(1) 조압연의 개요

조압연은 최종 공정에서 작업이 가능하도록 슬래브의 두께를 감소시키고 원하는 폭으로 압연하는 과정이다.

(2) 조압연의 배열 종류

① 반 연속식

(가) 구성

㉠ 2단 압연기 RSB(roughing breaker) 1패스

㉡ 4단 가역식 압연기 R1에서 3~7패스(구동은 직류모터 사용)

㉢ RSB: 1차 스케일 제거 장치, 슬래브 표면에 발생한 1차 스케일을 슬래브로부터 분리시켜 디스케일링 스프레이(descailing spray)로 슬래브를 제거하는 장치이다.

(나) 장점

㉠ 설비비가 저렴하다.

㉡ 강종, 슬래브 두께에 따라 패스 회수 변경이 가능하여 작업에 유연성이 있다.

(다) 단점

㉠ 조압연 능률에 의해 라인 능력이 결정된다.

㉡ 생산능력이 적다.

㉢ 보수가 많이 필요하다(압하, 사이드 가이드, edger, 전후면 테이블 등).

㉣ 기수 패스만 폭압연이 가능하다.

㉤ 1개의 슬래브에서 압연 가능한 제품 폭 범위가 좁다.

② 전 연속식

  ㈎ 구성

    ㉠ 2단 압연기 R1, R2, R3

    ㉡ 4단 압연기 R4, R5, R6

    ㉢ 한 방향으로 연속적으로 압연한다.

  ㈏ 장점: 생산 능력을 최대로 할 수 있다.

  ㈐ 단점

    ㉠ 조압연기 스탠드가 많아 각 스탠드 사이의 바의 길이를 충분히 고려해야 하므로 라인이 길어진다.

    ㉡ 부대설비 및 건설비가 증가한다.

    ㉢ 조압연 패스 회수가 조압연기 스탠드의 개수와 같기 때문에 슬래브 두께 범위에 제약이 많다.

③ 3/4 연속식

  ㈎ 구성

    ㉠ 2단 압연기 R1

    ㉡ 4단 압연기 R2, R3, R4

    ㉢ R2는 3~5회 패스 가역식 압연

  ㈏ 특징

    ㉠ 라인 길이가 대폭 감소한다.

    ㉡ 생산성도 좋다.

    ㉢ 압연부하 밸런스 변경이 용이하다.

    ㉣ 현재 가장 많이 이용한다.

④ 크로스 커플식(cross couple)

  ㈎ 구성: 3/4 연속식 압연기에서 R3, R4를 근접 배열한다.

  ㈏ 특징

    ㉠ 조압연 소요시간이 단축된다.

    ㉡ 테이블 길이가 단축되어 설비비가 저렴하다.

단원 예상문제

1. 다음 중 조압연기 배열에 관계없는 것은?

① semi continuous(반 연속식)식   ② full continuous(전 연속식)식

③ four quarter(4/4 연속)식   ④ cross couple식

`해설` 조압연기의 배열방식: 반 연속식, 전 연속식, 3/4 연속식, 크로스 커플식

2. 연간압연 시의 코일 중량이 대체적으로 동일할 때 가장 긴 라인이 필요한 조압연기 배열 방식은?

① 반 연속식   ② 전 연속식

③ 스리쿼터식   ④ 스리쿼터식+크로스 커플식

3. three quarter식에서 조압연기군의 후단 2스탠드를 근접하게 배열한 것으로 조압연 소요시간과 테이블 길이가 대폭 단축되어 설비비가 저렴한 특징을 갖는 조압연 설비는?

① 반 연속식   ② 전 연속식   ③ RSB quarter   ④ cross couple

`해설` cross couple: 조압연 소요시간 단축, 테이블 길이가 단축되어 설비비가 저렴하다.

`정답` 1. ③ 2. ② 3. ④

1-2   **조압연 설비**

(1) 수평 압연기

① 2단식과 4단식이 있다.

② 2단 압연기의 특징

  ㈎ 작은 롤 지름

    ㉠ 장점: 압연하중, 동력을 작게 할 수 있다.

    ㉡ 단점: 롤의 굽힘 및 두께 정도를 저해, 롤 절손이 잘 된다.

  ㈏ 큰 롤 지름

    ㉠ 치입각이 클 경우(패스 압하량이 클 경우) 사용 가능하다.

    ㉡ 조압연의 제1, 제2, 패스 정도까지 지름이 큰 작업롤을 사용한다.

(2) 4단 압연기의 특징 및 주변 설비

① 특징

㈎ 큰 압연 하중은 롤 지름이 큰 백업 롤을 사용한다.

㈏ 압연은 작은 지름의 작업롤을 사용한다.

② 주변 설비

㈎ 픽업(pick up)량: 하부 작업롤의 상면의 높이가 전방의 테이블 롤러의 높이에서 최대 압하량의 반을 높게 설정한 것이다.

㈏ 선삭 또는 연마에 의해 롤 지름이 작아질 경우: 백업 롤 초크의 하부에 라인 두께를 조절한다.

㈐ 롤 갭 조절: 스크루를 작동시켜 압연하는 소재의 두께에 따라 조절한다.

㈑ 이송 설비: 전후방에 테이블 롤러를 설치한다.

㈒ 사이드 가이드: 압연기에 정확한 유도를 위해 압연기 전면에 설치한다.

㈓ 디스케일링 헤더(descaling header)

㉠ 가열로에서 발생한 스케일을 제거(스탠드 입측에 설치)한다.

㉡ 조압연 중 발생되는 스케일을 제거(스탠드 출측에 설치)한다.

(3) 기타 조압연 설비

① VSB(vertical scale breaker)

㈎ 가열로에서 추출된 슬래브의 스케일을 제거한다.

㈏ 슬래브 측면에서 압력을 가해 스케일 층을 균열시킨 후 고압의 디스케일링(descaling) 냉각수를 분사한다.

㈐ 폭 압연 능력이 에저(edger)보다 크다.

㈑ 폭 압연 능력 향상을 위해 리버스 압연, 백 패스 압연을 실시한다.

② 에저(edger)

㈎ 요크(york): 수평 롤 하우징에 있는 에저 하우징 사이를 사이드 구동

㈏ 에저 롤: 요크 내에 구성

㈐ 베어링 초크

1-3 조압연 작업

(1) 수평 압하

① 슬래브 두께 및 바 두께 결정 후에 압연량과 가역 패스 회수를 결정한다.

② 압하량: 압연기의 기계적 능력, 통판성, 스피드 제어 등을 고려하여 결정한다.

③ 압연 중 온도 저하 감소, 2차 스케일 생성량 감소를 위해 후단 스탠드 압하량 증가 또는 바 두께를 두껍게 한다.

(2) 가역식 압연기 속도 제어

① 통판 속도는 가역 패스 회수와 함께 생산성 향상에 중요한 요소이다.

② 속도 패턴: 기계적 충격을 줄인다.

　㈎ 판이 물릴 때와 빠질 때: 감속

　㈏ 로드 온(load on) 직후: 가속

　㈐ 다시 판이 빠지기 시작할 때: 감속

③ 압연속도: 속도를 높게 설정(생산성 향상)

④ 탠덤 압연기의 속도 제어

　㈎ 크로스 커플(cross couple) 압연기에서 R3, R4가 직렬 압연

　㈏ 속도 제어 불량

　　㉠ 스탠드 간에서 루프(loope) 또는 오버 텐션(over tension)이 걸린다.

　　㉡ 폭 불량 및 미스 롤의 원인이 된다.

　㈐ 구동 모터

　　㉠ R3: DC 모터 사용　　　　㉡ R4: AC 모터 사용

　㈑ AMTC: 통관 중 속도 제어

(3) 폭 방향 압하

① YSB, 에저에 의해 슬래브를 폭 방향으로 압하한다.

② 폭 압하 방법: 전단 강압하, 후단 강압하

③ 전단 강하 시 바 두께가 두꺼울 때 폭 압하를 많이 할 경우

　㈎ 롤과 재료 사이에 슬립이 발생하여 재료의 통판이 어려워진다.

　㈏ 협폭 재료는 비틀림이 발생하기 쉽다(폭+).

④ 후단 강하 시 바 두께가 얇을 때 폭 압하를 많이 할 경우

㈎ 재료 버클링(buckling)에 의해 폭압연 효과가 없어진다.

㈏ 스키드 마크(skid mark)에 의한 폭 변동이 커진다.

㈐ 재료 에지(edge)부에 도그 본(dog bone)이 발생하여 효율 저하의 원인이 된다.

㈑ 도그 본을 중심부로 행하도록 조정한다.

㈒ 도그 본이 중심부로 향하면 수평 압하 시 폭 퍼짐량이 감소한다.

⑤ 롤 모양과 도그 본(dog bone) 형성 형태

㈎ 플랫 롤(flat roll): 도그 본이 에지부에 발생한다.

㈏ 잘리버 롤(zaliber roll): 도그 본이 중심부로 향한다.(최근 많이 이용함)

(4) 디스케일링(descaling)

① 재료 표면의 고온으로 인해 2차 스케일이 발생한다.

② 2차 스케일은 제품 표면에 스케일 홈의 발생 원인이 된다.

③ 방지책

㈎ 각 스탠드 입측에 고압수 분사 디스케일링 헤더를 설치한다.

㈏ 고압수 압력: $100 \sim 150 \text{kg/cm}^2$

④ 성에너지를 고려하여 분사를 최소화(R1과 최종 패스라인에서 디스케일링 실시)한다.

(5) 자동 폭 두께 조절장치(AWC: auto width control)

① 사용 목적

㈎ 스키드 마크에 의한 폭 변동을 제어한다.

㈏ 목표 폭을 제어한다.

㈐ 톱 테일(top tail)부 폭 빠짐을 개선한다.

㈑ 기타 폭 변동에 대한 제어를 한다.

② 구분 방식에 따른 AWC의 특징

구분	방식	검출	조작	비고
조압연 AWC	하중 피드 포워드 방식	전단 에저 하중	후단 에저 개도	검출부터 조작까지의 시간적인 보상 실시
	폭계 피드 포워드 방식	에저 전면 폭계	폭계 후면 에저 개도	검출부터 조작까지의 시간지연 보상 실시
	하중 피드 백 방식	에저 하중	에저 개도	AGC에 상당하는 응답성이 빠른 유압 AGC 작용
다듬질 AWC	스탠드 간 장력 제어 방식		스탠드 간 장력	현재 다양한 방법 연구

③ 쇼트 스트로크(short stroke) 제어법

　(가) 톱(top), 테일(tail)의 빠짐을 개선한다.

　(나) 수직 롤의 개도를 실시간 제어, 톱 및 테일부의 개도를 순차적으로 넓게 해서 압연한다.

단원 예상문제

1. 조 압연기에서 설치된 AWC(automatic width control)가 수행하는 작업은?

　① 바의 형상 제어　　　　　　　　② 바의 폭 제어

　③ 바의 온도 제어　　　　　　　　④ 바의 두께 제어

　해설 AWC(automatic width control): 바의 폭 제어 조절 장치

정답 1. ②

---

2. 사상압연

2-1 개요

① 조압연에서 압연된 재료(bar)는 6~7 스탠드가 연속적으로 배열된 사상 압연기에서 최종 제품의 판 두께로 압연하는 것이다.

② 조압연 공정에서 온도 강하를 방지하기 위해 바의 두께를 증대할 필요가 있어 대응책으로 F1 스탠드 앞에서 F0 스탠드를 설치한다.

③ 제품의 치수, 형상 품질에 영향을 주기 위하여 판 크라운 제어 능력의 향상, 형상 제어 능력 향상을 목적으로 시프트, 페어 크로스(pair cross) 등 형상제어 압연기를 개발하였다.

④ 사상압연 소재인 바의 길이 방향, 폭 방향 온도 편차를 감소시키기 위한 보열 카버, 바 에지 히터(bar edge heater) 및 전후단부를 절단하여 사상압연 시 치입성을 양호하게 하는 크롭 시어(crop shear), 사상 압연 전 스케일을 제거하는 FSB(finishing scale breaker)가 있다.

단원 예상문제

1. 조압연 작업 중에 발생된 소재의 가장자리(에지부) 온도 강하부를 보상하기 위하여 사상압연 입측에 설치하여 사용하는 설비는?

① 자동 폭 제어(AWC: automatic width control)
② 자동 게이지 제어(AGC: automatic gage control)
③ 에지 히터(edge heater)
④ 엑스 레이(X-ray)

해설 소재의 가장자리(edge부) 온도 강하부를 보상하기 위한 히터이다.

정답 1. ③

2-2 사상압연 설비

크롭 시어, FSB, 사상 압연기 본체, 딜레이 테이블(delay table) 또는 ROT(run out table), 두께 측정장치, 폭 측정장치, 형상 검출기, 온도계 등이다.

(1) 크롭 시어(crop shear)

① 구성 장치
　㈎ 크롭 시어는 하우징, 2개의 나이프 드럼(knife drum) 구동장치, 나이프 교환 슬래드(knife change sled), 입출 롤러, 슈트(shute)로 구성된다.
　㈏ 일반적으로 크롭 시어는 2쌍의 곡도와 직도를 가지고 있다.
　㈐ 곡도는 바의 선단, 직도는 바의 후단을 자르고, 잔면은 크롭 슈트를 통해 크롭 하우징 장치로 떨어진다.

② 역할
　㈎ 조압연기에서 이송되어 온 재료 선단부를 커팅하여 사상 압연기 및 다운 코일러의 치입성을 좋게 한다.
　㈏ 압연재 미단부를 절단하여 박판재의 작업성을 개선한다.
　㈐ 경질재 선후단부의 저온부를 절단하여 롤 마크(roll mark, 저온부가 롤에 물릴 때 흠이 발생하여 판재에 전사된 것) 발생을 방지한다.
　㈑ 중량이 큰 슬래브를 단중 분할하는 목적으로 절단한다.

(2) FSB(finishing scale breaker)

① 사상 압연기 전면에서 바 표면에 붙어 있는 2차 스케일을 제거하기 위하여 100
   ~170kg/cm^{2}의 고압수를 분사하는 장치이다.
② 사용하는 헤더의 수는 2열이 일반적이다.

2-3　사상 압연기

(1) 사상 압연기 배열

사상 압연기 스탠드 수의 결정 요소로서는 압연 능력, 압연 품종, 온도 조건, 공정,
실수율, 크롭 능력, 압연 속도, 표면 품질, 설비비 등이다.

(2) 구동장치

① 모터에서 작업롤에 토크를 전달하는 것으로서 토크의 전달 순서: 모터 → 감속기 →
   피니언 스탠드 → 스핀들 → 작업롤
② 사상 압연기 전단 스탠드에서는 감속비를 1 : 3~1 : 1.8 정도로 감속하며, 후판
   스탠드에서는 모터와 롤이 직결된다.
③ 피니언 스탠드는 감속기 또는 모터에서 공급되는 1축의 토크를 상하 각 롤로 분
   배하는 것으로 1조에 2개의 기어로 구성한다. 기업비는 1 : 1이다.
④ 스핀들은 피니언 스탠드에서 분배된 2축의 코크를 각각 상하의 작업롤로 전달하
   는 역할을 한다.

(3) 압하장치(screw down)

① 두께의 압하량을 적정 압력으로 조절하면서 압연하는 설비이다.
② 2단 감속기 및 웜 기어를 거쳐 스크루를 상하 구동하여 롤 위치를 결정한다.
③ 2대의 모터가 마그네틱 클러치로 연결되어 있어 레벨링 동작을 취할 때는 클러
   치가 분리되며 워크 사이드(work side) 단독 조정이 가능하도록 구성한다.
④ 압하장치는 평 기어 및 웜 기어 감속을 통해 제어하는 전동 압하장치이다.
⑤ 압하 스크루와 초크와의 사이에 또는 하부 초크와 하우징 하면과의 사이에 유압
   실린더를 조립한 유압 압하장치가 있다.
⑥ 전동장치는 응답 속도가 늦어 AGC를 하는 데는 제어 정도가 한계가 있어 고정도
   의 위치 검출 장치인 헤그네 스케일(hagne-scale)과 유압 서보 밸브에 의해 고
   응답 속도로 작용하는 압하장치를 주로 사용하여 판 두께 정도를 향상시킨다.

(4) 사상 압연기 본체

4단 압연기가 사용되고 있지만 요즘은 롤 마모와 균일화에 의한 스케줄 프리 압연, 판 크라운 제어 능력 향상 등을 목적으로 4단 압연기에서 작업롤이 시프트하는 워크 시프트 압연기, 6단 압연기에서 작업롤과 중간 롤이 시프트하는 6단 압연기가 실용화 되었다.

① 스트리퍼 가이드(stripper guide)

㈎ 상하 작업롤 출측에 각각 매치된 유도관으로서 압연재가 롤에 감겨 붙지 않도록 하는 기능을 한다.

㈏ 냉각수가 압연재에 떨어지지 않도록 와이퍼가 붙어 롤 표면에 밀착되도록 되어 있다.

② 루퍼(looper)

㈎ 사상 압연기 스탠드와 스탠드 사이에서 압연재의 인장 및 장력 상태를 제어한다.

㈏ 원만한 통판을 유지해 주고 전후 밸런스를 조정하는 장치로 각 스탠드 사이에서 감속기와 샤프트를 거쳐 모터에 의해 구동되면서 스트립 장력을 일정한 루프량으로 일정하게 유지시킨다.

㉠ 스탠드 사이에서 재료에 일정한 장력을 주어 각 스탠드 간 압연 상태를 안정시키고 제품 폭과 두께의 변동을 방지한다.

㉡ 압연 과정에서 재료가 루퍼, 롤러 이외에는 접촉하지 않도록 함으로써 흠 발생을 방지한다.

③ 사이드 가이드

㈎ 각 사상 압연기 입측에 설치되어 스트립 선단을 압연기까지 유도하는 역할을 한다.

㈏ 고온의 얇은 스트립을 양호하게 유도하기 위하여 상하, 좌우로 나팔형으로 벌어져 있는 가이드의 개도 설정을 하는 기구로 구성한다.

㈐ 일반적으로 스트립 두께가 두꺼운 사상 전단 스탠드에서는 좁게 설정하고 두께가 얇아지게 되는 후판 스탠드로 갈수록 점점 넓게 설정한다.

④ 와이퍼

㈎ 롤 냉각수나 이물질이 압연재에 떨어지는 것을 방지한다.

㈏ 냉각수로 인한 압연재의 온도 저하를 방지하는 역할을 한다.

⑤ 롤 냉각 장치: 롤의 열팽창을 방지하여 열 크라운(heat crown)을 안정시키고, 마모나 표면 거침을 막아 롤의 수명을 연장함과 동시에 재료 표면을 깨끗하게 한다.

⑥ 열간 윤활유 설비

㉮ 열간 윤활유는 압연 하중 감소, 압연 동력 감소, 롤 마모 감소 및 롤 표면 거침의 개선을 목적으로 사용한다.

㉯ 급유방식으로는 워터 인젝션(water injection) 방식으로 받침롤에 직접 분사하는 방식이 널리 사용된다.

⑦ 런 아웃 테이블(ROT: run out table)

㉮ 최종 사상 압연기와 권취기를 연결하는 설비이다.

㉯ 롤러 피치가 약 20~600mm 정도의 구동 롤러를 120~200m에 이르도록 설치하여 사상 압연기를 빠져나온 스트립을 권취기까지 이송하는 역할을 한다.

⑧ 런 아웃 테이블 냉각

㉮ 열연 사상 압연기에서 압연된 스트립의 기계적 성질을 양호하게 하기 위하여 적정 권취 온도까지 냉각시키는 장치이다.

㉯ 사상 압연 후 최종 스탠드를 빠져 나온 스트립을 권취하기 전에 런 아웃 테이블 상에서 주행 중 스트립의 상하부에 냉각수를 살포하여 기계적 성질을 향상시킨다.

㉰ 스프레이 방식과 래미네이트 방식으로 분류한다.

㉱ 커튼 벽(laminate)

제8장 | 압연의 자동제어

1. 자동제어

1-1 자동제어의 개요

① 생산량이 많으므로 품질, 회수율의 근소한 개선에 따라 큰 이익을 가져올 수 있다.
② 공정이 복잡하고 품질 및 능률에 영향을 끼치는 요인이 많다.
③ 온라인 제어에 필요한 자동제어 설비가 개발되고 있다.
④ 고도로 기계화된 설비이고 컴퓨터와의 접속이 쉽다.

1-2 제어 설비

(1) 품질제어 설비

① 페어 크로스 밀(pair cross mill)

㈎ 상하 작업롤 및 받침롤을 상호 X자 모양으로 교차(cross)시켜 소재를 압연하는 설비이다.

㈏ 평탄도 및 품질상 요구되는 양호한 형상을 얻을 수 있다.

㈐ 전단 압연기에서만 제거가 가능하며, 후단 압연기는 중심부 판파단의 원인이 되어 사용할 수 없다.

페어 크로스

② AGC(auto gauge control)

㉮ 압연 중 스트립의 두께 변동을 스크루 다운 하단에 설치된 로드 셀(load cell)에 의해 압연의 압력 변화를 검출하여 압하 스크루를 자동으로 제어하는 장치이다.

㉯ 원하는 스트립의 두께를 제어한다.

③ 유압 밸런스 실린더(balance cylinder)

④ 롤 벤더(roll bender)

㉮ 롤 벤딩 : 소재를 압연할 때 압연 롤은 하중을 받아 롤이 휘어지는 현상이다.

㉯ 벤딩 현상이 발생할 경우 : 소재의 폭 방향으로 끝단부 두께가 작아지는 현상이 발생한다.

㉰ 롤 벤딩 개선 : 롤의 양쪽에 유압 실린더를 통해 강제로 들어올려 롤의 힘을 교정하는 장치이다.

㉱ 벤더 압력을 지나치게 증가시키면 역방향의 활처럼 휘어지게 되어 중파를 야기할 수 있다.

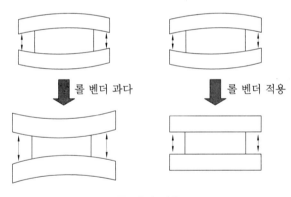

롤 벤더 적용

⑤ 온라인 롤 그라인더(ORG)

㉮ 온라인 상태에서 롤을 연삭하는 장치이다.

㉯ 연삭방법

㉠ 전면 연삭 : 압연에 의해 발생하는 작업롤의 피로 제거

㉡ 단차 연삭 : 압연에 의해 발생하는 마모단차 제거, 작업롤의 평활화

㉢ 피드백 연삭 : 목표 연삭량, 위치를 OPM(online propile meter, 롤 표면의 프로파일을 계측)으로 계측하여 연삭한다.

(2) 두께 제어(FSU)

① AGC(automatic gauge control)에 의해 압연 소재의 두께를 제어한다.

② 출측 판 두께를 기준으로 압연력 변화와 압하 위치의 변화로부터 판 두께를 산출하여 압하 위치를 제어한다.

(3) 루퍼(looper) 제어 시스템

① 루퍼: 압연 밸런스의 불일치로 인한 요인을 파악하여 통관상을 향상하고 조업 안정성을 도모하는 설비이다.

② 루퍼 제어 시스템 기능

㈎ 소재 트래킹 기능

㈏ 루퍼 상승 제어 기능

㈐ 소프트 터치 제어 기능

㈑ 소재 장력 제어 기능

㈒ 루퍼 가동 제어 기능

㈓ 비간섭 제어 기능

㈔ 노윕(no-whip) 제어 기능

③ 루퍼 장력 제어 효과

㈎ 압연 공정의 안정, 제품의 품질 향상

㈏ 스탠드 간 미끄럼 방지, 에지 웨이브, 센터 버클 감소

㈐ 매스 플로(mass flow)의 유지로 두께 제어의 비간섭화

㈑ 폭 변형 방지

㈒ 온도 변화에 의한 변형 방지

④ 루퍼 각도 제어

㈎ 과도한 판재의 압력량 보완, 공정의 안정화

㈏ 스탠드 간의 장력 결정

㈐ 판재의 길이 결정

(4) 형상 제어 시스템

① 판 크라운 제어

   ㈎ 전단 스탠드: 판 크라운 제어

   ㈏ 후단 스탠드: 평탄도 중심 제어

② 에지 드롭(edge drop) 제어

   ㈎ 에지 드롭

      ㉠ 파단부에서의 국부적인 변형에 기인한다.

      ㉡ 중앙부는 압연 압력에 의해 롤이 편평하지만, 파단부는 소재의 폭 퍼짐에 의해 압연력이 급격히 감소하여 편평변형도가 감소하여 발생한다.

   ㈏ 에지 드롭 감소 방법

      ㉠ 롤 소경화

      ㉡ 롤 경도 향상

      ㉢ 압연하중 감소

   ㈐ ORG를 이용한 압연기술

      ㉠ 연삭 패턴

         • 전면 연삭: 롤 프로필 개선과 통판 롤 에지부 마모를 제거한다.

         • 통판부의 비통판부와의 단차 마모를 제거한다.

      ㉡ ORG 사용 시 발생한 문제점

문제점	지석 표면에 나타나는 현상 및 제어
표면 평탄도 불량	• 연삭 중 지석이 작업롤을 두들기는 듯한 연삭 • 지석 표면의 면압이 증감으로 불균일 마모 • 방진고무 확인, 평탄도는 다이얼게이지로 측정 가능
지석 눈 박힘	• 지석 표면이 거울처럼 반사하고 매끄러움 • 자생되지 않아 연삭능이 급격히 저하 • 유압연 노즐 등을 점검하여 분사량을 제어
지석 표면 탄 흔적	• 지석 표면에 금속 융착(불빛을 비추면 금색) • 접촉압력이 강하기 때문에 발생 • 연삭 상태에 따라 접촉압력을 변경
지석의 파손	• 강한 외압, 충격 또는 규격 외의 지석을 부착 • 파손의 크기에 따라 교체 여부 결정 • 롤 표면의 연삭 상태를 조사하여 접촉 시 충격 확인

④ ORG 불량에 의한 롤에 발생하는 문제점

문제점	롤 표면에 나타나는 현상
오실레이트 마크	• 롤 주속과 OSC 속도가 서로 맞지 않을 때 발생 • OSC 속도 패턴이 고속/저속으로 롤 주속에 따라 조정
두들김 마크(타디키 마크)	• 지석면의 편탄도가 나쁠 때 지석진공에 의해 발생 • 접촉압력을 낮춰 지석의 편탄도를 작게 유지
떨림 마크(채털링 마크)	• 압부력 및 지석 회전수를 롤 주속에 맞춰 조정 • 2열연 전단에서는 롤 주속이 느려 발생하지 않음
밴드 마크	• 지석의 후퇴속도가 느릴 때 발생 • 접촉압력(PH) 및 PR 또는 밸런스 타이머 값을 확인
지석의 반대편 접촉 마크	• 접촉압력이 크기 때문에 발생 • 방진고무 확인, 열화되었으면 교체
비구동 연삭 마크	• 지석이 유압에 의해 회전하지 않고 롤에 의해 회전 • 회전용 밸브 또는 호스의 과열 등의 이상
정위치 연삭 마크	• OSC가 정지한 채 ORG 연삭할 때 발생 • 롤에 선명하게 나타나며 길이가 지석 폭과 일치
연삭 마크	• 연삭 마크의 각도를 확인하면 오프 셋의 정상 여부 판단

단원 예상문제

1. 열간압연기의 제어 형식 중 압연 롤 축을 압연 방향으로 대각선 쪽으로 틀어 소재판의 크라운 제어를 하는 것은?

① 페어 크로스 밀(pair cross mill) ② 가변 크라운(variable crown)
③ 작업롤 굽힘(work roll banding) ④ 중간 롤 시프트(intermediate roll shift)

해설 페어 크로스 밀(pair cross mill) : 상하 작업롤 및 받침롤을 상호 크로스시켜 소재를 압연하는 설비

2. 압연기에서 AGC장치에 대한 설명으로 옳은 것은?

① 롤의 crown 측정 장치이다. ② 압연 윤활 공급 자동 장치이다.
③ 압연 속도의 자동제어 장치이다. ④ 판 두께 변동의 자동제어 장치이다.

3. 압연 작업 시 압연재의 두께를 자동으로 제어하는 장치는?

① γ-ray ② X-ray ③ SCC ④ AGC

해설 AGC(auotomatic gage control) : 압연재의 두께를 자동으로 제어한다.

4. 압연두께 자동제어(AGC)의 구성 요소 중 압하력을 측정하는 것은?

① 굽힘 블록　　　　　② 로드 셀
③ 서브 밸브　　　　　④ 위치 검출기

해설 로드 셀: 자동제어(AGC) 장치로서 압하력을 측정한다.

5. 압연기의 압하력을 측정하는 장치는?

① 압하 스크루(screw)
② 로드 셀(load cell)
③ 플래시 미터(flash meter)
④ 텐션 미터(tension meter)

해설 로드 셀: 압하력 측정장치, 압하 스크루: 압하력 조정장치, 텐션 미터: 장력 측정장치

6. 압연 작업 시 두께를 제어해 주는 AGC의 기능이 아닌 것은?

① 압하 보상　　　　　② 가속 보상
③ 끝단 보상　　　　　④ 형상 제어

7. 판의 두께를 계측하고 롤의 열리는 정도를 조작하는 피드백 제어 등을 하는 장치는?

① CPC(card programmed control) 장치
② APC(automatic press control) 장치
③ AGC(automatic gauge control) 장치
④ ACC(automatic combustion control) 장치

8. 후판압연 작업에서 평탄도 제어 방법 중 롤 및 압연 상황에 대응하여 압연하중에 의한 롤의 휘어지는 반대방향으로 롤이 휘어지게 하여 압연판 형상을 좋게 하는 장치는?

① 롤 스탠드(roll stand)　　　　　② 롤 교체(roll change)
③ 롤 크라운(roll crown)　　　　　④ 롤 벤더(roll bender)

9. 롤 크라운 제어에 있어서 그 응답성을 높이기 위해 작업롤(work roll) 자신을 유압에 의해 강제적으로 구부려서 크라운을 변하게 하는 방식으로 가장 적합한 것은?

① 롤 벤딩(roll bending) 방식
② 열 크라운(thermal crown) 방식
③ 탠덤 크라운(tandem crown) 방식
④ 냉각수 크라운(coolant crown) 방식

10. 냉간압연기에서는 압연 시에 주로 소재의 에지(edge) 측의 결함에 의한 판파단 현상이 발생되는데 판파단을 최소화하기 위한 조치 방법 중 틀린 것은?

① 소재를 취급 시 에지부의 파손을 최소화한다.
② work roll의 벤딩을 높여 작업을 실시한다.
③ 장력이 센터부에 많이 걸리도록 작업한다.
④ 냉연 입측 공정에서의 소재 검사 및 수입작업을 철저히 한다.

해설 work roll의 벤딩의 압력을 높여 작업하면 활처럼 휘어 판파단이 생긴다.

11. 사상압연기의 제어기기 중 압연재의 형상 제어와 관계가 가장 먼 것은?

① 롤 시프트(roll shift) ② ORG
③ 페어 크로스(pair cross) ④ 롤 벤더(roll bender)

해설 ORG(on line roll grinder)는 열간압연기 내에 장착된 연삭장치로서 열간압연 작업롤의 표면조도를 교정하고 보상하는 장치이다.

12. 최근 압연기에는 ORG 설비가 부착되어 압연 중 작업롤(work roll) 표면을 선면 혹은 단차 연마를 실시하는데, ORG 사용 시의 장점이 아닌 것은?

① 롤 서멀 크라운을 제어할 수 있다.
② 롤 마모의 단차를 해소할 수 있다.
③ 협폭재에서 광폭재의 폭 역전이 가능하다.
④ 국부마모 해소로 동일 폭 제한을 해소할 수 있다.

해설 ORG 사용 시의 장점: 롤 마모의 단차 해소, 폭 역전 가능, 국부마모 해소

13. 루퍼 제어 시스템 중 루퍼 상승 초기에 소재에 부가되는 충격력을 완화시키기 위하여 소재와 루퍼 롤과의 접촉 구간 근방에서 루퍼 속도를 조절하는 기능은?

① 전류 제어 기능 ② 소프트 터치 기능
③ 루퍼 상승 제어 기능 ④ 노웝(no whip) 제어 기능

14. 압연기 자동제어의 도입 효과가 아닌 것은?

① 판 두께의 정도 향상 ② 생산성의 향상
③ 압연 설비의 단순화 ④ 압연 데이터의 자동 기록 관리

해설 자동제어의 도입 효과: 판 두께의 정도 향상, 생산성 향상, 데이터의 자동 기록 관리

제9장 검사 및 품질관리

1. 검사

1-1 치수 검사

① 제품의 두께, 폭, 길이, 중량, 직각도 등을 검사 규격에 의해 실시한다.
② 두께는 방사선 두께 측정기, 마이크로미터, 폭은 대나무자, 길이는 강철자로 측정한다.

단원 예상문제

1. 열연 압연한 후판의 검사 항목에 해당되지 않는 것은?

① 폭   ② 두께   ③ 직각도   ④ 권취 온도

해설 후판의 검사 항목: 폭, 두께, 직각도, 길이, 처짐 및 평탄도

정답 1. ④

1-2 형상 및 흠 검사

(1) 형상

① 평탄도: 롤 크라운 및 압하 설정이 부적정하고 런아웃 테이블(ROT) 냉각이 불균일하며, 레벨링이 불량할 때 발생한다.
② 직선도: 코일 또는 강판의 길이 방향에 대해 중심선이 직선이 아니고 원호 또는 사행으로 되어 있는 상태이다.
③ 직각도: 컷 에지 강판의 형상이 직각에서 벗어난 정도이다.

(2) 흠 검사

캠버, 이중판, 표면 크랙, 선상 흠, 스케일, 롤 마크 등을 검사한다.

단원 예상문제

1. 냉연강판의 평탄도 관리는 품질관리의 중요한 관리항목 중 하나이다. 평탄도가 양호하도록 조정하는 방법으로 적합하지 않는 것은?

① 롤 벤딩의 조절　　　　　　　② 압하, 배분의 조절
③ 압연 길이의 조절　　　　　　④ 압연 규격의 다양화

해설 냉연강판의 평탄도를 위한 롤 벤딩의 조절, 압하 및 배분의 조절, 압연 길이의 조절을 관리한다.

정답 1. ④

1-3　표면결함 검사

① 표면 결함 검사 기준: 스트립의 경우 일반적인 표면 결함의 검사 기준은 용접부와 약간의 성상이 아닌 부분을 포함하여 다음과 같이 정하고 있다.
　㈎ 한 코일에 대하여 1급 부분이 70% 이상일 것
　㈏ 월간 사용량에 대하여 1급 부분이 80% 이상일 것
　㈐ 스트립에 상당하는 등외품은 30% 미만일 것
　㈑ 스트립의 양끝의 오프 게이지는 제외할 것
② 표면 결함의 검사는 계기를 사용하는 물리적인 방법도 있으나 주로 관능 검사로 한다.
③ 검사 시기: 압연 완료되어 냉각된 다음 절단되기 직전에 검사한다.

1-4　재질 시험

① 후판은 구조용 재료로 사용한다.
② 인장시험, 굽힘시험, 충격시험

2. 품질관리

2-1 표면 결함의 발생 원인과 대책

결함의 종류	발생 형태	발생 원인
벽돌 흠	내화물 등이 내부 또는 표면에 존재하는 것	용해로, 레이들, 탕도 또는 압탕의 내화물이 혼합한 것으로 슬래그가 떠오르기 어려운 고탄소 재료에 많음
파이프 흠	단면에 파이프가 남아 있는 것	• 압탕틀의 조립 불량 • 킬드의 형발 시 머리 부분의 타발 • 두부 브리지의 노내 과열, 피시 테일(fish tail)의 절삭 부족
부품	압연 중 표면에 팽창이 생기는 것	• 강괴 중심부 편석 부분의 용융 • 균열로 내에서의 과열
선상 흠	압연 방향에 단속적으로 나타나는 얕고 짧은 형상의 흠	• 강괴 표층부의 블로 홀 • 대형 개재물이 압연 중에 노출한 것
세로 균열	압연 방향에 단속적으로 나타나는 비교적 얕고 짧은 형상의 흠	강괴 냉각 중에 발생한 열응력 균열이 그대로 강편에 남아있기 때문
가로 균열	압연 방향에 직각으로 나오는 가로 균열상의 흠	용강을 주입할 때 발생 주형온도의 부족 주형 내면 균열 용강이 유출되어 생긴 균열 주입속도 과대 고온의 용강 온도
귀 균열	균열의 집단이 측면 및 모서리에 발생	성분 중의 P, S가 높은 경우 균열로에서의 과열로 압연 중의 압하량 과다
실금 균열	표면에 바늘 모양으로 발생	균열로에서 과실 합금강에서 부로 발생
민둥산 흠	비교적 벗겨지기 쉬운 파이프 상의 흠	주입시의 스플래시 용강면 요동에 따른 베니어 조직
죽순 흠	죽순의 껍질과 같이 일단 깊이 들어가 있는 흠	열균열 강편 표면에 죽순과 같은 흠
겹 들어감	압연 방향에 따라 겹쳐져 있는 흠	공형 불량, 롤 조정 불량, 압하 스케줄 불량에 의한 압연 중 메탈이 겹친 것

주름 흠	압연 방향에 주름이 생긴 흠	압연 중 측면에 발생한 주름이 남아 있는 것
표면 갈라짐	표면에 요철이 무수히 발생	롤 재질의 불량 및 공형의 지나친 사용
스케일 흠	두꺼운 스케일이 표면에 들어가 있음	1차 스케일의 압착 슬래브 평면부에 발생하기 쉬움
공형 흠	표면에 주기적으로 오목 또는 볼록 상이 발생	롤 조정 불량 공형 불량 및 공형에 생긴 흠
물려 나옴	공형이 밖에 나타나 있음	공형에 과충만되어 발생
물려 들어감	표면에 이물이 압착된 것	공형에 과충만되어 발생
긁힌 흠	표면이 긁혀서 발생	유도 가이드 설치 불량

단원 예상문제

1. 롤 재질의 불량, 공형의 지나친 사용으로 표면에 요철이 생기는 결함은?

① 표면 갈라짐　　② 세로 균열　　③ 민둥상 흠　　④ 죽순 흠

해설 표면 갈라짐: 롤 재질 불량, 지나친 사용으로 표면에 요철 결함

정답 1. ①

2-2 결함의 종류와 발생 원인

(1) 스케일

① 스케일은 발생 형상에 따라 방추형, 비늘형, 붉은형, 유성형, 모래형, 나이테형, 박리형 등으로 분류한다.

② 강재의 가열 시 스케일 발생 최소화 방법: 과잉 산소량 최소의 분위기를 조성한다.

(2) 방추형 스케일

① 발생 상황

㈎ 방추상으로 길게 치입된 스케일로서 적갈색 또는 황갈색으로 폭 방향 전면 또는 벤드상으로 발생한다.

㈏ 위치는 일정하지 않고 산재하는 경우도 빈번하나 유성형 스케일보다 폭이 좁고 깊이도 깊으며 상당히 깊은 것도 발생한다.

㈐ 깊이가 매우 깊은 것은 산세하여도 스케일이 떨어지지 않는 경우가 발생한다.

② 발생 원인

㈎ 가열로 추출 온도가 높거나 높은 온도에서 장시간 가열 시 또는 재로시간이 짧을 때

㈏ 조압연 롤의 표면거침에 의한 2차 스케일 발생 및 디스케일링 불량에 의한 1차 스케일의 국부적 존재로 치입된 것

㈐ FSB(finishing scale breaker) 디스케일링 불충분에 의한 2차 스케일 미박리

㈑ 고강도재의 연속적인 작업으로 사상 압연기(FM) 전단롤이 국부적으로 마모되어 발생한다.

③ 후공정에 미치는 영향

㈎ 표면 불량(냉연, P/O재 치명적임)

㈏ 도금 불량

㈐ 가공 시 표면 크랙 발생

④ 대책

㈎ 추출 온도 하향 및 국부 가열 방지

㈏ 롤 교체 주기 적정화로 롤 피로 방지

㈐ 디스케일링 압력 증가 및 오버랩 기준 준수

㈑ FM 전단롤 냉각 적정화

(3) 비늘형 스케일

① 발생 상황

㈎ 2차 스케일이 물고기 비늘 모양으로 치입된 스케일

㈏ 폭 방향 전면 또는 벤드상으로 발생한다.

② 발생 원인

㈎ FSB(finishing scale breaker) 작업 이후 복열 현상에 의해 2차적으로 생성된 스케일이 압연재보다 연신율이 낮아 스케일 흠으로 발생한다.

㈏ 사상 압연기(FM) 스탠드 사이에서 2차 스케일이 롤에 치입되어 발생한다.

㈐ 사상 전면 온도가 높을 때, 조압연 바(bar)의 두께가 두꺼울수록 잘 발생한다.

㈑ 사상 전단 작업롤 거침, 롤 냉각수 부족

③ 후공정에 미치는 영향

㈎ 표면 불량(냉연, P/O재료에는 치명적)

㈏ 도금 불량

(다) 가공 시 표면 크랙 유발

④ 대책

(가) 사상 압연 입측 온도 하향 관리

(나) bar 두께 적정화

(다) 디스케일링 및 롤 냉각수 적정화

(4) 붉은 형 스케일

① 발생 상황

(가) 판 표면에 넓게 발생하며, 적갈색 또는 흑갈색이고 두께가 얇다.

(나) Si−킬드강에서 주로 발생한다.

(다) Cr 함유량이 높은 강에서 주로 발생한다.

② 발생 원인

(가) 가열 온도가 높을 때 Si 함유량이 높은 강에서 발생한다.

(나) Si 함유강에서는 파얄라이트(fayalite)($2FeO \cdot SiO_2$)가 형성되어 1차 스케일 박리 불량에 따라 잔류 스케일이 산화되어 발생한다.

(다) 2차 스케일 디스케일링 불량으로 미박리

③ 다른 작업에 미치는 영향 : 표면 불량

④ 대책

(가) 가열로 추출 온도 저하

(나) Si 함유 규제

(다) 디스케일링 압력 상향

(5) 모래형 스케일

① 발생 상황

(가) 둥근 점 모양의 스케일로 판재에 모래를 뿌린 것처럼 흑갈색으로 발생한다.

(나) 깊이가 비교적 얕으며 판폭 전면에 산발적으로 발생한다.

② 발생 원인

(가) 고온재가 배껍질 모양으로 된 롤에 압연된 것이다.

(나) 사상 스탠드 간에서 생성된 압연 스케일이 치입되어 발생한다.

(다) 고온 압연 및 탄소 함유량이 높을수록 발생 빈도가 높다.

(라) 작업롤 피로에 의한 거칠음으로 인하여 발생(특히 주철계 롤에서)한다.

③ 후공정에 미치는 영향

㈎ 표면 불량(냉연, P/O재질에 치명적)

㈏ 도금 불량

㈐ 가공 시 표면 크랙 유발

④ 대책

㈎ 롤 냉각수 강화 및 압하 배분 적정화로 작업롤의 피로 방지

㈏ 롤 단위 편성 및 교체 주기 적정화

(6) 선상 스케일

① 발생 상황

㈎ 벤드 스케일, 줄무늬 스케일, 선상 스케일 모두 선상 스케일로 표현한다.

㈏ 일직선 형태 또는 생선 비늘 모양으로 치입된 스케일로 적갈색 또는 흑갈색이다.

㈐ 폭 방향으로 벤드 상으로 전체 또는 부분적으로 발생한다.

㈑ 1~5mm에 거의 깊이가 없는 스케일로 압연 방향으로 발생한다.

② 발생 원인

㈎ 노출된 슬래브의 표면 기포(skin hole), 판상 기포가 산화되어 발생한다.

㈏ 가열로 내에서 슬래브의 조직에서 입계에 S, Cu 석출에 의한 열간 취성에 의해

㈐ 저탄소강의 경우 압연 온도가 높을 때

③ 후공정에 미치는 영향

㈎ 표면 불량(냉연, P/O재질은 치명적)

㈏ 도금 불량

㈐ 가공 시 표면 크랙 유발

④ 대책

㈎ 슬래브 손질 강화

㈏ 가열로 온도 적정화

㈐ 디스케일링 적정화

1. 강재의 가열 시 스케일 발생을 최소로 하기 위한 가장 좋은 방법은?

① 재로시간(在爐時間)을 길게 한다.
② 발열량이 높은 연료로 대체한다.
③ 과잉 산소량을 최소로 한다.
④ 연료의 내화물 벽 두께를 두껍게 한다.

해설 과잉 산소량 최소의 분위기 조성

2. 열간압연 공장에서 제품에 스케일이 발생되는 내용과 관계가 없는 것은?

① 디스케일링이 불량할 때
② 롤 표면의 거침이 있을 때
③ 롤 크로(roll crow)가 적정할 때
④ 가열로의 추출온도가 높은 때

3. 열간압연에서 모래형 스케일이 발생하는 원인이 아닌 것은?

① 작업롤 피로에 의한 표면 거칠음에 의해 발생한다.
② 가열 온도가 높을 때 Si 함유량이 높은 강에서 발생한다.
③ 사상 스탠드 간에서 생성한 압연 스케일이 침입되는 경우 발생한다.
④ 고온계가 배 껍질과 같이 표면이 거친 롤에 압연된 경우 발생한다.

해설 탄소 함유량이 높은 강에서 발생한다.

정답 1. ③ 2. ③ 3. ②

(7) 딱지 흠(scab)

① 발생 상황

㈎ 표면(상부) 또는 이면(하부)이 부분적으로 벗겨져 딱지처럼 움푹 파인(lap상) 것이다.
㈏ 표면에 비하여 이면에 많이 발생한다.
㈐ 일반 스캡: 코일 선단부 또는 미단부에 주로 발생한다.
㈑ 미소 스캡: 전장에 불규칙하게 발생한다.

② 발생 원인

㈎ 슬래브 손질 불량
㈏ 슬래브 절단 시 선단 및 미단부의 절단설 잔류
㈐ 연속 주조 시 스플래시(splash), 슬래그, 몰드 파우더의 혼입

③ 다른 작업에 미치는 영향

㉮ 표면 불량

㉯ 가공 불량

④ 대책

㉮ 슬래브의 충분한 손질(절단설, 스카핑설 등 제거)

㉯ 슬래브 절단 시 절단설 및 개재물 혼입 방지

(8) 기포 흠(blow hole)

① 발생 상황

㉮ 압연 방향으로 길게 늘어선 부풀음으로 표면 일부가 파열된 상태로 작은 피트(pit)나 작은 부풀음이 연속되어 있다.

㉯ 표면보다 검은색 또는 회백색 또는 적갈색으로 보인다.

㉰ 소재와의 사이에 개재물 층이 존재하며 중탄재의 경우 탈탄층이 존재한다.

② 발생 원인

㉮ 표면 근처에 있는 기포의 미압착, 대형 개재물(불순물)의 존재

㉯ 제강 중 개재물의 분리 부상이 부족하여 강중에 존재할 때

㉰ 연주 스카핑 불량

③ 다른 작업에 미치는 영향

㉮ 표면 불량

㉯ 가공 불량

④ 대책

㉮ 강 중 개재물 분리 완전 제거

㉯ 연주기의 스카핑을 확인하여 공기 혼입 방지

(9) 연와 흠

① 발생 상황

선상, 대상, 방추상 등 형상은 일정하지 않고 색은 연와색, 회색, 흑색을 띤다.

② 발생 원인

㉮ 제강, 연주, 전로, 레이들, 턴디시의 내화물 용입

㉯ 가열로 스키드의 탈락 내화물 부착

③ 다른 작업에 미치는 영향

  ㈎ 표면 불량

  ㈏ 가공 불량

④ 대책

  ㈎ 용강 접속부 내화물 용손 탈락 방지

  ㈏ 연주 시 강중 용손, 탈락 내화물의 분리 부상

  ㈐ 슬래브 표면 스카핑 철거

  ㈑ 가열로 스키드의 보수 및 과가열 금지

(10) 에지 흠(edge scab)

① 발생 상황

  ㈎ 강판 표면 양 에지부에 랩(lap) 형태의 선상 딱지 또는 미소 크랙이 동반되기도 한다.

  ㈏ 강판 표면 에지부에 전장에 걸쳐 연속 또는 불연속적으로 발생한다.

② 발생 원인

  ㈎ 슬래브 코너부 또는 측면에 발생한 크랙, 기포 흠 등이 압연 연방되어 발생한다.

  ㈏ 슬래브 손질의 불완전, 스카핑 불량, 크랙 및 기포 미제거

  ㈐ 슬래브 에지 온도 강하로 압연 시 폭 방향 연신 불균일 발생

③ 후공정에 미치는 영향

  ㈎ 표면 불량

  ㈏ 가공 불량

④ 대책

  ㈎ 슬래브의 충분한 손질

  ㈏ 슬래브 에지 온도 확보

(11) 롤 마크(roll mark)

① 발생 상황: 판의 표면 또는 이면에 일정한 피치를 가지고 있는 부정형의 흠으로 요철 형이 불균일하게 있다.

② 발생 원인

  ㈎ 압연 및 정정 시 각종 롤에 이물질이 부착하여 발생한다.

  ㈏ 롤에 다른 흠이 발생한다.

③ 다른 작업에 미치는 영향

  ㈎ 가공 불량(90° 벤딩 크랙 발생 가능)

  ㈏ 표면 불량(냉연, P/O재질)

④ 대책

  ㈎ 이물질의 치입 방지

  ㈏ 스트립의 다른 흠 수시 점검 및 교체 기준 준수

  ㈐ 정정 귀불량재 작업 시 롤 확인

(12) 릴 마크(reel mark)

① 발생 상황: DC 맨드릴 세그먼트 및 코일 미단부에 의한 코일 내권으로부터 수권까지 발생하는 판의 요철 흠이다.

② 발생 원인

  ㈎ 맨드릴 진원도 불량

  ㈏ 유닛 롤의 갭 및 공기압 부적정

③ 후공정에 미치는 영향

  ㈎ 표면 불량

  ㈏ 도장 불량

④ 대책

  ㈎ 맨드릴 교체

  ㈏ 유닛 롤의 갭 및 공기압 적정 유지

단원 예상문제

1. 압연 제품의 표면에 부풀거나 압연 방향으로 선 모양의 흠이 생기는 결함의 원인은?

① 수축관   ② 기공

③ 편석   ④ 내부 균열

2. 압연 제품에서 소재의 연성이 부족하여 평판의 가장자리에 발생하는 결함은?

① 에지 크랙   ② 웨이브 에지

③ 엘리게이터링   ④ 판 끝의 곡선면

해설 에지 크랙: 슬래브 에지 온도 강하로 압연 시 폭 방향 연신 불균일 발생

3. 에지 스캐브(edge scab)의 발생 원인이 아닌 것은?

① 슬래브 코너부 또는 측면에 발생한 크랙이 압연될 때

② 슬래브의 손질이 불완전하거나 스카핑이 불량할 때

③ 슬래브 끝부분 온도 강하로 압연 중 폭 방향의 균일한 연신이 발생할 때

④ 제강 중 불순물의 분리 부상이 부족하여 강 중에 대형 불순물 또는 기포가 존재할 때

4. 냉간 압연 시 연속 압연기에서 발생되는 제품의 표면 결함 중 롤 마크(roll mark)에 대하여 발생 스탠드를 찾을 때 중점적으로 보아야 할 항목은?

① 촉감　　　　② 피치　　　　③ 밝기　　　　④ 크기

해설 롤 마크(roll mark)를 찾을 때 스탠드에서 찾는다.

5. 강판 결함 검사 중 아래의 원인으로 발생하는 결함은?

> • 압연 및 정정 때 각종 롤에 이물질이 부착하여 발생
> • 압연 및 처리 공정에 각종 요철 흠이 붙어 있어서 발생

① roll mark　　　② reel mark　　　③ scab　　　④ blow hole

해설 roll mark 원인: 롤에 이물질 부착, 요철 흠 부착

정답 1. ②　2. ①　3. ④　4. ②　5. ①

(13) 긁힌 흠

① 발생 상황

㉮ 압연 방향으로 오목형으로 긁힌 상태의 흠

㉯ 백색 광택이 나고 압연 라인은 주로 하부(이면)에서 발생한다.

㉰ 정정 라인에서는 상부(표면), 이면(하부)에서 발생한다.

㉱ 기계적 찰과상에 의한 예리하게 할퀸 모양의 흠

② 발생 원인

㉮ ROT롤의 회전 불량 및 이물 부착 시 발생한다.

㉯ 열연 권취 이후 이송 과정에서 스트립과 스트립의 마찰로 발생한다.

③ 다른 작업에 미치는 영향

㉮ 가공 불량

㉯ 표면 불량

④ 대책

㈎ ROT 점검

㈏ 코일 권취 형상(짱구, 느슨 등) 개선

㈐ 코일 언코일링 시 주의(장력 및 속도 저하 등)

(14) 접귀, 째귀, 톱귀

① 발생 상황

㈎ 스트립의 에지 부분이 주름치마처럼 부분적으로 겹쳐있는 상태

㈏ 코일 에지부가 톱날처럼 찢어진 상태이거나 에지부의 일부가 깎여서 떨어진 흠

㈐ 코일 양 에지 또는 한쪽 에지부가 톱날처럼 생긴 상태

② 발생 원인

㈎ 사상 압연기 또는 사이드 가이드에 강하게 접촉되어 에지부가 접혀 그대로 압연되거나 잘려나가기도 한다.

㈏ 핸들링 시 텔레스코프가 접혀진다.

㈐ 슬래브 측면 수입 불량 및 과열

㈑ 바(bar) 에지부 온도 과랭

③ 다른 작업에 미치는 영향

㈎ 심할 경우 제품이 될 수 없는 치명적 결함이다.

㈏ 가공 불량(폭 부족으로)

㈐ 냉간압연 시 판파탄의 원인이 된다.

④ 대책

㈎ 사이드 가이드 갭 조정

㈏ 슬래브 측면 수업 적정화 및 충분한 폭 에지 실시

㈐ 바(bar) 에지부 온도 과랭 방지

㈑ 텔레스코프 발생 방지

(15) 강괴의 내부 결함

① 강편의 내부 결함: 주로 주조 및 조괴 불량이 원인

② 내부 결함의 종류: 성분 편석, 비금속 개재물, 백점, 파이프

③ 결함 원인

㈎ 모두가 조괴 이후의 압연 공정에서 발생한다.

(나) 공정의 종류, 제품의 용도에 따라 결함으로 발생한다.

결함의 종류	발생 형태 및 원인	결함
성분 편석	• 강괴의 최종 응고 부분인 중심 상부에 발생 • 주로 C, S, Mn의 성분이 많은 부분에서 발생	• 기계적 성질의 불균일 • 연신율 • 냉간 가공성의 저하
비금속 개재물	탈산 생성물, 내화재의 미세한 것이 강괴 내부에 남은 것	• 압연 가공에 따라 미세화되지 않은 것일수록 많은 피해 • 피로 강도, 냉간 가공성의 저하
백점	수소가스가 원인으로 고탄소강 합금강에 나타나는 결함	• 균열이 발생한 것은 사용할 수 없음 • 대책으로 용강에 대한 수소의 침입 방지 • 강편 서랭에 따른 수소의 확산을 꾀함
파이프	• 강괴의 수축공이 산화되어 압연 가공 중 압착되지 않은 것 • 피시테일의 일부가 잔존하는 것	사용 불능

단원 예상문제

1. 다음 중 강괴의 내부 결함에 해당되지 않는 것은?

① 편석　　　　　② 비금속 개재물　　　③ 세로 균열　　　④ 백점

[해설] 세로 균열: 외부 균열

2. 냉연 강판의 결함 중 표면 결함에 해당되지 않는 것은?

① 곱쇠　　　　　② 롤 마크　　　　　③ 파이프　　　　④ 긁힘 흠

[해설] 내부 결함: 파이프

3. 압연반제품의 표면 결함이 아닌 것은?

① 심(seam)　　　　　　　　　② 긁힌 흠(scratch)
③ 스캡(scab)　　　　　　　　④ 비금속 개재물

[해설] 비금속 개재물: 내부 결함

4. 냉연 강판의 결함 중 표면 결함에 해당되지 않는 것은?

① dent　　　　　② roll mark　　　③ 비금속 개재물　　④ scratch

[해설] 내부 결함: 파이프, 성분편석, 비금속 개재물, 기공

5. 강편의 내부 결함이 아닌 것은?

① 파이프

② 공형 흠

③ 성분편석

④ 비금속 개재물

해설 표면 결함: 공형 흠

내부 결함: 파이프, 성분편석, 비금속개재물, 기공

6. 냉연 제품의 결함 중 표면 결함이 아닌 것은?

① 파이프

② 스케일

③ 빌드 업

④ 롤 마크

해설 내부 결함: 파이프

7. 냉연 강판의 내부 결함에 해당되는 것은?

① 곱쇠(coil break)

② 파이프(pipe)

③ 덴트(dent)

④ 릴 마크(reel mark)

8. 강재의 용도에 따라 가공 방법, 가공 정도, 개재물이나 편석의 허용한도를 정해 그것이 실현되도록 제조 공정을 설계하고 실시하는 것이 내부 결함의 관리이다. 이에 해당되지 않는 것은?

① 성분 범위

② 슬립 마크

③ 탈산법의 선정

④ 강괴 강편의 끝부분을 잘라내는 기준

해설 슬립 마크는 표면 결함에 속한다.

정답 1. ③ 2. ③ 3. ④ 4. ③ 5. ② 6. ① 7. ② 8. ②

제 10장 안전관리 및 환경관리

1. 안전관리

1-1 보호구

(1) 보호구의 개요

① 근로자의 신체 일부 또는 전체에 착용해 외부의 유해·위험요인을 차단하거나 그 영향을 감소시켜 산업재해를 예방하거나 피해의 정도와 크기를 줄여주는 기구이다.

② 보호구만 착용하면 모든 신체적 장해를 막을 수 있다고 생각해서는 안 된다.

(2) 보호구 착용의 필요성

① 보호구는 재해예방을 위한 수단으로 최상의 방법이 아니다.

② 작업장 내 모든 유해·위험요인으로부터 근로자 보호가 불가능하거나 불충분한 경우가 존재하는데 이에 보호구를 지급하고 착용토록 한다.

③ 보호구의 특성, 성능, 착용법을 잘 알고 착용해야 생명과 재산을 보호할 수 있다.

(3) 보호구의 구비조건

① 착용 시 작업이 용이할 것

② 유해·위험물에 대하여 방호성능이 충분할 것

③ 재료의 품질이 우수할 것

④ 구조 및 표면 가공성이 좋을 것

⑤ 외관이 미려할 것

(4) 보호구 종류와 적용 작업

보호구의 종류	작업장 및 적용 작업
안전모	물체가 떨어지거나 날아올 위험 또는 근로자가 떨어질 위험이 있는 작업
안전화	떨어지거나 물체에 맞거나 물체에 끼이거나 감전, 정전기 대전 위험이 있는 작업
방진마스크	분진이 심하게 발생하는 선창 등의 하역작업
방진 또는 방독마스크	허가 대상 유해물질을 제조하거나 사용하는 작업
호흡용 보호구	분진이 발생하는 작업
송기마스크	• 밀폐 공간에서 위급한 근로자 구출 작업 • 탱크, 보일러, 반응탑 내부 등 통풍이 불충분한 장소에서의 용접 • 지하실이나 맨홀 내부, 그 밖에 통풍이 불충분한 장소에서 가스 공급 배관을 해체하거나 부착하는 작업 • 밀폐된 작업장의 산소농도 측정 업무 • 측정 장비와 환기장치 점검 업무 • 근로자의 송기마스크 등의 착용 지도 · 점검 업무 • 밀폐 공간 작업 전 관리감독자 등의 산소농도 측정 업무
안전대, 송기마스크	산소결핍증이나 유해가스로 근로자가 떨어질 위험이 있는 밀폐 공간 작업
방진마스크(특등급), 송기마스크, 전동식 호흡보호구, 고글형 보안경, 전신보호복, 보호장갑과 보호신발	석면 해체 · 제거 작업
귀마개, 귀덮개	소음, 강렬한 소음, 충격소음이 일어나는 작업
보안경	• 혈액이 뿜어 나오거나 흩뿌릴 가능성이 있는 작업 • 공기정화기 등의 청소와 개 · 보수 작업 • 물체가 흩날릴 위험이 있는 작업
보안면	불꽃이나 물체가 흩날릴 위험이 있는 용접 작업

1-2 산업재해

(1) 산업재해의 원인

① 인적 원인

㉮ 심리적 원인: 무리, 과실, 숙련도 부족, 난폭, 흥분, 소홀, 고의 등

　　㈏ 생리적 원인: 체력의 부작용, 신체결함, 질병, 음주, 수면부족, 피로 등

　　㈐ 기타: 복장, 공동작업 등

② 물적 원인

　　㈎ 건물(환경): 환기 불량, 조명 불량, 좁은 작업장, 통로 불량 등

　　㈏ 설비: 안전장치 결함, 고장난 기계, 불량한 공구, 부적당한 설비 등

1-3 산업 재해율

(1) 재해율

① 재해 발생의 빈도 및 손실의 정도를 나타내는 비율

② 재해 발생의 빈도: 연천인율, 도수율

③ 재해 발생에 의한 손실 정도: 강도율

(2) 재해 지표

① 연천인율 $= \dfrac{\text{재해건 수}}{\text{평균근로자 수(재적인원)}} \times 1{,}000$

② 도수율 $= \dfrac{\text{재해건 수}}{\text{연근로시간 수}} \times 10^{6}$

③ 연천인율과 도수율과의 관계

　연천인율 $=$ 도수율 $\times 2.4$

　도수율 $= \dfrac{\text{연천인율}}{2.4}$

④ 강도율 $= \dfrac{\text{근로손실일 수}}{\text{연근로시간 수}} \times 1{,}000$

1-4 기계 설비의 안전 작업

① 시동 전에 점검 및 안전한 상태를 확인한다.

② 작업복을 단정히 하고 안전모를 착용해야 한다.

③ 작업물이나 공구가 회전하는 경우는 장갑 착용을 금지한다.

④ 공구나 가공물의 탈부착 시에는 기계를 정지시켜야 한다.

⑤ 운전 중에 주유를 하거나 가공물 측정은 금지한다.

1-5 재해 예방

(1) 사고 예방

① 안전조직관리 → 사실의 발견(위험의 발견) → 분석 평가(원인 규명) → 시정 방법의 선정 → 시정책의 적용(목표 달성)

② 예방 효과: 근로자의 사기 진작, 생산성 향상, 비용 절감, 기업의 이윤 증대 등이 있다.

(2) 재해 예방의 원칙

원칙	내용
손실 우연의 원칙	재해에 의한 손실은 사고가 발생하는 대상의 조건에 따라 달라지며, 즉 우연이다.
원인 계기의 원칙	사고와 손실의 관계는 우연이지만 원인은 반드시 있다.
예방 가능의 원칙	사고의 원인을 제거하면 예방이 가능하다.
대책 선정의 원칙	재해를 예방하려면 대책이 있어야 한다. • 기술적 대책(안전 기준 선정, 안전 설계, 정비 점검 등) • 교육적 대책(안전 교육 및 훈련 실시) • 규제적 대책(신상 필벌의 사용: 상벌 규정을 엄격히 적용)

단원 예상문제

1. 사고예방 대책의 기본 원리 5단계의 순서로 옳은 것은?

① 사실의 발견 → 분석 평가 → 안전관리 조직 → 대책의 선정 → 시정책의 작용

② 사실의 발견 → 대책의 선정 → 분석 평가 → 시정책의 작용 → 안전관리 조직

③ 안전관리 조직 → 사실의 발견 → 분석 평가 → 대책의 선정 → 시정책의 작용

④ 안전관리 조직 → 분석 평가 → 사실의 발견 → 시정책의 작용 → 대책의 선정

2. 안전점검의 가장 큰 목적은?

① 장비의 설계 상태를 점검

② 투자의 적정성 여부 점검

③ 위험을 사전에 발견하여 시정

④ 공정 단축 적합의 시정

3. 재해예방의 4대 원칙에 해당되지 않은 것은?

① 손실우연의 원칙

② 예방가능의 원칙

③ 원인연계의 원칙

④ 관리부재의 원칙

해설 재해예방의 4대 원칙: 손실우연의 원칙, 예방가능의 원칙, 원인연계의 원칙, 대책선정의 원칙

4. 무재해 운동의 3원칙 중 모든 잠재위험요인을 사전에 발견, 해결, 파악함으로써 근원적으로 산업재해를 없애는 원칙을 무엇이라 하는가?

① 대책선정의 원칙

② 무의 원칙

③ 참가의 원칙

④ 선취 해결의 원칙

5. 무재해 운동 기본이념 중 무재해, 무질병의 직장을 실현하기 위하여 직장의 위험요인을 행동하기 전에 예지하여 발견, 파악, 해결함으로써 재해 발생을 예방하거나 방지하는 원칙을 무엇이라고 하는가?

① 무의 원칙

② 선취의 원칙

③ 참가의 원칙

④ 대책선정의 원칙

해설 선취의 원칙: 재해 발생을 예방하거나 방지하는 원칙

정답 1. ③ 2. ③ 3. ④ 4. ② 5. ②

1-6 **산업 안전과 대책**

(1) 안전 표지와 색채 사용도

① 금지표지: 흰색 바탕에 빨간색 원과 45° 각도의 빗선

② 경고표지: 노란색 바탕에 검은색 삼각테

③ 지시표지: 파란색의 원형에 지시하는 내용은 흰색

④ 안내표지: 녹색 바탕의 정방형, 내용은 흰색

안전 · 보건표지의 색채, 색도 기준 및 용도

색채	용도	정지신호, 소화설비 및 그 장소, 유해행위의 금지
빨간색	금지	화학물질 취급장소에서의 유해 · 위험 경고
노란색	경고	화학물질 취급장소에서의 유해 · 위험 경고 이외의 위험 경고, 주의표지 또는 기계방호물
파란색	지시	특정 행위의 지시 및 사실의 고지
녹색	안내	비상구 및 피난소, 사람 또는 차량의 통행표지
흰색	안내	파란색 또는 녹색에 대한 보조색
검은색		문자 및 빨간색 또는 노란색에 대한 보조색

(2) 가스 관련 색채

가스	색채	가스	색채
산소	녹색	액화이산화탄소	파란색
액화암모니아	흰색	액화염소	갈색
아세틸렌	노란색	LPG	회색

(3) 화재 및 폭발 재해

① 화재의 분류

구분	명칭	내용
A급	일반화재	• 연소 후 재가 남은 화재(일반 가연물) • 목재, 섬유류, 플라스틱 등
B급	유류화재	• 연소 후 재가 없는 화재 • 가연성 액체(가솔린, 석유 등) 및 기체(프로판 등)
C급	전기화재	• 전기 기구 및 기계에 의한 화재 • 변압기, 개폐기, 전기다리미 등
D급	금속화재	• 금속(마그네슘, 알루미늄 등)에 의한 화재 • 금속이 물과 접촉하면 열을 내며 분해되어 폭발하며, 소화 시에는 모래나 질석 또는 팽창질석을 사용

② 화재의 3요소: 연료, 산소, 점화원(점화에너지)

단원 예상문제 ⊙

1. 산업안전 보건법에서 안전보건 표지의 색채와 그 용도가 옳게 짝지어진 것은?

① 파란색 – 금지
② 빨간색 – 경고
③ 노란색 – 지시
④ 녹색 – 안내

해설 빨간색–금지, 노란색–경고, 파란색–지시, 녹색–안내

2. 화학물질 취급장소의 유해·위험 경고 이외의 위험 경고 주의표지 또는 기계방호물에 사용되는 색채는?

① 파란색
② 흰색
③ 노란색
④ 녹색

해설 빨간색–금지, 노란색–경고, 파란색–지시, 녹색–안내

3. 일정한 행동을 취할 것을 지시하는 표시로서 방독마스크를 착용할 것 등을 지시하는 경우의 색채는?

① 녹색
② 빨간색
③ 파란색
④ 노란색

4. 연소의 조건으로 충분하지 못한 것은?

① 가연물질이 존재
② 충분한 산소 공급
③ 충분한 수분 공급
④ 착화점 이상 가열

해설 연소 조건: 가연물질이 존재, 충분한 산소 공급, 착화점 이상 가열

정답 1. ④ 2. ③ 3. ③ 4. ③

2. 작업환경관리

2-1 **인간과 환경**

① 일하는 환경은 복잡 미묘한 기계나 설비 도구로 가득 차 있다.

② 휴식 환경은 바닥에서 침대로 바뀌고 휴식 방법이 다양하다.

③ 먹는 환경은 인스턴트식품에 의해서 언제 어느 곳에서나 원하는 시간에 섭취할 수 있다.

2-2 환경 관련 관리 요소

(1) 작업자의 안전성에 영향을 주는 사고 요인

① 딴 곳을 바라보며 조작하는 태도

② 생략된 간단한 동작

③ 아슬아슬한 작업 동작

④ 하마터면 실수할 뻔한 순간들

⑤ 속도의 변화(시간이 맞지 않음)

⑥ 손이나 발의 미끄러짐

⑦ 어떻게 할까 하고 망설임

⑧ 하던 작업을 다시 하는 반복 행위

(2) 작업 조건과 환경 조건

① 온도, 습도 등 온열 조건

② 조명 및 채광 조건

③ 소음, 진동, 동요의 조건

④ 환기와 기적

⑤ 유해광선

⑥ 유해 위험물의 발생(분진, 가스, 흄, 스모그, 더스트 등)

⑦ 폐기물

⑧ 통로, 비상구, 위험구역의 관리

(3) 작업 환경과 건강 장해

① 온습 조건에 의한 장해: 열중증(일사병, 열사병), 열허탈, 동상, 냉난방병

② 조명에 의한 장해: 유해광선에 의한 시력장해, 전리방사성 물질에 의한 신경장해

③ 소음, 진동에 의한 장해: 난청, 관절통, 백치병, 관절변형증 등의 진동장해

④ 유해가스, 증기 및 분진에 의한 장해: 금속열병, 납중독, 유기용제중독, 수은중독, 진폐, 직업암 등

⑤ 이상기압에 의한 장해: 감압병(잠수병)

⑥ 작업자세에 의한 장해: 허리병, 등병, 관절병 등

단원 예상문제

1. 다음 중 교육방법의 4단계를 올바르게 나열한 것은?

　① 제시 → 적용 → 도입 → 확인　　　② 제시 → 확인 → 적용 → 도입

　③ 도입 → 제시 → 적용 → 확인　　　④ 도입 → 제시 → 확인 → 적용

2. 재해의 기본 원인 4M에 해당하지 않는 것은?

　① Machine　　　② Media　　　③ Method　　　④ Management

　해설 4M: Man, Machine, Media, Management

3. 안전거리 기법이 아닌 것은?

　① 무재해 운동　　② 위험예지 훈련　　③ 툴 박스 미팅　　④ 설비의 대형화

4. 안전교육에서 교육 형태의 분류 중 교육방법에 의한 분류에 해당하는 것은?

　① 일반교육, 교양교육 등　　　　② 가정교육, 학교교육 등

　③ 인문교육, 실업교육 등　　　　④ 시청각교육, 실습교육 등

　해설 안전교육은 사례 중심의 시청각 및 실습을 통한 교육방법으로 분류한다.

5. 하인리히의 사고 발생 단계 중 직접원인에 해당되는 것은?

　① 개인적 결함　　　　　　　② 전문지식의 결여

　③ 사회적 환경과 유전적 요소　　④ 불안전 행동 및 불안전 상태

6. 신체적 컨디션의 율동적인 발현, 즉 식욕, 소화력, 활동력, 스테미너 및 지구력과 밀접한 생체리듬은?

　① 심리적 리듬　　　　　　　② 감성적 리듬

　③ 지성적 리듬　　　　　　　④ 육체적 리듬

7. 인간공학적인 안전한 작업환경에 대한 설명으로 틀린 것은?

　① 배선, 용접호스 등은 통로에 배치할 것

　② 작업대나 의자의 높이 또는 형을 적당히 할 것

　③ 기계에 부착된 조명, 기계에서 발생하는 소음을 개선할 것

　④ 충분한 작업공간을 확보할 것

　해설 배선, 용접호스 등은 통로 배치를 피한다.

8. 고온에서 땀을 많이 흘리게 되어 열과로 증상이 나타날 때 응급조치는?

① 배설을 하도록 한다.

② 염분을 보충한다.

③ 인공호흡을 실시한다.

④ 칼슘을 먹인다.

9. 감전 재해 예방 대책을 설명한 것 중 틀린 것은?

① 전기 설비 점검을 철저히 한다.

② 이동전선은 지면에 배선한다.

③ 설비의 필요한 부분은 보호 접지를 실시한다.

④ 충전부가 노출된 부분에는 절연 방호구를 사용한다.

해설 이동전선은 지상 위에 배선한다.

10. 크레인을 사용하여 작업할 때의 크레인 점검내용이 아닌 것은?

① 권과방지 장치의 기능

② 브레이크 장치의 기능

③ 운전장치의 기능

④ 비상정지장치의 기능

11. 천장 크레인으로 압연 소재를 이동시키려 한다. 안전상 주의해야 할 사항으로 틀린 것은?

① 운전을 하지 않을 때는 전원 스위치를 내린다.

② 설비 점검 및 수리 시는 안전표식을 부착해야 한다.

③ 비상 시에는 운전 중에 점검, 장비를 실시할 수 있다.

④ 천장 크레인은 운전자격자가 운전을 하여야 한다.

해설 비상 시에는 운전 중에 점검, 장비를 할 수 없다.

12. 프레스 및 전단기기 작업 시 안전대책으로 틀린 것은?

① 정지 시나 정전 시에는 스위치를 반드시 off시킨다.

② 기기를 사용하는 경우 항상 장갑을 사용한다.

③ 2인 이상이 작업할 때에는 신호를 정확히 하도록 한다.

④ 기계의 사용법을 익힐 때까지는 함부로 기계에 손대지 않는다.

정답 1. ③ 2. ③ 3. ④ 4. ④ 5. ④ 6. ④ 7. ① 8. ② 9. ② 10. ④ 11. ③ 12. ②

■ 본 문제는 최근 10년간 실제 출제된 문제를 선별하여 수록하였습니다.

01 압연작업을 하기 위하여 롤 단위 편성 시 초기 조정재, 이행재, 중간 조정재 등을 삽입하여 편성한다. 이것들 중 이행재란 무엇인가?

[정답] 압연 사이즈의 급격한 변동에 의해 발생되는 형상불량을 방지하기 위하여 중간치수로서 삽입하는 압연재

02 롤 단위 편성 시 동일 폭을 제한하는 이유를 쓰시오.

[정답] 동일 폭이 많은 경우 작업롤의 동일부위 마모로 형상불량, 크라운 이상 등이 발생하므로 이를 억제하기 위해서이다.

03 다듬질 압연기 전면에는 크롭 시어(crop shear)가 설치되어 있다. 크롭 시어의 설치 목적을 쓰시오.

[정답] ① 소재의 선단 및 미단을 절단하여 치입성을 양호하게 하기 위하여
② 통판성 향상
③ 품질 향상
④ 롤 표면 보호
⑤ 상품 실수율 향상
⑥ 후공정의 작업성 향상

04 작업롤(work roll) 지름의 상하 pair(쌍) 차가 크면 동력전달 계통에 기계적으로 어떤 문제점이 발생하는가?

[정답] 스핀들 기어 파손이 발생한다.

05 열간압연에서 유막(oil film) 측정방법을 쓰시오.

[정답] ① 롤을 일정부하로 키스(kiss)시킨 상태에서 롤을 회전한다.
② 롤을 일정속도 단위로 서서히 가속하면서 그때의 압력을 점검한다.
③ 압연력의 변동이 없는 상태에서 측정을 중지한다.
④ 오일필름 영향계수를 구한다.

06 밀(mill) 정수를 측정할 때 스크루 다운(screw down)을 up 상태에서 down, down 상태에서 up의 방향으로 실시하는 이유를 쓰시오.

[정답] 스크루 다운의 백 래시(back lash) 및 밀 하우징 히스테리시스(mill housing hysteresis)를 고려하기 위해 실시한다.

07 압연공장에서 밀(mill) 정수를 측정할 때 철판을 사용하지 않고 알루미늄판을 사용하는 이유는?

정답 롤의 표면 보호
이체일은 10일로 해주세요

08 다듬질 압연기와 권취기 사이에 설치되어 권취 온도를 제어하는 장치는?

정답 리미나 플로

09 권취기에 권취할 때 lead율(빠르게), lag율(느리게)을 설정하는 이유는?

정답 통판성 향상

10 열간압연 공정에서 재열 슬래브에 대해 쓰시오.

정답 ① 가열로 재열 슬래브: 일단 가열로에 장입한 후 어떠한 문제점에 의해 압연을 중지한 것으로 조압연에 오기 전의 것이다.
② 조재열 슬래브: 조압연기에 통판된 슬래브이다.
③ 단, 어떠한 것이든 슬래브 수입 기준을 만족하거나 또는 재손질하여 만족한 것으로 사용한다.

11 균열로의 노 냉각법 2가지를 쓰고 설명하시오.

정답 ① 자연 냉각법: 노의 커버를 닫고 조압 조절용 댐퍼를 닫고 샌드 실(seal)을 정리한 다음 그대로 냉각시키는 방법이다.
② 계획 냉각법: 내화연와의 보호를 위해 냉각곡선에 의해 냉각시키는 방법이다.

12 열간 대강압연기(hot strip mill)에 있어서의 컴퓨터 컨트롤의 주 기능 5가지를 쓰시오.

정답 ① 슬래브의 추적
② 압하 설정
③ 가열로의 온도 제어(가열로 노황 제어)
④ 최적 압연 피치 설정(mill pacing)
⑤ 정보처리(data logging)

13 압연용 가열로에 혼합 가스를 사용할 때 수봉작업 시기 2가지를 쓰시오.

정답 ① 가열로가 소화되어 가스 사용이 중지되었을 때
② 가스 믹스 스테이션에서 가스 공급이 단절되었을 때

14 균열로에 노상재를 보급한 후 스탬핑을 실시하는데 그 이유는 무엇인가?

정답 강괴 지부의 편열 방지

15 후판압연공장에서 열간 교정 시 원칙적으로 1패스를 행한다. 그러나 3패스를 행하는 경우가 있다. 3패스를 행하여야 하는 경우 3가지를 쓰시오.

[정답] ① 형상이 특히 불량한 경우   ② 압연에 특히 여유가 있을 경우
③ 날판의 온도가 특히 낮을 경우

16 선재공장의 압연작업에서 롤 갭을 조정하는 시기 3가지를 쓰시오.

[정답] ① 롤 해체 조립 후
② 압연 중 소재의 사이즈가 소정의 사이즈보다 크거나 작을 때
③ 정전 시 또는 cobble 발생 시 롤 갭을 임의로 조정했을 때

17 가열로 각대 설정 시 참고하는 사항 3가지를 쓰시오.

[정답] ① 백 텐션이 너무 클 때 ② 강의 재질 ③ 압연 속도

18 압연 과정 중 슬립이 발생하는 원인 2가지를 쓰시오.

[정답] ① 백 텐션이 너무 클 때 ② 한 번에 너무 많은 양의 압하를 줄 때

19 압연 과정 중 각 스탠드 간 통판 중 스트립 위에 떨어진 냉각수를 비산시키며, 통판 중 2차 스케일 발생을 억제하기 위해 스팀 분위기를 만드는 것을 무엇이라 하는가?

[정답] 스팀 스프레이

20 워킹방식 가열로에서 HMD(hot metal detector)에 의해 슬래브가 검출되면 워킹 빔의 위치는 어떻게 되는가?

[정답] 상승 위치

21 가열로 내에서의 전열 메커니즘 중 가장 지배적인 전열방식은?

[정답] 복사전열

22 가열작업 중 노내의 연소상황을 점검하여 본 결과 광휘부분은 짧은 불꽃이 되고, 노 안이 훤히 트여 보이고 백열부가 버너 부근만으로 되어 있다. 조치사항을 쓰시오.

[정답] 연소용 공기량을 줄인다.

23 분괴공장에서 실시하는 슬래브의 냉각장치 3가지를 쓰시오.

[정답] ① 핫 베드(hot bed) ② 쿨러 ③ 서랭로

24 후판 가열로 중 강편을 장입한 위치에 놓인 채로 가열하고 대량생산에는 부적합하나 특수한 재질이나 두꺼운 재료를 가열하는데 사용되는 노의 형식은 어떤 것인가?

정답 배치식

25 후판 가열로 입구측에 설치되어 있으며, 가열로 장입 테이블로 이송된 슬래브를 가열로 내에 장입하는 설비의 명칭은?

정답 슬래브 푸셔

26 가열로에서 승온 및 냉각과정에서 속도가 빠른 경우 내화물에 균열이 발생하거나 벗겨지는 현상은?

정답 스폴링 현상

27 가열로 출구측 설비로서 가열로 내에 슬래브를 가열로 추출 테이블 롤러 위에 인출하는 설비의 명칭은?

정답 추출기(extractor)

28 열간 스트립 연속 압연기의 스팀 스프레이의 역할 2가지를 쓰시오.

정답 ① 롤 냉각수가 스트립 위에 떨어진 것을 비산시킨다.
② 스팀 분위기를 조성하여 2차 스케일 발생을 방지한다.

29 열간 스트립 연속압연에서 핫 런 테이블(hot run table)의 역할은?

정답 스트립을 권취 온도까지 냉각시킨다.

30 압연 작업에 있어서 실제 2개의 롤 사이의 갭과 압연되어 나오는 판 두께와의 차이를 무엇이라 하는가?

정답 온도의 런다운 현상

31 열간 압연 시 압연재의 런다운 현상을 방지하지 않으면 어떤 현상이 나타나는가?

정답 압연 시 재료의 앞부분(top)에서 뒷부분(tail)으로 갈수록 두께가 두꺼워진다.

32 압연 중 발생하는 슬래브의 캠버 발생 원인 3가지를 쓰시오.

정답 ① 소재의 폭 방향으로 온도차가 있을 때　② 롤의 폭 방향 간격이 다를 때
③ 좌우 압하 스크루에 걸리는 힘이 다를 때　④ 소재 자체에 좌우 두께 편차가 있을 때

33 열간압연 시 판에 파가 발생하는 원인 4가지를 쓰시오.

정답 ① 온도의 차이　　　　　② 롤의 국부적인 마모
　　③ 압하량의 차이　　　　④ 롤의 좌우 간격 차이

34 압연 소재에 높은 강도와 인성을 부여하기 위해 합금원소의 첨가나 열처리를 하지 않고 가공완료 온도를 조절하여 하는 압연을 무슨 압연이라 하는가?

정답 컨트롤 압연(controlled rolling)

35 가열의 3요소를 쓰시오.

정답 ① 충분한 가열　② 균일한 가열　③ 최소의 연료 사용(열경제)

36 가열로 조업에서 스키드 마크를 줄이기 위한 방법 3가지를 쓰시오.

정답 ① 배수온도가 45℃를 넘지 않는 범위에서 배수량을 줄인다.
　　② 가열대 하부 온도를 기준 설정온도 범위 내에서 최대한으로 올리고 추출 피치를 약간 늘인다.
　　③ 강편의 재료시간을 재로시간에 맞추어 가능한 한 길게 한다.

37 가열로 가스 점화 시 작업 상황을 쓰시오.

정답 ① 점화 순서는 가열대 하부 → 균열대 → 가열대 상부 순으로 한다.
　　② 점화 시 1명은 수정구를 열어 점검한다.
　　③ 점화 시 조작변을 근원으로 차례차례로 한다.

38 강괴의 스케일 박리성이 나빠지는 순서를 쓰시오.

정답 림드강 → 세미킬드강 → 킬드강

39 영조 압연력을 간단히 설명하고 실제 압연력과의 관계를 쓰시오.

정답 ① 영조 압연력은 밀 스프링으로 인해서 걸리는 압연력이다.
　　② 실제 압연할 때 가해주는 압력=압연압력−영조 압연력

40 블룸의 단중 10ton의 본당 압연시간이 2분(120초)일 때 압연기의 이론 압연능력은?

정답 이론 압연능력(ton/hr)$=\dfrac{10}{120}\times 3{,}600=300$ ton/hr

(식에서 3,600을 곱한 것은 시간을 초로 환산한 것이다.)

41 강편 공장에서 블룸의 가열로 장입본 수는 71본이고 추출 피치는 2분일 때 블룸 본당 노내 체재시간은?

정답 노내 체재(재로)시간=71×2분=142분 ∴ 2시간 22분

42 열연공장의 조압연기 및 다듬질 압연기의 패스 라인 조정은 무엇으로 하는가?

정답 소프트 라이너

43 열연공장에 있어서 패스 라인은 무엇을 기준으로 하여 결정하는가?

정답 피드 롤러

44 밀 상수(mill spring)의 발생요인을 쓰시오.

정답 ① 하우징의 연신 및 변형   ② 상·하 스크루의 축소
③ 롤의 휨   ④ 롤의 편형화
⑤ 초크의 움직임   ⑥ 축수부의 변형 및 유막두께의 변화

45 롤 갭을 구하는 식을 쓰고 설명하시오.

정답 $S=H-\dfrac{F}{M}+\alpha$

(S: 스크롤 다운의 위치(롤 갭), H: 출측 판 두께, M: mill spring 상수,
F: 압연압력, α: 각종 조건에 기인한 상수)

46 패스 라인의 정의와 구하는 식을 쓰시오.

정답 ① 정의: 전후면 피드 롤러와 하부 워크 롤의 차이
② 구하는 식: 하부 워크 롤 마모량+$\dfrac{\text{하부 백업률 마모량}}{2}$

47 롤 페어(roll pair)에 대하여 쓰시오.

정답 ① 롤 페어: 상부 롤과 하부 롤 한 쌍을 말한다.
② 롤 페어의 차이: 상하부 롤의 지름 차를 말하며, 지름의 차가 큰 경우는 소재 상부의 하향 발생의 원인이 된다.

48 판의 좌우에 파가 생기는 것을 (㉮)라 하며, 판의 좌측 혹은 우측 한 곳에만 파가 생기는 것을 (㉯)라 한다.

정답 ㉮: 양파 ㉯: 편파

49 압연공정 용어 중 AGC와 AWC란?

(정답) ① AGC(Automatic gauge control): 자동판 두께 조절장치
② AWC(Automatic width control): 자동판 폭 조절장치

50 스케일 발생에 영향을 미치는 요소를 쓰시오.

(정답) ① 재로시간이 길기 때문에 다량의 스케일이 발생한다.
② 가열온도가 높기 때문에 다량의 스케일이 발생한다.
③ 과잉공기율이 크면 다량의 스케일이 발생한다.
④ 가열 분위기에 따라 발생층이 다르다(환원성이면 스케일 발생이 적다).
⑤ 강의 종류에 따라서 발생량이 다르다(규소강은 스케일량이 작다).
⑥ 연료에 따라 발생량이 다르며 프로듀서 가스, BFG, COG 순으로 많아진다.

51 슬래브의 처짐과 들림의 원인 중 들림의 원인을 쓰시오.

(정답) ① 가열로 윗면 온도가 밑면 온도보다 낮을 경우
② 상부 롤의 지름이 하부 롤보다 작은 경우
③ 상부 롤의 회전수가 하부 롤의 회전수보다 느린 경우
④ 패스 라인이 낮은 경우
⑤ 중심선이 미끄러질 경우
⑥ 윗부분의 온도가 아랫부분보다 낮은 경우

52 판의 평활성 증가 방법 3가지를 쓰시오.

(정답) ① 템퍼 롤링(temper rolling)
② 롤러 레벨링(roller leveling)
③ 스트레처 롤링(stretcher rolling)

53 블룸 중량 7톤으로 가공하여 3.84톤의 빌렛을 생산했다. 이때의 실수율을 구하시오.

(정답) 실수율 $= \dfrac{\text{제조품 중량}}{\text{블룸 중량}} \times 100$

윗 식에 의하여 $\dfrac{3.84}{7} \times 100 ≒ 59\%$

54 가열로의 부대설비인 연도에 대하여 쓰시오.

(정답) 가열로로부터 배출되는 연소 가스가 지나가는 롤로서 리큐퍼레이터(recuperater)와 댐퍼가 설치되어 있다. 형식은 다음과 같다.
㉮ up-take식: 연도가 가열로 노체 상부에 설치되어 있다.
㉯ down-take식: 연도가 가열로 노체 하부에 설치되어 있다.

55 가열로에서 워킹 빔 프레임의 역할을 쓰시오.

[정답] 워킹 빔 프레임은 이동 빔의 포스트 파이프를 견고하게 지지하고 워킹 빔 구공 장치의 사변형운동을 전달한다.

56 가열로 조업 시 정전이 되었을 때의 처치 방법을 기기의 보호 측면과 정전회복 시에 대한 안전 배치 측면에서 쓰시오.

[정답] ⑴ 기기의 보호 측면
  ① 노체, 내화재, 리큐퍼레이터의 보호를 위해 노압제어 댐퍼를 수동핸들로 닫는다 (purge 후).
  ② I, T, V카메라를 수동으로 노외로 **빼낸다**.
⑵ 정전 회복 시에 대한 안전배치 측면
  ① 워킹 빔, 도어 등 가동부를 안전하게 하기 위하여
  ② 연동–단동을 단동으로

57 롤 단위 편성 기준의 기본원칙 중에서 압연 단위 편성 시 고려해야 할 사항을 쓰시오.

[정답] ① 단위의 초기에는 압연하기 쉬운 초기 조정재를 넣는다.
② 작업롤의 마모를 고려하여 광폭재로부터 협폭재로 편성한다.
③ 동일 치수 및 동일 강종은 모아서 동일 로트로 편성한다.
④ 동일 폭이 많을 경우는 작업롤의 동일 부위의 마모로 형상불량, 크라운 이상 등이 발생되기 때문에 동일 폭 제한을 제정한다.
⑤ 동일 치수에서 두께 공차의 범위에 대소가 있다면 큰 쪽에서부터 작은 쪽으로 편성한다.
⑥ 동일 치수에서 강종이 서로 다르면 연한 것부터 경한 것으로 편성한다.
⑦ 압연이 어려운 치수인 경우 중간 조정재를 넣는다.
⑧ 판 표면 조도가 엄격한 것은 작업롤 표면의 거침을 고려하여 조압연 작업롤(RW3 ~4), 다듬질 작업롤(FW1~7) 교체 직후 가능한 단위 앞쪽에서 편성한다.
⑨ 세트를 바꿀 시는 치수 정도의 확보를 위하여 두께, 폭의 세트 바꿈량을 규제토록 원칙을 제정한다.
⑩ 냉연재와 전, 절단재의 혼입은 피한다.

58 더미(dummy) 압연에 대해 쓰시오.

[정답] ① 더미 압연은 압연기의 고장이나 후물 압연 시 형상관계 및 압하력이 작을 때 로드 셀의 작동관계를 고려하여 지정한다.
② 더미로 지정된 압연기는 통판성을 좋게 하기 위하여 스크루 위치는 압연재 두께 +20mm로 설정한다.

59 가열로에서 슬래브 추출 시 슬래브 추출 피치 제어 방법을 쓰시오.

정답 ① 타임 모드(time mode) 방식: 설비 문제점 등으로 페이싱 모드(pacing mode)의 사용이 불가능한 경우 사람이 설정한 피치에 의해 추출하는 고정압연 피치 제어이다.
② 밀 페이싱 모드(mill pacing mode) 방식: 밀 라인 진행 상황을 확인하여 밀 라인상 공정 피치를 관리하는 가변 피치 제어이며, 밀 라인 전체의 생산성을 최대로 하고 단열로 열원 단위가 최소가 되도록 하는 동적 피치 제어이다.

60 후판압연에서는 슬래브의 폭과 길이, 날판 폭에 따라 압연 방향을 크게 4가지로 구분한다. 이 압연 방향 4가지를 쓰시오.

정답 ① 보통 스트라이트 압연
② 폭내기 압연
③ 크로스 스트라이트 압연
④ 크로스 폭내기 압연

61 경사 가열작업이란?

정답 스트립 압연 시 제품의 앞쪽과 끝쪽의 온도차가 발생하게 되는데 이 온도차를 없애기 위해 슬래브의 앞쪽과 끝쪽의 온도차를 두고 가열하는 방식이다.

62 자동 두께 제어장치(AGC)의 기본형 4가지를 쓰시오.

정답 ① roll force AGC
② 모니터 AGC
③ feed forward AGC
④ X-ray AGC

63 루퍼(looper)의 소프트 터치 제어란?

정답 루퍼가 상승하여 스트립과 접촉할 때 관성력으로 일어나는 비정상적인 장력 발생을 막기 위하여 스트립과 부드럽게 접촉되도록 하는 것이다.

64 철의 5대 성분 중 강을 수랭시킬 때 냉각속도에 가장 큰 영향을 미치는 원소는?

정답 유황

65 압연기에 판이 물린 후 사이드 가이드를 쇼트 스트로크(shot stroke)하는 이유는?

정답 롤의 중심에서 압연되도록 하여 통판성 향상 및 품질 향상을 갖게 하기 위함이다.

66 AGC(자동 두께 제어장치)의 기능 중 가속 보상을 하는 이유는?

정답 압연속도를 가속시키면서 압연할 때 유막의 영향을 받아 두께가 변하므로 그 영향을 없애기 위해 이 보상을 실시한다.

67 리큐퍼레이터(recuperater)의 상류측에 위치하여 입구의 폐가스를 제어 온도까지 내리기 위해 설치된 설비명은?

정답 연도희석 팬(fan)

68 스탠드와 스탠드 사이 백 텐션(back tension)이 없어질 때 생기는 스트립이 튀어 올라가는 것을 방지하기 위하여 실시하는 것을 쓰시오.

정답 no whip 제어

69 압연기의 전면에는 사이드 가이드가 설치되어 있으며, 사이드 가이드 내면에는 라이너가 부착되어 있다. 라이너의 부착 이유를 쓰시오.

정답 소재와의 마찰로 인해 발생되는 사이드 가이드 본체의 마모를 막기 위해서 부착한다.

70 가열 작업 시 발생하는 클린킹(clinking)이란?

정답 가열속도가 너무 빠르면 재료 내외부의 온도 차이가 생기고, 이 온도차는 재료 내의 응력에도 영향을 끼치며 재료에 따라서는 이러한 응력 때문에 균열을 일으킨다.

71 롤의 회전속도(주속도; MPM)란?

정답 $\text{MPM} = \dfrac{\pi \cdot D \cdot N}{60}$

72 압연 시 압연재가 좌우로 치우치는 것을 조절 내지 방지하는 장치를 무엇이라 하는가?

정답 압연기 레벨 밸런스

73 압연기에 사용하는 윤활제의 구비조건 4가지를 쓰시오.

정답 ① 유성이 좋고 적당한 점도를 가질 것
② 화학적으로 안정되어 고온에서 조성이 변하지 않을 것
③ 인화점은 높고 응고점은 낮아 내한성이 있을 것
④ 가격이 싸고 구하기 쉬울 것

74 사상압연에서 겹침 현상이 일어나는 주된 원인은?

정답 래깅(ragging)의 영향

75 가열로에서 얇은 제품과 두꺼운 제품을 함께 가열했을 때 일어나는 현상을 쓰시오.

(정답) ① 두꺼운 제품을 목적하는 온도까지 가열했을 때: 얇은 제품 표면에 연소 및 과열, 조직의 변형이 일어난다.
② 얇은 제품을 목적하는 온도까지 가열했을 때: 두꺼운 제품은 내외부가 균일하게 가열되지 않는다.

76 열연 코일의 결함인 킹크(kink coil)의 발생 원인과 대책을 쓰시오.

(정답) ① 원인: 에지 웨이브가 심한 것을 감을 때, 상부의 텐션이 작을 때
② 대책: 슬리브를 끼운다.

77 분괴압연 공장에서의 압연 방법 중 싱글(single)압연과 탠덤(tandem)압연을 쓰시오.

(정답) ① 싱글압연: 1본 압연 ② 탠덤압연: 2본 압연

78 후판압연 공장에서 후판압연된 제품의 두께가 두꺼워 기계적 전단작업을 행할 수 없는 경우의 절단 방법 3가지를 쓰시오.

(정답) ① 가스 절단 ② 파우더 절단 ③ 플라스마 절단

79 강편 공장이나 선재 공장의 가열로 조업 중 정전이 되어 자동연소 제어장치가 완전히 정지하였을 때 긴급 차단 밸브, 가스 컨트롤 밸브, 에어 컨트롤 밸브는 각각 어떻게 조작하는가?

(정답) ① 긴급 차단 밸브: 전부 닫는다.
② 가스 컨트롤 밸브: 전부 닫는다.
③ 에어 컨트롤 밸브: 전부 연다.

80 강편 공장에서 압연 중 오른쪽 방향 트위스팅과 왼쪽 방향 트위스팅이 생겼을 때 롤의 트러스트 조정 방법을 쓰시오.

(정답) ① 오른쪽 방향 트위스팅: 상부 롤을 밀어넣거나 하부 롤을 당긴다.
② 왼쪽 방향 트위스팅: 상부 롤을 당기거나 하부 롤을 밀어넣는다.

81 분괴압연 공장에서 압연방향으로 분류한 top 압연과 bottom 압연에 대하여 설명하시오.

(정답) ① top 압연: 제1패스를 강괴 두부로부터 치입하는 경우
② bottom 압연: 제1패스를 강괴 미부로부터 치입하는 경우

82 선재압연 공장에서 압연 전 펜듈럼 시어(pendulum shear)의 전단작업 목적 2가지를 쓰시오.

(정답) ① 소재 두부의 냉각 및 벤딩부 절단 ② 반 코일 생산 시

83 압연 롤 목용 베어링으로서 사용되는 합성수지 베어링의 장점 4가지를 쓰시오.

정답 ① 마찰계수가 작다.
② 마모량이 작다.
③ 취급이 간편하다.
④ 물 교환이 가능하므로 경제적이다.

84 압연기의 압하설비 중 유압 압하방식에 비해 전동 압하방식의 단점 2가지를 쓰시오.

정답 ① 모터 및 감속 기어의 관성이 크므로 동력전단 효율이 낮다.
② 고속화한 압연기에서 고정도의 판 두께 제어를 행하는 것이 곤란하다.

85 후판압연 공장에서 압연 시 판이 롤과 스트리퍼 사이에 끼었을 경우 조치사항 4가지를 쓰시오.

정답 ① 압연기 운전을 정지한다.
② 롤 냉각수를 정지한다.
③ 작업롤을 역회전하여 판을 뺀 후 고압수로 냉각한다.
④ 컨트롤 스위치를 끈 다음 스트리퍼 및 롤 표면 상태를 확인한다.

86 열연 공장에서 롤 단위 편성기준에서 이행재와 중간 조정재를 쓰시오.

정답 ① 이행재: 압연 사이즈의 급격한 변동에 의해 형상불량을 방지하기 위해 중간치수로서 삽입하는 압연재
② 중간 조정재: 목적하는 형상을 얻기가 곤란한 재료를 압연하기 전에 어떤 재료의 통판성을 양호하게 하기 위해 삽입하는 압연재

87 압연 공장에서 돌발적인 크랙으로 인하여 롤을 교체하여야 할 때의 기준을 쓰시오.

정답 ① 롤에 발생한 크랙의 폭: 3mm 이상 발생했을 때
② 롤에 발생한 크랙의 길이: 원주의 1/4 이상 발생했을 때

88 형강압연에서 원형강의 압연방식 3가지를 쓰시오.

정답 ① 타원과 각의 방식
② 마름모꼴과 각의 방식
③ 박스의 방식

89 봉강압연 시 롤 조정방법 2가지를 쓰고 설명하시오.

정답 ① 갭 조정: 2개의 롤 간극을 조정하는 것
② 트러스트 조정: 한 쪽의 롤을 축 방향으로 가동하는 것

90 강판압연에서는 롤을 압연 하중에 의해 비틀림을 방지할 수 있는 방향으로 굽혀 압연 현상을 개선할 수 있는 장치가 개발되었다. 이 장치명과 방식을 쓰시오.

정답 ① 장치명: 롤 벤딩장치
② 방식: WRB(work roll bending), BURB(back up roll bending)

91 열간 용삭기(hot scarfer)의 특징 4가지를 쓰시오.

정답 ① 균일한 스카핑이 가능하다.
② 손질 깊이의 조정이 용이하다.
③ 작업 속도가 빠르고 압연 능률을 떨어뜨리지 않는다.
④ 산소 소비량이 적다.

92 핫 스트립 밀을 권취기로 권취할 때 발생하는 결함으로 텔레스코프(telescope)의 원인을 쓰시오.

정답 ① 스트립의 힘   ② 맨드릴의 마모   ③ 코일러 사이드 가이드 불량
④ 재료의 두께 불량   ⑤ 압하 레벨 불량

93 두께 200mm, 폭 1500mm인 슬래브를 절단하는데 미치는 전단력이 1500ton이라면 슬래브의 전단응력은?

정답 전단응력 $=\dfrac{\text{전단력}}{\text{전단면}}=\dfrac{1500000}{200\times1500}=5\text{kg/mm}^2$

94 4단연속 열간 스트립 밀의 백업 롤에 사용하는 베어링을 쓰시오.

정답 유막 베어링(MESTA oil film bearing)

95 압연기의 밀 하우징 내부에 부착되어 있으며, 워크 롤 및 백업 롤 초크의 유동을 방지하며 일정한 간격을 항상 유지하기 위해서 마모량에 따라 교환이 가능하도록 되어 있는 장치는 무엇인가?

정답 스탠드 라이너

96 압연유의 사용목적 3가지를 쓰시오.

정답 ① 롤 표면 마모 방지 및 소비전력의 감소
② 마모 감소로 인한 성품 표면 성상의 양성화
③ 롤 수명 연장에 의한 압연 스케줄 확대
④ 압하력 감소에 의한 판 크라운량 조정

97 열연 공장에서 워크 롤 교환장치의 구성기기 4가지를 쓰시오.

정답 ① 푸시 버기 ② 턴 테이블 ③ 트럭 틸팅장치 ④ 푸셔 바

98 압연기의 작업롤 및 백업 롤의 스탠드 내부에서 외부로 튕겨 나오는 것을 방지하기 위해 설치된 설비는?

[정답] 초크 댐프(choke damp)

99 열간 스트립 밀의 작업롤 교환장치로서 롤 정비 및 현장 턴 테이블까지의 롤을 이동하는 목적으로 쓰이며, 각 스탠드마다 1대씩 있는 이 기구의 명칭은?

[정답] 푸셔 버기(pusher buggy)

100 열간 스트립 공장에서 권취로부터 horizontal eye로 핫 코일을 받아 수직으로 컨베이어 위에 놓는 역할을 하는 설비의 명칭은?

[정답] 업 엔더(up ender)

101 분괴 또는 연주 공장의 핫 스카퍼 전후면에 설치된 것으로 용삭작업 시 슬랩이 튀거나 좌우로 움직이지 못하도록 잡아주는 역할을 하는 설비의 명칭은?

[정답] 슬리터

102 분괴 슬래브 냉각방법 중 공랭재는 (①)℃ 이하로 완전히 공랭되어야 하며, 공랭 후 수랭재는 슬래브 표면온도 (②)까지 공랭 후 수랭되어야 한다.

[정답] ① 100℃ ② 400℃

103 균열로의 노상부에 분코크스를 보급하여 스태핑을 해주는 이유는?

[정답] 강괴저부의 편열 방지

104 강괴를 90° 전도시키거나 필요한 공형으로 유도하는 분괴압연기의 보조설비의 명칭은?

[정답] 머니퓰레이터

105 트랙 타임의 정의를 쓰시오.

[정답] ① 강괴 주입 완료로부터 분괴 균열로 장입 완료까지의 시간
② 강괴 주입 개시로부터 분괴 균열로 장입 개시까지의 시간

106 일반적으로 분괴 소재인 강괴를 말할 때 냉괴란 트랙 타임이 24시간 이상 경과한 것을 말하는데 열괴는 트랙 타임이 몇 시간 이내인 것을 말하는가?

[정답] 8시간 이내인 강괴

107 분괴 균열로 조업 시 균열시간이 너무 길었을 경우에 생기는 손실을 3가지 쓰시오.

[정답] ① 열원단의 증가(연료의 소모 증대)
② 작업능률의 저하
③ 스케일 생성량 증가(실수율 저하 및 표면 흠 증가)

108 열간 스트립 압연에서 발생하는 파의 발생 원인을 롤 크라운과 관련하여 각각 쓰시오.

[정답] ① 양파: 롤 크라운이 너무 작을 때 발생한다.
② 중파: 롤 크라운이 너무 클 때 발생한다.
③ 편파: 롤 크라운이 한 쪽에 치우칠 때(양쪽 롤 지름의 차이)

109 압연하중을 나타낼 수 있는 장치로서 압하 스크루와 연결되어 있는 장치는 무엇인가?

[정답] 로드 셀

110 롤 스탠드 중 폐두식 스탠드의 특징 3가지를 쓰시오.

[정답] ① 롤 조립은 측면에서 한다.
② 볼트의 이완 우려성이 없다.
③ 큰 압하력이 걸리는 큰 압연기에 사용한다.

111 슬래브 가열로 인해 스케일이 발생하여 재료의 단중이 감소하는 것은 무엇인가?

[정답] 연소 감모(scale loss)

112 열간압연 시 판 크라운은 판 폭이 넓을수록 판 두께가 얇을수록 커지는데 그 이유는?

[정답] 압연 반력이 커지기 때문이다.

113 코일을 조질압연(skin pass)하는 목적 4가지를 쓰시오.

[정답] ① 가공성 향상   ② 스트레처 변형 방지
③ 판의 형상 미려   ④ 표면 미려

114 다음은 슬래브, 블룸의 냉각작업에 관한 것이다. (   ) 속에 알맞은 말을 쓰시오.

──────| 보기 |──────

슬래브, 블룸의 냉각작업은 표면결함 혹은 내부결함 발생과 밀접한 관계가 있는데 특수강 및
고망간강은 (①)을 원칙으로 하고 저탄소강은 (②)이 가능하다.

[정답] ① 공랭 ② 수랭

115 슬래브 냉각작업 시 냉각된 후에 슬래브가 오목한 형상으로 휘었을 때는 냉각수량을 어떻게 조절해야 하는가?

정답 상부 냉각수량을 증가시킨다.

116 분괴 소재용 강괴를 제조할 때 편석의 개선을 위해 사용하는 주형은 어떤 형식을 사용하는 것이 좋은가?

정답 상광압탕형

117 후판의 표면결함 중 연와흠의 발생 원인 2가지를 쓰시오.

정답 ① 제강 시 내화물 파편의 혼입
　　 ② 가열로 내화물이 강괴에 부착

118 열연제품의 표면결함 중 롤 마크의 발생 원인 2가지를 쓰시오.

정답 ① 압연 및 처리 라인의 각종 롤에 이물부착 시
　　 ② 압연 롤에 발생한 요철흠에 소재가 프린트되었을 경우

119 슬래브의 표면결함 중 망상흠의 방지대책 3가지를 쓰시오.

정답 ① 강괴 내부응력 제거
　　 ② 플럭스에 수분 흡입 억제
　　 ③ 강괴 스킨(표층부)를 두껍게 한다.

120 가열로의 연도란 배출되는 연소가스가 지나가는 길인데 이곳에 설치되어 있는 장치 2가지는?

정답 리큐퍼레이터, 댐퍼

121 롤의 영점 조정기준은 어느 때 실시하는가?

정답 롤 교체 및 수리 후 또는 이상 발생이 있을 때 실시한다.

122 압연기의 사이드 가이드 설정치는 어떻게 나타내는가?

정답 압연 지시폭+off set치=사이드 가이드 설정치

123 사이드 가이드 설정치 중 off set란 무엇을 뜻하는가?

정답 사이드 가이드 개도를 소재의 폭과 같게 하면 치입 시 걸릴 염려가 있으므로 소재폭보다 사이드 가이드를 넓게 set하는 것이다.

124 사이드 가이드 쇼트 스트로크란 무엇을 뜻하는가?

[정답] 사이드 가이드를 초기 설정 시 압연 지시폭+off set치로 설정하였던 것을 판이 치입한 후 다시 압연 지시폭에 맞추어 좁게 set하는 것이다.

125 선재의 표면결함 중 압연방향에 직각 또는 경사지게 나타나는 세로 터짐의 발생 원인 2가지를 쓰시오.

[정답] ① 재료의 성분 불량 ② 가열, 냉각의 부적절

126 열간압연 시 슬립(미끄러짐) 발생 시 취해야 할 사항 3가지를 쓰시오.

[정답] ① 압하율 조정 ② 압연속도 조정 ③ 롤 표면을 거칠게 한다. ④ 롤 지름을 크게 한다.

127 크로스 스트레이트 압연이란?

[정답] 후판압연 시 슬래브 길이가 날판 폭과 같은 경우에는 슬래브를 90° 회전하여 바로 제품 두께까지 압연하는 방식

128 롤 영점 조정 기준에서 셀신(selsyn) 보정이란?

[정답] ① 사실상의 롤 갭과 셀신(롤 간격을 나타내는 인디케이터) 수치를 일치시키는 것을 말한다.
② 롤 지름이 ±되면 셀신은 ±로 된다.

129 압연 스탠드의 밀 스프링계수 측정 방법을 쓰시오.

[정답] ① 압하는 백 래시 및 밀 하우징 히스테리시스를 고려하여 up에서 down, down에서 up의 방향으로 행한다.
② 롤의 경우는 페어(pair) 차가 있으면 스핀들 기어의 손상 우려가 있으므로 페어 차는 ±2mm로 한다.

130 열간압연의 전, 절단 라인에서 스크랩 초퍼란?

[정답] 사이드 트리머에서 트리밍된 스크랩을 연속적으로 네모꼴이 되도록 절단하는 것

131 다이 시어(die shear)란?

[정답] 다이 시어 레벨러(die shear leveller)의 후면에 설치되어 레벨링 후의 두께 6.2mm 이상 12.7mm까지의 스트립을 2000~12395.2mm 범위의 임의의 길이로 연속적으로 절단한다.

132 가열로의 커튼 버너란?

[정답] ① 가열로 중 균열대 추출 도어 위에 설치되어 있다.
② 슬래브 추출 시 외부 에어 침입을 방지한다.
③ 열손실을 방지(에어로 인한)한다.
④ 스케일 생성을 방지한다.

133 압연 스케줄 작성 시 고려해야 할 사항을 쓰시오.

[정답] ① 모터 및 압연기의 능력 ② 재료 및 제품의 사이즈 ③ 치입각 ④ 압연하중 ⑤ 텐션

134 연속 탠덤 압연기에 가속(zooming) 목적과 가속률을 결정하는 요인에 대해 쓰시오.

[정답] (1) 목적: 재료 후단의 런 다운을 보상하기 위하여
(2) 가속률 결정 요인
① 재료의 온도하강시간 ② 재료의 길이 ③ 가속시간 ④ 압연가능력

135 강편 공장에서 압연 롤용 베어링으로서 사용하는 합성수지 메탈의 교환시기는 언제인지 3가지를 쓰시오.

[정답] ① 메탈의 마모량이 10mm일 때
② 메탈이 소손되었을 때
③ 메탈의 표면에 박리 터짐 등의 유해한 결함이 있을 때

136 선재 공장의 설비 중에서 레잉 헤드(laying head)의 역할을 쓰시오.

[정답] 완제품이 되어 나오는 코일은 수랭 박스에서 나와 핀치 롤을 거쳐 빠져 나오는 코일을 받아서 공랭 컨베이어 위에다 수평으로 중복되게 나사형으로 만들어 주는 장치이다.

137 빌렛을 선재 공장에 설치된 2개의 압연 라인에 선택 공급할 수 있도록 스위치되는 가이드를 무엇이라 하는가?

[정답] 스위치 플레이트

138 후판압연 공장의 기계절단 공정에서 생기는 캠버의 발생 원인 5가지를 쓰시오.

[정답] ① 나이프 센터링(knife centering) 불량
② 좌우 스크랩 크기의 차이
③ 가이드 롤러 조정 불량
④ 나이프의 편측 마모
⑤ 핀치 롤 속도 차이 및 불량

139 선재압연 공장의 설비 중 사이드 루퍼(side looper)란?

(정답) 중간 사상압연기에서 추출된 후 사상압연기에 치입될 때 중간에 설치되어 로드의 텐션을 조정해주는 장치를 말한다.

140 선재 공장에서 생산된 로드 표면에 Fe보다 산화력 저항이 큰 성분들이 결정경계로 집중되어 취화하는 현상을 입간취성이라 하는데, 이의 발생 원인 3가지를 쓰시오.

(정답) ① 반제품을 재가열할 때
② 사상압연 온도가 높을 때
③ 보호가스 분위기로 가열하지 않은 상태에서 서랭할 때

141 롤 연삭유의 역할 4가지를 쓰시오.

(정답) 세척, 냉각, 방청, 윤활

142 롤 스러스트 발생 원인 4가지를 쓰시오.

(정답) ① 롤의 편심 ② 초크 마모 ③ 원통도 불량 ④ 슬래브 편열

143 열간 스트립 연속압연기에서 권취속도가 다듬질 압연기의 최종 스탠드의 압연속도보다 빠른 것을 무엇이라 하며 빠르게 해주는 이유는?

(정답) ① 용어: lead speed
② 이유: 스트립에 장력을 유지하기 위함이다.

144 선재 공정 중 선재 냉각에서 조절냉각의 이점 4가지를 쓰시오.

(정답) ① 인장강도 향상 ② 양호한 스케일 생성 ③ 신성성 우수 ④ 후공정 코스트 다운

145 열간압연 시 소재의 판 두께 변동요인 4가지를 쓰시오.

(정답) ① 가열로에서의 편열 및 스키드 마크 ② 롤의 마모 ③ 압연기의 밀 스프링 현상
④ 베어링의 헐거움(유막관계) ⑤ 롤과 재료의 마찰열에 의한 롤 변형

146 압하량을 크게 하기 위한 방법 4가지를 쓰시오.

(정답) ① 지름이 큰 롤을 사용한다.
② 압연재의 온도를 높여준다.
③ 롤의 회전속도를 늦춘다.
④ 압연재를 뒤에서 밀어준다.
⑤ 롤축에 평행인 흠을 롤 표면에 만든다.

147 후판압연에서 슬래브 두께와 표면 상태를 균일하게 하고 스케일을 제거하기 위한 압하 방법은 ?

[정답] 고르기 압하

148 폐가스(wast gas) 중 산소가 남아있는 상태로서 열효율이 저하하고 스케일 손실이 많은 노내 분위기는?

[정답] 산화성 분위기

149 가열로 조업상의 착안점 3가지를 쓰시오.

[정답] ① 소재를 충분히 균열할 것
② 스키드 마크의 온도차를 가급적 줄일 것
③ 과열이 되지 않도록 할 것
④ 표면 스케일의 박리가 용이하도록 할 것

150 압연 시 과부하로 인한 모터 및 롤의 동력전달계통의 파손을 막기 위하여 설치된 핀의 명칭은?

[정답] 시어 핀(shear pin)

151 열연에서 네킹(necking) 현상에 대해 쓰시오.

[정답] 압연이 끝나 최종 압연기를 나온 판이 권취기에 감기는 순간 권취기와 다듬질 압연기 사이의 순간적인 장력에 의해 판목이 좁아지는 현상이다.

152 스탠드 라이너란 무엇인가?

[정답] 밀 하우징 내부에 부착되어 작업롤 및 보강롤의 초크 유동을 방지하는 역할을 한다.

153 열간압연 공장에서 모터로부터 하나의 스핀들로 나온 동력을 2단의 스핀들로 분리하여 밀 스핀들과 직접 연결되는 곳은?

[정답] 피니언 스탠드

154 압연 작업이 끝난 코일을 고온에서 되감기(recoiling)하는 경우 발생하는 결함명은?

[정답] 곱쇠(coil break)

155 스탠드 간 스프레이를 설치한 이유는?

[정답] 가공 완료 온도(다듬질 후면 온도)를 목표 온도로 맞추기 위하여

156 권취 온도를 제어하는 데 가장 큰 영향을 미치는 것 4가지를 쓰시오.

정답 판 두께, 판의 주행속도, 다듬질 후면 온도, 권취 온도

157 로드 코일(load coil)이란 무엇인가?

정답 압연력 측정장치

158 압연 작업 중 작업롤 및 보강롤이 스탠드 내부에서 외부로 튕겨 나오는 것을 방지하기 위하여 설치된 것은 무엇인가?

정답 초크 클램프

159 패스 라인을 조정하지 않고 롤 교환을 한다면 패스 라인은 어떻게 되겠는가?

정답 15mm만큼 낮아진다.

160 열간 스트립 밀에서 가열로에 가까운 곳에 설치된 설비로서 가열로에서 발생한 1차 스케일을 파쇄한 후 고압수로 제거하는 설비의 종류를 쓰시오.

정답 ① VSB(폭 압하에 의해 스케일 파쇄)
② RSB(가벼운 압하로 스케일 파쇄)

161 열간 스트립 밀의 조압연기 및 PSB에는 $120\sim150kg/cm^2$의 고압수에 의한 디 스케일링 장치가 있다. 이 스프레이의 경사각도는 몇 도가 적당한가?

정답 $15°$ 정도

162 푸셔식 가열로 조업에서 범퍼의 역할은?

정답 푸셔식 가열로에서 가열 후 균열된 슬래브의 장입측으로부터 슬래브가 장입됨에 동시에 높은 위치에 있는 노상에서 롤과 테이블 상에 낙하할 때 슬래브의 낙하 에너지를 흡수하여 슬래브가 테이블 밖으로 떨어지는 것을 방지하는 설비이다.

163 워킹 빔(walking beam)식 가열로에서 워킹 빔 시간비 제어를 하는 목적은?

정답 스키드 마크 감소

164 열간 스트립 밀에 설치되는 근접 코일러(어프로치 코일러)에 대하여 쓰시오.

정답 ① 목적: 핫 런 테이블에서의 주행상의 트러블 방지 및 다듬질 압연 온도의 확보
② 설치 위치: 핫 런 테이블의 중간에 설치한다.

165 워킹 빔(walking beam)식 가열로에 비해 푸셔식 가열로의 단점을 쓰시오.

정답 ① 노의 길이나 슬래브 사이즈가 제한된다. ② 슬래브의 이면에 흠이 많다.
③ 스키드 마크가 크다.   ④ 롤 노를 만들기 어렵다.

166 조압연기는 각 스탠드의 배치 형태에 따라 크게 3가지로 구분할 수 있는데 이들 3가지 형식을 쓰시오.

정답 ① 반연속식 ② 전연속식 ③ 트리 쿼터식

167 분괴 압연기는 롤 교체 후나 일정시간 이상 휴지 후 압연 작업을 재개시할 때 압연기의 질내기 운전을 행하는데 그 이유 2가지를 쓰시오.

정답 ① 롤 베어링의 보호를 위해 ② 롤의 절손을 방지하기 위해

168 압연된 코일을 절단하여 스켈프로 만드는 곳은?

정답 슬리터 라인

169 열연 공장에서 압연이 끝난 코일의 평탄도 향상, 기계적 성질의 개선을 주목적으로 하여 1% 정도의 압하율로서 압연하는 곳은?

정답 조질 압연기(hot skin pass mill)

170 가열로에 슬래브를 장입하는 방법 3가지를 쓰시오.

정답 ① 열식 장입 ② 2열식 장입 ③ 천조재 장입(지그재그 장입)

171 조압연기에 설치되어 있는 스케일 브레이커의 독특한 형식으로 KSB가 있는데 이는 어떻게 스케일을 파쇄하는가?

정답 표면의 스케일을 고압수만으로 파쇄한다.

172 압연 롤 넥의 절손 원인 3가지를 쓰시오.

정답 ① 주물의 불량 ② 작업온도의 불균일 ③ 롤 조작 불량

173 후판 결함 중 날판 길이 부족의 발생 원인과 대책을 쓰시오.

정답 (1) 발생 원인: ① 슬래브단 중 부족 및 확인 실수 ② 두께 혹은 폭의 초과나 두께 폭 초과 시 ③ 공정설계 실수 ④ 롤 마모에 의한 plate crown 증가
(2) 대책: ① 슬래브 치수 검사 철저 ② 압연 스케줄의 적정화 ③ 적정 롤 크라운 설정

174 후판 결함에서 날판의 평탄도 불량(길이 및 혹)의 발생 원인과 대책을 쓰시오.

[정답] (1) 발생 원인: ① 압하 실수 및 롤 크라운 부적정 ② 냉각방법 및 패스 라인 부적정
     (2) 대책: ① 적정 압하량 준수 ② 패스 스케줄 변경 ③ 슬래브의 균열
       ④ 노즐 점검 철저 ⑤ 롤 밸런스 점검 ⑥ 롤의 편마모 방지

175 가열로의 형식은 무엇인가?

[정답] ① 워킹 빔식: 이동 빔의 상승 → 전진 → 하강 → 후진의 연속동작에 의해 추출측으로
      소재를 이송시키는 연속로
    ② 푸셔식: 연속식 가열로의 시초, 소재를 푸셔에 의해 장입측에서 밀어넣어 추출측으
      로 1분씩 소재를 추출하는 가열로
    ③ 베치식: 특수 형상의 강판을 가열하는 목적에 사용하는 가열로

176 가열로의 각 대(zone)별 부분 명칭은 무엇인가?

[정답] ① 3개 zone(예열대, 가열대, 균열대)으로 구분되며, 각 대별 상, 하부로 구분된다.
    ② 예열대: 장입된 슬래브의 예열을 하는 구간
    ③ 가열대: 환원성 분위기를 조성하고 소재의 온도를 직접 압연온도로 가열하는 구간
    ④ 균열대: 산화성 노내 분위기를 조성하여 스케일 박리를 용이하게 하고 가열된 슬래
      브를 균일하게 유지시켜주는 구간

177 가열로 각대(zone)별, 온도 설정 시 고려할 사항을 쓰시오.

[정답] ① 예열대: 공연비를 환원성 분위기로 작업(스케일 발생 최소화)
    ② 가열대, 균열대: 공연비를 산화성 분위기로 작업(스케일 박리성 향상)
    ③ 공통: 목표 소재온도, 노압 적정화, 재로시간 적정화, 적정가열 및 균열

178 가열로 조업 시 연소용 공기가 부족하면 어떤 현상이 생기는가?

[정답] ① 불완전 연소에 의한 손실열 증가
    ② 불완전 연소에 의한 미연 발생
    ③ 소재 스케일 박리성 불량
    ④ 연도 내 2차 연소에 의한 리큐퍼레이터 고온부식으로 수명단축
    ⑤ 미연소에 의한 연료 소비량 증가

179 가열로의 추출 설비는 무엇인가?

[정답] ① 푸셔식 가열로: 푸셔
    ② 워킹 빔식 가열로: 추출장치(extractor)

180 가열로 조업 시 스케일 발생 억제 방법은?

[정답] ① 적정 공연비 유지 ② 적정 재로시간 유지 ③ 적정한 노압 관리

181 리큐퍼레이터의 기능을 쓰시오.

[정답] 가열로나 균열로의 연소된 폐가스를 이용하여 버너에 공급되는 연소 공기를 예열하여
열효율을 높이기 위한 장치(열교환기)

182 가열로 내에서 전열 메커니즘의 전열방식은 어떤 것인가?

[정답] ① 예열대: 대류열을 이용한 환원성 분위기 조성
② 균열대: 복사열을 이용한 산화성 분위기 조성

183 롤 스폴링 현상의 원인과 대책을 쓰시오.

[정답] (1) 현상: 표면 및 내부에 발생한 균열이 주로 백업롤과의 접촉 전동 피로에 의해 진전
되어 롤 표면의 일부가 떨어져 나간 현상
(2) 원인: ① 압연 이상(판 접힘, 이물침입 등에 의한 국부강압)
② 주조 결함(경계부 접합 불량, 비금속 개재물 존재)
(3) 대책: ① 압연 이상 발생 시 롤 인출 후 크랙 제거 후 사용
② 초기 롤 제조 시 품질검사 철저

184 가열대보다 균열대의 공기비를 높게 설정하는 이유는 무엇 때문인가?

[정답] 스케일의 박리성을 증가시키기 위해서이다.

185 롤 정비에서 롤 연마 시 경도가 높을수록 지석의 결합도는 어떤 것을 사용해야 하는가?

[정답] ① 경도가 높은 롤은 결합도가 낮은 지석 사용
② 경도가 낮은 롤은 결합도가 높은 지석 사용
→ 결합도가 맞지 않을 경우는 연삭 중 채터링 현상, 마크 발생 등 연삭 능력이 저하
된다.

186 디스케일을 실시할 때 노 중에서 분사되는 압력이 일정한 경우 디스케일링 효과를 향상시키기
위한 방법에 대해 쓰시오.

[정답] 슬래브의 진행속도를 느리게 한다.

187 가열로 설비 중 연소용 공기를 예열하는 것은 무엇인가?

[정답] 리큐퍼레이터(환열기)

188 가열로에서 노압 조정을 하는 것은 무엇인가?

정답 댐퍼

189 가열로에서 정전 사태가 발생할 때 버너는 어떻게 하는가?

정답 ① 연료계통 밸브를 차단
② 버너를 노 밖으로 인출
③ 비상수탑 냉각수 공급으로 설비보호(walking beam, hearth roll)

190 가열로에서 통상 점화 및 소화 시 연료와 연소 공기의 공급 순서를 쓰시오.

정답 ① 점화 시: 댐퍼 오픈 → 블로어 가동 → 노내 퍼지 → 점화 → 연료 및 연소공기 밸브
개도 적정조정 → 노내 온도 승온
② 소화 시: 셧다운 푸시 버튼 on(연료 및 연소공기 밸브 차단됨) → 댐퍼 자동 컨트롤
유지

191 균열로에서 사용하는 노상재를 쓰시오.

정답 코크스와 사문암
참고 기능: ① 강괴의 직립 배열이 용이 ② 기계적 충격 완화 ③ 화학적 침식 방지

192 가열로에서 COG(석탄가스)나 BFG(고로가스)의 폭발 한계치는 어느 정도인가?

정답 ① 이론 공기량: (2종: 6.1~34.7%), (3종: 12.68~48.73% → 폭발 범위)
② 믹스가스 비율: 2종(BFG : COG = 0.44 : 0.56), 3종(BFG : COG : LDG(전로가
스 = 0.10 : 0.38 : 0.52)

193 가열로에서 강종 변경에 따른 노온 변경은 소재가 어디에 왔을 때 실시하는가?

정답 가열로 형식, 능력 및 강종에 따른 가열 온도 등 여러 가지 작업조건에 따라 다르나
가능한 균열대 입구에서 노내 온도를 변경한다.

194 워킹 빔식 가열로는 어느 것이며, 슬래브 이동방식을 쓰시오.

정답 이동 스키드를 이용하여 슬래브를 상승 → 전진 → 하강 → 후진운동의 반복으로 슬래
브를 이용하는 연속식 가열로이며, 슬래브를 추출할 때는 extractor가 사용된다.

195 슬래브를 올려주는 테이블은 무엇인가?

정답 스키드 버튼

196 **열간 대강 압연기의 특징을 쓰시오.**

정답 ① 연속적인 압연기로 대량생산 가능(탠덤식 압연기)
② 표면 품질 향상
③ 실수율 향상
④ 판 두께 경도가 높다.

197 **압연기의 형식을 간단히 설명하시오.**

정답 ① 개두식: 상부 캡을 열고 롤을 교체하는 방식(큰 하중이 걸리는 분괴 압연기, 슬래브 압연기, 판 압연기에 주로 사용된다.)
• 장점: 신속한 롤 교체, 단점: 조임나사의 풀림
② 폐두식: 조임나사가 풀리지 않는다.
• 장점: 조임나사가 풀리지 않음, 단점: 롤 교체 시간이 길다.

198 **열간 압연기에서 컴퓨터 컨트롤의 주 기능은 무엇인가?**

정답 ① 슬래브 트래킹: HMD 추적으로 슬래브 위치, 속도, 스트립 온도 제어
② 롤 갭 제어(AGC, HGC)　　　③ 온도 제어(FDT, CT)
④ 형상 제어(평탄도, 프로파일)

199 **피드 롤러의 기능이 무엇인지 쓰시오.**

정답 압연기 전, 후에 설치되어 소재를 이송시키는 역할을 한다(롤러 테이블 또는 테이블 롤러라고 함).

200 **롤 정비 작업 내용 2가지를 쓰시오.**

정답 ① 롤 연삭 작업　② 롤 초크 분해, 조립　③ 롤 베어링 정비 작업

201 **압연기의 사이드 가이드의 목적을 설명하시오.**

정답 각 스탠드의 전면에 설치되어 소재를 압연기에 정확히 유도해주는 역할을 한다.

202 **엔코 패널은 무엇인가?**

정답 사상 압연기 전면 롤러 테이블상에 설치되어 있으며, 압연 중 스트립의 온도 저하를 방지하여 압연 온도 확보를 위한 장치(스트립 보열장치)

203 **압연기에 있어서 동력전달장치의 명칭을 쓰시오.**

정답 모터, 감속기, 피니언, 스핀들, 커플링

204 압연 중 발생한 2차 스케일을 제거하는 설비는 무엇인가?

정답 FSB(finishing scale breaker: 사상 압연기 디스케일링 장치): 사상 압연기 전면에 설치되어 바 표면에 붙어있는 2차 스케일을 제거하기 위하여 100~170바의 고압수를 분사하는 장치

205 사상 압연기 전, 후단에 사용되는 작업롤은 어떤 것을 사용하는가?

정답 ① 사상압연 전단: 내열 피로성, 내마모성, Hi-Cr 및 고속도강계의 주강롤(HSS)
② 사상압연 후단: 내마모성, 열충격에 의한 균열, 스폴링에 대한 내사고성이 요구되며, 롤 재질로는 Ni-Grain, Ni-Cr주철 롤

206 AWC(automatic with control)은 어디에 있으며, 기능은 무엇인가?

정답 ① 조압연기 또는 사상 압연기 앞에 설치되어 있다.
② 기능: 슬래브 및 스트립의 폭을 자동적으로 제어하는 폭 압연 기능이다.

207 롤 클램프가 설치되는 곳은?

정답 스탠드의 전면에 설치되어 있다.

208 롤 클램프(또는 키퍼 플레이트)의 기능은 무엇인가?

정답 스탠드 내에 있는 WR, BUR 초크를 고정하여 압연작업 중 유동이 없도록 고정하는 역할을 한다.

209 와이퍼는 어느 것이며 그 기능은 무엇인가?

정답 스탠드 내부에 설치되어 압연 중 롤 냉각수가 스트립 표면에 떨어지지 않게 차단시켜 주는 역할을 한다.

210 압연기에 있는 루퍼의 기능을 설명하시오.

정답 (1) 역할: 스탠드 사이에서 재료에 일정한 장력을 주어 각 스탠드 간 압연 상태를 안정시키고 제품 폭과 두께의 변동을 방지하는 역할을 한다.
(2) 기능: ① 트래킹 기능 ② 스트립을 스탠드 간 일정 장력 유지
③ 스트립의 폭 불량 방지, 스탠드 간 미끄럼 방지, 메스플러 유지

211 사상 압연기의 취입 및 통판 상태를 좋게 하기 위한 장치를 쓰시오.

정답 사이드 가이드, 크롭 시어

212 쇼킹 피트 크레인(shocking pit crane)의 기능을 쓰시오.

[정답] 분괴 압연기에서 강괴를 버기에 걸어 균열로에 장입 및 추출하는 크레인

213 후판압연에서 매니푸에터(manipuator)의 기능을 설명하시오.

[정답] 강괴를 90° 회전시키고, 옆에 있는 공형에 횡으로 이동시키는 설비

214 슬리터 라인에서 생산되는 제품에 대해서 쓰시오.

[정답] 광폭의 코일을 폭 방향으로 분할하여 협폭의 대강을 만든다.

215 코일을 권취하는 맨드릴은 수축 팽창이 되는 구조로 되어 있다. 수축과 팽창을 해야 하는 이유를 쓰시오.

[정답] 권취기의 주설비로 압연된 스트립을 코일 형태로 감아주는 설비이며, 유압의 동작으로 맨드릴 지름의 확대 및 축소 동작으로 권취된 코일을 맨드릴로부터 밖으로 인출한다.

216 조질압연의 공정을 쓰시오.

[정답] 가벼운 냉각압연을 행하여 형상 교정, 판의 기계적 성질을 개선하여 표면성상을 개선시켜 품질을 향상시키고, 표면에 조도를 부여하는 것을 목적으로 한다.
공정 순서: 형상 교정 → 코일 분할 → 트리머 작업 → 검사

217 열연 공장의 다듬질 압연에서 가속압연을 하는 목적에 대해 쓰시오.

[정답] ① 스트립의 상부와 하단부의 온도차 발생을 최소화하여 출측 사상 온도(FDT)를 확보하기 위해서이다.
② 가속압연으로 생산성을 향상시킨다.

218 ORD(on line roll dresing)의 역할에 대해 쓰시오.

[정답] ① 압연 작업 중 온라인상에서 롤을 연삭한다.
② 롤 교체 없이 압연이 계속되게 하는 역할을 한다.

[참고] ORD방법
• 전면 연삭: 롤 프로필 개선과 통관 롤 에지부 국부마모를 제거
• 단차 연삭: 통판부와 비통판부의 단차 마모를 제거

219 스테켈식 압연기의 기능을 쓰시오.

[정답] 권취장치의 회전에 의한 인장력으로 4단 롤을 회전시켜 압연하는 압연기

220 권취기에 설치되어 있는 맨드릴의 역할에 대해 쓰시오.

정답) 압연된 스트립을 코일 형태로 감아준다.

221 스크랩 초퍼(scrap chopper)의 기능을 쓰시오.

정답) 시어 라인 사이드 트리머에서 잘라 다듬은 스크랩을 연속적으로 네모꼴로 절단하는 것

222 정정 설비 중 입측, 출측 컨베이어 설비는 무엇인가?

정답) 압연 라인의 후면에서 생산된 코일을 각각의 공정에 보내주는 설비

223 리미나 플로(liminar flow)의 역할을 쓰시오.

정답) 런 아웃 테이블 상부에 설치되어 있으며 사상압연에서 압입된 스트립의 기계적 성질을 양호하게 하기 위하여 적정 권취온도까지 냉각시키는 장치

224 트래킹의 기능을 쓰시오.

정답) 압연 라인에 설치된 센서들과 롤러의 속도 등을 이용하여 현재 열연판의 위치를 추적하는 기능

225 권취기에 권취할 때 로드율을 설정하는 목적에 대해 쓰시오.

정답) 사상압연기와 권취기 사이에 적정한 장력을 주어 스트립의 권취 상태를 양호하게 한다.

226 소프트 라이너는 무엇을 어떻게 조정하는가?

정답) 롤 마모에 따른 보상을 위하여 각 스탠드 패스라인을 조정하기 위해 정기적 보수 시간을 이용하여 BUR 하부에 라이너를 보상하여 조정한다.

227 형강 압연에서 원형강의 압연 방식은 무엇인가?

정답) 공형압연 방식으로 조압연, 중간압연, 사상압연을 실시하며, 수평롤과 수직롤을 조합한 유니버설 압연기로 압연한다.

228 열연 공장에서 작업롤 교환 장치를 쓰시오.

정답) ① 퀵 촉 체인저(quick chock changer)　　② 롤러 버기(roller buggy)
③ 리트랙팅 실린더(retracting cylinder)(CSP)

229 롤의 영점 조정 방법은?

정답) 동봉을 이용 롤 갭을 측정하여 O/S와 D/S의 두께에 따라 보상하여 영점 조정한다.

230 압연 작업 시 하부 롤보다 상부 롤의 지름을 작게 하는 이유는?

정답 ① 통판 중 스트립의 상향을 방지한다.
② 상향 시 스트립이 가이드에 받치므로 이를 방지하기 위해서이다.

231 후판에서 스케일 브레이커의 기능을 쓰시오.

정답 가열 공정 중 발생한 스케일을 압연 전에 고압의 냉각수로 떨어내어 표면품질을 개선한다.

232 오일 급유 순환과정 중 오일펌프에서 각 급유 개소로 순환하기 위한 장치들을 순서대로 쓰시오.

정답 오일탱크 → 오일펌프 → 오일필터 → 쿨러 → 각 급유 개소

233 열연 공장에서 핫 런 테이블(hot run table)의 역할은 무엇인가?

정답 런 아웃 테이블(run out table) 상부에 설치되어 있으며, 사상압연에서 압연된 스트립의 기계적 성질을 양호하게 하기 위하여 적정 권취온도까지 냉각시키는 장치

234 열연 코일이 감기는 곳은?

정답 코일러 맨드릴

235 압연 작업이 완료된 코일을 스킨패스 공정에서 냉각이 충분히 되지 않은 코일을 작업할 경우 예상되는 결함의 방지 대책을 쓰시오.

정답 (1) 곱쇠(coil break)의 원인: ① 냉각이 덜된 상태에서 언 코일링 시 발생 ② 권취 시 장력의 부적정 ③ 고온 권취작업
(2) 대책
① 스킨패스 작업 시 적정 장력 조정 ② 저온 권취 실시 ③ 코일의 충분한 냉각

236 바(bar)의 캠버(camber) 발생 원인과 대책을 쓰시오.

정답 (1) 원인: ① 소재의 폭 방향 온도 편차 ② 롤 좌, 우 레벨링 불량 ③ 소재의 폭 방향 두께 편차
(2) 대책: ① 소재의 적정 재로시간 ② 롤 좌, 우 레벨링 조정

237 열간압연기에서 제품 품질의 향상을 꾀하기 위하여 압연기에서 롤 표면을 그라인딩 해주는 설비의 명칭을 쓰시오.

정답 ORG(on line roll grinder)

238 스케일 로스란 무엇인가?

[정답] 소재의 가열 및 압연 과정 중 생기는 스케일 발생에 따른 손실량

239 선재 결함 중 겹침흠의 발생 원인은 무엇인가?

[정답] ① 롤 갭 조정 불량 시
② 입구 가이드 불량 시
③ 패스 스케줄 불량 시

240 후판의 표면 결함 중 연와흠의 발생 원인을 쓰시오.

[정답] ① 제강, 연주, 전로의 레이들, 턴디시의 내화물의 용강 내 혼입
② 가열로 스키드 내화물의 손상 탈락 부착

241 런 아웃 테이블상에서 미스롤이 발생하여 스트립이 쌓이는 경우 상부 리미나 탱크는 어떻게 하는가?

[정답] 스트립이 닿지 않도록 들어 올린다.

242 사상압연기에서 발생된 하이 스폿을 설명하고, 예방하기 위한 대책 2가지를 쓰시오.

[정답] (1) 하이 스폿: 롤의 이상 마모로 인하여 주로 판 중앙부에서 발생하는 이상돌기
(2) 대책: ① 냉각설비 이상 유무 관리 ② 워크 롤 교환

243 스킨패스에서 형상 교정 중 소재 코일에 양파가 발생할 경우 벤터를 어떻게 작동해야 하는가?

[정답] 롤 벤딩 압하량을 줄인다.

244 방추형 스케일의 발생 원인과 대책을 3가지 쓰시오.

[정답] (1) 원인
① 가열로 추출온도가 높을 때
② 장시간 가열 및 재로시간이 너무 길 때
③ 디스케일링 불량
④ 전단롤의 국부적 마모
(2) 대책
① 추출온도 하향 관리
② 디스케일링 압력 상향 및 오버랩 기준 준수
③ 롤 교체주기 준수
④ 전단롤 냉각 적정화

245 가열로 내의 압력이 상승 또는 하강으로 될 경우 어떤 현상이 예상되는가?

[정답] (1) 상승: ① 방산, 방염 손실이 크다.
　　　　　　② 노체열화 손상이 크다.
　　　　　　③ 열손실이 증대된다.
　　　(2) 하강: ① 외부의 침입 공기가 많아 열손실이 크다.
　　　　　　② 소재 산화에 의해 스케일 생성량이 많다.
　　　　　　③ 열손실이 증대된다.
　　　(3) 대책: ① 노압 검출관, 노압 관리의 이상 유무 확인 철저
　　　　　　② 계측기의 정도 관리 철저
　　　　　　③ 댐퍼의 작동상태 확인 철저
　　　　　　④ 적정 노압 설정 관리

246 제품의 작업측(work side)에 편파가 생겼다. 이것을 교정하기 위해 실시하는 레벨링 작업에 대해서 쓰시오.

[정답] 작업측 롤 갭을 올려준다.

247 이물흠(pits)의 발생 원인과 방지 대책을 쓰시오.

[정답] (1) 원인: ① 사이드 가이드 강압 접촉에 의한 스트립 에지부의 떨어져 나감
　　　　　　② 설비로부터의 녹이 떨어짐
　　　(2) 대책: ① 사이드 가이드 라이너 관리
　　　　　　② 라인 청소
　　　　　　③ 사이드 가이드의 지나친 닫힘 방지
　　　　　　④ 이물 제거에 필요한 스프레이 설치

248 후판압연기에서 압연 중 날판의 머리 부분이 밑으로 향하여 롤러 테이블에 충격을 주고 있다. 해결방안 2가지를 쓰시오.

[정답] ① 하부 롤 지름을 크게 하거나 상부 롤 지름을 작게 한다.
　　② 패스 라인을 내린다.
　　③ 슬래브 상부 온도가 높으므로 가열대, 균열대 상부 온도 하향 조정

249 열연 제품의 형상 불량 중 텔레스코프를 설명하고 방지 대책을 쓰시오.

[정답] (1) 텔레스코프: 코일의 권취 형상 불량으로 내관, 외관부가 요철이 생긴 것
　　　(2) 대책: ① 권취장력 설정 적정화
　　　　　　② 사상압연에서 스트립 캠퍼 발생 방지
　　　　　　③ 좌, 우 갭차 관리
　　　　　　④ 각 기기의 평행도 관리

250 교착흠의 발생 원인과 대책을 쓰시오.

[정답] (1) 교착흠: DC 맨드릴 세그먼트 및 코일 엔드부에 의한 내권에서부터 수권까지 발생하는 판의 오목흠
(2) 원인: 맨드릴 진원도 불량
(3) 대책: ① 맨드릴 교체
② 유닛 롤의 갭 공기압 적정화
③ 유닛 롤의 갭 및 공기압 부적정

251 가열로에서 내화물이 낡아서 슬래브에 차입되어 제품에 발생된 흠은?

[정답] 연와흠

252 스키드 마크의 발생 원인과 대책을 쓰시오.

[정답] (1) 원인: 가열로에서 슬래브를 가열 및 이동과정에서 스키드 보턴을 접촉한 부분이 국부적으로 온도가 저하되어 발생된다.
(2) 대책: ① 재로시간 연장
② 승열 패턴을 변경하고 균열시간을 길게 한다.
③ 워킹 빔 노의 경우는 슬래브 고정 빔 접촉시간과 이동 빔 접촉시간이 동일하도록 이동 빔에서 상하운동의 아이들링 동작을 시킨다.

253 가열로 조업 시 공기비가 많을 때를 쓰시오.

[정답] ① 연소온도 저하 및 피가열물의 전열성능 저하
② 연소가스 증가에 의한 폐열손실 증가
③ 저온부식 발생: 연소가스 중의 SO_2의 생성촉진에 의한 전열면 부식
④ 스케일 생성량 증가 및 탈탄 증가

254 열간압연 시 폭 퍼짐에 대해서 쓰시오.

[정답] ① 롤 지름이 클수록 폭 퍼짐이 많다.
② 변형저항이 클수록 퍼짐이 많다.
③ 소재의 온도가 낮을수록 폭 퍼짐이 많다.
④ 소재의 폭이 좁을수록 폭 퍼짐이 많다.

255 압연 시 소재의 치입성을 용이하게 하는 조건을 쓰시오.

[정답] ① 마찰계수를 크게 한다.　② 압하량을 작게 한다.
③ 롤 지름을 크게 한다.　④ 소재의 온도를 높게 한다.

256 가열로의 조로작업 시 슬래브 또는 빌렛에 발생되는 스케일 로스량을 감소시키는 조업방법을 쓰시오.

[정답] ① 저온 가열(가열로의 추출 온도를 낮게 관리한다.)

② 적정 노압 설정(댐퍼 작동상태 및 관리 철저)

③ 공기와 연료 혼합을 잘 할 것(연료가 완전 연소하는 범위에서 가능한 연소 공기량을 감소시킨다.)

④ 외부에서의 침입공기 방지(노내 분위기를 환원성으로 유지)

257 다음 연료를 동일 조건에서 연소시킬 때 검댕을 많이 발생하는 순서대로 배열하시오.

[정답] ① 검댕: 연료의 연소 반응 시의 매연 중에 포함되는 탄소입자 및 연소가스가 접촉하는 냉벽 등에 부착하는 입자층

② 발생물: 코크스로 가스, 천연가스, LPG

③ 발생 순서: 타르 → 중유 → 코크스로 가스 → LPG → 천연가스

258 조압연기 배열 중 크로스 커플식의 특징은?

[정답] ① 큰 압하가 얻어진다(조압연 소요시간 단축).

② 단시간에 압연되고 온도강하가 적다.

③ 테이블 길이가 단축되어 건설비가 저렴하다.

259 압연유 공급방식 2가지를 쓰시오.

[정답] ① 직접방식 ② 순환방식

260 스트립 가운데에 흠이 나타난 결함은?

[정답] 하이 스폿

261 다음 그림을 보고 급준도를 구하는 식을 쓰시오.

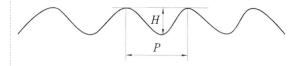

[정답] 급준도 $= \dfrac{H}{P}$

262 다음 그림을 보고 크라운 양을 구하는 산출식을 쓰시오.

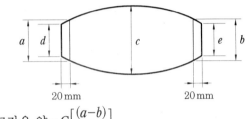

[정답] 크라운 양 $= C\left[\dfrac{(a-b)}{2}\right]$

263 다음 그림은 후판 제품의 형상 불량을 나타낸 것이다. 불량의 명칭을 쓰시오.

[정답] 캠버

264 다음 그림은 후판 제품의 형상 불량을 나타낸 것이다. 불량의 명칭을 쓰시오.

[정답] 직각도 불량

265 다음 그림은 후판 제품의 형상 불량을 나타낸 것이다. 불량의 명칭을 쓰시오.

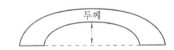

[정답] 평탄도 불량

266 다음 그림은 후판 제품의 형상 불량을 나타낸 것이다. 불량의 명칭과 발생 원인을 쓰시오.

[정답] ① 명칭: 부푼 흠(bilster)
② 원인: 트랙 타임 미달, 핀 홀 및 가스 집적에 의해서 국부적인 압하량

267 다음 그림은 후판 제품의 형상 불량을 나타낸 것이다. 불량의 명칭을 쓰시오.

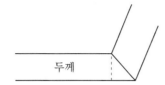

두께

[정답] 수직도 불량

268 열연 강판을 조관 후 굽힘가공 시 크랙 발생으로 고객 불만을 제기한 사례로 다음 그림과 같이 특히 에지부에서 두께에 따라 결정립 차이로 인한 불균일 연신으로 크랙이 발생되었다. 이에 대한 혼립의 발생 현상과 대책을 쓰시오.

[정답] (1) 발생 현상

① 사상압연 출측 온도를 Ar_3 변태점 이하에서 제어하는 경우, 폭 또는 두께 방향 온도 차이로 인하여 페라이트, 오스테나이트 2상이 혼재한 상태에서 압연 시 혼립이 발생한다.

② 오스테나이트는 압연 후 변태(핵 생성-결정립 성장)하여 정상적인 크기로 변하지만 페라이트는 연신된 상태로 존재하므로 혼립이 발생한다.

③ 이러한 혼립이 발생되면 가공 시 결정립 간의 연신율 차이로 크랙 유발의 요인이 된다.

(2) 대책

① F1~2 간 디스케일링 분사 금지

② 에지 히터를 사용하여 에지부 온도 보상

③ F1~2 간 디스케일링 분사재 에지부 최소 25mm 이상 트리밍 실시

④ 사상압연의 고속 통판 압연 실시

⑤ 사상압연기 사이의 냉각 스프레이 분사 금지

269 열간 압연기의 워크 롤 파손 원인 4가지를 쓰시오.

[정답] ① 저온 소재의 압연 ② 운전 부주의 ③ 롤 압하 조정 불량
④ 롤의 과랭 ⑤ 롤의 레벨링 불량

270 내화벽돌제 리큐퍼레이터(환열기)에 비해 금속제 리큐퍼레이터의 장점 3가지를 쓰시오.

정답 ① 단위 면적당 열교환량이 크다.
② 비교적 가볍다.
③ 단속조업에도 공기예열시간이 신속히 이루어진다.

271 균열시간이 너무 길었을 경우 열원 단위 노의 능률, 품질에 미치는 영향을 쓰시오.

정답 ① 열원 단위: 연료의 낭비가 심하다.
② 능률: 노의 능률 저하
③ 품질: 스케일 생성 증가로 표면흠 증가, 실수율 저하

272 열연 박판 압연 시 유압연을 했을 때 기대효과 3가지를 쓰시오.

정답 ① 롤 원단위 감소 ② 전력 원단위 감소 ③ 스케일 발생 감소 ④ 생산성 향상

273 압연기의 워크 롤 연삭작업에 사용되는 연삭제의 작용 4가지를 쓰시오.

정답 ① 냉각 ② 윤활 ③ 세척 ④ 방청

274 압연재가 상향 또는 하향으로 휘는 원인을 쓰시오.

정답 ① 상하 롤 지름 차이 ② 상하 롤 회전수 차이
③ 압연재의 상하 온도 차이 ④ 롤 냉각수 조정 불량
⑤ 패스 라인의 높이 차이 ⑥ 상하 롤의 표면거침의 편차

275 압연에서 실제 판 두께와 롤 간격과의 차이를 밀 정수라 하는데 밀 정수가 생기는 원인 3가지를 쓰시오.

정답 ① 하우징의 연신 및 변형 ② 롤의 굽힘 ③ 롤의 접촉면에서의 변형
④ 베어링의 여유 ⑤ 롤 초크의 움직임

276 열연 제품의 두께 변동에 영향을 주는 요인 4가지를 쓰시오.

정답 ① 압연기 설비 ② 재질의 변동 ③ 압연온도의 변동 ④ 압연속도의 변동
⑤ 스탠드 간 장력 변동 ⑥ 롤 지름의 변동(압연 중 롤의 열팽창)

277 후판 제품의 열처리 강판 특유의 표면결함으로 원상 또는 하원상의 블록형 홈으로 나타나는 결함 명칭은? (홈의 높이는 보통 0.05m 정도이다.)

정답 방울흠(pack mark)

278 롤의 절손 원인을 쓰시오.

정답 ① 롤의 재질 불량 ② 급격한 치입 ③ 롤의 과랭 ④ 롤의 키싱(kissing) ⑤ 과대 압하

279 압연속도에 의한 압하력 및 두께 변화를 각각 쓰시오.

정답 ① 압하력 변화 초기에는 압하력이 크게 미치다가 가속이 되면 압하력이 감소된다.
② 두께 변화 초기에는 두껍게 되다가 가속되면 기준 두께로 감소된다.

280 슬래브의 평탄도 불량의 원인을 쓰시오.

정답 ① 롤 크라운 불량 ② 압하 스케줄 부적정 ③ 패스 라인 부적정
④ 압연 소재의 편열 ⑤ 롤 지름 차 ⑥ 상하 롤의 회전수 차이

281 분괴압연 시 슬래브의 형상 중 dog bone의 현상과 대책을 쓰시오.

정답 ① 현상: 초기의 폭 압하량 증가로 슬래브의 에지부가 돌출된 모양
② 대책: 초기 폭 압하량 감소, 후기 폭 압하량 증가

282 열연 가열로의 노내압력이 지나치게 높을 때와 낮을 때의 피해 상황을 쓰시오.

정답 ① 너무 높을 때: 폐가스가 노폐 틈 사이로 새어나와 구조물 손상 및 열손실 발생
② 너무 낮을 때: 외부 공기 침입으로 스케일 생성량 증대 및 열손실 증가

283 압연운전자의 부주의로 인한 압연 롤의 절손 원인 3가지를 쓰시오.

정답 ① 롤 키싱 ② 급격한 치입 ③ 과대 압하 ④ 롤 냉각수 과용

284 압연재의 효과적인 교정조건 3가지를 쓰시오.

정답 ① 롤 지름이 작아야 한다.
② 롤 간격이 좁아야 한다.
③ 판의 온도가 높을수록 교정 효과가 크다.

285 권취온도가 내려감에 따라 일반적으로 기계적 성질은 어떻게 되는지 쓰시오.

정답 인장강도, 항복점은 상승하고 연신율은 감소한다.

286 제품판 크라운과 가장 관계가 있는 항목을 쓰시오.

정답 ① 롤의 마모 ② 서멀(thermal) 크라운 ③ 롤 초기 크라운

287 가열로 연소 시 공기비가 적으면 일어나는 사항을 쓰시오.

정답 ① 불완전 연소에 대한 매연 발생
② 미연분에 의한 열손실
③ 리큐퍼레이터 입구에서 2차 연소에 의한 리큐퍼레이터 설비의 고온화

288 가열로에서 슬래브 추출온도가 높았을 경우 일어나는 사항을 쓰시오.

정답 연료손실, 스케일 로스, 제품 조직 불량

289 가열로에 적정 노압을 설정했을 때 장점은?

정답 ① 연료 사용량 저감 ② 노내 공기침입 방지 ③ 노체의 산화 방지

290 슬래브의 표면결함 중 망상흠의 원인을 쓰시오.

정답 ① 강괴의 냉각, 가열 압연 시 강괴 내부의 작은 균열에 기인한다.
② 백점에 의한 미세 균열에 기인한다.
③ 강괴의 스킨 홀이 압연 시 터져 생긴다.

291 슬래브의 표면결함 중 딱지흠(스캡)의 발생 원인을 쓰시오.

정답 ① 주형도료 철저 부족 ② 주입 초기의 용강 비산 ③ 주형용손

292 작업롤러 베어링 중 메탈계 평 베어링에 비해 합성수지 베어링의 이점을 쓰시오.

정답 ① 마찰계수가 작다. ② 마멸량이 작다. ③ 경제성이 있다.

293 받침 롤러 베어링으로 사용하는 원통형 롤러 베어링의 특징은?

정답 ① 판 두께 정밀도가 높아진다. ② 가동 토크가 작아서 좋다.
③ 기름이 샐 염려가 적다.

294 냉연 조질 압연의 역할은?

정답 ① 표면 거칠기 조정 ② 형상 교정 ③ 압하율 0.6~3%로 항복 연신 제거

295 연속 열간 스트립 압연에서 스킨 패스에 대해 쓰시오.

정답 스트립을 상온까지 냉각시킨 다음 0.1~4.0% 정도 가벼운 냉간압연을 함으로써 핫 코일의 각종 성질을 향상시키기 위한 것으로 압연이 끝난 코일의 평탄도 향상 및 기계적 성질 향상이 목적이다.

296 열연 공장에서 스트립을 압연할 때 고속 및 가속 압연을 실시하는 이유는?

[정답] 온도의 런 다운 현상을 없애고, 가공 완료 온도를 균일하게 하고, AGC와의 병용으로 두께 편차를 줄이기 위해서이다.

297 열간압연 가열로에서는 무산화로가 아직 실용화되고 있지 않기 때문에 가열로에서의 스케일 발생은 압연 후 강판 표면 흠 발생의 원인이 되고 있다. 스케일 발생 방지대책으로 고려되어야 할 사항 3가지를 쓰시오.

[정답] ① 과잉 공기를 적절하게 조절한다(환원성 분위기 조성).
② 노내 압력을 적절하게 조절한다.
③ 노내 온도를 너무 높게 하지 않는다.

298 각종 가열로에 사용되는 내화물이 구비해야 하는 조건(고온에서) 4가지를 쓰시오.

[정답] 내화, 단열, 강도, 내식

299 워킹 빔식 가열로의 단점을 푸셔 방식과 비교하여 3가지를 쓰시오.

[정답] ① 노의 복잡성
② 보존에 시간이 걸린다.
③ 원단위가 커진다.

300 연속 가열로 중 워킹 빔식 가열로의 이점 3가지를 쓰시오.

[정답] ① 스키드에 의한 긁힘 흠이 없다.
② 노의 능력을 증대시킬 수 있다.
③ 공로작업이 쉽다.
④ 슬래브의 일어섬(워킹 업) 위험이 없다.
⑤ 스키드 마크가 적다.

301 열연 제품에서 귀(edge) 불량의 형태를 3종류로 분류하여 쓰시오.

[정답] 톱귀, 째귀, 접귀

302 가열로에서 소재를 가열하였을 때 스케일의 생성은 무엇에 따라 변하는가?

[정답] 노내 분위기, 재로시간, 가열온도, 연료 중 S함량

303 가열로 각대(zone) 온도 설정 시 고려해야 할 사항 3가지를 쓰시오.

[정답] ① 소재의 재질(강종) ② 재료의 두께 ③ 압연 온도 ④ 압연 속도

304 후판 제품의 정정 작업으로 숏블라스트의 목적을 쓰시오.

정답 ① 피로강도의 증대   ② 응력부식의 방지   ③ 충격강도의 증대
④ 표면강도의 증대   ⑤ 표면산화물의 제거   ⑥ 표면도장의 전처리

305 후판 공장의 가열로 작업에서 발생되는 스케일 제거 방법 3가지를 쓰시오.

정답 ① 롤에 흠을 만들어 가볍게 압하해서 스케일을 파쇄한 후 고압수로서 분사 제거시키는 방법
② 에지 롤에서 양측으로 압하를 주어 스케일을 박리시킨 후(파쇄한 후) 고압수로 제거시키는 방법
③ 고압수만으로 여러 번 분사시켜 스케일을 파쇄와 동시에 제거시키는 방식

306 열연 스트립의 소재 가열 시 경사 가열법의 개요를 쓰시오.

정답 경사 가열이란 스트립 압연 시 선단과 미단의 온도차가 발생하게 되는데 이 온도차를 없애기 위한 슬래브의 선단과 미단을 온도차를 두고 가열하는 방식이다.

307 열연 스트립 압연 시 열간압연 온도가 열간압연재에 미치는 영향을 쓰시오.

정답 ① 열간압연 종료 온도가 높으면 열간압연재의 경도가 낮다.
② 코일 권취온도가 높으면 경도는 낮다.
③ 압연 종료 온도의 영향은 코일 권취온도의 영향보다 크다.
④ 열간압연 종료 온도가 낮으면 열간압연재의 경도 분포는 불균일하다.

308 온도의 롤 다운 현상이란?

정답 열간압연 시 압연재의 앞부분에서 뒷부분으로 갈수록 두께가 두꺼워지는 현상

309 열연 공장의 가열로에서 균열대 추출 도어 위에 설치되어 있는 커튼 버너의 역할 2가지를 쓰시오.

정답 ① 슬래브 추출 시 외부 공기 침입 방지 ② 열손실 방지 ③ 스케일 생성 방지

310 열연 공장에서 다듬질 압연 시 워크 롤과 소재(스트립) 사이에 윤활유를 스프레이하면서 유압연을 실시하고 있다. 유압연을 실시하는 이점 3가지를 쓰시오.

정답 ① 윤활 효과에 의한 마찰계수 감소로 전력 소요량 감소
② 윤활 효과에 의한 롤 표면 마모 감소로 롤 원단위 감소
③ 제품 표면의 미려
④ 워크 롤 수명 연장에 의한 압연 롤 단위량 확대
⑤ 롤 부하 경감에 따른 소재, 단중 증대
⑥ 압하력 감소에 따른 판 크라운 양 제거

311 열연코일의 옆부분(측면)이 볼록하게 튀어나오는 텔레스코프의 발생 원인 3가지를 쓰시오.

(정답) ① 권취기와 다듬질 압연기의 동기 불량에 의한 권취 장력 불량
② 권취기(다운 코일러) 및 사이드 가이드 세트 불량
③ 맨드릴과 유닛 롤 갭의 평행도 불일치
④ 맨드릴의 세그먼트 불량 시

312 가열로에서 압연 소재 가열 시 느리게 가열되는 경우의 악영향 3가지를 쓰시오.

(정답) ① 압연 능률의 저하　　② 연료 원단위 증가
③ 연소 감모(스케일 로스) 증가　④ 재질에 악영향

313 열연 제품의 크라운 종류 중 에지부 두께가 급격히 변동하는 부분에서 에지 드롭 발생 이유를 쓰시오.

(정답) ① 롤의 편평　② 롤 지름, 압연 반격에 의해 변동

314 열간압연 시 판(plate)에 파(wave)가 발생하는 원인 4가지를 쓰시오.

(정답) ① 온도의 차이　② 롤의 마모　③ 압하량 차이　④ 롤의 좌, 우 간격 차이

315 열간압연 공장의 가열로 조업 시 주요사항 3가지를 쓰시오.

(정답) ① 소재를 충분히 균열할 것
② 스키드 마크를 가급적 줄일 것
③ 과열이 되지 않게 할 것
④ 표면의 스케일 박리가 용이하도록 할 것

316 열간압연 작업 시 롤 캠버의 발생 원인 3가지를 쓰시오.

(정답) ① 롤이 기울어졌을 때
② 온도가 고르지 못할 때(폭 방향 온도차)
③ 소재 자체에 두께 편차가 있을 때
④ 하우징 변형

317 압연기의 압하 설비 구동 방법 중 유압방식의 이점 3가지를 쓰시오.

(정답) ① 압하의 적응성이 좋다.
② 최적 압하 속도를 쉽게 얻을 수 있다.
③ 압연 사고에 의한 과대부하의 방지가 가능하다.
④ 압연 목적에 따라 스프링 정수를 바꿀 수 있다.

318 루퍼의 no-whip control이란?

[정답] 사상압연기에서 스트립 끝 부분이 압연기를 빠져 나올 때 스트립의 끝이 튀어 올라가는 것을 막기 위하여 미리 루퍼 각도를 하향시켜 끝 부분이 자연스럽게 진행시키는 루퍼의 제어 방법

319 열연 제품의 크라운 종류 중 에지 크라운의 발생 이유를 쓰시오.

[정답] ① 롤의 평행도 불량 ② 슬래브의 편열 ③ 통판 중 판이 한쪽으로 치우침

320 압연 소재 가열 시 가열온도가 너무 높으면 노 중 분위기로부터 산소가 결정립계에 확산 침투해서 산화되어 가공 시에 크랙이 발생되는 현상은?

[정답] 버닝 현상

321 스케일 생성 요인 4가지를 쓰시오.

[정답] 가열온도, 가열시간, 노내 분위기, 강종

322 압연기의 주요 윤활 개소 중 롤링 밀 피니언 기어의 윤활 방법을 쓰시오.

[정답] 순환식, 유욕, 스플래시(splash)

323 연속식 가열로에서 소재가 노내를 이동할 때 접하는 부분이 가열 불충분하여 암적색을 띤다. 이것을 무엇이라 하는가?

[정답] 스키드 마크

324 스키드 마크의 발생 시 제품에 미치는 영향을 쓰시오.

[정답] 판 두께 편차

325 가열로에 사용되는 연료 중 중유 연소 시 화염의 상황을 좌우하는 대표적인 것 5가지를 쓰시오.

[정답] 노온, 무화용 증기, 중유 온도, 버너, 연소용 공기

326 AGC 기본형 4가지를 쓰시오.

[정답] ① 롤 힘 AGC ② 모니터 AGC ③ 피드 포워드 ④ X-ray AGC

327 냉연강판 풀림 후 조질 압연을 행하는 목적에 대하여 3가지를 쓰시오.

[정답] ① 형상 교정 ② 조도 부여 ③ 항복점 연신율 제어

328 냉간압연된 강판을 재결정 온도 이상으로 풀림 시 연질화가 일어나 가공성이 향상된다. 풀림 시 연질화가 일어나는 3단계 과정은 무엇인가?

정답 ① 회복
② 재결정
③ 결정립 성장

329 냉간압연과 열간압연을 구분하는 기준은 무엇인가?

정답 재결정 온도를 기준으로 구분한다. 열간 압연재는 압연온도가 재결정 온도 이상에서 압연되므로 압연과 동시에 재결정이 일어나 가공경화 현상이 발생되지 않는다.

330 냉연 강판의 형상 교정을 목적으로 하는 레벨러 종류 3가지에 대해 쓰시오.

정답 ① 롤러 레벨러: 형상 교정 설비 중 다수의 소경 롤을 이용하여 반복해서 굽힘으로써 재료의 표피부를 소성 변형시켜 판 전체의 내부응력의 저하 및 세분화시켜 평탄하게 하는 설비이다.
② 스트레처 레벨러: 단순 인장에 의해 균일한 신율변형을 부여하여 내부변형을 균일화하여 양호한 평탄도를 얻는 설비이다.
③ 텐션 레벨러: 항복점보다 낮은 단위 장력하에서 수개의 롤에 의한 조반굴곡을 가해 소성신율을 주는 설비이다.

331 후판압연 공정에서 강구를 60m/s 정도의 고속으로 강판 표면에 분사하여 강판 표면에 미세한 요철을 만드는 장치명은?

정답 숏블라스트

332 냉연 탈지 공정에서는 냉간압연 후 판 표면에 잔류된 압연유를 제거하여 판 표면의 청정성을 확보한다. 탈지용액은 탈지의 주체인 알칼리 외에 탈지력 향상과 탈지 후 방청(녹)방지 등을 위해 추가로 첨가된 복합 탈지제를 사용하는 추세이다. 알칼리 외에 복합 탈지제를 구성하고 있는 탈지용액을 쓰시오.

정답 ① 계면 활성제
② 금속이온 봉쇄제 또는 킬레이트 → MTB-Na
③ 소포제

333 일반적으로 연속 풀림재는 탈지용액으로 가성소다(NaOH)를 사용한다. 산풀림재 경우는 탈지용액으로 올소 규산소다($Na_2O \ SiO_2$)를 사용하는 주된 이유는?

정답 판 표면에 Si피막 형성에 의한 산풀림 시 판 붙음 결함을 방지한다.

334 윤활유 열화 방지법에 대해서 쓰시오.

〔정답〕 ① 고온을 피하고 사용유 온도는 60℃ 이하로 유지
② 공기와 접촉을 피하고 되도록 밀폐된 상태로 발포 방지
③ 기름의 배합 사용 금지
④ 수분의 침입 금지
⑤ 현장 내에서 재생법 실시

335 열연압연 시 조압연 공정에서 폭 압하에 의하여 발생하는 dog bone 현상에 대하여 쓰시오.

〔정답〕 폭 에징 압연의 경우는 판 폭에 비하여 폭 압하량이 대단히 적게 되므로 소성변형은 에지부 끝의 극히 일부분에서만 집중되고 또한 변형이 일어나지 않는 부분에 의해 연신이 구속되기 때문에 슬래브 두께 방향의 단면을 관찰하면 dog bone 모양과 같이 중앙부는 편평하게 에지부에서의 판 두께의 증가 현상이 일어난다.

336 재결정 온도에 미치는 요인은?

〔정답〕 가공도가 클수록, 순수한 재질일수록, 결정입자가 미세할수록, 가열시간이 길수록 재결정 온도는 낮아진다.

337 압연가공에 있어서 가공 정도를 나타내는 양으로 압하량과 압하율을 사용한다. 소재의 입측 두께 H, 출측 두께 h라 할 때 압하량과 압하율을 계산하는 공식을 쓰시오.

〔정답〕 압하량=$H-h$
압하율=$\left[\dfrac{H-h}{H}\right]\times100\%$

338 롤 속도가 200rpm, 선진율 10%, 압하율 40%일 때 소재의 입측속도와 출측속도를 계산하시오.

〔정답〕 ① 입측속도: $200\times(1-0.4)=120$rpm ② 출측속도: $200\times(1+0.1)=220$rpm

339 냉연 강판의 착색 결함 중 산화 변색(temper color)의 발생 원인과 대책을 쓰시오.

〔정답〕 (1) 발생 원인
① 분위기 가스가 산화성일 때
② inner cover가 파손되어 공기가 흡입되었을 때
③ inner cover 제거 온도가 높을 때
④ 유황분이 많은 경우 황색으로 된다.
(2) 대책
① 분위기 가스 중 CO/CO_2비의 적정화
② inner cover 제거 온도 준수 및 공기흡입 방지

340 다음 연료를 동일조건에서 연소시킬 때 검댕을 많이 발생하는 순서대로 쓰시오.

| 보기 |
① 코크스로 가스   ② 타르   ③ 천연가스   ④ 중유   ⑤ LPG

정답 타르 → 중유 → 코크스로 가스 → LPG → 천연가스

341 분괴 공정에서 트랙 타임에 대해서 설명하고 열괴, 온괴, 냉괴에 대해서 쓰시오.

정답 ① 트랙 타임: 조기 주입 완료 시각~분괴 균열로 장입 완료까지의 시각
② 열괴: TT가 8hr 이내인 강괴
③ 온괴: TT가 8~24hr 이내인 강괴
④ 냉괴: 24hr 이상인 강괴

342 냉간압연유의 역할에 대하여 쓰시오.

정답 ① 냉간압연 시 롤과 스트립 간의 마찰열 및 변형열 제거
② 압연 윤활에 의한 압하력 및 압연 동력 감소
③ 표면 결함 방지 및 표면 광택 확보
④ 롤 마모 최소화를 통한 롤 수명 연장

343 냉연 강판의 탈지방법은 물리적 세정과 화학적 세정으로 구분되어진다. 기계적 세정 방식에 대하여 쓰시오.

정답 ① 브러싱: 브러시 롤에 의한 판 표면 연마 세정
② 전해 세정: 판 표면의 가스 발생에 의한 미세 이물질 제거
   (양극: 산소 가스 발생, 음극: 수소 가스 발생)

344 열간 윤활유 오일의 필수 요건을 열거하고, 윤활 효과 2가지를 쓰시오.

정답 (1) 필수 요건: 플레이트 아웃성, 윤활성, 유화안정성, 유동점, 인화점, 경시특성, 공해, 경제성
(2) 윤활 효과: ① 압연하중의 감소
② 롤 마모 감소
③ 롤 표면거칠기 감소
④ 압연하중의 감소로 인한 압연 동력 감소

345 원판상의 전극 사이에 피용접물을 설치하고 가압한 상태에서 전극을 회전시켜 연속적으로 용접하는 방법은?

정답 심 용접

346 열연 제품 대비 냉연 제품의 일반적인 특성에 대하여 3가지를 쓰시오.

[정답] ① 가공성이 우수하다.
② 표면이 미려하다.
③ 치수 정도 및 형상이 뛰어나다.
④ 용접성이 우수하다.
⑤ 내식성이 우수하다.

347 압연기에서 스핀들 방식의 종류를 열거하고 특징을 쓰시오.

[정답] ① 유니버설 방식: 고 토크 전달 가능, 완전 밀폐형으로 고속 가능, 소음진동이 적다.
② 슬리브 방식: 고 토크 전달 가능, 개방형 윤활로 고속회전 불가, 급유량이 크다, 진동·소음이 크다.
③ 기어 방식: 고 토크 전달 불가, 밀폐형 윤활로 고속회전 가능, 경사각이 클 때 토크가 격감한다.

348 조질압연 시 표면상 결함으로 핀치 트리의 발생 원인 3가지를 쓰시오.

[정답] ① 장력 불균일　　　　② 스트립 형상이 나쁜 경우
③ 판 두께 편차가 클 때　④ 롤 크라운의 부적
⑤ 판 센터링이 나쁠 때

349 냉연의 착색 결함 중 TCM에서의 윤활유, 압연유가 스트립에 잔존하거나 윤활유 등의 누유 및 에어 위핑(air wiping) 불량으로 생긴 결함명은?

[정답] 기름 얼룩(oil stain)

350 냉연 제품의 두께 변화의 발생 요인을 크게 3가지로 분류하시오.

[정답] ① 재료에 직접 관계하는 판 두께, 판 폭 재질의 변동
② 작업조건에 관계하는 압연속도, 장력, 윤활 조건 등 변동
③ 압연설비에 관계하는 압연 스탠드, 롤 베어링 측정 장치

351 래미네이션 발생 원인과 대책을 쓰시오.(후판)

[정답] (1) 발생 원인
① 강괴 중 비금속 개재물을 포함한 부분이 절단 시 응력을 받아 발생한다.
② 세미킬드강의 관상기포 등이 절단 시 노출 산화되어 발생한다.
(2) 대책: ① 나이프 클리어런스 조정
② 스카핑 철저

352 다음 그림과 같이 냉간압연 후 발생하는 빌드 업 결함에 대하여 발생 상황을 설명하고, 발생 원인과 대책에 대하여 2가지를 쓰시오.

정답 (1) 발생 형태
　　① 폭 방향의 일부만이 국부적으로 연신된 대상의 결함이다.
　　② 발생 위치는 부풀어 오른 것처럼 보이며, 정미한 경우에는 중파 현상과 거의 동일하다.
　(2) 발생 원인
　　① 열연의 압연 스케줄 불량으로 롤에 원주 방향으로 이상이 생길 경우
　　② 열연 강판의 이상돌출(hi-spot, edge up)이 냉연 시 국부적인 연신을 동반할 경우
　　③ 냉연의 평탄도 불량이 연속 풀림 라인에서 제거되지 않는 경우
　　④ 롤 냉각이 불균일로 인한 롤 표면의 이상 마모
　　⑤ 냉연 롤의 국부적 연마 불량
　(3) 대책: ① 냉연 소재용 빌드 업 엄격재의 열연 프로파일 관리
　　② 에지 업 발생 방지: 워크 롤 밴더 압력 하향 및 페어 크로스 각도 하향 작업
　　③ 롤 표면 점검 철저
　　④ 롤 국부 마모 방지: FSB(finishing scale breaker) 분사를 교번으로 실시
　　⑤ 텐션 릴의 부착물 유무 확인

353 열간압연 작업 시 압출기 출측에서 나오는 소재의 머리 부분이 상향(위로 휘어짐)이 발생하였다. 이것이 발생할 수 있는 원인을 쓰시오.

정답 ① 상부 롤의 지름이 하부 롤의 지름보다 작을 때
　　② 상부 롤의 회전속도가 하부 롤의 회전속도보다 빠를 때

354 산세작업 전 페이 오프 릴(pay off reel)에서 물을 뿌려주는 이유는?

정답 스트립 표면에 묻어있는 스케일 및 먼지 제거를 위해

355 산세 입측 크롭 시어의 절단 목적 및 임무를 쓰시오.

정답 스트립 표면에 묻어있는 스케일 및 먼지 제거를 위해

356 냉연 소재 용접 시 왜 플래시 버트 용접을 사용하는지 그 이유를 쓰시오.

정답 ① 용접속도가 빠르다.　　　② 열영향부가 비교적 좁다.
　　③ 가압력이 유효하게 작용한다.　④ 접합 강도가 크다.

357 산세 용접부가 압연 중 판파단(fracture)이 잘 일어나는 이유는?

[정답] ① 경도가 높다.　　　② 캠버에 기인한다.
③ 두께 차에 기인한다.　④ 용접 불량에 기인한다.

358 산세 입측 페이 업 릴(pay up reel)의 기능 3가지를 쓰시오.

[정답] ① 코일을 풀어 준다.　② 장력을 유지한다.　③ 센터링(중심)을 맞춘다.

359 냉연에서 산세 공정(pickling line)의 역할 5가지를 쓰시오.

[정답] ① 스케일 제거　② 코일의 대형화　　③ 사이드 트리밍
④ 도유　　⑤ 열연 코일의 성상관리

360 산세 공정에서 모재 관리 항목 5가지를 쓰시오.

[정답] 사이즈 정도, 소재의 프로파일, 권취 향상, 재질 내부 결함, 표면 결함

361 산세 공정에서 실수율 하락 요인 중 가장 큰 영향을 미치는 것은?

[정답] ① 사이드 트리밍　② 입측 크롭 시어에서의 절단　③ 스케일에 의한 감소

362 산세에서 발생하는 린싱 마크(rinsing mark)란?

[정답] 린싱 마크에서 발생하는 것으로 조업 중 라인 스톱 시에 주로 발생한다.

363 산세 공정에서 사용하는 부식억제제(inhibitor)의 주 기능을 쓰시오.

[정답] ① 부식에 의한 지철 손실 방지　② 증기 발생 방지　③ 표면 광택 부여

364 산세 입측에서의 통판 순서를 순차적으로 쓰시오.

[정답] 컨베이어 → 코일 카 → 코일 오프너 → P.O.R(페이 오프 릴) → 핀치 롤 → 레벨러 →
시어 → 용접기

365 일반적으로 과산세(excess pickling)가 발생하는 원인을 쓰시오.

[정답] ① 산 탱크 내에서 스트립이 장시간 정체 시　② 산의 온도나 농도가 높을 때
③ 라인 스피드가 매우 늦을 때

366 통상 산세 시 염산의 농도와 온도는?

[정답] ① 염산 농도: 17~18℃　② 염산 온도: 80~85℃(82℃ 때가 가장 좋다)

367 냉연 공정 중 산세에서 롤 마크 발생 부위 판별법을 쓰시오.

[정답] 피치, 광택, 흔적, 촉감

368 산세 탱크 내에 신산을 공급하는 경우를 쓰시오.

[정답] ① 재생산의 농도가 낮을 때
② 200gHCl/L 이하일 때
③ 저장탱크와 산 탱크의 양이 부족할 때
  • 저장 탱크의 양이 부족할 때는 신산과 물의 비율을 50%씩 보충한다.
  • 재생된 전 염산의 농도가 낮을 때는 순수한 신산만 공급한다.

369 벨트 래퍼(belt wrapper)의 역할에 대하여 쓰시오.

[정답] 산세 출측에 코일 상부를 감기 위해 권취기 둘레를 감싸면서 돌다가 코일링(권취)이 끝나면 물러나는 설비이다.

370 디플렉터(deflector) 롤이란?

[정답] 공회전하며 속이 비어 있다. 패스 라인을 유지하며 방향 전환을 하는 롤이다.

371 코일 권취 시 텔레스코프(telescope)의 발생 원인을 쓰시오.

[정답] ① 형상이 나쁜 경우   ② 중심점이 맞지 않는 경우
③ 작업 중 장력변화가 있을 때   ④ 상부 오일 부착이 많을 때
⑤ E.P.C 고장 또는 응답이 느릴 때

372 산세 출측 텐션 릴에 양호한 권취를 위해 사용하는 장치명을 쓰시오.

[정답] E.P.C(에지 포지션 제어)

373 텐션 블라이드(tension blide) 롤의 기능은?

[정답] 장력 부여, 평탄한 형상, 슬립 방지, 스트립 이동

374 냉연 제품 성상에 미치는 인자 3가지를 쓰시오.

[정답] 용접 불량, 실수율 저하, 냉연 시 점핑 액션에 의한 게이지 다운 또는 형상 불량

375 산세 제품 성상에 미치는 인자 3가지를 쓰시오.

[정답] 산 농도, 산 온도, 산세 시간

376 산세 공정에서 염산으로 표면의 스케일을 제거하고 물로 씻은 다음 건조하는 목적은 방청이 주 목이라 할 수 있다. 만일 세척 및 건조 불량으로 녹이 발생하였다면 그 녹의 조성은 무엇인가?

정답 수산화제2철($Fe(OH)_3$)

377 산세 설비 중 POR(pay off reel)과 레벨 사이에 있는 롤로서 스트립 상부의 삽입을 용이하게 하는 설비는?

정답 핀치 롤

378 산세 출측에서 권취가 끝나고 권취기에서 코일을 인출하는 기구 명칭을 쓰시오.

정답 코일 카

379 스케일 조성 중 570℃ 이상에서 존재하는 것은?

정답 FeO

380 통상 열연 조건에서 강의 표면에 발생하는 스케일링의 크기를 쓰시오.

정답 $FeO > Fe_3O_4 > Fe_2O_3$

381 냉연의 산세 메커니즘 중 박리 작용 시 발생하는 가스는 무엇인가?

정답 수소

382 산세 설비 중 루프 카(loop car)란 무엇인가?

정답 산세 입측 핸들링 타임을 방지하고 산 탱크에서 판이 연속적으로 작업할 수 있게 스트립 저장을 하는 장치

383 산세 설비 중 스트립 리프터(strip lifter)란?

정답 산세 입출측 기계 고장으로 라인이 장시간 정지할 경우 산 탱크의 입구와 출구에 설치되어 스트립의 정확한 통판을 하기 위해 좌우로 흔들면서(좌우 6°) 센터링을 조정하는 롤이다.

384 사이드 트리머(side trimmer)에서 폭 조정을 용이하게 하기 위해 사이드 트리머 앞에 설치되어 스트립을 절단하는 설비명은?

정답 노치(notch)

385 사이드 트리머 클리어런스(clearance)가 너무 적을 경우 어떠한 현상이 일어나는가?

[정답] ① 전단면이 크게 된다. ② 나이프 마모가 심하다.

386 사이드 트리머의 부속 설비로서 스크랩 초퍼(scrap chopper)란?

[정답] 사이드 트리머에서 나온 스크랩을 일정한 크기로 잘라 스크랩 박스에 넣는 설비이다.

387 산세 출측 오일링의 목적을 쓰시오.

[정답] ① 압연 전 예비 도포 ② 산세 후 압연되기까지의 녹 방지 ③ 긁힘 흠(scratch)의 방지

388 산세 입측 크롭 시어에서 코일 상부, 끝부를 절단할 때 절단 상태가 직각이 되게 하는 설비명은?

[정답] 사이드 가이드

389 산세 공정에서 사이드 트리밍 불량이 생기는 제원인은?

[정답] ① 나이프의 마모
② 형상이 불량한 경우
③ 라인을 급정지할 경우
④ 클리어런스 조정이 부적당할 때
⑤ 나이프에 이물이 묻어 있을 경우
⑥ 나이프의 조임 상태가 불량할 때

390 산세 사이드 트리밍 및 권취 상태가 가장 나쁜 지점은?

[정답] 용접 부분

391 냉연 코일의 내경 변형이 일어나는 요인은?

[정답] 텐션 릴에서 코일 권취 시 장력이 작은 경우에 발생한다.

392 냉연에서 산세 공정 후 긁힘 흠의 발생에 대하여 쓰시오.

[정답] 텐션 릴 권취 시 상부, 끝부에 가장 많이 생기는 결함으로 상부에는 릴 세그먼트에 의해서 발생한다. 끝부분은 코일 카 스키드에 부착된 철편에 의해서 발생한다.

393 냉간압연 시 판파단을 일으키는 요인을 쓰시오(산세 과정에서).

[정답] 용접 불량, 과산세, 스킵, 캠버

394 산세 용접공이 용접 중 체크해야 할 주요 사항을 쓰시오.

정답 ① 플래시 과정의 전류밀도   ② 오프셋 과정의 전류밀도
      ③ 가압력   ④ 불꽃 공정에서의 진행속도

395 산세 설비의 루핑 피트의 기능을 쓰시오.

정답 ① 스트립에 일정한 느슨함을 주어 사이드 트리머와 그 전후 설비와의 속도 밸런스를
      조정한다.
      ② 가감속도의 급격한 장력 변동에 의한 흠의 발생을 방지한다.
      ③ 전단 길이의 난조를 방지하기 위한 중간 완충기이다.

396 산세 후 발청 방지를 위해 행하는 공정은?

정답 수세 → 건조 → 도유(오일링)

397 냉연 공정 중 전해청정(ECL) 설비에 사용하는 전해액을 쓰시오.

정답 오소규산소다 용액

398 전해청정은 물의 전기분해를 응용하여 스트립에 부착된 압연유 및 오물을 제거하는데, 물을 전기 분해할 때 +grid와 −grid에서는 각각 어떤 가스가 발생하는가?

정답 ① +극: 산소 ② −극: 수소

399 수용액 중 전기전도성을 가지는 물질을 무엇이라 하는가?

정답 전해질

400 수용액 중에서 거의 완전히 이온화하는 것은?

정답 강 전해질

401 전해액에서 그 내부에 용해되어 있는 용질의 분자가 용액 속에서 +이온과 −이온으로 분리되는 것을 무엇이라 하는가?

정답 전리

402 전기분해 시 통과시켜준 전류 중 얼마만큼의 전류가 효과적으로 전해질 석출에 작용하였는가를 알아보는 값은?

정답 전류 효율

403 전해청정 설비에서 작업하는 주요 목적은?

정답 ① 압연유 및 오물 제거　② 미압부 및 불량부 제거　③ 에지 정렬과 적절한 장력 부여

404 전해청정 설비에서 스트립의 최대 통과 속도는?

정답 800MPM

405 센터 검파기에서 검출된 스트립의 중앙부 이동을 전력 증폭기에 전달, 여기에서 유압을 조정하여 스트립의 센터 이동만큼 P.O.R(pay off reel)을 이동시켜 주는 설비는?

정답 C.P.C(center position control)

406 전해청정 설비에서 작업을 하는 소재는?

정답 T.C.M(연속 4단 냉간압연기)에서 압연한 코일

407 전해청정의 입측 주동력 모터는 어떤 전원으로 작동하는가?

정답 직류 전원

408 ELC(전해청정)에서 사용하는 용접기의 용접 형식은?

정답 미니멈 랩형

409 전해청정 설비에서 사용하는 알칼리 용액의 농도는 약 몇 %인가?

정답 약 3%

410 전해탱크 내의 전해액을 적정 온도로 유지하여야 하는데 이 용액을 가열하는 방법은?

정답 스팀 패널 가열식

411 전해청정 설비에서 전기분해 시 발생하는 수소, 산소 및 기타 기체가 옥외로 방출되어 폭발의 우려가 있는데 이를 방지하는 설비는?

정답 퓸 시스템

412 전해청정 설비의 각종 탱크 내의 온도를 감지하여 자동으로 조정하여 일정하게 유지시켜 주는 온도검출장치를 무엇이라 하는가?

정답 열전대

413 전해청정 설비에서 ECT에 있는 전극의 수는?

[정답] 4조(8쌍)

414 전해청정 설비에서 온열 저장 탱크는 정수를 공급하여 스팀으로 가열 사용하는데 탱크 내의 수위를 자동으로 조절해 주는 개폐기를 무엇이라 하는가?

[정답] 플로트 컨트롤 밸브

415 탱크를 거쳐 나온 스트립에는 물이 묻어 있는데 이물을 짜주는 역할을 하는 설비는?

[정답] 링거 롤(wringer roll)

416 용접부를 중합시켜 순수한 구리 또는 구리합금의 롤 전극 간에 끼워 압력을 가하면서 전극을 회전시켜 용접하는 방법은?

[정답] 심 용접

417 용접부의 양부를 판정하는 방법은?

[정답] γ선 투과시험법: 용접부의 판쪽에서 γ선을 방사하여 뒷면에 필름을 놓아 사진에 나타난 상태로 결함 유무와 정도를 안다.

418 냉간압연에서 용융 아연 도금 공장의 용융 아연의 구성비는?

[정답] Zn: 99.7%, Al: 0.16~0.18%, Pb: 0.1~0.12%

419 용융 아연 도금에서 Al을 첨가해 주는 목적은?

[정답] 합금층 Fe+Zn을 얇게 해서 용융 아연 도금을 용이하게 해주는 역할을 한다.

420 용융 아연 도금에서 Pb를 사용하는 목적은?

[정답] 아연판(함석)의 광택성을 양호하게 하기 위해서이다.

421 용융 아연 도금에서 Pb를 과다 사용하면 어떤 현상이 일어나는가?

[정답] 블랙 스테임(black staim)의 원인이 된다(함석판의 검은 반점).

422 용융 아연 도금에서 강판의 아연 부착량을 조절해 주는 설비명은?

[정답] 에어 나이프

423 아연 도금 강판에 크로메이트 처리해 주는 목적을 쓰시오.

정답 크롬을 처리하여 얇은 피막을 형성시켜 내식성과 광택성 및 도료 밀착성을 양호하기 위함이다.

424 연속 아연 도금로에서 O_2의 관리기준은?

정답 50PPM 이하(무산화로라 부르며 O_2가 전혀 침투하지 않는 것을 원칙으로 한다.)

425 냉연 공장에서 용융 아연 도금의 코팅(도금)된 두께의 부착 상태를 조절하는 요인을 4가지 이상 쓰시오.

정답 ① 공기의 압력(보통 6kg/cm²)
② 공기 나이프의 각도(10±3m/m)
③ 공기 노즐의 각도(상 20°, 하 10° 조절 가능)
④ Zn 레벨과 나이프와의 거리(50~55m/m)
⑤ Zn 포트의 온도와 드로스 발생량과 상태

426 용융 아연 도금에서 철소지 위에 아연 피복 형성 과정을 부분적 반응으로 분해해서 쓰시오.

정답 ① 철의 용해
② 아연과 철에 의한 고체의 Zn-Fe합금의 생성
③ 합금 층상의 순아연 피복 형상
④ 피복의 냉각 결정화

427 연속 용융 아연 도금에서 Zn 포트 내에서 발생되는 드로스(dross) 발생 종류와 그 각각의 구성물을 쓰시오.

정답 ① top dross → ZnO 또는 탄화물질
② bottom dross → 스트립 및 포트 철피에서 발생되는 Fe분으로 인한 Fe+Zn의 화합물 또는 Pb+Zn의 혼합물

428 냉연 공장에서 연속 용융 아연 도금의 ZnC 포트에 설치되어 있는 커렉터 롤(corrector roll)의 역할은?

정답 ① 스트립의 형상 수정
② 스트립의 안정성
③ 스트립 표면 광택 미려

429 도금 공장의 연속 아연 도금에서 O_2 침투 방지를 위해 어떻게 하는가?

정답 노내 분위기 가스를 공급하여 노압을 유지시킨다(20~40Pa).

430 도금 공장의 연속 아연 도금에 사용하는 분위기 가스의 구성비는?

정답 H_2: 15%, N_2: 85%

431 연속 용융 아연 도금에 사용하는 분위기 가스의 주 역할은?

정답 ① 노내압 유지로 O_2 침투를 방지한다.
② 노내 환원성을 양호하게 한다.

432 연속 용융 아연 도금조에 사용하는 가스는 어떻게 해서 얻어지는가?

정답 암모니아를 분해해서 얻는다.

433 연속 용융 아연 도금에서 사용하는 분위기 가스에서 H_2의 함량이 높으면 어떻게 되는가?

정답 노내 환원성을 더욱 양호하게 하나 폭발의 위험 및 가스 단가를 높이므로 적당한 비(약15%)로 사용해야 한다.

434 연속 용융 도금에 사용하는 Zn의 M.P는?

정답 419.5℃

435 연속 용융 아연 도금에서 Al은 Zn보다 용융점이 높은데 어떻게 용융시키는가?

정답 Al-Zn합금을 만들어 사용하고 있으며, 합금비는 Zn 95%, Al 5%로 된 잉곳을 만들어 사용한다.

436 연속 용융 아연 도금로는 그 기능별로 몇 개의 분야로 나눌 수 있는가?

정답 예열대, 가열대, 균열대, 급랭대

437 연속 용융 아연 도금에서 예열대의 기능은?

정답 스트립을 산화시켜 스트립에 묻은 압연유와 녹을 제거시킨다(전해청정과 동일한 역할).

438 예열대의 온도는?

정답 스트립: 750℃, 분위기: 1100~1300℃

439 연속 용융 아연 도금에서 가열대의 역할은?

정답 수용자가 원하는 각종 열처리를 하여(풀림, 불림, 완전 경화처리) 그래드 강등 강종별로 온도 사이클을 다르게 한다.

440 **연속 용융 아연 도금에서 균열대의 역할은?**

[정답] 각종 열처리 사이클에 따라 가열된 스트립의 가공성을 양호하게 하기 위해 급랭시키기 전에 유지시킨다.

441 **연속 용융 아연 도금조의 급랭대의 역할은?**

[정답] 도금에 적당한 온도가 되게 하기 위해, 즉 아연 용융온도인 550℃와 거의 일치시켜 주기 위해 exchange tube를 통해 냉각수를 공급하여 노내 분위기 온도를 차게 한다.

442 **풀림재의 표준온도 사이클은?**

[정답] 예열대: 650℃, 가열대: 850℃, #1균열대: 700℃, #2급랭대: 550℃, #2균열대: 550℃, #2급랭대: 450℃

443 **아연괴의 용융 작업 시 드로스의 발생률은?**

[정답] 원료의 5~10%이다(용융온도에 따라 다소 차이가 있으나 온도가 높을수록 발생량이 높다).

444 **아연 도금 공장의 스킨 패스 밀은 어떤 역할을 하는가?**

[정답] 아연 도금된 스트립을 스트립의 재질과 용도에 따라서 압하량을 주어서 스트립을 교정하는 역할을 한다.

445 **스킨 패스 밀(템퍼 밀)의 재질은?**

[정답] 특수 열처리한 크롬 합금강이다.

446 **스킨 패스 레벨의 역할에 대해 쓰시오.**

[정답] 스트립의 굴곡을 연속적으로 조금씩 굴곡을 줄여서 스트립을 교정한다.

447 **도금 공장에서 세이핑 롤의 역할은?**

[정답] 레벨러에서 교정 불가능한 위쪽 늘어남, 중간 늘어남을 교정해 준다.

448 **도금 공장에서 스킨 패스 설비의 역할에 대해 쓰시오.**

[정답] 전냉연 공정으로 볼 때 조질압연과 비슷한 역할을 하며 템퍼 밀, 레벨러, 세이핑 롤, 안티크로스 롤 등이 설치되어 도금된 스트립의 외부 형상을 교정해 준다.

449 도금된 스트립을 스킨 패스 직전까지 상온으로 강하시켜야 하는데 그 방법은?

정답 ① 높이 26m의 쿨링 타워에서 에어 팬을 가동시켜 공랭시킨다.
② 하절기에는 워터 스프레이 탱크에서 수랭도 병행한다.

450 다음 기호는 무엇을 나타내는가?

정답 ① SBHG₁: 일반용　　② SBHG₂: 굴곡가공용
③ SBHG₃: 드로잉용　　④ SBHG₄: 구조용

451 아연도 강판의 재질시험의 종류는?

정답 ① 인장강도: $\dfrac{P}{A}$[kg/mm²]　　② 항복점: $\dfrac{F}{A}$[kg/mm²]
③ 부착성 테스트(rock forming test)　④ 경도 테스트

452 아연 도금 공장에서 연율은 몇 %로 해야 하는가? (스킨 패스 후)

정답 두께에 따라서 다소 차이가 있으나 0.5mm/t 기준 시 0.5%를 준다.

453 도금 시 스트립의 전단 작업은 무엇으로 하는가?

정답 플라잉 시어

454 일반적으로 세정온도와 탈지율과는 비례하며 보통 몇 ℃에서 탈지하는가?

정답 약 70~90℃

455 풀림 과정에서 결정립의 모양이나 방향의 변화 없이 물리적 성질만 변화하는 단계는?

정답 회복 단계

456 냉연 조질 압연에서 스킨 패스 밀의 형식과 압하 방식은?

정답 ① 형식: 4 high 1 stand ② 압하 방식: 상부 유압 스크루 다운 방식

457 냉연 제품에 조도를 부여하는 목적을 쓰시오.

정답 ① 도장성이 양호해진다.
② 가공성을 양호하게 한다.
③ 표면 결함을 완화시킨다.
④ 점 용접이 용이하다.
⑤ 패스 시 윤활성을 양호하게 한다.

458 냉간압연에서 스트립이 들어갈 때 진동을 막아주고, 스트립에 주름이 생기는 것을 억제해 주는 롤은?

[정답] 안티 크림핑 롤

459 조질 압연 작업 시 코일의 온도는 어느 정도이며, 기준 온도 이하가 되면 어디에 영향을 미치는 가?

[정답] ① 코일의 온도: 28~35℃   ② 에지 웨이브에 영향을 미친다.

460 냉연 공정에 사용하는 방청유에 요구되는 기본 성질을 쓰시오.

[정답] 방청성, 제정성(탈지성), 윤활성, 점도

461 냉연재의 연속풀림의 특징을 쓰시오.

[정답] ① 균일한 재질 생산
② 양호한 성형성 및 적당한 강동 유지
③ 실수율 향상
④ 노내 텐션 제어로 형상 개선
⑤ 대량 생산 가능

462 냉연재의 절단에서 플라잉 시어에서 스트립 속도와 칼의 속도가 맞지 않을 때 어떤 현상이 일어나는가?

[정답] 직각도 불량

463 냉연 공장의 전해청정액의 알칼리 농도가 높을 때나 낮을 때를 구분해서 취해야 할 사항을 쓰시오.

[정답] (1) 알칼리 농도가 높을 때: ① 알칼리 혼합 탱크 스팀 밸브를 연다.
② 정수, 급수 밸브를 열어 정수를 급수하고 밸브를 잠근다.
③ 프로펠러를 가동시킨다.
(2) 알칼리 농도가 낮을 때: ① 오소규산 소다를 부족한 양만큼 넣는다.
② 투입구의 뚜껑을 닫고 스팀 밸브를 연다.
③ 프로펠러를 가동시킨다.

464 냉간압연에서 세정 라인의 세정 조건에 대해 쓰시오.

[정답] ① 농도액: ECL(전해청정 라인)에서 세정액으로 오소규산 소다가 1.0~4.0% 범위 내에서 관리되고 있다.

② 온도 조건: 각 노 알칼리 및 온수온도를 70~100℃로 관리한다.

③ 액의 노화: 알칼리가 불량하게 되면 탈지성을 감소시키므로 정기적으로 10~20일 피치로 덤프 아웃시켜 깨끗이 한다.

④ 액의 발포성: 압연유에 의해 검화반응을 일으켜 많은 거품으로 세정에 악영향을 일으키므로 이 발포를 억제하기 위해 발포제를 혼입시킨다.

465 냉간압연에서 압하 AGC를 크게 2가지로 분류하고 설명하시오.

정답 ① 피드백: 스트립의 두께를 실측하여 압하장치로 피드백하는 방식

② 비즈타: 압하장치의 이동량 및 압연하중을 측정하는 것에 의해 간접적으로 두께를 측정하는 방식

466 검화가란 무엇인가?

정답 유지 1g을 용해시키는데 필요한 가성칼리(KOH)의 mg수

467 파워 커브란?

정답 냉간압연에서 파워 커브란 원판 두께에 대한 전연신과 1시간당 압연할 때의 정미 압연 관계식이다.

468 콤비네이션 밀의 의미와 이점을 쓰시오.

정답 (1) 정의: 한 대의 압연기로 조압연과 조질압연을 겸용하여 실시하는 밀을 말한다.

(2) 이점: ① 설비비가 저렴하다.

② 인력이 적게 든다.

③ 설비 면적이 적다.

④ 소량 다품종 생산에 유효하다.

469 냉간압연 공장에서 직화식 풀림로를 복사식 풀림로에 비교하여 쓰시오.

정답 ① 생산 능률이 높다.　　　　　　② 연료 원단위가 양호하다.

③ 설비비의 정비성이 양호하다.　　④ 가열 균일성이 점점 떨어진다.

⑤ inner cover의 수명이 짧다.

470 풀림로의 부대설비인 컨벡터의 역할을 쓰시오.

정답 냉연 코일을 다단적 풀림을 행할 때 각 코일 사이에 놓고 분위기 가스를 유동시켜 코일 측면으로부터 가열과 냉각의 촉진과 더불어 가스 유통을 조절하여 코일 각부 온도의 균일화를 꾀하는 설비이다.

471 냉연 공장에서 연속 풀림로의 연속 사이클의 각대 목적을 쓰시오.

정답 ① 가열대: 재결정 온도까지 온도 상승
② 균열대: 스트립 중심까지의 가열과 입자 성장
③ 1차 냉각대: 페라이트 중의 과포화 고용 탄소의 석출
④ 2차 냉각대: 표면 산화 방지

472 최냉점 온도에 대하여 쓰시오.

정답 주로 배치식 풀림로에서 타이트 코일을 단면적 풀림하는 경우 전 코일 각 부분을 균일하게 승온하는 것이 곤란하여 이 가운데 가장 승온이 낮은 부분을 말한다.

473 코일 준비기(CPL) 설비 중 엔트리 에지 가이더의 기능을 쓰시오.

정답 스트립을 설비의 중심으로 공급하기 위해 전자적으로 페이 아웃 릴(pay out reel)의 시프트 중 유압 실린더를 조정한다.

474 냉연 공장에서 CPL 설비 중 엔트리 디플렉터(entry deflector) 롤의 기능에 대해 쓰시오.

정답 페이 오프 릴(pay off reel)에서 풀려지는 스트립이 라인으로 공급될 때 코일의 외경 변화에 의한 스트립의 패스 라인 변경을 방지한다. 상향, 하향 풀림 관계로 상하 각 1본씩 설치되어 있다.

475 냉연 공장의 CPL 설비 중 댐프닝 롤(dampening roll)의 기능에 대하여 쓰시오.

정답 페이 오프 릴과 텐션 릴 간의 스트립이 장력 불량 및 장력 불균일 시 순간적으로 공기의 압력에 의해 장력을 보상한다.

476 풀림로의 실링 장치란?

정답 노 케이스 바닥에 설치되어 있으며, 화염의 방출을 방지하여 주는 것으로 드래프트 실이라 한다.

477 풀림로의 부대 설비인 리밋 퓨즈란?

정답 각 노에 1개씩 설치되어 있어 노 온도가 1000℃ 이상되면 소화되어 노 내화물을 보호하는 장치

478 압연에서 롤의 중립점에 대해 쓰시오.

정답 롤의 원주속도와 압연재의 통과속도가 같아지는 점

479 냉연 공장의 CLP 설비 중 스트립 스위치 유닛에 대해서 쓰시오.

(정답) ① 형식: 상향 저장식
② 승강: 공기압 실린더 작동
③ 기능: 스트립 용접 작업 시 합격품 스트립을 일부 저장했다가 다음 스트립의 선단과 용접 시까지 후진시키는 것으로서 불량품 용접과 합격품 용접을 원활하게 한다.

480 냉연 공장의 CLP 설비 중 에지 포지션 컨트롤의 기능에 대해 쓰시오.

(정답) 입측 설비와 동일한 구조로서 텐션 릴을 좌우로 조정하여 권취되는 스트립의 단면을 바르게 하기 위해 에지를 안내한다.

481 냉연 설비 중 텐션 릴의 주 기능을 쓰시오.

(정답) 입측 페이 오프 릴과 유사한 구조로서 페이 오프 릴과 반대 방향의 장력으로서 스트립을 권취한다.

482 냉연 공장의 CLP 설비 중 벨트 래퍼의 기능을 쓰시오.

(정답) 텐션 릴에 스트립 상부를 최초로 권취 시 벨트를 원형으로 드럼에 감싸서 스트립을 원형으로 안내한다.

483 냉연 공장의 재권취 설비에 대하여 쓰시오.

(정답) 냉연 코일을 되풀어서 다시 감는 과정에서 철판의 외부 형상 및 흠을 검사하고 소정의 폭으로 양측을 절단함과 아울러 방청유의 도유 및 소정의 길이나 중량으로 분할하는 설비이다.

484 냉연 공장의 재권취 설비에서 스트립 센싱 유닛의 센터 조정 요령과 기능에 대해 쓰시오.

(정답) ① 센터 조정: 핸드 휠을 수동으로 조작한다.
② 기능: 광선관을 이용하여 라인 중심선을 기준으로 스트립을 센터링을 하기 위해 페이 오프 릴을 시프트해 준다.

485 냉연 공장의 재권취 설비 중 스트링 타입 핀치 롤의 기능에 대해 쓰시오.

(정답) 측면 절단 시 스트립이 편측으로 쏠리는 것을 방지하기 위해 센터 포지션 컨트롤의 감독 하에 스트립을 물린 상태에서 수평운동을 하면서 스트립이 똑바로 진행하게 된다.

486 냉연 공장에서 박판 전단 설비 중 엔트리 핀치 롤에 대하여 쓰시오.

(정답) ① 롤: 상하 각 1본의 러버 코팅 롤(고무로 도장)

② 승강 및 회전: 승강은 에어 실린더로 작동하며 회전은 하부 롤 모터로 구동된다.

③ 기능: 페이 오프 릴로부터 풀려나오는 스트립의 선단을 설비 후방으로 이송한다.

487 작업롤 지름을 크게 한 것보다 작게 했을 때 이점 2가지를 쓰시오.

정답 ① 마찰계수를 낮추어도 치입이 가능하므로 표면 품질을 고려하여 윤활유를 사용할 수 있다.

② 사용 동력이 적게 든다.

488 냉연 공장의 박판 전단 설비 중 시어 런 아웃 컨베이어에 대해 쓰시오.

정답 ① 형식: 벨트 컨베이어 타입

② 회전: 직류 모터로 구동

③ 기능: 전단기에서 전단된 박판을 교정기로 이송하는 역할을 한다.

489 냉연 공장의 정정 공정에서 루프 컨트롤의 목적을 쓰시오.

정답 ① 스트립의 장력을 제어한다.

② 일정한 라인 스피드 조절을 한다.

③ 전단 길이의 정도를 좋게 한다.

④ 사이드 가이드의 조정을 용이하게 한다.

490 냉연 박판 전단기의 구비조건에 대해 쓰시오.

정답 ① 전단면이 양호할 것

② 전단 길이 범위가 넓고, 각종 길이가 자유로 얻어질 것

③ 동기 장치를 갖추고 있을 것

④ 조정이 용이할 것

⑤ 전단 길이 정도가 양호할 것

⑥ 스트립에 흠을 입히지 말 것

491 냉연 박판의 전단 기구를 크게 3가지로 나누어 설명하시오.

정답 ① 회전 드럼형: 칼날이 회전 운동하므로 관성력이 적고 고속운전이 용이하지만 칼날의 조정이 어렵고 미스 컷이 까다롭고 전단 길이 범위가 좁다.

② 회전 크랭크형: 칼날이 수직의 상태를 유지한 채로 운동하므로 후판의 짧은 치수 전단에 적당하나 미스 컷 기구가 복잡하다.

③ 왕복동 크랭크형: 미스 컷을 자유로이 이행할 수 있으므로 전단 길이 범위가 넓게 취해진다.

492 냉연 제품에 최종적으로 도포하는 방청유의 구비조건을 쓰시오.

정답 ① 방청성: 녹의 발생을 방지함과 녹 발생 진행을 억제한다.
② 탈지성: 최종 가공에 있어서 도장 또는 도금 전에 탈지 세정을 하기 때문에 필요하다.
③ 점도: 점도가 너무 낮으면 흘러내리고, 너무 높으면 균일한 도포가 되지 않으므로 적당한 점도가 필요하다.
④ 윤활성: 가벼운 가공 시에는 프레스 오일을 쓰지 않고 할 수 있어야 한다.

493 냉연판의 표면에 부착되어 있는 오염의 형태를 쓰시오.

정답 ① 분자간의 흡인력에 의한 부착
② 정전기적 성질에 의한 부착
③ 파세 정체의 표면분자와 약한 화학적 결합
④ 파세 정체의 표면에 오물이 침투 확산된 것
⑤ 파세 정체의 외면에 오물이 단순히 얽혀 있는 상태

494 전해 탈지 작업에 사용되는 정류기에 대해서 쓰시오.

정답 전해 전원으로서는 직류가 필요하고 통상 정류기를 사용하여 교류를 직류로 교환해서 사용한다.

495 전해 탈지 작업에 사용되는 전극 그리드에 대해 쓰시오.

정답 ① 그리드는 스트립의 상하면에 배치되며, 상하 그리드 간격은 200mm이다.
② 금속 이온이 스트립 표면에 부착되는 것을 방지하기 위하여 최종 그리드의 극성은 -로 유지하는 것이 바람직하다.

496 풀림로를 설비의 면에서 분류하시오.

정답 (1) 배치 타입 풀림로: ① 타이트 코일 풀림로, 단순 스택, 멀티 스택
② 오픈 코일 풀림로
(2) 연속식 풀림로

497 풀림로의 가열 방법 및 가열 열원에 의해 분류하시오.

정답 (1) 가열 방법에 의한 분류: ① 직접 가열 방식(직화식 풀림로)
② 간접 가열 방식(복사식 풀림로)
(2) 가열 열원에 의한 분류
① 가스 연소식 풀림로(COG, LPG 등)
② 오일 연소식 풀림로(중유, 경유 등)
③ 전기 가열식 풀림로

498 연속 풀림의 특징을 쓰시오.

정답 ① 풀림 시간이 짧다.
② 길이 방향, 폭 방향을 균일하게 풀림한다.
③ 가열, 냉각 속도가 빠르고 가동도가 높은 드로잉 강판의 제조가 어렵다.
④ 건설비가 비싸다.

499 냉연 강판의 표면 결함 중 박리성 결함인 선상 스케일의 형상, 발생 원인, 대책과 유해도를 쓰시오.

정답 (1) 형상 및 발생 상황: 강판 표면에 산화철이 선상으로 남아 있는 것으로 압연되어진 상태가 작고 검게 부착된 것과 그 흔적만 남아 있는 것이 있다.
(2) 발생 원인
① 강괴의 스킨 홀, 관생기포의 노출, 산화에 기인한다.
② 가열로 내에서 슬래브의 조직 입계로 S, Cu가 침투하여 연간취성을 일으킨 경우
③ 열연 조압연 롤 표면의 균열, 디스케일링 불량에 의한 1차 스케일이 잔류될 때
(3) 대책
① 조괴 조건, 슬래브 수입 조건의 검토
② 사상압연기 전단에 있어 워크 롤 전면의 롤 냉각 분출 상태 검토
③ 가열로 재로시간, 가열 온도의 적정화
(4) 유해도: 외관상 나쁘며 심한 경우 프레스 크랙의 원인이 된다.

500 냉연 강판의 표면 결함 중 박리성 결함인 블랙 라인의 형상, 발생 원인, 대책을 쓰시오.

정답 (1) 형상: 압연 방향에 직선상으로 길게 나타나며, 내부 개재물이 표면에 노출되어 소재 표면보다 검거나 회백색을 띤다.
(2) 발생 원인: 주조작업 과정에서 마크로 개재물이 강괴 또는 내부의 표면층 가까이 응고된 것이 스카핑에서 제거되지 않고 압연 과정에서 이 부분만 연신되지 못하고 터져서 개재물이 오픈된 상태로 늘어난다.
(3) 대책
① 제강제조 조건의 검토(화학성분, 주입류 온도, 탈산제)
② 분괴 스카핑 철저로 인한 개재물 제거

501 냉연 강판의 표면 결함 중 요철상 결함인 롤 마크의 발생 원인 및 대책을 쓰시오.

정답 (1) 발생 원인
① 스트립에 부착된 이물이나 압연액의 이물이 혼입된 경우
② 롤과 롤, 롤과 스트립 간의 슬립에 의해 롤에 흠이 발생된 경우
③ 압연유의 윤활건조 불량으로 롤과 판이 접촉한 때
④ 통판 시 판의 상부 및 하부의 파단에 의해 파면이 롤에 들어갈 때
⑤ 롤의 피로에 의해 칠층이 벗겨져 롤에 물려 들어간 경우

(2) 대책
① 압연액 및 스트립에 이물 침입 방지 및 롤 경도 체크
② 속도 설정 및 압하기준의 적정화(스탠드 간의 이상 텐션 방지)
③ 압연유의 농도, 압력 체크
④ 원판 성상 체크(박리 요소흠의 사전 제거)

502 냉연 강판의 표면 결함 중 요철상 결함인 덜 마크(dull mark)의 형상, 발생 원인, 대책 및 유해도를 쓰시오.

정답 (1) 형상 및 발생 상황: 판의 쇳가루가 뭉쳐져서 덩어리가 되어 롤에 묻게 되어 판에 전사되어 있는 상태
(2) 발생 원인: 조질압연에서 덜(dull) 마무리 작업 시 롤 수입 불량일 때
(3) 대책: 롤 수입 철저 및 이물 비입 방지
(4) 유해도: 외관상 문제로 도장 후 부풀어 오른다.

503 냉연 강판의 표면 결함 중 요철상 결함인 릴 마크의 발생 원인 및 대책을 쓰시오.

정답 (1) 발생 원인
① 권취 릴 세그먼트 흔적이 권취 부분에 잔류한 것으로 박물에 많다.
② 권취 초기 선단의 랩이 마크로 된 것
③ 조압연 시 판의 선단이 가이드 등에 부딪쳐 굽혀져 압연된 후 랩 마크로 된 것
(2) 대책
① 릴 권취 장력의 사이즈별 적정화
② 코일 상부 형상 개선
③ 박판재의 내권 원통 철판의 적용

504 냉연 강판의 표면 결함 중 절상 결함인 곱쇠(coil break) 결함의 발생 원인 및 대책을 쓰시오.

정답 (1) 형상 및 발생 상황: 압연 방향과 직각으로 판중에 생기는 주름 흠으로 일종의 항복점 연신 현상이며 조질 압연의 하부층이나 후물에 많다.
(2) 발생 원인
① 열연 권취온도가 높을 때 판 두께가 두껍고 안지름이 작은 코일을 조질 압연할 때
② 냉연 코일의 센터 팽창이 큰 이유
③ 조질 압연 속도가 느리거나 압하율이 부족한 때 후속 공정에서 생김
④ 풀림 시 코일 안지름이 작은 경우나 풀림 밀착의 경우
⑤ 디플렉터 롤의 접촉각도가 적은 경우
(3) 대책
① 권취온도를 낮출 것
② 코일 형상의 향상에 주력할 것
③ 압연 시 후방장력(back tension)을 조정할 것

505 냉연 강판의 표면 결함 중 절상 결함에 속하는 오렌지 필(peel)의 형상, 발생 원인, 대책 및 유해도에 대해 쓰시오.

정답 (1) 형상 및 발생 상황
　　① 드로잉 또는 디프 드로잉 시 가공 받는 판의 표면이 오렌지 껍질과 같이 된 것
　　② 오렌지 필(peel)은 조대 결정립 구조에 의해 디포밍 시에 나타난다.
　(2) 발생 원인
　　① 고온에서 장시간 균열(soaking)할 경우(특히 림드강)
　　② 조질압연 코일을 재 풀림 시
　(3) 대책
　　① 열연에서의 결정립 조대화 방지(열연 사상온도를 낮게 한다.)
　　② 풀림 사이클 적정화(고온 풀림 및 오버 소킹 억제)
　(4) 유해도: 가공 후 표면 거침으로 인한 외관상의 문제와 도장 후의 부풀음 현상을 유발한다.

506 냉연 강판의 표면 결함 중 전청오염(ECL drit)의 발생 상황, 발생 원인 및 대책을 쓰시오.

정답 (1) 발생 상황: 청색이나 붉은 좁쌀형 상태로 발생하여 간혹 둥근 타원형으로 되는 상태
　(2) 발생 원인
　　① 전청작업 중 라인 스톱(용접 또는 설비 트러블로 인한)으로 판에 오염물질이 부착된 것
　　② 전청작업 불량(라인 스피드에 따른 농도 관리 불량)
　(3) 대책
　　① 설비 트러블 등에 대한 사전정비로 라인 정지를 최소한으로 줄일 것
　　② 전청액의 적정농도 관리로 전청작업 철저

507 냉연 강판의 내부 결함 중 이중판(래미네이션)의 발생 상황과 발생 원인 및 대책을 쓰시오.

정답 (1) 발생 상황: 판이 2매로 되어 강판 표면에 나타나는 것으로 비교적 길고 연속적인 경우가 많다.
　(2) 발생 원인
　　① 조괴 시 응고 수축에 의하여 강괴 두부에 생성된 1차 파이프가 분괴압연 시 절단되지 않고 잔류할 때
　　② 분괴에서 생긴 강괴 두부, 저부의 메커니컬 파이프가 잔류할 때
　　③ 조괴 시의 심한 비산(splash)으로 인한 때
　(3) 대책
　　① 조괴 조건의 검토
　　② 분괴 작업 시 강괴 두부 및 저부의 충분한 절단

508 냉연 강판의 형상 결함 중 중파의 발생 상황, 발생 원인 및 대책을 쓰시오.

[정답] (1) 발생 상황: 판 중앙부의 연신에 의하여 완만한 파상의 요철이 생긴 것으로 코일의 상태에서 대상을 동반하지 않는 압연 방향에 단속적으로 발생하는 큰 파장으로 늘어난 것
(2) 발생 원인
① 핫 코일에서 국부적으로 두꺼운 부분이 냉연 시에 국부적으로 늘어난 경우
② 핫 코일 크라운과 냉연 크라운의 관계가 부적당한 때
③ 조질 롤 크라운이 과대한 경우
④ 냉연 롤과 coolant의 조정이 부적정할 때
⑤ 냉연 롤의 국부적인 연마 불량
(3) 대책: ① 압연 스케줄 검토 ② 압연유 상태 검토 ③ 롤 크라운 확인

509 냉연 코일의 형상 결함 중 안지름 변형의 발생 상황, 발생 원인 및 대책을 쓰시오.

[정답] (1) 발생 상황: 작업 시 장력조정 불량으로 권취된 코일이 쭈그러져 안지름에 변형이 생기는 상태
(2) 발생 원인
① 코일내권에 압연유 부착에 의하여 권취 장력의 증대 및 형상 불량에 기인한 것
② 코일 핸들링이 난폭한 때
③ 두께에 따른 장력이 맞지 않을 경우
(3) 대책
① 스트립 상부에 오일 부착을 적게 한다.
② 스트립 상부의 형상을 양호하게 한다.
③ 릴 장력 조정

510 냉연 강판의 도금 결함 중 스팽글 불량(bad spangle)의 발생 상황, 발생 원인, 대책을 쓰시오.

[정답] (1) 발생 상황: 서리 모양의 결정체가 일정치 않고 불균일하게 발생하는 상태
(2) 발생 원인
① 아연의 질이 좋지 않거나 도금 후 냉각불량 시
② 아연의 결정 및 코팅이 국부적으로 얇을 때
③ 도금욕의 Pb 불균일
④ 냉각속도의 불균일 및 에어 나이프 시스템 부적절
⑤ 소재 사이즈 불균일
(3) 대책
① 도금욕의 Pb 조성관리 철저
② 냉각속도 일정관리
③ 최종 스트립과 포트 온도 차이 감소

511 냉연 제품의 치명적인 산화 탈탄을 방지하기 위해서는 어떠한 풀림을 행해야 하는가?

[정답] 광휘 풀림(bright annealing)

512 오버 피클링이 발생되는 원인 2가지를 설명하시오.

[정답] ① 산세 입출측 설비 고장으로 라인 휴지 시
② 산 농도와 온도가 높을 때
③ 라인 스피드가 매우 낮을 때

513 스케일링 제거가 불량할 때 냉간압연에 미치는 영향은 무엇인가?

[정답] 균열 및 층간 박리가 발생하여 기지 강에 대한 밀착성이 감소한다.

514 인히비터를 사용하는 이유를 쓰시오.

[정답] ① 강판의 지철용해 방지
② 수소가스 발생 억제
③ 과산세 방지

515 미산세는 어느 곳에서 발생하는가?

[정답] ① 용접부(용접 불량, 형상 불량) ② 산탱크(온도, 농도 불량)

516 산세에서 염산의 역할은 무엇인가?

[정답] 스케일(FeO, Fe_2O_3, Fe_3O_4) 제거

517 페이 오프 릴(pay off reel)은 어디에 있으며, 역할은 무엇인가?

[정답] 냉간압연 소재인 열연 코일을 풀어주는 장치

518 트리머 바이트는 무엇인가?

[정답] 철판 양쪽 부분을 잘라내는 장치

519 스트링 롤(streering roll)의 역할을 쓰시오.

[정답] 루프 카(loop car) 전후에 설치하여 스트립 센터링을 유지시켜 준다.

520 린싱(rinsing) 탱크의 역할을 쓰시오.

[정답] 산 탱크에서 나오는 스트립 표면에 잔존된 염산을 제거하는 설비

521 조질압연 시 사용되는 롤의 대표적인 표면조도 2가지를 쓰시오.

정답 dull, bright

522 워크 롤 베어링에 사용되는 윤활방식을 쓰시오.

정답 오일 미스트 방식

523 스크루 다운의 기능을 쓰시오.

정답 패스 라인을 조정하여 판 두께를 조절한다.

524 압연유 공급방식 중 직접방식은 무엇인가?

정답 ① 윤활 성능이 좋은 압연유를 사용하며, 압연유의 관리가 용이하고, 냉각효과가 크다.
② 큰 용량의 폐유설비가 필요하게 되어 처리 비용이 많이 든다.

525 롤과 스트립에 압연유(윤활제)를 분사하는 이유는 무엇인가?

정답 ① 롤과 압연재 간의 마찰과 소요 동력을 감소
② 압연재의 표면을 매끄럽게 한다.
③ 발생하는 열 제거

526 강판압연 시 스트립의 머리 부분이 위 또는 아래로 굽어지는 원인 3가지를 쓰시오.

정답 ① 상부 롤과 하부 롤의 두께가 다를 경우 발생
② 마찰계수의 차에 의한 변형량의 차가 있을 때
③ 앞 뒤 피드 롤러가 패스 라인에서 벗어났을 때

527 오일 미스트 방식의 주 기능을 설명하시오.

정답 워크 롤 베어링의 윤활

528 냉간압연 작업 후 풀림을 실시하는 목적을 쓰시오.

정답 압연 후 내부응력 제거로 가공이 용이하게

529 풀림로에 사용되는 연료가스 2가지를 쓰시오.

정답 N_2, H_2, CO, CO_2, CH_2

530 풀림로가 폭발하였을 때 즉시 어떤 조치를 해야 하는가?

정답 미연소 가스를 제거한다.

531 풀림로에서 스티커 흠이 염려되어 온도를 강하 조업할 경우 예상되는 문제점을 쓰시오.

[정답] 듀 포인트(냉점, 노점) 발생

532 풀림 온도가 지나치게 높을 때 제품에 예상되는 문제점을 쓰시오.

[정답] 결정립이 조대화되어 가공 표면에 오렌지 필 현상이 나타난다.

533 전해 청정 작업에서 유지의 제거 상태를 검사하는 방법을 쓰시오.

[정답] 수절시험, 전기 도금법, 분무시험, 접촉각 시험, 형광 염료법

534 전기 청정 알칼리액에 계면 활성제를 병용하는 목적을 쓰시오.

[정답] ① 세척액의 침투력을 증대시키기 위해
② 기름과 오물을 유화 분산시키기 위해
③ 기름과 오물의 재부착 방지

535 노처(notcher)의 역할을 쓰시오.

[정답] 사이드 트리머에서 폭 조정을 용이하게 하기 위해 트리머 앞에서 판을 절단한다.

536 열선(heat scratch)의 발생 원인에 대하여 쓰시오.

[정답] (1) 원인: ① 고속, 고압의 압연에서 발생
② 가공 발열, 마찰 발열로 인한 표면 온도 상승
③ 유막의 열적 파단에 따른 국부적 금속 융착에서 발생
(2) 대책: ① 압연속도를 줄이고 압하량을 하향
② 롤 coolant 노즐 상태를 점검
③ 롤 표면 상태 점검

537 냉연 제품의 포장을 실시하는 목적 2가지를 쓰시오.

[정답] ① 운반 중의 흠 방지 ② 먼지 부착 방지 ③ 녹 발생 방지

538 스티커(sticker)의 발생 원인 2가지를 쓰시오.

[정답] ① 풀림온도가 규정보다 높을 때
② 열전대의 관리 불량일 때, 풀림시간이 규정보다 길어져서
③ 전청에서 과대한 장력으로 권취했을 때
④ 풀림 컨벡터 플레이트 평탄도 불량
⑤ 소재 형상 불량

539 과산세 되었을 때 스트립 표면에 발생하는 결함을 쓰시오.

[정답] 표면 거침, 오물(smut), 피트(pit) 산소부

540 냉연 강판의 대표적인 성형성 시험 방법(형식)에 대하여 쓰시오.

[정답] (1) 기초 시험법: 인장, 경도
(2) 모델 시험법
① 심가공성: 커핑시험
② 연신성: 에릭션, 올캔컵
③ 굽힘성: 굽힘시험
④ 연신−플랜지성: HER시험

541 황산의 폐액처리 방법 2가지를 쓰시오.

[정답] 중화, 냉각결정, 농축

542 슬립 마크가 발생하는 원인 2가지를 쓰시오.

[정답] ① 아이들 롤 회전 불량 ② 가감속 시 스피드 컨트롤 불량 ③ 압연유 유막강도 불량

543 롤 마크의 발생 주원인 2가지를 쓰시오.

[정답] ① 롤에 붙어있는 이물이 스트립 표면에 프린트된다.
② 각종 이물이 압연유, 프린트 중에 들어가 스트립에 흔적을 남긴다.
③ 롤 피로 시 발생한다.

544 풀림로 내부를 퍼지했을 때 노점이 생기는 이유를 쓰시오.

[정답] 노 온도 강하로 약간의 온도 차이가 생겨 O_2와 H_2가 결합하여 이슬이 발생한다.

545 냉간압연으로 생산되는 제품 2가지를 쓰시오.

[정답] 연질 강판, 고강도 강판, 용기용 강판, 기능형 강판

546 열연 코일 소재의 코일 외부의 밴드 제거 요령을 쓰시오.

[정답] 핫 코일을 염산 탱크에 침적시켜 표면의 산화물을 제거한다.

547 절단 칩을 일정 길이로 연속적으로 잘라내는 설비는?

[정답] 스크랩 초퍼, 사이드 트리머, 사이드 크리핑 시어

548 압연기에 사용하는 냉각수(또는 윤활유)는 무엇인가?

정답 광유 또는 유지로서 수용성 5~10% 용액, 유성 100% 원액을 사용한다.

549 압연기의 부속 설비인 롤의 재질은 무엇인가?

정답 주강, 단강, 합금주철

550 배치식 풀림작업에서 마지막 공정은 무엇인가?

정답 냉각

551 풀림로에서 사용하는 연료는 무엇인가?

정답 LNG, LPG

552 전해청정 설비에 사용되는 전해액을 쓰시오.

정답 NaOH(수산화나트륨), KOH(수산화칼륨), $2Na_2SiO_2$(올소규산화나트륨)

553 풀림에서 BAF는 무슨 방식인가?

정답 벨 타입으로 단순 스택 직화식 타이트 코일 풀림방식

554 동력전달장치는 어디에 연결되어 있는가?

정답 워크 롤

555 풀림온도가 높을 때 냉연 스트립에는 어떤 영향을 미치는가?

정답 재결정립이 조대화하고 가공 표면에 오렌지 필 현상이 발생한다.

556 풀림로에서 BAF의 균열온도는?

정답 580~750℃

557 사이드 크리핑 시어의 역할을 쓰시오.

정답 이폭 용접부의 절단

558 풀림 후 판 표면에 유색(청, 황, 흑)으로 변색되는 산화 변색의 발생 원인과 대책을 설명하시오.

정답 (1) 원인: ① 분위기 가스가 산화성일 때

② 이너 커버가 파손되어 공기가 흡입될 때
③ 풀림로 장탈 시에 이너 커버가 충격받을 때
(2) 대책: ① 분위기 가스 순도 유지
② 이너 커버 실링 유지
③ 노 장탈 시 센터 유지

560 알칼리에 의한 탈지의 원리를 3단계로 나누어 설명하시오.

[정답] ① 침윤 단계: 확장작용 ② 침투 단계: 탈지작용 ③ 유화분산 단계: 분산 유화작용

561 압연 시 장력과 압하력과의 관계를 설명하시오.

[정답] ① 전후방 장력을 크게 하면 중립점은 입구쪽으로 이동하고, 후방 장력을 크게 하면 역으로 된다.
② 전후방 장력은 압연 압력을 작게 만든다.
③ 압연력의 저하효과는 후방 장력이 크다.
④ 마찰계수가 크거나 압하율이 클 때는 장력에 의한 압연력 감소 효과가 크다.

562 방청유에 요구하는 성질을 3가지 쓰시오.

[정답] 방청능력, 탈지성, 작업성, 윤활성

563 냉연 박판의 제조 공정을 순서대로 쓰시오.

[정답] 산세 → 냉간압연 → 표면청정 → 조질압연

564 전해청정에서 사용하는 용접기를 쓰시오.

[정답] 심 용접

565 산세 작업 중 중간 방청유를 도포하는 이유를 쓰시오.

[정답] 산화 방지, 변색 방지, 가스 침입 방지

566 냉연 스트립의 염산 산세 후 스트립 표면에 나타나는 녹 발생 원인 2가지를 쓰시오.

[정답] ① $FeCl_2$가 결정으로 남아서 발생한다.
② $FeCl_2$가 산소와 물이 존재하는 곳에서 $Fe(OH)_2$으로 생성되어 발생한다.

567 냉간압연 작업 시 가속할 경우 주의사항은 무엇인가?

[정답] 자역(과대 장력 유무), 압하량, 각 스탠드의 암페어, 오프 게이지를 최대한 줄일 것

567 냉간압연 워크 롤의 내표면 균열성을 향상시키기 위해 첨가되는 원소를 쓰시오.

[정답] Cr, Mo, Co

568 냉연 풀림로의 분위기 가스인 HNX가스의 성분은 무엇인가?

[정답] 질소(N_2) 96% + 수소(H_2) 4%

569 조질압연 시 표면 결함인 핀처(pincher) 결함의 발생 원인을 쓰시오.

[정답] ① 압연 시 장력 불균일　② 압하율 불균일　③ 스트립 형상 불량
④ 두께 편차가 큰 경우　⑤ 판의 센터링 불량　⑥ 롤 크라운 불량

570 냉연 강판의 기름얼룩이 발생한 공정을 쓰시오.

[정답] 탈지, 청정 작업 불량 시

571 냉간압연 시 전에 실시한 산세 공정에서 판파단의 원인을 쓰시오.

[정답] 과산세, 용접 불량, 미산세, 캠버, 전후 코일 간 두께 편차 또는 폭 편차, 소재의 결함
(스크랩, 홀, 이물질 등)

572 압연유의 요구 조건을 쓰시오.

[정답] ① 윤활성이 양호
② 유성 및 유막강도가 클 것
③ 압연재의 사상면에 영향이 없을 것

573 빌드 업은 냉연 공정에서 어떤 불량이 발생하는가?

[정답] 형상 불량으로 제품 품질 하락, 풀림 시 압착 및 밀착 발생

574 배치식 풀림로 작업에서 코일 센터부가 풀림이 덜 되어 단단한 부분이 생기는 경우가 있다. 이러한 부분을 무엇이라 하는가?

[정답] 냉점(dew point)

575 냉간압연하기 전 산세에서 예비도유(pre coating)하는 목적을 쓰시오.

[정답] ① 슬립 결함 방지
② 압연 윤활유 보조 역할
③ 압연대기 중 방청 효과

576 냉연 산세 공정에서 발생하는 린스 마크란 무엇인가?

정답 산세 탱크 내 스트립이 정지하는 구간에서 발생하는 얼룩 마크이며, 산세작업 중 라인이 정지하거나 린스 후 건조 불량으로 산화피막이 형성되는 결함이다.

577 스케일 제거 요령을 설명하시오.

정답 산이 담긴 피클링 탱크에 스트립을 통과시키면서 산을 스트립 표면에 고온 고압으로 분사하면서 스케일을 제거한다.

578 핀치 롤의 역할을 쓰시오.

정답 굴곡이 심한 코일의 윗부분과 끝부분을 편평하게 펴주어 통판이 잘 되도록 하는 보조 장치이다.

579 압연 하중을 직접 측정하는 장치의 명칭을 쓰시오.

정답 로드 셀

580 냉간압연 시 스탠드 간 장력을 측정하는 센서는 무엇인지 쓰시오.

정답 텐션 피크 업 롤

581 롤에 덜(dull) 가공을 하는 목적을 쓰시오.

정답 표면의 성상을 조절할 때

참고 덜 가공: 롤 표면의 중앙 부위를 거칠게 가공하는 것으로 연마석으로 연마 후, 주로 숏 블라스트 가공에 의해서 요철 표면을 균일한 면으로 다듬질한 후 롤로 압연할 때 가공하는 것

582 풀림로 중 배치 풀림에서 사용되는 컨벡터판의 역할에 대하여 쓰시오.

정답 ① 적재 코일과 코일 사이의 간격을 유지하여 가스의 흐름을 원활하게 하여 열전달을 양호하게 한다(주기능).
② 적재 코일의 에지부 손상을 방지한다(부수적 기능).

583 이너 커버(inner cover)의 역할에 대하여 쓰시오.

정답 벨 아웃 후 서랭시키며 재결정 성장을 유지하고, 대기 침투에 의한 결함을 방지한다.

584 연속식 풀림로에서 가열대는 어디인가?

정답 가열된 라디안트 튜브의 복사열에 의해 스트립을 소정의 온도까지 가열해주는 곳

585 사이드 크리핑 시어의 역할을 쓰시오.

[정답] 이폭 용접부의 절단

586 황산의 폐액 처리 방법 2가지를 설명하시오.

[정답] 중화, 냉각 결정, 농축

587 농축 폐산을 연소시켜 산화철과 염화수소 가스를 발생시키는 곳은?

[정답] 배소로(roaster) 내의 세퍼레이터(separator)

588 오일을 분무 상태로 뿜어(압축공기 이용) 윤활하는 방식은?

[정답] CR-CAL

589 냉연 코일의 절단 조작 방법을 설명하시오.

[정답] ① 연속 절단법: 생산성 향상
② 정지 절단법: 절단 길이가 정확해야 함

590 조질압연 시 표면 결함인 핀처(pincher)의 결함의 원인을 쓰시오.

[정답] ① 압연 시 형상 불량   ② 두께 편차가 큰 경우
③ 판의 센터링 불량   ④ 롤 크라운 불량
[참고] 핀처 결함: 판에 국부적으로 발생한 주름이 겹쳐져서 나뭇가지 모양의 결함 발생

591 냉연 강판의 기름 얼룩은 어느 공정에서 생기는가?

[정답] 탈지, 청정 작업 불량 시 발생

592 열간 스카핑이란?

[정답] 아세틸렌 가스, 프로판 가스, CO 가스를 보조 연료로 하고 산소를 강판 표면에 고속으로 분사시켜 표층부를 산화제거하는 방법

593 풀림 작업 시 재결정 변화 단계를 설명하시오.

[정답] 회복 → 재결정 → 결정입자 성장

594 냉연 스트립에 중파가 발생하였다. 롤 크라운과 압연력을 어떻게 조정해야 하는가?

[정답] ① 롤 크라운: 감소 ② 압연력: 증가

595 AGC(automatic guage control) 기능을 쓰시오.

정답 후 공정이 원하는 압연 두께를 자동으로 조절하는 장치

596 강판의 항복 연신 제거, 평탄도 조정, 조도를 부여하는 공정은 무엇인지 쓰시오.

정답 스킨 패스(#2 스탠드)

597 센지미어 압연기는 몇 개의 구동 롤이 있는가?

정답 20개

598 스트레처 스트레인의 결함을 지적하고 발생 원인을 쓰시오.

정답 (1) 결함: 풀림한 상태로 프레스 가공할 때 발생하는 것
　　 (2) 발생 원인: 풀림한 판의 항복점에서 변형의 원인(항복점 변형)

599 냉연된 시트를 수출하고자 한다. 어떤 포장을 하여야 하는가?

정답 플라스틱 필름 도포

600 냉간압연 작업의 가속 시 주의해야 할 사항을 쓰시오.

정답 ① 루프 또는 과대 장력 주의
　　 ② 압하량 주의
　　 ③ 각 스탠드의 앰퍼(amper) 주의
　　 ④ 오프 게이지를 최대한 줄인다.

601 냉간압연기의 롤 크라운을 결정하는데 고려해야 할 사항을 설명하시오.

정답 롤 마멸, 비틀림, 열팽창

602 플라잉 시어의 역할을 쓰시오.

정답 판재 압연 시 빠른 속도로 진행하는 압연재를 일정한 길이로 절단하기 위해 압연 방향을 가로질러서 연속적으로 절단하는 장치

603 후 공정이 원하는 압연 두께를 만들기 위한 두께 제어 시스템 2가지를 쓰시오.

정답 ① 피드 백: 스트립 두께를 실측하여 압하장치로 피드백하는 방법
　　 ② 비즈타: 압하장치의 이동량 및 압연 하중을 측정하는 것에 의해 간접적으로 판 두께를 측정하는 방식

604 유압 플런저의 역할을 쓰시오.

[정답] 작업롤의 각각 대응하는 롤 초크 내에 설치하여 롤 밸런스를 유지시켜 주는 장치

605 사이드 트리밍 시어의 역할을 쓰시오.

[정답] 코일의 에지 부분을 규정된 폭으로 잘라 정돈한 작업을 하는 전단기

606 냉간압연 직후(열처리 전) 스트립의 연신율은 냉간압연 전과 비교할 때 어떻게 변화하는가?

[정답] 감소한다.

607 냉간압연에서 입측 장력을 조정해주는 설비는 무엇인가?

[정답] 텐션 브리들 롤(tension bridle roll)

608 냉간압연기에 사용하는 압연유 2가지를 쓰시오.

[정답] 광유, 유지

609 스테인리스강이나 고합금강을 냉간압연하고자 한다. 어느 압연기를 사용해야 하는가?

[정답] 센지미어 압연기

610 코일 스트리퍼의 역할을 쓰시오.

[정답] 판재압연 시 압연재가 롤에 감겨서 아래쪽으로 쳐지거나 위쪽으로 감겨 올라가는 것을 방지하기 위하여 설치하는 것

611 조질압연 시 덜 마크(dull mark) 결함이 발생하는데 그 원인과 대책을 설명하시오.

[정답] (1) 덜 마크: 판의 쇳가루가 뭉쳐져서 덩어리로 되어 롤에 묻은 판에 전사되어 있는 상태
   (2) 원인: ① 조질압연에서 덜 피니싱 작업 시 롤 수입 불량일 때
          ② 작업롤 및 스트립 표면 철분 및 기타 성분 박리
   (3) 대책: ① 스탠드 내부 청결 유지
          ② 폴리셔 상시 사용

612 풀림로 작업 중 가스 제너레이터에 이상이 발생하였다. 대책을 쓰시오.

[정답] ① 질소 저장탱크의 저장량 확인
   ② 베이스에 공급중인 분위기 가스의 유량 확인
   ③ 계기실과 연락 조치

613 냉연 스트립의 내부결함의 종류 3가지를 쓰시오.

[정답] 편석, 비금속 개재물, 파이프, 기공, 백점

614 냉간 압하장치에서 전동식보다 유압식을 사용하는 이유를 쓰시오.

[정답] ① 압하 응답속도가 빠르다.　② 롤 교환을 신속하게 할 수 있다.
　③ 압연속도 조절이 용이하다.　④ 패스 라인 조정이 용이하다.
　⑤ 밀 정수가 가변이다.　⑥ 정확한 압연 하중을 구할 수 있다.
　⑦ 사고에 대한 안정성이 향상된다.

615 냉간압연의 경우 압연유 점도는 100°F에서 20~40 CST를 사용하는데 만일 점도가 너무 높을 경우 어떠한 영향이 생기는가?

[정답] ① 냉각 불량　② 연신 불량　③ 풀림 불량에 의한 기름얼룩 발생 우려

616 연속 풀림 과정에서 텐션 불균일 및 형상 불량, 두께 불균일 등에 의해 중심부 판 쏠림에 의해 나타나는 결함은 무엇이며, 그 대책을 설명하시오.

[정답] (1) 결함: 히트 버클(heat buckle)
　(2) 대책: ① 소재 형상 개선　② 라인 트러블 방지　③ 적정 장력 및 스피드 유지

617 냉간 압연 시 롤 바이트 내 윤활기구 방식을 쓰시오.

[정답] 유체윤활과 경계윤활 공존

618 전기 청정법에서 음극 청정이란 무엇이며 이때 발생하는 가스는 무엇인가?

[정답] ① 음극 청정: 스트립의 성질을 음극으로 한 것
　② 발생 가스: 수소

619 냉간압연 중 슬립에 의한 소화사고에 의해 롤 표면이 손상, 균열되거나 스폴링이 발생되는데 이 소화사고의 원인은?

[정답] ① 담금질시 잔류응력이 존재
　② 담금질 시 열충격 존재
　③ 압연재 풀림에 의한 뜨임작용으로 체적변화가 생겨 인장응력이 발생

620 냉간압연 워크 롤의 내표면 균열성을 향상시키기 위해 첨가하는 원소는 무엇인가?

[정답] Cr, Mo, Co 등

621 산세 공정에서 산세한 제품의 성상에 미치는 인자 3가지를 쓰시오.

정답 ① 산세 탱크 내 온도 ② 산세 탱크 내 농도 ③ 산세 시간

622 숏블라스트를 하는 목적을 쓰시오.

정답 ① 표면 강도 증대, 표면 스케일 제거
② 충격 강도 증대, 표면 도장의 전처리
③ 피로 강도 증대, 응력 부식 방지

623 전해청정에서 탈지제로 사용되는 것은 무엇인가?

정답 $2Na_2O_3$, SiO_2

624 배치 풀림로에서 코일 풀림 작업 시 중량이 같을 때 바깥지름의 크기는 어느 쪽이 용이한가?

정답 바깥지름이 큰 쪽이 풀림이 잘 된다.
참고 열전달은 상하가 잘 되기 때문이다.

625 냉간압연 입측에서 코일의 폭을 자동으로 조절해주는 장치는?

정답 포토 셀

626 분무 배소법이란?

정답 산세에서 발생된 폐산을 농축조에서 가열하여 농축산으로 변화시켜 반응로 내에서 고압으로 고온의 HCl가스와 산화제2철로 분해하여 재생하는 것

627 풀림로에서 컨벡터의 역할을 쓰시오.

정답 ① 상풀림로(BAF)에 적치 작업 시 코일과 코일 사이에 삽입된다.
② 분위기 가스를 유동시켜 가열과 냉각을 촉진
③ 가스의 흐름을 조정하여 코일 온도의 균일화 유지

628 산세 공정에서 코일의 권취 상태가 가장 나쁜 지점은 어느 곳인가?

정답 용접부

629 산세 공정에서 염산의 농도와 온도는 얼마 정도로 유지해주어야 하는가?

정답 농도: 15~18%, 온도: 80~90℃

630 산세 용접부가 압연 시 판파단이 발생되는 이유를 쓰시오.

[정답] ① 용접부의 경도가 과대한 경우　② 용접 자체의 결함
③ 전후 코일의 두께 편차　④ 캠버 등의 발생으로 인한 센터링 불량

631 입측 텐션 브라인드 롤의 역할을 쓰시오.

[정답] 페이 오프 릴과 밀 스탠드 사이에 일정하고 높은 장력을 제공하며, 디플렉터 롤의 역할을 수행한다.

632 오일러의 역할을 쓰시오.

[정답] 스트립 표면에 방청유 도유하여 부식을 방지한다.

633 작업 중 운전자가 원하는 장력이나 두께를 얻고자 조정하는 것은?

[정답] 텐션 측정 롤

634 압연 중 롤의 종합 프로파일(크라운)을 구성하는 프로파일(크라운) 4가지를 쓰시오.

[정답] ① 보디 크라운: 롤의 휨에 의해
② 에지 드롭: 롤의 편평에 의해
③ 웨지: 롤의 편평도 불량, 슬래브의 편열, 통판 중 판이 한쪽으로 치우침
④ 하이 스폿: 롤의 이상 마모, 국부적인 롤의 열팽창

635 판 표면에 흑색, 갈색 등으로 오염되어 문질러도 잘 지워지지 않는 결함이 발생하였다. 결함의 명칭, 원인과 대책을 쓰시오.

[정답] (1) 명칭: 오일 스테인
(2) 원인: ① 냉연 시 작동유 또는 SCUM이 스탠드 사이에 들어가 코일 온도로 소부되어 침투 ② 압연유 Fe 농도가 높을 때
(3) 대책: ① 윤활유 등 누유방지 및 에어 위핑 철저　② 입연유 관리 철저

636 도금할 냉연 스트립 제조에 사용되는 롤 표면 가공 형태는 어떤 것이 좋은가?

[정답] bright

637 산세 공정 중 용접 작업자가 체크해야 할 사항을 쓰시오.

[정답] ① 용접 시 플래시 과정의 전류 밀도　② 업 세팅 과정의 전류 밀도
③ 업 세팅 압력　④ 플래시 상태: 불꽃의 진행속도

638 슬리터란 무엇인가?

[정답] 냉연 박판을 폭이 좁은 여러 대상의 세로 방향으로 절단하는 설비

639 DR 압연이란 무엇인가?

[정답] 냉간압연 후 조질압연을 거치지 않고 압하율을 20~50% 정도로 약하게 냉간압연하여 박판이 요구하는 기계적 성질과 강도를 개선하기 위한 압연 방법

640 조질압연 공정이 박판 전단 작업 시 칼날(환도)의 교환 시기에 대하여 3가지를 쓰시오.

[정답] ① 칼날 마모 시
② 제품 측면 절단 불량 시
③ 박판에서 후판으로 변경 시 교체주기가 된 경우

641 조질압연 공정에서 중파, 이파의 불량 발생 시 롤에 기인하는 요인을 쓰시오.

[정답] ① 워크 롤 ② BUR 초기 크라운 부적정 ③ 롤 마모 ④ 롤 온도 분포의 불균일

642 산세 공정 입출측에서 양호한 코일의 권취를 위해 사용하는 장치는?

[정답] EPC(edge position control), CFC(center position control)

643 산세 공정에서 텐션 브리들 롤의 역할은?

[정답] ① 장력 부여   ② 평탄도 및 형상의 부분적 개선
③ 슬립 방지   ④ 스트립의 이동을 원활하게 함

644 루핑 피트(looping pit)의 기능을 쓰시오.

[정답] ① 라인의 속도 밸런스 조정
② 급격한 가감 속에 의한 결함 발생 방지

645 FEVS(fume exhaust ventirator system)의 역할을 쓰시오.

[정답] 전해청정 설비에서 전기분해 시 발생하는 산소, 수소 등이 옥외로 방출되어 폭발의 우려가 있는데 이를 방지하기 위한 설비

646 염산 사용 시 철분의 농도에 따라 탈 스케일 조건은 어떻게 변하는가?

[정답] 철분이 증가하면 산세농도는 증가하나 염화철의 석출 한계선을 넘으면 산세농도는 감소한다.

647 고속 고압하의 냉간압연기에 적당한 작업롤 베어링은?

[정답] 테이퍼 롤러 베어링

648 고속 고압하의 냉간압연기에 적당한 받침롤 베어링은?

[정답] 롤러 베어링, 유막 베어링

649 작업롤 베어링은 어떤 종류를 사용하는가?

[정답] 메탈계, 합성수지계

650 산세 용접부가 압연 중에 파단되는 원인을 쓰시오.

[정답] ① 용접 전후의 경도 차가 클 때
② 용접 불량일 때
③ 코일 캠버가 발생할 때
④ 두께 편차가 클 때

651 냉간압연 공정에서 산세의 목적을 쓰시오.

[정답] ① 열간압연 강판 표면의 스케일 제거
② 산세한 스트립 표면에 프리 코트 오일 도유
③ 코일을 용접하여 코일의 대형화, 연속화
④ 불량 부분의 제거
⑤ 규정 폭으로 사이드 트리밍 실시
⑥ 권취 형상 개선

652 조질압연 시 나타나는 표면 결함인 피치 트리의 발생 원인을 쓰시오.

[정답] ① 장력 불량　　　　② 판의 형상 불량　　　　③ 롤 크라운
④ 판의 두께 편차 불량　⑤ 판의 센터링 불량

653 조질압연 시 나타나는 결함인 스티커에 대하여 쓰시오.

[정답] 풀림온도가 너무 높거나 보정시간이 길 때 코일이 국부적으로 밀착하여 조질압연 시 밀착부가 떨어지면서 생기는 흠

654 조질압연 공정에서 박판 전단 작업 시 환도의 교환 시기는?

[정답] ① 칼날이 마모된 경우　　　　② 교체 주기가 된 경우
③ 제품 측면의 절단이 불량한 경우　④ 박판에서 후판으로 변경할 경우

655 스킨 패스란 무엇인가?

정답 스트립을 상온까지 냉각시킨 다음 0.1~1.0% 정도로 가벼운 냉간압연을 행함으로써
각종 성질의 개선을 목적으로 하는 조질압연

656 산세 작업 전에 POR에서 물을 뿌려 작업하는 이유를 쓰시오.

정답 스트립 표면의 스케일이나 먼지 등을 제거하기 위함이다.

657 산세 입측 POR의 기능을 쓰시오.

정답 ① 코일을 풀어준다. ② 장력을 부여한다. ③ 센터링을 유지한다.

658 냉연 설비의 플라잉 시어의 속도와 스트립의 속도가 맞지 않을 때 일어나는 현상은?

정답 스트립의 직각도가 불량으로 나타난다.

659 냉연 연속 풀림로의 특징을 쓰시오.

정답 ① 풀림시간이 짧아 대량생산에 적합하다.   ② 가열 및 냉각속도가 빠르다.
③ 피가열물의 균열 가열이 가능하다.   ④ 실수율이 향상된다.

660 연속 풀림 시 판파단의 발생 원인은?

정답 ① 에지 크랙 ② 캠버 ③ 두께 불량

661 조질 공정 시 귀곱쇠의 발생 상황과 원인에 대하여 쓰시오.

정답 (1) 발생 상황: 압연 직각방향으로 주름 형태가 발생한다.
  (2) 원인
    ① 에지 부분에 장력이 과다
    ② 코일의 장력이 느슨한 경우

662 기름얼룩은 압연에서부터 풀림 시 압연유 분이 탄화된 것이다. 이 원인을 쓰시오.

정답 ① 풀림 작업 시 너무 서서히 가열한 경우
② 기름 증발 온도보다 가열 온도가 낮은 경우
③ 고비등점유가 혼입된 경우

663 냉연 스트립의 기계적 성질을 검사하는 항목을 쓰시오.

정답 인장강도, 연신율, 에릭션 값, 경도, 굽힘 시험값

664 풀림 작업 시 콜드 포인트를 없애기 위하여 노온을 높여 조업을 할 경우 발생되는 결함은?

[정답] 판 부풀음

665 냉간압연에서 압하장치의 이동량 및 압연하중을 측정하는 것에 의해 간접적으로 두께를 측정하는 AGC방식은?

[정답] 비즈타 방식

666 산세 능력을 좌우하는 인자를 쓰시오.

[정답] ① 산 층의 영향: 염산 30% 정도
② 산 농도가 높을수록 산세 능력 향상
③ 온도가 높을수록 향상
④ 철분의 영향
⑤ 강종의 영향

667 냉간압연 표면 사상의 종류 3가지를 쓰시오.

[정답] ① bright finishing: 입도가 낮은 연마석으로 연마된 반반한 롤로 압연한 것
② dull finishing: 연마석으로 연마 후 표면을 균일한 요철상으로 만든 롤로 압연한 것
③ emboss finishing: 70~120μm 정도의 요철 롤로 압연한 것

668 냉연 스트립의 내부 결함을 쓰시오.

[정답] 편석, 비금속 개재물, 기공, 파이프, 백점

669 냉연 스트립에 중파 발생 시 조치사항을 쓰시오.

[정답] ① 롤 크라운: 감소 ② 압연력: 증가

670 냉연 소재인 핫 코일의 품질 요건을 쓰시오.

[정답] ① 치수와 형상이 일정할 것
② 재질이 균일할 것
③ 표면에는 제거하기 쉬운 스케일을 가질 것

671 산세 공정에서 회수율 하락에 영향을 미치는 요인을 쓰시오.

[정답] ① 사이드 트리밍 로스
② 크롭 시어 스크랩 로스
③ 스케일 로스

672 염산 산세 후 세척, 건조를 거치는 동안 세척 및 건조 불량으로 녹이 발생하였다. 이 녹의 성분은 무엇인가?

정답 $Fe(OH)_3$

673 산세 공정에서 스크래치가 발생할 경우 점검해야 할 사항은 무엇인가?

정답 ① 스티어링 롤 ② 텐션 브리들 롤 ③ 핀치 롤

674 조질압연 시 코일의 적정온도 이상 또는 이하일 경우 어느 부분에 영향을 주는가?

정답 ① 기준 온도 이하일 경우: 에지 웨이브
② 기준 온도 이상일 경우: 센터 웨이브

675 냉연 풀림로의 형식 중 직화식의 장단점을 쓰시오.

정답 (1) 장점: ① 생산능률 향상 ② 원단위 양호
(2) 단점: ① 이너 커버의 수명이 짧다. ② 균일가열이 어렵다.

676 전해청정 공정에서 알칼리 탈지 작업 중 경수(hard water)를 사용할 경우 제품에 미치는 영향을 쓰시오.

정답 Mg, Ca 이온에 의한 반응으로 불용성 비누를 만들어 스트립 표면에 얼룩이 발생한다.

677 배치식 풀림로에서 이너 커버에 corrugated type이 많이 사용되는 이유는 무엇인가?

정답 접촉면적을 넓게 하여 균일한 풀림을 하기 위하여

678 사이드 트리밍 작업 시 갭 설정치보다 클 때 발생하는 현상을 쓰시오.

정답 ① 전단면이 감소 ② 전단면의 형상 불량(버 증가) ③ 나이프 마모 증가

679 황산 산세의 경우 입측 조의 철분 농도가 과대한 경우 조치 사항을 쓰시오.

정답 ① $FeSO_4$가 침전하여 산액 오염도가 증가한다.
② 65g 1/2 이상으로 철분을 억제해야 한다.

680 배치 풀림로에서 장시간 풀림할 경우 스트립 표면에 흑연이 석출되는데, 흑연의 석출방지를 위한 방법을 쓰시오.

정답 ① 수소 농도를 상향 조정한다. ② 풀림온도를 하향 조정한다.
③ 풀림시간을 감소시킨다.

681 풀림 작업 시 코일 포인트를 없애기 위해 노온을 높여 조업할 경우 예상되는 결함은 무엇인가?

정답 소부(sticker)

682 압연유의 점도가 높을 경우 어떤 현상이 나타나는가?

정답 ① 냉각 불량 ② 연신 불량 ③ 풀림 불량으로 기름얼룩 발생

683 냉연 전 산세 공정에서 예비도유(pre-coat)를 실시하는 이유를 쓰시오.

정답 ① 슬립 방지 ② 압연 윤활유 보조 역할 ③ 압연 대기 중 방청 효과

684 사이드 트리밍 작업 시 LAP 설정치보다 클 때와 작을 때의 발생 현상을 쓰시오.

정답 ① 클 때: 전단면비 증가, 버 증가, 마모 증가, 절단면의 경도 증가
② 작을 때: 사이드 트리밍 불가
③ 대책: LAP 설정은 전단력이 급격히 증가하지 않는 범위 내에서 사이드력이 감소되도록 설정한다.

685 탈지 작업에서 알칼리에 의한 탈지의 원리를 쓰시오.

정답 ① 침유(확장 작용) ② 침투(탈지 작용) ③ 유화 분산(분산 유화 작용)

686 냉연 풀림 공정에서 링거 롤(wringer roll)이란 무엇인가?

정답 ① 링거 롤은 내부 철에 고무를 입힌 롤이며, 랜(ran) 재질은 네오프렌 고무이다.
② 린스 후의 수절 롤이며, 롤 압하력은 수절성 및 롤 수명에 영향을 준다.
③ 압하력을 크게 하면 수절성은 향상되나 고무의 내부 발열에 의해 수명이 저하된다.

687 냉간압연을 하면 재료의 조직이 섬유조직으로 된다. 이 섬유조직이 재료에 미치는 영향을 쓰시오.

정답 ① 냉연 재료는 이방성을 나타낸다.
② 기계적 성질도 방향성을 나타낸다.
③ 강도, 경도, 항복점은 증가한다.
④ 연신율, 도전율, 인성은 감소한다.

688 핫 코일의 상부와 하부의 두께 편차 발생 시 냉연 PCM에서 나타나는 현상을 쓰시오.

정답 ① 두께 편차에 의한 두께 헌팅 발생 ② 용접부 파단
③ 꼬임 트러블(핀치 트러블, 핀치 트리 등) 발생 ④ 압연 시 슬립 발생

689 산세 입측에서 크롭 시어의 전단 상태가 직각이 되도록 하는 장치는 무엇인가?

[정답] 사이드 가이드, 센터링 디바이스

690 부식억제제(inhibitor)에서 요구되는 성질을 쓰시오.

[정답] ① 산세시간을 지연시키지 않을 것
② 스트립 표면에 불순물이 부착되지 않을 것
③ 고온상태에서 안정성을 유지할 것
④ 산화수 설비에 영향이 없을 것
⑤ HCl 농도 및 온도에 관계없이 용해성이 좋을 것

691 냉연 간판의 형상에 영향을 주는 인자를 쓰시오.

[정답] (1) 소재의 영향
① 소재의 판 두께 변동
② 소재의 폭 방향 또는 길이 방향의 경도 변화
③ 소재(열연 코일)의 형상
(2) 냉연 자체의 영향
① 롤 크라운
② 스탠드별 압연 작업 스케줄
③ 압연 하중, 압연 온도, 압연유 상태 등

692 산세 공정에서 텐션 스트레치 레벨 유닛은 무엇인가?

[정답] 산세 전 스트립의 메커니컬 스케일 브레이킹 및 판의 형상 교정을 하는 장치

693 산 재생 공정 관리의 핵심이 되는 것은 무엇인가?

[정답] 배기가스를 빨아들이는 배기판에 의한 부압(마이너스압)에 있으며, 이 부압 관리를 어떻게 잘 관리하느냐가 중요하다.

694 연속 풀림 방식의 열처리 과정을 쓰시오.

[정답] 급열 → 단시간 균열 → 서랭 → 급랭 → 과시효 → 냉각

695 배치 풀림 방식에서 적재 코일과 코일 사이의 간격을 유지하고 가스의 흐름을 원활히 하여 열전달을 양호하게 하는 장치는 무엇인가?

[정답] 컨벡터

696 전해청정에서 알칼리 용액의 온도가 높을 경우 세정성 향상에 어떤 영향을 주는가?

정답 ① 액체 부착물의 점도 저하
② 전기전도도 증가
③ 검화반응의 촉진
④ 이물질의 재부착 방지

697 냉연 제품에 조도를 부여하는 목적은 무엇인가?

정답 ① 표면 미려
② 도금 시 금속 부착성 용이
③ 도장성 개선
④ 스폿 용접 용이
⑤ 가공성 향상
⑥ 프레스 윤활성 양호
⑦ 표면 결함 완화

698 냉연 연속 풀림로의 특징을 쓰시오.

정답 ① 풀림시간이 짧아 대량생산에 적합하다.
② 가열 및 냉각속도가 빠르다.
③ 피가열물은 균열가열이 가능하다.
④ 실수율이 향상된다.

699 스킨 패스 압연 후 기계적 성질의 변화를 쓰시오.

정답 ① 연신율: 조금씩 감소
② 인장강도: 조금씩 증가
③ 항복점: 압하율 1.0% 부근에서 저하 후 점점 증가
④ 항복점 연신 현상: 압하율 1.0% 부근에서 급격히 저하하고 3.0% 이하에서는 거의 없어진다.

700 코일의 표면이나 귀부분의 흑색 또는 백색으로 표면이 거칠게 되어 나타나는 결함은 무엇이며 원인과 대책을 쓰시오.

정답 (1) 결함 명칭: 탄소 침적(흑연 검출)
(2) 원인: ① 코일에 붙어 있던 압연유가 풀림 과정에서 탄화
② 강중 고용탄소가 강판 표면 쪽으로 확산되어 장시간 풀림 시 표면에 나타나는 것
(3) 대책
① 탄화물 형성 원소(Cr 등) 첨가

② 전청 시 MBT-Na 스프레이(황화합물계)
③ 수소 농도 상향 조정
④ 풀림온도 하향 및 풀림시간 감소

701 산세 공정 중 미산세 발생 원인을 쓰시오.

정답 ① 용접부 재질 불량 및 형상 불량
② 산 탱크 온도 및 농도 불량

702 황산 산세의 특징을 쓰시오.

정답 ① 스케일 표층과의 반응이 느리다.
② 산세조에 들어가기 전에 스케일 파괴 공정이 필요하다.
③ 황산과 FeO층, 지철이 반응하여 수소가스가 발생한다.

703 냉간압연 시 압연유의 점도가 낮을 경우 발생하는 현상을 쓰시오.

정답 ① 마찰계수
② 롤 마모축
③ 피압연재 피로 증가로 표면 불량
④ 압하 곤란

704 전해청정 설비 중 AD 탱크는 무엇인가?

정답 알칼리 덩크 탱크는 화학탈지를 위한 스트립 침적 탱크로 알칼리염과 미량 첨가된 계
면활성제가 검화(비누화) 작용과 무화 작용을 일으켜 판 표면에 묻은 유지류를 제거하
는 장치

705 조질압연에서 각 스탠드별 목적을 쓰시오.

정답 ① #1 스탠드(재압연): 일정량의 연신율 얻음
② #2 스탠드(스킨 패스): 원하는 스트립 표면조도에 맞는 워크 롤을 사용하여 스트립
조 도 확보 및 평탄도 교정 실시

706 조질압연 설비에서 벨트 래퍼(wrapper)는 무엇인가?

정답 텐션 롤의 맨드릴에 감겨 스트립의 초기 권취율 인도

707 사이드 트리밍의 불량 원인에 대하여 쓰시오.

정답 ① 나이프 조정 불량

② 나이프 재질 불량
③ 나이프 마모 과대
④ 소재 형상 불량
⑤ 나이프 이물질 부착
⑥ 과랭 소재 절단

708 배치식 풀림로에서 타이트 코일을 단면적으로 풀림하는 경우 코일 전체를 균일하게 풀림하는 것이 곤란한데 이 가운데서 가장 승온이 낮은 부분을 무엇이라 하는가?

[정답] 냉점

709 냉연 박판을 절단하는 기구는 크게 3가지 형태가 있다. 각 형태별 특징을 쓰시오.

[정답] (1) 회전 드럼형
① 회전 운동을 하므로 관성력이 적고 고속운전이 용이하다.
② 칼날의 조정이 어렵다.
③ 미스 컷이 복잡하다.
④ 전단 범위가 좁다.
(2) 회전 크랭크형
① 칼날이 수직 상태로 운동하므로 후판의 짧은 첫 전단 시 유리하다.
② 미스 컷이 복잡하다.
(3) 왕복 크랭크형
① 미스 컷을 자유로이 행할 수 있다.
② 전단 범위가 넓다.

2. 필기 기출문제

1. 자기 변태점이 없는 금속은?

① 철(Fe) ② 주석(Sn)

③ 니켈(Ni) ④ 코발트(Co)

해설 자기 변태 금속: 철(Fe), 니켈(Ni), 코발트(Co)

2. 다음 중 탄소함유량(%)이 가장 많은 것은?

① 순철 ② 공석강

③ 아공석강 ④ 공정주철

해설 공정주철: 4.3%

3. 주로 철강용 부식액으로 사용되는 것은?

① 황산용액 ② 질산용액

③ 염화제이철용액 ④ 질산알코올용액

4. 황동 중 60%Cu+40%Zn 합금으로 조직이 α $+\beta$이므로 상온에서 전연성은 낮으나 강도가 큰 합금은?

① 문쯔메탈(Muntz metal)

② 두라나메탈(Durana metal)

③ 길딩메탈(Gilding metal)

④ 애드미럴티메탈(admiralty metal)

해설 문쯔메탈(Muntz metal): 60%Cu+40%Zn 으로 구성된 합금으로 강도가 크며 열교환기, 열간단조품, 볼트, 너트 등에 사용된다.

5. 구리에 대한 설명 중 틀린 것은?

① 비중은 약 8.90이다.

② 용융점은 약 1083℃이다.

③ 상온에서 체심입방격자이다.

④ 전기 및 열의 양도체이다.

해설 상온에서 면심입방격자이다.

6. 주석 또는 납을 주성분으로 하는 베어링용 합금은?

① 우드메탈 ② 화이트메탈

③ 캐스팅메탈 ④ 오프셋메탈

7. Al-Cu-Si가 알루미늄 합금으로써 Si를 넣어 주조성을 개선하고 Cu를 넣어 절삭성을 좋게 한 주물용 Al합금을 무엇이라 하는가?

① 라우탈 ② 실루민

③ Y-합금 ④ 하이드로날륨

8. 다음 중 비중이 4.54, 용융점은 약 1670℃, 비강도가 높고, 약 550℃까지 고온성질이 우수하며 내식성이 뛰어나 특히 산화물, 염화물 매체에서 뿐만 아니라 모든 자연환경에서의 내식성이 양호한 금속은?

① 티탄(Ti) ② 주석(Sn)

③ 납(Pb) ④ 코발트(Co)

해설 비중이 4.54, 용융점은 약 1670℃, 비강도가 높고, 약 550℃까지 고온성질이 우수하며 내식성이 뛰어난 합금은 티탄이다.

9. 전자 강판에 요구되는 특성을 설명한 것 중 옳은 것은?

① 철손이 커야 한다.

② 포화자속밀도가 낮아야 한다.

③ 자화에 의한 치수 변화가 커야 한다.

④ 박판을 적층하여 사용할 때 층간 저항이 높아야 한다.

10. 주철의 물리적 성질 중 틀린 것은?

① 비중은 흑연이 많을수록 (C, Si 함유량) 작아진다.

② 흑연이 많을수록 (C, Si 함유량) 용융점은 낮아진다.

③ Si, Ni량이 증가하면 전기비저항이 높아진다.

④ 흑연편이 클수록 자기감응도가 좋아진다.

해설 흑연편이 클수록 자기감응도가 낮다.

11. 강을 열처리하여 얻은 조식으로써 경도가 가장 높은 것은?

① 페라이트   ② 펄라이트

③ 마텐자이트   ④ 오스테나이트

해설 마텐자이트 > 오스테나이트 > 펄라이트 > 페라이트

12. 강을 그라인더로 연삭할 때 발생하는 불꽃의 색과 모양에 따라 탄소량과 특수 원소를 판별할 수 있어 강의 종류를 간편하게 판정하는 시험법을 무엇이라 하는가?

① 굽힘시험   ② 마멸시험

③ 불꽃시험   ④ 크리프시험

해설 불꽃시험: 불꽃의 색과 모양으로 강종을 간편하게 판별할 수 있다.

13. 도형이 단면임을 표시하기 위하여 가는 실선으로 외형선 또는 중심선에 경사지게 일정 간격으로 긋는 선은?

① 특수선   ② 해칭선

③ 절단선   ④ 파단선

14. 제도에서 치수 기입법에 관한 설명으로 틀린 것은?

① 치수는 가급적 정면도에 기입한다.

② 치수는 계산할 필요가 없도록 기입해야 한다.

③ 치수는 정면도, 평면도, 측면도에 골고루 기입한다.

④ 2개의 투상도에 관계되는 치수는 가급적 투상도 사이에 기입한다.

해설 치수는 가급적 정면도에 기입한다.

15. 제도 용구 중 디바이더의 용도가 아닌 것은?

① 치수를 옮길 때 사용

② 원호를 그릴 때 사용

③ 선을 같은 길이로 나눌 때 사용

④ 도면을 축소하거나 확대한 치수로 복사할 때 사용

16. 대상물의 표면으로부터 임의로 채취한 각 부분에서의 표면거칠기를 나타내는 기호가 아닌 것은?

① Stp   ② Sm

③ Sy   ④ Sa

해설 표면거칠기: Sm, Ry, Ra

17. 축에 플리, 기어 등의 회전체를 고정시켜

축과 회전체가 미끄러지지 않고 회전을 정확하게 전달하는 데 사용하는 기계요소는?

① 키 　　　　 ② 핀
③ 벨트 　　　　 ④ 볼트

18. 반지름이 10mm인 원을 표시하는 올바른 방법은?

① t10 　　　　 ② 10SR
③ φ10 　　　　 ④ R10

해설 두께: t, 지름: φ, 반지름: R

19. 가공에 의한 커터 줄무늬가 거의 여러 방향으로 교차일 때 나타내는 기호는?

① ⊥ 　　　　 ② M
③ R 　　　　 ④ X

20. 다음 그림의 투상도 중에서 화살표 방향에서 본 정면도는?

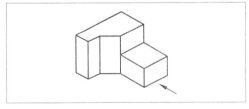

 ①
 ②
 ③
 ④

21. 다음과 같이 물체의 형상을 쉽게 이해하기 위해 도시한 단면도는?

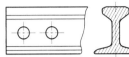

① 반 단면도
② 부분 단면도
③ 계단 단면도
④ 회전 단면도

22. 도면에서 가상선으로 사용되는 선의 명칭은?

① 파선
② 가는 실선
③ 일점쇄선
④ 이점쇄선

23. [보기]의 재료기호 표시에서 밑줄 친 부분이 의미하는 것은?

─────| 보기 |─────

KS D 3752 SM<u>45C</u>

① 탄소 함유량을 의미한다.
② 제조 방법에 대한 수치 표시이다.
③ 최저 인장강도가 45kgf/mm²이다.
④ 열처리 강도 45kgf/cm²를 표시한다.

해설 SM: 기계구조용 탄소강, 45C: 탄소 함유량

24. 나사의 제도에서 수나사의 골 지름은 어떤 선으로 도시하는가?

① 굵은 실선
② 가는 실선
③ 가는 1점 쇄선
④ 가는 2점 쇄선

25. 워킹 빔식 가열로에서 트랜스버스(transverse) 실린더의 역할로 옳은 것은?

① 스키드를 지지해 준다.

② 운동 빔(beam)의 수평 왕복운동을 작동시킨다.

③ 운동 빔(beam)의 수직 상하운동을 작동시킨다.

④ 운동 빔(beam)의 냉각수를 작동시킨다.

해설 트랜스버스(transverse) 실린더: 운동 빔(beam)의 수평 왕복운동으로 작동시킨다.

26. 균열로 조업 시 노압이 낮을 때의 현상으로 옳은 것은?

① 장입 소재(강괴)의 상부만이 가열된다.

② 스케일의 생성 억제 및 균일하게 가열된다.

③ 화염이 뚜껑 및 내화물 사이로 흘러나와 노를 상하게 한다.

④ 침입 공기 증가로 연료 효율을 저하 및 스케일이 성장과 버너 근처 강괴이 과열 현상이 일어난다.

해설 노압이 낮을 때에는 연료 효율성 저하 및 스케일 성장과 버너 근처 강괴의 과열 현상이 발생한다.

27. 냉간압연 시 연속 압연기에서 발생되는 제품의 표면 결함 중 롤 마크(roll mark)에 대하여 발생 스탠드를 찾을 때 중점적으로 보아야 할 항목은?

① 촉감　　　　② 피치

③ 밝기　　　　④ 크기

28. 열간압연에서 모래형 스케일이 발생하는 원인이 아닌 것은?

① 작업롤 피로에 의한 표면 거칠음에 의해 발생한다.

② 가열온도가 높을 때 Si 함유량이 높은 강에서 발생한다.

③ 사상 스탠드 간에서 생성한 압연 스케일이 침입되는 경우 발생한다.

④ 고온계가 배 껍질과 같이 표면이 거친 롤에 압연된 경우 발생한다.

해설 탄소 함유량이 높은 강에서 발생한다.

29. 열간 박판 완성압연 후 코일로 감기 전의 폭이 넓은 긴 대강의 명칭은?

① 슬래브(slab)　　　② 스켈프(skelp)

③ 스트립(strip)　　　④ 빌렛(billet)

30. 사이드 트리밍(side trimming)에 대한 설명 중 틀린 것은?

① 전단면과 파단면이 1:2인 경우가 가장 이상적이다.

② 판 두께가 커지면 나이프 상하부의 오버랩량을 줄여야 한다.

③ 판 두께가 커지면 나이프 상하부의 클리어런스를 줄여야 한다.

④ 전단면이 너무 커지면 냉간압연 시에 에지 균열이 발생하기 쉽다.

해설 사이드 트리밍(side trimming)에서 판 두께가 커지면 나이프 상하부의 클리어런스를 늘려야 한다.

31. 롤의 몸통 길이 L은 지름 d에 대하여 어느 정도로 하는가?

① $L = d$　　　　② $L = (0.1 \sim 0.5)d$

③ $L = (2 \sim 3)d$　　　④ $L = (5 \sim 6)d$

정답　25. ②　26. ④　27. ②　28. ②　29. ③　30. ③　31. ③

32. 다음 중 중립점에 대한 설명으로 옳은 것은?

① 롤의 원주속도가 압연재의 진행속도보다 빠르다.

② 롤의 원주속도가 압연재의 진행속도보다 느리다.

③ 롤의 원주속도와 압연재의 진행속도가 같다.

④ 압연재의 입구쪽 속도보다 출구쪽 속도가 빠르다.

33. 압연기의 구동 설비에 해당되지 않는 것은?

① 하우징   ② 스핀들

③ 감속기   ④ 피니언

해설 하우징은 압연 구조에 해당된다.

34. 압연재의 입측 속도가 3.0m/s, 작업롤의 주속도가 4.0m/s, 압연재의 출측 속도가 4.5m/s일 때 선진율(%)은?

① 12.5   ② 25.0

③ 33.3   ④ 50.0

해설 선진율 $= \dfrac{\text{출측 속도} - \text{롤 주속도}}{\text{롤 주속도}} \times 100$

$= \dfrac{4.5 - 4.0}{4.0} \times 100 = 12.5\%$

35. 연속 풀림로에서 스트립의 온도가 가장 높은 구간은?

① 예열대   ② 균열대

③ 서랭대   ④ 가열대

해설 가열대 > 균열대 > 서랭대 > 급랭대

36. 6단 압연기에 사용되는 중간 롤의 요구 특

성을 설명한 것 중 틀린 것은?

① 내마모성이 우수해야 한다.

② 전동 피로강도가 우수해야 한다.

③ 작업롤의 표면을 손상시키지 않아야 한다.

④ 배럴부 표면에 소성 유동을 발생시켜야 한다.

해설 배럴부 표면에 소성 유동을 발생시키지 않아야 한다.

37. 공형의 구성 요건에 관한 설명 중 옳은 것은?

① 능률은 높아야 하나 실수율은 낮을 것

② 치수 및 형상이 정확해야 하나 표면 상태는 나쁠 것

③ 압연 시 재료의 흐름이 불균일해야 하며, 마멸 작업이 쉬울 것

④ 정해진 롤 강도, 압연 토크 및 롤 스페이스를 만족시킬 것

해설 공형의 구성 요건: 실수율이 높을 것, 표면상태가 좋을 것, 마멸이 적을 것, 롤 강도 및 롤 스페이스를 만족시킬 것

38. 냉연 강판의 전해청정 시 세정액으로 사용되지 않는 것은?

① 탄산나트륨

② 인산나트륨

③ 수산화나트륨

④ 올소규산나트륨

해설 전해청정 세정액: 인산나트륨, 수산화나트륨, 올소규산나트륨

39. 열간압연과 냉간압연을 구분하는 기준이 되는 온도는?

① 소결온도   ② 큐리온도

③ 재결정온도   ④ 용융온도

40. 냉간압연기의 종류 중 리버싱 밀(reversing mill)의 특징을 설명한 것 중 옳은 것은?

① 스탠드의 수가 3개 이상이다.
② 탠덤 밀에 비해 저속의 경우 사용한다.
③ 소형 로트의 경우 사용한다.
④ 스트립의 진행 방향은 가역식이다.

41. 열간압연에서의 변형저항 인자로 가장 거리가 먼 것은?

① 온도   ② 변형속도
③ 전후방 인장   ④ 압연재의 폭

해설 변형저항 인자: 온도, 변형속도, 전후방 인장

42. 냉간압연에서 압연유 사용 효과가 아닌 것은?

① 흡착 효과   ② 냉각 효과
③ 윤활 효과   ④ 압하 효과

해설 압연유 사용 효과에는 흡착 효과, 냉각 효과, 윤활 효과 등이 있다.

43. 열간압연 공정을 순서대로 옳게 배열한 것은?

① 소재 가열 → 사상압연 → 조압연 → 권취 → 냉각
② 소재 가열 → 조압연 → 사상압연 → 냉각 → 권취
③ 소재 가열 → 냉각 → 조압연 → 권취 → 사상압연
④ 소재 가열 → 사상압연 → 권취 → 냉각 → 조압연

44. 열연 코일 제조 공정에서 롤 크라운에 의

한 제품 두께 변동 중 보디 크라운(body crown)의 발생 원인은?

① 롤의 휨
② 슬래브의 편열
③ 롤의 이상 마모
④ 롤의 평행도 불량

해설 보디 크라운(body crown)의 발생 원인: 롤의 휨

45. 압연력을 줄이기 위한 효과적인 방법이 아닌 것은?

① 고온에서 압연한다.
② 지름이 큰 롤로 압연한다.
③ 1회 압연당 압하량을 줄여 압연한다.
④ 판재에 수평적인 인장력을 가해 압연한다.

해설 지름이 작은 롤로 압연한다.

46. 강편의 내부 결함이 아닌 것은?

① 파이프   ② 공형 흠
③ 성분편석   ④ 비금속 개재물

해설 공형 흠은 표면 결함에 속한다.

47. 냉연 강판의 평탄도 관리는 품질관리의 중요한 관리항목 중 하나이다. 평탄도가 양호하도록 조정하는 방법으로 적합하지 않은 것은?

① 롤 벤딩의 조절
② 압하 배분의 조절
③ 압연 길이의 조절
④ 압연 규격의 다양화

해설 냉연 강판의 평탄도 관리: 롤 벤딩의 조절, 압하 배분의 조절, 압연 길이의 조절

정답 40. ② 41. ④ 42. ④ 43. ② 44. ① 45. ② 46. ② 47. ④

48. 공형의 종류 중 강괴 또는 강편의 단면을 조형에 필요한 치수까지 축소시키는 공형은?

① 연신 공형   ② 조형 공형
③ 사상 공형   ④ 리더 공형

49. 중후판 압연에서 롤을 교체하는 이유로 가장 거리가 먼 것은?

① 작업롤의 마멸이 있는 경우
② 롤 표면의 거침이 있는 경우
③ 귀갑상의 열균열이 발생한 경우
④ 작업 소재의 재질 변경이 있는 경우

해설 롤의 교체 사유: 롤의 마모, 롤 표면 결함, 열균열 발생

50. 1패스로서 큰 압하율을 얻는 것으로 상하부 받침롤러의 주변에 20~26개의 작은 작업롤을 배치한 압연기는?

① 분괴 압연기   ② 유성 압연기
③ 2단식 압연기   ④ 열간 조압연기

51. 스핀들의 형식 중 기어 형식의 특징을 설명한 것 중 틀린 것은?

① 고 토크의 전달이 가능하다.
② 일반 냉간압연기 등에 사용된다.
③ 경사각이 클 때 토크가 격감한다.
④ 밀폐형 윤활로 고속회전이 가능하다.

해설 플렉시블 압연기에서는 고 토크의 전달이 가능하다.

52. 풀림의 설비를 크게 입측, 중앙, 출측 설비로 나눌 때 입측 설비에 해당되는 것은?

① 루프 카
② 벨트 래퍼
③ 페이 오프 릴
④ 알칼리 스프레이 클리너

해설 입측 설비: 페이 오프 릴(pay off reel)

53. 열간 스카핑에 대한 설명 중 옳은 것은?

① 손질 깊이의 조정이 용이하지 않다.
② 산소 소비량이 냉간 스카핑에 비해 적다.
③ 작업속도가 느리고 압연능률을 떨어뜨린다.
④ 균일한 스카핑은 가능하나 평탄한 손질면을 얻을 수가 없다.

해설 열간 스카핑은 냉간 스카핑에 비해 산소 소비량이 적으며, 평탄한 손질면을 얻을 수 있다.

54. 정정 라인의 기능 중 경미한 냉간압연에 의해 평탄도 표면 및 기계적 성질을 개선하는 설비는?

① 산세 라인
② 시어 라인
③ 슬리터 라인
④ 스킨 패스 라인

55. 감전 재해 예방 대책을 설명한 것 중 틀린 것은?

① 전기 설비 점검을 철저히 한다.
② 이동전선은 지면에 배선한다.
③ 설비의 필요한 부분은 보호 접지를 실시한다.
④ 충전부가 노출된 부분에는 절연 방호구를 사용한다.

해설 이동전선은 지상 위에 배선한다.

정답 48. ①   49. ④   50. ②   51. ①   52. ③   53. ②   54. ④   55. ②

56. 윤활유의 작용에 해당되지 않는 것은?

① 밀봉 작용   ② 방수 작용
③ 응력분산 작용   ④ 발열 작용

[해설] 윤활유 작용: 밀봉 작용, 방수 작용, 응력분산 작용, 감마 작용, 방청 작용

57. 대형 열연압연기의 동력을 전달하는 스핀들의 형식과 거리가 먼 것은?

① 기어 형식   ② 슬리브 형식
③ 플랜지 형식   ④ 유니버설 형식

[해설] 스핀들 형식: 기어 형식, 슬리브 형식, 유니버설 형식

58. 사고예방 대책의 기본 원리 5단계의 순서로 옳은 것은?

① 사실의 발견 → 분석평가 → 안전관리 조직
   → 대책의 선정 → 시정책의 작용
② 사실의 발견 → 대책의 선정 → 분석평가
   → 시정책의 작용 → 안전관리 조직
③ 안전관리 조직 → 사실의 발견 → 분석평가
   → 대책의 선정 → 시정책의 작용
④ 안전관리 조직 → 분석평가 → 사실의 발견
   → 시정책의 작용 → 대책의 선정

59. 권취 완료 시점에 권취 소재 바깥지름을 급랭시키고 권취기 내에서 가열된 코일을 냉각하기 위한 냉각장치는?

① 트랙 스프레이(track spray)
② 사이드 스프레이(side spray)
③ 버티컬 스프레이(vertical spray)
④ 유닛 스프레이(unit spray)

60. 선재 공정에서 상부 롤의 지름이 하부 롤의 지름보다 큰 경우 그 이유는 무엇인가?

① 압연 소재가 상향되는 것을 방지하기 위하여
② 압연 소재가 하향되는 것을 방지하기 위하여
③ 소재의 두께 정도를 향상시키기 위하여
④ 롤의 원단위를 감소시키기 위하여

2013년 7월 21일 시행 문제

압연기능사

1. 철강의 냉간 가공 시에 청열 메짐이 생기는 온도 구간이 있으므로 이 구간에서의 가공을 피해야 한다. 이 구간의 온도(℃)는?

① 약 100~210   ② 약 210~360
③ 약 420~550   ④ 약 610~730

해설 청열 메짐: 철강의 가열온도 약 210~360℃에서 취성이 발생한다.

2. 공업화와 사회생활의 변화에 따라 진동과 소음에 기인하는 공해가 급증하고 있다. 소음 대책으로 볼 때 공기압의 진동을 열에너지로 변화시켜 흡수하는 재료는?

① 제진 재료   ② 흡음 재료
③ 방진 재료   ④ 차음 재료

3. 다음 중 연질 자성 재료에 해당되는 것은?

① 샌더스터   ② Nd 자석
③ 알니코 자석   ④ 페라이트 자석

4. 금속은 고체 상태에서 결정을 이루고 있으며, 결정립자는 규칙적으로 단위 격자가 모여 그림과 같은 격자로 만든다. 이를 무엇이라고 하는가?

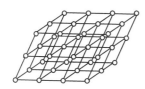

① 축각   ② 공간격자

③ 격자상수   ④ 항온변태 처리

해설 공간격자: 결정립 내에 원자가 규칙적으로 배열되어 있는 것이다.

5. 베이나이트 조직은 강의 어떤 열처리로 얻어지는가?

① 풀림 처리   ② 담금질 처리
③ 표면경화 처리   ④ 항온 변태 처리

6. 귀금속인 18K금 제품의 순금 함유량은 약 몇 %인가?

① 18   ② 24
③ 75   ④ 100

해설 100% 순금 함량 24K, $\dfrac{18}{24}$=75%

7. 항복점이 일어나지 않는 재료는 항복점 대신 무엇을 사용하는가?

① 내력   ② 비례한도
③ 탄성한도   ④ 인장강도

해설 내력: 항복점이 일어나지 않는 재료는 항복점 대신 0.2%의 내력을 사용한다.

8. 60%Cu-40%Zn으로 구성된 합금으로 조직은 $\alpha+\beta$이며, 인장강도는 높으나 전연성이 비교적 낮고, 열교환기, 열간 단조품, 볼트, 너트 등에 사용되는 것은?

① 문쯔메탈   ② 길딩메탈
③ 모넬메탈   ④ 콘스탄탄

9. 베어링용 합금의 구비조건에 대한 설명 중 틀린 것은?

① 마찰계수가 적고 내식성이 좋을 것
② 하중에 견디는 내압력과 저항력이 클 것
③ 충분한 취성을 가지며 소착성이 클 것
④ 주조성 및 절삭성이 우수하고 열전도율이 클 것

해설 취성이 적고 소착성이 작아야 한다.

10. 불안정한 마텐자이트 조직에 A_1변태점 이하의 열로 가열하여 인성을 증대시키는 등 기계적 성질의 개선을 목적으로 하는 열처리 방법은?

① 뜨임   ② 불림
③ 풀림   ④ 담금질

11. 알칼리 및 알칼리토류군에 해당하는 재료는?

① 우라늄, 토륨
② 나트륨, 세슘
③ 규소, 텅스텐
④ 게르마늄, 몰리브덴

12. 가단주철의 일반적인 특징이 아닌 것은?

① 담금질 경화성이 있다.
② 주조성이 우수하다.
③ 내식성, 내충격성이 우수하다.
④ 경도는 Si량이 적을수록 높다.

해설 경도는 Si량이 많을수록 높다.

13. 어떠한 기어의 피치원 지름이 200mm이고, 잇수가 20개일 때 모듈은 얼마인가?

① 2.5   ② 5
③ 10   ④ 100

해설 $m = \dfrac{D}{Z} = \dfrac{200}{20} = 10$

14. 다음 그림과 같은 단면도를 무엇이라 하는가?

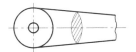

① 반단면도   ② 회전단면도
③ 계단단면도   ④ 온단면도

15. 볼트를 고정하는 방법에 따라 분류할 때, 물체의 한쪽에 암나사를 깎은 다음 나사박기를 하여 죄며, 너트를 사용하지 않는 볼트는?

① 관통 볼트
② 기초 볼트
③ 탭 볼트
④ 스터드 볼트

해설 ㉠ 탭 볼트: 너트를 사용하지 않는 볼트
㉡ 기초 볼트: 기계류 등 콘크리트 기초 등에 설치하는 볼트
㉢ 관통 볼트: 2개의 물체를 결합할 때 볼트 너트로 조이는 볼트
㉣ 스터드 볼트: 양쪽 끝에 나사를 절삭한 볼트

16. 구멍의 최대허용치수 50.025mm, 최소허용치수 50.000mm, 축의 최대허용치수 50.000mm, 최소허용치수 49.950mm일 때 최대 틈새(mm)는?

① 0.025   ② 0.050
③ 0.075   ④ 0.015

정답 9. ③   10. ①   11. ②   12. ④   13. ③   14. ②   15. ③   16. ③

해설 최대 틈새=구멍의 최대허용치수−축의
최소허용치수: 50.025−49.950=0.075

17. 정면, 평면, 측면을 하나의 투상도에서 동
시에 볼 수 있도록 그린 것으로 직육면체 투
상도의 경우 직각으로 만나는 3개의 모서리
가 각각 120°를 이루는 투상법은?

① 등각투상도법
② 사투상도법
③ 부등각투상도법
④ 정투상도법

18. 도면의 크기에 대한 설명으로 틀린 것은?

① 제도용지의 세로와 가로의 비는 1 : 2이다.
② 제도용지의 크기는 A열 용지 사용이 원칙
이다.
③ 도면의 크기는 사용하는 제도용지의 크기
로 나타낸다.
④ 큰 도면을 접을 때는 앞면에 표제란이 보이
도록 A4의 크기로 접는다.

해설 제도용지의 세로와 가로의 비는 $1 : \sqrt{2}$이다.

19. 다음 그림에서 A 부분이 지시하는 표시로
옳은 것은?

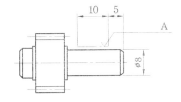

① 평면의 표시법
② 특정 모양 부분의 표시
③ 특수 가공 부분의 표시
④ 가공 전과 후의 모양 표시

20. 다음 그림에서와 같이 눈 → 투상면 → 물
체에 대한 투상법으로 옳은 것은?

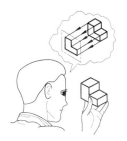

① 제1각법
② 제2각법
③ 제3각법
④ 제4각법

해설 • 제1각법: 눈 → 물체 → 투상면
• 제3각법: 눈 → 투상면 → 물체

21. KS의 부문별 기호 중 기본 부문에 해당되
는 기호는?

① KS A
② KS B
③ KS C
④ KS D

22. 표면 거칠기의 값을 나타낼 때 10점 평균
거칠기를 나타내는 기호로 옳은 것은?

① Ra
② Rs
③ Rz
④ Rmax

해설 Ra: 중심선 평균 거칠기, Rz: 10점 평균
거칠기, Rmax: 최대 높이

23. 기계 제작에 필요한 예산을 산출하고 주문
품의 내용을 설명할 때 이용되는 도면은?

① 견적도
② 설명도
③ 제작도
④ 계획도

24. 그림에서 치수 20, 26에 치수 보조기호가 옳은 것은?

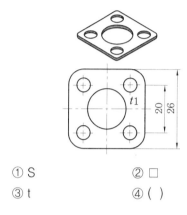

① S   ② □
③ t   ④ ( )

25. 산세 공정에 열연 코일 표면의 스케일을 제거할 때 디스케일링 능력에 대한 설명 중 옳은 것은?

① 황산이 염산의 2/3 정도 산세시간이 짧다.
② 온도가 낮을수록 디스케일 능력이 향상된다.
③ 산 농도가 낮을수록 디스케일 능력이 향상된다.
④ 규소 강판 등의 특수강종일수록 디스케일 시간이 길어진다.

해설 염산이 황산의 2/3 정도 산세시간이 짧다. 온도가 높을수록 디스케일 능력이 향상되고, 산 농도가 클수록 디스케일 능력이 향상된다. 특수강일수록 디스케일 시간이 길어진다.

26. 강제 순환 급유 방법은 어느 급유법을 쓰는 것이 가장 좋은가?

① 중력 급유에 의한 방법
② 패드 급유에 의한 방법
③ 원심 급유에 의한 방법
④ 펌프 급유에 의한 방법

27. block mill의 특징을 설명한 것 중 옳은 것은?

① 구동부의 일체화로 고속회전이 불가능하다.
② 소재의 비틀림이 많아 표면흠이 많이 발생한다.
③ 스탠드 간 간격이 좁기 때문에 선후단의 불량 부분이 짧아져 실수율이 좋다.
④ 부하 용량이 작은 유막 베어링을 채용함으로써 치수 정도가 높은 압연이 가능하다.

28. 압연 작용에 대한 설명 중 틀린 것은?

① 접촉각이 크게 되면 압하량은 작아진다.
② 최대 접촉각은 압연재와 롤 사이의 마찰계수에 따라 결정된다.
③ 마찰계수가 크다는 것은 1회 압하량도 크게 할 수 있다.
④ 열간압연 반제품 제조 시 마찰계수를 크게 하기 위하여 롤 가공 방향으로 홈을 파주는 경우도 있다.

해설 접촉각이 크게 되면 압하량은 커진다.

29. 냉간압연 강판 및 강대를 나타내는 기호 중 SPCCT-SD로 표기되었을 때 D가 의미하는 것은?

① 조질 구분(표준 조질)
② 표면 마무리(dull finish)
③ 어닐링 상태(annealig finish)
④ 강판의 종류(일반용, 기계적 성질 보증)

30. 일산화탄소(CO) 10Nm³을 완전 연소시키는데 필요한 이론 산소량(Nm³)은 얼마인가?

① 5.0   ② 5.7
③ 22.8   ④ 27.2

정답 24. ②   25. ④   26. ④   27. ③   28. ①   29. ②   30. ①

해설 $CO + \frac{1}{2} O_2 = CO_2$ 반응이 일어나므로 O_2는 CO가스량의 $\frac{1}{2}$이 필요하므로 $5.0Nm^3$의 산소량이 필요하다.

31. 롤 크라운이 필요한 이유로 가장 적합한 것은?

① 롤의 냉각을 촉진시키기 위해
② 롤의 스폴링을 방지하기 위해
③ 소재를 롤에 잘 물리도록 하기 위해
④ 압연 하중에 의한 롤의 변형과 사용 중 마모, 열팽창을 보상하기 위해

32. 다음 결함 중 주 발생 원인이 압연 과정에서 발생시키는 것이 아닌 것은?

① 겹침
② 귀발생
③ 긁힘
④ 수축공

해설 주조 과정에서 수축공이 발생한다.

33. 슬래브가 두꺼울 때 폭 방향으로 압하를 과도하게 하면 어떤 문제점이 예상되는가?

① 스키드 마크에 의한 폭 변동이 증가한다.
② 소재 폭이 좁은 경우 비틀림이 발생한다.
③ 소재의 버클링(buckling)에 의해 폭 압연 효과가 없어진다.
④ 소재와 롤 사이에서 슬립 발생으로 소재가 앞으로 잘 진행된다.

34. 형강의 교정 작업은 절단 후에 하는 방법과 절단 전 실시하는 방법이 있다. 절단 전에 하는 방법의 특징을 설명한 것 중 틀린 것은?

① 교정 능력이 좋다.
② 제품 단부의 미교정 부분이 발생한다.
③ 냉간 절단을 하므로 길이의 정밀도가 높다.
④ 제품의 길이 방향의 구부러짐이 냉각 중에 발생하기 어렵다.

해설 제품 단부의 미교정 부분이 발생하지 않는다.

35. 열의 전달 현상이 아닌 것은?

① 전도
② 대류
③ 복사
④ 굴절

해설 열의 전달 방법: 전도, 대류, 복사

36. 압연재의 입측 속도가 3m/s, 롤의 주속도가 3.2m/s, 압연재의 출측 속도가 3.5m/s일 때 선진율은 몇 %인가?

① 약 6.3
② 약 8.6
③ 약 9.4
④ 약 14.3

해설 선진율 $= \frac{\text{출측 속도} - \text{롤 주속도}}{\text{롤 주속도}} \times 100$

$= \frac{3.5 - 3.2}{3.2} \times 100 = 9.4$

37. 다음 중 조질압연에 대한 설명으로 틀린 것은?

① 형상의 교정
② 기계적 성질의 개선
③ 표면 거칠기의 개선
④ 화학적 성질의 개선

해설 조질압연을 통해 형상의 교정, 기계적 성질의 개선, 표면 거칠기의 개선을 할 수 있다.

38. 형강 등을 제조할 때 사용하는 조강용 강편은?

① 후판, 시트 바
② 시트 바, 슬래브
③ 블룸, 빌렛
④ 슬래브, 박판

39. 냉연 박판 제조 공정의 순서로 옳은 것은?

① 산세 → 냉간압연 → 조질압연 → 풀림 → 정정

② 산세 → 냉간압연 → 표면청정 → 풀림 → 조질압연

③ 산세 → 냉간압연 → 표면청정 → 조질압연 → 풀림

④ 산세 → 표면청정 → 냉간압연 → 조질압연 → 정정

40. 다음 중 재료를 냉간 가공하였을 때 나타나는 현상으로 옳은 것은?

① 연신율과 연성이 증가한다.

② 강도, 항복점, 경도가 감소한다.

③ 냉간 가공도가 커질수록 가공경화는 증가한다.

④ 냉간 가공도가 커짐에 따라 전기전도율, 투자율이 증가한다.

41. 압하량이 일정한 상태에서 재료가 쉽게 압연기에 치입되도록 하는 조건을 설명한 것 중 틀린 것은?

① 지름이 작은 롤을 사용한다.

② 압연재의 온도를 높여 준다.

③ 압연재를 뒤에서 밀어 준다.

④ 롤의 회전 속도를 줄여 준다.

해설 지름이 큰 롤을 사용한다.

42. 냉간압연 제품과 비교하였을 때 열간압연 제품의 특징으로 옳은 것은?

① 두께가 얇은 박판 압연에 용이하다.

② 경도 및 강도가 냉간 제품에 비해 높다.

③ 치수가 냉간 제품에 비해 비교적 정확하다.

④ 적은 힘으로도 큰 변형을 할 수 있다.

해설 열간압연 제품의 특징: 두꺼운 강판압연 용이, 경도 및 강도 감소, 치수 부정확, 변형 에너지 감소

43. 공형 설계의 실제에서 롤의 몸체 길이가 부족하고 전동기 능력이 부족할 때 폭이 좁은 소재 등에 이용되는 공형 방식은?

① 플랫 방식

② 버터플라이 방식

③ 다곡법

④ 스트레이트 방식

44. 중후판 압연의 주된 공정에 해당되지 않는 것은?

① 스케일 제거

② 전기 청정

③ 크로스 압연

④ 폭내기 압연

45. 압연 과정에서 나타날 수 있는 사항에 대한 설명으로 틀린 것은?

① 롤 축면에서 롤 표면 사이의 거리를 롤 간격이라고 한다.

② 압연 과정에서 롤 축에 수직으로 발생하는 힘을 압연력이라 한다.

③ 압연력의 크기는 롤과 압연재의 접촉면과 변형저항에 의해 결정된다.

④ 롤 사이로 압연재가 처음 물려 들어가는 부분을 물림부라 한다.

해설 롤 간격은 롤과 롤 사이의 간격이다.

정답 39. ② 40. ③ 41. ① 42. ④ 43. ③ 44. ② 45. ①

46. 공형압연을 최적으로 실시하기 위한 공형 설계 시 고려해야 할 사항으로 옳은 것은?

① 공형 각 부의 감면율을 가급적 불균등하게 한다.

② 공형 형상은 되도록 복잡하고, 유선형으로 하는 편이 좋다.

③ 가능한 한 직접 압하를 피하고 간접 압하를 이용하도록 설계한다.

④ 제품의 모서리 부분을 거칠지 않은 형상으로 마무리하려면 서로 전후하는 공형 간극이 계속해서 같은 곳에 오지 않도록 한다.

해설 감면율을 균등하게, 형상은 단순화 및 직선화, 간접 압하를 피하고 직접 압하를 이용한다.

47. 소형 환봉압연에 적합하며 타원형의 형상을 90° 회전시켜 작업하는 공형의 종류는?

① box 공형
② ring 공형
③ diamond 공형
④ oval-square 공형

48. 용강으로부터 제품인 열연 코일을 제조하는 과정에서 에너지 사용량이 가장 적은 제조 공정은?

① 연속 주조
② 열간 장입 압연
③ 박판 주조
④ 열간 직송 압연

49. 열간 스카핑(scafing)의 특징으로 틀린 것은?

① 균일한 스카핑이 가능하다.

② 손질 깊이의 조절이 용이하다.

③ 냉간 스카핑에 비해 산소 소비량이 많다.

④ 작업 속도가 빠르며 압연 능률을 저하시키지 않는다.

해설 냉간 스카핑에 비해 산소 소비량이 적다.

50. 압연 재료의 물림을 좋게 하는 조건으로 틀린 것은?

① 접촉각이 작을수록
② 롤 지름이 클수록
③ 롤의 주속도가 늦을수록
④ 롤과 재료 간의 마찰이 적을수록

해설 롤과 재료 간의 마찰이 클수록 물림이 좋다.

51. 무재해운동 기본이념 중 무재해, 무질병의 직장을 실현하기 위하여 직장의 위험요인을 행동하기 전에 예지하여 발견, 파악, 해결함으로써 재해 발생을 예방하거나 방지하는 원칙을 무엇이라고 하는가?

① 무의 원칙
② 선취의 원칙
③ 참가의 원칙
④ 대책 선정의 원칙

해설 선취의 원칙: 재해 발생을 예방하거나 방지하는 원칙

52. 4단 압연기에서 작업롤(work roll) 뒤에서 받쳐주는 롤로서 지름이 작은 작업롤이 압하력에 의해 굽힘이 발생하는 것을 방지하는 역할을 하는 롤은?

① 수직 롤　　　② 백업 롤
③ 에징 롤　　　④ 블루밍 롤

정답　46. ④　47. ④　48. ③　49. ③　50. ④　51. ②　52. ②

53. 봉강, 선재용 압연기에서 여러 패스를 거치며 압연재가 길어져 활처럼 휘는 모양으로 다음 공정으로 유도되는 역할을 하는 장치는?

① 리피터
② 입구 가이드
③ 사이드 가이드
④ 스윙 드라이브

해설 압연기를 나온 압연 재료는 활 모양의 리피터에 의하여 다음 공정으로 유도된다.

54. 압연 롤을 회전시키는데 모멘트가 50 kg-m, 롤을 90rpm으로 회전시킬 때 압연 효율을 45%로 하면, 압연기에 필요한 마력 (HP)은?

① 약 7
② 약 10
③ 약 14
④ 약 18

해설 $HP = \dfrac{\pi n M}{30 \times 75 \times \eta} = \dfrac{3.14 \times 90 \times 50}{30 \times 75 \times 0.45} ≒ 14$

55. 위험 예지 훈련 4단계 중 2단계에 해당하는 것은?

① 현상 파악
② 본질 추구
③ 목표 설정
④ 대책 수립

해설 1단계: 현상 파악
2단계: 본질 추구
3단계: 대책 수립
4단계: 목표 설정

56. 가열로의 댐퍼(damper)는 어떤 작용을 하는가?

① 공연비의 조절
② 연료의 유량 조절
③ 노내 온도의 조절
④ 노내 압력의 조절

57. three quarter식에서 조압연기군의 후단 2stand를 근접하게 배열한 것으로 조압연 소요시간과 테이블 길이가 대폭 단축되어 설비비가 저렴한 특징을 갖는 조압연 설비는?

① 반연속식
② 전연속식
③ RSB quarter
④ cross couple

58. 노내의 공기비가 클 때 나타나는 특징이 아닌 것은?

① 연소가스 증가에 의한 폐열손실이 증가한다.
② 스케일 생성량의 증가 및 탈탄이 증가한다.
③ 미소연소에 의한 연료소비량이 증가한다.
④ 연소 온도가 저하하여 열효율이 저하한다.

해설 공기비가 작을 때 미소연소에 의한 연료 소비량이 증가한다.

59. 지방계 윤활유의 특징으로 옳은 것은?

① 점도지수가 비교적 높다.
② 석유계에 비하여 온도 변화가 크다.
③ 저부하, 소마모면의 윤활에 적당하다.
④ 공기에 접촉하면 산화하지 않기 때문에 슬러지가 생성되지 않는다.

60. 압연 롤의 구성 요소가 아닌 것은?

① 목
② 몸체
③ 연결부
④ 커플링

해설 압연 롤의 구성: 목, 몸체, 연결부

2014년 1월 26일 시행 문제

압연기능사

1. 단면적 2cm²의 철구조물이 5000kgf의 하중에서 균열이 발생될 때의 압축응력(kgf/cm²)은?

① 1000
② 2500
③ 3500
④ 4000

해설 압축응력 $= \dfrac{P}{A_0} = \dfrac{5000}{2} = 2500$

2. 알루미늄에 10~13% Si를 함유한 합금으로 용융점이 낮고 유동성이 좋은 알루미늄 합금은?

① 실루민
② 라우탈
③ 두랄루민
④ 하이드로날륨

해설 실루민: 알루미늄에 10~13% Si를 함유한 합금으로 기계적 성질 및 유동성이 우수하다.

3. 다음 중 주철에 대한 설명으로 틀린 것은?

① 주철은 강도와 경도가 크다.
② 주철은 쉽게 용해되고, 액상일 때 유동성이 좋다.
③ 회주철은 진동을 잘 흡수하므로 기어 박스 및 기계 몸체 등의 재료로 사용된다.
④ 주철 중의 흑연은 응고함에 따라 즉시 분리되어 괴상이 되고, 일단 시멘타이트로 정출한 뒤에는 분해하여 판상으로 나타난다.

해설 주철 중의 흑연은 응고함에 따라 즉시 분리되어 편상이 되고, 일단 시멘타이트로 정출한 뒤에는 분해하여 편상으로 나타난다.

4. 다음 금속 재료 중 비중이 가장 낮은 것은?

① Zn
② Cr
③ Mg
④ Al

해설 Zn(7.1), Cr(7.19), Mg(1.74), Al(2.7)

5. Sn-Sb-Cu의 합금으로 주석계 화이트메탈이라고 하는 것은?

① 인코넬
② 콘스탄탄
③ 배빗메탈
④ 알클래드

6. 다음 조직 중 탄소가 가장 많이 함유되어 있는 것은?

① 페라이트
② 펄라이트
③ 오스테나이트
④ 시멘타이트

해설 시멘타이트: C 6.67%

7. 전로에서 생산된 용강을 Fe-Mn으로 가볍게 탈산시킨 것으로 기포 및 편석이 많은 강은?

① 림드강
② 킬드강
③ 캡트강
④ 세미킬드강

8. 다음 중 베어링 합금의 구비 조건으로 틀린 것은?

① 마찰계수가 커야 한다.
② 경도 및 내압력이 커야 한다.
③ 소착에 대한 저항성이 커야 한다.
④ 주조성 및 절삭성이 좋아야 한다.

해설 마찰계수가 작아야 한다.

정답 1. ② 2. ① 3. ④ 4. ③ 5. ③ 6. ④ 7. ① 8. ①

9. 다음 중 10배 이내의 확대경을 사용하거나 육안을 직접 관찰하여 금속 조직을 시험하는 것은?

① 라우에법
② 에릭션 시험
③ 매크로 시험
④ 전자 현미경 시험

10. 강의 심랭처리에 대한 설명으로 틀린 것은?

① 서브제로 처리로 불린다.
② Ms 바로 위까지 급랭하고 항온 유지한 후 급랭한 처리이다.
③ 잔류 오스테나이트를 마텐자이트로 변태시키기 위한 열처리이다.
④ 게이지나 볼 베어링 등의 정밀한 부품을 만들 때 효과적인 처리 방법이다.

11. 비정질 합금의 제조법 중에서 기체 급랭법에 해당되지 않는 것은?

① 진공 증착법
② 스퍼터링법
③ 화학 증착법
④ 스프레이법

해설 비정질 합금의 제조법: 진공 증착법, 스퍼터링법, 화학 증착법

12. 황동과 청동 제조에 사용되는 것으로 전기 및 열전도도가 높으며 화폐, 열교환기 등에 주 원소로 사용되는 것은?

① Fe
② Cu
③ Cr
④ Co

13. 도면에서 치수선이 잘못된 것은?

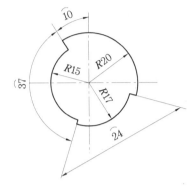

① 반지름(R) 20의 치수선
② 반지름(R) 15의 치수선
③ 원호(⌒) 37의 치수선
④ 원호(⌒) 24의 치수선

14. 기계나 장치 등의 실체 또는 실물을 보고 프리핸드로 그린 도면은?

① 상세도
② 부품도
③ 공정도
④ 스케치도

15. 다음 물체를 3각법으로 표현할 때 우측면도로 옳은 것은? (단, 화살표 방향이 정면도 방향이다.)

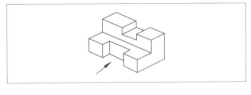

① ② ③ ④

16. 도면에 [보기]와 같이 표시된 금속 재료의 기호 중 330이 의미하는 것은?

KS D 3503 SS330

① 최저 인장강도
② KS 분류 기호
③ 제품의 형상별 종류
④ 재질을 나타내는 기호

해설 SS330: 일반구조용 압연강재로서 최저 인장강도가 $330\text{N}/\text{mm}^2$이다.

17. 척도 1:2인 도면에서 길이가 50mm인 직선의 실제 길이(mm)는?

① 25　　　　② 50
③ 100　　　④ 150

18. 나사의 호칭 20×2에서 뜻하는 것은?

① 피치　　　② 줄의 수
③ 등급　　　④ 산의 수

19. 제도용지 A3는 A4용지의 몇 배 크기가 되는가?

① 1/2배　　　② $\sqrt{2}$배
③ 2배　　　　④ 4배

20. 다음의 단면도 중 위, 아래 또는 왼쪽과 오른쪽이 대칭인 물체의 단면을 나타낼 때 사용되는 단면도는?

① 한쪽 단면도
② 부분 단면도
③ 전 단면도
④ 회전 도시 단면도

21. 다음 중 "C"와 "SR"에 해당되는 치수 보조 기호의 설명으로 옳은 것은?

① C는 원호이며 SR은 구의 지름이다.
② C는 45도 모따기이며, SR은 구의 반지름이다.
③ C는 판의 두께이며, SR은 구의 반지름이다.
④ C는 구의 반지름이며, SR은 구의 지름이다.

22. 다음 그림과 같은 투상도는?

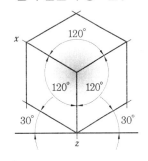

① 사투상도
② 투시 투상도
③ 등각 투상도
④ 부등각 투상도

해설 등각 투상도: 각이 서로 120°를 이루는 3개의 축을 기본으로 하여 이들 기본 축에 물체의 높이, 너비, 안쪽 길이를 옮겨서 나타내는 방법이다.

23. 다음 중 가는 실선으로 사용되는 선의 용도가 아닌 것은?

① 치수를 기입하기 위하여 사용하는 선
② 치수를 기입하기 위하여 도형에서 인출하는 선
③ 지시, 기호 등을 나타내기 위하여 사용하는 선
④ 형상의 부분 생략, 부분 단면의 경계를 나타내는 선

24. 다음 그림 중에서 FL이 의미하는 것은?

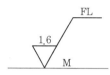

① 밀링 가공을 나타낸다.
② 래핑 가공을 나타낸다.
③ 가공으로 생긴 선이 거의 동심원임을 나타낸다.
④ 가공으로 생긴 선이 2방향으로 교차하는 것을 나타낸다.

해설 FL: 래핑 가공, M: 밀링 가공

25. 롤에 스폴링(spalling)이 발생되는 경우가 아닌 것은?

① 롤 표면 부근에 주조 결함이 생겼을 때
② 내균열성이 높은 롤의 재질을 사용하였을 때
③ 여러 번의 롤 교체 및 연마 후 많이 사용하였을 때
④ 압연 이상에 의하여 국부적으로 상한 압력이 생겼을 때

26. 다음 중 공연비에 대한 설명으로 옳은 것은?

① 고정탄소와 휘발분과의 비이다.
② 연료를 연소시키는 데에 사용하는 공기와 연료의 비이다.
③ 이론 공기량을 1.0으로 할 때의 실적 공기량의 비율이다.
④ 폐가스의 조성(성분)에 의거 가스 $1Nm^3$을 완전연소시키는 데에 필요한 공기량이다.

27. 압연 재료의 변형저항 계산에서 변형저항을 K_w, 변형강도를 K_f, 작용면에서의 외부마

찰 손실을 K_r, 내부마찰 손실을 K_i이라 할 때 옳게 표현된 관계식은?

① $K_w = K_r - K_i - K_f$ ② $K_w = K_r + K_i + K_f$

③ $K_w = \dfrac{K_r}{K_f + K_r}$ ④ $K_w = \dfrac{K_r}{K_f + K_i}$

해설 변형저항: $K_w = K_r + K_i + K_f$

28. 두께 20mm의 강판을 두께 10mm의 강판으로 압연하였을 때 압하율(%)은 얼마인가?

① 10   ② 20   ③ 40   ④ 50

해설 압하율 $= \dfrac{\text{압연 전 두께} - \text{압연 후 두께}}{\text{압연 전 두께}} \times 100$

$= \dfrac{20-10}{20} \times 100 = 50\%$

29. 냉간압연 후 600~700℃로 가열하여 일정 시간을 유지하면 압연 시 발생된 내부응력을 제거하여 가공성을 향상시키는 풀림 과정의 순서로 옳은 것은?

① 회복 → 재결정 → 결정립 싱징
② 회복 → 결정립 성장 → 재결정
③ 결정립 성장 → 회복 → 재결정
④ 결정립 성장 → 재결정 → 회복

30. 열연 공정인 RSB 혹은 VSB에서 행해지는 작업이 아닌 것은?

① 트리밍(trimming) 작업
② 슬래브(slab) 폭 압연
③ 슬래브(slab) 두께 압연
④ 스케일(scale) 제거

해설 RSB(roughhing scale breaker) 작업: 슬래브 폭 및 두께 압연, 스케일 제거 작업

31. 열연 공장의 가열로에서 가열이 완료되어

추출되는 슬래브의 온도(℃) 범위로 가장 적합한 것은?

① 650~750℃   ② 800~900℃
③ 900~1000℃   ④ 1100~1300℃

32. 다음 압연 조건 중 압연 제품의 조직 및 기계적 성질의 변화와 관련이 적은 것은?

① 냉각속도   ② 압연속도
③ 압하율   ④ 탈스케일

33. 점도가 비교적 낮은 기름을 사용할 수 있고 동력의 소비가 적은 이점이 있는 급유법은?

① 중력 순환 급유법
② 패드 급유법
③ 체인급유법
④ 유륜식 급유법

34. 산세라인의 스케일 브레이커의 공정 중 그림과 같은 스케일 브레이킹법은?

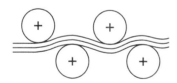

① 레벨링법   ② 롤링법
③ 엑케이법   ④ 프레슈어법

[해설] 스케일 브레이커: 레벨링법을 통해 강편의 표면에 생긴 스케일을 제거하는 기구이다.

35. 공형 압연기로 만들 수 있는 제품이 아닌 것은?

① 앵글   ② H형강
③ I형강   ④ 스파이럴 강관

[해설] 스파이럴 강관은 용접강관이다.

36. 판을 압연할 때 압연재가 롤과 접촉하는 입구측의 속도를 V_E, 롤에서 나오는 출구측의 속도를 V_A, 그리고 중립점의 속도를 V_C라 할 때 각각의 속도 관계를 옳게 나타낸 것은?

① $V_E < V_C < V_A$
② $V_A < V_E < V_C$
③ $V_E < V_A < V_C$
④ $V_E = V_A = V_C$

[해설] 압연 속도: $V_E < V_C < V_A$

37. 스트레이트 방식의 결점을 개선하기 위해서 공형을 경사시켜서 직접 압하를 가하기 쉽게 한 것은?

① 플랫 방식   ② 버터플라이 방식
③ 다이애거널 방식   ④ 무압하 변형 공형

38. 연주 주편이 응고할 때 주편 중심부에 S, C, P 등의 원소가 모여서 형성되는 결함을 무엇이라 하는가?

① 편석   ② 파이프
③ 슬래그 피팅   ④ 비금속 개재물

39. 판 두께 변동 요인 중 압연기 탄성 특성 등 압연기의 변형에 의한 판 두께 변동 요인이 아닌 것은?

① 압축 압연 소재의 판 두께 변동
② 롤 갭의 설정치 변동
③ 롤의 열팽창에 의한 변동
④ 유막 변동과 롤 편심 오차

정답 32. ④   33. ①   34. ①   35. ④   36. ①   37. ③   38. ①   39. ①

40. 청정 라인의 세정제로 부적합한 것은?

① 가성소다   ② 규산소다

③ 염산   ④ 인산소다

해설 세정제: 가성소다, 규산소다, 인산소다

41. 냉간압연하기 전에 실시하는 산세 공정의 장치에 대한 설명 중 옳은 것은?

① 언코일러(uncoiler)는 열연 코일을 접속하는 장치이다.
② 스티처(sticher)는 열연 코일의 끝부분을 잘라내는 장치이다.
③ 플래시 트리머(flash trimmer)는 용접할 때 생긴 두터운 비드를 깎아 다른 부분과 같게 하는 장치이다.
④ 업 컷 시어(up-cut shear)는 열연 코일을 풀어 주는 장치이다.

42. 압연에 의한 조직변화에 대한 설명이 틀린 것은?

① 냉간 가공으로 나타난 섬유조직은 압연 방향으로 길게 늘어난다.
② 열간 가공은 마무리 온도가 높을수록 결정립이 미세하게 된다.
③ 슬립은 원자가 가장 밀집되어 있는 격자면에서 먼저 일어난다.
④ 열간 가공으로 결정립이 연신된 후에 재결정이 시작된다.

해설 열간 가공은 마무리 온도가 높을수록 결정립이 조대하게 된다.

43. 냉연 조질압연에 대한 설명으로 틀린 것은?

① 풀림 작업 후 판의 두께 및 폭을 개선한다.
② 표면을 미려하게 한다.
③ 스트립의 형상을 교정하여 평활하게 한다.
④ 항복점 연신을 제거한다.

해설 냉연 조질압연의 목적: 표면 미려, 스트립의 형상을 교정, 항복점 연신을 제거, 스트레처 스트레인 발생 방지, 기계적 성질 향상

44. 일반적으로 철강 표면에 생성되어 있는 스케일이 대기와 접한 표면으로부터 스케일 생성 순서가 옳은 것은?

① $Fe_2O_3 \rightarrow Fe_3O_4 \rightarrow Fe \rightarrow FeO$
② $Fe_3O_4 \rightarrow Fe_2O_3 \rightarrow Fe \rightarrow FeO$
③ $Fe_3O_4 \rightarrow Fe_2O_3 \rightarrow FeO \rightarrow Fe$
④ $Fe_2O_3 \rightarrow Fe_3O_4 \rightarrow FeO \rightarrow Fe$

45. 냉간압연의 일반적인 공정 순서로 옳은 것은?

① 열연 코일 → 산세 → 정정 → 냉간압연 → 표면청정 → 풀림 → 조질압연
② 열연 코일 → 산세 → 냉간압연 → 정정 → 표면청정 → 풀림 → 조질압연
③ 열연 코일 → 산세 → 냉간압연 → 표면청정 → 풀림 → 조질압연 → 정정
④ 열연 코일 → 산세 → 냉간압연 → 표면청정 → 풀림 → 정정 → 조질압연

46. 압연 제품의 표면에 부풀거나 압연 방향으로 선 모양의 흠이 생기는 결함의 원인은?

① 수축관
② 기공
③ 편석
④ 내부균열

47. 공형의 형상 설계 시 유의하여야 할 사항이 아닌 것은?

① 압연속도와 온도를 고려한다.
② 구멍 수를 많게 하는 것이 좋다.
③ 최후에는 타원형으로부터 원형으로 되게 한다.
④ 패스마다 소재를 90°씩 돌려서 압연되게 한다.

해설 구멍 수를 적게 하고, 단순화한다.

48. 단면이 150mm×150mm이고, 길이가 1m인 소재를 압연하여 단면이 10mm×10mm 제품을 생산하였다. 이때 제품의 길이는 몇 m인가?

① 30
② 150
③ 225
④ 300

해설 제품 길이 $= \dfrac{150 \times 150 \times 1}{10 \times 10} = 225\text{m}$

49. 산세 공정에서 압연기 간의 장력을 제거하기 위해 사용하는 장치가 아닌 것은?

① 리피터(repeater)
② 가이드(guide)
③ 업 루퍼(up looper)
④ 사이드 루퍼(side looper)

해설 장력 제거 장치: 리피터(repeater), 업 루퍼(up looper), 사이드 루퍼(side looper)

50. 가열로에 설비된 리큐퍼레이터(환열기, recuperater)에 대한 설명 중 옳은 것은?

① 가열로 폐가스를 순환시켜 다시 연소공기로 이용하는 장치
② 가열로 폐가스의 폐열을 이용하여 연소공기를 예열하는 장치
③ 연료를 일정한 온도로 예열하여 효율적인 연소가 이루어지도록 하는 설비
④ 가열된 압연재의 온도를 자동으로 측정하여 연료 공급량이 조절되도록 하는 장치

51. 조질압연 설비를 입측 설비, 압연기 본체, 출측 설비로 나눌 때 압연기 본체에 해당하는 것은?

① 텐션 롤
② 스탠드
③ 페이 오프 릴
④ 코일 컨베이어

해설 압연기 본체: 스탠드, 구동장치, 압하장치

52. 다음 중 열간압연 설비가 아닌 것은?

① 권취기
② 조압연기
③ 후판 압연기
④ 주석 박판 압연기

해설 열간압연 설비: 권취기, 조압연기, 후판 압연기

53. 압연 작업장의 환경에 영향을 주는 요인과 그 단위가 잘못 연결된 것은?

① 조도 – Lux
② 소음 – dB
③ 방사선 – Gauss
④ 진동수 – Hz

해설 방사선과 관련된 단위는 rad이다.

54. 최근 압연기에는 ORG(On Line Roll Grinder) 설비가 부착되어 압연 중 작업롤(work roll) 표면을 선면 혹은 단차 연마를 실시하는데, ORG 사용 시의 장점이 아닌 것은?

① 롤 서멀 크라운을 제어할 수 있다.
② 롤 마모의 단차를 해소할 수 있다.
③ 협폭재에서 광폭재의 폭 역전 가능하다.
④ 국부마모 해소로 동일 폭 제한을 해소할 수 있다.

해설 ORG 사용 시의 장점: 롤 마모의 단차 해소, 폭 역전 가능, 국부마모 해소

55. 압연기의 압하력을 측정하는 장치는?

① 압하 스크루(screw)
② 로드 셀(load cell)
③ 플래시 미터(flash meter)
④ 텐션 미터(tension meter)

56. 다음 중 냉연 강판, 도금 강판 등의 제품을 생산하는 냉연 및 표면처리 설비로 부적합한 것은?

① 산세 설비   ② 풀림 설비
③ 가열로   ④ 전기도금 설비

해설 냉연 및 표면처리 설비: 산세 설비, 풀림 설비, 전기도금 설비

57. 일정한 행동을 취할 것을 지시하는 표시로써 방독 마스크를 착용할 것 등을 지시하는 경우의 색채는?

① 녹색   ② 빨간색
③ 파란색   ④ 노란색

해설 빨강−금지, 노랑−경고, 파랑−지시, 녹색−안내

58. 노압은 노의 열효율에 아주 큰 영향을 미친다. 노압이 높은 경우에 발생하는 것은?

① 버너 연소 상태 약화
② 침입 공기가 많아 열손실 증가
③ 소재 산화에 의한 스케일 생성량 증가
④ 외부 찬 공기 침투로 노온 저하로 열손실 증대

59. 열간압연기의 제어 형식 중 압연 롤 축을 압연 방향으로 대각선 쪽으로 틀어 소재판의 크라운 제어를 하는 것은?

① 페어 크로스 밀(pair cross mill)
② 가변 크라운(variable crown)
③ 작업롤 굽힘(work roll banding)
④ 중간롤 시프트(intermediate roll shift)

해설 페어 크로스 밀(pair cross mill): 상하 작업롤 및 받침롤을 상호 크로스시켜 소재를 압연하는 설비이다.

60. 크롭 시어의 역할을 설명한 것 중 틀린 것은?

① 중량이 큰 슬래브의 단중 분할하는 목적으로 절단한다.
② 압연재의 중간 부위를 절단하여 후물재의 작업성을 개선한다.
③ 경질재 선후단부의 저온부를 절단하여 롤마크 발생을 방지한다.
④ 조압연기에서 이송되어온 재료 선단부를 커팅하여 사상압연기 및 다운 코일러의 치입성을 좋게 한다.

해설 슬래브 flash tail부를 절단하여 박판의 작업성을 개선한다.

2014년 7월 20일 시행 문제

압연기능사

1. 주철을 600℃ 이상의 온도에서 가열과 냉각을 반복하면 부피가 증가하여 파열되는데 그 원인으로 틀린 것은?

① 흑연의 시멘타이트화에 의한 팽창
② A_1변태에서 부피 변화에 의한 팽창
③ 불균일한 가열로 생기는 균열에 의한 팽창
④ 페라이트 중에 고용되어 있는 Si의 산화에 의한 팽창

해설 시멘타이트의 흑연화에 의한 팽창이 원인이다.

2. 구리의 화학적 성질에 대한 설명으로 틀린 것은?

① 구리는 해수에서 빠르게 부식된다.
② 아연, 주석 등과 합금을 하면 내식성이 향상된다.
③ 이산화탄소(CO_2)가 포함되어 있는 공기 중에서 표면은 녹청이 발생한다.
④ 구리가 Cu_2O상을 품었을 때 H_2가스 중에 가열하면 650~850℃에서 수소메짐이 없어진다.

해설 구리가 Cu_2O상을 품었을 때 H_2가스 중에 가열하면 650~850℃에서 hair crack이 생겨 수소메짐이 발생한다.

3. 순철에 대한 설명으로 틀린 것은?

① 비중은 약 7.8 정도이다.
② 상온에서 비자성체이다.
③ 상온에서 페라이트 조직이다.
④ 동소변태점에서는 원자의 배열이 변화한다.

해설 상온에서 자성체이다.

4. 금속의 일반적인 특성에 대한 설명으로 틀린 것은?

① 소성변형을 한다.
② 가시광선의 반사능력이 높다.
③ 일반적으로 경도, 강도 및 비중이 낮다.
④ 수은을 제외하고 상온에서 고체이며 결정체이다.

해설 일반적으로 경도, 강도 및 비중이 높다.

5. 오스테나이트계 스테인리스강은 18-8강이라고도 한다. 이때 18과 8은 어떤 합금원소인가?

① W, Mn   ② W, Co
③ Cr, Ni   ④ Cr, Mo

해설 오스테나이트계 스테인리스강: Cr18%-Ni8%

6. 온도에 따른 탄성률의 변화가 없는 36%Ni, 12%Cr, 나머지는 Fe로 된 합금은?

① 엘린바   ② 센더스트
③ 초경합금   ④ 바이탈륨

7. Al-Si합금을 주조할 때 나타나는 Si의 조대한 육각판상 결정을 미세화하는 처리는?

① 심랭 처리   ② 개량 처리
③ 용체화 처리   ④ 페이딩 처리

해설 개량 처리: Al-Si합금에 금속나트륨을 첨가하여 조직을 미세화시키는 처리이다.

8. 비정질 재료의 제조방법 중 액체 급랭법에 의한 제조법은?

① 원심법   ② 스퍼터링법
③ 진공 증착법   ④ 화학 증착법

9. 금(Au) 및 그 합금에 대한 설명으로 틀린 것은?

① Au는 면심입방격자를 갖는다.
② 다른 귀금속에 비하여 전기 전도율과 내식성이 우수하다.
③ Au-Ni-Zn계 합금을 화이트 골드라 하며, 은백색을 나타낸다.
④ Au의 순도를 나타내는 단위는 캐럿(carat, K)이며, 순금을 18K라고 한다.

해설 순금을 24K라고 한다.

10. 다음 중 시효경화성이 있고 Cu합금 중 가장 큰 강도와 경도를 가지며, 고급 스프링이나 전기 접점, 용접용 전극 등에 사용되는 것은?

① 티탄 구리합금   ② 구리 청동합금
③ 망간 구리합금   ④ 베릴륨 구리합금

11. 일정한 온도에서 액체(액상)로부터 두 종류의 고체가 일정한 비율로 동시에 정출하는 것은?

① 편정점   ② 공석점
③ 공정점   ④ 포정점

12. 다음 표는 4호 인장시험편의 규격이다. 이 시험편을 가지고 인장시험하여 시험편을 파괴한 후 시험편의 표점거리를 측정한 결과

58.5mm이었을 때 시험편의 연신율(%)은?

지름	표점거리	평행부 길이	어깨부의 반지름
14mm	50mm	60mm	15mm

① 8.5   ② 17
③ 25.5   ④ 24

해설 연신율 $= \dfrac{L_1 - L_0}{L_0} \times 100$

$$= \frac{58.5 - 50}{50} \times 100 = 17\%$$

13. 자동차용 디젤엔진 중 피스톤의 설계도면 부품표란에 재질기호가 AC8B라고 적혀 있다면, 어떠한 재질로 제작하여야 하는가?

① 황동합금 주물   ② 청동합금 주물
③ 탄소강 합금 주강   ④ 알루미늄합금 주물

해설 AC8B는 알루미늄합금 주물로서 A는 알루미늄, C는 주조 표시이다.

14. 그림과 같은 물체를 1각법으로 나타낼 때 (ㄱ)에 알맞은 측면도는?

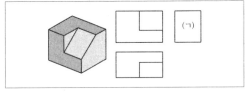

 ①

 ②

 ③

 ④

15. 다음 중 도면의 부품란에 표시되지 않는 것은?

① 품명　　　　　　② 재질
③ 투상법　　　　　④ 품번

16. 기어의 피치원의 지름이 150mm이고, 잇수가 50개일 때 모듈의 값(mm)은?

① 1　　② 3　　③ 4　　④ 6

해설 $m = \dfrac{D}{Z} = \dfrac{150}{50} = 3$

17. 제도에서 가상선을 사용하는 경우가 아닌 것은?

① 인접 부분을 참고로 표시하는 경우
② 가공 부분을 이동 중의 특정한 위치로 표시하는 경우
③ 물체가 단면 형상임을 표시하는 경우
④ 공구, 지름 등의 위치를 참고로 나타내는 경우

18. 다음 그림과 같은 단면도의 종류는?

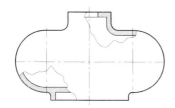

① 온 단면도　　　　② 부분 단면도
③ 계단 단면도　　　④ 회전 단면도

19. KS 부문별 분류 기호 중 전기 부문은?

① KS A　　　　　　② KS B
③ KS C　　　　　　④ KS D

해설 KS A–기본, KS B–기계, KS C–전기, KS D–금속

20. 다음 중 치수 기입 방법에 대한 설명으로 틀린 것은?

① 외형선, 중심선, 기준선 및 이들의 연장선을 치수선으로 사용한다.
② 지시선은 치수와 함께 개별 주서를 기입하기 위하여 사용한다.
③ 각도를 기입하는 치수선은 각도를 구성하는 두 변 또는 연장선 사이에 원호를 긋는다.
④ 길이, 높이 치수의 표시는 주로 평면도에 집중하며, 부분적인 특징에 따라 평면도나 측면도에 표시할 수 있다.

21. 물체의 경사면을 실제의 모양으로 나타내고자 할 경우에 그 경사면과 맞서는 위치에 물체가 보이는 부분의 전체 또는 일부분을 그려 나타내는 것은?

① 보조 투상도　　　② 회전 투상도
③ 부분 투상도　　　④ 국부 투상도

22. 다음은 구멍을 치수 기입한 예이다. 치수 기입된 11-ϕ4에서의 11이 의미하는 것은?

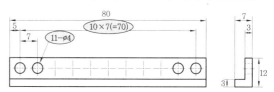

① 구멍의 지름　　　② 구멍의 깊이
③ 구멍의 수　　　　④ 구멍의 피치

해설 11-ϕ4에서의 11은 구멍의 수, ϕ는 구멍의 지름이다.

23. 다음 중 45° 모따기를 나타내는 기호는?

① R　　　　　　　② C
③ □　　　　　　　④ SR

정답 **16.** ② **17.** ③ **18.** ② **19.** ③ **20.** ① **21.** ① **22.** ③ **23.** ②

24. 다음 도면에서 3-10 DRILL 깊이 12는 무엇을 의미하는가?

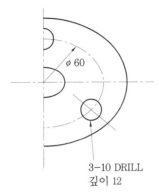

φ 60

3-10 DRILL
깊이 12

① 반지름이 3mm인 구멍이 10개이며, 깊이는 12mm이다.
② 반지름이 10mm인 구멍이 3개이며, 깊이는 12mm이다.
③ 지름이 3mm인 구멍이 12개이며, 깊이는 10mm이다.
④ 지름이 10mm인 구멍이 3개이며, 깊이는 12mm이다.

해설 3-10 DRILL 깊이 12: 지름 10mm, 구멍 3개, 깊이 12mm

25. 압연기 탄성 특성 변형에 의한 판 두께 변동 요인이 아닌 것은?

① 압연 장력의 변동
② 롤 갭의 설정치 변동
③ 롤의 열팽창에 의한 변동
④ 유막 변동과 롤 편심 오차

26. 냉간압연 시 스트립 표면에 부착된 압연유 및 이물질 등은 스트립을 노내에서 풀림처리 시 타서 스트립 표면에 산화변색 등을 발생시키기 때문에 이를 방지하기 위한 탈지 및 세정 방식이 아닌 것은?

① 초음파 세정
② 침지 세정
③ 전해 세정
④ 산화적 세정

27. 어떤 연료를 연소시키는데 연소에 필요한 전 산소량은 1.50m³/kgf이었다. 이론 공기량은 약 얼마(m³/kgf)인가? (단, 공기 중의 산소는 21%이다.)

① 0.14
② 0.21
③ 1.50
④ 7.14

해설 연료를 완전 연소하기 위한 산소 요구량: $1.50 \text{m}^3/\text{kg}$

$$이론 공기량 = \frac{이론 산소량}{0.21(산소 부피비)}$$
$$= \frac{1.5}{0.21} = 7.14 \text{m}^3/\text{kg}$$

28. 열간압연의 가열 작업 시 주의할 점으로 틀린 것은?

① 가능한 한 연료 소모율을 낮춘다.
② 강종에 따라 적정한 온도로 균일하게 가열한다.
③ 압연하기 쉬운 순서로 압연재로 연속 배출한다.
④ 압연 과정에서 산화피막이 제거되지 않도록 만든다.

해설 압연 과정에서 산화피막이 제거되도록 만든다.

29. 열연압연한 후판의 검사 항목에 해당되지 않는 것은?

① 폭
② 두께
③ 직각도
④ 권취온도

해설 후판의 검사 항목: 폭, 두께, 직각도, 길이, 처짐 및 평탄도

30. 강재의 용도에 따라 가공 방법, 가공 정도, 개재물이나 편석의 허용한도를 정해 그것이 실현되도록 제조 공정을 설계하고 실시하는 것이 내부 결함의 관리이다. 이에 해당되지 않는 것은?

① 성분 범위
② 슬립 마크
③ 탈산법의 선정
④ 강괴 강편의 끝 부분을 잘라내는 기준

해설 슬립 마크는 표면 결함에 속한다.

31. 압연유를 사용하여 압연하는 목적으로 틀린 것은?

① 소재의 형상을 개선한다.
② 압연 동력을 증대시킨다.
③ 압연 윤활로 압하력을 감소시킨다.
④ 롤과 소재 간의 마찰열을 냉각시킨다.

해설 압연 동력을 감소시킨다.

32. 중후판압연의 제조 공정 순서가 옳게 나열된 것은?

① 가열 → 압연 → 열간교정 → 냉각 → 절단 → 정정
② 압연 → 가열 → 열간교정 → 정정 → 절단 → 냉각
③ 정정 → 압연 → 절단 → 냉각 → 열간교정 → 가열
④ 열간교정 → 정정 → 가열 → 냉각 → 절단 → 압연

33. 다음 중 조압연기 배열에 관계없는 것은?

① cross couple식
② full continuous(전연속)식
③ four quarter(4/4연속)식
④ semi continuous(반연속)식

34. 다음 중 조질압연에 대한 설명으로 틀린 것은?

① 스트립의 형상을 교정하여 평활하게 한다.
② 스트레처 스트레인을 방지하기 위하여 실시한다.
③ 보통의 조질 압연율은 20~30%의 높은 압하율로 작업된다.
④ 표면을 깨끗하게 하기 위하여 dull이나 bright사상을 실시한다.

해설 보통의 조질 압연율은 1~2%의 적은 압하율로 작업된다.

35. 압연기용 롤을 연마할 때 스트립의 프로파일을 고려하여 롤에 부여하는 크라운(crown)은?

① initial crown   ② thermal crown
③ tandom crown   ④ bell crown

36. 노내 분위기 관리 중 공기비가 클 때(1.0 이상)의 설명으로 틀린 것은?

① 저온 부식이 발생한다.
② 연소온도가 증가한다.
③ 연소가스 증가에 의한 폐손실열이 증가한다.
④ 연소가스 중의 O_2의 생성 촉진에 의한 전열면이 부식된다.

해설 연소온도가 저하한다.

정답 30. ② 31. ② 32. ① 33. ③ 34. ③ 35. ① 36. ②

37. 재료가 롤에 쉽게 물려 들어가기 위한 조건 중 틀린 것은?

① 롤 지름을 크게 한다.

② 압하량을 작게 한다.

③ 접촉각이 작아야 한다.

④ 마찰계수가 가능한 한 0(zero)이어야 한다.

해설 마찰계수가 가능한 한 0(zero) 이상이어야 한다.

38. 대구 강판을 생산할 때 사용되는 것으로 바깥지름의 치수 제한 없이 강관을 제조하는 방식은?

① 단접법 강관 제조

② 롤 벤더 강관 제조

③ 스파이럴 강관 제조

④ 전기저항 용접법의 강관 제조

39. 냉간압연 후 표면에 부착된 오염물을 제거하기 위하여 선해청정을 실시할 때 사용하는 세정제가 아닌 것은?

① 가성소다   ② 탄산소다

③ 규산소다   ④ 인산소다

40. 냉간 가공을 설명한 것 중 옳은 것은?

① 가공 과정 중에 가공경화를 받는다.

② 가공 과정 중에 연화현상을 일으킨다.

③ 탄소강에서 800℃ 이상에서의 가공이다.

④ 재결정온도보다 높은 영역에서의 가공이다.

해설 냉간 가공은 가공 과정 중에 가공경화현상이 일어나며, 재결정온도보다 낮은 온도에서의 가공이다.

41. 압연기의 밀 스프링 특성에 따라 무부하 시

출측 판 두께가 설정 롤 갭보다 크게 될 때 압연 전 설정간격을 S_0, 압연 중의 압하력을 F, ALF 스프링을 M이라면 실제 출측 판 두께 h를 나타내는 식은?

① $h = \dfrac{F}{S_0} + M$ ② $h = \dfrac{S_0}{M} + F$

③ $h = \dfrac{F}{M} + S_0$ ④ $h = \dfrac{S_0}{F} + M$

해설 실제 출측 판 두께 : $h = \dfrac{F}{M} + S_0$

42. 롤 단위 편성 원칙 중 정수간 편성 원칙에 대한 설명 중 틀린 것은?

① 정수 전 압연 조건을 고려하여 추출온도가 높은 단위로 편성한다.

② 계획 휴지 또는 정수 직전에는 광폭재를 투입하지 않는다.

③ 롤 정비 능력 등을 고려하여 박판 단위는 연속적으로 3단위 이상 투입을 제한한다.

④ 정기수리 후의 압연은 받침롤의 워밍업 및 온도 등을 고려하여 부하가 적은 후물재를 편성한다.

해설 정수 전 압연 조건을 고려하여 전후 단위를 온도 확보상 규제한다.

43. 상·하 롤의 회전수가 같을 때 상부와 하부의 롤 지름 차이에 따른 소재의 변화를 설명한 것 중 옳은 것은?

① 상부 롤의 지름이 하부 롤의 지름보다 크면 소재는 하부 방향으로 휨이 발생한다.

② 상부 롤의 지름이 하부 롤의 지름보다 크면 소재는 상부 방향으로 휨이 발생한다.

③ 상부 롤의 지름이 하부 롤의 지름보다 크면 소재는 우측 방향으로 휨이 발생한다.

④ 상부 롤의 지름이 하부 롤의 지름보다 크면 소재는 좌측 방향으로 휨이 발생한다.

44. 열간 스카프의 특징을 설명한 것 중 옳은 것은?

① 손질 깊이의 조정이 용이하지 못하다.
② 산소 소비량이 냉간 스카프보다 많이 사용된다.
③ 작업속도가 빠르며, 압연 능률을 떨어뜨리지 않는다.
④ 균일한 스카프가 가능하나, 평탄한 손질면을 얻을 수 없다.

해설 손질 깊이의 조정이 용이하며, 작업속도가 빠르고 능률이 높다.

45. I형강에서 공형의 홈에 재료가 꽉 차지 않은 상태, 즉 어긋난 상태로 되었을 때 데드 홈(dead hole)부에 생기는 것은?

① 오버 필링(over filling)
② 언더 필링(under filling)
③ 어퍼 필링(upper filling)
④ 로어 필링(lower filling)

46. 압연기 입측 속도는 2.7m/s, 출측 속도는 3.3m/s, 롤의 주속이 3.0m/s라면 선진율(%)은?

① 5 ② 10 ③ 20 ④ 30

해설 전진율(선진율)

$$=\frac{출측\ 속도-롤의\ 속도}{롤의\ 속도}\times100$$
$$=\frac{3.3-3.0}{3.0}\times100=10\%$$

47. 냉간압연 강판의 표면 조도에서 조질도의 구분이 표준 조질일 경우 조질 기호로 옳은 것은?

① A ② S ③ H ④ J

48. 연소의 조건으로 충분하지 못한 것은?

① 가연물질이 존재 ② 충분한 산소 공급
③ 충분한 수분 공급 ④ 착화점 이상 가열

49. 압연 설비 중의 주요 명칭 분류에 해당되지 않는 것은?

① 롤 베어링   ② 롤 압하장치
③ 롤 교환장치 ④ 롤 구동장치

해설 압연설비: 롤 베어링, 롤 압하장치, 롤 구동장치

50. 고온에서 땀을 많이 흘리게 되어 열과로 증상이 나타날 때 응급조치는?

① 배설을 하도록 한다.
② 염분을 보충한다.
③ 인공호흡을 실시한다.
④ 칼슘을 먹인다.

51. 인간공학적인 안전한 작업환경에 대한 설명으로 틀린 것은?

① 배선, 용접호스 등은 통로에 배치할 것
② 작업대나 의자의 높이 또는 형을 적당히 할 것
③ 기계에 부착된 조명, 기계에서 발생하는 소음을 개선할 것
④ 충분한 작업공간을 확보할 것

해설 배선, 용접호스 등은 통로 배치를 피한다.

52. 압연기의 구동장치가 아닌 것은?

① 스핀들   ② 피니언
③ 감속기   ④ 스크루 다운

53. 다음 중 디스케일링(descaling) 능력에 대한 설명으로 옳은 것은?

① 산 농도가 높을수록 디스케일링 능력은 감소한다.

② 온도가 높을수록 디스케일링 능력은 감소한다.

③ 규소강판 등의 특수 강종일수록 디스케일링 시간이 짧아진다.

④ 염산은 철분의 농도가 증가함에 따라 디스케일링 능력이 커진다.

해설 디스케일링(descaling) 능력: 산 농도가 높을수록 증가한다. 온도가 높을수록 능력이 증가한다.

54. 판재의 압연 가공에서 20mm 두께의 소재를 압하율 25%로 압연하려고 한다. 압연 후의 두께는 몇 mm인가?

① 10 ② 12 ③ 15 ④ 18

해설 압하율(%)

$$= \frac{압연\ 전\ 두께 - 압연\ 후\ 두께}{압연\ 전\ 두께} \times 100$$

$$25 = \frac{20-x}{20} \times 100$$

$$x = 15$$

55. 열간압연 롤 재질 중에서 내마모성이 가장 뛰어난 재질은?

① Hi-Cr roll ② HSS

③ adamaite roll ④ Ni grain

56. 열연 공장의 압연 중 발생된 스케일을 제거하는 장치는?

① 브러시 ② 디스케일러

③ 스카핑 ④ 그라인딩

57. 압연의 작업롤에 많이 사용되고 있는 원추 롤러 베어링에 대한 설명으로 알맞은 것은?

① 일반적으로 스러스트 하중만 받을 수 있다.

② 레이디얼 하중과 한쪽 방향의 큰 스러스트 하중에 견딜 수 있다.

③ 외륜의 궤도면은 구면으로 되어 있고 통형의 롤러가 2열로 들어 있다.

④ 니들 베어링이라 하고 보통 롤러보다도 지름이 작으며 고속으로도 적당하다.

58. 냉간압연 산세 공정에서 선행 강판과 후행 강판을 접합 연결하는 설비인 용접기의 종류가 아닌 것은?

① 버트 웰더(butt welder)

② 심 웰더(seam welder)

③ 레이저 웰더(lazer welder)

④ 점용접(spot welder)

59. 두께가 얇고 고경도 제품을 압연하고자 할 때 작업롤의 형상은?

① 지름이 클 것

② 지름이 작을 것

③ 지름과 길이가 클 것

④ 길이가 클 것

해설 지름이 작은 롤을 사용하여 두께가 얇고 고경도 제품을 압연한다.

60. 다음 중 가열로로 사용되는 내화물이 갖추어야 할 조건으로 틀린 것은?

① 화학적 침식에 대한 저항이 강할 것

② 급가열, 급냉각에 충분히 견딜 것

③ 열전도와 팽창 및 수축이 클 것

④ 견고하고 고온강도가 클 것

해설 열전도, 팽창, 수축이 작아야 한다.

2015년 1월 25일 시행 문제

압연기능사

1. 순구리(Cu)와 철(Fe)의 용융점은 약 몇 ℃인가?

① Cu: 660℃, Fe: 890℃
② Cu: 1063℃, Fe: 1050℃
③ Cu: 1083℃, Fe: 1539℃
④ Cu: 1455℃, Fe: 2200℃

2. 게이지용 강이 갖추어야 할 성질로 틀린 것은?

① 담금질에 의한 변형이 없어야 한다.
② HRC55 이상의 경도를 가져야 한다.
③ 열팽창계수가 보통 강보다 커야 한다.
④ 시간에 따른 치수 변화가 없어야 한다.

해설 열팽창계수가 보통 강보다 작아야 한다.

3. 황(S)이 적은 선철을 용해하여 구상흑연주철을 제조 시 주로 첨가하는 원소가 아닌 것은?

① Al
② Ca
③ Ce
④ Mg

해설 구상흑연주철 첨가 원소: Ca, Mg, Ce

4. 해드필드(hadfield)강은 상온에서 오스테나이트 조직을 가지고 있다. Fe 및 C 이외에 주요 성분은?

① Ni
② Mn
③ Cr
④ Mo

해설 해드필드(hadfield)강에 Mn 함유

5. 조밀육방격자의 결정 구조로 옳게 나타낸 것은?

① FCC
② BCC
③ FOB
④ HCP

6. 전극 재료의 선택 조건을 설명한 것 중 틀린 것은?

① 비저항이 작아야 한다.
② Al과의 밀착성이 우수해야 한다.
③ 산화 분위기에서 내식성이 커야 한다.
④ 금속 규화물의 용융점이 웨이퍼 처리온도보다 낮아야 한다.

해설 금속 규화물의 용융점이 웨이퍼 처리온도보다 높아야 한다.

7. 그림에서 마텐자이트 변태가 가장 빠른 곳은?

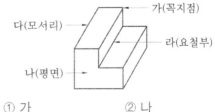

① 가
② 나
③ 다
④ 라

해설 예각이 있는 부분(가)이 냉각속도가 빠르다.

8. 7:3황동에 주석을 1% 첨가한 것으로 전연성이 좋아 관 또는 판을 만들어 증발기, 열교환기 등에 사용되는 것은?

① 문쯔메탈
② 네이벌 황동
③ 카트리지 브라스
④ 애드미럴티 황동

정답 1. ③ 2. ③ 3. ① 4. ② 5. ④ 6. ④ 7. ① 8. ④

9. 탄소강의 표준 조직을 검사하기 위해 A_3 또는 A_{cm}선보다 30~50℃ 높은 온도로 가열한 후 공기 중에 냉각하는 열처리는?

① 노멀라이징   ② 어닐링
③ 템퍼링   ④ 퀜칭

10. 소성변형이 일어나면 금속이 경화하는 현상을 무엇이라 하는가?

① 탄성 경화   ② 가공 경화
③ 취성 경화   ④ 자연 경화

11. 납, 황동은 황동에 납을 첨가하여 어떤 성질을 개선한 것인가?

① 강도   ② 절삭성
③ 내식성   ④ 전기전도도

해설 납, 황동은 황동에 납을 첨가하면 절삭성이 향상된다.

12. 마울러 조직도에 대한 설명으로 옳은 것은?

① 주철에서 C와 P량에 따른 주철의 조직관계를 표시한 것이다.
② 주철에서 C와 Mn량에 따른 주철의 조직관계를 표시한 것이다.
③ 주철에서 C와 Si량에 따른 주철의 조직관계를 표시한 것이다.
④ 주철에서 C와 S량에 따른 주철의 조직관계를 표시한 것이다.

13. 수면이나 유면 등의 위치를 나타내는 수준면선의 종류는?

① 파선   ② 가는 실선
③ 굵은 실선   ④ 1점쇄선

14. KS B ISO 4287 한국산업표준에서 정한 거칠기 프로파일에서 산출한 파라미터를 나타내는 기호는?

① R-파라미터   ② P-파라미터
③ W-파라미터   ④ Y-파라미터

15. 척도가 1:2인 도면에서 실제 치수 20mm인 선은 도면상 몇 mm로 긋는가?

① 5   ② 10
③ 20   ④ 40

16. 실물을 보고 프리핸드로 그린 도면은?

① 계획도   ② 제작도
③ 주문도   ④ 스케치도

17. 상면도라 하며, 물체의 위에서 내려다 본 모양을 나타내는 도면의 명칭은?

① 배면도   ② 정면도
③ 평면도   ④ 우측면도

18. 2N M50×2-6h이라는 나사의 표시방법에 대한 설명으로 옳은 것은?

① 왼나사이다.
② 2줄나사이다.
③ 유니파이 보통 나사이다.
④ 피치는 1인치당 산의 개수로 표시한다.

해설 2N M50×2-6h: 호칭지름이 50mm, 피치 2mm인 2줄 나사로 등급 6인 나사

19. 다음 가공방법의 기호와 그 의미의 연결이 틀린 것은?

① C—주조   ② L—선삭

③ G—연삭   ④ FF—소성 가공

해설 FF: 줄다듬질

20. 다음 그림과 같은 물체를 제3각법으로 그릴 때 물체를 명확하게 나타낼 수 있는 최소 도면 개수는?

① 1개
② 2개
③ 3개
④ 4개

21. 끼워 맞춤에 관한 설명으로 옳은 것은?

① 최대 죔새는 구멍의 최대 허용 치수에서 축의 최소 허용 치수를 뺀 치수이다.

② 최대 죔새는 구멍의 최소 허용 치수에서 축의 최대 허용 치수를 뺀 치수이다.

③ 구멍의 최소 치수가 축의 최대 치수보다 작은 경우 헐거운 끼워 맞춤이 된다.

④ 구멍과 축의 끼워 맞춤에서 틈새가 없이 죔새만 있으면 억지 끼워 맞춤이 된다.

22. 도면에서 중심선을 꺾어서 연결 도시한 투상도는?

① 보조 투상도
② 국부 투상도
③ 부분 투상도
④ 회전 투상도

해설 보조 투상도: 물체의 경사면을 실제의 모양으로 나타낼 때 일부분을 그린 투상도

23. 제도용지에 대한 설명으로 틀린 것은?

① A0 제도용지의 넓이는 약 $1m^2$이다.

② B0 제도용지의 넓이는 약 $1.5m^2$이다.

③ A0 제도용지의 크기는 594×841이다.

④ 제도용지의 세로와 가로의 비는 $1:\sqrt{2}$이다.

24. 다음 도형에서 테이퍼 값을 구하는 식으로 옳은 것은?

① $\dfrac{b}{a}$

② $\dfrac{a}{b}$

③ $\dfrac{a+b}{L}$

④ $\dfrac{a-b}{L}$

해설 테이퍼 $=\dfrac{a-b}{L}$

25. 다음 중 롤 간극(S_0)의 계산식으로 옳은 것은? (단, h: 입측판 두께, Δh: 압연하중, K: 일강성계수, ε: 보정값)

① $S_0=(\Delta h-h)+\dfrac{\varepsilon}{K}-P$ ② $S_0=(\Delta h-h)+\dfrac{\varepsilon}{K}+K$

③ $S_0=(h-\Delta h)+\dfrac{\varepsilon}{K}+P$ ④ $S_0=(h-\Delta h)-\dfrac{P}{K}+\varepsilon$

해설 롤 간극 : $S_0=(h-\Delta h)-\dfrac{P}{K}+\varepsilon$

26. 압하 설정과 롤 크라운의 부적절로 인해 압연판(strip)의 가장자리가 가운데보다 많이 늘어나 굴곡진 형태로 나타난 결함은?

① 캠버   ② 중파
③ 양파   ④ 루즈

27. 냉연 스트립(cold strip)의 슬릿(slit) 작업의 목적에 속하지 않는 것은?

① 성분 조정　　　　② 검사
③ 선별　　　　　　④ 형상 교정

해설　슬릿(slit) 작업의 목적: 검사, 선별, 형상 교정

28. 두께 3.2mm의 소재를 0.7mm로 냉간 압연할 때 압하량(mm)은?

① 2.0　　② 2.3　　③ 2.5　　④ 2.7

해설　압하량: $H-h=3.2-0.7=2.5$

29. 다음 열간압연 소재 중 연속 주조에 의해 직접 주조하거나 편평한 강괴 또는 블룸을 조압연한 것으로 단면이 장방형이고 모서리는 약간 둥근 형태로 강편이나 강판의 압연 소재로 많이 사용되는 것은?

① 슬래브　　　　② 시트 바
③ 빌릿　　　　　④ 후프

30. 압연 과정에서 롤 축에 수직으로 발생하는 힘은?

① 인장력　　　　② 탄성력
③ 클립력　　　　④ 압연력

31. 냉간압연 공정에서 산세 공정의 목적이 아닌 것은?

① 냉연 강판의 소재인 열연 강판의 표면에 생성된 스케일을 제거한다.
② 냉간압연기의 생산성 향상을 위하여 냉연 강판을 연속화하기 위하여 용접을 실시한다.
③ 냉연 강판의 소재인 열연 강판의 표면에 생성된 스케일을 제거하지 않고 열연 강판의 두께를 균일하게 한다.
④ 필요 시 사이드 트리밍(side trimming)을 실시하여 고객 주문 폭으로 스트립의 폭을 절단하여 준다.

해설　열연 강판의 표면에 생성된 스케일을 제거한다.

32. 압연 소재가 롤에 치입하기 좋게 하기 위한 방법으로 틀린 것은?

① 압하량을 적게 한다.
② 치입각을 작게 한다.
③ 롤의 지름을 크게 한다.
④ 재료와 롤의 마찰력을 적게 한다.

해설　재료와 롤의 마찰력을 크게 한다.

33. 다음 중 소성 가공 방법이 아닌 것은?

① 단조　　　　② 주조
③ 압연　　　　④ 프레스 가공

해설　소성 가공: 단조, 압연, 프레스

34. 일반적인 냉연 박판의 공정을 가장 바르게 나열한 것은?

① 냉간압연 → 산세 → 아연도금 → 조질압연 → 풀림
② 표면청정 → 산세 → 전단 리코일 → 풀림 → 냉간압연
③ 산세 → 냉간압연 → 표면청정 → 풀림 → 조질압연
④ 냉간압연 → 산세 → 표면청정 → 조질압연 → 풀림

35. 압연 시 소재에 힘을 가하면 압연이 가능한

조건을 접촉각(α)과 마찰계수(μ)의 관계식으로 옳은 것은?

① $\tan\alpha \leq \mu$ ② $\tan\alpha = \mu$
③ $\tan\alpha > \mu$ ④ $\tan\alpha \geq \mu$

해설 $\tan\alpha = \mu$

36. 냉연 조질압연의 목적이 아닌 것은?
① 기계적 성질 개선 ② 형상 교정
③ 두께 조정 ④ 항복연신 제거

37. 냉연용 소재가 갖추어야 할 품질의 구비조건과 거리가 먼 것은?
① 코일의 재질이 균일할 것
② 치수의 형상이 정확할 것
③ 표면의 scale은 고착성이 좋을 것
④ 표면의 scale은 박리성이 좋을 것

해설 표면의 scale은 고착성이 적어야 한다.

38. 냉간압연을 압연유가 구비해야 할 조건으로 틀린 것은?
① 유막 강도가 클 것 ② 윤활성이 좋을 것
③ 마찰계수가 클 것 ④ 탈지성이 좋을 것

해설 마찰계수가 작아야 한다.

39. 롤 지름 340mm, 회전수 150rpm이고, 압연되는 재료의 출구 속도는 3.67m/s일 때 선진율(%)은 약 얼마인가?
① 27 ② 37 ③ 55 ④ 75

해설 롤의 속도 $=\dfrac{150 \times 0.340 \times 3.14}{60}=2.67$m/s

선진율(%)$=\dfrac{출측 속도-롤의 속도}{롤의 속도}\times100$

$=\dfrac{3.67-2.67}{2.67}\times100=37\%$

40. 냉간압연에서 0.25mm 이하의 박판을 제조할 경우 판에서 발생하는 찌그러짐을 방지하는 대책으로 옳은 것은?
① 단면감소율을 크게 한다.
② 롤이 캠버를 갖도록 한다.
③ 압연 공정 중간에 재가열한다.
④ 스탠드 사이에 롤러 레벨러를 설치한다.

41. 그리스를 급유하는 경우가 아닌 것은?
① 마찰면이 고속운동을 하는 부분
② 고하중을 받는 운동부
③ 액체 급유가 곤란한 부분
④ 밀봉이 요구될 때

해설 마찰면이 저속운동을 하고 고하중일 때 그리스를 급유한다.

42. 다음 중 조질압연의 설비가 아닌 것은?
① 페이 오프 릴(pay off reel)
② 신장률 측정기
③ 스탠드
④ 전단

43. 열간압연 가열로 내의 온도를 측정하는데 사용되는 온도계로서 두 종류의 금속선 양단을 접합하고 양 접합점에 온도차를 부여하여 전위차를 측정하는 온도계는?
① 광고온계 ② 열전쌍 온도계
③ 베크만 온도계 ④ 저항 온도계

해설 열전쌍 온도계: 온도차의 기전력으로 측정한다.

44. 냉연 스트립의 풀림 목적이 아닌 것은?

① 압연유를 제거하기 위함이다.

② 기계적 성질을 개선하기 위함이다.

③ 가공경화 현상을 얻기 위함이다.

④ 가공성을 좋게 하기 위함이다.

해설 가공경화 현상을 제거하기 위해서이다.

45. 공형 설계의 원칙을 설명한 것 중 틀린 것은?

① 공형 각부의 감면율을 균등하게 한다.

② 직접 압하를 피하고 간접 압하를 이용하도록 설계한다.

③ 공형 형상은 되도록 단순화 직선으로 한다.

④ 플랜지의 높이를 내고 싶을 때에는 초기 공형에서 예리한 홈을 넣는다.

해설 간접 압하를 피하고 직접 압하를 이용하도록 설계한다.

46. 다음 중 공형 설계의 방식이 아닌 것은?

① 플랫(flat) 방식

② 스트라이크(strike) 방식

③ 버터플라이(butterfly) 방식

④ 다이애거널(diagonal) 방식

47. 냉간압연에서 변형저항 계산 시 변형효율을 옳게 나타낸 것은? (단, K_{fm} : 변형강도, K_w : 변형저항)

① $\eta = \dfrac{K_w}{K_{fm}}$ ② $\eta = \dfrac{K_{fm}}{K_w}$

③ $\eta = \dfrac{K_w - K_{fm}}{K_w}$ ④ $\eta = \dfrac{K_w}{K_w + K_{fm}}$

해설 변형효율 : $\eta = \dfrac{K_{fm}}{K_w}$

48. 단접 강관용 재료로 사용되는 반제품으로 띠 모양으로 양단이 용접이 편리하도록 85~88°로 경사지게 만든 것은?

① 틴 바(tin bar)

② 후프(hoop)

③ 스켈프(skelp)

④ 틴 바 인 코일(tin bar in coil)

49. 천장 크레인으로 압연 소재를 이동시키려 한다. 안전상 주의해야 할 사항으로 틀린 것은?

① 운전을 하지 않을 때는 전원 스위치를 내린다.

② 설비 점검 및 수리 시는 안전표식을 부착해야 한다.

③ 비상 시에는 운전 중에 점검, 장비를 실시할 수 있다.

④ 천장 크레인은 운전자격자가 운전을 하여야 한다.

50. 윤활제의 구비 조건으로 틀린 것은?

① 제거가 용이할 것

② 독성이 없어야 할 것

③ 화재 위험이 없어야 할 것

④ 열처리 혹은 용접 후 공정에서 잔존물이 존재할 것

해설 열처리 혹은 용접 후 공정에서 잔존물이 존재하지 않아야 한다.

51. 안전거리 기법이 아닌 것은?

① 무재해 운동

② 위험 예지 훈련

③ 툴박스 미팅(tool box meeting)

④ 설비의 대형화

정답 44. ③ 45. ② 46. ② 47. ② 48. ③ 49. ③ 50. ④ 51. ④

52. 압연기 롤의 구비 조건으로 틀린 것은?

① 내마멸성이 클 것 ② 경도가 클 것
③ 내충격성이 클 것 ④ 연성이 클 것

해설 연성이 작아야 한다.

53. 압연 하중이 2000kg, 토크 암(torque arm)의 길이가 8mm일 때 압연 토크(kg·m)는?

① 1.6 ② 16 ③ 160 ④ 1600

해설 압연 토크=압연 하중×토크 암
=2000×0.008=16kg·m

54. 하우징이 한 개의 강괴라고도 할 수 있을 만큼 견고하며, 이 속에 다단 롤이 수용되어 규소 강판, 스테인리스 강판압연기로 많이 사용되며, 압하력은 매우 크고 압연판의 두께 치수가 정확한 압연기는?

① 탠덤 압연기
② 스테켈식 압연기
③ 클러스터 압연기
④ 센지미어 압연기

55. 강재 열간압연기의 롤 재질로 적합하지 않은 것은?

① 주철 롤 ② 칠드 롤
③ 주강 롤 ④ 알루미늄 롤

56. 다음 중 강괴의 내부 결함에 해당되지 않는 것은?

① 편석 ② 비금속 개재물
③ 세로 균열 ④ 백점

해설 세로 균열은 표면 결함에 해당한다.

57. 형상 교정 설비 중 다수의 소경 롤을 이용하여 반복해서 굽힘으로써 재료의 표피부를 소성 변형시켜 판 전체의 내부응력을 저하 및 세분화시켜 평탄하게 하는 설비는?

① 롤러 레벨러(roller leveller)
② 텐션 레벨러(tension leveller)
③ 시어 레벨러(shear leveller)
④ 스트레치 레벨러(strecher leveller)

해설 롤러 레벨러(roller leveller)는 다수의 소경 롤을 이용하여 반복해서 굽힘으로써 재료의 표피부를 평탄하게 하는 교정 설비이다.

58. 점도와 응고점이 낮고 고열에 변질되지 않으며, 암모니아와 친화력이 약한 조건을 만족시켜야 할 윤활유는?

① 다이나모유 ② 냉동기유
③ 터빈유 ④ 선박엔진유

59. 윤활유의 목적을 설명한 것으로 틀린 것은?

① 접촉부의 마찰 감소 및 냉각 효과
② 방청 및 방진 역할
③ 접촉면의 발열 촉진
④ 밀봉 및 응력 분산

해설 접촉면의 발열을 저지한다.

60. 루퍼 제어 시스템 중 루퍼 상승 초기에 소재에 부가되는 충격력을 완화시키기 위하여 소재와 루퍼 롤과의 접촉 구간 근방에서 루퍼 속도를 조절하는 기능은?

① 전류 제어 기능
② 소프트 터치 기능
③ 루퍼 상승 제어 기능
④ 노 윕(no whip) 제어 기능

정답 52. ④ 53. ② 54. ④ 55. ④ 56. ③ 57. ① 58. ② 59. ③ 60. ②

2015년 7월 19일 시행 문제

압연기능사

1. 금속에 대한 설명으로 틀린 것은?

① 리튬(Li)은 물보다 가볍다.

② 고체 상태에서 결정구조를 가진다.

③ 텅스텐(W)은 이리듐(Ir)보다 비중이 크다.

④ 일반적으로 용융점이 높은 금속은 비중도 큰 편이다.

해설 텅스텐(19.3)은 이리듐(22.5)보다 비중이 작다.

2. 구리에 5~20%Zn을 첨가한 황동으로 강도는 낮으나 전연성이 좋고 색깔이 금색에 가까워 모조금이나 판 및 선 등에 사용되는 것은?

① 톰백　　　　② 켈밋

③ 포금　　　　④ 문쯔메탈

3. 공석 조성을 0.80%C라고 하면, 0.2%C 강의 상온에서의 초석 페라이트와 펄라이트의 비는 약 몇 %인가?

① 초석 페라이트 75 : 펄라이트 25

② 초석 페라이트 25 : 펄라이트 75

③ 초석 페라이트 80 : 펄라이트 20

④ 초석 페라이트 20 : 펄라이트 80

해설 초석 페라이트 $=\dfrac{0.8-0.2}{0.8}\times100=75\%$

펄라이트 $=100-75=25\%$

4. 주요 성분이 Ni+Fe 합금인 불변강의 종류가 아닌 것은?

① 인바

② 모넬메탈

③ 엘린바

④ 플라티나이트

해설 모넬메탈은 Ni-Cu합금이다.

5. 7:3황동에 1% 내외의 Sn을 첨가하여 열교환기, 증발기 등에 사용되는 합금은?

① 콜슨 황동

② 네이벌 황동

③ 애드미럴티 황동

④ 에버듀어 메탈

6. 상률(phase rule)과 무관한 인자는?

① 자유도　　　　② 원소 종류

③ 상의 수　　　　④ 성분 수

해설 자유도$(F)=$성분$(C)-$상$(P)+1$

7. 다음 중 이온화 경향이 가장 큰 것은?

① Cr　　② K　　③ Sn　　④ H

해설 $K>Ca>Na>Mg>Al>Mn>Zn>Cr>Fe>Cd>Co>Ni>Sn$

8. 탄소강 중에 함유된 규소의 일반적인 영향 중 틀린 것은?

① 경도의 상승　　　　② 연신율의 감소

③ 용접성의 저하　　　④ 충격값의 증가

해설 충격값이 감소한다.

9. 다음 중 탄소강의 표준 조직이 아닌 것은?

① 페라이트   ② 펄라이트
③ 시멘타이트   ④ 마텐자이트

10. 금속의 물리적 성질에서 자성에 관한 설명 중 틀린 것은?

① 연철은 잔류자기는 작으나 보자력이 크다.
② 영구자석 재료는 쉽게 자기를 소실하지 않는 것이 좋다.
③ 금속을 자석에 접근시킬 때 금속에 자석의 극과 반대의 극이 생기는 금속을 상자성체라고 한다.
④ 자기장의 강도가 증가하면 자화되는 강도도 증가하나 어느 정도 진행되면 포화점에 이르는 이 점을 퀴리점이라 한다.

해설 연철은 잔류자기는 작으나 보자력이 작다.

11. 고강도 Al합금의 조성이 Al–Cu–Mg–Mn 인 합금은?

① 라우탈   ② Y 합금
③ 두랄루민   ④ 하이드로날륨

12. 실온까지 온도를 내려 다른 형상으로 변형 시켰다가 다시 온도를 상승시키면 어느 일정한 온도 이상에서 원래의 형상으로 변화하는 합금은?

① 제진 합금   ② 방진 합금
③ 비정질 합금   ④ 형상기억 합금

13. KS D 3503에 의한 SS330으로 표시된 재료기호에 330이 의미하는 것은?

① 재질 번호   ② 재질 등급

③ 탄소 함유량   ④ 최저 인장강도

14. 치수 공차를 계산하는 식으로 옳은 것은?

① 기준치수−실제치수
② 실제치수−치수허용차
③ 허용한계치수−실제치수
④ 최대 허용치수−최소 허용치수

해설 치수 공차: 최대 허용치수와 최소 허용 치수의 차

15. 한 도면에서 두 종류 이상의 선이 같은 장소에 겹치게 되는 경우에 선의 우선 순위로 옳은 것은?

① 절단선 → 숨은선 → 외형선 → 중심선 → 무게중심선
② 무게중심선 → 숨은선 → 절단선 → 중심선 → 외형선
③ 외형선→ 숨은선 → 절단선 → 중심선 → 무게중심선
④ 중심선 → 외형선 → 숨은선 → 절단선 → 무게중심선

16. 그림과 같이 도시되는 투상도는?

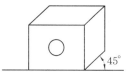

① 투시투상도   ② 등각투상도
③ 축측부 투상도   ④ 사투상도

해설 사투상도: 기준선 위에 물체의 정면을 실물과 같은 모양으로 그리고 나서, 각 꼭짓점에서 기준선과 45°를 이루는 경사선을 긋고, 이 선 위에 물체의 안쪽 길이를 실제 길이의 1/2의 비율로 그려서 나타내는 투상법이다.

17. 그림과 같은 육각 볼트를 제작도용 약도로 그릴 때의 설명 중 옳은 것은?

① 볼트머리의 모든 외형선은 직선으로 그린다.
② 골지름을 나타내는 선은 가는 실선으로 그린다.
③ 가려서 보이지 않는 나사부는 가는 실선으로 그린다.
④ 완전 나사부와 불완전 나사부의 경계선은 가는 실선으로 그린다.

18. 미터 보통나사를 나타내는 기호는?

① M   ② G
③ Tr   ④ UNC

19. 다음과 같은 단면도의 종류로 옳은 것은?

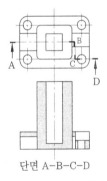

단면 A-B-C-D

① 전단면도   ② 부분 단면도
③ 계단 단면도   ④ 회전 단면도

해설 계단 단면도: 일직선상에 있지 않을 때 투상면과 평행한 2개 또는 3개의 평면으로 물체를 계단 모양으로 절단하는 방법

20. 제도에 사용되는 척도의 종류 중 현척에 해당하는 것은?

① 1 : 1   ② 1 : 2
③ 2 : 1   ④ 1 : 10

21. 가공방법의 기호 중 연삭 가공의 표시는?

① G   ② L
③ C   ④ D

22. 그림은 3각법의 도면 배치를 나타낸 것이다. ㉠, ㉡, ㉢에 해당되는 도면의 명칭이 옳게 짝지은 것은?

① ㉠-정면도, ㉡-우측면도, ㉢-평면도
② ㉠-정면도, ㉡-평면도, ㉢-우측면도
③ ㉠-평면도, ㉡-정면도, ㉢-우측면도
④ ㉠-평면도, ㉡-우측면도, ㉢-정면도

23. 다음 도면에 대한 설명 중 틀린 것은?

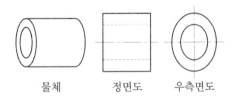

물체   정면도   우측면도

① 원통의 투상은 치수 보조기호를 사용하여 치수를 기입하면 정면도만으로도 투상이 가능하다.
② 속이 빈 원통이므로 단면을 하여 투상하면 구멍을 자세히 나타내면서 숨은선을 줄일 수 있다.
③ 좌·우측이 같은 모양이라도 좌·우측면도를 모두 그려야 한다.
④ 치수 기입 시 치수 보조기호를 생략하면 우측면도를 꼭 그려야 한다.

정답 **17.** ② **18.** ① **19.** ③ **20.** ① **21.** ① **22.** ③ **23.** ③

> **해설** 좌·우측의 모양이 같으면 좌·우측면도는 하나만 그린다.

24. 가는 2점 쇄선을 사용하여 나타낼 수 있는 것은?

① 치수선 ② 가상선
③ 외형선 ④ 파단선

25. 중후판의 압연 공정도로 가장 적합한 것은?

① 제강 → 가열 → 압연 → 열간 교정 → 최종검사
② 제강 → 압연 → 가열 → 열간 교정 → 최종검사
③ 가열 → 제강 → 압연 → 열간 교정 → 최종검사
④ 가열 → 제강 → 열간 교정 → 압연 → 최종검사

26. 압연 접촉부의 단면에서 전진하는 재료의 흐름과 후진하는 재료의 흐름으로 나누어지는 점은?

① elastic point ② yield stress point
③ no slip point ④ propotion point

27. 압연기의 롤 속도가 500m/min, 선진율이 5%, 압하율이 35%일 때 소재의 롤 출측 속도(m/min)로 옳은 것은?

① 425 ② 525
③ 575 ④ 675

> **해설** 선진율(%)= $\frac{출측\ 속도-롤의\ 속도}{롤의\ 속도}\times100$
>
> $5=\frac{x-500}{500}$

출측 속도=525m/min

28. 열간압연 후 냉간압연할 때 처음에 산세(pickling) 작업을 하는 이유로 옳은 것은?

① 재료의 연화
② 냉간압연 속도의 증가
③ 산화피막의 제거
④ 주상정 조직의 파괴

> **해설** 산세(pickling) 작업은 산화피막을 제거하는 방법이다.

29. 중후판 소재의 길이 방향과 소재의 강괴축이 직각되는 압연 작업은?

① 폭내기 압연(widening rolling)
② 완성압연(finishing rolling)
③ 조정압연(controlled rolling)
④ 크로스 압연(cross rolling)

30. 금속의 냉간압연 시 잔류응력이 발생하는 주요 원인으로 옳은 것은?

① 상변태
② 온도 경사
③ 담금질 균열
④ 불균일 소성변형

31. 냉연 강판의 결함 중 표면 결함에 해당되지 않는 것은?

① dent ② roll mark
③ 비금속 개재물 ④ scratch

> **해설** 내부 결함: 파이프, 성분편석, 비금속 개재물, 기공

32. 지름이 700mm인 롤을 사용하여 70mm의 정사각형 강재를 45mm로 압연하는 경우의 압하율(%)은?

① 15.5 ② 28.0
③ 35.7 ④ 64.3

해설 압하율

$$=\frac{압연\ 전\ 두께-압연\ 후\ 두께}{압연\ 전\ 두께}\times100$$
$$=\frac{70-45}{70}\times100=35.7\%$$

33. 전해청정의 원리를 설명한 것으로 틀린 것은?

① 세정액 중의 2개의 전극에 전압을 걸면 양이온은 음극으로 음이온은 양극으로 전류가 흐른다.
② 전기분해에 의해 물리 H^+로 OH^-로 전리된다.
③ 음극에서의 산소 발생량은 양극에서의 수소 발생량의 3배가 된다.
④ 전극의 먼지나 기체의 부착으로 인한 저항 방지 목적으로 주기적으로 극성을 바꿔준다.

해설 음극에서는 수소가 발생하고, 양극에서는 산소가 발생한다.

34. 압연 가공에 영향을 주는 조건이 아닌 것은?

① 압연재의 변형저항
② 판의 두께 및 마찰계수
③ 롤 재질
④ 압연 속도

35. 열간압연에 비해 냉간압연의 장점이 아닌 것은?

① 표면이 깨끗하다.
② 치수가 정밀하다.
③ 소요 동력이 적다.
④ 얇은 판을 얻을 수 있다.

해설 소요 동력이 크다.

36. 조질압연의 목적을 설명한 것 중 틀린 것은?

① 형상을 바르게 교정한다.
② 재료의 인장강도를 높이고 항복점을 낮게 하여 소성변형 범위를 넓힌다.
③ 재료의 항복점 변형을 없애고 가공할 때의 스트레처 스트레인을 생성한다.
④ 최종 사용목적에 적합하고 적정한 표면 거칠기로 완성한다.

해설 조질압연은 항복점, 연신율의 제거, 표면 거칠기 조정 및 형상 교정을 하고, 가공할 때의 스트레처 스트레인을 방지한다.

37. 철강재료에서 청열취성의 온도(℃) 구간은?

① 110~260
② 210~300
③ 310~460
④ 410~560

해설 청열취성: 철강을 200~300℃ 사이에서 가열했을 때 나타나는 취성이다.

38. 냉간압연 후 내부응력 제거를 주목적으로 하는 열처리는?

① 노멀라이징
② 퀜칭
③ 템퍼링
④ 어닐링

해설 풀림(annealing): 내부응력 제거

39. 조압연에서 압연 중에 발생되는 상향 (warp) 원인 중에서 관련이 가장 적은 것은?

① 압연기 롤 상하 격차
② scab 표면 상하 온도차
③ 압연기 상하 롤 속도차
④ 압연용 소재의 두께가 얇을 때

40. 열처리용 연료 설비에서 공기와 연료가스를 혼합하여 주는 부분은?

① 버너(burner)
② 컨벡터(convector)
③ 베이스 팬(base fan)
④ 쿨링 커버(cooling cover)

해설 버너(burner): 공기와 연료가스를 혼합하여 연소시키는 역할을 한다.

41. 소성 변형에서 핵이 발생하여 일그러진 결정과 치환되며 본래의 재료와 같은 변형능을 갖게 되는 것은?

① 조대화
② 재결정
③ 담금질
④ 쌍정

해설 재결정: 냉간 가공에서 생긴 내부응력이 감소하고 가공 전의 본래의 핵으로 치환되는 현상이다.

42. 재료의 압연에서 압연재의 치입 조건은?

① 마찰계수≥접촉각
② 마찰계수≤접촉각
③ 마찰계수<접촉각
④ 치입 전 소재 두께보다 압연 후 소재 두께가 작을수록 용이하다.

43. 일반적인 냉간 가공의 설명으로 옳은 것은?

① 가공 금속의 재결정 온도 이상에서 가공하는 것
② 가공 금속의 재결정 온도 이하에서 가공하는 것
③ 상온에서 가공하는 것
④ 20℃ 이하에서 가공하는 것

44. 롤의 중심에서 압연하중의 중심까지의 거리를 무엇이라 하는가?

① 투영 접촉 길이
② 압연 토크
③ 토크 길이
④ 토크 암

45. 압연 롤에 요구되는 성질이 아닌 것은?

① 내사고성
② 연성
③ 내마모성
④ 경화심도

46. 냉연 박판의 제조 공정 중 마지막 단계는?

① 전단 리코일
② 풀림
③ 표면청정
④ 조질압연

해설 전단 리코일은 압연의 마무리 단계로 다시 코일링하는 작업이다.

47. 냉간압연을 실시하면 압연재 조직은 어떻게 되는가?

① 섬유 조직
② 수지상 조직
③ 주상 조직
④ 담금질 조직

정답 **39.** ④ **40.** ① **41.** ② **42.** ① **43.** ② **44.** ④ **45.** ① **46.** ① **47.** ①

48. 산세처리 공정 중 스케일의 균일한 용해와 과산세를 방지하기 위해 첨가하는 재료는?

① 인히비터
② 디스케일러
③ 산화수
④ 어큐뮬레이터

해설 인히비터: 과산세 방지 첨가재료

49. 롤의 종류 중에서 애드마이트 롤에 소량의 흑연을 석출시킨 것으로서 특히 열균열 방지 작용이 있는 롤은?

① 저합금 크레인 롤
② 구상흑연 주강 롤
③ 특수주강 롤
④ 복합주강 롤

50. 판재 압연에서 최종 완성압연에 사용되는 압연기는?

① 리일링 압연기
② 플러그 압연기
③ 만네스만 압연기
④ 필거 압연기

51. 압연기기의 구동장치에서 동력 전단장치 구성 배열이 옳게 나열된 것은?

① 모터 → 감속기 → 피니언 → 스핀들
② 모터 → 피니언 → 감속기 → 스핀들
③ 모터 → 스핀들 → 감속기 → 피니언
④ 모터 → 감속기 → 스핀들 → 피니언

52. 작업롤의 내표면 균열성을 개선시키기 위하여 첨가되는 원소가 아닌 것은?

① Cr
② Mo
③ Co
④ Al

해설 내표면 균열성 개선을 위한 첨가 원소: Cr, Mo, Co

53. 노상이 가동부와 고정부로 나뉘어 있고, 이동 노상이 유압 전동에 의하여 재료 사이에 임의의 간격을 두고 반송시킬 수 있는 연속 가열로는?

① 푸셔식 가열로
② 워킹 빔식 가열로
③ 회전로상식 가열로
④ 롤식 가열로

54. 압연 하중이 3000kg, 모멘트 암의 길이가 6mm일 때 압연 토크는 몇 kg·m인가?

① 15
② 36
③ 500
④ 18000

해설 압연 토크=압연 하중×모멘트 암
=$3000 \times 0.006 = 15$kg·m

55. 안전교육에서 교육 형태의 분류 중 교육 방법에 의한 분류에 해당하는 것은?

① 일반 교육, 교양 교육 등
② 가정 교육, 학교 교육 등
③ 인문 교육, 실업 교육 등
④ 시청각 교육, 실습 교육 등

56. 얇은 판재의 냉간압연용으로 사용되는 클러스터 압연기(cluster mill)에 속하는 것은?

① 3단 압연기
② 4단 압연기

③ 5단 압연기
④ 6단 압연기

57. 컨베이어 벨트나 설비에 위험을 방지하기 위한 방호조치의 설명으로 틀린 것은?

① 회전체 롤 주변에는 울이나 방호막을 설치한다.
② 컨베이어 벨트 이음을 할 때는 돌출 고정구를 사용한다.
③ 컨베이어 벨트에는 위험 방지를 위하여 급정지 장치를 부착한다.
④ 회전축이나 치차 등 부속품을 고정할 때는 방호 커버를 설치한다.

> 해설 컨베이어 벨트 이음을 할 때는 돌출 고정구를 사용하지 않는다.

58. 냉간 박판의 폭이 좁은 제품을 세로로 분할하는 절단기는?

① 트리밍 시어
② 플라잉 시어
③ 슬리터
④ 크롭 시어

59. 냉간압연 설비에서 EDC(edge drop control) 제어 설비에 관한 설명 중 옳은 것은?

① 냉연 제품의 폭 방향 두께 편차를 제어하기 위한 설비이다.
② 냉연 제품의 크라운을 부여하기 위한 설비이다.
③ 냉연 제품의 edge부 두께를 얇게 제어하기 위한 설비이다.
④ 냉연 제품의 edge부 형상을 좋게 하기 위한 설비이다.

> 해설 EDC(edge drop control) 제어 설비: 폭 방향 두께 편차 제어 설비

60. 산세 공정에서의 텐션 레벨러(tension leveller)의 역할과 기능이 아닌 것은?

① 산세 탱크의 입측에 위치하여 후방 장력을 부여한다.
② 냉연 소재인 열연 강판의 표면에 형성된 스케일을 파쇄시킨다.
③ 냉연 소재인 열연 강판의 형상을 일정량의 연신율을 부여하여 교정한다.
④ 상하 롤을 이용하여 스트립의 표면 스케일에 균열을 주어 염산의 침투성을 좋게 한다.

> 해설 텐션 레벨러는 압연 강판의 스케일을 제거하고 연신율을 통한 교정과 염산의 침투성을 좋게 하는 역할을 한다.

2016년 1월 24일 시행 문제

압연기능사

1. Mg 및 Mg합금의 성질에 대한 설명으로 옳은 것은?

① Mg의 열전도율은 Cu와 Al보다 높다.
② Mg의 전기전도율은 Cu와 Al보다 높다.
③ Mg합금보다 Al합금의 비강도가 우수하다.
④ Mg은 알칼리에 잘 견디나, 산이나 염수에는 침식된다.

해설 Mg 및 Mg합금은 비강도가 우수하고, 알칼리에 잘 견디나, 산이나 염수에는 침식된다.

2. Al의 비중과 용융점(℃)은 약 얼마인가?

① 2.7, 660
② 4.5, 390
③ 8.9, 220
④ 10.5, 450

3. 강에 S, Pb 등의 특수원소를 첨가하여 절삭할 때 칩을 잘게 하고 피삭성을 좋게 만든 강은 무엇인가?

① 불변강
② 쾌삭강
③ 베어링강
④ 스프링강

해설 쾌삭강: 강에 S, Pb 등의 특수원소를 첨가하여 절삭성을 좋게 한 강이다.

4. 철에 Al, Ni, Co를 첨가한 합금으로 잔류 자속 밀도가 크고 보자력이 우수한 자성 재료는?

① 퍼멀로이
② 센더스트
③ 알니코 자석
④ 페라이트 자석

5. 물과 얼음, 수증기가 평형을 이루는 3중점 상태에서의 자유도는?

① 0
② 1
③ 2
④ 3

해설 자유도$(F) = C - P + 2 = 1 - 3 + 2 = 0$

6. 탄소강은 200~300℃에서 연신율과 단면 수축률이 상온보다 저하되어 단단하고 깨지기 쉬우며, 강의 표면이 산화되는 현상은?

① 적열메짐
② 상온메짐
③ 청열메짐
④ 저온메짐

해설 청열메짐: 탄소강은 200~300℃에서 산화되어 깨지기 쉬운 성질을 가진다.

7. 니켈-크롬 합금 중 사용한도가 1000℃까지 측정할 수 있는 합금은?

① 망가닌
② 우드메탈
③ 배빗메탈
④ 크로멜-알루멜

8. 주철에 대한 설명으로 틀린 것은?

① 인장강도에 비해 압축강도가 높다.
② 회주철은 편상 흑연이 있어 감쇠능이 좋다.
③ 주철 절삭 시에는 절삭유를 사용하지 않는다.
④ 액상일 때 유동성이 나쁘며, 충격저항이 크다.

해설 액상일 때 유동성이 좋으며, 충격저항이 작다.

9. 금속재료의 표면에 강이나 주철의 작은 입자(ϕ0.5mm~1.0mm)를 고속으로 분사시켜, 표면의 경도를 높이는 방법은?

① 침탄법
② 질화법
③ 폴리싱
④ 쇼트 피닝

정답 1. ④ 2. ① 3. ② 4. ③ 5. ① 6. ③ 7. ④ 8. ④ 9. ④

10. 황동의 종류 중 순 Cu와 같이 연하고 코이닝하기 쉬우므로 동전이나 페달 등에 사용되는 합금은?

① 95% Cu−5% Zn 합금
② 70% Cu−30% Zn 합금
③ 60% Cu−40% Zn 합금
④ 50% Cu−50% Zn 합금

11. 주위의 온도 변화에 따라 선팽창계수나 탄성률 등의 특정한 성질이 변하지 않는 불변강이 아닌 것은?

① 인바   ② 엘린바
③ 코엘린바   ④ 스텔라이트

해설 스텔라이트는 주조경질 합금이다.

12. 금속간 화합물의 특징을 잘 설명한 것 중 옳은 것은?

① 어느 성분 금속보다 용융점이 낮다.
② 어느 성분 금속보다 경도가 낮다.
③ 일반 화합물에 비하여 결합력이 약하다.
④ Fe_3C는 금속간 화합물에 해당되지 않는다.

해설 금속간 화합물 : 용융점과 경도가 높고, 결합력이 약하며, Fe_3C와 같은 금속간 화합물이다.

13. 구멍 $\phi 42^{+0.009}_{0}$, 축 $\phi 42^{+0.009}_{-0.025}$일 때 최대 죔새는?

① 0.009   ② 0.018
③ 0.025   ④ 0.034

14. 그림은 3각법에 의한 도면 배치를 나타낸 것이다. (㉠), (㉡), (㉢)에 해당하는 도면의 명칭을 옳게 짝지은 것은?

① ㉠−정면도, ㉡−좌측면도, ㉢−평면도
② ㉠−정면도, ㉡−평면도, ㉢−좌측면도
③ ㉠−평면도, ㉡−정면도, ㉢−우측면도
④ ㉠−평면도, ㉡−우측면도, ㉢−정면도

15. 다음 그림과 같은 단면도는?

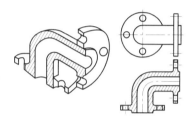

① 전단면도   ② 한쪽 단면도
③ 부분 단면도   ④ 회전 단면도

16. 치수 기입을 위한 치수선과 치수보조선 위치가 가장 적합한 것은?

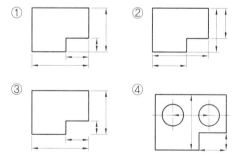

17. 제도 도면에 사용되는 문자의 호칭 크기는 무엇으로 나타내는가?

① 문자의 폭   ② 문자의 굵기
③ 문자의 높이   ④ 문자의 경사도

18. 금속의 가공 공정의 기호 중 스크레이핑 다듬질에 해당하는 약호는?

① FB   ② FF   ③ FL   ④ FS

해설 FB: 버프 다듬질, FF: 줄다듬질, FL: 래핑 다듬질, FS: 스크레이핑 다듬질

19. 표제란에 재료를 나타내는 표기 중 밑줄 친 KS D가 의미하는 것은?

제도자	홍길동	도명	캐스터
도번	M20551	척도	NS
재질	KS D 3503 SS 330		

① KS 규격에서 기본 사항
② KS 규격에서 기계 부분
③ KS 규격에서 금속 부분
④ KS 규격에서 전기 부분

20. 미터나사의 표시가 "M30×2"로 되어 있을 때 2가 의미하는 것은?

① 등급   ② 리드   ③ 피치   ④ 거칠기

해설 M은 미터나사를 나타내는 기호이고, 2는 피치를 의미한다.

21. 한국산업표준에서 고정한 탄소 공구강의 기호로 옳은 것은?

① SCM   ② STC   ③ SKH   ④ SPS

22. 침탄, 질화 등 특수가공할 부분을 표시할 때 나타내는 선으로 옳은 것은?

① 가는 파선   ② 가는 일점 쇄선
③ 가는 이점 쇄선   ④ 굵은 일점 쇄선

해설 특수한 가공을 하는 부분 등 특별한 요구사항을 적용할 수 있는 범위를 표시하는 데 사용한다.

23. 물체를 투상면에 대하여 한쪽으로 경사지게 투상하여 입체적으로 나타내는 것으로 물체를 입체적으로 나타내기 위해 수평선에 대하여 30°, 45°, 60° 경사각을 주어 삼각자를 편리하게 사용하게 한 것은?

① 투시도   ② 사투상도
③ 등각투상도   ④ 부등각투상도

24. 다음 기호 중 치수 보조기호가 아닌 것은?

① C   ② R   ③ t   ④ △

25. 가로 140mm, 세로 140mm인 압연재를 압연하여 가로 120mm, 세로 120mm, 길이 4m인 강편을 만들었다면 원래 강편의 길이는 약 몇 m인가?

① 1.17   ② 2.94   ③ 4.01   ④ 6.11

해설 압연 전후에 통과하는 재료의 양(체적)이 같다는 전제 하에
$140 \times 140 \times$(초기 강편의 길이)$=120 \times 120 \times 4$
∴ 초기 강편의 길이$=2.94$m

26. 압연기에서 AGC장치에 대한 설명으로 옳은 것은?

① 롤의 crown 측정장치이다.
② 압연 윤활 공급 자동장치이다.
③ 압연 속도의 자동제어 장치이다.
④ 판 두께 변동의 자동제어 장치이다.

해설 AGC(auotomatic gage control) 장치: 판 두께 변동의 자동제어 장치

27. 형강 등을 제조할 때 사용하는 조강용 강편은?

① 후판, 시트바
② 시트바, 슬래브
③ 블룸, 빌렛
④ 슬래브, 박판

28. 가열 속도가 너무 빠를 경우 재료 내·외부에 온도차로 인해 응력변화에 의한 균열의 명칭은?

① 클링킹(clinking)
② 에지 크랙(edge crack)
③ 스키드 마크(skid mark)
④ 코일 브레이크(coil break)

29. 압연기의 롤의 속도가 2m/s, 출측 강재 속도가 3m/s인 경우 선진율은 약 몇 %인가?

① 0.5
② 33
③ 45
④ 50

해설 선진율$(\%) = \dfrac{V_3 - V_R}{V_R} \times 100$

$= \dfrac{3-2}{2} \times 100 = 50\%$

30. 압연 방법 및 압연 속도에 대한 설명으로 틀린 것은?

① 고온에서의 압연은 변형저항이 작은 재료일수록 압연하기 쉽다.
② 압연 후의 두께와 압연 전의 두께의 비가 클수록 압연하기 쉽다.
③ 열간압연 속도는 롤의 감속비 및 압연기의 형식에 따라 다르게 나타난다.
④ 열간압연한 스트립은 산세, 수세 후에 냉간압연에서 치수를 조정하는 경우가 일반적으로 많다.

해설 압연 후의 두께와 압연 전의 두께의 비가 클수록 압연하기 어렵다.

31. 다음 중 사상압연의 목적을 설명한 것으로 틀린 것은?

① 규정된 제품의 치수로 압연하기 위하여
② 표면 결함이 없는 제품을 생산하기 위하여
③ 규정된 사상온도로 압연하여 재질 특성을 만족시키기 위하여
④ 양파, 중파의 형상은 없고, camber가 있는 형상을 만들기 위하여

해설 캠버가 있으면 안 된다.

32. 열간압연의 온도로 옳은 것은?

① 재결정 온도 이상
② 재결정 온도 이하
③ A_2변태 온도 이상
④ A_3변태 온도 이하

33. 압연용 소재 중 판재가 아닌 것은?

① 블룸(bloom)
② 시이트(sheet)
③ 스트립(strip)
④ 플레이트(plate)

해설 블룸(bloom) : 각재

34. 선재압연에 따른 공형 설계의 목적이 아닌 것은?

① 간접 압하율 증대
② 표면 결함의 발생 방지
③ 롤의 국부적 마모 방지
④ 정확한 치수의 제품 생산

해설 직접 압하율의 증대가 목적이다.

35. 냉간압연 시 도금 제품의 결함 중 도금 자국과 도유 부족이 있다. 도유 부족 결함의 발생 원인에 해당되는 것은?

① 노내 장력 조정 불량할 때
② 하부 롤의 연삭이 불량할 때

③ 포내(pot) 판이 심하게 움직일 때

④ 오일 스프레이 노즐이 막혀 분사 상태가 불균일할 때

해설 분사 상태가 불균일할 때 도유 부족 결함이 나타난다.

36. 냉연 강판의 전해청정 시 세정액으로 사용되지 않는 것은?

① 탄산나트륨

② 인산나트륨

③ 수산화나트륨

④ 올소규산나트륨

37. 입구측의 속도를 V_0, 중립점의 속도를 V_1, 출구측의 속도를 V_2라 하였다면 이들의 관계 중 옳은 것은?

① $V_0 > V_1 > V_2$

② $V_0 < V_2 < V_1$

③ $V_0 = V_1 = V_2$

④ $V_0 < V_1 < V_2$

해설 입구측의 속도(V_0) < 중립점의 속도(V_1) < 출구측의 속도(V_2)

38. 지방산과 글리세린이 주성분인 게이지용의 압연유로 널리 사용되는 것은?

① 광유(mineral oil)

② 유지(fat and oil)

③ 올레핀유(olefin oil)

④ 그리스유(greese oil)

39. 강재 순환 급유방법은 어느 급유법을 쓰는 것이 가장 좋은가?

① 중력 급유에 의한 방법

② 패드 급유에 의한 방법

③ 펌프 급유에 의한 방법

④ 원심 급유에 의한 방법

40. 냉간압연 후 풀림의 주목적은?

① 경도를 증가시키기 위해서

② 가공하기에 필요한 온도로 올리기 위해서

③ 냉간압연 후의 표면을 미려하게 하기 위해서

④ 냉간압연에서 발생한 응력변형을 제거하기 위해서

해설 풀림의 주된 목적은 응력변형 제거이다.

41. 가열로 버너에 사용되는 연료가 아닌 것은?

① COG

② LDG

③ BDG

④ BFG

42. 압연유가 갖추어야 할 필수 조건이 아닌 것은?

① 방청성

② 노화성

③ 냉각성

④ 윤활성

43. 소성 가공에 대한 설명으로 옳은 것은?

① 재료를 고체 상태에서 서로 덧붙여서 소요 형상을 만드는 방법이다.

② 재료를 고체 상태에서 재료의 피삭성을 이용하여 소요 형상을 만드는 방법이다.

③ 재료를 용융시켜 소요 형상으로 응고시켜 만드는 방법이다.

④ 힘을 제거하여도 원형으로 완전히 복귀되지 않은 성질을 이용하여 재료를 가공하는 방법이다.

해설 소성변형을 이용한다.

44. 냉연 박판의 제조 공정 순서로 옳은 것은?

① 핫(hot) 코일 → 냉간압연 → 풀림 → 표면청정 → 산세 → 조질압연 → 전단 리코일

② 핫(hot) 코일 → 산세 → 냉간압연 → 표면청정 → 풀림 → 조질압연 → 전단 리코일

③ 냉간압연 → 산세 → 핫(hot) 코일 → 표면청정 → 풀림 → 전단 리코일 → 조질압연

정답 **36.** ① **37.** ④ **38.** ② **39.** ③ **40.** ④ **41.** ③ **42.** ② **43.** ④ **44.** ②

④ 냉간압연 → 산세 → 표면청정 → 핫(hot) 코일 → 풀림 → 조질압연 → 전단 리코일

45. 냉간압연된 스트립의 표면에 부착한 오염을 세정하는 방법으로서 화학적인 방법이 아닌 것은?

① 용제 세정
② 유화 세정
③ 전해 세정
④ 계면활성제 세정

해설 전해 세정: 전기적인 방법

46. 압연 가공 시 롤의 속도와 스트립의 속도가 일치되는 지점은?

① 선진점
② 후진점
③ 중립점
④ 접촉점

47. 냉간압연 소재인 열연 강판 표면에 생성되는 고온 스케일의 종류가 아닌 것은?

① Wistite(FeO)
② Martensite(Fe_3C)
③ Hematite(Fe_2O_3)
④ Magnetite(Fe_3O_4)

해설 Martensite(Fe_3C): 열처리 조직

48. 공형의 홈에 재료가 꽉 차지 않았을 때의 상태로 데드홀부에 나타나는 것은?

① 언더 필링(under filling)
② 오버 필링(over filling)
③ 로 필링(low filling)
④ 어퍼 필링(upper filling)

49. 다음 중 디스케일링(descaling)의 주 역할은?

① 스트립의 온도 조정을 해준다.
② 압연온도 및 권취온도 제어를 원활하게

한다.
③ 스케일 발생을 억제하고 통판성을 좋게 한다.
④ 스케일을 제거해 스트립의 표면을 깨끗하게 한다.

50. 교정기의 사용이 필요하지 않은 압연 제품은?

① 선재
② 레일
③ 환봉
④ H형강

51. 전단 설비에서 제품으로 된 합격품을 받는 장치는?

① 레벨러
② 크롭 시어
③ 사이드 트리머
④ 프라임 파일러

52. 압연 하중이 300kg, 토크 암 길이가 8mm일 때 압연 토크는 얼마인가?

① 2.4kg·m
② 37.5kg·m
③ 240kg·m
④ 375kg·m

해설 압연 토크=압연 하중×토크 암
=300×0.008=2.4kg·m

53. 롤에 구동력이 전달되는 부분의 명칭은?

① 롤 몸(roll body)
② 롤 목(roll neck)
③ 이음부(wobbler)
④ 베어링(bearing)

해설 이음부(wobbler): 구동력 전달 부분

54. 강판의 절단을 위한 구성 설비가 아닌 것은?

① 슬리터(slitter)
② 벨트 래퍼(belt wrapper)
③ 시트 전단기(sheet shear)
④ 사이드 트리머(side trimmer)

정답 45. ③ 46. ③ 47. ② 48. ① 49. ④ 50. ① 51. ④ 52. ① 53. ③ 54. ②

55. 감전 재해 예방 대책을 설명한 것 중 틀린 것은?

① 전기 설비 점검을 철저히 한다.
② 이동전선은 지면에 배선한다.
③ 설비의 필요한 부분은 보호 접지를 실시한다.
④ 충전부가 노출된 부분에는 절연 방호구를 사용한다.

해설 이동전선은 천장에 배선한다.

56. 강괴 균열로 조업에서 T.T(Track Time)란 무엇을 의미하는가?

① 균열로에 강괴를 장입하여 균열 후 추출 시까지
② 제강 조괴장에서 형발 시부터 균열로에 장입 완료 시까지
③ 제강 조괴장에서 주입 완료 후 균열로에 장입 완료 시까지
④ 균열로에 강괴를 장입하여 균열 작업이 끝날 때까지

57. 다음 냉간압연의 보조 설비 중 코블 가드 (coble guard)의 역할 및 기능에 대한 설명으로 옳은 것은?

① 냉간압연 시 스트립의 통판성을 향상시키기 위하여 스트립의 양측에 설치되어 쏠림을 방지하는 설비이다.
② 냉간압연 시 스트립을 코일화하는 권취작업을 위하여 스트립을 맨드릴에 안내하여 스트립의 톱(top)부를 안내하는 설비이다.
③ 냉간압연 시 스트립의 머리 부분을 통판시킬 때 머리 부분에 상향이 발생하여 타 설비와 간섭되는 사고를 방지하기 위하여 상 작업롤에 근접 설치되어 있는 설비이다.
④ 냉간압연 시 스트립의 통판성을 향상시키기 위하여 스트립의 하측에 설치되어 톱(top)부의 하향을 방지하는 설비이다.

해설 코블 가드(coble guard)의 역할: 냉간압연 시 스트립의 머리 부분을 통판시킬 때 머리 부분에 상향이 발생하여 타 설비와 간섭되는 사고를 방지하기 위하여 상 작업롤에 근접 설치되어 있는 설비이다.

58. 하인리히의 사고 발생 단계 중 직접 원인에 해당되는 것은?

① 개인적 결함
② 전문지식의 결여
③ 사회적 환경과 유전적 요소
④ 불안전 행동 및 불안전 상태

해설 직접 원인: 불안전 행동 및 불안전 상태

59. 규정된 제품의 치수로 압연하여 재질의 특성에 맞는 형상으로 마무리하는 압연 설비는?

① 조압연
② 대강 압연기
③ 분괴 압연기
④ 사상 압연기

60. 냉간압연의 목적과 관련이 가장 적은 것은?

① 판두께 정도(精度)가 높다.
② 열연 제품에 비해 동력이 적게 든다.
③ 열연 제품보다 더욱 얇은 강판을 제조할 수 있다.
④ 스케일 부착이 없으며 표면 결함이 적고 미려하다.

해설 열연 제품에 비해 동력이 많이 든다.

2016년 4월 2일 시행 문제

압연기능사

1. 다음 그림과 같은 결정격자의 금속원소는?

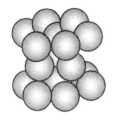 

① Ni
② Mg
③ Al
④ Au

해설 조밀육방격자: Mg, Be, Zn

2. 다음 중 Ni-Cu 합금이 아닌 것은?

① 어드밴스
② 콘스탄탄
③ 모넬메탈
④ 니칼로이

해설 Ni-Cu 합금: 어드밴스, 콘스탄탄, 모넬 메탈

3. 다음 중 주철에 관한 설명으로 틀린 것은?

① 비중은 Cu와 Si 등이 많을수록 작아진다.
② 용융점은 C와 Si 등이 많을수록 낮아진다.
③ 주철을 600℃ 이상의 온도에서 가열 및 냉각을 반복하면 부피가 감소한다.
④ 투자율을 크게 하기 위해서는 화합탄소를 적게 하고, 유리탄소를 균일하게 분포시킨다.

해설 주철을 600℃ 이상의 온도에서 가열 및 냉각을 반복하면 부피가 팽창한다.

4. 침탄법에 대한 설명으로 옳은 것은?

① 표면을 용융시켜 연화시키는 것이다.
② 망상 시멘타이트를 구상화시키는 방법이다.
③ 강재의 표면에 아연을 피복시키는 방법이다.
④ 강재의 표면에 탄소를 침투시켜 경화시키는 것이다.

5. 전해 인성 구리는 약 400℃ 이상의 온도에서 사용하지 않는 이유로 옳은 것은?

① 풀림취성을 발생시키기 때문이다.
② 수소취성을 발생시키기 때문이다.
③ 고온취성을 발생시키기 때문이다.
④ 상온취성을 발생시키기 때문이다.

6. 구상흑연주철은 주조성, 가공성 및 내마멸성이 우수하다. 이러한 구상흑연주철 제조 시 구상화제로 첨가되는 원소로 옳은 것은?

① P, S
② O, N
③ Pb, Zn
④ Mg, Ca

해설 구상흑연주철에 첨가되는 원소에는 Mg, Ca, Ce가 있다.

7. Y합금의 일종으로 Ti와 Cu를 0.2% 정도씩 첨가한 것으로 피스톤에 사용되는 것은?

① 두랄루민
② 코비탈륨
③ 로엑스 합금
④ 하이드로날륨

정답 1. ② 2. ④ 3. ③ 4. ④ 5. ② 6. ④ 7. ②

8. 형상기억 효과를 나타내는 합금이 일으키는 변태는?

① 펄라이트 변태
② 마텐자이트 변태
③ 오스테나이트 변태
④ 레데뷰라이트 변태

9. 다이캐스팅 주물품, 단조품 등의 재료로 사용되며 융점이 약 660℃이고, 비중이 약 2.7인 원소는?

① Sn   ② Ag
③ Al   ④ Mn

10. Fe-C 평형상태도에서 공정점의 C%는?

① 0.02   ② 0.8
③ 4.3   ④ 6.67

11. 금속의 소성변형을 일으키는 원인 중 원자밀도가 가장 큰 격자면에서 잘 일어나는 것은?

① 슬립   ② 쌍정
③ 전위   ④ 편석

해설 원자밀도가 가장 큰 격자면과 최대인 방향에서 슬립이 잘 일어난다.

12. 시험편을 눌러 구부리는 시험방법으로 굽힘에 대한 저항력을 조사하는 시험방법은?

① 충격시험
② 굽힘시험
③ 전단시험
④ 인장시험

13. 다음 중 가는 실선으로 긋는 선이 아닌 것은?

① 치수선
② 지시선
③ 가상선
④ 치수보조선

해설 가상선은 가는 2점 쇄선으로 나타낸다.

14. 3/8-16UNC-2A의 나사기호에서 2A가 의미하는 것은?

① 나사의 등급
② 나사의 호칭
③ 나사산의 줄 수
④ 나사의 잠긴 방향

15. 헐거운 끼워맞춤에서 구멍의 최소허용치수와 축의 최대허용치수와의 차는?

① 최소 죔새
② 최대 죔새
③ 최소 틈새
④ 최대 틈새

16. 다음 그림에 표시된 도형은 어느 단면도에 해당하는가?

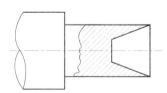

① 온단면도
② 합성단면도
③ 계단단면도
④ 부분단면도

---

17. 다음 [보기]에서 도면의 양식에 대한 설명으로 옳은 것을 모두 고른 것은?

| 보기 |

a. 윤곽선: 도면에 그려야 할 내용의 영역을 명확하게 하고 제도용지 가장자리 손상으로 생기는 기재사항을 보호하기 위해 그리는 선
b. 중심마크: 도면의 사진 촬영 및 복사 등의 작업을 위해 도면의 바깥 상하좌우 4개소에 표시해 놓은 선
c. 표제란: 도면번호, 도면이름, 척도, 투상법 등을 기입하여 도면의 오른쪽 하단에 그리는 것
d. 재단마크: 복사한 도면을 재단할 때 편의를 위해 그려 놓은 선 KS D 3752 SM45C

① a, c
② a, b, d
③ b, c, d
④ a, b, c, d

18. 대상물의 일부를 떼어낸 경계를 표시할 때 불규칙한 파형의 가는 실선 또는 지그재그선으로 나타내는 것은?

① 절단선
② 가상선
③ 피치선
④ 파단선

19. 기어의 모듈(m)을 나타내는 식으로 옳은 것은?

① $\dfrac{\text{잇수}}{\text{피치원의 지름}}$

② $\dfrac{\text{피치원의 지름}}{\text{잇수}}$

③ 잇수+피치원의 지름

④ 피치원의 지름－잇수

20. 도면에 대한 내용으로 가장 올바른 것은?

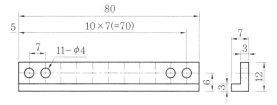

① 구멍 수는 11개, 구멍의 깊이는 11mm이다.
② 구멍 수는 4개, 구멍의 지름 치수는 11mm이다.
③ 구멍 수는 7개, 구멍의 피치간격 치수는 11mm이다.
④ 구멍 수는 11개, 구멍의 피치간격 치수는 7mm이다.

해설 $11-\phi4$는 구멍의 수가 11개임을 의미한다.

21. 기준치수가 50, 최대허용치수가 50.007, 최소허용치수가 49.982일 때 위치수허용차는?

① +0.025
② −0.018
③ +0.007
④ −0.025

22. 원을 등각투상도로 나타내면 어떤 모양이 되는가?

① 진원
② 타원
③ 마름모
④ 쌍곡선

23. 재료기호 "STC105"를 옳게 설명한 것은?

① 탄소함유량이 1.00~1.10%인 탄소공구강
② 탄소함유량이 1.00~1.10%인 합금공구강
③ 인장강도가 100~110N/mm²인 탄소공구강
④ 인장강도가 100~110N/mm²인 합금공구강

24. 15mm 드릴 구멍의 지시선을 도면에 옳게 나타낸 것은?

① ②

③ ④

해설 지시선은 구멍의 중심선이어야 한다.

25. 롤의 지름이 340m, 회전수 150rpm일 때 압연되는 재료의 출구 속도는 3.67m/s이었다면 선진율(%)은?

① 37 ② 40
③ 54 ④ 70

해설 선진율(%) $= \dfrac{\text{출측 속도}-\text{롤의 속도}}{\text{롤의 속도}} \times 100$

$= \dfrac{3.67-2.67}{2.67} \times 100 ≒ 37\%$

여기서, 롤의 속도(m/s)

$= \dfrac{\text{rpm} \times 2\pi - \text{롤의 반지름(m)}}{60}$

$= \dfrac{150\text{rpm} \times 2\pi \times 0.17\text{m}}{60} = 2.67\text{m/s}$

26. 워킹 빔식 가열로에서 유압, 전동에 의해 움직이는 과정으로 옳은 것은?

① 상승 → 전진 → 하강 → 후퇴
② 상승 → 후퇴 → 하강 → 전진
③ 하강 → 전진 → 상승 → 후퇴
④ 하강 → 상승 → 후퇴 → 전진

27. 슬래브 15000톤을 처리하여 코일 13500톤을 생산했을 때 압연 실수율은 몇 %인가?

(단, 재열재는 500톤이 발생하였고, 재열재는 소재량에 포함시키지 않는다.)

① 90.1 ② 93.1
③ 95.4 ④ 98.4

해설 실수율(%) $= \dfrac{\text{생산량}}{\text{소재량}-\text{재열재}} \times 100$

$= \dfrac{13500}{15000-500} \times 100 = 93.1\%$

28. 작은 입자의 강철이나 그리드를 분사하여 스케일을 기계적으로 제거하는 작업은?

① 황산처리
② 염산처리
③ 와이어 브러시
④ 숏블라스트

29. 공업용 로에 쓰이는 내화재료는 제게르 추 몇 번 이상이 사용되는가?

① SK 14
② SK 18
③ SK 32
④ SK 26

해설 내화재료: SK 26 이상

30. 압연 시 롤 및 강판에 압연유의 균일한 플레이트 아웃(전개 부착)을 위한 에멀션 특성으로 틀린 것은?

① 농도에 관계없이 부착유량은 증대한다.
② 점도가 높으면 부착유량이 증가한다.
③ 사용수 중 Cl⁻ 이온은 유화를 불안정하게 한다.
④ 토출압이 증가할수록 플레이트 아웃성은 개선된다.

해설 농도에 따라 부착유량은 다르다.

31. 맞물려 돌아가는 한 쌍의 롤 사이에 금속 재료를 넣어 단면적 혹은 두께를 감소시키는 금속가공법은?

① 압연　　　　② 단조
③ 인발　　　　④ 압출

32. 압연 중 압연 하중에 의해서 발생되는 롤 벤딩현상은 스트립의 profile에 큰 영향을 미친다. 스트립의 용도에 맞는 profile을 관리하게 되는데 strip profile과 관계가 먼 것은?

① 롤 냉각수 header　② roll bender
③ roll initial crown　④ looper

33. 접촉각과 압하량의 관계를 바르게 나타낸 것은? (단, Δh는 압하량, r은 롤의 반지름, α는 접촉각이다.)

① $\cos\alpha=\dfrac{r-\dfrac{2}{\Delta h}}{r}$　② $\cos\alpha=\dfrac{r-\dfrac{\Delta h}{2}}{r}$

③ $\sin\alpha=\dfrac{r-\dfrac{\Delta h}{2}}{r}$　④ $\sin\alpha=\dfrac{r-\dfrac{2}{\Delta h}}{r}$

해설 접촉각과 압하량: $\cos\alpha=\dfrac{r-\dfrac{\Delta h}{2}}{r}$

34. 강판 결함 검사 중 아래의 원인으로 발생하는 결함은?

- 압연 및 정정 때 각종 롤에 이물질이 부착하여 발생
- 압연 및 처리 공정에 각종 요철 흠이 붙어 있어서 발생

① roll mark　　② reel mark
③ scab　　　　④ blow hole

35. 냉간압연 강판의 청정 설비의 목적으로 틀린 것은?

① 분진 제거
② 잔류 압연유 제거
③ 표면 산화막 제거
④ 표면 잔류 철분 제거

36. 압연기의 롤 베어링에 그리스 윤활을 하려고 할 때 가장 좋은 급유방법은?

① 손 급유법　　② 충진 급유법
③ 패드 급유법　④ 나사 급유법

해설 충진 급유법: 그리스 주입에 적합하다.

37. 다음 중 냉간 박판의 압연 공정 순서로 옳은 것은?

① 표면청정 → 조질압연 → 산세 → 풀림 → 냉간압연 → 전단 리코일링
② 표면청정 → 산세 → 냉간압연 → 풀림 → 조질압연 → 전단 리코일링
③ 산세 → 냉간압연 → 표면청정 → 풀림 → 조질압연 → 전단 리코일링
④ 산세 → 표면청정 → 냉간압연 → 조질압연 → 풀림 → 전단 리코일링

38. 열연 공정의 조압연 제어가 아닌 것은?

① 개도 설정 제어
② 가속률 설정 제어
③ 롤 갭 설정 제어
④ 디스케일링 설정 제어

해설 조압연기에서는 사이드 가이드를 위한 개도 설정 제어, 두께 감소를 위한 롤 갭 설정 제어, 디스케일링 설정 제어가 사용된다.

정답 31. ①　32. ④　33. ②　34. ①　35. ③　36. ②　37. ③　38. ②

39. 냉간압연 작업롤에서 상부 롤이 하부 롤보다 클 때 압연 후 스트립의 방향은 어떻게 변하는가?

① 스트립은 상향한다.
② 스트립은 하향한다.
③ 스트립은 플랫(flat)한다.
④ 스트립에 캠버(camber)가 발생한다.

40. 압연속도와 마찰계수와의 관계는?

① 속도와 마찰계수는 상관없다.
② 속도가 크면 마찰계수는 증가한다.
③ 속도가 크면 마찰계수는 감소한다.
④ 속도에 관계없이 마찰계수는 일정하다.

해설 압연속도가 크면 마찰계수는 감소한다.

41. 냉간압연 작업을 할 때 냉간압연유의 역할을 설명한 것으로 틀린 것은?

① 압연재의 표면 성상을 향상시킨다.
② 부하가 증가되어 롤의 마모를 가속시킨다.
③ 고속화를 가능하게 하여 압연능률을 향상시킨다.
④ 압하량을 크게 하여 압연재를 효과적으로 얇게 한다.

해설 냉간압연유의 역할: 표면 성상 향상, 롤 마모 감소, 압연능률 향상, 압연 효과

42. 공형압연 설계 시 고려할 사항이 아닌 것은?

① 열전달률
② 압연 토크
③ 압연 하중
④ 유효롤 반지름

43. 풀림 공정에서 재결정에 의해 새로운 결정조직으로 변한 강판을 재압하하여 냉간 가공으로 재질을 개선하고 형상을 교정하는 것은?

① temper color
② power curve
③ deep drawing
④ skin pass

해설 스킨 패스(skin pass): 풀림을 끝마친 코일의 기계적 성질을 개선하고 동시에 형상을 교정하는 압연 작업이다.

44. 냉간압연 시 재결정 온도 이하에서 압연하는 목적이 아닌 것은?

① 압연 동력이 감소된다.
② 균일한 성질을 얻고 결정립을 미세화시킨다.
③ 가공경화로 인하여 강도, 경도를 증가시킨다.
④ 가공면이 아름답고 정밀한 모양으로 완성한다.

45. 에지 스캐브(edge scab)의 발생 원인이 아닌 것은?

① 슬래브 코너부 또는 측면에 발생한 크랙이 압연될 때
② 슬래브의 손질이 불완전하거나 스카핑이 불량할 때
③ 슬래브 끝부분 온도 강하로 압연 중 폭 방향의 균일한 연신이 발생할 때
④ 제강 중 불순물의 분리 부상이 부족하여 강 중에 대형 불순물 또는 기포가 존재할 때

46. 압연 작업 시 압연재의 두께를 자동으로 제

어하는 장치는?

① γ-ray　　　　② X-ray
③ SCC　　　　④ AGC

47. 공형압연 설계에서 공형의 구성 요건이 아닌 것은?

① 능률과 실수율이 낮을 것
② 롤에 국부마멸을 일으키지 않고 롤 수명이 길 것
③ 압연할 때 재료의 흐름이 균일하고 작업이 쉬울 것
④ 정해진 롤 강도, 압연 토크 및 롤 스페이스를 만족시킬 것

해설 능률과 실수율이 높아야 한다.

48. 비열이 0.9cal·℃인 물질 100g을 20℃에서 910℃까지 높이는데 필요한 열량은 몇 kcal인가?

① 60.1　　　　② −60.1
③ 80.1　　　　④ −80.1

해설 열량=비열×온도차×질량
　　　=0.9×100×(910−20)=80,100cal
　　　=80.1kcal

49. 신체적 컨디션의 율동적인 발현, 즉 식욕, 소화력, 활동력, 스테미너 및 지구력과 밀접한 생체리듬은?

① 심리적 리듬　　② 감성적 리듬
③ 지성적 리듬　　④ 육체적 리듬

50. 다음 윤활제 중 반고체 윤활제에 해당되는 것은?

① 흑연　　　　② 지방유
③ 그리스　　　④ 경유

51. 다음 중 연속식 가열로가 아닌 것은?

① 배치식　　　　② 푸셔식
③ 워킹 빔식　　　④ 회전로상식

해설 배치식: 단속 풀림상자식

52. 중후판압연에서 롤을 교체하는 이유로 가장 거리가 먼 것은?

① 작업롤의 마멸이 있는 경우
② 롤 표면의 거침이 있는 경우
③ 귀갑상의 열균열이 발생한 경우
④ 작업 소재의 재질 변경이 있는 경우

53. 가열로의 노압이 높을 때에 대한 설명으로 옳은 것은?

① 버너의 연소 상태가 좋아진다.
② 방염에 의한 노체 주변의 철구조물이 손상된다.
③ 개구부에서 방염에 의한 작업자의 위험도가 감소한다.
④ 슬래브 장입구, 추출구에서는 방염에 의한 결손실이 감소한다.

54. 동일한 조업조건에서 냉간압연 롤의 가장 적합한 형상은?

해설 ②는 냉간압연 롤이고, ③은 열간압연 롤의 형상이다.

정답 47. ①　48. ③　49. ④　50. ③　51. ①　52. ④　53. ②　54. ②

55. 조압연기의 사이드 가이드의 주 역할은?

① 소재의 스트립을 압연기에 유도

② 소재의 폭 결정

③ 소재의 회전

④ 소재의 장력 유지

56. 다음 중 작업롤이 갖추어야 할 특성에 해당 되지 않는 것은?

① 취성

② 내마멸성

③ 내충격성

④ 내표면 균열성

해설 작업롤 구비 조건: 내마멸성, 내충격성, 내표면 균열성

57. 가역식 냉간 압연기의 부속 명칭이 아닌 것은?

① 코일 컨베이어

② 커버 캐리지

③ 통판 테이블

④ 벨트 루퍼

58. 무재해 운동의 3원칙 중 모든 잠재위험요 인을 사전에 발견, 해결, 파악함으로써 근원 적으로 산업재해를 없애는 원칙을 무엇이라 하는가?

① 대책선정의 원칙

② 무의 원칙

③ 참가의 원칙

④ 선취 해결의 원칙

해설 무재해 운동의 3원칙: 무의 원칙(산업재 해의 근원적 요소 제거), 참가의 원칙, 선취 해결의 원칙

59. 전동기로부터 피니언 또는 피니언과 롤을 연결하여 동력을 전달하는 것은?

① body   ② neck

③ spindle   ④ repeater

해설 스핀들(spindle): 각 전동기로부터 피니언 또는 피니언과 롤을 연결하여 동력을 전달 하는 장치

60. 윤활제 중 유지(flat and oil)의 주성분은?

① 지방산과 글리세린

② 파라핀과 나프탈렌

③ 올레핀과 나트륨

④ 붕산과 탄화수소

정답 55. ①   56. ①   57. ②   58. ②   59. ③   60. ①

2017년 CBT 복원문제(제1회)

1. 일반적으로 금속이 갖는 특성으로 적당하지 않은 것은?

① 전성 및 연성이 좋다.
② 전기 및 열의 양도체이다.
③ 금속 고유의 광택을 가진다.
④ 모든 금속은 액체나 고체에서 결정구조를 가진다.

해설 모든 금속은 액체에서 결정구조를 갖지 않는다.

2. Fe-C 평형상태도에서 나타나지 않는 반응은?

① 공석반응　　② 공정반응
③ 포석반응　　④ 포정반응

3. 순철 중 α-Fe(체심입방격자)에서 γ-Fe(면심입방격자)로 결정격자가 변화하는 A$_3$변태점은 몇 ℃인가?

① 723　　② 768
③ 860　　④ 910

해설 A$_1$변태점: 723, A$_2$변태점: 768, A$_3$변태점: 910

4. 해드필드(hadfield)강은 상온에서 오스테나이트 조직을 가지고 있다. Fe 및 C 이외에 주요 성분은?

① Ni　　② Mn
③ Cr　　④ Mo

해설 해드필드(hadfield)강은 고 망간강이다.

5. 재료를 내력보다 작은 응력을 장시간 작용하면 변형이 진행되는 현상을 시험하는 시험법은?

① 압축시험　　② 커핑시험
③ 경도시험　　④ 크리프시험

6. 철강의 평형상태도에서 0.45% 탄소 강재를 약 880℃에서 수중에 담금질하면 무확산 변태를 일으키는 조직의 명칭은?

① 마텐자이트　　② 펄라이트
③ 오스테나이트　　④ 소르바이트

7. 다음 중 기능성 재료로서 실용하고 있는 가장 대표적인 형상기억합금으로 원자비가 1:1의 비율로 조성되어 있는 합금은?

① Ti-Ni　　② Au-Cd
③ Cu-Cd　　④ Cu-Sn

해설 형상기억합금: Ti(50%)-Ni(50%)

8. 내식성이 우수한 오스테나이트 조직을 얻을 수 있는 강은?

① 3%Cr 스테인리스강
② 35%Cr 스테인리스강
③ 18%Cr-8%Ni 스테인리스강
④ 석출경화형 스테인리스강

정답 1. ④　2. ③　3. ④　4. ②　5. ④　6. ①　7. ①　8. ③

9. 다음 재료 중에서 알루미늄이 주성분이 아닌 것은?

① 인코넬　　　　② Y합금

③ 두랄루민　　　　④ 라우탈

해설 인코넬: Ni-Cr-Fe

10. 소성변형이 일어나면 금속이 경화하는 현상을 무엇이라 하는가?

① 탄성경화　　　　② 가공경화

③ 취성경화　　　　④ 자연경화

해설 가공경화: 냉간 가공으로 결정립자가 미세화되어 강도, 항복점 및 경도가 증가하며, 신율이 감소하여 재료가 단단해지는 현상

11. 다음 중 Ti 및 Ti합금에 대한 설명으로 틀린 것은?

① Ti의 비중은 약 4.54 정도이다.

② 용융점이 높고 열전도율이 낮다.

③ Ti은 화학적으로 매우 반응성이 강하나 내식성은 우수하다.

④ Ti의 재료 중에 O_2와 N_2가 증가함에 따라 강도와 경도는 감소되나 전연성은 좋아진다.

해설 Ti 및 Ti합금: O_2와 N_2가 증가함에 따라 강도와 경도는 증가하고 전연성은 나빠진다.

12. 비중이 알루미늄의 약 2/3 정도이고 산이나 염류에는 침식되며, 비강도가 커서 항공 우주용 재료에 많이 사용되는 금속은?

① Mg　　　　② Cu

③ Fe　　　　④ Au

13. 다음 중 치수 기입법에 대한 설명으로 가장

거리가 먼 것은?

① 치수는 가급적 일직선상에 기입한다.

② 치수는 가급적 도형의 우측과 위쪽에 기입한다.

③ 치수는 정면도, 평면도, 측면도에 골고루 나누어 기입한다.

④ 치수는 가급적 정면도에 기입하고, 부득이한 것은 평면도와 측면도에 기입한다.

14. 축척 중 현척에 해당되는 것은?

① 1 : 1　　　　② 1 : 2

③ 1 : 10　　　　④ 20 : 1

해설 현척(1 : 1), 축척(1 : 2), 배척(2 : 1)

15. 도형의 일부분을 생략할 수 없는 경우에 해당되는 것은?

① 중심선을 중심으로 대칭일 때

② 같은 모양이 반복될 때

③ 물체가 길어서 한 도면에 나타내기 어려울 때

④ 물체의 내부가 비어있을 때

16. 실물을 보고 프리핸드로 그린 도면은?

① 계획도　　　　② 제작도

③ 주문도　　　　④ 스케치도

17. 도면에 기입된 "5-φ20드릴"을 옳게 설명한 것은?

① 드릴 구멍이 15개이다.

② 지름 5mm인 드릴 구멍이 20개이다.

③ 지름 20mm인 드릴 구멍이 5개이다.

④ 지름 20mm인 드릴 구멍의 간격이 5mm이다.

해설 지름(ϕ)이 20mm, 구멍이 5개임을 의미한다.

정답　**9.** ①　**10.** ②　**11.** ④　**12.** ①　**13.** ③　**14.** ①　**15.** ④　**16.** ④　**17.** ③

18. 수면이나 유면 등의 위치를 나타내는 선의 종류는?

① 파선
② 가는 실선
③ 굵은 실선
④ 1점 쇄선

19. 도면에서 굵은 선이 0.35mm일 때 굵은 선과 가는 선 굵기의 합은 ?

① 0.45mm
② 0.52mm
③ 0.53mm
④ 0.7mm

해설 가는 선: 굵은 선의 1/2 굵기
∴ 0.35+0.175=0.53mm

20. 가공으로 생긴 선이 동심원인 경우의 표시로 옳은 것은?

①
②
③
④

해설 동심원: C

21. 다음 투상도의 종류가 옳은 것은 ?

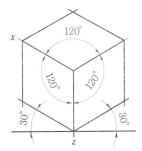

① 사투상도
② 부등각투상도
③ 등각투상도
④ 투시투상도

해설 등각투상도: 각이 서로 120°를 이루는 3개의 축을 기본으로 그린 투상도

22. 도면에서 중심선을 꺾어서 연결 도시한 투상도는?

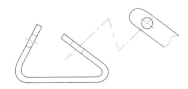

① 보조투상도
② 국부투상도
③ 부분투상도
④ 회전투상도

23. 구멍과 축의 끼워맞춤 종류 중 항상 죔새가 생기는 끼워맞춤은?

① 헐거운 끼워맞춤
② 억지 끼워맞춤
③ 중간 끼워맞춤
④ 미끄럼 끼워맞춤

24. A3 제도용지의 크기(세로×가로)는?

① 594×841
② 420×594
③ 297×420
④ 210×297

해설 A0: 841×1189, A1: 594×841,
A2: 420×594, A3: 297×420

25. 압연 제품에서 소재의 연성이 부족하여 평판의 가장자리에 발생하는 결함은?

① 에지 크랙
② 웨이브 에지
③ 엘리게이터링
④ 판 끝의 곡선면

정답 18. ② 19. ③ 20. ② 21. ③ 22. ① 23. ② 24. ③ 25. ①

26. 열간압연 가열로 내의 온도를 측정하는데 사용되는 온도계로서 두 종류의 금속선 양단을 접합하고 양 접합점에 온도차를 부여하여 전위차를 측정하는 온도계는?

① 광고온계
② 열전쌍 온도계
③ 베크만 온도계
④ 저항 온도계

해설 열전쌍 온도계는 열기전력에 의해 온도를 측정한다.

27. block mill의 특징을 설명한 것 중 틀린 것은?

① 구동부의 일체화로서 고속회전이 가능하다.
② 소재의 비틀림이 없으므로 표면흠이 작다.
③ 스탠드 간 간격이 좁기 때문에 선후단의 불량 부분이 짧아져 실수율이 좋다.
④ 부하 용량이 작은 유막 베어링을 채용함으로써 치수 정도가 높은 압연이 가능하다.

28. 두께 3.2mm의 소재를 0.7mm로 냉간압연할 때 압하량(mm)은?

① 2.0   ② 2.3   ③ 2.5   ④ 2.7

해설 압하량 $= H-h = 3.2-0.7 = 2.5$

29. 롤의 회전수가 같은 한 쌍의 작업롤에서 상부 롤의 지름이 하부 롤의 지름보다 클 때 소재의 머리부분에서 일어나는 현상은?

① 변화없다.
② 압연재가 하향한다.
③ 압연재가 상향한다.
④ 캠버(camber)가 발생한다.

30. 열간압연 공장에서 제품에 스케일이 발생되는 내용과 관계가 없는 것은?

① 디스케일링이 불량할 때
② 롤 표면의 거침이 있을 때
③ 롤 크로우(roll crow)가 적정할 때
④ 가열로의 추출온도가 높을 때

해설 롤 크로우(roll crow)가 적정할 때에 스케일과는 관련 없다.

31. 완전한 제품을 만든 후에도 표면조도를 더욱 양호하게 하기 위하여 실시하는 압연은?

① 산세압연   ② 열간압연
③ 조질압연   ④ 분괴압연

해설 강판을 어닐링해서 내부응력을 제거한 후 결정립자를 세밀하게 하기 위해서 행해지는 가벼운 압연처리이다.

32. 냉간압연 공정에서의 열연 강판 표면에 생성된 스케일을 제거하는 산세 설비 운용방법 중 산세성과 관계가 없는 것은?

① 산세 탱크의 산 용액의 농도를 기준범위 내에 관리한다.
② 산세 탱크의 산 용액의 온도를 기준범위 내에 관리한다.
③ 산세 탱크의 스트립 통과 속도를 기준 범위 내에 관리한다.
④ 산세 탱크의 산 가스(fume)의 농도를 일정하게 관리한다.

해설 산세 탱크의 산 가스(fume)의 농도를 기준범위 내에서 관리한다.

33. 다음 중 조질압연에 대한 설명으로 틀린 것은 ?

① 스트립의 형상을 교정하여 평활하게 한다.
② 보통의 조질 압연율은 20~30%의 높은 압하율로 작업된다.
③ 스트레처 스트레인을 방지하기 위하여 실시한다.
④ 표면을 깨끗하게 하기 위하여 dull이나 bright사상을 실시한다.

해설 1~2%의 적은 압하율로 작업된다.

34. 압연유의 구비조건 중 틀린 것은?

① 냉각성이 클 것
② 세정성이 우수할 것
③ 마찰계수가 작을 것
④ 유막 강도가 작을 것

해설 유막 강도가 클 것

35. 일반적인 냉연 박판의 공정을 가장 바르게 나열한 것은?

① 냉간압연 → 산세 → 아연도금 → 조질압연 → 풀림
② 표면청정 → 산세 → 전단 리코일 → 풀림 → 냉간압연
③ 산세 → 냉간압연 → 표면청정 → 풀림 → 조질압연
④ 냉간압연 → 산세 → 표면청정 → 조질압연 → 풀림

36. 공형압연 설계의 원칙을 설명한 것 중 틀린 것은?

① 공형 각부의 감면율을 가급적 균등하게 한다.
② 공형 형상은 되도록 단순화하고 직선으로 한다.
③ 가능한 한 직접 압하를 피하고 간접 압하를 이용하도록 설계한다.
④ 플랜지의 높이를 내고 싶을 때에는 초기 공형에서 예리한 홈을 넣는다.

해설 가능한 한 간접 압하를 피하고 직접 압하를 이용하도록 설계한다.

37. 압연유 급유방식에서 순환 방식의 특징이 아닌 것은?

① 폐유처리 설비는 작은 용량의 것이 가능하므로 비용이 적게 든다.
② 냉각 효과면에서 그 효율이 높고, 값이 저렴한 물을 사용할 수 있다.
③ 급유된 압연유를 계속하여 순환, 사용하게 되므로 직접 방식에 비하여 압연유의 비용이 적게 든다.
④ 순환하여 사용하기 때문에 황화액에 철분, 그 밖의 이물질이 혼합되어 압연유의 성능을 저하시키므로 압연유 관리가 어렵다.

해설 ②는 직접 급유방식의 특징이다.

38. 압연할 때 스키드 마크 부분의 변형저항으로 인하여 생기는 강판의 주 결함은?

① 표면 균열
② 판 두께 편차
③ 딱지 흠
④ 헤어 크랙

39. 타이트 코일(tight coil) 풀림 공정에서 외부의 공기를 차단하는 것은?

① 벨(bell)
② 베이스(base)
③ 언더 커버(under cover)
④ 대류관(converter plate)

40. 화학반응이나 상변화 없이 물체의 온도를 상승시키는데 필요한 열은?

① 잠열　　　　② 융해열
③ 현열　　　　④ 반응열

해설 ㉠ 현열: 열의 증감에 의하여 그 물질의 상태는 변화하지 않고 온도만이 변하는 경우를 현열이라 한다.
㉡ 잠열: 융해열이나 증발열은 온도 상승을 수반하지 않고 가해지는 열량이므로 잠열이라 한다.

41. 냉간압연에서 0.25mm 이하의 박판을 제조할 경우 판에서 발생하는 찌그러짐을 방지하는 대책으로 옳은 것은?

① 단면감소율을 크게 한다.
② 롤이 캠버를 갖도록 한다.
③ 압연 공정 중간에 재가열한다.
④ 스탠드 사이에 롤러 레벨러를 설치한다.

42. 소성 가공에서 이용되는 성질이 아닌 것은?

① 전성　　　　② 연성
③ 취성　　　　④ 가단성

해설 취성이 생기면 소성 가공이 되지 않는다.

43. 냉간압연 제품과 비교하였을 때 열간압연 제품의 특징으로 옳은 것은?

① 두께가 얇은 박판 압연에 용이하다.
② 경도 및 강도가 냉간 제품에 비해 높다.
③ 치수가 냉간 제품에 비해 비교적 정확하다.
④ 적은 힘으로도 큰 변형을 할 수 있다.

해설 열간압연 제품의 특징: 두꺼운 강판압연 용이, 경도 및 강도 감소, 치수 부정확, 변

형에너지 감소

44. 공형 설계의 실제에서 롤의 몸체 길이가 부족하고 전동기 능력이 부족할 때 폭이 좁은 소재 등에 이용되는 공형 방식은?

① 플랫 방식
② 버터플라이 방식
③ 다곡법
④ 스트레이트 방식

45. 마찰저항을 작게 하는 작용으로서 윤활의 최대 목적이 되는 작용은?

① 냉각작용
② 감마작용
③ 밀봉작용
④ 방청작용

해설 윤활의 최대 목적은 마찰저항을 작게 하는 감마작용(減摩作用)이다.

46. 밀 스프링(mill spring)이 발생하는 원인이 아닌 것은?

① 롤의 힘
② 롤 냉각수
③ 롤 초크의 움직임
④ 하우징의 연신 및 변형

47. 저급 탄화수소가 주성분이며 발열량이 9500~10500kcal/Nm³ 정도인 연료가스는?

① 고로가스
② 천연가스
③ 코크스로 가스
④ 석유 정제 정유가스

48. 압측판의 두께가 20mm, 출측판의 두께가 12mm, 압연 압력이 2500톤, 밀 상수가 500톤/mm일 때 롤 간격은 몇 mm인가? (단, 기타 사항은 무시한다.)

① 5   ② 7   ③ 9   ④ 11

해설 $S_0 = (j - \Delta h) - \dfrac{P}{K}$

$= (20 - 8) - \dfrac{2500}{500} = 7$

49. 압연기 자동제어의 도입 효과가 아닌 것은?

① 판 두께의 정도 향상
② 생산성의 향상
③ 압연 설비의 단순화
④ 압연 데이터의 자동 기록 관리

50. 수평롤과 수직롤로 조합되어 1회의 공정으로 상·하 압연과 동시에 측면압연도 할 수 있는 압연기로 I형강, H형강 등의 압연에 이용되는 압연기는?

① 2단 압연기
② 스테켈식 압연기
③ 플레네터리 압연기
④ 유니버설 압연기

51. 압연(mill) 구동장치에 대한 설명 중 틀린 것은?

① 상하 롤을 동일 모터로 구동한 twin drive 방식과 각각 구동하는 single drive 방식이 있다.
② twin drive 방식은 허용 롤 지름 차이가 single drive 방식보다 작다.
③ spindle은 진동이 적은 기어 형식이나 플렉시블 형식으로 바꾸고 있다.
④ spindle의 경사각은 롤 지름에 따라 변화해야 한다.

해설 twin drive 방식은 허용 롤 지름 차이가 single drive 방식보다 크다.

52. 압연기 입측 설비의 구성 요소가 아닌 것은?

① 루퍼(looper)
② 웰더(welder)
③ 텐션 릴(tension reel)
④ 페이 오프 릴(pay off reel)

해설 텐션 릴(tension reel): 출측에서 코일을 감아주는 장치

53. 압연판의 표면에 발생한 미세한 균열을 검사하고자 한다. 적합한 비파괴검사법은 무엇인가?

① 육안검사법
② 초음파탐상검사법
③ 방사선투과시험법
④ 형광침투탐상검사법

해설 형광침투탐상검사법: 표면 결함비파괴 검사

54. 디스케일링 작업에서 황산 산세법과 비교한 염산 산세법의 특징이 아닌 것은?

① 산세 속도가 빠르다.
② 스케일 표층부부터 산세한다.
③ 스케일 브레이커는 필수 설비이다.
④ 철분 농도의 증가에 따라 디스케일링 능력이 포화점까지는 커진다.

해설 스케일 브레이커는 부속 설비이다.

정답 48. ② 49. ③ 50. ④ 51. ② 52. ③ 53. ④ 54. ③

55. 압연기 압하장치 중 피니언의 역할은?

① 모터에서 발생한 동력을 감속기에 전달한다.

② 모터에서 발생한 동력의 회전수를 줄여 준다.

③ 전동기의 동력을 각 롤에 분배함과 동시에 적당한 회전 방향을 준다.

④ 전동기의 동력을 축적하여 회전력이 감소할 때 보충하여 준다.

해설 피니언: 동력을 상·하 롤에 각각 분배해 주는 장치

56. 점도와 응고점이 낮고 고열에 변질되지 않으며, 암모니아와 친화력이 약한 조건을 만족시켜야 할 윤활유는?

① 다이나모유

② 냉동기유

③ 터빈유

④ 선박엔진유

57. 안전점검의 가장 큰 목적은?

① 장비의 설계 상태를 점검

② 투자의 적정성 여부 점검

③ 위험을 사전에 발견하여 시정

④ 공정 단축 적합의 시정

58. 3대식 연속 가열로에서 장입측에서부터 대(帶)의 순서로 옳은 것은?

① 가열대 → 예열대 → 균열대

② 균열대 → 가열대 → 예열대

③ 예열대 → 가열대 → 균열대

④ 예열대 → 균열대 → 가열대

59. 후판압연에서 재료를 90° 회전시킬 때 사용되는 설비로 테이블에 의해 압연재가 어느 정도 회전되면 잡아서 90°가 되게 하고 압연기의 중심부에서 압연되도록 유도하는 장치는?

① 가이드

② 머니퓰레이터

③ 하우징

④ 전후방 테이블

해설 머니퓰레이터는 후판압연에서 재료를 90° 회전시킬 때 사용한다.

60. 스트립이 산세조에서 정지하지 않고 연속 산세되도록 1~3개분의 코일을 저장하는 설비는?

① 플래시 트리머(flash trimmer)

② 스티처(stitcher)

③ 루핑 피트(looping pit)

④ 언코일러(uncoiler)

정답 **55.** ③ **56.** ② **57.** ③ **58.** ③ **59.** ② **60.** ③

2017년 CBT 복원문제(제3회)

1. Fe-C 평형상태도에서 자기 변태만으로 짝 지어진 것은?

① A_0변태, A_1변태

② A_1변태, A_2변태

③ A_0변태, A_2변태

④ A_3변태, A_4변태

해설 ㉠ 자기 변태: A_0변태, A_2변태

㉡ 동소 변태: A_3변태, A_4변태

2. 황동의 가공재, 특히 관, 봉 등에서 일종의 응력부식 균열로 잔류응력에 기인되어 나타나는 균열은?

① 자연 균열

② 탈아연 부식 균열

③ 편정 반응 균열

④ 고온 탈아연 부식 균열

해설 자연 균열: 황동에서 일종의 응력부식 균열로 잔류응력에 기인되어 나타나는 균열

3. 저 용융점 금속으로 독성이 없어 의약품, 식품 등의 포장용 튜브, 식기 등에 사용되는 금속은?

① Zn　　② Sn　　③ Cu　　④ Ti

4. 게이지용 공구강이 갖추어야 할 조건에 대한 설명으로 틀린 것은?

① HRC50 이하의 경도를 가져야 한다.

② 팽창계수가 보통강보다 작아야 한다.

③ 시간이 지남에 따라 치수변화가 없어야 한다.

④ 담금질에 의한 균열이나 변형이 없어야 한다.

해설 HRC50 이상의 경도를 가져야 한다.

5. 단위포(단위격자)의 한 모서리의 길이를 무엇이라 하는가?

① 격자상수　　　　② 배위수

③ 다결정립　　　　④ 밀러지수

6. 조밀육방격자의 결정구조로 옳게 나타낸 것은?

① FCC　　　　　② BCC

③ FOB　　　　　④ HCP

해설 조밀육방격자(HCP), 면심입방격자(FCC), 체심입방격자(BCC)

7. 가공용 황동의 대표적인 것으로 연신율이 비교적 크고 인장강도가 매우 높아 판, 막대, 관, 선 등으로 널리 사용되는 것은?

① 톰백　　　　　② 7:3황동

③ 6:5황동　　　　④ 5:5황동

해설 7:3황동: Cu+Zn으로 가공용 황동의 대표적인 합금

8. 알루미늄 합금인 실루민 주성분으로 옳은 것은?

① Al-Mg　　　　② Al-Cu

③ Al-Mn　　　　④ Al-Si

해설 실루민: Al-Si계 합금으로 금속 나트륨으로 개량처리한 주조 합금이다.

정답　1. ③　2. ①　3. ②　4. ①　5. ①　6. ④　7. ②　8. ④

9. 상자성체 금속에 해당되는 것은?

① Al   ② Fe

③ Ni   ④ Co

10. 납황동은 황동에 납을 첨가하여 어떤 성질을 개선한 것인가?

① 강도

② 절삭성

③ 내식성

④ 전기전도도

해설 황동에 납을 첨가하면 절삭성이 향상된다.

11. Ni-Fe계 합금으로써 36%Ni, 12%Cr, 나머지는 Fe로서 온도에 따른 탄성률 변화가 거의 없어 고급시계, 압력계, 스프링 저울 등의 부품에 사용되는 것은?

① 인바(invar)

② 엘린바(elinvar)

③ 퍼멀로이(permalloy)

④ 플라티나이트(platinite)

해설 엘린바(elinvar): Ni-Fe계 합금으로써 재료의 조성이 니켈 36%, 크롬 12%, 나머지는 철로서 온도가 변해도 탄성률이 거의 변하지 않는 불변강이다.

12. 탄소강의 표준 조직을 얻기 위해 오스테나이트화 온도에서 공기 중에 냉각하는 열처리 방법은?

① 노멀라이징

② 템퍼링

③ 어닐링

④ 퀜칭

13. 다음 중 일점쇄선으로 나타내지 않는 것은?

① 파단선

② 중심선

③ 피치선

④ 기준선

해설 파단선은 가는 실선으로 나타낸다.

14. 지시 기호에서 가공방법을 표시한 위치는?

① A   ② B

③ C   ④ D

해설 A: 표면거칠기, B: 가공방법의 약호, C: 웨이브니스 수치와 기호, D: 가공모양의 기호

15. 척도가 1:2인 도면에서 실제 치수 20mm인 선은 도면상 몇 mm로 긋는가?

① 5   ② 10

③ 20   ④ 40

16. 단면도의 해칭선은 어떤 선을 사용하여 긋는가?

① 파선

② 굵은 실선

③ 일점 쇄선

④ 가는 실선

해설 해칭선: 도형의 단면을 표시할 때 사선으로 긋는 가는 실선

17. 도면에서 두 종류 이상의 선이 같은 장소에

겹치게 될 때 도면 작성 시 선의 우선순위로 옳은 것은?

① 외형선 → 숨은선 → 절단선 → 중심선
② 외형선 → 중심선 → 숨은선 → 절단선
③ 중심선 → 숨은선 → 절단선 → 외형선
④ 중심선 → 외형선 → 숨은선 → 절단선

18. 상면도라 하며, 물체의 위에서 내려다 본 모양을 나타내는 도면의 명칭은?

① 배면도
② 정면도
③ 평면도
④ 우측면도

19. 투상도를 그리는 방법에 대한 설명으로 틀린 것은?

① 조립도 등 주로 기능을 표시하는 도면에서는 물체가 사용되는 상태를 그린다.
② 일반적인 도면에서는 물체를 가장 잘 나타내는 상태를 정면도로 하여 그린다.
③ 주 투상도를 보충하는 다른 투상도의 수는 되도록 많이 그리도록 한다.
④ 물체의 길이가 길어 도면에 나타내기 어려울 때, 즉 교량의 트러스트 같은 경우 중간 부분을 생략하고 그릴 수 있다.

20. 치수보조 기호에 대한 설명 중 틀린 것은?

① 반지름은 치수의 수치 앞에 R5와 같이 기입한다.
② 구의 반지름은 치수의 수치 앞에 SR5와 같이 기입한다.
③ 30°의 모따기는 치수의 수치 앞에 C5와 같이 기입한다.

④ 판 두께는 치수의 수치 앞에 t5와 같이 기입한다.

해설 C5 → 30C

21. 다음 그림은 교량의 트러스 구조물이다. 중간 부분을 생략하여 그린 주된 이유는?

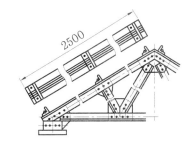

① 좌우, 상하 대칭을 도면에 나타내기 어렵기 때문에
② 반복 도형을 도면에 나타내기 어렵기 때문에
③ 물체를 1각법 또는 3각법으로 나타내기 어렵기 때문에
④ 물체가 길어서 도면에 나타내기 어렵기 때문에

22. 도면에 $\phi 40^{+0.005}_{-0.003}$으로 표시되었다면 치수공차는?

① 0.002
② 0.003
③ 0.005
④ 0.008

해설 치수공차 = 최대허용치수 − 최소허용치수
= 0.005 − (−0.003) = 0.008

23. 제도용지에 대한 설명으로 틀린 것은?

① A0 제도용지의 넓이는 약 1m²이다.
② B0 제도용지의 넓이는 약 1.5m²이다.
③ A0 제도용지의 크기는 594×841이다.
④ 제도용지의 세로와 가로의 비는 1:$\sqrt{2}$ 이다.

해설 A0: 841×1189

정답 18. ① 19. ③ 20. ③ 21. ④ 22. ④ 23. ③

24. A4 가로 제도용지를 좌측에 철할 때 여백의 크기가 좌측으로 25mm, 우측으로 10mm, 위쪽으로 10mm, 아래쪽으로 10mm일 때 윤곽선 내부의 넓이(mm²)는?

① 49,780　　　　② 51,680
③ 52,630　　　　④ 62,370

해설 A4 210×297에서 여백을 빼면 가로용지의 윤곽선 내부 넓이는 다음과 같다.
{210−(10+10)}×{297−(25+10)}=49,780mm²

25. 공형 롤에서 재료의 모서리 성형이 잘되므로 형강의 성형압연에서 주로 채용되고 있는 롤은?

① 폐쇄 공형 롤
② 원통 롤
③ 평 롤
④ 개방 공형 롤

26. 열연 공장(hot strip mill)에서 제품의 품질 치수, 재질, 형상 등을 확보하면서 생산성을 높이기 위하여 채용하는 제어 방법과 거리가 가장 먼 것은?

① 온도 제어　　　② 회피 제어
③ 속도 제어　　　④ 위치 제어

해설 생산성 제어 방식: 온도 제어, 속도 제어, 위치 제어

27. 강재의 가열 시 스케일 발생을 최소로 하기 위한 가장 좋은 방법은?

① 재로시간(在爐時間)을 길게 한다.
② 발열량이 높은 연료로 대체한다.
③ 과잉 산소량을 최소로 한다.
④ 연료의 내화물 벽 두께를 두껍게 한다.

28. 다음 열간압연 소재 중 연속 주조에 의해 직접 주조하거나 편평한 강괴 또는 블룸을 조압연한 것으로 단면이 장방형이고 모서리는 약간 둥근 형태로 강편이나 강판의 압연 소재로 많이 사용되는 것은?

① 슬래브　　　　② 시트 바
③ 빌렛　　　　　④ 후프

해설 슬래브: 단면이 장방형이고 모서리는 약간 둥근 형태의 판용 강편

29. 금속의 판재를 압연할 때 열간압연과 냉간압연을 구분하는 것은?

① 변태 온도　　　② 용융 온도
③ 연소 온도　　　④ 재결정 온도

30. 중후판 소재의 길이 방향과 소재의 강괴축이 직각이 되는 압연 작업으로 제품의 폭 방향과 길이 방향의 재질적인 방향성을 경감할 목적으로 실시하는 것은?

① 크로스 롤링
② 완성 압연
③ 컨트롤드 롤링
④ 스케일 제거 작업

해설 크로스 롤링은 압연기 전후의 테이블로 소재를 90° 회전시켜 압연한다.

31. 슬래브 15000톤을 처리하여 코일 13500톤을 생산했을 때 압연 실수율은 몇 %인가? (단, 재열재는 500톤이 발생하였고 재열재는 소재량에 포함시키지 않는다.)

① 90.1　　　　② 93.1
③ 95.4　　　　④ 98.4

해설 실수율(%)=$\dfrac{생산량}{소재량-재열재}\times100$

$=\dfrac{13500}{15000-500}\times100=93.1\%$

32. 다음 중 클링킹(clinking)의 발생원인은?

① 가공경화한 재료의 연화현상 때문에
② 재료 내 외부의 온도차에 의한 응력 때문에
③ 가열속도가 너무 늦어 산화되기 때문에
④ 가열온도가 낮아 탈탄이 촉진되기 때문에

33. 다음 중 공형 설계 방식이 아닌 것은?

① 플랫(flat) 방식
② 다이애거널(diagonal) 방식
③ 버터플라이(buttterfly) 방식
④ 스트라이크(strike) 방식

34. 열연 작업 시 나타나는 크라운 결함 중 롤의 평행도 불량, 슬래브의 편열, 통판 중 판이 한쪽으로 치우치는 경우에 생기는 크라운에 해당되는 것은?

① wedge
② edge drop
③ high spot
④ body crown

해설 edge drop: 롤의 편평, 롤 지름, 압연 반력 등에 의해 변동, high spot: 롤의 이상 마모, 국부적 롤의 열팽창, body crown: 롤의 휨, 재료 폭, 압연 반력에 의해 변동

35. 압연 시 소재에 힘을 가하면 압연이 가능한 조건을 접촉각(α)과 마찰계수(μ)의 관계식으로 옳은 것은?

① $\tan\alpha \leq \mu$
② $\tan\alpha = \mu$
③ $\tan\alpha > \mu$
④ $\tan\alpha \geq \mu$

해설 $\tan\alpha = \mu$

36. 압연작업 대기 중인 원판의 규격이 두께 2.05mm×폭 914mm를 ϕ380mm롤을 사용하여 1.34mm로 압연하는 경우 접촉투영면적(mm²)은? (단, 폭의 변동은 없다고 가정한다. 소수점 둘째 자리에서 반올림하여 계산한다.)

① 약 5301
② 약 10602
③ 약 15012
④ 약 21204

해설 접촉투영면적=접촉투영길이×폭

$=\sqrt{R\times\Delta h}\times폭$

$=\sqrt{190\times(2.05-1.34)}\times914$

$=10602$

37. 풀림로의 불활성 분위기 가스로 사용될 수 없는 것은?

① Ar
② O_2
③ Ne
④ He

해설 불활성 가스: Ar, Ne, He

38. 용융 아연도금에서 합금층의 성장을 억제하고 유동성을 향상시키는 금속은?

① Al
② Cu
③ Sn
④ Fe

39. 산세 공정의 작업 내용이 아닌 것은?

① 스트립 표면의 스케일을 제거한다.
② 압연유를 제거한다.
③ 규정된 폭에 맞추어 사이드 트리밍 한다.
④ 소형 코일을 용접하여 대형 코일로 만든다.

해설 탈지 작업에서 압연유를 제거한다.

40. 냉간압연기 롤 몸체의 지름을 작게 하는 이유로 가장 옳은 것은?

① 재료의 열변형 때문
② 받침롤 접촉을 고려하기 때문
③ 대형화에 따라 물림 각도가 크기 때문
④ 변형저항이 크고 롤 편평화가 심하기 때문

41. 그리스를 급유하는 경우가 아닌 것은?

① 마찰면이 고속운동을 하는 부분
② 고하중을 받는 운동부
③ 액체 급유가 곤란한 부분
④ 밀봉이 요구될 때

42. 산세 작업 시 산세 강판의 과산세 방지를 위해 산액에 첨가하는 약품은?

① 염산(HCl)
② 계면활성제
③ 부식억제제
④ 황산(H_2SO_4)

해설 부식억제제(inhibitor): 과산세 방지

43. 조질압연의 목적 및 압연 방법에 대한 설명 중 틀린 것은?

① 스트립의 형상을 교정한다.
② 재료의 기계적 성질을 개선한다.
③ 스트립의 표면을 양호하게 하여 적당한 조도를 부여한다.
④ 15~30% 이상의 압하를 주어 항복점 연신을 제거한다.

해설 조질압연의 두께가 거의 변하지 않게 1% 정도 결함 및 형상 불량을 없애고 표면을 깨끗이 하는 공정을 실시한다.

44. 조압연기에서 설치된 AWC(automatic width control)가 수행하는 작업은?

① 바의 형상 제어   ② 바의 폭 제어
③ 바의 온도 제어   ④ 바의 두께 제어

45. 연료의 연소와 관련되는 내용으로 옳은 것은?

① 화염연소란 증발연소, 분해연소, 표면연소를 말한다.
② 발화점은 점화원이 되었을 때 연소가 시작되는 최저온도이다.
③ 연소에 의해 생성되는 오염물질은 CO, SOx, NOx 등이다.
④ 인화점은 연소가 시작되며 연소열에 의해 연소가 계속되는 점이다.

해설 발화점은 불꽃을 붙이지 않았을 때 스스로 연소를 할 수 있는 최소의 온도, 인화점은 불꽃을 붙였을 때 연소를 하는 최소의 온도이다.

46. 열연 공장에서 저탄소강을 압연하는데 있어 가장 낮은 온도를 나타내는 것은?

① 권취 온도
② 조압연 온도
③ 사상압연 온도
④ 슬래브 가열온도

47. 다음 중 사상압연 설비가 아닌 것은?

① mandrel
② scale beaker
③ crop shear
④ side guide 및 looper

해설 맨드릴 압연기는 중공강판을 만드는 설비이다.

48. 사상압연기의 제어기기 중 압연재의 형상 제어와 관계가 가장 먼 것은?

① 롤 시프트(roll shift)
② ORG(On Line Roll Grinder)
③ 페어 크로스(pair cross)
④ 롤 벤더(roll bender)

해설 ORG(On Line Roll Grinder)은 열간압연기 내에 장착된 연삭장치로서 열간압연 작업롤의 표면조도를 교정하고 보상하는 장치이다.

49. 워킹 빔(working beam)식 가열로에서 가열 재료를 반송(搬送)시키는 순서로 옳은 것은?

① 전진 → 상승 → 후퇴 → 하강
② 하강 → 전진 → 상승 → 후퇴
③ 후퇴 → 하강 → 전진 → 상승
④ 상승 → 전진 → 하강 → 후퇴

50. 스트립의 종방향 분할을 행하고, 폭이 좁은 코일을 생산하는 설비는?

① 조질 라인
② 전단 라인
③ 슬리팅 라인
④ 리코일링 라인

해설 슬리팅 라인: 스트립의 종방향 분할을 행하고, 폭이 좁은 코일을 생산, 후단부 불량부분 제거, 치수 및 형상, 표면검사하는 설비

51. 윤활유의 목적을 설명한 것으로 틀린 것은?

① 접촉부의 마찰 감소 및 냉각효과
② 방청 및 방진 역할
③ 접촉면의 발열 촉진
④ 밀봉 및 응력 분산

해설 접촉면의 발열을 저지한다.

52. 매분 50회전하는 롤을 회전시키는 데 필요한 모멘트가 20kg·m, 압하율이 30%일 때 압연기의 필요한 마력(HP)은 약 얼마인가?

① 0.47
② 4.7
③ 0.94
④ 9.4

해설 압연 마력 $(HP)=\dfrac{0.136 \times T \times 2\pi N}{60 \times E}$

T: 롤 회전 모멘트(N·m)=196N·m
N: 롤의 분당 회전수(rpm)=50
E: 압연효율(%)=30

53. 급유 개소에 기름을 분무 상태로 품어 윤활에 필요한 최소한의 유막 형성을 유지할 수 있는 윤활장치는?

① 등유 급유장치
② 그리스 급유장치
③ 오일 미스트 급유장치
④ 유막 베어링 급유장치

54. 압연 하중이 2000kg, 토크 암(torque arm)의 길이가 8mm일 때 압연 토크(kg·m)는?

① 1.6
② 16
③ 160
④ 1600

해설 압연 토크=압연 하중×토크 암
$=2000 \times 0.008 = 16$kg·m

55. 압연기의 종류가 아닌 것은?

① 다단 압연기
② 유니버설 압연기
③ 4단 냉간 압연기
④ 스키드 마크(skid mark) 압연기

56. 압연기의 일반적인 구동 순서로 옳은 것은?

① 전동기 → 스핀들 → 이음부 → 커플링 → 스탠드의 롤

② 전동기 → 이음부 → 스핀들 → 커플링 → 스탠드의 롤

③ 전동기 → 커플링 → 스핀들 → 이음부 → 스탠드의 롤

④ 전동기 → 스탠드의 롤 → 이음부 → 커플링 → 스핀들

57. 열연 공장의 권취기 입구에서 스트립을 가운데로 유도하여 권취 중 양단이 들어가고 나옴이 적게 하여 권취 모양이 좋은 코일을 만들기 위한 설비는?

① 맨드릴(mandrel)

② 핀치 롤(pinch roll)

③ 사이드 가이드(side guide)

④ 핫 런 테이블(hot run table)

해설 사이드 가이드(side guide): 권취기 입구에서 스트립의 양단이 들락날락하는 것을 적게 하기 위한 설비

58. 선재 압연에서 공형 형상을 결정하는데 있어서 고려해야 할 사항이 아닌 것은?

① 최대의 폭 퍼짐으로 연신시킬 것

② 압연 소요 동력을 최소로 할 것

③ 롤에 국부마모를 유발시키지 않을 것

④ 압연재를 정확한 치수의 형상으로 하되 표면흠을 발생시키지 않을 것

해설 최소의 폭 퍼짐에 의한 연신

59. 압연 방향에 단속적으로 생기는 얇고 짧은 형상의 흠은?

① 부풀

② 연와흠

③ 선상흠

④ 파이프흠

해설 선상흠: 슬래브 길이 방향으로 발생한 가늘고 짧은 크랙

60. 압연 공정의 안전관리에 관한 설명으로 틀린 것은?

① 돌출 행동을 금한다.

② 안전화, 보안경 등을 착용한다.

③ 신체 노출이 없도록 복장을 단정히 한다.

④ 작업자의 위치는 압연의 진행 방향과 일직선으로 위치하도록 한다.

해설 작업자의 위치는 압연의 진행 방향과 수평으로 위치하도록 한다.

2018년 CBT 복원문제(제1회)

압연기능사

1. 공업용 순철 중 탄소의 함량이 가장 적은 것은?

① 암코철   ② 전해철

③ 해면철   ④ 카보닐철

해설 전해철은 C 0.005~0.015%로 공업용 순철 중 탄소의 함량이 가장 적은 철이다.

2. 순구리(Cu)와 철(Fe)의 용융점은 약 몇 ℃인가?

① Cu: 660℃, Fe: 890℃

② Cu: 1063℃, Fe: 1050℃

③ Cu: 1083℃, Fe: 1539℃

④ Cu: 1455℃, Fe: 2200℃

3. 탄소강에 함유된 원소들의 영향을 설명한 것 중 옳은 것은?

① Mn은 보통 강 중에 0.2~0.8% 함유되며, 일부는 α-Fe 중에 고용되고, 나머지는 S와 결합하여 MnS로 된다.

② Cu는 매우 적은 양이 Fe 중에 고용되며, 부식에 대한 저항성을 감소시킨다.

③ P는 Fe와 결합하여 Fe_3P를 만들고, 결정립자의 미세화를 촉진시킨다.

④ S는 α고용체 중에 고용되어 경도, 인장강도 등을 낮춘다.

4. 빛 대신 파장이 짧은 전자선을 이용하여 전자 렌즈로 상을 확대하여 형성시키는 것으로 가속 전자 빔을 광원으로 사용함과 동시에

배율 조정을 위한 렌즈의 작동을 전기장으로 이용하는 현미경은 ?

① 투과 전자 현미경

② 정립형 금속 현미경

③ 주사 전자 현미경

④ 도립형 광학 현미경

5. 탄소량의 증가에 따른 탄소강의 물리적 · 기계적 성질에 대한 설명으로 옳은 것은?

① 열전도율이 증가한다.

② 탄성계수가 증가한다.

③ 충격값이 감소한다.

④ 인장강도가 감소한다.

해설 탄소량 증가에 따라 충격값이 감소한다.

6. 전극 재료의 선택 조건을 설명한 것 중 틀린 것은?

① 비저항이 작아야 한다.

② Al과의 밀착성이 우수해야 한다.

③ 산화 분위기에서 내식성이 커야 한다.

④ 금속 규화물의 용융점이 웨이퍼 처리온도보다 낮아야 한다.

해설 금속 규화물의 용융점이 웨이퍼 처리온도보다 높아야 한다.

7. 보통 주철이 Ni을 첨가하였을 때의 설명으로 옳은 것은?

① 흑연화를 저지한다.

② 칠(chill)화를 돕는다.

③ 절삭성을 좋게 한다.

④ 펄라이트와 흑연을 조대화한다.

해설 주철에 Ni을 첨가하면 흑연화 촉진과 칠을 방지하며 절삭성을 좋게 한다.

8. 두랄루민 합금의 주성분으로 옳은 것은?

① Al-Cu-Mg-Mn ② Ni-Mn-Sn-Si

③ Zn-Si-P-Al ④ Pb-Ag-Ca-Zn

해설 두랄루민은 Al-Cu-Mg-Mn의 고강도 알루미늄 합금이다.

9. 다음 중 청동과 황동에 대한 설명으로 틀린 것은 ?

① 청동은 구리와 주석의 합금이다.

② 황동은 구리와 아연의 합금이다.

③ 포금은 구리에 8~12% 주석을 함유한 청동으로 포신재료 등에 사용된다.

④ 톰백은 구리에 5~20%의 아연을 함유한 황동으로, 강도는 높으나 전연성이 없다.

해설 톰백은 구리에 5~20%의 아연을 함유한 것으로 전연성이 크다.

10. 다음 중 비정질 합금의 제조법 중 기체 급랭법에 해당되지 않는 것은?

① 스퍼터링법 ② 이온 도금법

③ 전해 코팅법 ④ 진공 증착법

해설 전해 코팅법: 전기분해에 의한 코팅법

11. 마울러 조직도에 대한 설명으로 옳은 것은?

① 주철에서 C와 P량에 따른 주철의 조직관계를 표시한 것이다.

② 주철에서 C와 Mn량에 따른 주철의 조직관계를 표시한 것이다.

③ 주철에서 C와 Si량에 따른 주철의 조직관계를 표시한 것이다.

④ 주철에서 C와 S량에 따른 주철의 조직관계를 표시한 것이다.

12. 포금(gun metal)에 대한 설명으로 틀린 것은?

① 내해수성이 우수하다.

② 성분은 8~12%Sn 청동에 1~2%Zn을 첨가한 합금이다.

③ 용해 주조 시 탈산제로 사용되는 P의 첨가량을 많이 하여 합금 중에 P를 0.05~0.5% 정도 남게 한 것이다.

④ 수압, 수증기에 잘 견디므로 선박용 재료로 널리 사용된다.

해설 인청동: 용해 주조 시 탈산제로 사용되는 P의 첨가량을 많이 하여 합금 중에 P를 0.05~0.5% 정도 남게 한 것이다.

13. 척도 2:1인 도면에서 실물 치수가 120mm인 제품을 도면에 나타내고자 할 때의 길이는 몇 mm인가?

① 30 ② 60

③ 120 ④ 240

해설 실물 치수 120mm, 도면 길이 240mm

14. 한국산업표준인 KS의 부문별 기호 중에서 기계를 나타내는 것은 어느 것인가?

① KS A ② KS B

③ KS C ④ KS D

해설 KS A: 제도통칙, KS B: 기계, KS C: 전기, KS D: 금속

정답 8. ① 9. ④ 10. ③ 11. ③ 12. ③ 13. ④ 14. ②

15. 제도 용구로 사용되는 연필에 대한 설명으로 옳은 것은?

① H는 연필의 흑색 농도를 의미한다.
② B는 연필의 단단한 정도를 의미한다.
③ 쐐기형 모양의 연필심은 선긋기용으로 사용된다.
④ 가는 선과 트레이싱용은 4B~7B가 사용된다.

해설 H는 연필의 단단한 정도, B는 농도를 의미하는 기호이다.

16. 물체의 단면을 표시하기 위하여 단면 부분에 흐리게 칠하는 것을 무엇이라 하는가?

① 리브(rib)
② 널링(knurling)
③ 스머징(smudging)
④ 해칭(hatching)

17. 스퍼 기어 제도에서 피치원은 어떤 선으로 그리는가?

① 가는 실선
② 굵은 실선
③ 가는 은선
④ 가는 일점쇄선

18. 다음 중 제3각법의 투상원리로 옳은 것은?

① 눈 → 물체 → 투상면
② 투상면 → 물체 → 눈
③ 물체 → 눈 → 투상면
④ 눈 → 투상면 → 물체

19. 2N M50×2-6h이라는 나사의 표시방법에 대한 설명으로 옳은 것은?

① 왼나사이다.
② 2줄 나사이다.
③ 유니파이 보통나사이다.
④ 피치는 1인치당 산의 개수로 표시한다.

해설 2N M50×2-6h는 호칭지름이 50mm이고, 피치가 2mm인 미터 가는나사이며 2줄 나사로 등급 6을 표시한다.

20. 도면에서 치수 기입방법이 틀린 것은?

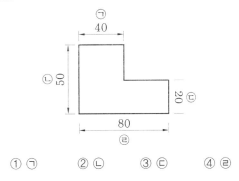

① ㉠   ② ㉡   ③ ㉢   ④ ㉣

21. 다음 중 미터 사다리꼴나사를 나타내는 표시법은?

① M8
② TW10
③ Tr102
④ 1-8UNC

해설 M8: 미터보통나사, TW10: 29°사다리꼴나사, Tr102: 미터 사다리꼴나사, 1-8UNC: 유니파이 보통나사

22. 도면은 철판에 구멍을 가공하기 위하여 작성한 도면이다. 도면에 기입된 치수에 대한 설명으로 틀린 것은?

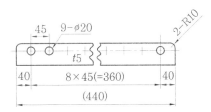

① 철판의 두께는 10mm이다.
② 같은 크기의 구멍은 9개이다.
③ 구멍의 간격은 45mm로 일정하다.
④ 구멍의 반지름은 10mm이다.

23. 정투상도법 중 제3각법에서 좌측면도는 정면도를 기준으로 어느 위치에 그려지는가?

① 정면도 좌측
② 정면도 우측
③ 정면도 위
④ 정면도 아래

해설 제3각법에서 좌측면도는 정면도의 좌측에 그린다.

24. 다음 도형에서 테이퍼 값을 구하는 식으로 옳은 것은?

① $\dfrac{b}{a}$

② $\dfrac{a}{b}$

③ $\dfrac{a+b}{L}$

④ $\dfrac{a-b}{L}$

해설 테이퍼 $=\dfrac{a-b}{L}$

25. 공형 구성 요건에 맞지 않는 것은?

① 능률과 실수율이 좋을 것
② 압연할 때 재료의 흐름이 균일하고 작업이 쉬울 것
③ 제품의 형상, 치수가 정확하고 표면 상태가 좋을 것
④ 롤이 내식성을 지녀야 하며, 스페이스가 없을 것

해설 스페이스가 적을 것

26. 압연 과정에서 롤 축에 수직으로 발생하는 힘은?

① 인장력
② 탄성력
③ 클립력
④ 압연력

해설 압연력: 롤 축에 수직으로 발생하는 힘

27. 고강도 냉연 강판의 강화 기구 중 고용체 강화에 대한 설명으로 옳은 것은?

① Ti, Nb, V 등의 탄, 질화물에 의한 강화이다.
② 석출물이 전위의 이동을 방해할 강도를 상승시키는 강화이다.
③ C, N 등 침입형 원소 및 Si, Mn 등 치환형 원소에 의한 강화이다.
④ 베이나이트와 마텐자이트 단상 혹은 페라이트와 이러한 변태 조직의 복합 조직에 의한 강화이다.

해설 침입형 및 치환에 의한 강화

28. 압연 가공 시 롤의 속도와 스트립의 속도가 일치되는 지점은?

① 선진점
② 후진점
③ 중립점
④ 접촉점

29. 압연재의 압축 속도가 3.8m/s, 작업롤의 주속도가 4.5m/s, 압연재의 출측 속도가 5.0 m/s일 때 선진율(%)은 약 얼마인가?

① 11.1
② 12.5
③ 15.5
④ 20.1

해설 선진율(%)$=\dfrac{V_3-V_R}{V_R}\times 100$

$=\dfrac{5-4.5}{4.5}\times 100=11.1\%$

30. 선재압연의 일반적인 공정의 순서로 옳은 것은?

① 가열로 → 콜드 시어 → 정정 → 중간조압연 → 조압연 → 권취기
② 핫쇼 → 완성압연 → 중간조압연 → 권취기 → 냉각 → 가열로
③ 가열로 → 조압연 → 중간조압연 → 사상압

연 → 냉각 → 정정

④ 핫쇼 → 가열로 → 중간조압연 → 콜드 시어 → 완성압연 → 냉각

31. 열간압연에서 소재의 진행에 따른 소재를 검출하여 각종 설비가 자동으로 작동되게 하는데 많이 사용되는 센서는?

① H.M.D(Hot Metal Detecter)
② 바이메탈(bi-metal)
③ 솔레노이드(solenoid)
④ 피로미터(pyrometer)

32. 냉간압연된 스트립의 표면에 부착한 오염을 세정하는 방법으로서 화학적인 방법이 아닌 것은?

① 용제 세정   ② 유화 세정
③ 계면활성제 세정   ④ 전해 세정

해설 화학적 세정: 용제 세정, 유화 세정, 계면활성제 세정

33. 열간압연과 비교한 냉간압연의 장점으로 틀린 것은?

① 압연된 제품의 표면이 미려하다.
② 제품의 치수를 정확하게 할 수 있다.
③ 작은 힘으로도 압연이 가능하다.
④ 결정립자의 미세화가 일어나 기계적 성질이 우수하다.

해설 압연력이 커야 한다.

34. 금속재료가 고온에서 가공성이 좋아지는 것은 어느 성질 때문인가?

① 연신이 증가하기 때문에
② 취성이 증가하기 때문에
③ 경도가 증가하기 때문에
④ 항복응력이 증가하기 때문에

35. 에지 스캐브(edge scab)의 발생 원인이 아닌 것은?

① 슬래브 코너부 또는 측면에 발생한 크랙이 압연될 때
② 슬래브의 손질이 불완전하거나 스카핑이 불량할 때
③ 슬래브 끝 부분 온도 강하로 압연 중 폭 방향의 균일한 연신이 발생할 때
④ 제강 중 불순물의 분리 부상이 부족하여 강 중에 대형 불순물 또는 기포가 존재할 때

해설 이물질 치입에 의한 표면 결함은 롤 마크에 해당한다.

36. 냉간압연 시 가공 경화된 제품을 개선하기 위하여 풀림(annealing)처리를 실시한다. 이때 발생하는 산화피막을 억제하는 방법은 다음 중 어느 것인가?

① 액체침질   ② 화염경화 열처리
③ 고주파 열처리   ④ 진공 열처리

해설 진공 열처리: 진공에서 열처리하여 산화피막을 억제한다.

37. 냉연조질압연의 목적이 아닌 것은?

① 기계적 성질 개선   ② 형상 교정
③ 두께 조정   ④ 항복 연신 제거

해설 냉연조질압연의 목적: 형상 교정, 표면조도 조정, 항복점 연신 제거, 스트레처 스트레인 방지, 기계적 성질 개선

38. 열연 사상압연에서 두께, 폭, 온도 등 최종 제품을 압연하기 위한 사상압연 스케줄 작성 시 고려할 항목 중 중요도가 가장 낮은 것은?

① 탄소 당량
② 조압연 최종 두께
③ 가열로 장입 온도
④ 사상압연 목표 온도

39. 냉연 제품의 결함 중 표면 결함이 아닌 것은?

① 파이프   ② 스케일
③ 빌드 업   ④ 롤 마크

40. 다음 압연에 관계되는 용어들의 설명으로 틀린 것은?

① 압연재가 물려 들어가는 것을 물림이라 한다.
② 압연 스케줄에 설정된 롤 간격에 따라 결정되는 것을 압하량이라 한다.
③ 압연 과정에 있어서 롤 축에 수직으로 발생하는 힘을 압연력이라 한다.
④ 압연재가 롤 사이로 물려 들어가면 압연기의 각 구조 부분이 느슨해져 롤 간격이 조금 늘어난다. 이러한 현상을 롤 간격이라 한다.

해설 롤 스프링 현상: 압연재가 롤 사이로 들어가면 압연기의 구조 부분의 틈 때문에 롤 간극의 증가가 생기는 것

41. 다음 중 산세의 목적이 아닌 것은?

① 판 표면의 스케일층을 제거하기 위하여
② 코일 간 용접함으로써 연속적인 작업을 실시하기 위하여
③ 스트립 측면 불량부의 트리밍을 실시하기 위하여

④ 산세를 마친 코일에 도장을 실시하기 위하여

해설 산세를 마친 코일에 오일링을 하기 위하여

42. 공형압연 설계 시 고려할 사항이 아닌 것은?

① 열전달률   ② 압연 토크
③ 압연 하중   ④ 유효 롤 반지름

해설 공형압연 설계 시 고려 사항: 압연 토크, 압연 하중, 유효 롤 반지름, 능률과 실수율, 압연동력 등

43. 어떤 주어진 압연 조건에서 더 이상 압연할 수 없는 두께의 한계가 존재하게 된다. 그 한계 두께에 대한 설명으로 틀린 것은?

① 한계 두께는 롤의 탄성계수에 비례한다.
② 한계 두께는 롤의 반지름에 비례한다.
③ 한계 두께는 재료의 흐름 응력에 비례한다.
④ 한계 두께는 마찰계수에 비례한다.

해설 한계 두께는 롤의 탄성계수에 반비례한다.

44. 다음 중 조질압연의 설비가 아닌 것은?

① 페이 오프 릴(pay off reel)
② 신장률 측정기
③ 스탠드
④ 전단

45. 열연판의 스케일 중 염산과 가장 잘 반응하여 전체 스케일 중 95% 정도인 것은?

① Fe_2O_3 ② Fe_3O_4
③ FeO ④ Fe_2O_4

46. 스트레이트 방식의 결점을 개선하기 위해서 공형을 경사시켜서 직접 압하를 가하기 쉽게 한 것은?

① 플랫 방식
② 버터플라이 방식
③ 다이애거널 방식
④ 무압하 변형 공형

47. 냉연용 소재의 품질 구비 조건과 거리가 가장 먼 것은?

① 코일의 재질이 균질할 것
② 치수와 형상이 정확할 것
③ 표면에 고착상의 스케일을 가질 것
④ 표면에 박리성이 좋은 스케일을 가질 것

해설 표면에 고착상의 스케일이 없을 것

48. 압연 제품 중 가장 두께가 작은 중간 소재는?

① 블룸
② 빌릿
③ 슬래브
④ 시트 바

49. 연간압연 시의 코일 중량이 대체적으로 동일할 때 가장 긴 라인이 필요한 조압연기 배열 방식은?

① 반연속식
② 전연속식
③ 스리쿼터식
④ 스리쿼터식+크로스 커플식

50. 압연속도를 결정한 주요 요소가 아닌 것은?

① 압연재의 변형저항
② 압연재의 색깔
③ 압연기의 형식
④ 전동기의 회전속도

51. 권취 완료 시점에 권취 소재 바깥지름을 급랭시키고 권취기 내에서 가열된 코일을 냉각하기 위한 냉각장치는?

① 유닛 스프레이
② 사이드 스프레이
③ 버티컬 스프레이
④ 트랙 스프레이

52. 윤활제의 구비 조건으로 틀린 것은?

① 제거가 용이할 것
② 독성이 없어야 할 것
③ 화재 위험이 없어야 할 것
④ 열처리 혹은 용접 후 공정에서 잔존물이 존재할 것

해설 열처리 혹은 용접 후 공정에서 잔존물이 존재하지 말 것

53. 일반적으로 압연기의 동력 전달 순서로 옳은 것은?

① 전동기 → 커플링 → 스핀들 → 커플링 → 이음부 → 스탠드의 롤
② 전동기 → 커플링 → 이음부 → 커플링 → 스탠드의 롤 → 스핀들
③ 스핀들 → 커플링 → 전동기 → 커플링 → 이음부 → 스탠드의 롤
④ 스핀들 → 전동기 → 커플링 → 스탠드의 롤 → 커플링 → 이음부

54. 하우징이 한 개의 강괴라고도 할 수 있을 만큼 견고하며, 이 속에 다단 롤이 수용되어 규소강판, 스테인리스강판압연기로 많이 사용되며, 압하력은 매우 크며 압연판의 두께 치수가 정확한 압연기는?

① 탠덤 압연기   ② 스테켈식 압연기
③ 클러스터 압연기   ④ 센지미어 압연기

해설 센지미어 압연기: 다단 롤이 수용되어 규소강판, 스테인리스강판압연기로 많이 사용된다.

55. 강재 열간압연기의 롤 재질로 적합하지 않은 것은?

① 주철 롤   ② 칠드 롤
③ 주강 롤   ④ 알루미늄 롤

해설 알루미늄 롤은 연해서 롤의 재질로 사용하지 않는다.

56. 공형압연에 이용하는 유니버설(만능) 압연기의 특징이 아닌 것은?

① 자동화가 쉽다.
② 롤의 마멸로 인한 손실이 적다.
③ H형강, I형강, 레일 등을 제외한 압연에서 우수하게 압연할 수 있다.
④ 롤 간격의 조정만으로 다양한 제품을 만들 수 있다.

해설 H형강, I형강, 레일 등의 제조에 이용한다.

57. 다음 중 교육방법의 4단계를 올바르게 나열한 것은?

① 제시 → 적용 → 도입 → 확인
② 제시 → 확인 → 적용 → 도입
③ 도입 → 제시 → 적용 → 확인
④ 도입 → 제시 → 확인 → 적용

58. 연판(strip)을 권취하는 설비 중 스트립 선단을 아래로 구부려 잘 감기도록 안내하며 일정 장력을 유지시켜 주는 것은?

① 맨드릴
② 핀치 롤
③ 유닛 롤
④ 사이드 가이드 롤

해설 맨드릴: 권취된 코일을 인출하는 설비, 유닛 롤: 스트립 선단을 맨드릴 원주에 유도하는 설비, 사이드 가이드 롤: 스트립의 최선단부를 코일러에 유도하는 설비

59. 다음 중 재해의 기본 원인 4M에 해당하지 않는 것은?

① Machine
② Material
③ Methode
④ Management

해설 4M: Man, Machine, Material, Methode

60. 압연 부대 설비 중 3단식 압연기에서 하부 롤과 중간 롤의 사이로 패스(pass)한 후, 다음 패스를 위하여 압연재를 들어올려 중간 롤과 상부 롤 사이로 밀어넣는 역할을 하는 것은?

① 작업용 롤러 테이블
② 반송용 롤러 테이블
③ 리프팅 테이블
④ 강괴 장입기

정답   54. ④   55. ④   56. ③   57. ③   58. ②   59. ④   60. ③

2018년 CBT 복원문제(제3회)

압연기능사

1. 금속의 응고에 대한 설명으로 틀린 것은?

① 과랭의 정도는 냉각속도가 낮을수록 커지며, 결정립은 미세해진다.

② 액체 금속은 응고가 시작되면 응고 잠열을 방출한다.

③ 금속의 응고 시 응고점보다 낮은 온도가 되어서 시작되는 현상을 과랭이라고 한다.

④ 용융금속이 응고할 때 먼저 작은 결정을 만드는 핵이 생기고, 이 핵을 중심으로 수지상정이 발달한다.

해설 과랭의 정도는 냉각속도가 높을수록 커지며, 결정립은 조대해진다.

2. 철강의 냉간 가공 시에 청열 메짐이 생기는 온도 구간이 있으므로 이 구간에서의 가공을 피해야 한다. 이 구간의 온도(℃)는?

① 약 100~210

② 약 210~360

③ 약 420~550

④ 약 610~730

해설 청열 메짐: 철강의 가열온도 약 210~360℃에서 취성이 발생한다.

3. 다음 중 경도가 가장 연하고 점성이 큰 조직은?

① 페라이트

② 펄라이트

③ 시멘타이트

④ 마텐자이트

4. Fe-C 상태도에서 탄소 함유량이 가장 낮은 것은?

① 시멘타이트의 최대 탄소 고용량

② α-고용체의 최대 탄소 고용량

③ γ-고용체의 최대 탄소 고용량

④ δ-고용체의 최대 탄소 고용량

해설 α-고용체: 0.0218% 탄소

5. 순철이 910℃에서 Ac_3변태를 할 때 결정격자의 변화로 옳은 것은?

① BCT → FCC

② BCC → FCC

③ FCC → BCC

④ FCC → BCT

6. 주요 성분이 Ni-Fe합금인 불변강의 종류가 아닌 것은?

① 인바

② 모넬메탈

③ 엘린바

④ 플라티나이트

해설 모넬메탈은 Ni-Cu합금이다.

7. 몰리브덴계 고속도 공구강이 텅스텐계 고속도 공구강보다 우수한 특성을 설명한 것 중 틀린 것은 ?

① 비중이 높다.

② 인성이 높다.

③ 열처리가 용이하다.

④ 담금질 온도가 낮다.

해설 비중이 낮다.

정답 1. ① 2. ② 3. ① 4. ② 5. ② 6. ② 7. ①

8. 문쯔메탈이라 하며 탈아연 부식이 발생하기 쉬운 동합금은?

① 6:4황동
② 주석 청동
③ 네이벌 황동
④ 애드미럴티 황동

해설 6:4황동: 문쯔메탈이라 하며, 탈아연 부식이 발생하기 쉬운 동합금이다.

9. 어떤 재료의 단면적이 40mm²이었던 것이 인장시험 후 38mm²으로 나타났다. 이 재료의 단면수축률(%)은?

① 5
② 10
③ 25
④ 50

해설 단면수축률: $\dfrac{40-38}{40} \times 100 = 5\%$

10. 담금질한 강을 실온까지 냉각한 다음, 다시 계속하여 실온 이하의 마텐자이트 변태 종료 온도까지 냉각하여 잔류 오스테나이트를 마텐자이트로 변화시키는 열처리 방법은?

① 침탄법
② 심랭처리법
③ 질화법
④ 고주파 경화법

해설 심랭처리법: 잔류 오스테나이트 조직을 마텐자이트 조직으로 변화시키기 위하여 실온 이하의 온도로 열처리하는 방법

11. 시편의 표점 간 거리 100mm, 지름 18mm 이고, 최대 하중 5900kg에서 절단되었을 때 늘어난 길이가 120mm라 하면 이때의 연신율(%)은?

① 15
② 20
③ 25
④ 30

해설 연신율 $= \dfrac{l_1 - l_0}{l_0} \times 100$

$= \dfrac{120-100}{100} \times 100 = 20\%$

12. 다음 중 연강의 탄소 함량은 약 몇 %인가?

① 0.14
② 0.45
③ 0.55
④ 0.85

해설 연강: C 0.14%

13. 수면이나 유면 등의 위치를 나타내는 수준 면선의 종류는?

① 파선
② 가는 실선
③ 굵은 실선
④ 1점쇄선

14. 실제 길이가 50mm인 물체를 척도가 1:2 인 도면에서 그리는 선의 길이와 치수선 위에 기입하는 숫자를 옳게 나타낸 것은?

① 25mm, 25
② 25mm, 50
③ 50mm, 50
④ 50mm, 100

해설 선의 길이 25mm, 치수선 위에 기입하는 숫자 50

15. 한국산업표준에서 [보기]의 의미를 설명한 것 중 틀린 것은?

| 보기 |
KS D 3752에서의 SM45C

① SM45C에서 S는 강을 의미한다.
② KS D 3752는 KS의 금속 부문을 의미한다.
③ SM45C에서 M은 일반 구조용 압연재를 의미한다.
④ SM45C에서 45C는 탄소 함유량을 의미한다.

해설 SM45C: 기계구조용 강으로 탄소 0.45%를 함유하고 있다.

16. 그림과 같은 단면도의 종류로 옳은 것은?

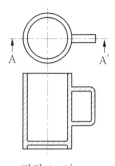

단면 A–A′

① 온단면도   ② 한쪽단면도
③ 회전단면도   ④ 계단단면도

해설 온단면도: 절단평면이 물체를 완전히 절단
하여 전체 투상도가 단면도로 되는 단면이다.

17. 다음 재료기호 중 구상흑연주철을 표시하
는 기호는?

① GC   ② WMC
③ GCD   ④ BMC

해설 GC: 회주철, GCD: 구상흑연주철,
WMC: 백심가단주철, BMC: 흑심가단주철

18. 나사 각부를 표시하는 선의 종류로 옳은 것
은 ?

① 수나사의 바깥지름과 암나사의 안지름은
굵은 실선으로 그린다.
② 수나사의 골 지름과 암나사의 골 지름은 굵
은 실선으로 그린다.
③ 수나사와 암나사의 측면 도시에서의 골지
름은 굵은 실선으로 그린다.
④ 가려서 보이지 않는 나사부는 가는 실선으
로 그린다.

해설 수나사의 골 지름과 암나사의 골 지름은
가는 실선으로 그린다. 수나사와 암나사의
측면 도시에서의 골지름은 가는 실선, 보이
지 않는 나사부는 파선으로 그린다.

19. 다음 가공 방법의 기호와 그 의미의 연결이
틀린 것은?

① C–주조   ② L–선삭
③ G–연삭   ④ FF–소성가공

해설 FF: 줄다듬질

20. 투상도의 표시 방법에 관한 설명 중 옳은
것은?

① 투상도의 수는 많이 그릴수록 이해하기 쉽다.
② 한 도면 안에서도 이해하기 쉽게 정투상법
을 혼용한다.
③ 주투상도 만으로 표시할 수 있으면 다른 투
상도는 생략한다.
④ 가공을 하기 위한 도면은 제도자만이 알기
쉽게 그린다.

21. 정면도의 선택 방법에 대한 설명으로 틀린
것은?

① 물체의 특징을 가장 잘 나타내는 면
② 물체의 모양을 판단하기 쉬운 면
③ 숨은선이 적게 나타나는 면
④ 관련 투상도를 많이 도시해야 하는 면

22. 다음 그림 중 호의 길이를 표시하는 치수
기입법으로 옳은 것은?

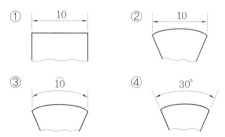

해설 ①은 변의 길이 치수선, ②는 현의 길이
치수선, ④는 각도를 표시하는 치수선이다.

23. 화살표 방향이 정면도라면 평면도는?

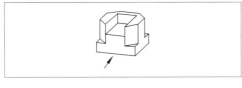

① ② ③ ④

24. 제1각법과 제3각법의 도면의 위치가 일치하는 것은?

① 평면도, 배면도
② 정면도, 평면도
③ 정면도, 배면도
④ 배면도, 저면도

해설 정면도가 기준이므로 배면도는 아래쪽에 그린다.

25. 다음 중 롤 간극(S_0)의 계산식으로 옳은 것은? (단, h: 입측판 두께, Δh: 압연 하중, K: 일강성 계수, ε: 보정값)

① $S_0 = (\Delta h - h) + \dfrac{\varepsilon}{K} - P$

② $S_0 = (\Delta h - h) + \dfrac{\varepsilon}{P} + K$

③ $S_0 = (h - \Delta h) + \dfrac{\varepsilon}{K} + P$

④ $S_0 = (h - \Delta h) - \dfrac{P}{K} + \varepsilon$

해설 롤 간극: $S_0 = (h - \Delta h) - \dfrac{P}{K} + \varepsilon$

26. 후판의 평탄도 불량 대책으로 틀린 것은?

① 적정 압하량 준수
② 권취온도의 점검
③ 패스 스케줄 변경
④ 슬래브의 균일한 가열

27. 다음 [보기]에서 조질압연의 주목적만을 옳게 고른 것은?

| 보기 |
㉮ 형상 개선
㉯ 스트레처 스트레인 방지
㉰ 표면 조도 부여
㉱ 두께 조정
㉲ 판 폭 조정

① ㉮, ㉯, ㉰
② ㉮, ㉰, ㉲
③ ㉯, ㉰, ㉱
④ ㉰, ㉱, ㉲

28. 금속의 재결정온도에 대한 설명으로 틀린 것은?

① 재결정온도는 금속의 종류와 가공 정도에 따라 다르다.
② 재결정온도보다 높은 온도에서 압연하는 것을 열간압연이라 한다.
③ 재결정온도보다 높은 온도에서 압연하면 강도가 강해진다.
④ 재결정온도보다 낮은 온도에서 압연하면 결정립자가 미세해진다.

해설 재결정온도보다 높은 온도에서 압연하면 강도가 약해진다.

29. 압연재가 롤을 통과하기 전 폭이 3000mm, 높이 20mm이고, 통과 후 폭이 3500mm, 높이 15mm라면 감면율은 약 몇 %인가?

① 12.5
② 16.5
③ 18.6
④ 20.7

해설 감면율(%) $= \left(1 - \dfrac{\text{압연 후 단면}}{\text{압연 전 단면}}\right) \times 100$

$= \left(1 - \dfrac{3500 \times 15}{3000 \times 20}\right) \times 100 = 12.5$

정답 23. ③ 24. ③ 25. ④ 26. ② 27. ① 28. ③ 29. ①

30. 냉간압연 공정에서 산세 공정의 목적이 아닌 것은?

① 냉연 강판의 소재인 열연 강판의 표면에 생성된 스케일을 제거한다.
② 냉간압연기의 생산성 향상을 위하여 냉연 강판을 연속화하기 위하여 용접을 실시한다.
③ 냉연 강판의 소재인 열연 강판의 표면에 생성된 스케일을 제거하지 않고 열연 강판의 두께를 균일하게 한다.
④ 필요 시 사이드 트리밍(side trimming)을 실시하여 고객 주문 폭으로 스트립의 폭을 절단하여 준다.

해설 열연 강판의 표면에 생성된 스케일을 제거한다.

31. 대구경관을 생산할 때 쓰이며, 강대를 나선형으로 감으면서 아크 용접하는 방법으로 바깥지름 치수를 마음대로 선택할 수 있는 강관 제조법은?

① 단접법에 의한 강관 제조
② 롤 벤더(roll bender) 강관 제조
③ 스파이럴(spiral) 강관 제조
④ 전기 저항 용접법에 의한 강관 제조

해설 스파이럴 강관은 나선형으로 감으면서 아크 용접하는 방법으로 치수 제한 없이 강관을 제조한다.

32. 산세에 대한 설명 중 틀린 것은?

① 온도가 높을수록 산세 능력이 좋다.
② 황산이 염산보다 산세 시간이 짧다.
③ 산 농도가 높을수록 산세 능력이 향상된다.
④ 산세 전 강판의 표면에 있는 스케일 층의 대부분은 FeO층이다.

해설 황산이 염산보다 산세 시간이 길다.

33. 롤 크라운(roll crown)이 필요한 이유로 옳은 것은?

① 롤의 스폴링을 방지하기 위해
② 압연하중에 의한 롤의 휨을 보상하기 위해
③ 롤의 냉각을 촉진시키기 위해
④ 소재를 롤에 잘 물리도록 하기 위해

34. 섭씨 30℃는 화씨 몇 °F인가?

① 32 ② 43.1
③ 68 ④ 86

해설 $(℃ \times 1.8) + 32 = (30 \times 1.8) + 32 = 86°F$

35. stretcher strain의 일종으로 코일 폭 방향으로 불규칙하게 발생하는 꺾임 현상으로 저탄소강에서 많이 발생하는 결함은?

① dent ② scratch
③ reel mark ④ coil break

해설 coil break: 코일 폭 방향으로 불규칙하게 발생하는 꺾임 현상, scratch: 롤의 회전 불량 및 이물질 부착, reel mark: 맨드릴 진원도 불량, 유닛 롤의 갭 및 공기압 부적정

36. 강재의 용도에 따라 가공 방법, 가공 정도, 개재물이나 편석의 허용 한도를 정해 그것이 실현되도록 제조 공정을 설계하고 실시하는 것이 내부 결함의 관리이다. 이에 해당되지 않는 것은?

① 성분 범위
② 탈산법의 선정
③ 슬립 마크
④ 강괴, 강편의 끝부분을 잘라내는 기준

해설 슬립 마크는 외부에서 나타나는 결함이다.

37. 냉연용 소재가 갖추어야 할 품질의 구비 조건과 거리가 먼 것은?

① 코일의 재질이 균일할 것
② 치수의 형상이 정확할 것
③ 표면의 scale은 고착성이 좋을 것
④ 표면의 scale은 박리성이 좋을 것

해설 표면의 scale은 고착성이 적을 것

38. 냉연 강판의 용접성에 영향을 미치는 인자가 아닌 것은?

① 치수 불량   ② 탈산 부족
③ 내부 결함   ④ 표면 청정도

39. 재료의 압연에서 마찰계수를 μ, 접촉각을 θ 라 할 때 압연재가 재료를 통과할 조건은?

① $\mu \geq \tan\theta$ ② $\mu \leq \tan\theta$
③ $\mu \geq \cos\theta$ ④ $\mu \leq \cos\theta$

해설 압연재가 재료를 통과할 조건: $\mu \geq \tan\theta$

40. 사상압연의 목적이 아닌 것은?

① 규정된 제품의 치수로 압연한다.
② 캠버(camber)가 있는 형상으로 생산한다.
③ 표면 결함이 없는 제품을 생산한다.
④ 규정된 사상온도로 압연하여 재질 특성을 만족시킨다.

41. 압연 소재가 롤에 치입하기 좋게 하기 위한 방법으로 틀린 것은?

① 압하량을 적게 한다.
② 치입각을 작게 한다.
③ 롤의 지름을 크게 한다.
④ 재료와 롤의 마찰력을 작게 한다.

해설 재료와 롤의 마찰력을 크게 한다.

42. 열간압연 가열로 내의 온도를 측정하는데 사용되는 온도계로서 두 종류의 금속선 양단을 접합하고 양 접합점에 온도차를 부여하여 전위차를 측정하는 온도계는?

① 광고온계   ② 열전쌍 온도계
③ 베크만 온도계   ④ 저항 온도계

해설 열전쌍 온도계: 온도차의 기전력으로 측정

43. 압연 롤러 통과 전의 소재 두께가 450mm, 통과 후의 소재 두께가 400mm일 때 압하율은 약 몇 %인가?

① 11.1%   ② 16.3%
③ 21.1%   ④ 26.5%

해설 압하율$= \dfrac{\text{압연 전 두께} - \text{압연 후 두께}}{\text{압연 전 두께}} \times 100$

$= \dfrac{450 - 400}{450} \times 100 = 11.1\%$

44. 압연 시 제품의 캠버와 관계없는 것은?

① 롤 갭 차이   ② 소재의 두께 차
③ 롤의 회전속도   ④ 소재의 온도 차

해설 캠버의 원인: 롤 갭 차이, 소재의 두께 차, 소재의 온도 차

45. 압연 재료가 롤에 접촉하고 있는 부분 중 중립점이 갖는 특징이 아닌 것은?

① 접촉 부분의 중간점이다.
② 재료의 슬립이 없는 점이다.
③ 압연력이 최대로 작용하는 점이다.
④ 압연재의 속도와 롤의 주속이 같은 점이다.

해설 중립점은 롤의 속도와 스트립의 속도가 일치되는 점으로 접촉 부분이 중간점은 아니다.

정답 **37.** ③ **38.** ① **39.** ① **40.** ② **41.** ④ **42.** ② **43.** ① **44.** ③ **45.** ①

46. 워킹 빔식 가열로에서 트랜스버스(transverse) 실린더의 역할로 옳은 것은?

① 스키드를 지지해준다.
② 운동 빔의 수평 왕복운동을 작동시킨다.
③ 운동 빔의 수직 상하운동을 작동시킨다.
④ 운동 빔의 냉각수를 작동시킨다.

47. 압연유를 사용하여 압연하는 목적으로 옳지 않은 것은?

① 소재의 형상을 개선한다.
② 압연 동력을 증대시킨다.
③ 압연 윤활로 압하력을 감소시킨다.
④ 롤과 소재 간의 마찰열을 냉각시킨다.

[해설] 압연 동력을 감소시킨다.

48. 변형저항을 K_w, 변형강도를 K_f, 작용면에서의 외부마찰손실을 K_r, 내부마찰손실을 K_i 라 할 때 변형저항을 구하는 관계식으로 옳은 것은?

① $K_w = K_f + K_r + K_i$
② $K_w = K_f - (K_r \times K_i)$
③ $K_w = (K_f \times K_r) + K_i$
④ $K_w = K_f - K_r - K_i$

49. 냉간압연기 중 1pass당 압하율이 가장 큰 것은?

① 스테켈 압연기
② 클러스터 압연기
③ 센지미어 압연기
④ 유성 압연기

[해설] 1pass당 압하율이 가장 큰 것은 유성 압연기이다.

50. 재료를 냉간압연하면 재료는 변형되어 강

도가 높아지고 가공성이 나쁘게 된다. 이런 재료를 고온에서 일정시간 가열하여 가공성을 좋게 하는 냉연 설비는?

① 산세 설비
② 청정 설비
③ 풀림 설비
④ 조질 설비

[해설] 풀림 설비: 재료를 고온에서 일정시간 가열하여 가공성을 좋게 하는 냉연 설비이다.

51. 압연기에서 사용되는 자동제어 용어 중 정상 상태에서 시스템에 주어진 입력량의 변화에 대한 출력량의 변화를 나타내는 용어는?

① 게인(gain)
② 외란(disturbance)
③ 허비 시간(dead time)
④ 시간 상수(time constant)

52. 선재 공정에서 상부 롤의 지름이 하부 롤의 지름보다 큰 경우 그 이유는 무엇인가?

① 압연 소재가 상향되는 것을 방지하기 위하여
② 압연 소재가 하향되는 것을 방지하기 위하여
③ 소재의 두께 정도를 향상시키기 위하여
④ 롤의 원단위를 감소시키기 위하여

53. 프레스 및 전단기기 작업 시 안전대책으로 틀린 것은?

① 정지 시나 정전 시에는 스위치를 반드시 off 시킨다.
② 기기를 사용하는 경우 항상 장갑을 사용한다.
③ 2인 이상이 작업할 때에는 신호를 정확히 하도록 한다.
④ 기계의 사용법을 익힐 때까지는 함부로 기계에 손대지 않는다.

54. 압연기 피니언의 기어 윤활방법으로 많이 사용되는 것은?

① 침적 급유

② 강제순환 급유

③ 오일형 급유

④ 그리스 급유

55. 후판 압연 작업에서 평탄도 제어 방법 중 롤 및 압연 상황에 대응하여 압연 하중에 의한 롤의 휘어지는 반대 방향으로 롤이 휘어지게 하여 압연판 형상을 좋게 하는 장치는?

① 롤 스탠드(roll stand)

② 롤 교체(roll change)

③ 롤 크라운(roll crown)

④ 롤 벤더(roll bender)

해설 롤 벤더(roll bender): 롤의 휘어지는 반대 방향으로 압연하여 압연판 형상을 좋게 하는 장치

56. 연속으로 나오는 냉연 소재를 일정한 길이로 전단하는 설비는?

① 플라잉 시어

② 크롭 시어

③ 슬리터 시어

④ 사이드 트리밍 시어

해설 크롭 시어: 변형된 압연의 첫머리 부분을 전단하는 설비, 슬리터 시어: 스트립을 압연 방향으로 분할하여 폭이 좁은 코일로 전단하는 설비, 사이드 트리밍 시어: 스트랩 양쪽을 규정된 폭으로 연속 전단하는 설비

57. 전동기 동력을 상·하 롤에 각각 분배하여 주는 장치는?

① 피니언

② 가이드

③ 스핀들

④ 틸팅 테이블

58. 압연기 유도장치의 요구 사항이 아닌 것은?

① 수명이 길어야 한다.

② 조립 해체가 용이해야 한다.

③ 열충격에 의한 변형이 없어야 한다.

④ 유도장치 재질은 저 탄소강을 사용해야 한다.

해설 유도장치 재질은 고 탄소강을 사용해야 한다.

59. 압연 롤의 구성 요소가 아닌 것은?

① 목

② 몸체

③ 연결부

④ 커플링

해설 압연 롤의 구성: 목, 몸체, 연결부

60. 천장 크레인으로 압연 소재를 이동시키려 한다. 안전상 주의해야 할 사항으로 틀린 것은?

① 운전을 하지 않을 때는 전원 스위치를 내린다.

② 설비 점검 및 수리 시는 안전표식을 부착해야 한다.

③ 비상 시에는 운전 중에 점검, 장비를 실시할 수 있다.

④ 천장 크레인은 운전자격자가 운전을 하여야 한다.

해설 비상 시에는 운전 중에 점검, 장비를 할 수 없다.

정답 54. ② 55. ④ 56. ① 57. ① 58. ④ 59. ④ 60. ③

2019년 CBT 복원문제(제1회)

압연기능사

1. 다음 중 금속의 물리적 성질에 해당되지 않는 것은?

① 비중　　　　　② 비열
③ 열전도율　　　④ 피로한도

해설 ㉠ 물리적 성질: 비중, 비열, 열전도율
㉡ 기계적 성질: 피로한도, 경도, 강도

2. 게이지용 강이 갖추어야 할 성질로 틀린 것은?

① 담금질에 의한 변형이 없어야 한다.
② HRC55 이상의 경도를 가져야 한다.
③ 열팽창계수가 보통 강보다 커야 한다.
④ 시간에 따른 치수 변화가 없어야 한다.

해설 열팽창계수가 보통 강보다 작아야 한다.

3. 다음 중 반도체 재료로 사용되고 있는 것은?

① Fe　　　　　② Si
③ Sn　　　　　④ Zn

해설 반도체 재료: Si, Ge

4. 자기변태에 관한 설명으로 틀린 것은?

① 자기적 성질이 변한다.
② 결정격자의 변화이다.
③ 순철에서는 A_2로 표시한다.
④ 점진적이고 연속적으로 변한다.

해설 자기변태: 원자와 격자의 배열은 그대로 유지하고 자성만을 변화시킨다.

5. Ni에 Cu를 약 50~60% 정도 함유한 합금으로 열전대용 재료로 사용되는 것은?

① 퍼멀로이
② 인코넬
③ 하스텔로이
④ 콘스탄탄

6. 금속간 화합물의 특징을 설명한 것 중 옳은 것은?

① 어느 성분 금속보다 용융점이 낮다.
② 어느 성분 금속보다 경도가 낮다.
③ 일반 화합물에 비하여 결합력이 약하다.
④ Fe_3C는 금속간 화합물에 해당되지 않는다.

해설 일반 화합물에 비하여 용융점이 높고, 경도가 크고, 결합력이 약하며, Fe_3C는 금속간 화합물이다.

7. 니켈황동이라 하며 7:3황동에 7~30Ni를 첨가한 합금은?

① 양백
② 톰백
③ 네이벌 황동
④ 애드미럴티 황동

8. 금속 결정의 종류 중 면심입방격자(FCC)에 대한 설명으로 옳은 것은?

① 배위 수가 8개이다.
② 8개의 꼭지점에 있는 원자의 합이 2개이다.
③ 단위격자에 속하는 원자의 합이 4개이다.
④ 단위격자 중심에 원자 1개가 있다.

정답　1. ④　2. ③　3. ②　4. ②　5. ④　6. ③　7. ①　8. ③

9. 다음 중 비감쇠능이 큰 제진합금으로 가장 우수한 것은?

① 탄소강   ② 회주철
③ 고속도강   ④ 합금공구강

해설 회주철: 탄소가 많이 함유된 비감쇠능이 큰 제진합금이다.

10. Fe-C 평형상태도에서 용융액으로부터 γ고용체와 시멘타이트가 동시에 정출하는 공정물을 무엇이라 하는가?

① 펄라이트   ② 마텐자이트
③ 오스테나이트   ④ 레데뷰라이트

11. 2-10%Sn, 0.6%P 이하의 합금이 사용되며 탄성률이 높아 스프링 재료로 가장 적합한 청동은?

① 알루미늄 청동   ② 망간 청동
③ 니켈 청동   ④ 인청동

12. 강의 표면경화법에 해당되지 않는 것은?

① 침탄법   ② 금속 침투법
③ 마템퍼링법   ④ 고주파 경화법

해설 마템퍼링법은 항온열처리방법이다.

13. KS B ISO 4287 한국산업표준에서 정한 거칠기 프로파일에서 산출한 파라미터를 나타내는 기호는?

① R-파라미터   ② P-파라미터
③ W-파라미터   ④ Y-파라미터

14. 다음 중 도면의 크기가 A1 용지에 해당되는 것은? (단, 단위는 mm이다.)

① 297×420   ② 420×594
③ 594×841   ④ 841×1189

해설 A4: 210×297, A3: 297×420, A2: 420×594, A1: 594×841, A0: 841×1189

15. 척도에 관한 설명 중 [보기]에서 옳은 내용으로 모두 고른 것은?

| 보기 |

ㄱ. 물체의 실제 크기와 도면에서의 크기 비율을 말한다.
ㄴ. 실물보다 작게 그린 것을 축척이라 한다.
ㄷ. 실물과 같은 크기로 그린 것을 현척이라 한다.
ㄹ. 실물보다 크게 그린 것을 배척이라고 한다.

① ㄱ, ㄴ   ② ㄱ, ㄷ, ㄹ
③ ㄴ, ㄷ, ㄹ   ④ ㄱ, ㄴ, ㄷ, ㄹ

16. KS D 3504 SS330에서 330의 단위는?

① N/mm^2 ② $N \cdot m/cm^2$
③ kg/mm^3 ④ $kg \cdot m/cm^3$

해설 330: 최저 인장강도 N/mm^2

17. 다음 중 제작도에 대한 설명으로 옳은 것은?

① 주문서에 첨부시키는 도면
② 견적서에 첨부시키는 도면
③ 기계 등의 제작에 사용되는 도면
④ 구조, 기능을 설명한 도면

18. 다음 그림과 같은 물체를 제3각법으로 그릴 때 물체를 명확하게 나타낼 수 있는 최소 도면 개수는?

① 1개　　　　② 2개
③ 3개　　　　④ 4개

19. 도면에 치수를 기입할 때 유의사항으로 틀린 것은?

① 치수의 중복 기입을 피해야 한다.
② 치수는 계산할 필요가 없도록 기입해야 한다.
③ 치수는 가능한 한 주투상도에 기입해야 한다.
④ 관련되는 치수는 가능한 한 정면도와 평면도 등 모든 도면에 나누어 기입한다.

20. 지름이 20mm 구(sphere)인 물체의 투상도에 치수 기입이 옳은 것은?

① R20　　　　② ϕ20
③ SR20　　　　④ Sϕ20

[해설] Sϕ: 구의 지름

21. 헐거운 끼워맞춤에서 구멍의 최소허용치수와 축의 최대허용치수와의 차는?

① 최소 틈새　　　② 최대 틈새
③ 최대 죔새　　　④ 최소 죔새

[해설] 최소 틈새=구멍의 최소허용치수－축의 최대허용치수

22. 다음 기하공차 기호의 종류는?

① 직각도　　　　② 대칭도
③ 평행도　　　　④ 경사도

23. 다음 부품 중 길이 방향으로 절단하여 단면 도시할 수 있는 것은?

① 핀　　　　② 너트
③ 볼트　　　④ 긴 파이프

24. 스퍼 기어의 도시 방법에 대한 설명으로 옳은 것은?

① 기어를 도시할 때 이끝원은 실선으로 그린다.
② 기어를 도시할 때 피치원은 가는 1점 쇄선으로 그린다.
③ 기어를 도시할 때 이뿌리원을 굵은 1점 쇄선으로 그린다.
④ 이뿌리원을 축에 직각 방향으로 단면 투상할 때는 가는 실선으로 그린다.

[해설] 이끝원: 굵은 실선, 이뿌리원: 가는 실선, 이뿌리원을 축에 직각 방향으로 단면 투상할 때: 굵은 실선

25. 다음 중 냉간압연의 목적으로 틀린 것은?

① 표면을 미려하게 하고 조직을 조대하게 하기 위한 작업이다.
② 열간압연으로 만들 수 없는 박판까지 압연한다.
③ 두께를 일정하게 하여 두께 정도가 좋은 제품을 생산한다.
④ 형상이 양호한 제품을 생산한다.

[해설] 조직을 미세하게 하기 위한 작업이다.

26. 다음 중 소성 가공 방법이 아닌 것은?

① 단조   ② 주조

③ 압연   ④ 프레스 가공

해설 소성 가공법: 단조, 압연, 압출, 프레스 가공 등

27. 냉간 강판의 청정 작업 순서로 옳은 것은?

① 알칼리액 침적 → 스프레이 → 전해 세정 → 브러싱 → 수세 → 건조

② 알칼리액 침적 → 브러싱 → 스프레이 → 전해 세정 → 건조 → 수세

③ 알칼리액 침적 → 스프레이 → 브러싱 → 전해 세정 → 수세 → 건조

④ 알칼리액 침적 → 전해 세정 → 브러싱 → 스프레이 → 건조 → 수세

28. 두께 10mm이 동판을 압하율 25%로 압연을 하였을 때 동판의 두께는 몇 mm인가?

① 5.5   ② 6.5   ③ 7.5   ④ 8.5

해설 압하율 $= \dfrac{h_0 - h_1}{h_0} \times 100 = \dfrac{10 - x}{10} \times 100$

$=$압연 전 두께 $\times$ 압하율

$= 10 \times 0.25 = 2.5$

∴ 압하량 $= 10 - 2.5 = 7.5$

29. 냉연 강판의 결함 중 표면 결함에 해당되지 않는 것은?

① 곱쇠   ② 롤 마크

③ 파이프   ④ 긁힘 흠

해설 내부 결함: 파이프

30. 연료의 착화온도가 가장 높은 것은?

① 수소   ② 갈탄

③ 목탄   ④ 역청탄

해설 수소: 560℃, 갈탄: 250~450℃, 목탄: 320~400℃, 역청탄: 320~400℃

31. 압연작용의 전제 조건에 해당되지 않는 것은?

① 증폭량은 무시한다.

② 접촉부 내에서 재료의 가속을 고려해야 한다.

③ 접촉부 외에 외력은 작용하지 않는다.

④ 압연 전후의 재료의 속도는 같다.

해설 접촉부 내에서 재료의 가속을 고려하지 않는다.

32. 냉간압연된 조직은 결정립이 압연 방향으로 길게 늘어난 섬유조직이 된다. 이때의 기계적 성질 중 감소하는 것은?

① 연신율   ② 강도   ③ 항복점   ④ 경도

해설 강도, 경도, 항복점은 증가하나 연신율은 감소한다.

33. T형강 압연에서 돌출부 높이를 얻기가 어려울 때는 공형 설계를 어떻게 해야 하는가?

① 미리 돌출부의 반대쪽에 카운터 플랜지를 설정한다.

② 돌출부와 연결된 부분의 살을 두껍게 한다.

③ 수직롤과 수평롤의 배치를 알맞게 한다.

④ 공형 간격을 상하 교대로 취한다.

해설 미리 데드 홀의 반대쪽에 카운터 플랜지를 작게 해서 재료를 데드 홀에 밀어 넣는다.

34. 다음 압연용 소재 중 두께가 약 20mm 이하인 판재가 아닌 것은?

① 시트(sheet)   ② 블룸(bloom)

③ 스트립(strip)   ④ 플레이트(plate)

정답 **26.** ②   **27.** ③   **28.** ③   **29.** ③   **30.** ①   **31.** ②   **32.** ①   **33.** ①   **34.** ②

35. 지름 950mm의 롤을 사용하여 폭 1650mm, 두께 50mm의 연강 후판을 두께 35mm로 압연한 후의 폭은 몇 mm인가?

① 1630.5   ② 1645.5
③ 1654.5   ④ 1664.5

해설 압연 후 폭=압연 전 폭+(전 두께-후 두께)×폭 터짐 계수
=1650+(50-35)×0.3
=1650+4.5=1654.5

36. 강판을 폭이 좁은 형상의 띠 모양으로 절단 가공하여 감아 놓은 강대는?

① 후프(hoop)   ② 슬래브(slab)
③ 틴 바(tin bar)   ④ 스켈프(skelp)

37. 산세 작업 시 과산세를 방지할 목적으로 투입하는 것은?

① 온수   ② 황산
③ 염산   ④ 인히비터

해설 인히비터: 부식억제제로서 과산세 방지, 수소가스 발생 방지 작용을 한다.

38. 냉연 강판의 평탄도 관리는 품질관리의 중요한 관리항목 중 하나이다. 평탄도가 양호하도록 조정하는 방법으로 적합하지 않는 것은?

① 롤 벤딩의 조절   ② 압하, 배분의 조절
③ 압연 길이의 조절   ④ 압연 규격의 다양화

39. 냉연 강판의 표면 결함 중 템퍼 칼라는 어느 공정에서 발생하는가?

① 절단 공정   ② 강괴 균열 공정
③ 풀림 공정   ④ 전착 가능 공정

해설 템퍼 칼라는 가열 과정에서 발생한다.

40. 압하 설정과 롤 크라운의 부적절로 인해 압연판(strip)의 가장자리가 가운데보다 많이 늘어나 굴곡진 형태로 나타난 결함은?

① 캠버   ② 중파   ③ 양파   ④ 루즈

해설 양파: 압연 하중이 클 경우 롤의 벤딩현상이 발생하여 압연판(strip)의 가장자리가 가운데보다 많이 늘어나 굴곡진 형태의 결함

41. 롤 공형의 설계 조건으로 틀린 것은?

① 압연에 의한 재료의 흐름이 균일할 것
② 공형 깊이는 롤 표면 경화층을 초과할 것
③ 제품의 치수와 형상이 정확하고 표면이 미려할 것
④ 제품의 회수율이 높을 것

해설 공형 깊이는 롤 표면 경화층을 초과하지 않아야 한다.

42. 냉간압연의 압연유가 구비해야 할 조건이 틀린 것은?

① 유막 강도가 클 것   ② 윤활성이 좋을 것
③ 마찰계수가 클 것   ④ 탈지성이 좋을 것

해설 마찰계수가 작을 것

43. 연소가 일어나기 위한 조건이 아닌 것은?

① CO_2의 농도가 높을 것
② 착화점 이상일 것
③ 산소가 풍부할 것
④ 가연물질이 많을 것

해설 CO_2의 농도가 낮을 것

44. 다음 분위기 가스 중 성분이 H$_2$가 75%, N$_2$가 25% 조성을 갖는 가스는?

① AX 가스　　　② DX 가스
③ HNX 가스　　④ DNX 가스

해설 AX 가스: (H$_2$ 75%, N$_2$ 25%), DX 가스(H$_2$ 1.2%, N$_2$ 86%), HNX 가스(H$_2$ 4%, N$_2$ 96%)

45. 열연압연한 후판의 검사 항목에 해당되지 않는 것은?

① 폭　　　　　② 두께
③ 직각도　　　④ 권취온도

46. 냉연 스트립의 풀림 목적이 아닌 것은?

① 압연유를 제거하기 위함이다.
② 기계적 성질을 개선하기 위함이다.
③ 가공경화 현상을 얻기 위함이다.
④ 가공성을 좋게 하기 위함이다.

해설 가공경화 현상을 제거하기 위해서이다.

47. 조압연 작업 중에 발생된 소재의 가장자리(edge부) 온도 강하부를 보상하기 위하여 사상압연 입측에 설치하여 사용하는 설비는?

① 자동 폭 제어(AWC: automatic width control)
② 자동 게이지 제어(AGC: automatic gage control)
③ 에지 히터(edge heater)
④ 엑스레이(X-ray)

48. 압연 제품의 두께 변동에 영향을 주는 요인과 가장 거리가 먼 것은?

① 압연 속도의 변동
② 압연 온도의 변동
③ 에저롤의 과대 마모
④ 압연 중 롤의 열팽창

49. 압연기의 작업롤(work roll)이 구비하여야 할 특성 중 틀린 것은?

① 내마모성이 우수하여야 한다.
② 경화 깊이가 깊어야 한다.
③ 표면 이물질 부착이 용이하여야 한다.
④ 표면거칠기 저하가 적어야 한다.

해설 표면에 이물질 부착이 안 되도록 한다.

50. 작업롤의 내표면 균열성을 개선하기 위해 첨가하는 합금원소가 아닌 것은?

① Pb　　② Cr　　③ Mo　　④ Cu

51. 냉연 박판을 폭이 좁은 여러 대상(띠)의 세로로 분할하는 설비는?

① 소　　　　　　② 슬리터
③ 플라잉 시어　　④ 트리밍 시어

해설 슬리터: 평행한 커터를 가진 직선 전단기

52. 4단 가역식 압연기를 가장 많이 사용하는 압연은?

① 분괴압연　　　② 후판압연
③ 형강압연　　　④ 크라운 교정 압연

해설 6mm 이상의 후판을 4단 가역식 압연기에서 생산한다.

53. 다음 중 강괴의 내부 결함에 해당되지 않는 것은?

① 편석　　　　② 비금속 개재물

③ 세로 균열　　④ 백점

해설 세로 균열은 외부 균열이다.

54. 유압 방식의 압하 설비 특징을 설명한 것 중 틀린 것은?

① 압하의 적응성이 좋다.

② 최적 압하속도를 쉽게 얻을 수 있다.

③ 전동식에 비해 관성이 커서 효율적이다.

④ 압연 사고에 의한 과대 부하의 방지가 가능하다.

해설 전동식에 비해 관성이 작아 효율적이다.

55. 권취기 전면에 설치된 핀치 롤에 대한 설명으로 틀린 것은?

① 텔레스코프를 방지하여 권취 형상을 좋게 한다.

② 권취기와의 장력을 유지하여 단단하게 권취되게 한다.

③ 스트립 탑이 감기가 쉽게 선단을 구부려 준다.

④ 사상압연기에서 발생된 불량한 평탄도를 개선해 준다.

해설 평탄도 개선과는 관련이 없다.

56. 무재해 운동의 3원칙 중 모든 잠재 위험 요인을 사전에 발견 해결·파악함으로써 근원적으로 산업재해를 없애는 원칙을 무엇이라 하는가?

① 대책 선정의 원칙

② 무의 원칙

③ 참가의 원칙

④ 선취 해결의 원칙

57. 윤활유 사용 목적으로 틀린 것은?

① 접촉하는 과열 부분 냉각

② 기계 윤활 부분에 녹 발생 방지

③ 하중이 큰 회전체 응력 집중

④ 두 물체 사이의 마찰 경감

해설 하중이 큰 회전체의 응력을 분산시킨다.

58. 산업안전 보건법에서 안전보건 표지의 색채와 그 용도가 옳게 짝지어진 것은?

① 파랑−금지

② 빨강−경고

③ 노랑−지시

④ 녹색−안내

해설 빨강−금지, 노랑−경고, 파랑−지시, 녹색−안내

59. 사상압연기의 스탠드와 스탠드 사이에 설치되어 있지 않는 것은?

① 냉각수 스프레이

② 루퍼

③ 에저

④ 사이드 가이드

해설 스탠드 설비: 냉각수 스프레이, 루퍼, 사이드 가이드, 와이퍼, 롤 냉각장치

60. 가역식과 비교한 연속식(tandem mill) 압연기의 특징으로 옳은 것은?

① 로트가 적은 것에 유리하다.

② 각 패스당 가감속이 필요하다.

③ 제조 사이즈가 다양한 경우에 유리하다.

④ 일반적으로 고속이고 스탠드 수가 많다.

해설 로트가 많은 것에 유리하며, 가감속이 필요 없고, 제조 사이즈에 제한이 있다.

정답 54. ③　55. ④　56. ②　57. ③　58. ④　59. ③　60. ④

2019년 CBT 복원문제(제3회)

압연기능사

1. 액상(L)의 순철을 응고 냉각시킬 때 변태의 순서를 옳게 나타낸 것은?

① L → γ철 → δ철 → α철
② L → δ철 → γ철 → α철
③ L → δ철 → α철 → γ철
④ L → γ철 → α철 → δ철

2. 대면각이 136°인 다이아몬드 압입자를 사용하는 경도계는?

① 브리넬 경도계
② 로크웰 경도계
③ 쇼어 경도계
④ 비커스 경도계

3. 금속의 변태점을 측정하는 방법이 아닌 것은?

① 비열법
② 열팽창법
③ 전기저항법
④ 자기탐상법

해설 자기탐상법은 결함 검사법이다.

4. 6:4황동으로 상온에서 $\alpha+\beta$조직을 갖는 재료는?

① 알드리
② 알클래드
③ 문쯔메탈
④ 플라티나이트

해설 문쯔메탈(muntz metal)은 $\alpha+\beta$황동으로 고온가공이 용이하여 복수기용판, 열간 단조품, 볼트너트 등에 사용된다.

5. 황(S)이 적은 선철을 용해하여 구상흑연주철을 제조 시 주로 첨가하는 원소가 아닌 것은

어느 것인가?

① Al
② Ca
③ Ce
④ Mg

해설 구상흑연주철 첨가 원소: Ca, Mg, Ce

6. 주철의 상 중 시멘타이트의 화학식으로 옳은 것은?

① FeC
② Fe$_3$C
③ Fe$_3$P
④ Fe$_2$O$_3$

7. 냉간 가공과 열간 가공을 구분하는 기준은 무엇인가?

① 용융 온도
② 재결정 온도
③ 크리프 온도
④ 탄성계수 온도

해설 재결정 온도를 기준으로 열간 가공과 냉간 가공을 구분한다.

8. 휘스커 등의 섬유를 Al, Ti, Mg 등의 연성과 인성이 높은 금속이나 합금 중에 균일하게 배열시켜 복합화한 재료를 무엇이라 하는가?

① 섬유강화금속
② 분산강화금속
③ 입자강화금속
④ 클래드 재료

9. 탄소강의 표준 조직을 검사하기 위해 A_3 또는 A_{cm}선 보다 30~50℃ 높은 온도로 가열한 후 공기 중에 냉각하는 열처리는?

① 노멀라이징   ② 어닐링
③ 템퍼링   ④ 퀜칭

해설 노멀라이징은 A_3 또는 A_{cm}선보다 30~50℃ 높은 온도로 가열한 후 공기 중에 냉각하는 열처리 방법으로 강의 표준 조직을 얻을 수 있다.

10. 인장시험에서 시험편이 파단될 때의 최대 인장하중(P_{max})을 평행부의 원단면적(A_0)으로 나눈 값은?

① 인장강도   ② 항복점
③ 연신율   ④ 단면수축률

11. 구상흑연주철의 물리적 · 기계적 성질에 대한 설명으로 옳은 것은?

① 회주철에 비하여 온도에 따른 변화가 크다.
② 피로한도는 회주철보다 1.5~2.0배 높다.
③ 감쇠능은 회주철보다 크고 강보다는 작다.
④ C, Si량의 증가로 흑연량은 감소하고 밀도는 커진다.

12. 온도 변화에 따라 휘거나 그 변형을 구속하는 힘을 발생하여 온도감응소자 등에 이용되는 바이메탈은 재료의 어떤 특성을 이용하여 만든 것인가?

① 열팽창계수   ② 전기 저항
③ 자성 특성   ④ 경도지수

해설 열팽창계수: 바이메탈과 같은 온도 변화에 변형이 없이 열팽창계수에 견디는 특성

13. 다음의 제도용지 중 크기가 420×594mm에 해당되는 것은?

① A0   ② A1   ③ A2   ④ A3

해설 A0: 841×1189, A1: 594×841, A2: 420×594, A3: 297×420

14. 한국산업표준에서 일반적 규격으로 제도 통칙은 어디에 규정되어 있는가?

① KS A 0001   ② KS B 0001
③ KS A 0005   ④ KS B 0005

해설 제도 통칙: KS A 0005, 기계제도: KS B 0001

15. 척도가 1:2인 도면에서 실제 치수 20mm인 선은 도면상 몇 mm로 긋는가?

① 5   ② 10   ③ 20   ④ 40

16. 핸들, 바퀴의 암, 레일의 절단면 등을 그림처럼 90° 회전시켜 나타내는 단면도는?

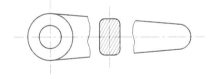

① 전단면도   ② 한쪽 단면도
③ 부분 단면도   ④ 회전 도시 단면도

17. 대상물의 표면으로부터 임의로 채취한 각 부분에서의 표면 거칠기를 나타내는 파라미터인 10점 평균 거칠기 기호로 옳은 것은?

① Ry   ② Ra   ③ Rz   ④ Rx

해설 Ra: 중심선 평균 거칠기, Rz: 10점 평균 거칠기

18. 다음 그림에 대한 설명으로 틀린 것은?

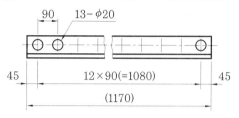

① 구멍의 개수는 12개이다.
② 1080은 참고치수이다.
③ 구멍 사이의 총 간격은 1080이다.
④ 완성된 제품의 총 길이는 1170이다.

해설 구멍의 개수는 13개이다.

19. 간단한 기계 장치부를 스케치하려고 할 때 측정 용구에 해당되지 않는 것은?

① 정반　　　　② 스패너
③ 각도기　　　④ 버니어캘리퍼스

해설 측정 용구: 정반, 각도기, 버니어캘리퍼스

20. 화살표를 정면으로 하였을 때 3각법으로 옳게 투상한 것은?

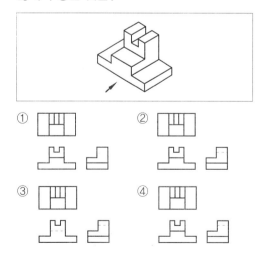

21. 아래 치수허용차를 옳게 나타낸 것은?

① 최대허용치수와 대응하는 기준치와 대수차
② 최소허용치수와 대응하는 기준치와 대수차
③ 형체에 허용되는 최소 치수
④ 치수와 대응하는 기준치와의 대수차

22. 미터 보통나사를 나타내는 기호는?

① S　　　　② R
③ M　　　　④ PT

해설 M은 미터 보통나사를 나타내는 기호이다.

23. 나사의 머리부를 고리 모양으로 만들어 체인 또는 훅 등을 걸 때에 사용하는 볼트는?

① 육각볼트　　② 아이볼트
③ 나비볼트　　④ 기초볼트

24. 투상선을 투상면에 수직으로 투상하여 정면도, 측면도, 평면도로 나타내는 투상법은?

① 정투상법　　② 사투상법
③ 등각투상법　④ 투시투상법

해설 대상물의 좌표면은 투상면에 평행하게 놓고, 투상선은 투상면에 수직으로 놓았을 때의 투상법은 정투상법이다.

25. 압연재가 롤 사이를 통과할 때의 변화가 아닌 것은?

① 두께의 감소
② 길이의 증가
③ 조직의 조대화
④ 단면 수축률의 감소

해설 조직의 미세화

26. 압연재가 일정한 속도로 롤 사이를 통과
하는 시간당의 재료 부피를 나타내는 것은?
(단, 시간당 재료 부피: V[m²/s], 단면적:
A[mm²], 압연재 속도: S[m/s]이다.)

① $V = \dfrac{A}{S} \times 10^{-6}$

② $V = (A-S) \times 10^{-6}$

③ $V = A \cdot S \times 10^{-6}$

④ $V = \dfrac{S}{A} \times 10^{-6}$

27. 공형에 대한 설명 중 틀린 것은?

① 개방 공형은 압연할 때 재료가 공형 간극으
로 흘러 나가는 결함이 있다.

② 개방 공형은 선형 압연 전의 조압연 단계에
서 사용된다.

③ 폐쇄 공형에서는 재료의 모서리 성형이 쉬
워 형강의 압연에 사용한다.

④ 폐쇄 공형은 1쌍의 롤에 똑같은 공형이 반
씩 패어 있다.

해설 개방 공형은 1쌍의 롤에 똑같은 공형이
반씩 패어 있다.

28. 압연유 선정 시 요구되는 성질이 아닌 것은?

① 고온, 고압하에서 윤활 효과가 클 것

② 스트립 면의 사상이 미려할 것

③ 기름 유화성이 좋을 것

④ 산가가 높을 것

해설 산가가 낮을 것

29. 롤 지름 340mm, 회전수 150rpm이고, 압
연되는 재료의 출구속도는 3.67m/s일 때 선
진율(%)은 약 얼마인가?

① 27   ② 37   ③ 55   ④ 75

해설 롤의 속도 $= \dfrac{150 \times 0.340 \times 3.14}{60} = 2.67$ m/s

선진율(%) $= \dfrac{\text{출측 속도} - \text{롤의 속도}}{\text{롤의 속도}} \times 100$

$= \dfrac{3.67 - 2.67}{2.67} \times 100 = 37\%$

30. 냉연 스트립(cold strip)의 슬릿(slit) 작업의
목적에 속하지 않는 것은?

① 성분 조정   ② 검사

③ 선별   ④ 형상 교정

해설 슬릿(slit) 작업의 목적: 검사, 선별, 형상 교정

31. 접촉각(α)과 마찰계수(μ)에 따른 압연에 대
한 설명으로 옳은 것은?

① 마찰계수 μ를 0(zero)으로 하면 접촉각 α
가 커진다.

② $\tan\alpha$가 마찰계수 μ보다 크면 압연이 잘 된다.

③ 롤 지름을 크게 하면 접촉각 α가 커진다.

④ 압하량을 작게 하면 접촉각 α가 작아진다.

해설 롤 지름을 크게 하면 접촉각 α가 작아지
고, 압하량을 작게 하면 접촉각 α도 작아진다.

32. 공형압연 설계에서 스트레이트 방식의 결점
을 개선하기 위해 공형을 경사시켜 직접 압하
를 가하기 쉽게 한 것으로 재료를 공형에 정
확히 유도하기 위한 회전 가이드를 장치함으
로써 좋은 효과가 있으며 I형강보다 오히려 레
일의 압연에서 볼 수 있는 공형 방식은?

① 다곡법

② 버터플라이 방식

③ 다이애거널 방식

④ 무압하 변형 공형 방식

해설 다이애거널 방식: 공형을 경사시켜서 직
접 압하를 가하기 쉽게 한 방식이다.

33. 가열 온도가 너무 낮거나 충분히 균열되어 있지 않을 때 압연 중에 나타나는 것과 관계 없는 것은?

① 모터의 과부하
② 압연 하중의 증가
③ 제품의 형상 불량
④ 급격한 스케일 생산량 증가

해설 스케일은 저온보다 고온에서 발생한다.

34. 압연유 급유 방식 중 직접 방식에 관한 설명이 아닌 것은?

① 냉각 효율이 높으며, 물을 사용할 수 있다.
② 적은 용량을 사용하므로 폐유처리 설비가 작다.
③ 윤활 성능이 좋은 압연유를 사용할 수 있다.
④ 압연 상태가 좋고 압연유 관리가 쉽다.

해설 많은 용량을 사용하므로 폐유처리 설비가 크다.

35. 냉간압연 제품의 결함 중 형상 결함과 관계 깊은 것은?

① 빌드 업
② 채터 마크
③ 판 앞뒤 부분 치수 불량
④ 정상 압연부 두께 변동

36. 압연기에서 롤 속도와 마찰계수와의 관계로 옳은 것은?

① 항상 일정하다.
② 속도가 크면 마찰계수가 감소한다.
③ 속도가 크면 마찰계수가 증가한다.
④ 속도가 크면 마찰계수가 감소하다 증가한다.

해설 롤 속도가 크면 재료에 대한 마찰계수가 감소한다.

37. 지방산과 글리세린이 주성분인 게이지용의 압연유로 널리 사용되는 것은?

① 올레핀유
② 광유
③ 그리스유
④ 유지

해설 지방산과 글리세린이 주성분인 게이지용의 압연유로 유지가 사용된다.

38. 노에 사용하는 기체연료의 특징 중 틀린 것은?

① 연소효율이 높다.
② 고온을 얻을 수 없다.
③ 연소의 조절이 용이하다.
④ 점화, 소화가 용이하다.

해설 고온을 얻을 수 있다.

39. 응력을 제거했을 때 시편이 원래의 모양과 크기로 회복될 수 있는 변형은?

① 소성 변형
② 탄성 변형
③ 공칭 변형
④ 인장 변형

해설 탄성 변형: 응력 제거 후 원래의 모양과 크기로 돌아오는 성질

40. 공형 설계의 원칙을 설명한 것 중 틀린 것은?

① 공형 각부의 감면율을 균등하게 한다.
② 직접 압하를 피하고 간접 압하를 이용하도록 설계한다.

정답 33. ④   34. ②   35. ①   36. ②   37. ④   38. ②   39. ②   40. ②

③ 공형 형상은 되도록 단순화하고 직선으로 한다.

④ 플랜지의 높이를 내고 싶을 때에는 초기 공형에서 예리한 홈을 넣는다.

해설 간접 압하를 피하고 직접 압하를 이용하도록 설계한다.

41. 단면 감소율을 크게 할 수 있으며, 주로 소형 환봉압연에 적합하고 타원형의 형상을 다음의 공형에 물려 들어갈 때 소재를 90° 회전시키는 공형의 형식은?

① box 공형

② diamond 공형

③ oval-square 공형

④ horizontal 공형

해설 oval-square 공형(타원형과 마름모형)은 봉형강 압연에 많이 쓰이며 타원형에서 소재를 90° 회전시키며 눌러 점점 원형으로 만드는 공형의 형식이다.

42. 윤활의 주된 역할과 가장 거리가 먼 것은?

① 응력의 집중 작용   ② 마모 감소 작용

③ 냉각 작용   ④ 밀봉 작용

해설 응력의 분산 작용

43. 냉연 강판에 풀림 열처리를 하여 얻을 수 있는 효과가 아닌 것은?

① 경화   ② 재결정

③ 연질화   ④ 응력 제거

해설 경화는 담금질하여 얻는 효과이다.

44. 압연 롤 크라운에 영향을 주는 인자가 아닌 것은?

① 기계적 크라운

② 롤의 냉각제어

③ 롤 굽힘 조정

④ 장력 조정

45. 중후판의 압연 공정도로 옳은 것은?

① 제강 → 가열 → 압연 → 열간 교정 → 최종검사

② 제강 → 압연 → 가열 → 열간 교정 → 최종검사

③ 가열 → 제강 → 압연 → 열간 교정 → 최종검사

④ 가열 → 제강 → 열간 교정 → 압연 → 최종검사

46. 상·하 롤의 회전수가 같을 때 상부와 하부의 지름 차이에 따른 소재의 변화를 설명한 것으로 옳은 것은?

① 상부 롤의 지름이 하부 롤의 지름보다 크면 소재는 하부 방향으로 휨이 발생한다.

② 상부 롤의 지름이 하부 롤의 지름보다 크면 소재는 상부 방향으로 휨이 발생한다.

③ 상부 롤의 지름이 하부 롤의 지름보다 크면 소재는 우측 방향으로 휨이 발생한다.

④ 상부 롤의 지름이 하부 롤의 지름보다 크면 소재는 좌측 방향으로 휨이 발생한다.

47. 압연용 소재를 가열하는 연속식 가열로를 구성하는 부분(설비)이 아닌 것은?

① 예열대   ② 가열대

③ 균열대   ④ 루퍼

해설 연속식 가열로 구성: 예열대, 가열대, 균열대

48. 밀 스프링(mill spring)이 발생하는 원인이 아닌 것은?

① 롤의 힘
② 롤 냉각수
③ 롤 초크의 움직임
④ 하우징의 연신 및 변형

49. 냉간압연기에서는 압연 시에 주로 소재의 에지(edge)측의 결함에 의한 판파단 현상이 발생되는데 판파단을 최소화하기 위한 조치 방법 중 틀린 것은?

① 소재를 취급 시 에지부의 파손을 최소화한다.
② work roll의 벤딩을 높여 작업을 실시한다.
③ 장력이 센터부에 많이 걸리도록 작업한다.
④ 냉연 입측 공정에서의 소재 검사 및 수입 작업을 철저히 한다.

해설 work roll의 벤딩을 낮추어 작업을 실시한다.

50. 권취 공정 중 벨트 래퍼(belt wrapper)의 역할은?

① 코일을 되감는다.
② 코일의 평탄도를 향상시킨다.
③ 판의 통관 시 선단부를 끌어당긴다.
④ 권취기에서 처음 코일을 감을 때 코일이 빠지지 않도록 감싸주는 역할을 한다.

51. 용접기(flash butt welder)의 특징을 설명한 것 중 틀린 것은?

① 특수강 용접에 우수하다.
② 용접시간이 짧아 대량생산에 적합하다.
③ 열영향부가 적고 금속조직의 변화가 적다.
④ 용접봉이나 플럭스를 필요로 하지 않기 때문에 비용이 적다.

해설 특수강 용접에 부적합하다.

52. 형상 교정 설비 중 다수의 소경 롤을 이용하여 반복해서 굽힘으로써 재료의 표피부를 소성 변형시켜 판 전체의 내부응력을 저하 및 세분화시켜 평탄하게 하는 설비는?

① 롤러 레벨러(roller leveller)
② 텐션 레벨러(tension leveller)
③ 시어 레벨러(shear leveller)
④ 스트레치 레벨러(strecher leveller)

53. 주괴를 주조한 후 압연하기 위해 재가열하는 낭비를 줄이기 위한 연속 주조법에 대한 설명으로 틀린 것은?

① 주괴가 작을수록 물리적 성질이 나빠지며, 연속 주조한 주괴는 대개 단면의 크기가 크다.
② 바르게 냉각시킴으로써 균일한 결정 조직을 얻을 수 있다.
③ 연속으로 용탕이 공급되어 파이프 결함을 막을 수 있다.
④ 단면의 중심부가 액상일 때 주형 아래에서 냉각을 조절함으로써 열전달이 이상적으로 이루어진다.

54. 크레인을 사용하여 작업할 때의 크레인 점검 내용이 아닌 것은?

① 권과 방지 장치의 기능
② 브레이크 장치의 기능
③ 운전장치의 기능
④ 비상정지 장치의 기능

55. 다음 중 내화벽돌의 재료로 사용되지 않는

것은?

① 석회석질
② 마그네사이트질
③ 돌로마이트질
④ 포스터라이트질

해설 염기성 내화물: 마그네사이트질, 돌로마이트질, 포스터라이트질

56. 안전거리 기법이 아닌 것은?

① 무재해 운동
② 위험 예지 훈련
③ 툴박스 미팅(tool box meeting)
④ 설비의 대형화

57. 다음 냉간압연의 보조 설비 중 코블 가드(coble guard)의 역할 및 기능에 대한 설명으로 옳은 것은?

① 냉간압연 시 스트립의 통판성을 향상시키기 위하여 스트립의 양측에 설치되어 쏠림을 방지하는 설비이다.
② 냉간압연 시 스트립을 코일화하는 권취작업을 위하여 스트립을 맨드릴에 안내하여 스트립의 톱(top)부를 안내하는 설비이다.
③ 냉간압연 시 스트립의 머리 부분을 통판시킬 때 머리 부분에 상향이 발생하여 타 설비와 간섭되는 사고를 방지하기 위하여 상 작업롤에 근접 설치되어 있는 설비이다.
④ 냉간압연 시 스트립의 통판성을 향상시키기 위하여 스트립의 하측에 설치되어 톱(top)부의 하향을 방지하는 설비이다.

해설 스트립이 고속으로 상향, 또는 미스 롤 발생 시 상부 롤로 감기는 것을 방지하는 설비이다.

58. 재해예방의 4대 원칙에 해당되지 않은 것은?

① 손실우연의 원칙
② 예방가능의 원칙
③ 원인연계의 원칙
④ 관리부재의 원칙

해설 재해예방의 4대 원칙: 손실우연의 원칙, 예방가능의 원칙, 원인연계의 원칙, 대책선정의 원칙

59. 피니언에 사용되는 기어로 톱니를 원통에 새겨 놓은 것으로 원통 주위의 톱니가 나선형인 기어는?

① 스퍼 기어
② 헬리컬 기어
③ 베벨 기어
④ 웜 기어

60. 다음 중 대량생산에 적합하여 열연 사상압연에 많이 사용되는 압연기는?

① 데라 압연기
② 클러스터 압연기
③ 라우드식 압연기
④ 4단 연속 압연기

해설 4단 연속 압연기는 대량생산에 적합하여 열연 사상압연에 많이 사용된다.

2020년 CBT 복원문제(제1회)

1. 다음 중 반도체 재료로 사용되고 있는 것은?

① Fe   ② Si

③ Sn   ④ Zn

해설 반도체 재료: Si, Ge

2. 대면각이 136°인 다이아몬드 압입자를 사용하는 경도계는?

① 브리넬 경도계

② 로크웰 경도계

③ 쇼어 경도계

④ 비커스 경도계

3. 순철 중 α-Fe(체심입방격자)에서 γ-Fe(면심입방격자)로 결정격자가 변화하는 A_3변태점은 몇 ℃인가?

① 723   ② 768

③ 860   ④ 910

해설 A_1변태점: 723, A_2변태점: 768, A_3변태점: 910

4. 게이지용 공구강이 갖추어야 할 조건에 대한 설명으로 틀린 것은?

① HRC50 이하의 경도를 가져야 한다.

② 팽창계수가 보통 강보다 작아야 한다.

③ 시간이 지남에 따라 치수변화가 없어야 한다.

④ 담금질에 의한 균열이나 변형이 없어야 한다.

해설 HRC50 이상의 경도를 가져야 한다.

5. 탄소강에 대한 설명으로 틀린 것은?

① 페라이트와 시멘타이트의 혼합조직이다.

② 탄소량이 증가할수록 내식성이 감소한다.

③ 탄소량이 높을수록 가공 변형이 용이하다.

④ 탄소량이 높을수록 인장강도 경도값이 증가한다.

해설 탄소량이 높을수록 가공 변형이 어렵다.

6. 6:4황동으로 상온에서 $\alpha+\beta$조직을 갖는 재료는?

① 알드리   ② 알클래드

③ 문쯔메탈   ④ 클레티나이트

7. 어떤 재료의 단면적이 $40mm^2$이었던 것이 인장시험 후 $38mm^2$으로 나타났다. 이 재료의 단면수축률(%)은?

① 5   ② 10

③ 25   ④ 50

해설 단면수축률$=\dfrac{40-38}{40}\times100=5\%$

8. 내식성이 우수한 오스테나이트 조직을 얻을 수 있는 강은?

① 3%Cr 스테인리스강

② 35%Cr 스테인리스강

③ 18%Cr-8%Ni 스테인리스강

④ 석출경화형 스테인리스강

해설 18%Cr-8%Ni 스테인리스강: 오스테나이트 조직으로 내식성이 높고 비자성이다.

정답 1. ②   2. ④   3. ④   4. ①   5. ③   6. ③   7. ①   8. ③

9. 알루미늄 합금인 **실루민**의 주성분으로 옳은 것은?

① Al−Mg   ② Al−Cu

③ Al−Mn   ④ Al−Si

해설 실루민: Al−Si

10. 다음 중 비정질 합금의 제조법 중 기체 급랭법에 해당되지 않는 것은?

① 스퍼터링법   ② 이온 도금법

③ 전해 코팅법   ④ 진공 증착법

해설 전해 코팅법: 전기분해에 의한 코팅법

11. 강의 표면경화법에 해당되지 않는 것은?

① 침탄법   ② 금속침투법

③ 마템퍼링법   ④ 고주파 경화법

해설 마템퍼링법은 항온열처리 방법이다.

12. 구상흑연주철의 구상화를 위해 사용되는 접종제가 아닌 것은?

① S   ② Ce

③ Mg   ④ Ca

해설 구상화제: Ce, Mg, Ca

13. 다음 재료 기호에서 "440"이 의미하는 것은?

> 재료 기호: KS D 3503 SS 440

① 최저 인장강도   ② 최고 인장강도

③ 재료의 호칭번호   ④ 탄소 함유량

해설 SS 440: 일반구조용 압연강으로 최저 인장강도가 $440N/mm^2$이다.

14. 단면도의 해칭선은 어떤 선을 사용하여 긋는가?

① 파선   ② 굵은 실선

③ 일점 쇄선   ④ 가는 실선

해설 해칭선: 도형의 단면을 표시할 때 사선으로 긋는 가는 실선이다.

15. 다음 중 축척에 해당하는 척도는?

① 1 : 1   ② 1 : 2

③ 2 : 1   ④ 10 : 1

해설 현척: 1 : 1, 축척: 1 : 2, 배척: 2 : 1

16. 나사 각부를 표시하는 선의 종류로 옳은 것은?

① 수나사의 바깥지름과 암나사의 안지름은 굵은 실선으로 그린다.

② 수나사의 골지름과 암나사의 골지름은 굵은 실선으로 그린다.

③ 수나사와 암나사의 측면 도시에서의 골지름은 굵은 실선으로 그린다.

④ 가려서 보이지 않는 나사부는 가는 실선으로 그린다.

해설 수나사의 골지름과 암나사의 골지름은 가는 실선으로 그린다. 수나사와 암나사의 측면 도시에서의 골지름은 가는 실선, 보이지 않는 나사부는 파선으로 그린다.

17. 다음 중 도면의 크기가 A1 용지에 해당되는 것은? (단, 단위는 mm이다.)

① 297×420   ② 420×594

③ 594×841   ④ 841×1189

해설 A4: 210×297, A3: 297×420, A2: 420×594, A1: 594×841, A0: 841×1189

정답 **9.** ④   **10.** ③   **11.** ③   **12.** ①   **13.** ①   **14.** ④   **15.** ②   **16.** ①   **17.** ③

18. 간단한 기계 장치부를 스케치하려고 할 때 측정용구에 해당되지 않는 것은?

① 정반　　　　② 스패너
③ 각도기　　　④ 버니어캘리퍼스

해설 측정용구: 정반, 각도기, 버니어캘리퍼스

19. 도면에서 굵은 선이 0.35mm일 때 굵은 선과 가는 선 굵기의 합은?

① 0.45mm　　② 0.52mm
③ 0.53mm　　④ 0.7mm

해설 가는 선: 굵은 선의 1/2 굵기
∴ 0.35+0.175=0.53

20. 치수 보조 기호에 대한 설명 중 틀린 것은?

① 반지름은 치수의 수치 앞에 R5와 같이 기입한다.
② 구의 반지름은 치수의 수치 앞에 SR5와 같이 기입한다.
③ 30°의 모따기는 치수의 수치 앞에 C5와 같이 기입한다.
④ 판 두께는 치수의 수치 앞에 t5와 같이 기입한다.

해설 C5 → 30C

21. 정면도의 선택 방법에 대한 설명으로 틀린 것은?

① 물체의 특징을 가장 잘 나타내는 면
② 물체의 모양을 판단하기 쉬운 면
③ 숨은선이 적게 나타나는 면
④ 관련 투상도를 많이 도시해야 하는 면

22. 지름이 20mm 구(sphere)인 물체의 투상도에 치수 기입이 옳은 것은?

① R20　　　　② φ20
③ SR20　　　④ Sφ20

23. 아래 치수허용차를 옳게 나타낸 것은?

① 최대허용치수와 대응하는 기준치와 대수차
② 최소허용치수와 대응하는 기준치와 대수차
③ 형체에 허용되는 최소 치수
④ 치수와 대응하는 기준치와의 대수차

24. A3 제도용지의 크기(세로×가로)는?

① 594×841　　② 420×594
③ 297×420　　④ 210×297

해설 A0: 841×1189, A1: 594×841,
A2: 420×594, A3: 297×420

25. 압하량을 크게 하는 조건을 설명한 것 중 틀린 것은?

① 지름이 큰 롤을 사용한다.
② 압연재의 온도를 높여준다.
③ 롤의 회전속도를 높인다.
④ 압연재를 뒤에서 밀어준다.

해설 롤의 회전속도를 낮춘다.

26. 냉연 박판의 제조 공정 순서로 옳은 것은?

① 핫(hot) 코일 → 냉간압연 → 풀림 → 표면청정 → 산세 → 조질압연 → 전단 리코일
② 핫(hot) 코일 → 산세 → 냉간압연 → 표면청정 → 풀림 → 조질압연 → 전단 리코일
③ 냉간압연 → 산세 → 핫(hot) 코일 → 표면청정 → 풀림 → 전단 리코일 → 조질압연
④ 냉간압연 → 산세 → 표면청정 → 핫(hot) 코일 → 풀림 → 조질압연 → 전단 리코일

정답 18. ②　19. ③　20. ③　21. ④　22. ④　23. ②　24. ③　25. ③　26. ②

27. 다음 [보기]에서 조질압연의 주목적만을 옳게 고른 것은?

| 보기 |
- ㉮ 형상 개선
- ㉯ 스트레처 스트레인 방지
- ㉰ 표면조도 부여
- ㉱ 두께 조정
- ㉲ 판폭 조정

① ㉮, ㉯, ㉰
② ㉮, ㉰, ㉲
③ ㉯, ㉰, ㉱
④ ㉰, ㉱, ㉲

28. 연료의 착화온도가 가장 높은 것은?

① 수소
② 갈탄
③ 목탄
④ 역청탄

해설 갈탄: 250~450℃, 목탄: 320~400℃, 역청탄: 320~400℃

29. 공형에 대한 설명 중 틀린 것은?

① 개방 공형은 압연할 때 재료가 공형 간극으로 흘러 나가는 결함이 있다.
② 개방 공형은 선형 압연 전의 조압연 단계에서 사용된다.
③ 폐쇄 공형에서는 재료의 모서리 성형이 쉬워 형강의 압연에 사용한다.
④ 폐쇄 공형은 1쌍의 롤에 똑같은 공형이 반씩 패어 있다.

해설 개방 공형은 1쌍의 롤에 똑같은 공형이 반씩 패어 있다.

30. 열간압연 공장에서 제품에 스케일이 발생되는 내용과 관계가 없는 것은?

① 디스케일링이 불량할 때
② 롤 표면의 거침이 있을 때
③ 롤 크로(roll crow)가 적정할 때
④ 가열로의 추출온도가 높은 때

31. 다음 분위기 가스 중 성분이 H_2가 75%, N_2가 25% 조성을 갖는 가스는?

① AX 가스
② DX 가스
③ HNX 가스
④ DNX 가스

해설 AX 가스(H_2 75%, N_2 25%), DX 가스(H_2 1.2%, N_2 86%), HNX 가스(H_2 4%, N_2 96%)

32. 압연유 급유방식 중 직접 방식에 관한 설명이 아닌 것은?

① 냉각효율이 높으며, 물을 사용할 수 있다.
② 적은 용량을 사용하므로 폐유처리 설비가 작다.
③ 윤활 성능이 좋은 압연유를 사용할 수 있다.
④ 압연 상태가 좋고 압연유 관리가 쉽다.

해설 많은 용량을 사용하므로 폐유처리 설비가 크다.

33. 다음 중 조질압연에 대한 설명으로 틀린 것은?

① 스트립의 형상을 교정하여 평활하게 한다.
② 보통의 조질 압연율은 20~30%의 높은 압하율로 작업된다.
③ 스트레처 스트레인을 방지하기 위하여 실시한다.
④ 표면을 깨끗하게 하기 위하여 dull이나 bright 사상을 실시한다.

해설 1~2%의 적은 압하율로 작업된다.

34. 열연 작업 시 나타나는 크라운 결함 중 롤의 평행도 불량, 슬래브의 편열, 통판 중 판이 한쪽으로 치우치는 경우에 생기는 크라운에 해당되는 것은?

① wedge ② edge drop
③ high spot ④ body crown

해설 ① wedge: 롤의 평행도 불량, 슬래브의 편열, 치우침
② edge drop: 롤의 편평, 롤 지름, 압연 반력 등에 의해 변동
③ high spot: 롤의 이상 마모, 국부적 롤의 열팽창
④ body crown: 롤의 휨, 재료 폭, 압연 반력에 의해 변동

35. 금속재료가 고온에서 가공성이 좋아지는 것은 어느 성질 때문인가?

① 연신이 증가하기 때문에
② 취성이 증가하기 때문에
③ 경도가 증가하기 때문에
④ 항복응력이 증가하기 때문에

해설 연신력 증가 때문이다.

36. stretcher strain의 일종으로 코일 폭 방향으로 불규칙하게 발생하는 꺾임 현상으로 저탄소강에서 많이 발생하는 결함은?

① dent
② scratch
③ reel mark
④ coil break

해설 ㉠ coil break: 코일 폭 방향으로 불규칙하게 발생하는 꺾임 현상
㉡ scratch: 롤의 회전 불량 및 이물질 부착
㉢ reel mark: 맨드릴 진원도 불량, 유닛 롤

의 갭 및 공기압 부적정

37. 압연 작용의 전제 조건에 해당되지 않는 것은?

① 증폭량은 무시한다.
② 접촉부 내에서 재료의 가속을 고려해야 한다.
③ 접촉부 외에 외력은 작용하지 않는다.
④ 압연 전후의 재료의 속도는 같다.

해설 접촉부 내에서 재료의 가속을 고려하지 않는다.

38. 압연기에서 롤 속도와 마찰계수와의 관계로 옳은 것은?

① 항상 일정하다.
② 속도가 크면 마찰계수가 감소한다.
③ 속도가 크면 마찰계수가 증가한다.
④ 속도가 크면 마찰계수가 감소하다 증가한다.

해설 롤 속도가 크면 재료에 대한 마찰계수가 감소한다.

39. 화학반응이나 상변화 없이 물체의 온도를 상승시키는데 필요한 열은?

① 잠열 ② 융해열
③ 현열 ④ 반응열

해설 열의 증감에 의하여 그 물질의 상태는 변화하지 않고 온도만이 변하는 경우를 현열이라 하고, 융해열이나 증발열은 온도 상승을 수반하지 않고 가해지는 열량이므로 잠열이라 한다.

40. 다음 중 소성가공을 저해하는 금속재료의 특징은?

정답 34. ① 35. ① 36. ④ 37. ② 38. ② 39. ③ 40. ④

① 전성　② 연성　③ 인성　④ 취성

해설 취성: 변형이 잘 되지 않고 파괴되는 성질이다.

41. 연소의 필요 조건이 아닌 것은?

① 가연물이 존재할 것
② 점화원을 공급할 것
③ 산소를 충분히 공급할 것
④ 가연성 가스는 연소 범위 이상으로 존재할 것

해설 연소의 조건: 가연물이 존재할 것, 점화원을 공급할 것, 충분한 양의 산소가 공급될 것

42. 냉연 강판의 내부 결함에 해당되는 것은?

① 곱쇠(coil break)　② 파이프(pipe)
③ 덴트(dent)　④ 릴 마크(reel mark)

43. 단접 강관용 재료로 사용되는 반제품으로 띠모양으로 양단이 용접이 편리하도록 85～88°로 경사지게 만든 것은?

① 틴바(tin bar)
② 후프(hoop)
③ 스켈프(skelp)
④ 틴바 인코일(tin bar in coil)

44. 전해 청정설비의 세정성을 향상시키기 위한 작업 방법이 아닌 것은?

① 세정 농도와 계면활성제를 적당량 증가시킨다.
② 인히비터를 첨가한다.
③ 전류밀도를 증가시킨다.
④ 브러시 롤을 사용한다.

해설 인히비터는 부식을 억제하기 위해 사용한다.

45. 그리스를 급유하는 경우가 아닌 것은?

① 마찰면이 고속운동을 하는 부분
② 고하중을 받는 운동부
③ 액체 급유가 곤란한 부분
④ 밀봉이 요구될 때

해설 마찰면이 고속운동을 하는 부분에는 윤활 급유를 한다.

46. 공형 롤을 사용한 링 압연 제품에 해당되는 것은?

① 리벳　② 맥주캔
③ 기차 바퀴　④ 피니언 기어

해설 기차 바퀴는 링 압연 제품이다.

47. 지름이 700mm인 롤을 사용하여 70mm의 정사각형 강재를 45mm로 압연하는 경우의 압하율(%)은?

① 15.5　② 28.0　③ 35.7　④ 64.3

해설 압하율$=\dfrac{\text{압연 전 두께}-\text{압연 후 두께}}{\text{압연 전 두께}}\times100$

$=\dfrac{70-45}{70}\times100=35.7\%$

48. 압연 중에 소재 온도를 조정하여 최종 패스의 온도를 낮게 하면 제품의 조직이 미세화하여 강도의 상승과 인성이 개선되는 압연 방법은?

① 완성압연　② 크로스 롤링
③ 폭내기 압연　④ 컨트롤드 롤링

정답 41. ④　42. ①　43. ③　44. ②　45. ①　46. ③　47. ③　48. ④

49. 대규모의 장치산업인 제철소 등에서는 강제 윤활방식을 사용하는 경우가 많은데 강제 윤활방식이 아닌 것은?

① 순환 급유식
② 분무 급유식
③ 집중 윤활식
④ 패드 급유식

해설 순환 급유식: 오일이 펌프를 통해 강제순환 급유, 분무 급유식: 분무기를 통해 마찰면에 강제 급유, 집중 윤활식: 윤활 개소에 강제 집중 급유

50. 전해 청정라인 알칼리 탱크 농도가 규정 농도보다 높을 경우 조치 사항이 아닌 것은?

① 증기밸브를 연다.
② 정수 급수를 한다.
③ 농도를 점검한다.
④ 적정 가동 후 연속 가동을 한다.

해설 규정 농도보다 높을 경우 농도를 점검 후 농도를 낮추기 위해 정수 급수를 하거나 증기밸브를 연다.

51. 다음 중 대량생산에 적합하여 열연 사상압연에 많이 사용되는 압연기는?

① 데라 압연기
② 클러스터 압연기
③ 라우드식 압연기
④ 4단 연속 압연기

해설 4단 연속 압연기는 대량생산에 적합하여 열연 사상압연에 많이 사용된다.

52. 용접기(flash butt welder)의 특징을 설명한 것 중 틀린 것은?

① 특수강 용접에 우수하다.
② 용접시간이 짧아 대량생산에 적합하다.
③ 열영향부가 적고 금속조직의 변화가 적다.
④ 용접봉이나 플럭스를 필요로 하지 않기 때문에 비용이 적다.

해설 특수강 용접에 부적합하다.

53. 압연판의 표면에 발생한 미세한 균열을 검사하고자 한다. 적합한 비파괴 검사법은 무엇인가?

① 육안 검사법
② 초음파탐상 검사법
③ 방사선투과 시험법
④ 형광침투탐상 검사법

해설 형광침투탐상 검사법: 표면 결함을 알아보기 위한 비파괴 검사법이다.

54. 압연기 입측 설비의 구성요소가 아닌 것은?

① 루퍼(looper)
② 웰더(welder)
③ 텐션 릴(tension reel)
④ 레어 오프 릴(pay off reel)

해설 텐션 릴(tension reel): 출측에서 코일을 감아주는 장치

55. 강재 열간압연기의 롤 재질로 적합하지 않은 것은?

① 주철롤
② 칠드롤
③ 주강롤
④ 알루미늄 롤

해설 알루미늄 롤은 연해서 롤의 재질로 사용하지 않는다.

정답 **49.** ④ **50.** ④ **51.** ④ **52.** ① **53.** ④ **54.** ③ **55.** ④

56. 압연기 피니언의 기어 윤활 방법으로 많이 사용되는 것은?

① 침적 급유
② 강제순환 급유
③ 오일형 급유
④ 그리스 급유

57. 윤활유 사용 목적으로 틀린 것은?

① 접촉하는 과열 부분 냉각
② 기계 윤활 부분에 녹 발생 방지
③ 하중이 큰 회전체 응력 집중
④ 두 물체 사이의 마찰 경감

해설 하중이 큰 회전체에 응력 분산 작용을 한다.

58. 재해예방의 4대 원칙에 해당되지 않는 것은?

① 손실우연의 원칙
② 예방가능의 원칙
③ 원인연계의 원칙
④ 관리부재의 원칙

해설 재해예방의 4대 원칙: 손실우연의 원칙, 예방가능의 원칙, 원인연계의 원칙, 대책선정의 원칙

59. 3대식 연속 가열로에서 장입측에서부터 대(帶)의 순서로 옳은 것은?

① 가열대 → 예열대 → 균열대
② 균열대 → 가열대 → 예열대
③ 예열대 → 가열대 → 균열대
④ 예열대 → 균열대 → 가열대

60. 압연기의 일반적인 구동 순서로 옳은 것은?

① 전동기 → 스핀들 → 이음부 → 커플링 → 스탠드의 롤
② 전동기 → 이음부 → 스핀들 → 커플링 → 스탠드의 롤
③ 전동기 → 커플링 → 스핀들 → 이음부 → 스탠드의 롤
④ 전동기 → 스탠드의 롤 → 이음부 → 커플링 → 스핀들

압연기능사 필기/실기 총정리

2020년 7월 10일 인쇄
2020년 7월 15일 발행

저 자 : 최병도
펴낸이 : 이정일

펴낸곳 : 도서출판 **일진사**
www.iljinsa.com
(우) 04317 서울시 용산구 효창원로 64길 6
전화 : 704-1616 / 팩스 : 715-3536
등록 : 제1979-000009호 (1979.4.2)

값 24,000 원

ISBN : 978-89-429-1641-2